국내 축산분야 전문가가 집필한

식육가공

기사 | 필기

한 / 권 / 으 / 로 / 끝 / 내 / 기

머리말

축산업은 나날이 발전하고 있는데, 일부 부위에 편중된 식육소비는 한우등심이나 돼지삼겹살처럼 특정 부위의 가격을 지나치게 높였고, 이에 반하여 한 마리의 많은 부분을 차지하는 앞다리·뒷다리와 같은 저지방부위의 가격은 반대로 낮아질 만큼 낮아져 개인에게는 불균형한 영양섭취를, 국가에게는 획일적 산업군의 발달을 가져오는 계기가 되었다.

이 자격은 햄, 소시지, 베이컨 등 육류가공 분야 전문인력을 양성하기 위해 신설되었고, 나아가 양성된 전문인력이 유통시장에서 역량을 발휘하여 축산업의 고른 성장을 이끄는 첨병이 되길 바라는 데 있다. 이는 곧 정육만 주로 판매하는 획일적인 산업군의 형태를 저지방육의 다양한 가공을 통한 소비촉진으로 산업의 고른 성장과 나아가 국부를 증진시키는 데 의의가 있다. 올해 신설된 식육가공기사의 시험 과목은 식품위생학, 식육가공학, 식육과학, 제품저장 및 유통학, 축산식품 관련 법규 및 규정이다. 각 과목별로 내용이 어디 있는지 정보수집에 상당한 시간이 소요될 뿐만 아니라 정보를 수집했더라도 각각의 영역이 혼합되어 있어 출제기준에 맞는 내용만 발췌하여 학습이 힘들다. 그래서 한국산업인력공단이 제시한 출제기준 각각의 카테고리가 지향하는 문헌을 찾아 해당 내용을 중심으로 학습할 수 있도록 꾸렸다.

이 책은 출제기준을 바탕으로 핵심이론을 요약하였고, 부수적인 사항들은 과감히 생략하였다. 또한, 대부분의 내용을 파악하는 데 있어 포인트를 잡을 수 있도록 적중예상문제와 실전모의고사를 수록하였으며 이미 시행 중인 관련 과목들의 내용과 시험문제들도 일부분 참고하였다.

가장 어려운 부분은 단연 축산식품 관련 법규 및 규정일 것이다. 그래서 법, 시행령, 시행규칙, 지침에 이르기까지 체계적인 파악이 가능하도록 구성하였다. 또한, 반드시 알아야 할 내용 중심으로 문제를 만들었고, 관련 법령은 가능한 원문 그대로 담아 해당 법이 추구하는 바를 명확히 알 수 있도록 하였다.

식육가공기사 자격을 취득하면 해당 분야 취업과 승진에 도움이 될 것이다. 또한 축산업에 종사하면서 식품기사로는 해결하기 어려웠던 전문성을 확보하고, 전문가로서 인정받을 것이다. 이 자격을 취득할 때 염두에 두어야 할 점을 꼽는다면, 소비자의 입맛과 요구는 계속 변한다는 점이고, 그 변화에 맞춘 '가공'이 바로 이 자격의 핵심기술이라는 것이다. '가공기술'은 멈추지 않아야 한다. 소비자가 변하듯이 '가공기술'은 계속 변해가야 한다. 재미있는 것은 이 자격이 신설될 때 3D프린터개발산업기사와 3D프린터운용기능사도 함께 도입되었다는 점이다. 염지 등의 가공기술은 생각보다 멀지 않은 때 3D인쇄고기로 넘어갈 수 있으며, 해당 내용 또한 이 책에 담고 있다.

본 교재를 공부할 때 4가지를 강조하고 싶다.

첫째 핵심 내용에 밑줄을 그으면서 처음부터 끝까지 정독한다.

둘째 일단 틀려도 좋으니 정답을 멀리하고 현재 가지고 있는 지식을 토대로 문제를 푼다. 현 상태에서 맞춘 문제는 다시 틀릴 이유가 없다.

셋째 문제 유형이 변형될 수 있으므로 틀린 문제의 해설은 꼭 외운다.

넷째 끝까지 외워지지 않고 헷갈리는 내용은 과감히 버린다. 더 맞출 수 있는 부분에 집중해 전 과목에서 고르게 점수를 획득한다.

마지막으로 지금의 나를 있게 한 부모 김재일, 권경자, 곽병호, 배순임께 감사를 드리며, 지금까지 함께 해온 가족 곽서희, 김영록, 김영탁, 김치형, 그리고 삶의 터전이 된 백종호 원장님을 비롯한 축산물품질평가원 임직원에게 감사를 드린다.

편저자 씀

■ **수행직무**

주원료인 식육의 전문지식을 바탕으로 식육가공품 제조를 위한 원료처리공정, 가공공정, 유통공정, 품질관리, 위생안전성관리 공정과 위생을 총괄적으로 관리하는 직무를 수행한다.

■ **시험일정**

필기원서접수(인터넷)	필기시험	필기합격(예정자)발표	응시자격 서류제출(방문제출)
18. 11. 23~11. 29	18. 12. 22	19. 01. 18	19. 01. 21~01. 30

※ 실기시험은 19년 6~7월경 실시 예정(19년 3월 중 별도 공고)
※ 상기 시험일정은 시행처의 사정에 따라 변경될 수 있으니, www.q-net.or.kr에서 확인하시기 바랍니다.

■ **시험요강**

❶ 시 행 처 : 한국산업인력공단(www.q-net.or.kr)
❷ 시험과목
  ㉠ 필기 : 1. 식품위생학 2. 식육과학 3. 식육가공학 4. 축산식품 관련 법규 및 규정 5. 제품저장 및 유통학
  ㉡ 실기 : 식육가공실무
❸ 검정방법
  ㉠ 필기 : 객관식 4지 택일형, 과목당 20문항(과목당 30분)
  ㉡ 실기 : 추후 공개
❹ 합격기준
  ㉠ 필기 : 100점을 만점으로 하여 과목당 40점 이상, 전과목 평균 60점 이상
  ㉡ 실기 : 100점을 만점으로 하여 60점 이상

■ **출제기준(필기)**

필기과목명	주요항목	세부항목
식품위생학	식중독	• 세균성 식중독 • 화학성 식중독 • 자연독 식중독 • 곰팡이독 식중독 • 바이러스성 식중독 • 식이 알레르기
	식품과 감염병	경구감염병
	식품첨가물	식품첨가물 개요
	유해물질	유해물질
	식품공장의 위생관리	• 식품공장의 위생관리 • 식품 포장 및 용기의 위생관리 • 식품공장 폐기물 처리
	식품위생검사	• 안전성 평가시험 • 식품위생검사
	식품의 변질과 보존	식품의 변질과 보존
	식품위생관련법규	식품위생관련법규
식육과학	식육의 특성과 성분	• 식육의 특성 • 식육의 조직 • 식육의 조성 및 성분
	사후변화 및 선도변화	• 식육의 사후변화 • 식육의 취급, 관리 및 선도변화 • 소재사용장치 개발 • 식육의 변질, 부패, 및 부패생성물
	분석 및 검사	• 성분분석 • 식육의 검사
식육가공학	식육가공산업 동향 및 식육가공품 분류	• 식육가공 산업의 동향 • 식육가공품의 분류
	식육가공기술	• 식육원료의 조건 • 식육가공에 사용되는 부재료 및 첨가물 • 식육가공 제조 공정 • 식육가공품의 품목별 제조 공정
	품질관리	• 품질관리의 활동 • 품질관리 및 개선을 위한 데이터 관리
축산식품 관련 법규 및 규정	축산물 위생관리법령	• 축산물 관리 • 행정 제재
	식품의 기준 및 규격(축산물)	• 축산물에 대한 공통기준 및 규격 • 식육가공품의 기준 및 규격 • 축산물 시험방법
제품저장 및 유통학	저장 및 변질	• 저장의 목적 • 변질과 유해성
	저장기술	• 저장수명 • 저장기술
	식육제품의 유통	• 유통의 이해 • 유통경로 관리

■ **출제기준(실기)**

필기과목명	주요항목	세부항목
식육가공실무	축산물 위생검사	• 대장균 및 일반세균 검사하기 • 병원성 미생물 검사하기
	제품분석	• 성분 분석하기 • 품질 분석하기
	공정설계	공정설계 작업하기
	생산공정 기술관리	공정별 기술 관리하기
	HACCP	위해분석 및 중요 관리점 관리하기
	제품별 가공기술	각종 식육가공 제품별 작업하기

이 책의 구성과 특징

핵심이론

출제기준을 완벽 분석하여 필수적으로 학습해야 하는 핵심이론을 정리하였습니다. 중요한 내용은 그림 및 도표를 통해 좀 더 쉽게 이해할 수 있도록 하였습니다.

적중예상문제

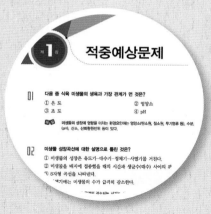

꼭 풀어봐야 할 핵심문제만을 엄선하여 단원별로 수록하였습니다. 적중예상문제를 통해 핵심이론에서 학습한 중요 개념과 내용을 한 번 더 확인하실 수 있습니다.

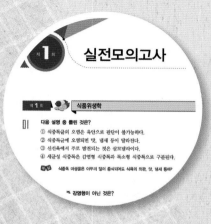

실전모의고사

마지막으로 꼭 풀어봐야 할 문제로 구성된 실전모의고사를 수록하였습니다. 실전모의고사를 통해 중요한 이론을 최종 점검하고 새로운 유형의 문제에 대비하실 수 있습니다.

Contents

목차

제 **1** 과목

식품위생학

식육 가공 기사

한권으로 끝내기!

식중독

제 1 절  세균성 식중독

(1) 감염형 식중독

식중독	살모넬라	장염비브리오(Vibrio)	병원성 대장균
원인균	*Salmonella Typhimurium, Sal. Enteritidis* 등 • 돼지, 소, 닭, 쥐, 개, 고양이 등의 정상적인 장내 세균	*Vibrio Parahaemolyticus* • 해수세균의 일종 • 2~4%의 소금물에서 잘 생육 • 생육 적온 37℃	가축이나 인체에 서식하는 *Escherichia Coli* 중에서 인체에 감염되어 나타나는 균주로 장관출혈성 대장균(EHEC-veroto xin 생산), 장관침입성 대장균(EIEC-대장상피에 침입하여 조직 내 감염), 장관 병원성 대장균(EPEC-급성 위장염 발병), 독소원성 대장균(ETEC-엔테로톡신 생산)
원인식품	육류 및 그 가공품, 우유 및 유제품, 채소, 샐러드, 조육 및 알 등	어패류(주로 하절기)	우유가 주원인, 햄버거, 샐러드, 소고기 등
감염경로	쥐, 파리, 바퀴벌레, 닭, 돼지, 고양이 등의 장내에서 장내 세균으로 서식	어패류의 생식, 어패류를 손질한 도마(조리기구)나 손을 통한 2차 감염	환자나 가축의 분변
잠복기	식후 8~20시간(평균 18시간)	식후 10~18시간(평균 12시간)	• EHEC 3~8일 • EIEC 10~18시간 • EPEC 9~12시간 • ETEC 10~12시간
증 상	설사, 복통, 구토, 발열(38~40℃), 급성위장염 형태(4~5일 후 회복)	구토, 복통, 설사(혈변), 약간의 발열(37~38℃), 1~3일 내 심한 증상(1주일 정도면 회복)	설사(혈변), 복통, 두통, 발열, 급성위장염 증세
예방법	방충 및 방서시설, 식품의 저온보존, 위생관리 철저, 균은 열에 약하므로 음식물은 62~65℃에서 약 30분간 가열하여 섭취, 저온보관(10℃ 이하에서는 거의 발육이 안 됨)	여름철에 어패류의 생식을 금하며, 이 균은 저온에서 번식하지 못하므로 냉장보관	환자와 가축을 잘 관리하여 식품과 물이 오염되지 않도록 주의, 식품과 음료수의 살균 처리 철저, 분변의 비료화 억제 및 주위 환경 청결 유지

(2) 독소형 식중독

식중독	포도상구균	보툴리누스균(Botulinus)	세레우스균(Cereus)
원인균	*Staphylococcus Aureus*(황색포도상구균) • 화농성 질환의 대표적인 원인균 • 식중독의 원인물질인 장독소 엔테로톡신(Enterotoxin) 생성(장독소 : 내열성이 강해 120℃에서 30분간 처리해도 파괴 안 됨) • 생육 최적온도 30~37℃, 소금 7.5%의 배지에서도 생육 • 혈장응고효소 생산	*Clostridium Botulinum* • 유기물이 많은 토양 하층 및 늪지대에서 서식 • 신경독소 뉴로톡신 생산(뉴로톡신 : 열에 약하여 80℃에서 15분 가열하면 비활성화)	*Bacillus Cereus* • 내열성(135℃에서 4시간 가열해도 견딤) • 토양 · 물 · 곡물 등의 자연에 널리 분포 • 식품에 증식하며 설사독소와 구토 독소 생산
원인식품	유가공품(우유, 크림, 버터, 치즈), 조리식품(떡, 콩가루, 김밥, 도시락), 화농성 질환 균에 오염된 유제품, 과자, 우유, 크림, 버터 등	불충분하게 가열살균 후 밀봉 저장한 식품(통조림, 소시지, 병조림, 햄 등), 아포형태로 바다, 하천, 토양 그 밖에 동물의 장관 등에 분포	수프, 바닐라, 소스, 푸딩, 밥, 떡 등
잠복기	1~6시간(평균 3시간)	잠복기 12~36시간	• 8~16시간(설사형) • 1~5시간(구토형)
증 상	구토, 복통, 설사, 급성위장염	• 신경계의 마비증상 • 세균성 식중독 중 치명률이 가장 높음(40%)	복통, 설사, 메스꺼움, 구토
예방법	식품 및 조리기구의 멸균, 식품의 저온보관과 오염방지, 조리실의 청결 유지, 화농성 질환자의 식품취급 금지, 조리된 식품의 신속 섭취	음식물의 충분한 가열 · 살균처리, 통조림 · 소시지 등의 위생적 보관과 위생적 가공, 토양(흙)에 의한 식품의 오염방지	제조된 식품은 즉시 섭취, 보관 시에는 즉시 냉각 후 냉장 또는 60℃ 이상으로 보온 보존, 10℃ 이하로 급속히 냉각 보관

(3) 기타 세균성 식중독

식중독	웰치(Welchii)균	아리조나(Arizona)균	장구균	알레르기성
원인균	*Clostridium Perfringens* (*Cl. Welchii*) • 토양과 사람 및 동물의 장관에 상주하며 독소 생성 • 발육 최적온도 : 37~45℃ • A, B, C, D, E, F의 형 중 A형이 식중독의 원인균	*Salmonella Arizona* • 가금류와 파충류의 정상적인 장내 세균 • 살모넬라 식중독균과 비슷	*Enterococcus Faecalis* • 사람과 동물의 정상적인 장내 세균	*Proteus Morganii* • 사람이나 동물의 장내에 상주 • 알레르기를 일으키는 히스타민을 만듦
원인식품	육류 · 어패류의 가공품, 튀김 두부 등 가열 조리 후 실온에서 5시간 경과한 단백질성 식품	가금류, 난류와 그 가공품	유제품(치즈, 우유), 육류(소시지, 햄), 곡류	붉은살 생선(꽁치, 고등어, 정어리, 참치 등)
잠복기	8~20시간	18~24시간	5~10시간	30분 전후
증 상	구토, 복통, 설사(혈변)	메스꺼움, 설사, 구토, 발열	설사, 복통, 구토	안면홍조, 발진(두드러기)

세균성 식중독의 특징
- 많은 양의 세균이나 독소에 의해 발생한다.
- 2차 감염이 없다.
- 식품에서 사람으로 최종 감염된다(식중독은 종말감염이다).
- 세균의 대량 섭취에 의해 발병한다.
- 감염형 식중독은 세균 자체에 의한 것이고, 대부분 급성위장염 증상이 많다.
- 감염형 식중독은 원인 식품에 기인하고 균의 양이 발병에 영향을 준다.
- 면역이 생기지 않는다.
- 잠복기가 짧다(경구감염병보다 잠복기가 짧다).
- 세균의 적온은 25~37℃이다.

▼ **식품위생상 중요한 세균**

종 류	특 징
1. *Bacillus*	• 그람양성 호기성 간균이다. • 내열성 아포를 형성한다. • 탄수화물과 단백질의 분해력이 강하다. • *Bacillus Natto*는 청국장 제조에 이용되는 미생물이다. • 자연에 가장 많이 분포되어 있다(유기물이 많은 토양의 표층에서 서식) • 가열 식품의 주요 부패균이다. • 식중독의 원인이 되는 것(*B. Cereus*)도 있다.
2. *Micrococcus*	• 비수용성인 황색 또는 백색 색소를 생성한다. • 그람양성 호기성 구균이다. • 내염성이 강하다. • 동물의 표피와 토양에 분포한다. • *Bacillus* 다음으로 많이 분포되어 있다. • 육류 및 어패류와 이들 가공품의 주요 부패균이다.
3. *Pseudomonas*	• 편모를 가진 그람음성 호기성 간균이다. • 수용성 황록색의 형광 색소를 생성한다. • 단백질, 유지의 분해력이 강하다. • 방부제에 대한 저항성이 강하다. • *Pseudomonas Fluorescens* : 겨울철 생유에 발생하며 고미유(苦味乳)의 원인이 되는 세균이다. 우유를 녹색으로 변화시키는 부패세균이다. • *Pseudomonas Aeruginosa* : 우유를 청색으로 변화시키는 부패세균이다. • 물을 중심으로 자연에 널리 분포되어 있다. • 저온에서 잘 자란다. • 어패류의 대표적인 부패균이다.
4. *Vibrio*	• *Vibrio Vulnificus* : 비브리오패혈증을 일으킨다. • 편모를 가진 그람음성 통성 혐기성 만곡형 간균이다. • 물에 서식하며 식중독을 일으키는 것(*V. Parahaemoliticus*)이 있다. • 콜레라를 일으키는 것(*V. Cholera*)이 있다.
5. *Staphylococcus*	• 그람양성 통성 혐기성 구균이다. • 내염성이 강하다. • 균의 배열형태가 포도송이처럼 불규칙적이다. • 사람을 포함한 동물의 표피에서 서식한다. • 식중독의 원인이 되는 것(*Stp. Aureus*)이 있다.

종 류	특 징
6. *Escherichia*	• 그람음성이다. • 무아포성 간균이다. • 유당과 포도당을 분해하여 가스를 생성하는 호기성 또는 통성 혐기성균이다. • 식중독의 원인이 되는 것(E. Coli O157)도 있다. • 동물의 대장 내에 서식(대장균)한다. • 분변을 통하여 토양·물·식품 등을 오염시키므로 식품위생의 지표(병원성 미생물의 존재 가능성)로 삼는다.
7. *Clostridium*	• 그람양성 편성 혐기성 간균이다. • 식품의 부패 시 악취는 *Clostridium*균에 의한 것이다. • 유기물이 많은 토양 심층과 동물 대장에 서식한다. • 식중독의 원인이 되는 것(Cl. Botulinum, Cl. Perfringens)이 있다.
8. *Salmonella*	• 가축·가금류·쥐 등의 장내에 서식한다. • 식중독을 일으키는 것(Sal. Enteritidis)이 있다. • 장티푸스를 일으키는 것(Sal. Typhi)이 있다.
9. *Proteus*	• 그람음성의 간균으로 장내세균에 속하며 요소를 분해한다. • 히스타민(Histamine)을 축적하여 알레르기를 일으킨다. • *Proteus Morganii*는 Histidine Decarboxylase를 가지고 있어 Histidine을 분해시켜 Histamine을 축적한다. • *Proteus Morganii*가 축적시킨 Histamine은 Allergy성 식중독을 유발시킨다. • 동물성 식품의 대표적인 호기성 부패균으로 상온의 상태에서 부패시키는 세균이다.

제 2 절　화학성 식중독

(1) 유해성 금속물질에 의한 식중독

　① 수은(Hg)

　　㉠ 중독경로

　　　• 콩나물 재배 시의 소독제(유기수은제) 사용 시

　　　• 수은을 포함한 공장폐수로 인한 어패류의 오염

　　㉡ 중독증상 : 중추신경장애 증상(미나마타병 : 지각 이상, 언어장애, 보행 곤란)

　② 납(Pb)

　　㉠ 중독경로

　　　• 통조림의 땜납, 도자기나 법랑용기의 안료

　　　• 납 성분이 함유된 수도관, 납 함유 연료의 배기가스 등

　　㉡ 중독증상

　　　• 헤모글로빈 합성장애에 의한 빈혈

　　　• 구토, 구역질, 복통, 사지 마비(급성)

　　　• 피로, 소화기장애, 지각상실, 시력장애, 체중감소 등

③ 카드뮴(Cd)
　㉠ 중독경로
　　• 법랑용기나 도자기 안료 성분의 용출
　　• 도금 공장, 광산 폐수에 의한 어패류와 농작물의 오염
　㉡ 중독증상 : 신장 세뇨관의 기능장애 유발(이타이이타이병 : 신장장애, 폐기종, 골연화증, 단백뇨 등)
④ 비소(As)
　㉠ 중독경로
　　• 순도가 낮은 식품첨가물 중 불순물로 혼입
　　• 도자기, 법랑용기의 안료로 식품에 오염
　　• 비소제 농약을 밀가루로 오용하는 경우
　㉡ 중독증상
　　• 급성 중독 : 위장장애(설사)
　　• 만성 중독 : 피부이상 및 신경장애
⑤ 구리 : 구리로 만든 식기, 주전자, 냄비 등의 부식(녹청)과 채소류 가공품에 엽록소 발색제로 사용하는 황산구리를 남용할 때
⑥ 아연 : 아연 도금한 조리기구나 통조림으로 산성 식품을 취급할 때
⑦ 주석 : 산성 과일제품을 주석 도금한 통조림 통에 담을 때
⑧ 6가크로뮴 : 도금공장 폐수나 광산 폐수에 오염된 물을 음용할 때
⑨ 안티몬 : 도자기, 법랑용기 안료로 사용하는 때

(2) 농약에 의한 식중독
① 유기인제[파라티온, 말라티온, 다이아지논, 텝(TEPP) 등] : 중독증상은 신경 증상, 혈압 상승, 근력 감퇴, 전신 경련 등
② 유기염소제(DDT, BHC 등의 살충제와 2,4-D, PCP 등의 제초제) : 중독증상은 신경 중추의 지방조직에 축적되어 신경계의 이상 증상, 복통, 설사, 구토, 두통, 시력 감퇴, 전신 권태, 손발의 경련·마비
③ 비소제(산성 비산납, 비산칼륨 등의 농약) : 중독증상은 목구멍과 식도의 수축, 위통, 구토, 설사, 혈변, 소변량 감소, 갈증 등
④ 유기수은제(종자소독용 농약) : 중독증상은 중추신경장애 증상인 경련, 시야 축소, 언어장애 등
⑤ 유기불소제(쥐약, 깍지벌레, 진딧물의 살충제) : 중독증상은 구연산 체내 축적에 따른 심장장애와 중추신경 이상 증상

⑥ Carbamate제(살충제 및 제초제, 농약 유기염소제 대체용) : 중독증상은 Cholinesterase의 작용—억제에 따른 신경자극의 비정상 작용이나 유기인제 농약보다 독성이 낮고 체내 분해가 쉬워 중독 시 회복이 빠르다.

> 농약에 의한 식중독 예방법
> 살포 시 흡입하지 않도록 주의하며, 산성용액으로 세척한 후 섭취해야 한다. 과일은 유기인제 농약 살포 후 1개월 이후에, 채소는 15일 이후에 수확한다.

(3) 유해성 식품첨가물에 의한 식중독

식품의 미화(착색), 맛의 증가(감미료), 착색된 식품의 표백(표백제), 식품의 보존이나 살균 목적(보존료) 등으로 허가되지 않는 유해 식품첨가물을 사용할 경우 다량 섭취나 섭취물의 체내 축적에 따른 중독현상이 일어날 수 있다.

① 유해성 착색료 : 아우라민(Auramine : 신장장애, 랑게르한스섬), 로다민 B(Rhodamine-B), 파라나이트로아닐린(P-nitroaniline : 혈액독, 신경독, 두통, 혼수, 맥박감퇴, 황색뇨 배설), 실크 스칼릿(Silk Scarlet)

② 유해성 감미료 : 둘신(Dulcin : 중추신경계 자극, 간종양, 혈액독), 사이클라메이트(Cyclamate : 발암성), 에틸렌글리콜(Ethylene Glycol), 파라나이트로올소톨루이딘(P-nitro-o-toluidine)

③ 유해성 표백제 : 론갈리트(Rongalite : 과자, 팥앙금에 사용, 발암성, 신장자극), 삼염화질소(색소뇨배설), 형광 표백제

④ 유해성 보존료 : 불소화합물, 승홍, 붕산(소화불량, 체중감소), 폼알데하이드(Formaldehyde : 현기증, 호흡곤란, 두통, 소화억제)

(4) 기 타

① 메틸알코올(메탄올) : 과실주 및 정제가 불충분한 에탄올이나 증류주에 함유되어 있으며 심할 경우 시신경에 염증을 일으켜 실명이나 사망에 이르게 된다. 주류 허용량은 0.5mg/mL 이하이며, 10 이상 섭취 시 시신경장애 및 실명을 유발한다. 그러나 포도주 및 과실주는 1.0mg/mL 이하이다.

② 벤조알파피렌[Benzo-(α)-pyrene] : 석유, 석탄, 목재, 식품, 담배 등을 태울 때 불완전한 연소로 생성되며, 발암성이 매우 강한 물질이다.

③ 지질 과산화물 : 유지 중의 불포화지방산의 산패로 생성된다.

> 알레르기성 중독
> - 원인식품 : 꽁치나 고등어와 같은 붉은 살 어류 및 그 가공품
> - 원인균 및 물질 : 프로테우스 모르가니(Proteus Morganii)라는 균이 원인식품에 증식, 히스타민을 생산하여 이것이 다른 부패 아민류와 합동으로 알레르기 증상을 일으킨다.
> - 치료법 : 항히스타민제 복용

제 3 절 자연독 식중독

(1) 동물성 식중독

① 복어독

　　㉠ 독성물질 : 테트로도톡신(Tetrodotoxin)

　　　- 치사량 : 2mg

　　　- 복어의 알과 생식선(난소·고환), 간, 내장, 피부 등에 함유

　　　- 독성이 강하고 물에 녹지 않으며 열에 안정하여 끓여도 파괴되지 않는다.

　　㉡ 중독 증상 : 식후 30분~5시간 만에 발병하며 중독증상이 단계적으로 진행(혀의 지각 마비, 구토, 감각 둔화, 보행 곤란 → 골격근의 마비, 호흡곤란, 의식혼탁 → 의식불명, 호흡정지)되어 사망에 이른다. 진행속도가 빠르고 해독제가 없어 치사율이 60%로 높다.

　　㉢ 예방대책

　　　- 전문조리사만이 요리하도록 한다.

　　　- 난소·간·내장 부위는 먹지 않도록 한다.

　　　- 독이 가장 많은 산란 직전(5~6월)에는 특히 주의한다.

② 조개류 독

구 분	베네루핀(Venerupin)	삭시톡신(Saxitoxin)
조개류	모시조개, 바지락, 굴, 고동 등	섭조개(홍합), 굴, 바지락 등
독 소	열에 안정한 간독소	열에 안정한 신경마비성 독소
치사율	50%	10%
유독시기	5~9월	2~4월
중독증상	출혈반점, 간기능 저하, 토혈, 혈변, 혼수	혀·입술의 마비, 호흡 곤란

③ 권패류 중독

소라고둥(타액선에 테트라민 함유), 수랑(마비성 독, Neosurugatoxin, Prosurugatoxin), 전복류(광과민성의 Pheophorbide, Pyropheophorbide)

(2) 식물성 식중독

① 독버섯

 ㉠ 독버섯의 종류 : 무당버섯, 광대버섯, 알광대버섯, 화경버섯, 미치광이버섯, 외대버섯, 웃음버섯, 땀버섯, 끈적버섯, 마귀버섯, 깔때기버섯 등

 ㉡ 독버섯의 독성분 : 일반적으로 무스카린(Muscarine)에 의한 경우가 많고, 그 밖에 무스카리딘(Muscaridine), 팔린(Phallin), 아마니타톡신(Amanitatoxin), 콜린(Choline), 뉴린(Neurine) 등

 ㉢ 독버섯의 중독증상

  • 위장염 증상(구토, 설사, 복통) : 무당버섯, 화경버섯, 붉은싸리 버섯

  • 콜레라 증상(경련, 헛소리, 탈진, 혼수상태) : 알광대버섯, 마귀곰보버섯

  • 뇌 및 중추신경 장애(광증, 침흘리기, 땀내기, 근육경련, 혼수상태) : 미치광이버섯, 광대버섯, 파리버섯

② 감 자

 ㉠ 독성물질 : 솔라닌(Solanine)으로 감자의 발아부위와 녹색부위에 많이 함유되어 있다. 가열에 안정하며, Cholinesterase의 작용을 억제하여 독작용을 나타낸다. 부패된 감자의 독성은 셉신(Sepsin)이다.

 ㉡ 중독증상 : 식후 2~12시간 경과하면 구토, 설사, 복통, 두통, 발열(38~39℃), 팔다리 저림, 언어장애 등이 나타난다.

③ 기타 식물성 자연독

 ㉠ 목화씨 : 고시폴(Gossypol)

 ㉡ 피마자 : 리신(Ricin)

 ㉢ 청매 : 아미그달린(Amygdalin)

 ㉣ 대두 : 사포닌(Saponin)

 ㉤ 미치광이풀, 가지독말풀 : 히오시아민(Hyoscyamine), 아트로핀(Atropine)

 ㉥ 오디 : 아코니틴(Aconitine)

 ㉦ 맥각 : 에르고톡신(Ergotoxin)

 ㉧ 벌꿀 : 안드로메도톡신(Andromedotoxin)

 ㉨ 독맥(독보리) : 테무린(Temuline)

 ㉩ 독미나리 : 시큐톡신(Cicutoxin)

제 4 절 곰팡이독 식중독

(1) 아플라톡신(Aflatoxin) 중독

① 아스페르길루스 플라브스(*Aspergillus Flavus*) 곰팡이가 쌀·보리 등의 탄수화물이 풍부한 곡류와 땅콩 등의 콩류에 침입하여 아플라톡신 독소를 생성하여 독을 일으킨다.

② 수분 16% 이상, 습도 80% 이상, 온도 25~30℃인 환경일 때 전분질성 곡류에서 이 독소가 잘 생산되며, 인체에 간장독(간암)을 일으킨다. 곶감과 된장, 간장을 담글 때 발생할 수 있다.

(2) 황변미 중독

① 페니실륨(*Penicillium*)속 푸른곰팡이가 저장 중인 쌀에 번식하여 시트리닌(Citrinin : 신장독), 시트레오비리딘(*Citreoviridin* : 신경독), 아이슬랜디톡신(Islanditoxin : 간장독) 등의 독소를 생성한다.

② 쌀 저장 시 습기가 차면 황변미독이 생성될 수 있다.

(3) 맥각 중독

① 맥각균(*Claviceps Purpurea*)이 보리·밀·호밀 등의 개화기에 씨방에 기생하여 에르고톡신(Ergotoxin)·에르고타민(Ergotamine) 등의 독소를 생성하여 인체에 간장독을 일으킨다.

② 많이 섭취할 경우 구토·복통·설사를 유발하고 임신부에게는 유산·조산을 일으킨다.

제 5 절 바이러스성 식중독

(1) 바이러스성 식중독의 특징

① 바이러스가 장에 감염되어 발생하는 질병

② 설사, 구토를 나타내고 경우에 따라 두통, 열, 복통이 수반되며 감염 후 1~2일 후에 증상이 나타나서 1~10일간 지속된다.

③ 노로바이러스, 로타바이러스, 아데노바이러스 등의 발병이 잦다.

④ 세균성 식중독과 달리 미량의 개체로도 발병이 가능하고, 환경에 대한 저항력이 강하며 2차 감염으로 인해 대형 식중독 유발 가능성이 있다.

⑤ 병원체가 바이러스이기 때문에 치료용 항바이러스제제나 예방용 백신이 개발되어 있지 않다.

⑥ 기존의 항생제로는 치료가 불가능하다.

(2) 바이러스성 식중독의 예방책

① 바이러스성 식중독은 치료방법이 없기 때문에 무엇보다도 예방이 중요하다.

② 설사나 구토가 심할 때는 탈수가 되지 않도록 충분한 수분을 보충한다.

③ 바이러스 사멸에는 열탕이나 차아염소산나트륨을 사용하면 도움이 되지만 알코올이나 역성비누는 효과적이지 않다.

제 6 절 식이 알레르기

(1) 식이 알레르기의 특징

① 알레르기성 피부염은 한국인이 가장 걸리기 쉬운 질환 중 하나이다.

② 식품에 있는 일부 단백질이 조리과정이나 체내 소화과정에서 분해되지 않고 체내에 흡수되어 알레르기를 일으킨다.

③ 설사와 발진, 복부 팽창, 구토와 위식도 역류와 같은 증상이나 소화불량을 일으키고 드물게 과민성 쇼크와 저혈압, 의식불명 등의 응급상황을 유발하기도 한다.

(2) 식이 알레르기의 예방법

① 특정식품 섭취 후 증상이 나타나는지 등의 병력과 전문의 진찰을 토대로 피부반응검사, 특이항체 혈액검사, 식품제거 및 유발시험 등의 검사를 종합하여 진단한다.

② 고기 알레르기로 인하여 고기를 전부 제한하는 경우, 철 흡수 저하로 인한 빈혈이 발생할 수 있으므로 철분이 많은 해조류나 생선류로 대체하거나 철분제 보충을 고려해야 한다.

01 다음 중 식육 미생물의 생육과 가장 관계가 먼 것은?

① 온 도   ② 영양소

③ 조 도   ④ pH

 미생물의 생장에 영향을 미치는 환경요인에는 영양소(탄소원, 질소원, 무기염류 등), 수분, 온도, 수소이온농도
(pH), 산소, 산화환원전위 등이 있다.

02 미생물 성장곡선에 대한 설명으로 틀린 것은?

① 미생물의 성장은 유도기-대수기-정체기-사멸기를 거친다.

② 미생물을 배지에 접종했을 때의 시간과 생균수(대수) 사이의 관계이다.

③ S자형 곡선을 나타낸다.

④ 정체기에는 미생물의 수가 급격히 감소한다.

 미생물의 수가 급격히 감소되는 시기는 사멸기이다.

03 다음 중 가축의 내장에서 서식하는 주요 미생물은?

① 클로스트리듐(*Clostridium*)

② 대장균(*E. Coli*)

③ 락토바실러스(*Lactobacillus*)

④ 슈도모나스(*Pseudomonas*)

 대장균은 사람이나 포유동물의 장내에 서식하며 세균 자체에는 병원성이 없다.

04 다음 설명 중 틀린 것은?

① 식중독균의 오염은 육안으로 판단이 불가능하다.

② 식중독균에 오염되면 맛, 냄새 등이 달라진다.

③ 신선육에서 주로 발견되는 것은 살모넬라이다.

④ 세균성 식중독은 감염형 식중독과 독소형 식중독으로 구분된다.

 식중독 미생물은 아무리 많이 증식되어도 식육의 외관, 맛, 냄새 등에는 영향을 미치지 않는다.

05 다음 중 식육에서 발생하는 병원성 미생물에 속하지 않는 것은?

① 스타필로코코스(*Staphyloccoci*)속 균

② 클로스트리듐(*Clostridium*)속 균

③ 슈도모나스(*Pseudomonas*)속 균

④ 살모넬라(*Salmonella*)속 균

 슈도모나스(*Pseudomonas*)속 균은 부패성 미생물이다.

06 다음 중 소독효과가 거의 없는 것은?

① 알코올 　　　　　　　　　② 석탄산

③ 크레졸 　　　　　　　　　④ 중성세제

 ① 에틸알코올 70% 용액이 가장 살균력이 강하며 주로 손 소독에 이용한다.

② 세균단백질의 응고, 용해작용을 하며 평균 3% 수용액을 사용한다.

③ 석탄산의 약 2배의 소독력이 있으며 비누에 녹여 크레졸비누액으로 만들어 3% 용액으로 사용한다.

07 다음 중 심한 열을 동반하는 식중독 증상을 나타내는 균은?

① 살모넬라균 　　　　　　　② 포도상구균

③ 보툴리누스균 　　　　　　④ 버섯 중독균

 살모넬라균은 복통, 설사, 발열을 일으키며 발열은 39℃까지 상승한다.

08 다음 식중독 중 감염형이 아닌 것은?

① 살모넬라균 식중독
② 포도상구균 식중독
③ 장염비브리오균 식중독
④ 병원성 대장균 식중독

해설 ①, ③, ④는 세균성 식중독균이고, 포도상구균은 독소형 식중독균이다.

09 살모넬라균을 사멸하기 위한 조건은?

① 60℃에서 30분간
② 70℃에서 15분간
③ 80℃에서 10분간
④ 90℃에서 5분간

해설 살모넬라균은 60℃에서 30분간 가열하면 사멸한다.

10 다음 중 미생물의 분류에 사용되는 인자가 아닌 것은?

① 온 도
② 산 소
③ 수분활성도
④ 압 력

해설 미생물은 형태나 모양, 온도, pH, 수분활성도, 에너지원, 산소, 포자, 염색 등에 의해 분류된다.

11 식육의 부패균은 호랭성 균이다. 호랭성 균의 생육온도와 증식 최고온도로 올바른 것은?

	생육적온	증식 최고온도
①	15℃ 이하	20℃ 이하
②	10℃ 이하	15℃ 이하
③	10℃ 이하	20℃ 이하
④	15℃ 이하	25℃ 이하

해설 호랭성 균(저온균)은 생육적온이 15℃이며, 증식 최고온도가 20℃ 이하인 균이다.

12 15℃ 이하의 냉장저장 중인 도체의 표면에서 우세하게 나타나는 미생물은?

① 아시네토박터(*Acinetobacter*)균

② 모락셀라(*Moraxella*)균

③ 마이크로코코스(*Micrococci*)균

④ 슈도모나스(*Pseudomonas*)균

해설　냉장온도에서는 *Pseudomonas*, *Alcaligenes* 등이 주로 관여하고, 냉장온도 이상부터 실온까지는 *Micrococci* 및 기타 중온성 박테리아가 주로 관여한다.

13 식육 내 미생물이 쉽게 이용하는 영양원 순서는?

① 탄수화물 > 단백질 > 지방

② 단백질 > 탄수화물 > 지방

③ 탄수화물 > 지방 > 단백질

④ 지방 > 단백질 > 탄수화물

해설　식육 내 미생물이 쉽게 이용하는 영양원의 순서는 탄수화물 > 단백질 > 지방 순이다.

14 다음 중 세균성 식중독의 예방법으로 적당하지 않은 것은?

① 실온에서 잘 보존한다.

② 손을 깨끗이 씻는다.

③ 가급적이면 조리 직후에 먹는다.

④ 가열조리를 철저히 하여 2차 오염을 방지한다.

해설　세균의 증식을 방지하기 위하여 저온 보존한다.

15 다음 중 포도상구균 식중독의 예방법으로 적당하지 않은 것은?

① 예방접종

② 식품의 냉동 및 냉장 보관

③ 식품 및 기구의 살균

④ 작업자의 위생교육 철저

해설　포도상구균 식중독은 세균이 생성한 독소에 의하여 일어나는 독소형 식중독으로, 작업자의 위생관리가 중요하다.

16 다음 중 식육의 화학적 식중독과 관련된 화학물질과 가장 거리가 먼 것은?

① 향신료
② 보존제
③ 표백제
④ 소 금

해설 식육의 화학적 식중독은 색소, 보존제, 표백제, 향신료 등 화학적 식품첨가물의 법적 허용기준을 초과한 과다 사용, 사용 금지된 첨가물의 사용 등이 원인이다.

17 다음 미생물 중 그람양성 포자형성 간균은?

① 클로스트리듐(*Clostridium*)
② 마이크로코코스(*Micrococcus*)
③ 스타필로코코스(*Staphylococcus*)
④ 엔테로박테리아(*Enterobacterium*)

해설 ②, ③는 그람양성구균, ④는 통성혐기성 그람음성간균

18 발효소시지나 베이컨과 같은 수분활성도가 낮은 육제품을 부패시키는 미생물은?

① 박테리아
② 효 모
③ 곰팡이
④ 바이러스

해설 효모는 수분활성도에 대한 내성이 강하므로 보존기간이 긴 육제품의 부패를 야기한다.

19 다음 미생물 중 가장 넓은 pH 범위에서 생육하는 것은?

① 유산균
② 효 모
③ 곰팡이
④ 포도상구균

해설 곰팡이 > 효모 > 유산균 > 포도상구균

20 다음 설명 중 옳지 않은 것은?

① 그람양성균은 그람 음성균보다 수분활성도(Aw)에 대한 내성이 약하다.
② 포자형성균이 비포자형성균보다 냉동육에서 더 잘 생존한다.
③ 곰팡이는 수분활성도에 대한 내성이 강하다.
④ 주요 부패균인 슈도모나스균은 호기성이다.

해설 일반적으로 그람 양성균은 그람음성균보다 내성이 강하다.

21 다음 중 식육표면에 점액질이 형성되기 시작하는 표면 미생물의 수는?

① $10^4 \sim 10^5/cm^2$
② $10^6 \sim 10^7/cm^2$
③ $10^7 \sim 10^8/cm^2$
④ $10^9 \sim 10^{10}/cm^2$

해설 식육의 부패는 대수기 말기에 시작되는데 이 시기의 세균수는 대략 $10^7 \sim 10^8/cm^2$이다.

22 다음 식육에서 발견되는 병원성 미생물 중 그 오염 빈도가 가장 높은 것은?

① 보툴리누스($Botulinus$)
② 살모넬라($Salmonella$)
③ 클로스트리듐($Clostridium$)
④ 스트렙토코코스($Streptococcus$)

해설 신선육에서 주로 발견되는 병원성 미생물 중 살모넬라에 의한 식육의 오염이 가장 빈번하다.

23 식중독의 원인균과 잠복기간의 연결이 잘못된 것은?

① $C. Botulinum$ – 12~36시간
② $B. Cereus$ – 1~16시간
③ $Salmonella$ – 12~24시간
④ 포도상구균 – 6~72시간

해설 ④ 포도상구균 : 1~6시간

24 다음 중 마이코톡신(Mycotoxin)에 대한 설명 중 틀린 것은?

① 곰팡이의 2차 대사산물이다.

② 식육의 오염지표가 된다.

③ 아플라톡신은 *Aspergillus* 속에서 분비되는 독소이다.

④ 곰팡이가 분비하는 독소이다.

해설 식육제품의 오염지표는 대장균군이다.

25 다음 중 열에 가장 강한 성질을 나타내는 식중독 원인균은?

① 포도상구균

② 장염비브리오균

③ 살모넬라균

④ 보툴리누스균

해설 식중독을 일으키는 균은 *Clostridium Botulinum*으로 편성혐기성균이며 아포를 형성하고 내열성이 있다. 특히, A형, B형의 아포는 내열성이 강하여 100℃로 6시간 이상 또는 120℃로 4분 이상 가열해야 사멸시킬 수 있다.

26 다음 중 곰팡이의 특징이 아닌 것은?

① pH에 대한 내성이 강하다.

② 수분활성도에 대한 범위가 넓다.

③ 마이코톡신을 분비한다.

④ 혐기성 조건에서 잘 자란다.

해설 곰팡이는 수분활성도, pH, 온도에 대한 내성이 강하며 산소가 있어야 증식할 수 있기 때문에 육표면에서만 성장이 가능하다.

27 다음 설명 중에서 옳지 않은 것은?

① 미생물은 최적 pH 이상이 되면 자기용해가 발생하여 사멸한다.

② 그람양성균이 그람음성균보다 냉동육에서 더 잘 생장할 수 있다.

③ 최적 pH는 효모와 곰팡이는 중성 부근, 세균은 약산성이다.

④ 최적온도란 미생물의 생육에 가장 알맞은 온도를 말한다.

해설 최적 pH는 세균이 중성 부근(pH = 7.0)이고, 효모와 곰팡이가 약산성이다.

28 다음 미생물 중 포자를 형성하는 박테리아가 아닌 것은?

① *Bacillus Cereus*

② *Clostridium Perfringens*

③ *Clostridium Botulinum*

④ *Aspergilus Fungi*

해설   ④는 곰팡이의 종류이다.

29 다음 설명 중 틀린 것은?

① 냉장육의 부패와 관련 있는 주요 미생물은 그람음성균이다.

② 육가공제품의 부패를 일으키는 주요 미생물은 그람양성균이다.

③ 발골 작업 시 미생물의 오염원은 작업도구, 작업자의 손, 작업대 등이다.

④ 진공포장육에서 신냄새를 유발하는 것은 대장균이다.

해설   신냄새를 유발하는 것은 젖산을 생산하는 젖산균이다.

30 도체를 세척하는 물에 존재하는 저온성 식육 부패균이 아닌 것은?

① *Acinetobactor*

② *Pseudomonas*

③ *Enterobacter*

④ *Clostridium*

해설   클로스트리듐(*Clostridium*)균은 혐기성균으로 포자를 형성하며 통조림이나 육제품에 널리 분포한다.

31 식육의 위생, 부패와 관련된 균 중에서 중온균의 최적 성장온도는 얼마인가?

① 4~10℃

② 10~20℃

③ 25~40℃

④ 40~50℃

해설   일반적으로 미생물은 생육에 가장 적당한 온도가 있고 그 온도보다 높거나 낮으면 발육이 늦어진다. 최적온도, 최고온도, 최저온도가 있는데 최적온도는 저온균(수중세균, 발광세균, 일부 부패균 등) 15~20℃, 중온균(곰팡이, 효모, 초산균, 병원균 등) 25~40℃, 고온균 50~60℃이다.

 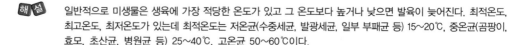

32 호기성 식중독균이 고기 표면에 자라면 어떤 현상이 발생하는가?
① 고기가 질겨진다.
② 고기의 색깔이 좋아진다.
③ 고기의 표면에 점질물이 생성된다.
④ 고기의 냄새가 좋아진다.

33 살모넬라에 대한 설명으로 옳은 것은?
① 열에 강해 가열 조리한 식품에서도 생존한다.
② 육의 저장 온도를 10℃ 이하로 낮추고 2% 정도 식염을 가하였을 경우 살모넬라 pH 5.0에서도 성장을 억제시킬 수 있다.
③ 토양 및 수중에서는 생존할 수 없다.
④ 살모넬라는 수소이온 농도에 크게 영향을 받지 않는 미생물이다.

34 세균의 분류 시 이용되는 기본 성질이 아닌 것은?
① 세포의 형태
② 포자의 형성 유무
③ 그람염색성
④ 항생물질에 대한 반응성

35 식육에 감염된 식중독 중 섭취 전 열처리하여도 발병할 수 있는 식중독은?
① 살모넬라 식중독
② 포도상구균 식중독
③ 장염비브리오 식중독
④ 웰치균 식중독

 식중독은 발병 형태별로 감염형, 독소형, 중간형(생체 내 독소형)으로 구분하는데, 감염형은 세균에 의해서 발병하며 급성위장염 증상을 나타낸다. 대표적인 세균으로는 비브리오, 살모넬라, 캠필로박터 등이 있다. 독소형은 식품 중에서 세균이 증식 할 때 생기는 특유의 독소에 의해 발병하는데 살균과 무관하게 발병이 가능하다. 즉, 열처리를 해도 발병할 수 있다는 말이다. 대표적인 세균으로는 포도상구균, 클로스트리듐 보툴리눔, 바실러스 등이 있다. 중간형(생체 내 독소형)은 감염형이나 독소형의 결합형태로 장내에서 증식한 세균이 생산하는 독소에 의해 발생한다.

36 다음의 설명은 어떤 식중독균의 특징인가?

> • 가열 살균이 불충분한 통조림 식품에서 발생한다.
> • 혐기성으로 포자를 형성한다.
> • 독소를 형성하여 식중독을 유발시킨다.

① 병원성 대장균
② 장염비브리오균
③ 클로스트리듐 보툴리눔
④ 살모넬라균

37 감염형 세균성 식중독을 가장 잘 설명한 것은?

① 식품에 유해한 식품첨가물이 혼입되어 발생하는 것
② 식품에 오염된 곰팡이 대사산물에 의해 발생하는 것
③ 식품에 증식된 미생물이 생성한 독소에 의해 발생하는 것
④ 식품과 함께 섭취된 미생물이 체내 증식하여 발생하는 것

38 손에 화농성 질환이 있는 작업자가 처리한 식육으로부터 발생 가능한 식중독의 독소는?

① 엔테로톡신
② 테트로도톡신
③ 아플라톡신
④ 솔라닌

 화농성염의 원인은 대부분 세균감염이다. 화농성염을 일으키는 세균을 화농성균이라 하는데, 포도상구균, 연쇄구균이 대표적이다. 엔테로톡신은 포도상구균, 웰치균, 콜레라균, 장염비브리오, 독소원성 대장균 등이 생산하는 독소를 말하며 이것을 함유 식품을 섭취하면 식중독을 일으킨다. 장관독(腸管毒)이라고도 한다.

39 세균성 식중독과 경구감염병의 차이점에 대한 설명으로 옳은 것은?

① 세균성 식중독은 발병 후 면역이 생기나 경구감염병은 그렇지 않다.
② 세균성 식중독은 미량인 균량에서 감염을 일으키기 쉬운 반면 경구감염병은 다량의 균으로만 발병된다.
③ 세균성 식중독은 경구감염병에 비해 잠복기가 짧다.
④ 세균성 식중독은 2차 감염이 잘 일어나지만 경구감염병은 2차 감염이 잘 일어나지 않는다.

경구감염병이란 병원체가 식품, 손, 기구, 음료수, 위생동물 등을 매개로 입을 통해서 소화기로 침입하여 발생하는 감염을 말하며 일명 소화기계 감염병이라고도 한다. 병원체는 주로 환자 또는 보균자의 분변과 분비액에 존재한다. 분변과 분비액을 통하여 먼저 수저, 손가락, 쥐, 곤충 등에 병원체가 직접 오염되고, 이들을 통하여 식품이 간접적으로 오염된다. 병원균에 오염된 식품을 섭취하였다고 반드시 발병하는 것은 아니며 균의 양, 종류, 독력과 숙주의 저항력 등에 따라 감염여부가 결정된다.

경구감염병의 발생 특징을 보면, 집단적인 발병이 쉽게 일어나며 폭발적인 유행을 하고 환자의 발생은 계절적인 특성이 있다. 특히 여름철에 많이 발생하고 잠복기간은 길다.

▼ 경구감염병과 세균성 식중독의 차이

구 분	경구감염병	세균성 식중독
감염관계	감염환(感染環)	종말감염(綠末感染)
균의 양	미량의 균으로도 감염가능	일정량 이상의 균이 필요
2차 감염	2차 감염이 빈번하다.	2차 감염은 거의 드물다.
잠복기간	길대(원인균 검출이 곤란하다).	비교적 짧다.
예방조치	예방조치가 매우 어렵다.	균의 증식을 억제하면 가능하다.
음료수	음료수로 인해 감염된다.	음료수로 인한 중독은 거의 없다.

40 식중독의 분류 중 식품과 함께 섭취한 미생물 자체가 체내에서 증식되어 중독을 일으키는 감염형 식중독과 관련된 미생물이 아닌 것은?

① 살모넬라

② 장염비브리오

③ 대장균 O157 : H7

④ 황색 포도상구균

 식중독의 종류는 다음과 같다. 황색 포도상구균은 독소형 식중독을 일으킨다.

▼ 경구감염병과 세균성 식중독관의 차이

구 분		내 용
세균성	감염형	세균의 체내 증식에 의한 것(예 살모넬라, 병원성대장균, 장염비브리오균 등)
	독소형	• 세균독소에 의한 것(예 보툴리눔, 황색 포도상구균, 세레우스균, 장구균 등) • 부패산물에 의한것(예 알레르기성 식중독)
	중간형	캠필로박터
바이러스성		노로바이러스
자연독	식물성	• 식용식물로 오인하여 섭취하는 것(예 버섯) • 독물이 특정 부위에 국한되어 있는 것(예 감자)
	동물성	• 독물이 특정 장기에 국한되어 있는 것(예 복어) • 특정적인 환경에서 유독화 하는 것(예 어패류)
화학성		화학물질의 식품으로 혼입
곰팡이성		곰팡이의 기생에 의한 것
기 타		알레르기형, 기생충, 이물혼입

41 열과 소금에 대한 저항성이 강하고, 절임육을 녹색으로 변화시키는 것으로 알려진 세균은?

① 살모넬라(*Salmonella*)

② 슈도모나스(*Pesudomonas*)

③ 락토바실러스(*Lactobacillus*)

④ 바실러스(*Bacillus*)

 락토바실러스속은 미호기성이며 운동성이 없고 색소를 생성하지 않는 무포자균이다. 젖당을 분해하여 젖산을 생성하는 젖산균(Lactobacillus균)으로 유익한 세균이 많은데, 특히 *L. bulgaricus*, *L. acidophius*, *L. casei* 등은 치즈나 젖산음료의 발효균으로 맛, 향, 보존성 등을 향상시킨다. 다만, 우유와 버터를 변패시키고 육류, 소시지, 햄 등의 표면에 점질물(녹색 형광물)을 생성하는 등 부패를 일으키기도 한다.

42 황색 포도상구균에 대한 설명으로 옳은 것은?

① 편성 혐기성 병원성균이다.

② 포자를 형성한다.

③ 독소를 생산하는 식중독의 원인균이다.

④ 사람에 의해 오염되지 않는다.

 황색 포도상구균 식중독은 원인균 *Staphylococcus Aureus*로 인체의 화농 부위에 다량 서식하는 그람양성의 통성혐기성 세균이다. 식중독의 원인이 되는 장독소(Enterotoxin)를 생성한다.

43 다음은 어떤 식중독균의 특징인가?

> • 가열 살균이 불충분한 통조림 식품에서 발생한다.
> • 혐기성으로 포자를 형성한다.
> • 독소를 형성하여 식중독을 유발시킨다.

① 병원성 대장균

② 장염비브리오균

③ 클로스트리듐 보툴리눔균

④ 살모넬라균

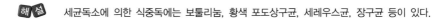 세균독소에 의한 식중독에는 보툴리눔, 황색 포도상구균, 세레우스균, 장구균 등이 있다.

41 ① 42 ③ 43 ③ **Answer**

44 다음 미생물 중 가장 낮은 수분활성도(Aw) 범위에서 생육하는 것은?

① 유산균   ② 세 균

③ 곰팡이   ④ 황색 포도상구균

 식품의 수분 중에서 미생물의 증식에 이용될 수 있는 상태인 자유수의 함량을 나타내는 척도로서 수분활성도(Aw : Water Acitvity) 개념이 사용된다. 수분활성도가 높을수록 미생물은 발육하기 쉽고 수분은 미생물이 생육하는데 필수적인 조건이다.

식품의 부패에 관여하는 이러한 자유수를 수분활성으로 나타낸다. 미생물은 일정부분 활성도 이하에서는 증식할 수 없다. 일반적으로 호염세균이 0.75이고, 곰팡이 0.80, 효모 0.88, 세균 0.93의 순으로 높아진다. 그러므로 식품을 건조시키면 세균, 효모, 곰팡이의 순으로 생육하기 어려워지며 수분활성도 0.65 이하에서는 곰팡이는 생육하지 못한다.

45 열에 강한 성질을 나타내는 식중독 원인균은?

① 캠필로박터균   ② 살모넬라균

③ 보툴리누스균   ④ 장염비브리오균

 보툴리누스균
- 균 : *Clostridium Botulinum*
- 원인식품 : 어육제품, 식육제품, 생선발효제품, 통조림, 병조림
- 오염원 및 오염경로 : *Clostridium*속의 균은 열에 강한 아포를 만들어내며 흙이나 바다, 하천, 연못 등의 자연계나 동물의 장관에 분포되어 있다.
- 증상 : 메스꺼움, 구토, 설사 등의 위장질환 증세를 나타내며 심하면 호흡마비로 사망하게 된다.

46 화농성 상처가 있는 식육 취급자에 의해 감염되기 쉬운 식중독균은?

① 장염비브리오균   ② 보툴리누스균

③ 살모넬라균   ④ 황색포도상구균

 화농성염의 원인은 대부분 세균감염에 의한다. 화농성염을 일으키는 세균을 화농성균이라 하는데, 포도상구균, 연쇄구균이 대표적이다. 엔테로톡신은 포도상구균, 웰치균, 콜레라균, 장염비브리오, 독소원성 대장균 등이 생산하는 독소를 말하며, 이것을 함유하는 식품을 섭취하면 식중독을 일으킨다. 장관독(陽管毒)이라고도 한다.

47 진공포장되어 냉장유통되는 육제품에서 부패의 문제를 일으킬 수 있는 가능성이 가장 높은 미생물은?

① 슈도모나스(*Pseudomonas*)균

② 알칼리게네스(*Alcaligenes*)균

③ 아세토박터(*Acetobacter*)균

④ 젖산(*Lactobacillus*)균

 *Pseudomonas*균은 랩 필름 포장육과 같은 호기적 조건하에 저장될 경우 부패취를 발생시키는 주종 미생물이다.

반면 진공포장육과 같이 혐기적으로 저장되는 상태에서는 *Lactobacillus*와 *Streptococcus*와 같은 균들이 주종 균으로 번식하여 신맛과 냄새를 발생시킨다.

48 식육의 냉장 시 호기성 부패를 일으키는 대표적인 호랭균은?

① 젖산균
② 슈도모나스균(*Pseudomonas*)
③ 클로스트리듐균(*Clostridium*)
④ 비브리오균(*Vibrio*)

49 신선육으로 인한 세균성 식중독 예방방법으로 가장 바람직한 것은?

① 진공포장하여 실온에 보관한다.
② 4℃ 이하에서 보관하고 잘 익혀 먹는다.
③ 물로 깨끗이 씻어 날것으로 먹는다.
④ 먹기 전에 항상 육안으로 잘 살펴본다.

50 식중독은 야기시키지 않으나 식품 관련 질환에 해당하는 것은?

① *Saphylococcus Aureus*
② *Costridium Perfringens*
③ *Bacillus Cereus*
④ *Trichinella Spiralis*

 ④ *Trichinella Spiralis* : 선모충
① *Saphylococcus Aureus* : 황색포도상구균
② *Costridium Perfringens* : 웰치균
③ *Bacillus Cereus* : 바실러스 세레우스

51 호기성 식중독균이 고기 표면에 자라면 어떤 현상이 발생하는가?

① 고기가 질겨진다.
② 고기의 색깔이 좋아진다.
③ 고기의 표면에 점질물이 생성된다.
④ 고기의 냄새가 좋아진다.

52 식중독 중 세균이 생산한 독소의 섭취에 의해 발생하는 독소형 식중독의 원인균이 되는 것은?

① 황색 포도상구균
② 살모넬라
③ 선모충
④ 장염비브리오

 식중독의 종류는 다음과 같다. 황색 포도상구균은 독소형 식중독을 일으킨다.

▼ 경구감염병과 세균성 식중독관의 차이

구 분		내 용
세균성	감염형	세균의 체내 증식에 의한 것(예) 살모넬라, 병원성대장균, 장염비브리오균 등)
	독소형	• 세균독소에 의한 것(예) 보툴리눔, 황색 포도상구균, 세레우스균, 장구균 등) • 부패산물에 의한것(예) 알레르기성 식중독)
	중간형	캠필로박터
바이러스성		노로바이러스
자연독	식물성	• 식용식물로 오인하여 섭취하는 것(예) 버섯) • 독물이 특정 부위에 국한되어 있는 것(예) 감자)
	동물성	• 독물이 특정 장기에 국한되어 있는 것(예) 복어) • 특정적인 환경에서 유독화 하는 것(예) 어패류)
화학성		화학물질의 식품으로 혼입
곰팡이성		곰팡이의 기생에 의한 것
기 타		알레르기형, 기생충, 이물혼입

53 세균성 식중독에 대한 설명 중 틀린 것은?

① 식품에 오염된 병원성 미생물이 주요 원인이 된다.
② 오염된 미생물이 생산한 독소를 먹을 때 발생할 수 있다.
③ 식중독 미생물이 초기 오염되어 있는 식육은 육안으로 판별이 가능하다.
④ 식중독 미생물의 초기오염은 식육의 맛, 냄새 등을 거의 변화시키지 않는다.

 식중독 미생물이 초기 오염되어 있는 식육은 육안으로 판별이 불가능하다.

54 캔제품에서도 포자의 형태로 생존할 수 있어 심각한 식중독 원인이 될 수 있으며, 특히 아질산염에 약한 병원성 세균은?

① 살모넬라
② 리스테리아
③ 대장균
④ 클로스트리듐 보툴리눔

55 호기성 균류에 속하는 것은?

① 슈도모나스(*Pseudomonas Spp.*)
② 비브리오(*Vibrio*)
③ 클로스트리듐(*Clostridium Spp.*)
④ 젖산균

 슈도모나스 진정세균류 슈도모나스과의 한 속으로 150종에 이르는 많은 종을 포함하는 속이다. 세포는 단모 또는 속모를 가지고 운동하는 것, 비운동성인 간균으로 흔히 형광성을 가지거나 녹색·보라색·황색 등의 색소를 내는 것, 또 불용성인 선홍색 또는 황색 색소를 가진 것도 있다. 그람음성균이며 토양·담수·바닷물 속에 널리 분포한다. 호기성이지만 탈질소작용이나 질산호흡을 하는 것은 무산소적으로도 생육한다.

56 산소가 있거나 또는 없는 환경에서도 잘 자랄 수 있는 균은?

① 혐기성균
② 호기성균
③ 편성혐기성균
④ 통성혐기성균

 미생물은 유리산소가 존재하는 환경에서만 발육할 수 있는 호기성균(Aerobes)과 이와 같은 환경에서는 발육할 수 없는 혐기성균(Anaerobes) 그리고 호기적 및 혐기적 조건 어느 곳에서도 발육할 수 있는 통성혐기성균으로 나뉜다. 통상, 혐기성균이란 편성혐기성균(偏性嫌氣性菌)을 의미하며, 공중산소의 존재가 유해하여 발육할 수 없는 균을 말한다. 세균이나 효모의 대부분은 통성혐기성이나 이들은 혐기적 상태보다 유리산소의 존재하에서 더 잘 증식한다.

57 식육 통조림에서 발생할 수 있는 식중독은?

① 살모넬라 식중독
② 황색 포도상구균 식중독
③ 클로스트리듐 보툴리눔균 식중독
④ 베네루핀 식중독

 보툴리눔 식중독은 보관 상태가 나쁜 통조림이나 소시지를 먹은 후에 발생하고 신경독소에 의해 마비 증상을 일으킨다.

58 클로스트리듐 보툴리눔으로부터 생성되는 독소는?

① 뉴로톡신
② 고시폴
③ 솔라닌
④ 베네루핀

 클로스트리듐 보툴리눔은 인체에 신경마비 증상(뉴로톡신)이나 호흡곤란 등을 일으켜 사망에까지 이르게 하는 치사율이 매우 높은 식중독이다.

59 닭고기를 취급할 때에 특히 조심해야 하는 식중독 세균은?

① 클로스트리듐 퍼프린젠스균(*Clostridium Perfringens*)

② 에로모나스균(*Aeromonas*)

③ 살모넬라균(*Salmonella*)

④ 황색 포도상구균(*Staphylococcus Aureus*)

해설 살모넬라균 장내세균과에 속하는 그람음성 호기성간균이다.

60 다음 식중독 중 세균성 감염형인 것은?

① 포도상구균 식중독   ② 곰팡이독 식중독

③ 보툴리누스균 식중독   ④ 장염비브리오균 식중독

61 신선육의 호기성 부패에 대한 설명으로 틀린 것은?

① 고기의 표면에 Alcaligenes, Leuconostoc, Micrococcus 등이 자라서 표면에 점질물을 형성한다.

② 미생물이 생장하면서 생성하는 peroxide, Hydrogen Sulfide 등은 고기의 색을 변색 시킨다.

③ Clostridium에 의해 단백질이 부패되어 H_2S, Indole, Ammonia, Amine 등의 휘발성 물질이 생겨 강한 부패취를 생성한다.

④ 곰팡이가 고기표면에서 호기적으로 생장하면서 고기표면에 흑색, 백색, 청색 반점 등을 생성한다.

62 육가공 시 아질산염 및 질산염은 어떤 미생물을 제어하기 위해 사용하는가?

① *Streptococcus Aureus*   ② *Clostridium Botulinum*

③ *Escherichia Coli*   ④ *Micrococcus Spo*

63 진공상태로 밀봉된 식품의 부패로 야기되는 식중독균은?

① 살모넬라균   ② 웰치균

③ 포도상구균   ④ 보툴리누스균

64 돼지고기를 잘 익히지 않고 먹을 때 감염되는 기생충은?

① 회 충
② 십이지장충
③ 요 충
④ 선모충

65 식중독을 일으키는 스트렙토코커스균과 포도상구균의 형태는?

① 막대모양
② 나선형
③ 정사각형
④ 구형(원형)

66 다음 중 효모가 아닌 것은?

① 캔디다
② 사카로마이세스
③ 리스테리아
④ 한세눌라

67 세균성 식중독에 관한 설명 중 옳은 것은?

① 장염비브리오균 식중독은 독소형이다.
② 보툴리누스균이 생산하는 독소는 열에 대한 저항성이 크다
③ 살모넬라 식중독은 세균성 식중독 중에서 치사율이 가장 높다.
④ 포도상구균에 의한 식중독의 잠복기는 다른 식중독에 비해 짧다.

해설 장염비브리오균 식중독은 감염형이다. 보툴리누스균이 생성한 독소는 열에 불안정하여 가열하면 파괴되고, 세균성 식중독 중에서 치사율이 가장 높은 것은 보툴리누스균 식중독이다.

68 세균성 식중독균 중 잠복기가 가장 짧은 것은?

① 살모넬라균
② 웰치균
③ 보툴리누스균
④ 포도상구균

69 포도상구균에 의한 식중독 증상이 아닌 것은?

① 발 열
② 메스꺼움
③ 복 통
④ 설 사

포도상구균에 의한 식중독은 보통 3시간 정도의 잠복기로 균체 독소인 장독소(Enterotoxin)를 생성하여 가벼운 위장증상을 나타나게 하며, 사망에 이르는 예는 거의 없다. 불쾌감, 구토, 복통, 설사 등 증상이 나타나며, 발열은 거의 없다. 포도상구균은 열에 약하지만 장독소는 내열성이 강하다. 화농성 상처가 있는 사람이 만든 음식을 먹고 식중독이 발생하기도 한다.

10 **포도상구균 식중독의 예방법으로 적당하지 않은 것은?**

① 오염원의 제거 　　　　　　　② 섭취직전 가열

③ 식품기구의 멸균 　　　　　　④ 저온 보존

11 **살모넬라 식중독의 감염원이 아닌 것은?**

① 버 섯 　　　　　　　　　　　② 우 유

③ 어패류 　　　　　　　　　　④ 육류와 가공품

 살모넬라균의 식중독은 육류와 그 가공품, 어패류와 그 가공품, 가금류의 알, 우유 및 유제품, 생과자류, 샐러드 등에서 감염된다.

12 **살모넬라 식중독에 대한 설명으로 틀린 것은?**

① 발열, 복통, 설사 증상을 일으킨다.

② 잠복기간은 8~48시간 정도이다.

③ 균은 그람음성 간균이고 포자가 있다.

④ 독소형 식중독을 유발한다.

 살모넬라균은 널리 분포하며 무포자 그람음성 간균이고 편모가 있다. 호기성 또는 통성 혐기성균이다. 균은 열에 약하여 60℃에서 20분 가열하면 사멸된다. 오심, 구토, 설사, 복통, 발열 등 증상을 나타낸다. 잠복기간은 12~24시간이다.

13 **리스테리아균에 관한 설명으로 가장 부적당한 것은?**

① 모포자 간균이다.

② 패혈증, 수막염을 일으킨다.

③ 사람에게만 감염된다.

④ 잠복기는 수일~수주이다.

 리스테리아균은 소, 말, 양, 돼지 등의 가축이나 닭, 오리 등의 가금류에도 널리 감염된다.

74 다음 중 열에 가장 강한 식중독 원인균은?

① 보툴리누스균
② 살모넬라균
③ 병원성 대장균
④ 장염비브리오균

 보툴리누스균은 그람양성 간균으로 내열성 아포를 형성하고, 편성 혐기성이다. 열에 가장 강하며, 치사율 또한 가장 높고, 신경마비가 특징적 증상이며 살균이 불충분한 통조림 식품이나 진공포장식품에서 잘 번식한다.

75 장염비브리오균의 성질은?

① 편모가 있다.
② 열에 강하다.
③ 독소를 생산한다.
④ 아포를 형성한다.

 장염비브리오균은 그람음성 무포자 간균으로 극모성 편모를 갖고 있다. 열에 약하고 급성 장염을 일으킨다. 호염균이며 연안 해수, 플랑크톤 등에 널리 분포하며 어패류의 생식이 주요 감염원인이 된다. 소금이 들어 있는 배지에서 잘 증식한다.

76 대장균군의 특성으로 맞는 것은?

① 그람음성 간균으로 포자를 형성하지 않고 유당을 분해하는 호기성, 통성 혐기성균이다.
② 그람음성 간균으로 포자를 형성하고 유당을 분해하는 호기성, 통성 혐기성균이다.
③ 그람양성 간균으로 호기성, 통성 혐기성균이다.
④ 그람양성 간균으로 포자를 형성한다.

제 **2** 장 식품과 감염병

(1) 경구감염병의 정의와 조건

① 정의 : 감염성 병원 미생물이 입, 호흡기, 피부 등을 통해 인체에 침입하는 감염병 중 음식물이나 음료수, 손, 식기, 완구류 등을 매개체로 입을 통하여 감염되는 것을 경구감염병이라 한다.

② 경구감염병의 조건

　㉠ 병원소 : 환자·보균자와 접촉한 사람, 매개물, 토양, 오염된 음식

　㉡ 전파양식 : 거의 모든 식품이 전파제 역할을 담당(음식물, 물)

　㉢ 숙주의 감수성 : 개개인의 면역에 대한 저항력 유무에 따라 발병 여부 좌우

(2) 경구감염병의 분류(병원체의 종류에 따라)

① 세균에 의한 것 : 세균성 이질, 장티푸스, 파라티푸스, 콜레라, 성홍열, 디프테리아

② 바이러스(Virus)에 의한 것 : 감염성 설사증, 유행성 간염, 급성 회백수염

③ 원생동물에 의한 것 : 아메바성 이질

(3) 경구감염병의 예방방법

① 병원체의 제거 : 환자의 분비물과 환자가 사용한 물품을 철저히 소독·살균한다. 음료수의 소독을 철저히 하고, 생식은 가능한 삼간다.

② 병원체 전파의 차단 : 환자와 보균자의 조기발견, 쥐·파리·바퀴 등의 매개체 구제 및 식품과 음료수의 철저한 위생관리가 중요하다.

③ 인체의 저항력 증강 : 예방접종, 충분한 영양섭취와 휴식이 필요하다.

④ 작업장, 작업자의 위생관리 및 유지

(4) 주요 경구감염병의 특징

① 장티푸스

　㉠ 병원체 : 장티푸스균(*Salmonella Typhi*)에 의해 발생된다. 이 균은 열에 약하며 발육 최적 온도는 37℃ 정도이고 최적 pH는 7.0이다.

　㉡ 감염경로 : 환자나 보균자의 배설물, 타액, 유즙이 감염원이 되며, 오염된 물이나 음식물, 파리, 생과일, 채소 등의 매개물로써 환자나 보균자와의 접촉에 의해서 감염된다.

   © 잠복기 : 1~3주

   ② 증상 : 오한과 고열(40℃ 전후, 1~2주간), 장미진(피부발진)

   ⑩ 예방법 : 보균자 격리, 물·음식물, 곤충 등의 위생관리 철저, 예방접종

 ② 콜레라

   ㉠ 병원체 : 콜레라의 병원체인 비브리오 콜레라(*Vibrio Cholera*)균으로 가열(56℃에서 15분)에 의해 사멸되나 저온에서는 저항력이 있어 20~27℃에서 40~60일 정도 생존한다.

   ㉡ 감염경로 : 환자의 대변과 구토물을 통하여 균이 배출되어 물을 오염시킴으로써 경구적으로 감염되며, 환자나 보균자의 손 그리고 파리 등에 의해 간접적으로 감염되기도 한다.

   ㉢ 잠복기 : 수시간~5일

   ㉣ 증상 : 심한 위장장애, 쌀뜨물 같은 설사를 하루에 10~30회 정도 하며, 구토, 급속한 탈수, 피부 건조, 체온 저하 등이 나타난다.

   ㉤ 예방법 : 검역을 철저하게 하고, 콜레라 발생지역에 출입하는 것을 금지한다.

 ③ 세균성 이질

   ㉠ 병원체 : 이질균(*Shigella*)은 열에 약하여 60℃에서 10분간 가열하면 사멸하지만 저온에서는 강하다.

   ㉡ 감염경로 : 환자와 보균자의 분변이나 파리 등의 매개체를 통하여 감염된다.

   ㉢ 잠복기 : 2~7일

   ㉣ 증상 : 잦은 설사(점액·혈액 수반), 권태감, 식욕부진, 발열, 복통 등이 나타난다.

   ㉤ 예방법 : 식사 전에 오염된 손과 식기류의 소독을 철저히 하고 식품의 가열을 충분히 한다.

 ④ 급성 회백수염[소아마비, 폴리오(Polio), 급성 척수전각염]

   ㉠ 병원체 : 폴리오 바이러스

   ㉡ 감염경로 : 바이러스가 입을 통하여 침입하여 인후 점막에서 증식하다가 전신으로 퍼진다.

   ㉢ 잠복기 : 7~12일 정도이며, 특히 5~10세의 어린아이들이 잘 감염된다.

   ㉣ 증상 : 감기와 같은 증상으로 시작하여 2~3일 후에는 열이 내려가면서 근육통, 피부지각이상 등의 신경증상이 일어나고 갑자기 사지마비 증세가 나타난다.

   ㉤ 예방법 : 세이빈 백신(Sabin Vaccine : 생백신)에 의한 예방접종으로 예방한다.

 ⑤ 파라티푸스

   ㉠ 병원체 : *Salmonella Paratyphi A·B·C*균

   ㉡ 잠복기 : 5일 정도

   ㉢ 증상 : 장티푸스와 유사한 급성 감염병이지만 경증이며 경과기간도 짧다.

 ⑥ 유행성 간염

   ㉠ 병원체 : 유행성 간염 바이러스

   ㉡ 감염경로 : 바이러스가 환자의 대변, 인후 분비물, 혈액, 체액 등으로 배출된 후 음식물이나 수혈을 통하여 전파된다. 물, 우유, 식품 등을 통하여 감염되나 대변을 통한 경구적 전파가 가장 많다.

ⓒ 잠복기 : 25일 정도

ⓔ 증상 : 발열, 두통, 위장장애 등을 거쳐 황달이나 간경변증으로 발전한다.

⑦ 성홍열

　ⓐ 병원체 : 발적 독소를 생성하는 용혈성 연쇄상구균

　ⓑ 잠복기 : 4~7일간

　ⓒ 증상 : 40℃ 내외의 발열과 편도선 종양, 붉은 발진이 온몸에 나타난다.

　ⓔ 감염경로 : 비말감염과 인후 분비물의 식품오염을 통해서 전파된다.

⑧ 디프테리아

　ⓐ 병원체 : 코리네박테리움 디프테리아(Corynebacterium Diphtheriae)

　ⓑ 증상 : 코리네박테리움 디프테리아가 후두의 점막에서 증식하여 염증을 일으키고 체외 독소를 분비하여 혈류를 통해 신체 각 부분에 질병을 유발한다.

　ⓒ 잠복기 : 3~5일

　ⓔ 감염경로 : 주로 환자의 코와 인후 분비물, 기침 등을 통하여 전파된다.

제 2 절　인수공통감염병

(1) 인수공통감염병의 의의

① 정의 : 사람과 동물이 같은 병원체에 의하여 발생하는 질병 또는 감염 상태로 특히 동물이 사람에게 옮기는 감염병이다.

② 식용 동물에 발병되는 인수공통감염병 : 탄저, 브루셀라증(Brucellosis), 결핵(結核), 돈단독증, 야토병, 렙토스피라증(Leptospirosis) 등

③ 예방법

　ⓐ 병에 걸린 동물의 조기발견과 격리치료 및 예방접종을 철저히 하여 감염병 유행을 예방한다.

　ⓑ 병에 걸린 동물의 사체와 배설물의 소독을 철저하게 하고, 탄저병일 경우에는 고압살균이나 소각처리를 실시한다.

　ⓒ 우유의 살균처리(브루셀라증, 결핵, Q열의 예방상 중요)를 실시한다.

　ⓔ 병에 걸린 가축의 고기, 뼈, 내장, 혈액의 식용을 삼간다.

　ⓜ 수입가축이나 고기·유제품의 검역 및 감시를 철저히 한다.

(2) 주요 인수공통감염병의 특징

① 탄저(Anthrax)

　ⓐ 병원체는 탄저균(*Bacillus Anthracis*)으로 소, 돼지, 양 등에서 발병한다.

ⓒ 목축업자, 도살업자, 피혁업자 등에게 피부상처를 통하여 감염될 수 있고, 경구적 또는 흡입에 의해 감염되며 잠복기는 4일 이내이다.

ⓒ 피부를 통해 감염되어 악성 농포를 만들고 주위에 침윤, 부종, 궤양을 일으키는 피부 탄저와 포자를 흡입하여 폐렴 증상을 보이는 폐탄저, 감염된 수육을 먹어 구토와 설사 등을 일으키는 장탄저 등이 있다.

② 브루셀라증(파상열)

ⓒ 브루셀라균이 사람에게는 열성 질환을 일으키며, 소, 돼지, 양, 염소 등에는 감염성 유산을 일으킨다.

ⓒ 14~30일 정도의 잠복기를 거쳐 불규칙한 발열이 계속되며(파상열), 발한, 근육통, 불면, 관절통, 두통 등이 따른다.

ⓒ 사람에는 불현성 감염이 많고 간이나 비장이 붓고 패혈증을 일으키기도 한다.

③ 결 핵

ⓒ 병원체인 *Mycobacterium Tuberculosis*가 사람, 소, 조류에 감염되어 결핵을 일으키며 유아의 결핵은 우형결핵균에 의한다.

ⓒ 잠복기는 불분명하며 소의 결핵균은 주로 뼈나 관절을 침범하여 경부 림프선 결핵을 일으킨다.

ⓒ 예방법으로는 정기적으로 투베르쿨린(Tuberculin) 검사를 실시하여 결핵 감염 여부를 조기에 발견하는 것과 오염된 식육과 우유의 식용을 금지하는 것이 중요하다. 또한 결핵예방을 위해 BCG가 경구적으로 쓰인다.

④ 돈단독증

ⓒ 돈단독균(*Erysipelothrix Rhusiopathiae*)에 의해서 발생하는 돼지의 감염병으로 돼지의 패혈증을 일으킨다. 소, 말, 양, 닭에서도 볼 수 있다.

ⓒ 사람의 감염은 주로 피부상처를 통해서 이루어지며, 잠복기는 10~20일이다.

ⓒ 예방으로는 이환 동물의 조기 발견, 격리 치료 및 소독을 철저히 하고 예방접종을 한다.

⑤ 야토병

ⓒ 병원체 *Francisella Tularensis*에 의해 발병하며 산토끼나 설치류 동물 사이에 유행하는 감염병으로 감염된 산토끼나 동물에 기생하는 진드기, 벼룩, 이 등에 의해 사람에게 감염된다.

ⓒ 잠복기는 1~10일(보통 3~4일)이며, 주요 증상은 두통, 오한, 발열, 불쾌감 등이 나타난다.

ⓒ 예방법으로는 토끼고기를 조리할 때 가열을 충분히 하고 유원지에서 생수를 마시지 않는다. 상처가 있을 때는 주의하여야 한다.

⑥ 렙토스피라증(Weil병)

ⓒ 렙토스피라(*Leptospira*)라는 병원체에 의해 생기는 감염병으로 소, 개, 돼지, 쥐 등이 감염된다.

ⓒ 사람은 감염된 쥐의 오줌으로 오염된 물, 식품 등에 의해 경구적으로 감염되며, 잠복기는 5~7일이다.

ⓒ 주요 증상은 39~40℃ 정도의 고열과 오한, 두통, 근육통과 심장, 간, 신장에 장애를 일으킨다.

ⓔ 예방법으로는 사균(死菌) 백신과 손·발의 소독 및 쥐의 구제가 필요하다.

⑦ 비 저

ⓐ 병원체 *Pseudomonas Mallei*에 의해 발병되는 것으로, 말, 당나귀, 노새, 산양, 고양이 등의 호흡기 및 소화기 궤양을 일으킨다.

ⓑ 사람은 입, 피부 및 기도를 통하여 감염되며, 잠복기는 3~5일이다.

⑧ 리스테리아증(Listeriosis)

ⓐ 리스테리아(*Listeria*)균이 가축류나 가금류와 사람에게 질병을 일으킨다.

ⓑ 사람은 동물과 직접 접촉하거나 오염된 식육, 유제품 등을 섭취하여 감염되고 오염된 먼지를 흡입하여 감염되기도 한다.

ⓒ 잠복기는 3일에서 수주일이며, 뇌척수막염과 임산부의 자궁 내 패혈증·태아사망을 유발한다. 신생아는 감염되면 높은 사망률을 나타낸다.

ⓓ 사람의 경우에는 페니실린, 테트라시클린 등으로 치유가 가능하다.

제 3 절 기생충

(1) 기생충의 감염경로

기생충의 감염경로는 경구, 경피 및 태반감염 등으로 대별할 수 있다. 특히 경구감염은 식품위생과 밀접한 관계가 있으며 기생충의 종류에 따라 그 감염방법이 다르다.

① 감염형 유충을 가진 알에 의한 감염 : 회충, 편충 등
② 감염형 유충에 의한 경구감염 : 십이지장충, 동양모양선충
③ 중간숙주와 함께 경구감염 : 중간숙주를 갖는 모든 기생충

(2) 식육에 의한 기생충 감염

수육의 조리·가공과정에서 불충분한 열처리에 따라 수육의 근육에 기생하는 낭충이 인체에 감염된다. 세계적으로 널리 분포되어 있는 기생충은 선모충으로, 돼지, 육식 야생동물, 해중 포유류가 모두 중간숙주 및 종말숙주를 겸하는 특이한 기생충이다.

① 무구조충(민촌충)

ⓐ 흡반에 갈고리가 없고 소를 중간숙주로 하기 때문에 소고기촌충이라고도 한다.

ⓑ 몸길이는 4~10m, 편절이 1,000개 이상의 대형 기생충이다.

ⓒ 충체 말단부의 편절 내의 자궁에서 발육한 충란은 편절과 함께 체외로 배출되어 목초에 묻은

것을 중간숙주인 소가 섭취하면 십이지장에 도달하여 알껍질을 벗고 유충이 되어 나온다.

 ② 유충은 장벽을 뚫고 혈류나 임파류를 따라 근육 등의 조직에 침입하여 약 2개월 후 무구낭충이 된다. 낭충은 허리, 두부, 혀, 심장 등 운동량이 큰 근육에 주로 기생하지만 각종 장기의 내장근에서도 발견된다. 이 낭충이 사람에게 경구감염되면 소장상부에 기생하며, 약 2개월 후 성충이 된다.

 ⑩ 임상증세는 현저하지 않지만 두통, 식욕이상, 오심, 설사 등 소화기계 증세를 보이는 경우도 있으나 더 큰 고통은 편절이 항문에서 자동성(自動性)을 가지고 배출되기 때문에 심한 불쾌감을 갖게 된다.

 ⑭ 예방법은 소고기 생식을 금하고 충분히 가열처리 후 섭취하는 것이 좋다.

② **유구조충(갈고리 촌충)**

 ㉠ 두절에 갈고리가 있고 돼지를 중간숙주로 하는 경우가 많아 돼지고기촌충으로도 불린다.

 ㉡ 무구조충과 비슷한 대형 조충이지만 체장이 3~4m가량으로 약간 짧고 편절은 800~1,000개 정도이다.

 ㉢ 소장에 기생하는 성충의 말단 편절과 함께 충란이 체외로 배출된다. 배출된 충란이 돼지에게 섭취되면 소장에서 부화하여 혈액의 흐름을 타고 근육에 퍼지고 발육하여 낭충이 된다. 사람이 이 돼지고기를 섭취하면 낭충은 소장에서 껍질을 벗고 발육하여 약 2개월이 지나면 성충이 된다.

 ㉣ 예방법으로는 돼지고기를 충분히 가열처리 후 섭취하는 방법이 최선책이다.

③ **선모충** : 사람은 주로 돼지고기에 의하여 감염되며 한 숙주에서 성충과 유충을 발견할 수 있는 것이 특징이다. 피낭유충의 형태로 기생하고 있는 돼지고기를 사람이 섭취함으로써 인체기생이 이루어지는데 소장벽에 침입한 유충 때문에 미열, 오심, 구토, 설사, 복통 등이 일어난다. 특히, 40℃ 이상의 발열과 근육통을 일으키고 얼굴에 부종이 온다.

(3) 선충류에 의한 감염과 예방법

① **회충증**

 ㉠ 특 징

  • 우리나라에서 가장 높은 감염률을 나타내는 기생충이다.

  • 전세계적으로 가장 많이 분포되어 있다.

  • 한랭한 지방보다 따뜻하고 습한 지방에 많다.

  • 생활양식이 비위생적인 지역에 많다.

  • 성인보다는 소아에게 많다.

 ㉡ 병원체 : *Ascaris Lumbricoides*

 ㉢ 감 염

  • 분변으로 나온 회충 수정란이 자연조건에서 2주일이면 자충을 가진 감염형이 된다.

  • 오염된 채소, 불결한 손, 파리의 매개 등으로 경구침입한다.

- 위에서 부화하여 심장, 폐포, 기관지, 식도를 거쳐 소장에 정착한다.
- 감염 75일 후 성충이 되어 산란한다.

    ② 증상 : 권태, 미열, 소화장애, 식욕이상, 이미증, 구토, 변비, 복통, 빈뇨, 두드러기증, 충양돌기염(충수염), 췌장염, 유충성 폐렴

    ⑩ 예방법

- 70℃에서 몇 초 사이에 사멸(식품 열처리)
- 청정채소 장려
- 환경 개선 및 철저한 개인위생(파리 구제)
- 위생적인 식생활
- 철저한 분변관리, 분뇨는 완전히 부숙한 후 사용
- 집단구충 실시

매개물에 의한 분류
- 채소를 매개로 감염되는 기생충 : 회충, 구충, 요충, 편충, 동양모양선충 등
- 육류를 매개로 감염되는 기생충 : 유구조충, 무구조충 등
- 어패류를 매개로 감염되는 기생충 : 폐디스토마(폐흡충), 간디스토마(간흡충)

---

② 구충증(십이지장충)

    ㉠ 특 징

- 온대와 아열대 지방인 우리나라, 일본, 중국, 북부아프리카 및 남부유럽지역에 널리 분포한다.
- 검변에 의한 충란의 검출로 진단한다. 기생부위는 십이지장이다.

    ㉡ 병원체 : *Ancylostoma Duodenale*

    ㉢ 감 염

- 사람의 분변과 함께 나온 충란이 자연환경에서 부화하여 감염형의 피낭자충이 된다.
- 피낭자충으로 오염된 식품 또는 물을 섭취하거나 피낭자충이 피부를 뚫고 침입함으로써 감염된다(주로 음식물, 손 또는 발의 피부를 거쳐 침입하는 경피감염).
- 밭에서 맨발로 작업할 때 감염되기도 한다.

    ㉣ 증 상

- 침입부위에는 소양감이 있으며, 침입 초기에는 구토, 기침, 구역 등을 일으킨다.
- 소장의 윗부분에 붙어서 빈혈 및 소화기 장애 등의 증상을 일으킨다.
- 어린아이의 경우 신체와 지능의 발육을 더디게 한다.

    ㉤ 예방법

- 회충의 예방과 동일하다.
- 분변 중에서는 75일간 생존하나 직사광선에서는 단시간 내에 사멸한다.

- 70℃에서 1초 만에 죽는다. → 각종 소독약에 잘 죽는다.
- 특히 경피침입하므로 인분을 사용한 밭에서는 맨발로 작업하지 않는다.

③ 요충증
    ㉠ 특 징
- 침식을 같이 하는 사람들 중 한 사람이라도 감염되면 전원이 집단으로 감염될 수 있다. 성충은 장에서 나와 항문 주위에 산란하는데 주로 밤에 활동한다(항문소양증 발생). 가려운 부위를 긁으면 습진과 염증이 생겨서 2차적인 세균감염이 유발될 수 있다.
- 주로 어린이에게 감염률이 높다.

    ㉡ 병원체 : *Enterobius Vermicularis*

    ㉢ 감 염
- 인분에 의한 경구적 감염 → 성숙한 충란이 불결한 손이나 음식물을 통하여 감염된다.
- 항문 주위에서 산란 → 알이 내의를 거쳐 손에 의한 접촉감염이 된다.

    ㉣ 증상 : 항문 주위에 산란하므로 항문소양감이 생겨 어린이에게는 수면 장애, 야뇨증, 체중감소, 주의력 산만을 일으킨다.

    ㉤ 예방법
- 회충의 예방과 동일하다.
- 집단감염 기생충이므로 비위생적인 집단생활을 피한다.
- 식사 전에는 손 끝을 깨끗이 씻는다.
- 집단적 구충 실시와 침실의 청결, 내의와 손의 청결이 요구된다.

아니사키스충증
- 해산 포유류인 고래, 돌고래에 기생하는 기생충이다.
- 제1중간숙주 : 잔 새우류
- 제2중간숙주 : 사람, 오징어, 명태, 대구, 가다랑어
- 사람은 제2중간숙주로 애벌레가 위 또는 장에 기생할 때 발병한다.
- 잔 새우류 등 본충에 감염된 연안 어류를 섭취할 때 감염된다.
- 예방대책 : 해산 어류의 생식 금지, 유충은 70℃로 가열하면 곧 죽고 −20℃로 냉각하면 5~6시간 안에 죽는다.

---

(4) 흡충류에 의한 감염과 예방법

① 간흡충(간디스토마)
    ㉠ 감염 : 강변지역 주민의 민물고기를 생식하는 생활습관
    ㉡ 병원체 : *Clonorchis Sinensis*
    ㉢ 병원소 : 감염된 사람, 돼지, 개, 고양이
    ㉣ 간흡충의 중간숙주
- 제1중간숙주 : 왜우렁이 → 왜우렁이(쇠우렁이) 속에서 부화하여 애벌레가 된다.
- 제2중간숙주 : 붕어, 잉어 등의 민물고기 → 근육 속에 피낭유충으로 존재한다.

- 종말숙주 : 사람, 개, 고양이 등 → 담도에 기생한다.

  ◎ 예방법
- 민물고기의 생식을 금한다.
- 민물고기 조리 후 조리기구를 청결히 한다.
- 생수를 마시지 않는다.
- 인분관리를 철저히 한다.
- 개, 고양이 등의 보충(감염된)동물을 치료, 관리한다.

② **폐흡충(폐디스토마)**

  ㉠ 감염 : 산간지역

  ㉡ 병원체 : *Paragonimus Westermani*

  ㉢ 폐흡충의 중간숙주
- 제1중간숙주 : 다슬기
- 제2중간숙주 : 가재, 게 → 내장, 아가미, 근육 등에 분포·기생한다.
- 종말숙주 : 사람, 개, 고양이, 호랑이, 야수 등

  ㉣ 예방법
- 민물게와 가재의 생식을 금지한다.
- 유행지역에서는 생수를 마시지 않는다.
- 환자의 객담을 위생적으로 처리한다.
- 이환동물을 관리한다.

(5) 조충류에 의한 감염과 예방법

① **광절열두조충(긴촌충)**

  ㉠ 병원체 : *Diphyllobothrium Latum*

  ㉡ 제1중간숙주 : 물벼룩

  ㉢ 제2중간숙주 : 송어, 연어

  ㉣ 소장 상부에서 장벽에 부착하여 성장하며, 6~20년간 생존한다.

  ㉤ 예방법 : 송어나 연어의 생식을 금지한다.

② **유구조충(갈고리촌충)**

  ㉠ 병원체 : *Taenia Solium*

  ㉡ 숙주 : 돼지

  ㉢ 감염 : 돼지고기 생식에 의한 충란 섭취로 뇌, 안구, 근육, 장벽, 심장, 폐 등에 낭충증 감염

  ㉣ 증상 : 불쾌감, 상복부 동통, 식욕부진, 소화불량

  ㉤ 예방법 : 돼지고기 생식 금지, 돼지 사료의 분변 오염을 방지한다.

③ **무구조충(민촌충)**

  ㉠ 병원체 : *Taenia Saginata*

ⓛ 숙주 : 소 → 소의 근육 속에서 낭충이 된다.

ⓒ 증상 : 불쾌감, 상복부 둔통, 식욕부진, 소화불량

ⓔ 예방법 : 소고기 생식을 금지한다.

기생충의 중간숙주

1. 기생충 : 기생 생활, 즉 생물체로부터 필요한 영양분을 섭취하는 생활을 하는 생물체인 충을 말한다.
2. 기생충의 숙주와 중간숙주
   - 숙주 : 한 종류의 기생충이 여러 종류의 생물체를 감염시킬 수 있을 때 가장 많이 발견되는 생물체 → 기생 당하는 생물체
   - 중간숙주
     - 기생충의 생활사 중에서 애벌레 기간만을 보유하거나 무성 생식기를 보유하는 생물체
     - 유충이 다른 동물에서 성숙된 후 인체에 기생하는 과정 중에 기생하는 생물체
3. 기생충의 중간숙주 유무
   - 중간숙주가 없는 기생충 : 회충, 구충(십이지장충), 요충, 편충, 이질아메바, 톡소플라스마, 트리코모나스
   - 중간숙주가 하나뿐인 기생충 : 사상충(모기), 무구조충(소), 유구조충(돼지), 말라리아원충(사람), 선모충(돼지)
   - 중간숙주가 둘인 기생충 : 간흡충(간디스토마, 쇠우렁이와 민물고기), 폐흡충(폐디스토마, 다슬기, 게, 가재), 긴촌충(광절열두조충, 물벼룩)

제 **4** 절   **위생동물**

(1) 쥐

① 종류 : 약 2,000여 종(우리나라 : 약 20여 종)

② 식품위생상 문제가 되는 쥐 : 지붕쥐(곰쥐), 생쥐, 시궁쥐(집쥐) 등

③ 쥐에 의한 피해

    ⓞ 식품이나 기물을 파괴하고 농작물에 피해를 준다.

    ⓛ 식품을 오염시켜 각종 감염병[렙토스피라증(Weil병), 서교증, 페스트, 발진열, 이질, 살모넬라증, 양충병, 쯔쯔가무시증, 유행성 출혈열, 신증후군출혈열]과 식중독(살모넬라), 기생충(선모충, 왜소조충, 일본주혈흡충)을 매개한다.

④ 쥐의 구제 : 살서제와 쥐덫, 쥐틀 등을 이용하여 쥐를 박멸한다. 쥐의 둥지나 먹이를 제거하여 쥐의 침입을 막는다.

(2) 파 리

① 종류 : 수천여 종

② 식품위생상 문제가 되는 파리 : 쥐파리, 쉬파리, 검정파리, 금파리, 초파리, 벼룩파리 등

③ 파리에 의한 피해

    ㉠ 불쾌감이나 불결감을 주고, 병원체를 전파시킨다.

    ㉡ 세균성 소화기계 질환(이질, 장티푸스, 콜레라, 살모넬라증 등) 및 감염병(소아마비, 결핵, 한센병, 화농성 질환 등)을 전파한다.

    ㉢ 회충, 십이지장충, 요충, 편충 등의 유충을 전파시켜 기생충증 발병을 유발한다.

    ㉣ 파리 유충증을 일으켜 설사, 복통, 구토, 발열, 혈변 등을 초래한다.

④ 파리의 구제 : 환경 위생을 개선[음식물의 진개(먼지와 쓰레기), 오물의 완전처리 및 소독]하여 파리의 발생원을 제거하고, 살충제·접촉제·독살제 등을 이용하여 파리를 근절시킨다.

(3) 바 퀴

① **종류** : 전세계적으로 약 4,000여 종(우리나라 : 독일바퀴, 이질바퀴, 검정바퀴 등 9종)

② 식품위생과 관련 있는 바퀴

    ㉠ 독일바퀴 : 우리나라에서 가장 많이 발견되는 종류이며 황갈색이다.

    ㉡ 이질바퀴 : 우리나라 남부지방에서 발견되며 몸집이 비교적 크다.

    ㉢ 검정바퀴 : 색깔이 흑갈색이며 몸집이 비교적 크다.

    ㉣ 일반바퀴 : 흑갈색이며 검정바퀴보다 좀 작다.

③ 생 태

    ㉠ 알 → 유충 → 성충으로 발육하는 곤충(자충은 1~10개월에 걸쳐 성충이 됨)으로 다른 곤충에 비해 번식속도가 느린 편이다.

    ㉡ 잡식성이며 어둡고, 습하고, 따뜻한 곳을 좋아한다.

    ㉢ 야행성이고 집단생활을 한다.

④ 바퀴의 피해

    ㉠ 혐오감을 주고 피부병이나 호흡기 질환을 일으킨다.

    ㉡ 바퀴의 분변으로 발암성 물질과 돌연변이성 물질을 감염시킨다.

    ㉢ 콜레라, 장티푸스, 이질, 결핵, 소아마비, 살모넬라증, 페스트 등의 병원체를 식품에 운반한다.

    ㉣ 민촌충, 회충 등의 기생충 유충과 아스페르길루스 니게르(Aspergillus Niger) 등의 곰팡이를 운반하여 감염시킨다.

⑤ 바퀴의 구제

    ㉠ 바퀴가 발생하기 쉬운 곳이나 은신처를 제거하고 음식물을 철저히 관리한다.

    ㉡ 바퀴가 잘 모이는 곳에 약제를 살포하거나 유인제를 놓아 중독사시키며, 서식처에 열탕수를 분무한다. 살충제로는 페나이트로티온과 하이드라메틸논이 있으며, 연무, 훈증, 잔류분무 등이 있다.

(4) 진드기

① **종류** : 약 1만여 종(대표적인 것 : 가루 진드기류)

② **생 태**

　㉠ 온도 20℃ 이상, 습도 75% 이상, 식품수분 13% 이상일 때 증식한다.

　㉡ 곡물, 곡분, 치즈, 분유, 과자 등의 저장 식품과 볏짚, 돗자리 등에서 많이 발생한다.

③ **진드기의 피해**

　㉠ 불쾌감을 주며, 식품을 손상 · 변질시켜 상품가치를 떨어뜨린다.

　㉡ 병원균과 곰팡이를 식품에 옮기며, 인체진드기증을 유발한다. 유발 질병으로는 쯔쯔가무시증, 유행성출혈열, 재귀열, Q열 등이다.

④ **진드기의 구제**

　㉠ 식품을 수분함량 10% 이하로 건조시키고, 통풍을 잘 시켜 습도가 60% 이하가 되게 한다.

　㉡ 60℃에서 5분 정도 열처리하며, 냉장 · 냉동 보관하여 증식을 억제한다.

　㉢ 알루미늄박이나 밀폐용기로 식품을 밀봉하여 진드기 침입을 방지하며, 살충제 등의 약제를 사용하여 박멸한다.

적중예상문제

01 다음 중 무구조충과 유구조충에 대한 감염방지책은?

① 채소의 충분한 세척
② 손, 발의 깨끗한 세척
③ 육류의 충분한 가열
④ 육류의 충분한 세척

해설 식육은 충분히 가열 처리한 후 섭취해야 한다.

02 다음 중 식육으로부터 인간이 받을 수 있는 유해요인에 속하지 않는 것은?

① 결 핵
② 브루셀라증
③ 기생충
④ 간·폐디스토마

해설 간·폐디스토마는 어류를 매개로 하여 감염되는 기생충이다.

03 다음 중 미생물의 오염에 의해 발생하는 가축 오염의 중요한 원인으로 보기 어려운 것은?

① 가 죽
② 내 장
③ 근 육
④ 배설물

해설 동물의 근육조직에는 미생물이 존재하지 않으며 주요 오염원은 피부, 털, 장내용물, 배설물 등이다.

04 다음 설명 중 틀린 것은?

① 그람 음성균은 그람 양성균보다 내성이 약하다.
② 대부분의 식중독균은 중온성 균이다.
③ 마이크로코쿠스는 부패성 미생물이다.
④ 돼지고기의 기생충은 무구촌충이다.

해설 돼지고기의 기생충은 유구촌충이다.

05 식육을 통해 감염되는 질병을 일으키는 미생물 중 성질이 다른 것은?

① 살모넬라
② 웰치균
③ 브루셀라
④ 보툴리누스

해설 ①, ②, ④는 세균성 식중독을 일으키고, ③는 인수공통감염병을 일으킨다.

06 다음 중 경구감염병의 예방책으로서 가장 중요한 것은?

① 조리기구나 식기를 살균한다.
② 보균자의 식품 취급을 막는다.
③ 손을 잘 씻고 환경을 소독한다.
④ 식품 취급 장소의 공기를 철저히 정화한다.

해설 경구감염병은 병원 미생물이 음식물이나 손, 기구, 음료수 등을 통하여 경구적으로 체내에 침입하여 증식함으로써 발병한다. 경구감염병의 예방책으로 ①, ③, ④ 모두 맞으나 가장 중요한 것은 보균자의 식품 취급을 막아야 한다는 것이다.

07 다음 중 소고기를 생식하거나 완전히 익히지 않고 섭취한 경우 감염되는 기생충은?

① 선모충
② 유구조충
③ 무구조충
④ 갈고리촌충

해설 무구조충은 민촌충이라고도 하며 근육 속에 낭충의 형태로 존재하는데, 감염된 소고기를 생식하거나 완전히 익히지 않고 섭취하면 감염된다.

08 다음 중 감염형 식중독을 일으키는 것은?

① 포도상구균
② 바실러스균
③ 보툴리누스균
④ 살모넬라균

해설 감염형 식중독을 일으키는 균에는 살모넬라, 병원성 대장균, 장염비브리오균 등이 있다.

 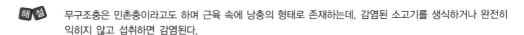

09 다음 중 병원성 대장균에 대한 설명이 아닌 것은?

① 경구적으로 침입한다.
② 주증상은 급성 위장염이다.
③ 분변 오염의 지표가 된다.
④ 독소형 식중독이다.

해설 병원성 대장균은 감염형 식중독균이다.

10 다음 중 식육으로부터 유래될 수 있는 인수공통감염병에 속하지 않는 것은?

① 결 핵
② 간 염
③ 돈단독
④ 탄 저

해설 식육으로부터 유래될 수 있는 인수공통감염병에는 결핵, 탄저, 브루셀라, 돈단독, 야토병 등이 있다.

11 다음 중 선모충에 대한 감염방지책으로 적당한 것은?

① 채소의 생식 금지
② 어류의 생식 금지
③ 소고기의 생식 금지
④ 돼지고기의 생식 금지

해설 선모충은 돼지고기의 생식으로 감염될 수 있다.

12 돼지고기를 잘 익히지 않고 먹을 때 감염되는 기생충은?

① 회 충
② 십이지장충
③ 요 충
④ 선모충

해설 선모충(Trichinella Spiralis)
사람은 주로 돼지고기에 의하여 감염되며 한 숙주에서 성충과 유충을 발견할 수 있는 것이 특징이다. 피낭유충의 형태로 기생하고 있는 돼지고기를 사람이 섭취함으로써 인체기생이 이루어지는데 소장벽에 침입한 유충 때문에 미열, 오심, 구토, 설사, 복통 등이 일어난다.

13 최근 미국에서 5년 만에 소 광우병이 발생하여 사회적인 관심을 받고 있다. 이에 대한 설명 중 틀린 것은?

① 우리나라에서는 소해면상뇌증이라는 용어를 사용하고 있다.
② 진전병(증)에 걸린 양을 동물성 사료로 만들어 초식 동물인 소에게 사료로 먹이면서 감염된 것으로 추정되고 있다.
③ 광우병에 걸린 소들은 서로 다른 증상을 보이는데, 신경질적이고 공격적인 행동을 보이기도 한다.
④ 동물성 사료의 광우병 인자에 노출된 소는 잠복기 없이 발병한다.

> **해설** 정부 및 학계는 동물성 사료의 광우병 인자에 노출된 소는 2~8년의 잠복기를 거쳐 발병한다고 추정하고 있다.

14 소고기 육회를 할 때 특히 주의해야 할 기생충은?

① 무구조충
② 유구조충
③ 광절열두조충
④ 편 충

> **해설** 육류에서 감염되는 기생충에는 돼지고기를 덜 익히거나 생식할 경우 유구조충(갈고리촌충)에 감염될 수 있고, 소고기를 덜 익히거나 생식할 경우 무구조충(민촌충)에 감염될 수 있다.

15 식중독 예방을 위한 중요한 사항으로 옳지 않은 것은?

① 식육은 저온에서 저장한다.
② 고기는 충분히 가열하여 섭취한다.
③ 식육처리장이나 기구에 대한 소독을 철저히 한다.
④ 냉장 보관된 식품은 안전하므로 보관 기간에 관계없이 그대로 섭취하여도 무방하다.

> **해설** 냉장 보관된 식품조차 오랜 기간 방치 시 부패한다.

16 소고기를 생식함으로서 감염될 수 있는 기생충은?

① 유구조충
② 광절열두조충
③ 무구조충
④ 십이지장충

> **해설** 육류에서 감염되는 기생충에는 돼지고기를 덜 익히거나 생식할 경우 유구조충(갈고리촌충)에 감염될 수 있고, 소고기를 덜 익히거나 생식할 경우 무구조충(민촌충)에 감염될 수 있다.

13 ④ 14 ① 15 ④ 16 ③ **Answer**

17 **돼지고기를 생식함으로써 감염될 수 있는 기생충은?**

① 무구조충(민촌충)

② 유구조충(갈고리촌충)

③ 십이지장충(구충)

④ 간디스토마

해설 육류에서 감염되는 기생충에는 돼지고기를 덜 익히거나 생식할 경우 유구조충(갈고리촌충)에 감염될 수 있고, 소고기를 덜 익히거나 생식할 경우 무구조충(민촌충)에 감염될 수 있다.

18 **다음 중 세균에 의한 경구감염병은?**

① 감염성 설사증

② 유행성 간염

③ 콜레라

④ 소아마비

해설 경구감염병은 콜레라, 장티푸스, 파라티푸스, 성홍열 등 세균에 의한 것과 유행성 간염, 소아마비, 감염성 설사증, 천열 등 바이러스에 의한 것, Q열 등 리케차에 의한 것, 아메바성 이질 등 원생동물에 의한 것이 있다.

19 **경구감염병의 예방 대책으로 가장 중요한 것은?**

① 식품을 냉동 보관한다.

② 보균자의 식품 취급을 막는다.

③ 식품 취급장소의 공기 정화를 철저히 한다.

④ 가축 사이의 질병을 예방한다.

20 **다음 중 제1군 법정 감염병이 아닌 것은?**

① 발진티푸스

② 페스트

③ 콜레라

④ 장티푸스

해설 제1종은 콜레라, 페스트, 장티푸스, 파라티푸스, 세균성 아질, 장출혈성대장균감염증, A형 간염 등이다.

21 유행성 간염의 설명으로 틀린 것은?

① 병원소는 환자의 분변, 혈액 등이다.
② 황달, 간장이 붓고 심한 경우 사망 할 수도 있다.
③ 병원체는 바이러스이다.
④ 잠복기는 반년 정도이다.

해설　잠복기는 10~50일, 평균 25일 정도이다.

22 이질에 대한 설명 중 틀린 것은?

① 법정감염병이다.
② 이질균은 분변으로 배출되며 잠복기간은 2~7일이다.
③ 식품을 충분히 가열하고 손의 소독을 철저히 하는 것이 좋다.
④ 예방에는 항생물질을 내복하는 것이 좋다.

해설　이질 증상이 발생하였을 때 약제를 잘못 쓰면 내성균을 만들게 되므로 주의를 요한다.

23 인수공통감염병 중에서 동물에게는 유산, 사람에게는 열병을 일으키는 질병은?

① 돈단독　　　　　　　　　　② 리스테리아
③ 파상열　　　　　　　　　　④ 결핵

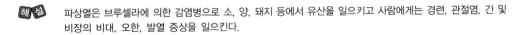

해설　파상열은 브루셀라에 의한 감염병으로 소, 양, 돼지 등에서 유산을 일으키고 사람에게는 경련, 관절염, 간 및 비장의 비대, 오한, 발열 증상을 일으킨다.

24 다음 감염병 중 곤충이 매개가 되는 것은?

① 콜레라　　　　　　　　　　② 돈단독
③ 파상풍　　　　　　　　　　④ 장티푸스

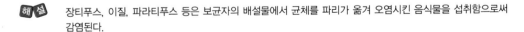

해설　장티푸스, 이질, 파라티푸스 등은 보균자의 배설물에서 균체를 파리가 옮겨 오염시킨 음식물을 섭취함으로써 감염된다.

25 Q열이 발생했다면 어느 병원균이 파괴될 때까지 가열해야 하는가?

① *Staphylococcus Aurreus*

② *Coxiella Burnetti*

③ *Brucella Duis*

④ *Mycobacterium Tuberculosis*

26 돼지고기를 충분히 가열하지 않고 섭취할 때 사람에게 감염될 수 있는 기생충은?

① 갈고리촌충, 선모충, 톡소플라스마

② 갈고리촌충, 광절열두 조충, 아니사키스

③ 갈고리촌충, 이협흡충, 유극악 구충

④ 갈고리촌충, Manson 열두조충, 요코가와 조충

해설 유구조충(갈고리촌충), 선모충, 톡소플라스마의 감염을 예방하려면 돼지고기의 생식을 금한다.

27 덜 익은 닭고기 섭취로 감염될 수 있는 기생충은?

① 유구초충

② Manson 열두조충

③ 선모충

④ 이협흡충

해설 Manson 열두조충은 제1중간숙주(물벼룩)과 제2중간숙주(닭, 개구리, 뱀 등)를 충분히 가열하지 않고 생식하였을 때 감염된다.

제 **3** 장 식품첨가물

제 **1** 절 식품첨가물의 조건

식품첨가물은 식품의 대량생산, 영양가치 향상, 보존기간 증가, 기호성 향상, 품질 향상 등을 목적으로 사용하나 그 안전성이 문제되는 경우가 많으므로 충분히 검토하여 조건을 갖추어야 한다.

① 사용방법이 간편하고 미량으로도 충분한 효과가 있어야 한다.
② 독성이 적거나 없으며 인체에 유해한 영향을 미치지 않아야 한다.
③ 물리적·화학적 변화에 안정해야 한다.
④ 값이 싸야 한다.

제 **2** 절 식품첨가물의 분류 및 특징

(1) 식품첨가물의 분류
　　① 식품의 변질·변패를 방지하는 첨가물 : 보존료, 살균제, 산화방지제, 피막제
　　② 식품의 기호성을 높이고 관능을 만족시키는 첨가물 : 조미료, 산미료, 감미료, 착색료, 착향료, 발색제, 표백제
　　③ 식품의 품질 개량·유지에 사용되는 첨가물 : 밀가루 개량제, 품질 개량제, 호료, 유화제, 이형제, 용제
　　④ 식품의 영양 강화에 사용되는 첨가물 : 영양 강화제
　　⑤ 식품 제조에 필요한 첨가물 : 팽창제, 소포제, 추출제, 껌 기초제
　　⑥ 기타 : 여과 보조제, 산제, 중화제, 흡착제, pH 조정제, 가수분해제

(2) 식품첨가물에 관한 기준 및 규격(식품위생법 제7조)
　　① 식품의약품안전처장은 국민보건을 위하여 필요하면 판매를 목적으로 하는 식품 또는 식품첨가물에 관한 다음 각 호의 사항을 정하여 고시한다.
　　　　㉠ 제조·가공·사용·조리·보존 방법에 관한 기준
　　　　㉡ 성분에 관한 규격

② 식품의약품안전처장은 ①에 따라 기준과 규격이 고시되지 아니한 식품 또는 식품첨가물의 기준과 규격을 인정받으려는 자에게 제1항 각 호의 사항을 제출하게 하여 「식품·의약품분야 시험·검사 등에 관한 법률」 제6조제3항제1호에 따라 식품의약품안전처장이 지정한 식품전문 시험·검사기관 또는 같은 조 제4항 단서에 따라 총리령으로 정하는 시험·검사기관의 검토를 거쳐 제1항에 따른 기준과 규격이 고시될 때까지 그 식품 또는 식품첨가물의 기준과 규격으로 인정할 수 있다.

(3) 식품첨가물의 구분

천연식품첨가물(치자색소, 후추, 효모, 소금 등), 화학적 합성 첨가물(타르색소, 사카린, 글루탐산나트륨)

제 **3** 절 **중요 식품첨가물의 제조기준 및 사용기준**

(1) 보존료(방부제)

① 식품 저장 중 미생물의 증식에 의해 일어나는 부패나 변질을 방지하기 위해 사용되는 방부제로서, 살균작용보다는 부패 미생물에 대하여 정균작용 및 효소의 발효 억제 작용을 한다.
  ㉠ 부패 미생물의 증식 억제 효과가 커야 하며, 식품에 나쁜 영향을 주지 않아야 한다.
  ㉡ 독성이 없거나 낮아야 하며, 사용법이 간편하고 값이 싸야 한다.
  ㉢ 무미·무취이고 자극성이 없어야 하며 소량으로도 효과가 커야 한다.
  ㉣ 공기·빛·열에 안정하고 pH에 의한 영향을 받지 않아야 한다.
② 다이하이드로초산(DHA) 및 다이하이드로초산나트륨(DHA-S)
  ㉠ 허용된 보존료 중에서 독성이 가장 높다.
  ㉡ 해리가 잘되지 않으므로 중성 부근에서도 효력이 높다.
  ㉢ 곰팡이나 효모의 발육 억제 작용이 강하다.
  ㉣ 치즈, 버터, 마가린 0.5g/kg 이하
③ 소르브산 및 소르브산칼륨
  ㉠ 미생물 발육 억제 작용이 강하지 않다.
  ㉡ 체내에서 대사되므로 안전성이 매우 높다.
  ㉢ 세균, 효모, 곰팡이에 모두 유효하지만 젖산균과 *Clostridium* 속의 세균에는 효과가 없다.
  ㉣ 치즈 3g/kg 이하, 식육제품·어육연제품·젓갈류 2g/kg 이하, 장류 및 각종 절임식품 1g/kg 이하, 잼·케첩 및 식초절임 0.5g/kg 이하, 유산균음료 0.05g/kg 이하, 과실주 0.2g/kg 이하

④ 안식향산 및 안식향산나트륨

    ㉠ 인체에 섭취하여도 오줌을 통하여 체외로 배출되므로 안전성이 높다. pH 4 이하에서 효력이 높게 나타나지만, 중성 부근에서는 효력이 없다. 살균작용과 발육저지작용이 있으며, 온수에 녹여서 사용해야 하고 흡습성이 있으므로 밀폐 용기에 보존해야 한다.

    ㉡ 청량음료, 간장, 인삼음료 0.6g/kg 이하, 알로에즙 0.5g/kg 이하

⑤ 파라옥시안식향산에스테르

    ㉠ 체외로 배설이 잘되므로 안전성이 매우 높고, 에스테르의 탄소수가 많을수록 방부력이 강해지며, 인체에 대한 안전성이 높아진다.

    ㉡ 모든 미생물에 대하여 유효하게 작용한다.

    ㉢ 간장 0.25g/L 이하, 식초 0.1g/L 이하, 청량음료(탄산음료 제외) 0.1g/kg 이하, 과일소스 0.2g/kg 이하, 과일 및 과채의 표피 0.012g/kg 이하

⑥ 프로피온산칼슘 및 프로피온산나트륨

    ㉠ 체내에서 대사되므로 안전성이 높다.

    ㉡ 효모에는 효력이 거의 없으나 세균에는 유효하다.

    ㉢ 빵, 생과자 2.5g/kg 이하, 치즈 3.0g/kg 이하 등

⑦ 파라옥시안식향산뷰틸 : 청주, 과실주, 약주, 탁주 0.05g/이하

(2) 살균제

① 식품의 부패 미생물 및 감염병 등의 병원균을 사멸하기 위해 사용되는 첨가물로서, 부패 원인균 또는 병원균에 대한 살균작용이 주가 되며 정균력도 있다. 음료수, 식기류, 손 등의 소독에 사용한다.

② 종 류

    ㉠ 표백분($CaClO_2$) : 음료수의 소독, 식기구, 식품 소독으로 사용 기준이 없다.

    ㉡ 차아염소산나트륨(NaClO) : 음료수의 소독, 식기구, 식품 소독

    ㉢ 과산화수소(H_2O_2) : 최종 제품 완성 전에 분해·제거해야 한다.

    ㉣ 이염화이소시아눌산나트륨 : 참깨에는 사용할 수 없다.

    ㉤ 에틸렌옥사이드 : 잔존량 50ppm 이하

(3) 산화방지제

① 유지의 산패 및 식품의 산화방지, 식품의 변색이나 퇴색을 방지하기 위해 사용하는 첨가물로서 항산화제라고도 한다. 수용성인 것은 주로 색소의 산화방지제로, 지용성인 것은 유지를 다량 함유한 식품의 산화방지제에 사용된다.

② BHT(다이뷰틸하이드록시톨루엔) : 유지의 항산화제로서 유지나 버터에 첨가하여 사용하고 버터의 포장지에 도포하여 사용하기도 한다(0.2g/kg).

③ 토코페롤(비타민 E) : 비타민의 일종으로 영양강화제의 목적으로도 사용하고 유지의 산화방지제로서 사용된다.

④ 아스코브산(비타민 C) : 산화방지제로서 식육제품의 변색 방지, 과일 통조림의 갈변 방지, 기타 식품의 풍미 유지에 사용한다.

⑤ 에리소브산(Erythorbic Acid) : 산화방지의 목적 외에는 사용을 금지한다.

⑥ 에리소브산나트륨 : 식육제품, 맥주, 주스

⑦ BHA(뷰틸하이드록시아니솔), 몰식자산프로필

(4) 조미료(정미료)

① 식품의 가공·조리 시에 식품 본래의 맛을 한층 돋우거나 기호에 맞게 조절하여 맛과 풍미를 좋게 하기 위하여 첨가하는 것으로 맛의 종류에 따라 감미료, 산미료, 염미료, 신미료 등으로 구분한다.

② 좁은 의미에서의 조미료는 맛을 증진시킬 목적으로 첨가하는 정미료를 말하며 구연산나트륨, 사과산나트륨, 주석산나트륨, 알라닌, 호박산, 글라이신 등이 있다.

③ 조미료는 사용 기준이 규정되지 않아 대상 식품이나 사용량에 제한을 받지 않는다.

(5) 산미료

① 식품에 적합한 신맛을 부여하고 미각에 청량감과 상쾌한 자극을 주기 위하여 사용되는 첨가물로 식품에 신맛을 부여할 뿐만 아니라 향미료, pH 조절을 위한 완충제, 산성에 의한 식품보존제, 항산화제나 갈변 방지에 있어서의 시너지스트(Synergist : 상승제), 제과·제빵에서의 점도 조절제 등의 목적으로도 사용되고 있으며 사용 제한은 없다.

② 구연산 : 청량음료, 치즈, 잼, 젤리 등 염기성의 산이며 무색·무취의 결정체로 알코올과 물에 녹는다.

　㉠ 빙초산 : 피클, 케첩, 사과시럽, 치즈, 케이크 등

　㉡ 기타 : 아디프산, 사과산, 주석산, 젖산, 초산, 인산 등

(6) 감미료

① 식품에 단맛(감미)을 주고 식욕을 돋우기 위하여 사용되는 첨가물이다. 용량에 따라서는 인체에 해로운 것도 있어 사용기준이 정해져 있으며 설탕은 가장 널리 쓰이는 천연 감미료이다. 감미도는 설탕을 1로 했을 때 사카린나트륨 500, 글리실리진산이나트륨 200, D-소르비톨 0.7, 아스파탐 180~200배 정도지만 감미의 질이 설탕보다 떨어진다.

② 사카린나트륨 : 건빵, 생과자, 청량음료 외 식빵, 이유식, 벌꿀, 알사탕, 물엿, 포도당, 설탕 등에는 사용이 금지된다.

③ 글리실리진산이나트륨 : 된장, 간장 외의 식품에는 사용이 금지된다.

④ 기타 : D-소르비톨, 아스파탐, 글라이신 등이 있다.

(7) 착색료

① 식품의 가공 공정에서 퇴색되는 색을 복원하거나 외관을 보기 좋게 하기 위하여 착색하는데 인공적으로 착색하여 천연색을 보완·미화하며, 식품의 매력을 높여 소비자의 기호성을 충족시켜 식품의 가치를 향상시키기 위하여 첨가하는 물질을 말한다.

② 타르(Tar)색소 : 식용 타르색소는 모두 수용성이므로 물에 용해시켜 착색시키는 것으로, 착색료 중에서 사용하는 빈도가 가장 높다.

　　㉠ 허용된 타르색소류 : 타르색소는 색상이 좋아 많이 사용하였으나 유독성이 문제가 되어 녹색 3호, 적색 2호, 적색 3호, 적색 40호, 적색 102호, 청색 1호, 청색 2호, 황색 4호(단무지), 황색 5호만 허용하고 있다.

　　㉡ 타르색소의 사용제한 : 타르색소는 허용된 종류라 할지라도 사용대상 식품이 제한되어 있다. 면류, 겨자류, 다류, 과일주스, 잼, 케첩, 벌꿀, 건강보조식품, 특수영양식품, 식빵, 장류, 젓갈, 식초, 소스, 고춧가루, 후춧가루, 겨자, 햄, 식용유, 버터, 마가린 등에는 타르색소의 사용이 금지되어 있다.

③ β-카로틴 : 카로티노이드(Carotenoid)계의 대표적인 색소로서 비타민 A의 효력을 갖고 있으며 색소의 일정화 면에서 우수하다. 베타 카로티노이드(β-carotenoid)는 치즈, 버터, 마가린, 라드, 아이스크림 등에 착색료로 쓰인다.

④ 황산구리 : 과채류 저장품

⑤ 구리클로로필린나트륨 : 과채류 저장품, 다시마, 껌, 완두콩

(8) 착향료

① 식품 자체의 냄새를 없애거나 변화시키거나 강화하기 위해 사용되는 첨가물로 상온에서의 휘발성(揮發性)으로 특유한 방향(芳香)을 느끼게 함으로써 식욕을 증진할 목적으로 첨가되는 향료를 말한다.

② 천연 향료에는 레몬 오일, 오렌지 오일, 천연과즙 등이 있고, 합성 향료에는 지방산, 알코올 에스테르, 계피알데하이드, 바닐린 등이 있다.

③ 식품에 향료를 사용할 때에는 향료의 대부분이 휘발성이므로 식품을 냉각시킨 후 첨가해야 하며, 식품 중의 알칼리성 성분이나 공기, 금속, 항산화제 등에 의하여 쉽게 변질되므로 주의해야 한다.

(9) 발색제(색소고정제)

① 발색제 자체에는 색이 없으나 식품 중의 색소 단백질과 반응하여 식품 자체의 색을 고정(안정화)시키고, 선명하게 하거나 발색되게 하는 물질이다.

② 종 류

　　㉠ 육제품 발색제 : 아질산나트륨, 질산나트륨, 아질산칼륨, 질산칼륨

　　㉡ 식물성 식품의 발색제 : 황산제1철, 황산제2철, 소명반

ⓒ 식육제품, 경육제품의 사용기준 : 0.07g/kg 이하

ⓔ 어묵소시지, 어육햄의 사용기준 : 0.05g/kg 이하

(10) 표백제

식품 본래의 색을 없애거나 퇴색, 변색 또는 잘못 착색된 식품에 대하여 화학 분해로 무색이나 백색으로 만들기 위하여 사용하는 첨가물이다.

① 환원 표백제 : 메타중아황산칼륨, 무수아황산, 아황산나트륨, 산성아황산나트륨, 차아황산나트륨

② 산화 표백제 : 과산화수소

(11) 밀가루(소맥분) 개량제

① 제분된 밀가루를 표백하며 숙성 기간을 단축시키고 제빵 효과의 저해 물질을 파괴시켜 분질(粉質)을 개량할 목적으로 첨가하는 것이다.

② 밀가루 개량제의 효과는 산화 작용에 의한 표백 작용과 숙성 작용이지만, 표백 작용은 없고 숙성 작용만 갖는 것도 있다.

③ 밀가루의 표백과 글루텐의 성질을 강화하여 제빵, 제면의 적성이 좋게 개량한다.

④ 과산화벤조일, 과황산암모늄, 브로민산칼륨, 이산화염소, 스테아릴젖산칼슘 등이 사용된다.

(12) 품질 개량제(결착제)

① 식품의 결착성을 높여서 씹을 때 식욕 향상, 변색 및 변질 방지, 맛의 조화, 풍미 향상, 조직의 개량 등을 위하여 사용하는 첨가물이다.

② 종류 : 피로인산염, 폴리인산염, 메타인산염, 제1인산염, 제2인산염, 제3인산칼륨 등이 있으며 사용 제한이 없다.

(13) 호료(증점제)

① 호료는 식품의 점착성 증가, 유화 안정성 향상, 가열이나 보존 중 선도 유지, 형체 보존 및 미각에 대해 점활성을 주어 촉감을 부드럽게 하기 위한 첨가 물질이다.

② 호료는 식품에 사용하면 증점제로서의 역할을 하며 분산 안정제(아이스크림, 유산균 음료, 마요네즈), 결착 보수제(햄, 소시지), 피복제 등으로도 이용되고 있다. 천연 호료로는 우유의 카세인, 밀가루의 글루텐, 찹쌀의 아밀로펙틴 등을 들 수 있다.

③ 종류 : 카복시메틸셀룰로스, 알긴산나트륨, 알긴산프로필렌글리콜, 폴리아크릴산나트륨, 카세인, 산탄검

(14) 유화제

① 서로 잘 혼합되지 않는 두 종류의 액체를 분리되지 않게 하기 위하여 즉, 분산된 액체가 재응집하지 않도록 안정화시키는 역할을 하는 것이 유화제 또는 계면활성제이다.

② 유화제는 적절한 배합으로 친수성과 친유성을 알맞게 조정하면 상승효과가 있고 유연성 지속 및 노화방지 등의 목적으로 식품 가공에 널리 쓰인다.

③ 유화제는 마가린·아이스크림·껌·초콜릿 등에는 유화 목적으로, 빵이나 케이크 등에는 노화 방지 목적으로, 커피·분말차·우유 등에는 분산 촉진제로서 이용한다.

④ **종류** : 글리세린지방산에스테르, 소르비탄지방산에스테르, 자당지방산에스테르, 프로필렌글리콜지방산에스테르, 대두레시틴(대두 인지질) 등이 사용되며 대개 0.1~0.5% 이하를 첨가한다.

(15) 이형제

이형제는 빵의 제조 과정 중에서 반죽이 분할기로부터 잘 분리되고, 구울 때 빵틀로부터 빵의 형태를 유지하면서 분리되도록 하기 위해 사용되는 것으로 유동 파라핀만 허용되어 있다.

(16) 용 제

각종 첨가물을 식품에 균일하게 혼합시키기 위하여 사용하는 첨가물로서, 물과 잘 혼합되거나 유지에 잘 녹는 성질이 있어야 한다. 물, 알코올 등을 사용하고 있으나 현재 허용되고 있는 용제는 글리세린(Glycerin)과 프로필렌글리콜(Propylene Glycol)이 있다.

(17) 영양 강화제

영양 강화제는 식품의 영양을 강화하는 데 사용되는 첨가물이다. 비타민류와 필수 아미노산을 위주로 한 아미노산류, 그리고 칼슘제, 철제 등의 무기염류가 강화제로서 첨가된다. 종류로는 구연산철, 구연산칼슘 등이 있다.

(18) 팽창제

빵, 과자 등을 만드는 과정에서 CO_2, NH_3 등의 가스를 발생시켜 부풀게 함으로써 연하고 맛을 좋게 하는 동시에 소화되기 쉬운 상태가 되게 하기 위하여 사용하는 첨가물이다. 팽창제로는 이스트(효모)와 같은 천연품과 탄산염, 암모늄염 등의 화학적 합성품이 있다.

(19) 소포제

식품의 제조 공정에서 생기는 거품이 품질이나 작업에 지장을 주는 경우에 거품을 소멸 또는 억제시키기 위해 사용되는 첨가물로서, 규소수지(Silicone Resin)만이 허용되고 있다.

(20) 추출제

추출제는 천연 식물에서 특정한 성분을 용해·추출하기 위해 사용되는 일종의 용매이며 n(노멀)-헥산만 허용되고 있다. 식용 유지를 제조할 때 유지를 추출하는 데 사용된다.

(21) 껌 기초제

껌이 적당한 점성과 탄력성을 유지하는 데 중요한 역할을 하는 것으로, 화학적 합성품인 에스테르검, 폴리뷰텐, 폴리아이소뷰틸렌, 초산비닐수지 등의 합성수지가 많이 사용되고 있다.

(22) 피막제

과일이나 채소류의 선도를 오랫동안 유지하기 위해 표면에 피막을 만들어 호흡작용과 증산작용을 억제시키는 것으로, 몰포린지방산염(과일, 과채류)과 초산비닐수지(과일, 과채류) 두 종류가 허용된다.

01 다음 중 보존료로서의 구비조건이 아닌 것은?

① 미생물의 발육 저지력이 강할 것

② 독성이 없고 값이 저렴할 것

③ 색깔이 양호할 것

④ 미량으로 효과가 있을 것

해설 보존료의 구비조건은 무색, 무미, 무취일 것

02 다음 중 유해성 보존료가 아닌 것은?

① 붕 산　　　　　　　　② 불소화합물

③ 승 홍　　　　　　　　④ D−sorbitol

해설 붕산, Formaldehyde, 불소화합물(HF, NaF), β−naphithol, 승홍 등은 유해보존료이다.

03 다음 중 독성이 커서 사용이 취소된 식품첨가물은?

① Dyhydro Acetic Acid

② Nitrofurazone

③ Sodium Propionate

④ Sodium Benzoate

04 식품첨가물의 사용목적에 따라 분류할 때 식품의 변질 및 변패를 방지하는 첨가물로 볼 수 없는 것은?

① 산화방지제

② 보존료

③ 살균제

④ 산미료

해설 산미료, 감미료, 조미료, 착색료, 착향료, 발색제, 표백제는 관능을 만족시키는 첨가물이다.

1 ③　2 ④　3 ②　4 ④　**Answer**

05 산화방지제의 특성은?

① 카보닐화합물 생성 억제
② 아미노산 생성 억제
③ 유기산의 생성 억제
④ 지방산의 생성 억제

06 함유된 첨가물의 명칭과 그 함량을 표시하지 않아도 되는 첨가물은?

① 합성착색료　　　　　　　　② 착향료
③ 합성보존료　　　　　　　　④ 발색제

해설 착색제는 사용량의 규제는 없다.

07 다음 중 유지의 산화방지에 쓰이는 것은?

① Vitamin A　　　　　　　② Vitamin D
③ Vitamin E　　　　　　　④ Vitamin F

해설 유지의 산화방지제로는 주로 Vitamin E, BHA, BHT, Prophy gallate, Sodium L-ascorbate 등이 있다.

08 식용착색제의 구비 조건이 아닌 것은?

① 체내에 축적되지 않을 것
② 독성이 없을 것
③ 영양소를 함유하지 않을 것
④ 미량으로 착색효과가 클 것

해설 식용착색제는 영양소를 함유하면 더욱 좋다.

09 식품을 보존 시 사용하지 못하게 하는 첨가물은?

① 항생제　　　　　　　　　② 보존료
③ 결착제　　　　　　　　　④ 항산화제

해설 항생제는 내성균 문제로 사용이 엄격히 제한된다.

10 물과 기름처럼 서로 혼합이 잘 되지 않는 두 종류의 액체를 혼합·분산시켜 주는 첨가물은?

① 용 제
② 산화방지제
③ 보존료
④ 유화제

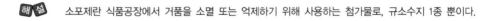
해설 식품에 사용할 수 있는 유화제는 글리세린지방산 에스테르, 소르비탄지방산 에스테르, 대두인지질, 폴리소르베이트 등이 있다.

11 식품제조 공정 중에 거품을 소멸시키기 위해 사용되는 첨가물은?

① 유화제
② 보존료
③ 팽창제
④ 규소수지

해설 소포제란 식품공장에서 거품을 소멸 또는 억제하기 위해 사용하는 첨가물로, 규소수지 1종 뿐이다.

12 육제품 제조과정에서 염지를 실시할 때 아질산염의 첨가로 억제되는 식중독균은?

① *Clostridium Botulinum*
② *Salmonella spp.*
③ *Pseudomonas Aeruginosa*
④ *Listeria Monocytogenes*

13 다음 중 아스코브산의 사용목적과 관련이 먼 것은?

① 보수성의 개선
② 염지촉진
③ 육색의 보존
④ 항산화 효과

해설 아스코브산의 효과 : 항산화효과, 염지촉진 및 육색보존, Nitrosamines 형성억제, Clostridium의 독소생산억제 등

14 산화방지제에 해당하는 식품첨가물은?

① 에리소브산나트륨

② 아질산이온

③ 소브산

④ 프로피온산

 식품첨가물의 가장 중요한 역할은 '식품의 보존성을 향상시켜 식중독을 예방한다'는 것이다. 식품에 포함되어 있는 지방이 산화되면 과산화지질이나 알데하이드가 생성되어 인체 위해요소가 될 수 있으며, 또한 식품 중 미생물은 식품의 변질을 일으킬 뿐만 아니라 식중독의 원인이 되므로, 이를 방지하기 위해 산화방지제, 보존료, 살균제 등의 식품첨가물이 사용되고 있다. 산화방지제는 산소에 의해 지방성 식품과 탄수화물 식품의 변질을 방지하는 화학물질이다. 식품첨가물로 BHA(뷰틸하이드록시아니솔), BHT(다이뷰틸하이드록시톨루엔), 에리소 브산, 에리소브산나트륨, 구연산이 해당된다.

15 육제품 제조 시의 발색제로 가장 많이 쓰이는 것은?

① 초산, 젖산

② 구연산, 유기산

③ 소금, 설탕

④ 질산염, 아질산염

 발색제는 음식의 색을 선명하게 하는 화학물질로 아질산나트륨이 가장 많이 쓰인다. 시중에 판매되는 햄, 소시지, 베이컨 등 육류를 원료로 하는 거의 모든 제품에 들어 있다. 고기류는 제조 또는 가공 후 일정 시간이 지나면 자연히 붉은색에서 갈색으로 변색이 되는데, 이를 막기 위한 방법으로 발색제를 사용하는 것이다.

16 다음 중 환원성 표백제가 아닌 것은?

① 메타중아황산칼륨

② 과산화수소

③ 아황산나트륨

④ 차황산나트륨

 과산화수소는 산화형 표백제이다.

17 다음과 같은 목적과 기능을 갖는 식품첨가물은 무엇인가?

• 식품의 제조과정이나 최종제품의 pH 조절을 위한 완충제
• 부패균이나 식중독 원인균을 억제하는 식품보존제

① 증점제

② 보존료

③ 산미료

④ 유화제

> **해설** 산미료는 식품을 가공하거나 조리할 때 적당한 신맛을 주어 청량감과 상쾌감을 주는 식품첨가물로, 소화액의 분비나 식욕 증진효과가 있다. 산미료는 보존료의 효과를 조장하고 향료나 유지 등 산화방지에 기여한다.

18 식품의 점도를 증가시키고 교질상의 미각을 향상시키는 효과가 있는 첨가물은?

① 증점제
② 유화제
③ 품질개량제
④ 산화방지제

19 다음 중 육류 결착제와 관계 없는 첨가물은?

① 피로인산염
② 메타인산염
③ 폴리인산염
④ 아질산염

> **해설** 아질산염은 발색제이다.

20 식품의 제조 공정 시 pH의 조정, 금속제거 및 완충 등의 목적으로 사용하는 첨가물은?

① 구연산칼륨
② 수산화나트륨
③ 규소수지
④ 피친산

> **해설** 유기산류와 인산염은 금속제거, pH 완충, 착염형성 능력을 가지고 있어 품질개량제 및 금속 제거제로 사용된다.

제4장 유해물질

식품제조공정 중 생성되는 유해물질

식품제조공정 중 부주의나 실수로 기구, 용기, 포장 등에서 용출되는 경우에 발생한다.

(1) 메탄올(Methanol)

① 과실주 및 정제가 불충분한 증류주에 미량 함유

② 두통, 현기증, 구토

③ 심할 경우 정신 이상, 시신경에 염증이 발생하여 실명하거나 사망

④ Alcohol 발효 시 Pectin으로부터 생성

⑤ 주류의 메탄올 함량 기준은 0.5mg/mL이고, 과실주는 1.0mg/mL

(2) 나이트로소(Nitroso) 화합물

① 햄, 소시지 등의 제조 시에 발색제로 사용되는 아질산염과 식품 중의 2급아민이 반응하여 생성

② 체내의 위에서 생성

③ Nitrosamine(발암성)이 문제

(3) 다환 방향족 탄화수소(PAH)

① 석탄, 석유, 목재 등을 태울 때 불완전한 연소로 생성

② 식물, 미생물에 의해서도 합성

③ 태운 식품이나 훈제품에 높은 함량

④ 벤조피렌의 발암성 등이 문제

⑤ 식품을 구울 때 생성

(4) Heterocyclic Amine류

① 아미노산이나 단백질의 열분해에 의하여 여러 종류가 생성

② 볶은 콩류와 곡류, 구운 생선과 육류 등에서 다량 발견

③ 발암성이 문제

(5) 지질의 산화생성물

① 지질의 과산화물인 Hydroperoxide류는 급성 중독증으로 구토, 설사를 일으킨다.

② 만성 중독 시 : 동맥경화, 간장 장애, 노화를 야기한다.

③ 산화생성물인 Malonaldehyde는 발암성 물질로 장기간 지나치게 가열을 받은 유지에서 다량 검출된다.

(6) 음식물용 기구·용기 포장

① 구리(Cu : 첨가물, 조리용 기구의 녹청), 비소(As : 농약제, 살충제), 미강유(PCB), 카드뮴(Cd : 식기, 기구, 용기에 도금되어 있는 카드뮴이 용출되어 중독), 아연(Zn : 통조림의 아연이 침식해서 아연염이 식품에 혼입되어 중독), 납(Pb : 안료, 농약 등에서 오염) 등의 합금 또는 이들로 도금한 기구·용기·포장 등을 사용할 경우 유해성 금속이 용출되어 체내에 흡수·축적될 수 있다.

② 합성수지 제품에서는 포르말린 등이 용출된다.

③ 멜라민수지는 멜라민과 폼알데하이드를 반응시켜 식기·잡화·전기기기·도자기 등을 만든다.

(7) Boric Acid

① 햄, 베이컨, 어묵 등에 방부의 목적으로 사용

② 소화 불량, 식욕 감퇴 등을 일으키는 물질

제 2 절　부정유해물질

(1) 아이소프로필 노르타다라필(Isopropyl nortadalafil ; 발기부전치료제 유사물질)

① 성기능 강화 건강기능식품 등에 불법 첨가하는 물질이며, 타다라필과 화학적 기본구조가 유사하며 구조 일부를 변형시킨 신종 유해물질이다.

※ 신종 부정물질 : 이미 알려진 불법 성분의 화학구조를 의도적으로 변경한 유사물질로 식품 등 안전관리 검사망을 피하기 위해 제조된다.

② 신종 발기부전치료제 유사물질의 부정·불법 성분의 검출 현황(2014~2016년)

연 도	화학물명	발표 국가	구 분
2014	Propoxyphenyl isobutyl aildenafil	싱가포르	실데나필류
	Isonitrosoprodenafil	독일	
	Dithiodesethylcarbodenafil	독일	
	Norcrbodenafil	독일	
2015	Ditethylaminopretadalafil	중국	타다라필류
	Homotadalafil	대한민국	
	Bisprehomotadalafil	대한민국	
	2-Hyroxyethylnortadalafil	미국	
2016	N-Phenylpropenyltadalafil	대만	
	Cyclopentyltadalafil	대한민국	
	$trans$-Cyclopentyltadalafil	대한민국	
	Bisprecyclopentyltadalafil	대한민국	
	Dipropylaminopretadalafil	대만	
	Biprenortadalafil	대한민국	
	Chloropropanoylpretadalafil	미국	
	Isopropylnortadalafil	대한민국	
	Desethylcarbodenafil	대만	실데나필류

※ [출처] – 타다라필 유사물질 규명, 식품의약품안전처 첨단분석팀

③ 부정물질 유형별 부적합 현황(2014~2016년)

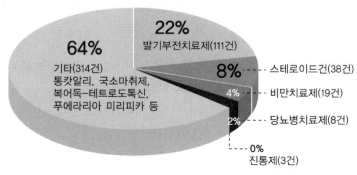

64%
기타(314건)
통캇알리, 국소마취제,
복어독-테트로도톡신,
푸에라리아 미리피카 등

22%
발기부전치료제(111건)

8% ---- 스테로이드건(38건)

4% ---- 비만치료제(19건)

2% ---- 당뇨병치료제(8건)

0%
진통제(3건)

[출처] – 식품의약품안전처 첨단분석팀

(2) 비만치료제 유사물질

① 데스메틸시부트라민

② 다이데스메틸시부트라민

③ 클로로시펜트라민(Chlorosipentramine)

제 3 절　　방사능오염

① 방사능 비에 의하여 오염된 사료, 목초를 먹은 가축을 통한 2차적인 오염의 문제가 심각하다.

② 가장 문제되는 핵종은 I-131

③ 방사능 핵종 중 단시간에 식품을 오염시키는 반감기가 긴 Sr-90(28년)과 Cs-137(33년)가 특히 문제가 된다.

제 4 절　　내분비계 장애물질

(1) 특 징

① 환경호르몬이라고도 하며, 내분비계의 정상적인 기능을 방해하는 화학물질이다.

② 생체호르몬과 달리 쉽게 분해되지 않고 안정적이다.

③ 환경 및 생체 내에 잔존하고 심지어 수년간 지속되기도 한다.

④ 인체 등 생물체의 지방 및 조직에 축적된다.

⑤ 일반적으로 합성화학물질로서 물질의 종류에 따라 저해호르몬의 종류 및 저해방법이 각기 다르다.

⑥ 호르몬 분비의 불균형, 생식능력 저하 및 생식기관 기형, 암유발, 면역기능 저해 및 생장을 저해한다.

(2) 식육 중 다이옥신 허용기준

① 소고기 : 4.0 pg TEQ/g fat 이하

② 돼지고기 : 2.0 pg TEQ/g fat 이하

③ 닭고기 : 3.0 pg TEQ/g fat 이하

적중예상문제

01 다음 중 부정유해물질이 아닌 것은?

① Nitrosamine

② Isopropylnortadalafil

③ Dithiodesethylcarbodenafil

④ Desethylcarbodenafil

 ② 타다라필류, ③, ④ 실데나필류는 발기부전치료제 유사물질이다.

02 다이옥신이 인체 내에 잘 축적되는 이유는?

① 물에 잘 녹기 때문

② 지방에 잘 녹기 때문

③ 극성을 갖고 있기 때문

④ 주로 호흡기를 통해 흡수되기 때문

해설 다이옥신

다이옥신은 상온(25℃)에서 무색의 결정성 고체이며, 물에 잘 녹지 않고 열화학적으로 안정하여, 자연계에서 한 번 생성되면 잘 분해되지 않고 안정적으로 존재하며, 지방에는 잘 녹기 때문에 생물체 안에 들어온 다이옥신은 소변으로 배설되지 않고 생물체의 지방 조직에 축적되는 성질을 가지고 있는 물질이다.

03 3, 4-Benzopyrene에 관한 설명 중 맞지 않는 것은?

① 대기 중에 존재한다.

② 다핵 방향족 탄화수소이다.

③ 발암성 물질이다.

④ 구운 소고기, 훈제어, 커피 등에 다량 함유되어 있다.

해설 구운 소고기, 훈제어, 커피 등에 미량 함유되어 있다.

04 식품의 방사능 오염에서 가장 문제되는 핵종들로 짝지어진 것은?

① Sr-90, Cs-137 　　　　② Sr-89, Ru-106

③ Fe-59, Ce-140 　　　　④ Fe-60, Cs-137

05 식품을 통하여 방사능 핵종이 인체에 들어왔을 때 특히 반감기가 길고 뼈의 칼슘성분과 친화성이 있어서 문제가 되는 것은?

① Cs-137
② Ru-106
③ Fe-59
④ Sr-90

 생성률이 비교적 크고 반감기가 긴 것은 Sr-90(28년), Cs-137(33년)이며, Sr-90은 뼈에, Cs-137은 근육에 친화성을 가진다.

06 생물체에 흡수되면 내분비계의 정상적이 기능을 방해하거나 혼란케 하는 화학물질은?

① 환경오염물질
② 방사선오염물질
③ 부정유해물질
④ 환경호르몬

07 식품 제조 가공 중 부주의나 실수로 기구, 용기, 포장 등에서 용출되는 경우에 발생하는 유해물질에 대한 설명 중 맞지 않는 것은?

① 나이트로소(Nitroso) 화합물은 체내의 위에서 생성된다.
② 다환 방향족 탄화수소(PAH)은 태운 식품이나 훈제품에 높은 함량이 존재한다.
③ 지질의 산화생성물은 볶은 콩류와 곡류, 구운 생선과 육류 등에서 다량 발견된다.
④ 메탄올(Methanol)은 과실주 및 정제가 불충분한 증류주에 미량 함유되어 있다.

 Heterocyclic Amine류는 볶은 콩류와 곡류, 구운 생선과 육류 등에서 다량 발견되고, 지질의 산화생성물은 산화생성물인 Malonaldehyde는 발암성 물질로 장기간 지나치게 가열을 받은 유지에서 다량 검출된다.

08 햄, 소시지 등의 제조 시에 발색제로 사용되는 아질산염과 식품 중의 2급아민이 반응하여 생성되는 유해물질은?

① 나이트로소(Nitroso) 화합물
② 다환 방향족 탄화수소(PAH)
③ 지질의 산화생성물
④ 메탄올(Methanol)

09 벤조피렌의 발암성이 문제가 되는 유해물질은?

① 나이트로소(Nitroso) 화합물
② 다환 방향족 탄화수소(PAH)
③ 지질의 산화생성물
④ 메탄올(Methanol)

10 식기, 기구, 용기 도금되어 있는 카드뮴이 용출되어 중독되는 물질은?

① Cu

② As

③ PCB

④ Cd

해설 구리(Cu), 비소(As), 미강유(PCB), 카드뮴(Cd) 중에서 식기, 기구, 용기 도금되어 있는 카드뮴이 용출되어 중독되는 물질은 Cd(카드뮴)이다.

12 햄, 베이컨, 어묵 등에 방부의 목적으로 사용하는 것으로 소화 불량, 식욕 감퇴 등을 일으키는 물질은?

① 나이트로소(Nitroso) 화합물

② 다환 방향족 탄화수소(PAH)

③ Boric Acid

④ 메탄올(Methanol)

제**5**장 식품공장의 위생관리

 제 1 절 식품공장의 위생관리

(1) 도축장 위생관리

① 도축장의 입지조건, 설계, 각종설비, 급수시설, 폐수처리를 위생적으로 실시

② 작업관리, 세정, 소독실시 및 사용기구의 정기적인 살균 및 정기적인 청소

③ 폐수처리 철저

(2) 육가공장 위생관리

① **오염원** : 생물, 물리, 화학적 요인

② 도축장, 원료처리장, 가공실, 열처리장, 훈연실, 냉장설비시설 등 시설의 위생

> 작업장 조건
> • 온도 : 10℃
> • 습도 : 45~80%
> • 조도 : 350~500lux

③ 위생적으로 처리된 기계 및 기구 사용

④ 바닥은 내구성 및 내수성이 강할 것

⑤ 내벽은 청결하기 쉬우면서 내구성이 강할 것

⑥ 곤충이나 위해 해충에 의한 식품오염이 없도록 방충시설

(3) 공정별 위생관리

① **원료처리**

㉠ 신선하고 위생적으로 처리된 원료육(4℃ 이하) 사용

㉡ 관능검사 시 양호하고 총균수 105cells/g 이하의 것

② **염 지**

㉠ 염지주사기 등 염지 시 사용기구의 세척 및 멸균된 물을 이용하여 염지액 제조

㉡ 염지실은 냉장온도로 유지시키고 습도는 약 80~90%로 유지

③ 세절, 혼합 및 충진

 ㉠ 사용기구의 청결, 가공실은 10℃ 전후로 온도 조절하고 오염원을 최소화

 ㉡ 원료처리, 조미 및 향신료실 등 부재료실은 따로 배치

④ 건조, 훈연

 ㉠ 제품표면이 잘 건조되어 훈연성분이 잘 침투될 수 있도록 관리

 ㉡ 가공실과 훈연실은 분리시키고, 훈연실은 온도와 습도가 잘 조절되는지 항상 검사 점검

⑤ 가열, 냉각 : 가열온도를 정확히 파악하여 실시하고 청결한 냉각수로 실시

⑥ 포장, 보존

 ㉠ 가급적 손의 접촉을 피하고, 청결한 포장지를 이용

 ㉡ 진공포장 후 항상 저온유통시스템(Cold Chain System)을 이용하여 운반 및 보관

(4) 살균과 소독

① 미생물을 제거시켜 감염력을 없앰으로써 식품의 보존성을 증진시킨다.

② 살균소독법

 ㉠ 건열, 습열, 적외선, 고주파 등으로 가열

 ㉡ 방사선, 자외선, 오존 등의 가열하지 않는 방법으로 소독

 ㉢ 액체사용법 및 에틸렌옥사이드(Ethylene Oxide)와 같은 가스상태를 이용하여 살균소독

③ 살균소독 시 주의사항

 ㉠ 살균소독제는 제품에 안전하고 지속성 및 즉효성에 주의

 ㉡ 희석배율을 잘 지키고 약제 살포 시 적당한 장소에서 실시

 ㉢ 살균소독 시 표준화된 매뉴얼 준수

제 2 절   **HACCP / ISO22000**

(1) HACCP(Hazard Analysis Critical Control Point)

① HACCP은 식품의 원재료 생산에서부터 제조·가공·보존·유통단계를 거쳐 최종소비자가 섭취하기 전까지의 각 단계에서 발생할 우려가 있는 위해요소를 규명하고, 이를 중점적으로 관리하기 위한 중요관리점을 결정하여 자주적·체계적·효율적인 관리로 식품의 안전성(Safety)을 확보하기 위한 과학적인 위생관리체계이다.

② HACCP은 위해요소분석(HA)과 중요관리점(CCP)으로 구성된다.

 ㉠ HA는 위해가능성이 있는 요소를 찾아 분석·평가하는 것을 말한다.

 ㉡ CCP(중요관리점)는 중점적으로 관리되지 않으면 제품의 위생 및 안전상 문제를 야기할 수 있는 가공공정단계 및 각 공정을 말한다.

③ HACCP는 국제식품규격위원회(CODEX)에 규정된 12단계와 7원칙으로 현장에 적용된다.

㉠ 준비 5단계 및 적용 7단계(=7원칙)

준비 5단계	• 절차 1 : HACCP팀을 구성한다. • 절차 2 : 제품의 특징을 기술한다. • 절차 3 : 제품의 사용방법을 명확히 한다. • 절차 4 : 공정흐름도를 작성한다. • 절차 5 : 공정흐름도를 현장에서 확인한다.
적용 7단계	• 절차 6(원칙 1) : 위해요소분석(HA)을 실시한다. • 절차 7(원칙 2) : 중요관리점(CCP)을 결정한다. • 절차 8 : 한계기준(CL)을 결정한다. • 절차 9 : CCP에 대 한 모니터링 방법을 설정한다. • 절차 10 : 모니터링 결과 CCP가 관리상태의 위반 시 개선조치(CA)를 설정한다. • 절차 11 : HACCP이 효과적으로 시행되는지를 검증하는 방법을 설정한다. • 절차 12 : 이들 원칙 및 그 적용에 대한 문서화와 기록 유지방법을 설정한다.

㉡ 식육 및 육제품 안전성을 위한 필수조건
- 모든 종사자들의 엄격한 위생관리 및 교육 실시
- KS 인증된 원료 및 부재료 사용
- 훈연실에서 GMP(Good Manufacture Practice) 준수
- 세척에 있어서 SSOP(Sanitation Standard Operation System) 준수
- 가열온도 및 냉각온도 중시

④ HACCP 대상 식품(식품위생법 시행규칙 제62조제1항 ; 2017.12.29. 개정)

식품에 대한 식품안전관리인증기준의 적용·운영에 관한 세부적인 사항은 식품의약품안전처장이 정하여 고시한다.

㉠ 수산가공식품류의 어육가공품류 중 어묵·어육소시지

㉡ 기타 수산물가공품 중 냉동 어류·연체류·조미가공품

㉢ 냉동식품 중 피자류·만두류·면류

㉣ 과자류, 빵류 또는 떡류 중 과자·캔디류·빵류·떡류

㉤ 빙과류 중 빙과

㉥ 음료류(다류(茶類) 및 커피류는 제외한다)

㉦ 레토르트식품

㉧ 절임류 또는 조림류의 김치류 중 김치(배추를 주원료로 하여 절임, 양념혼합과정 등을 거쳐 이를 발효시킨 것이거나 발효시키지 아니한 것 또는 이를 가공한 것에 한한다)

㉨ 코코아가공품 또는 초콜릿류 중 초콜릿류

㉩ 면류 중 유탕면 또는 곡분, 전분, 전분질원료 등을 주원료로 반죽하여 손이나 기계 따위로 면을 뽑아내거나 자른 국수로서 생면·숙면·건면

㉪ 특수용도식품

㉫ 즉석섭취·편의식품류 중 즉석섭취식품

㉬ 즉석섭취·편의식품류의 즉석조리식품 중 순대

ⓗ 식품제조·가공업의 영업소 중 전년도 총 매출액이 100억원 이상인 영업소에서 제조·가공하
는 식품

(2) ISO22000

① ISO22000 식품안전경영시스템은 사업장에서 발생할 수 있는 식품위해요소를 사전에 예방·관리
하는 자율적인 식품안전관리시스템이다.

② 핵심 요구사항
　　㉠ 상호의사소통
　　㉡ 시스템 경영
　　㉢ 선행요건 프로그램(PRP's)
　　㉣ HACCP 원칙

③ ISO22000은 ISO9001 품질경영시스템을 바탕으로 HACCP의 7원칙과 12절차를 모두 포함하고
있으며, 이러한 두 시스템의 통합을 통해 조직은 식품안전보장과 지속적인 성과 개선이라는 목표를
동시에 달성할 수 있다.

④ ISO22000 모델

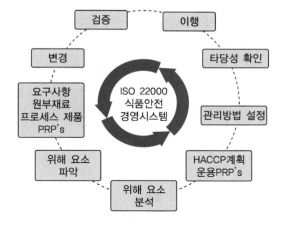

⑤ 기대효과
　　㉠ 식품안전관리 수준 향상 및 사전 예방
　　㉡ 위생관리시스템 효율성 극대화
　　㉢ 공급체인과 원활한 의사소통
　　㉣ 종업원의 책임의식 함양 및 회사이미지 제고
　　㉤ 소비자들의 식품안전성 요구에 적극적 대응 가능
　　㉥ HACCP 및 기타 식품안전 프로그램의 한계 극복
　　㉦ ISO22000을 통한 국제적 통용성 확보 및 비용 절감
　　㉧ ISO9001, ISO14001 등과의 범용성으로 인해 인증받은 업체들의 확장 및 전환 용이

⑥ HACCP과의 차이점

 ㉠ PDCA 사이클에 근거한 경영시스템 체계 구축 추가

 ㉡ 기존인증대상에서 제외된 식품관련간접업종 추가

 ㉢ 타당성 확인 및 개선 루프에 대한 내용 추가

 ㉣ HACCP(정부주도, 강제성)과 달리 민간 주도의 자율성

 ㉤ HACCP(국가별 해석에 따른 지역성)에 비해 범세계적이며 통용성

 ㉥ HACCP(부가적 프로그램 필요하고 경직성)에 비해 포괄적, 효율적, 유연성, 개방성

 ㉦ HACCP(제품별 How식 접근)과 달리 시스템적 접근(목표지향, What식 접근)

제 3 절 식품 포장 및 용기의 위생관리

(1) 금속제품

① 기구 및 용기·포장은 물리적 또는 화학적으로 내용물이 오염되기 쉬운 구조이어서는 아니 된다.

② 전분, 글리세린 등 식용물질이 식품과 접촉하는 면에 접착되어 있는 용기·포장에 대하여는 증발잔류물의 규격 적용을 제외할 수 있다.

③ 기구 및 용기·포장의 식품과 접촉하는 부분에 사용하는 도금용 주석은 납을 0.1% 이상 함유하여서는 아니 된다.

④ 납을 0.1% 이상 또는 안티몬을 5% 이상 함유한 금속으로 기구 및 용기·포장의 식품과 접촉하는 부분을 제조 또는 수리하여서는 아니 된다.

⑤ 식품과 접촉하는 기구 및 용기·포장의 제조 또는 수리에 납을 0.1% 이상 함유하는 땜납을 사용하여서는 아니 된다.

⑥ 전류를 직접 식품에 통하게 하는 장치를 가진 기구의 전극은 철, 알루미늄, 백금, 티타늄 및 스테인리스 이외의 금속을 사용하여서는 아니 된다.

⑦ 동제 또는 동합금제의 기구 및 용기·포장은 그 식품에 접촉하는 부분을 전면 주석도금 또는 광택처리를 하여 위생상 위해가 없도록 적절하게 처리하여야 한다. 다만, 고유의 광택을 가지고 녹이 슬지 아니하는 것은 제외한다.

(2) 유리제품

장기간 산성물질과 접촉하면 알칼리 성분이 용출되어 산성성분인 규산이 용출될 수 있고, 경우에 따라서는 바륨과 아연 등이 용출될 수도 있다.

(3) 종이제품

식품포장용으로 널리 사용되고, 종이 가공 시 첨가한 유해물질(착색료의 용출, 형광 염료의 이행 등)이 용출되어 위험하다.

(4) 플라스틱 제품

포장재료로 사용되는 플라스틱은 열가소성 수지(Polypropylene 등)가 대부분이며, 열가소성 수지인 Polypropylene에서는 자극성이 강한 Propylene 단량체가 용출된다.

제 4 절 식품공장 폐기물 처리

(1) 공장 폐수

공장 폐수 중에 함유되어 있는 유기수은, 카드뮴, PCB, 농약 등이 식품을 오염시키고 사람이 섭취 시 만성중독(수은으로 인한 미나마타병, 카드뮴에 의한 이타이이타이병)이 발생한다.

(2) 폐수의 오염도 측정

① 냄새와 색

② 용존산소량(DO ; Dissolved Oxygen) : 물, 용액 속에 녹아 있는 산소량

③ 생물화학적 산소요구량(BOD ; Biochemical Oxygen Demand) : 생물화학적인 산화에 필요한 산소의 양

④ 화학적 산소요구량(COD ; Chemical Oxygen Demand) : 화학적으로 소비되는 산화재에 대응하는 산소량

⑤ 부유물질량(SS ; Suspended Solid) : 폐수의 혼탁원인 물질

적중예상문제

01 도축단계에서 오염을 주도하는 미생물 종류는 다음 중 어느 것인가?

① 중온균과 호냉성균
② 고온균과 혐기성균
③ 중온균과 혐기성균
④ 고온균과 호냉성균

해설 　도축단계에서의 오염은 주로 중온균과 호냉성균이다.

02 방혈공정에 대한 주의사항으로 틀린 것은?

① 칼날은 너무 깊게 들어가지 않게 한다.
② 한 번 사용한 자도는 매번 뜨거운 물로 소독한다.
③ 자도의 삽입 시 절개 부위는 가능한 적게 한다.
④ 방혈은 미생물의 오염을 방지하기 위해 천천히 작업한다.

해설 　도살 후 방혈은 가능한 빨리 실시하여야 한다.

03 다음 중 식육을 다루는 작업원의 위생관리에 대한 설명으로 틀린 것은?

① 질병이 있는 사람은 반드시 마스크를 쓰고 작업해야 한다.
② 흡연을 하거나 껌을 씹어서는 안 된다.
③ 손톱은 짧고 청결하게 유지한다.
④ 머리는 자주 감아야 한다.

해설 　질병이 있는 사람은 작업을 해서는 안 된다.

04 다음 중 자외선 살균 시 가장 효과적인 살균대상은?

① 조리기구　　　　　　　　　　② 공기와 물
③ 작업자　　　　　　　　　　　④ 식 기

해설 　자외선 살균 시 살균효과는 대상물의 자외선 투과율과 관계가 있으며, 가장 유효한 살균대상은 공기와 물이다.

1 ① 　2 ④ 　3 ① 　4 ② 　**Answer**

05 다음 소독제 중 종류가 다른 하나는?

① 클로라민
② 차아염소산나트륨액
③ 크레졸
④ 클로로아이소사이안산

해설 ①, ②, ④는 염소계, ③는 페놀계

06 안전관리인증기준에 대한 설명으로 틀린 것은?

① 지방자치단체장은 안전관리인증기준을 정하여 이를 고시한다.
② 도축업의 영업자는 안전관리인증기준에 따라 해당 작업장에 적용할 자체안전관리인증기준을 작성·운용하여야 한다.
③ 식품의약품안전처장은 안전관리인증기준을 준수하고 있음을 인증받기를 원하는 자(영업자 제외)가 있는 경우에는 그 준수 여부를 심사하여 해당 작업장·업소 또는 농장을 안전관리인증작업장·안전관리인증업소 또는 안전관리인증농장으로 인증할 수 있다.
④ 식품의약품안전처장, 시·도지사 또는 시장·군수·구청장은 안전관리인증기준을 효율적으로 운용하기 위하여 안전관리인증기준 준수에 필요한 기술·정보를 제공하거나 교육훈련을 실시할 수 있다.

해설 안전관리인증기준(축산물 위생관리법 제9조제1항)
식품의약품안전처장은 가축의 사육부터 축산물의 원료관리·처리·가공·포장·유통 및 판매까지의 모든 과정에서 인체에 위해(危害)를 끼치는 물질이 축산물에 혼입되거나 그 물질로부터 축산물이 오염되는 것을 방지하기 위하여 총리령으로 정하는 바에 따라 각 과정별로 안전관리인증기준 및 그 적용에 관한 사항을 정하여 고시한다.

07 다음 중 도축장 위생에 관한 사항으로 옳지 않은 것은?

① 도축장의 조명은 식육을 쉽게 구분할 수 있도록 500lx 이상으로 밝아야 한다.
② 작업장을 출입할 때에는 작업복장으로 출입한다.
③ 작업 중 식육을 바닥이나 불결한 곳에 놓지 않는다.
④ 도축장에 근무하는 종업원들에 대한 위생교육은 정기적으로 한다.

해설 도축장은 가축을 도살하여 식육을 생산하는 곳이기 때문에 식육 및 부산물의 안전성 확보와 공중위생에 세심한 주의를 기울여야 한다.

08 육가공 공장에서 식육의 직접적인 오염원이 아닌 것은?

① 미생물　　　　　　　　　　② 농 약

③ 작업자　　　　　　　　　　④ 먼 지

 작업자는 간접적인 오염원으로 두발, 손톱 또는 취급부주의로 식육을 오염시킬 수 있다.

09 HACCP의 개념으로 틀린 설명은?

① 예방적인 위생관리체계이다.

② HA와 CCP로 구성된다.

③ 기업의 이미지 제고와 신뢰성 향상 효과가 있다.

④ 사후에 발생할 우려가 있는 위해요소를 규명한다.

 HACCP(Hazard Analysis Critical Control Point)는 식품의 원재료 생산에서부터 제조, 가공, 보존, 조리 및 유통단계를 거쳐 최종소비자가 섭취하기 전까지 각 단계에서 위해물질이 해당식품에 혼입되거나 오염되는 것을 사전에 방지하기 위하여 발생할 우려가 있는 위해요소를 규명하고 이들 위해요소 중에서 최종 제품에 결정적으로 위해를 줄 수 있는 공정, 지점에서 해당 위해요소를 중점적으로 관리하는 예방적인 위생관리체계이다.

10 다음은 식육의 진공포장에 대한 설명이다. 옳지 않은 것은?

① 곰팡이나 효모 등이 증식한다.

② 진공포장은 호기성인 슈도모나스(*Pseudomonas*)균의 생장을 억제한다.

③ 진공포장된 식육제품에서 주요 우세균은 젖산균이다.

④ 진공상태로 오래 두면 육즙의 삼출량이 많아진다.

 곰팡이나 효모는 산소 없이는 성장하지 못한다.

11 다음 중 도축단계의 위생관리 시 고려해야 할 사항이 아닌 것은?

① 먹이를 주지 않는다.

② 운반 후 적절한 휴식시간을 준다.

③ 급수를 자유롭게 한다.

④ 가능한 거리와 수송시간을 늘려 가축을 안정시킨다.

 가축의 수송거리와 수송시간은 짧은 것이 좋다.

12 다음 설명 중에서 옳지 않은 것은?

① 이산화탄소는 호기성 미생물의 성장을 억제하지만 고농도에서는 변색을 유발한다.
② 가스치환포장은 냉동저장에 적합하다.
③ 포장 내 공기 조성은 포장재의 공기투과율에 영향을 받는다.
④ 산소는 육색을 위해서는 바람직하지만 호기성 미생물의 발육을 촉진한다.

해설 부분육의 포장방법에 쓰이는 가스치환방법은 냉동저장에 적합하지 않다. 가스치환방법은 포장용기 내 공기를 모두 제거하고 인위적으로 조성된 가스를 채워 포장을 하는 방식이다.

13 다음 설명 중 틀린 것은?

① 역성비누는 세정력은 약하나, 살균력이 강하고 자극성과 부식성이 없기 때문에 손, 그릇 등의 소독에 적당하다.
② 자외선에 가장 효과적인 살균대상은 공기와 물이다.
③ 식육의 위생검사로는 화학적 검사, 관능검사, 독성검사 등이 있다.
④ 식육위생관리란 식육으로부터 감염될 수 있는 오염원을 적절히 제거하는 것이다.

해설 식육위생관리란 도축장을 비롯한 식육으로부터 가능한 모든 위해요인을 미리 제거하고 방지하는 것이다.

14 식품공장에서 오염되는 미생물의 오염경로 중 1차적이며 가장 중시되는 오염원은?

① 원재료 및 부재료의 오염
② 가공공장의 입지 조건
③ 천장, 벽, 바닥 등의 재질
④ 공기 중의 세균이나 낙하균

15 HACCP 도입 효과에 대한 설명으로 틀린 것은?

① 위생관리의 효율성이 도모된다.
② 적용 초기 시설·설비 등 관리에 비용이 적게 들어 단기적인 이익의 도모가 가능하다.
③ 체계적인 위생관리 체계가 구축된다.
④ 회사의 이미지 제고와 신뢰성 향상에 기여한다.

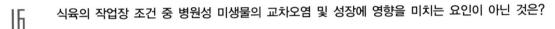

16 식육의 작업장 조건 중 병원성 미생물의 교차오염 및 성장에 영향을 미치는 요인이 아닌 것은?

① 보관온도

② 성분표시

③ 청소관리

④ 작업자 위생관리

17 작업자의 위생관리방법 중 부적당한 것은?

① 화장실 출입 시 미생물의 오염을 막기 위하여 작업복(위생복)을 입고 간다.

② 정기적인 의료검진을 실시한다.

③ 눈, 코, 머리카락 등을 만진 후에는 항상 손을 씻는다.

④ 작업 중에는 가능한 한 대화를 자제하고 마스크를 착용한다.

18 도축 시 클린 존(청정지역)에서 작업하는 공정은?

① 머리절단 공정

② 탈모작업 공정

③ 항문 및 내장적출 공정

④ 도체의 기계박피작업 공정

19 식육 및 육가공 제품의 위생에 특히 유의해야 하는 이유가 아닌 것은?

① 식육은 미생물의 성장에 좋은 영양소가 모두 있기 때문이다.

② 식육의 pH는 강알칼리이므로 미생물의 성장이 용이하기 때문이다.

③ 식육은 식중독을 일으키는 원인균의 오염에 직접적으로 노출되어 있기 때문이다.

④ 식육의 수분이 많아서 미생물의 번식이 매우 빠르기 때문이다.

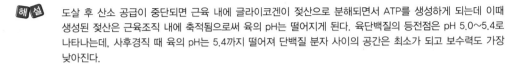 도살 후 산소 공급이 중단되면 근육 내에 글라이코겐이 젖산으로 분해되면서 ATP를 생성하게 되는데 이때 생성된 젖산은 근육조직 내에 축적됨으로써 육의 pH는 떨어지게 된다. 육단백질의 등전점은 pH 5.0~5.4로 나타나는데, 사후경직 때 육의 pH는 5.4까지 떨어져 단백질 분자 사이의 공간은 최소가 되고 보수력도 가장 낮아진다.

20 육가공 공장에서의 위생관리로 잘못된 것은?

① 지육의 처리실과 내장의 처리실은 분리시킨다.

② 작업장에서 많이 사용하는 장비는 스테인리스 스틸제(Stainless Steel)를 사용한다.

③ 가공공장 입구에는 신발을 소독할 수 있는 기구를 갖춘다.

④ 작업 중 화장실에 갈 때는 화장실에서의 오염을 방지하기 위하여 작업복을 입고 간다.

21 HACCP에 대한 설명 중 옳지 않은 것은?

① 세계적으로 가장 효과적이고 효율적인 식품안전관리 체계로 인정받고 있다.

② Hazard Analysis Critical Control Point의 약자이다.

③ 위해요소(Hazard)란 HACCP을 적용하여 축산물의 유해분해산물을 방지하거나 허용수준 이하로 감소시켜 축산물의 안전을 확보할 수 있는 공정을 말한다.

④ 우리나라 도축장은 HACCP을 의무적으로 적용해야 한다.

해설 HACCP는 Hazard Analysis Critical Control Point의 약자로 '해썹'이라고 발음한다. '축산물안전관리인증기준'으로 통칭하고 있다. HACCP는 가축의 사육·도축·가공·포장·유통의 전 과정에서 축산식품의 안전에 해로운 영향을 미칠 수 있는 위해요소를 분석하고, 이러한 위해요소를 방지·제거하거나 안전성을 확보할 수 있는 단계에 중요관리점을 설정하여 과학적·체계적으로 중점관리하는 사전 위해관리 기법이다. 위해요소란 축산물 위생관리법 및 식품위생법의 규정에서 정하고 있는 인체의 건강을 해할 우려가 있는 생물학적, 화학적 또는 물리적 인자나 조건을 말한다. 위해요소 분석이란 '어떤 위해를 미리 예측하여 그 위해요인을 사전에 파악하는 것'을 의미하며, 중요관리점이란 '반드시 필수적으로, 관리하여야 할 항목'이란 뜻을 내포하고 있다. 즉, 해썹(HACCP)은 위해 방지를 위한 사전예방적 식품안전관리체계를 말한다.

22 축산물안전관리인증기준(HACCP)에 의거 도축장의 미생물 검사결과 대장균수의 부적합판정기준은?

① 최근 10회 검사 중 2회 이상에서 최대허용 한계치를 초과하는 경우

② 최근 10회 검사 중 3회 이상에서 최대허용 한계치를 초과하는 경우

③ 최근 13회 검사 중 1회 이상에서 최대허용 한계치를 초과하는 경우

④ 최근 13회 검사 중 3회 이상에서 최대허용 한계치를 초과하는 경우

해설 도축장의 미생물학적 검사요령(식품 및 축산물 안전관리인증기준 제9조, 제18조[별표 3])
대장균수 검사에 의한 판정기준은 다음과 같다.
- 최근 13회 검사 중 1회 이상에서 대장균수가 최대 허용한계치를 초과하는 경우에는 부적합으로 판정한다.
- 최근 13회 검사 중 허용기준치 이상이면서 최대 허용한계치 이하인 시료가 3회를 초과하는 경우에는 부적합으로 판정한다.

23 도축장에 사용되는 소독약품이 갖추어야 할 조건이 아닌 것은?

① 용해성이 높고 침투력이 강해야 한다.

② 저렴하고 구입이 용이해야 한다.

③ 인축에 독성이 높고 안정성이 있어야 한다.

④ 살균력이 강하고 사용이 간편하여야 한다.

 소독약이 갖추어야 할 조건
- 소독력이 강력하여 적은 양으로도 빠르고 확실한 효과를 나타내야 한다.
- 물에 쉽게 녹으며 녹일 때 침전물이 생기거나 분해가 일어나지 않아야 한다.
- 독성이 적고 축산기구(금속, 플라스틱, 페인트 등)를 부식시키지 않아야 한다.
- 오래 보존할 수 있고 효력이 장기간 지속되어야 한다.
- 소독 대상 동물을 손상시키지 않고 가격이 비싸지 않아야 한다.
- 여러 가지 균을 동시에 죽일 수 있는 능력을 가지고 있어야 한다.

24 축산물안전관리인증기준에 의거하여 식육가공품(햄류, 소시지류, 베이컨류)의 식육 중심부온도기준은?

① 냉장육 : 10℃ 이하, 냉동육 : -10℃ 이하

② 냉장육 : -2~10℃ 이하, 냉동육 : -18℃이하

③ 냉장육 : 0℃ 이하, 냉동육 : -30℃ 이하

④ 냉장육 : 0℃ 이하, 냉동육 : -70℃ 이하

 식품 및 축산물 안전관리인증기준(식품의약품안전처고시 제2017-80호)
- 냉장식육가공품 : -2~10℃
- 냉동식육가공품 : -18℃ 이하

25 축산물안전관리인증기준에 의거하여 HACCP 관리 시 제품설명서의 내용이 아닌 것은?(단, 축산물가공장, 식육포장처리장에 한한다)

① 유통기한
② 포장방법 및 재질
③ 사육시설(축사, 소독 및 차단시설)
④ 성분배합비율

 식품 및 축산물 안전관리인증기준(식품의약품안전처고시)
제품설명서(축산물가공장, 식육포장처리장에 한한다)
- 제품명, 제품 유형 및 성상
- 품목제조보고 연·월·일(해당제품에 한함)
- 작성자 및 작성 연·월·일
- 성분(또는 식자재)배합비율
- 제조(포장)단위(해당제품에 한함)
- 완제품의 규격
- 보관·유통상의 주의사항
- 유통기한
- 포장방법 및 재질(해당제품에 한함)
- 표시사항(해당제품에 한함)
- 기타 필요한 사항

23 ③ 24 ② 25 ③ **Answer**

26 식육의 미생물학적 위해 발생을 방지하는 방법에 대한 설명으로 틀린 것은?

① 도체의 운반 시 냉장 온도(-2~10℃)를 유지한다.
② 도체의 운반 시 현수걸이를 이용하며, 도체 간 간격을 유지한다.
③ 도체를 운반하는 차량의 내부를 특별히 세정 및 소독할 필요는 없다.
④ 도체를 받을 때는 운반 차량의 온도 및 도체의 심부온도를 체크하는 것이 필요하다.

해설 도체를 운반하는 차량의 내부를 세정 및 소독해주어야 한다.

27 축산물안전관리인증기준과 관련된 용어의 정의 중 'HACCP을 적용하여 축산물의 위해 요소를 예방 · 제거하거나 허용수준 이하로 감소시켜 축산물의 안전을 확보할 수 있는 단계 · 과정 또는 공정'을 의미하는 것은?

① 검 증
② 선행요건프로그램
③ 한계기준
④ 중요관리점

28 가축의 사육, 축산물의 원료관리 · 처리 · 가공 · 포장 · 유통 및 판매까지 전 과정에서 위해물질이 해당 축산물에 혼입되거나 오염되는 것을 사전에 방지하기 위하여 각 과정을 중점적으로 관리하는 기준은?

① RECALL
② HACCP
③ PL법
④ GMP

29 미생물 교차오염의 정의를 가장 바르게 설명한 것은?

① 한사람이 한 단계에서만 작업함으로써 발생되는 오염
② 도축과정에서 여러 사람이 위생적인 작업을 함으로써 발생되는 오염
③ 골발용 칼 하나로 여러 도체를 골발함으로써 발생되는 오염
④ 방혈용 칼을 계속 소독 후 사용하여도 발생되는 오염

해설 교차오염
식재료, 기구, 용수 등에 오염되어 있던 미생물이 오염되어 있지 않은 식재료, 기구, 종사자의 접촉 또는 작업과정에 혼입됨으로 인하여 미생물의 전이가 일어나는 것을 말한다. 교차오염이 발생하는 경우에는 맨손으로 식품을 취급할 때, 손 씻기가 부적절한 경우, 식품쪽에서 기침을 할 경우, 칼 · 도마 등을 혼용 사용할 때이다.

30 제품을 생산하는 작업장의 시설기준 및 평가내용과 거리가 먼 것은?

① 바닥은 콘크리트 등으로 내수처리가 되어 있고 파여 있거나 물이 고이지 아니하도록 되어 있는가?

② 위생타월 또는 손수건, 물컵이 모두 1회용 제품으로 잘 구비되어 있는가?

③ 채광 또는 조명시설이 잘되어 있는가?

④ 작업원을 위한 화장실과 수세시설 및 탈의실(소독시설을 포함)이 있는가?

31 HACCP 도입 효과에 대한 설명으로 틀린 것은?

① 위생관리의 효율성이 도모된다.

② 적용초기 시설·설비 등 관리에 비용이 적게 들어 단기적인 이익의 도모가 가능하다.

③ 체계적인 위생관리 체계가 구축된다.

④ 회사의 이미지 제고와 신뢰성 향상에 기여한다.

32 ISO22000에 대한 설명으로 옳지 않은 것은?

① 정부 주도 중심의 제도이다.

② 소비자들의 식품안전성 요구에 적극적으로 대응 가능하다.

③ 식품의 모든 취급단계에서 발생할 수 있는 위해요소를 효과적으로 관리하기 위하여 개발한 국제규격이다.

④ CODEX의 HACCP 원칙과 ISO 경영시스템을 통합한 인증규격이다.

해설 민간주도의 자율적인 제도이다.

33 ISO22000의 도입효과가 아닌 것은?

① 품질관리 용이

② 고객만족

③ 홍보효과

④ 효율적인 경영

해설 도입효과로는 위 내용 외에도 식품안전경영시스템의 정비, 관계 법규에 따른 시스템의 준수로 신뢰 부여, 무역규제에 대한 진입수단 등이 있다.

34 자외선 살균 등에 대한 설명으로 틀린 것은?

① 253~254nm의 파장을 이용하여 균을 살균하는 것이다.
② 자외선의 살균효과는 특정 미생물에 대해서만 효과가 있다.
③ 자외선의 살균효과는 대상물의 자외선 투과율과 관계가 있다.
④ 자외선은 지방이나 단백질이 많은 식품을 직접 강하게 조사하면 이취나 변색을 일으킨다.

35 HACCP의 7원칙에 해당되지 않는 것은?

① 위해분석
② 한계기준 설정
③ HACCP팀 구성
④ 모니터링 방법 설정

36 축산물 HACCP 가공공장에서 지켜야 할 위생규칙이 아닌 것은?

① 출입 시 손세척과 위생복, 위생모, 위생화 착용을 철저히 한다.
② 작업 중 바닥에 떨어진 식육은 잘 닦아서 사용한다.
③ 포장 전에 이물질 확인을 위해 금속탐지기를 통과시킨다.
④ 작업 전 가공장 내의 온도가 15℃가 넘지 않는지 확인하고 CCP 심의 온도도 기준에 맞는지 확인한다.

37 소독액 희석 시 100ppm은 몇 %인가?

① 1%
② 0.1%
③ 0.01%
④ 0.001%

38 식육가공 공장의 청결과 위생을 위한 기구, 기계 및 용기 등을 세척하는 방법으로 옳은 것은?

① 단백질류의 오염물은 알칼리성 세제로 세척하는 것이 좋다.
② 바닥이나 벽에 묻은 혈액은 60℃ 이상의 고온의 물로 예비 세척한 후에 세제로 세척한다.
③ 지방은 융점 이하의 온수로 예비 세척한다.
④ 전분은 건조되면 세척하기 용이하므로 건조될 때까지 기다린다.

39 육가공 공장의 시설에서 위생관리상 바람직하지 못한 것은?

① 송풍기에 의해 작업장 내의 공기압을 외부보다 낮게 유지하면 외부공기의 실내 침입을 막을 수 있다.

② 바닥은 배수가 잘되고 건조하게 유지될 수 있어야 한다.

③ 고기가 접촉될 수 있는 기계는 스테인리스 재질로 하여 부식을 방지한다.

④ 바닥과 벽면이 맞닿는 모서리는 둥글게 처리한다.

40 식품공장에서 오염되는 미생물의 오염경로 중 1차적이며 가장 중시되는 오염원은?

① 원재료 및 부재료의 오염

② 가공공장의 입지 조건

③ 천정, 벽, 바닥 등의 재질

④ 공기 중의 세균이나 낙하균

41 식육 및 육가공 제품의 위생에 특히 유의해야 하는 이유가 아닌 것은?

① 식육은 미생물의 성장에 좋은 영양소가 있기 때문이다.

② 식육의 pH는 강알칼리이므로 미생물의 성장이 용이하기 때문이다.

③ 식육은 직접적으로 식중독을 일으키는 원인균의 오염에 노출되어 있기 때문이다.

④ 식육은 수분이 많아서 미생물의 번식이 매우 빠르기 때문이다.

42 축산물 안전관리인증기준 등 다음의 축산물 가공품별 평가사항 '양념육류' 내용에 따른 기준이 아닌 것은?

> 원료육 입고 시 자체적으로 정한 입고기준에 따라 검사성적서를 확인하거나 규격에 적합한 원·부재료 만을 구입하여야 하고 입고기록을 작성하고 있는가?

① 식육의 중심부 온도 : 냉장 -2~5℃ 이하, 냉동 -18℃ 이하

② 충전, 성형기 청결기준 : 기록 확인

③ 차량적정온도 유지기록 : 냉장 -2~10℃, 냉동 -18℃ 이하

④ 관능검사(이물질, 냄새, 색택 등) : 기록 확인

43 다음 중 식육의 초기 오염도에 가장 큰 영향을 미치는 것은?

① 도살방법　　　　　　　　　② 해체방법

③ 방혈 정도　　　　　　　　　④ 도축장 위생상태

해설 청결한 식육을 위해서 가장 먼저 가축이 도살되는 도축장의 위생상태가 좋아야 한다.

44 식품 용기에서 카드뮴 도금한 것은 다음 중 어느 식품에 사용이 가능한가?

① 산성, 중성, 알칼리성 식품

② 산성 식품

③ 중성 및 알칼리성 식품

④ 중성 및 산성 식품

해설 카드뮴은 식기에 도금하면 산에 약해서 용출되므로 산성식품의 용기 사용은 금물

45 식품용기 재료 중 포르말린 용출이 심하여 위생상 문제가 되는 합성수지는?

① 요소 수지　　　　　　　　　② 석탄산 수지

③ 폴리프로필렌 수지　　　　　④ 염화비닐 수지

46 스테인리스 스틸 용기에서 유독한 중금속이 용출될 가능성이 큰 것은?

① 니 켈　　　　　　　　　　　② 아 연

② 구 리　　　　　　　　　　　④ 크로뮴

해설 스테인리스 스틸 용기는 크로뮴이 18~20%, 니켈이 10% 정도 함유되어 있어 크로뮴이 용출될 가능성이 높다.

47 폐수의 오염도 검사 항목이 아닌 것은?

① BOD(생물화학적 산소요구량)

② Aw(수분활성도)

③ SS(부유물질량)

④ COD(화학적 산소요구량)

식품위생검사

제 6 장

제 **1** 절 안전성 평가시험

(1) 용량-반응곡선

미지의 독성을 가진 식품에 대해 그 식품의 독성 용량과 비독성 용량의 기준·특성 등을 파악하는 데 중요한 요소이며, 유용한 정보를 제공한다.

① 개별적 용량 반응 : 독성물질의 투여량이 증가하면 체액 내 물질의 농도가 증가하면서 치명적인 반응이 나타날 때까지 증가하는 것(효소반응, 혈압, 호흡률)

② X축 용량은 투여횟수, 기간, 빈도 및 노출경로에 따라 한 번 투여하는 물질의 총량

③ 손상에 대해서 회복하는 능력이 넘어서는 지점에서 역치가 발생

④ 낮은 용량에서는 독성을 보이지 않고 포화점 존재

⑤ 특정용량에서 독성을 예측하는 데 기울기 이용

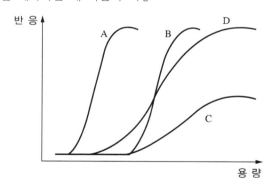

(2) 일반독성 시험

① 급성독성 시험(1회 투여 독성시험)

ㄱ 실험대상 동물에게 시험물질을 한번만 투여(24시간 이내에 분할하여 투여하는 경우도 포함)하였을 때 1~2주 단기간에 나타나는 독성의 영향 및 급성 중독증상 등을 관찰하는 시험방법이다.

ㄴ LD50(반수 치사량 ; 실험 대상 동물 50%가 사망할 때의 투여량)의 수치가 낮을수록 독성이 강하다.

② 아급성(단기)독성 시험

시험물질을 실험동물에 중·장기적(몇 주~몇 달)으로 치사량 이하의 여러 용량으로 연속 경구 투여하여 사망률 및 중독 증상을 관찰하는 시험방법이다.

③ 만성(장기)독성 시험(반복투여 시험)

㉠ 아급성독성과 유사하며, 실험기간이 길게 확장되어 2년 정도 장기간 투여했을 때 생애의 대부분의 노출로부터 일어날 수 있는 독성을 확인하는 데 이용한다.

㉡ 식품첨가물의 독성 평가를 위해 가장 많이 사용되고 있다.

㉢ 만성중독 시험은 식품첨가물이 실험 대상 동물에게 어떠한 영향도 주지 않는 최대의 투여량인 최대 무작용량(最大無作用量)을 구하는 데 목적이 있다.

(3) 특수독성 시험법

① 발암성 시험 : 동물을 사용한 발암성 시험은 시험물질을 실험동물에 만성독성 시험보다 오랜 기간 투여하여 암(종양)의 유발 여부를 질적·양적으로 검사한다.

② 생식독성 시험 : 시험물질이 생식기간의 성숙, 임신, 수정 및 태아의 성장, 발달, 분만, 수유뿐만 아니라 후손의 행동기능 발달 등을 포함한 생식 기능에 어떠한 영향을 미치는가에 대한 정보를 얻기 위한 동물실험이다.

③ 유전독성 시험 : 화학물질이 세포의 유전물질(DNA)에 직접 또는 간접적으로 영향을 끼쳐 돌연변이를 유발하는 것을 유전독성이라 하는데, 이를 기초로 한 시험물질의 돌연변이가 유발한다.

④ 발생독성 시험 : 태아의 기관 형성기 동안 임신모체에 약물을 투여하여 기형유발 여부 및 차세대의 신체발달, 반사기능, 학습기능 발달 등의 이상 유무를 일으키는 물질을 확인하기 위한 시험이다.

(4) 위해성 평가

① 위험성 확인

㉠ 감염성 세균, 바이러스 등과 같은 생물학적 위해요소와 농약, 식품첨가물과 같은 화학적인 위해요소뿐만 아니라 의도적·비의도적이었는지 확인한다.

㉡ 의도적·비의도적, 만성·급성, 발암·비발암 등의 기준으로 위해성을 평가하기도 한다.

② 위험성 결정

㉠ 용량–반응평가를 통해 식품 중의 유해물질의 정량적 관계를 밝히는 것으로 이미 유해성 물질로 확인된 물질을 정량하여 위험도를 평가한다.

㉡ 섭취량 추정은 노출횟수, 빈도, 기간 및 경로에 대해 정성적 또는 정량적으로 측정한 것을 기초로 하는 것이 원칙이다.

㉢ 의도적·비의도적, 만성·급성, 발암·비발암 등의 기준에 따라 그에 맞는 검토방법을 찾아 무해작용량 및 인체 안전 기준치 등을 결정

③ 노출 평가

　　⊙ 사람이 식품 등을 통해 섭취/노출된 위해요소의 양 또는 수준을 정량적 또는 정성적으로 산출하는데, 확보된 데이터베이스를 바탕으로 식품의 오염도, 노출 대상, 빈도, 기간 등을 종합적으로 고려하여 산출

　　ⓒ 중요 고려 요인

　　　• 노출 가능성이 있는 사람의 수

　　　• 연령, 체중 및 특이사항

　　　• 노출 경로, 빈도, 기간 등의 분포

④ 위해도 결정

　　⊙ 위험성 확인, 결정, 노출평가의 순서를 통해 얻은 결론을 토대로 인체의 건강에 어느 정도 좋지 않은 영향을 주는지에 대한 정도를 정량적 또는 정성적으로 예측한다.

　　ⓒ 위해도가 100% 이상일 경우에 위해가능성이 있다고 판단한다.

(5) 위해성 평가도구

① 안전계수법

　　⊙ 모든 화학물질이 전형적인 용량–반응곡선을 나타내며, 독성이 나타나지 않은 한계값(역치)이 있는 원리에 근거하여 어떤 화학 물질의 위해가 나타나는 수준과 나타나지 않은 수준을 설정한다.

　　ⓒ 안전계수 : 특정한 동물집단을 이용해 화학물질의 유의성 있는 악영향이 관찰되지 않는 무영향농도가 얻어진 경우, 사람에 대한 무영향농도를 산출하기 위해 사용되는 계수

　　　예 동물의 결과를 사람에게 적용시키기 위한 환산계수

　　ⓒ 동물의 실험에 의해 얻어진 최대무작용량(MNL ; Maximum No-effect Level)에서 1일 섭취 허용용량(ADI)를 산출하는 경우의 안전계수는 특별한 경우를 제외하면 100이 적당하다. 즉, MNL × 1/100 =ADI의 관계식이 설정되며, 1/100은 안전율이라고 한다.

　　ⓐ 안전계수는 대개 100이 이용되는데, 이는 동물과 사람간의 차이(10배)와 사람 개인 간의 차이(10배)와의 상승효과를 고려하여 정한 값이다.

　　ⓜ 독성의 특성이나 자료의 신뢰도에 따라 100 이외의 안전계수를 사용할 수 있다.

② 1일 섭취 허용량(ADI ; Acceptable Daily Intake)

　　⊙ 일생 동안 섭취하였을 때 현시점에서 알려진 사실에 근거하여 바람직하지 않은 영향이 나타나지 않을 것으로 예상되는 물질의 1일 섭취량(mg/kg 체중)

　　ⓒ 사람이 일생 동안 아무런 장해 없이 섭취할 수 있는 양으로써 무작용량을 안전계수로 나눈 값(단위는 mg/kg · 체중/day)

　　ⓒ ADI, 성인체중, 식품계수 등을 고려하여 1인당 1일 최대섭취허용량과 식품 중의 최대잔류허용량을 산정

※ 식품의 안전성 관련 용어
- LD_{50}(반수치사량)
- ADI(1일 섭취 허용량)
- mLD(최소치사량)

제 2 절   식품위생검사

식품위생검사에는 관능검사, 생물학적 검사, 화학적 검사, 물리적 검사, 독성검사 등이 있다.

(1) 물리적 검사

① **비중** : 액체지방, 고체지방 등 물질의 질량과 그것과 같은 체적의 표준물질과의 질량 비를 산출한다.

② **굴절률**

    ㉠ 식용유지류 등 식품에 적용한다.

    ㉡ 액체에 광선이 입사되면 광선은 굴절되는데, 이의 비는 물질에 따라 일정하다. 유지는 겉보기에는 모두 비슷하며 제품에 따른 구별은 어렵다. 따라서 굴절률을 측정함으로써 그 물질의 순도나 농도 등을 알 수가 있다.

(2) 화학적 검사

① **일반성분 검사**

    ㉠ 각종 식품들에 대한 법상 규정되어 있는 성분규격의 적합 여부 검사

    ㉡ 용매추출법, 투석법, 염석법, 분류법, 전기영동법 등

② **유해물질 검사** : 비소, 구리, 수은 등 유행성 금속에 대해 건식법 및 습식법에 의해 식품 중의 유기물을 분해시켜 각종 금속을 추출한 후 정성반응을 확인하고 그 양을 정량분석한다.

③ **화학성 식중독 검사** : 개개의 유해물질에 대해 시험하고 독성물질의 시험법인 골드스톤법(Goldstone Mode)을 주로 이용한다.

④ **식품첨가물 검사** : '식품 등의 규격 및 기준' 및 '식품첨가물의 규격 및 기준'에 명시된 시험방법을 준용한다.

⑤ **항생물질 검사** : 비색법, 형광법, 자외선 흡수 스펙트럼법 등

⑥ **잔류농약 검사** : 가스, 여지, 박층 크로마토그래피법, 자외선·적외선 흡수스펙트럼법 이용

(3) 미생물학적 검사

　① 일반세균 검사

　　㉠ 총균수 검사는 Breed법, 생균수 검사는 표준 한천평판 배양법

　　㉡ 일반 세균수를 측정하여 선도를 측정하는 방법으로 식품 1g 또는 1mL당 $10^7 \sim 10^8$이면 초기 부패로 본다. 10^5 이하는 안전하다.

　② 대장균군 검사 : 검체 중의 대장균군의 유무 판정

　③ 대장균군의 최확수(MPN ; Most Probable Number)산출법 : 검체를 배양하여 추정시험, 확정시험, 완전시험 실시

　④ 곰팡이 검사 : 곰팡이 포자의 수는 주로 하워드(Haward)법에 의해 측정

적중예상문제

01 다음 중 생체검사에 대한 설명으로 맞는 것은?

① 생체검사 중 거의 모든 질병, 기생충 및 병변 등이 색출될 수 있다.

② 도축업자에 의해 실시된다.

③ 도살 해체 후 도체와 내장을 검사하는 것이다.

④ 동물의 건강상태와 질병유무를 확인하는 도살 직전의 검사이다.

해설 생체검사는 도축검사관에 의하여 주로 동물의 건강상태와 질병유무를 확인하는 것 외에 동물의 연령, 성, 임신 여부 등도 검사한다.

02 다음 중 식육의 위생지표로 이용되는 미생물은?

① 클로스트리듐(*Clostridium*)

② 대장균(*E. Coli*)

③ 비브리오(*Vibrio*)

④ 바실러스(*Bacillus*)

해설 대장균이 검출되었다면 가열 공정이 불충분했거나 제품의 취급, 보존 방법이 나쁘다는 것을 알려 준다.

03 다음 중 식육의 부패 검사에서 측정 항목이 아닌 것은?

① 히스타민 측정　　　　　　　　② 산도 측정

③ 암모니아 측정　　　　　　　　④ 유기산 측정

해설 식품의 부패검사를 위해서 히스타민, 암모니아, 아미노산, 유기산 등을 측정한다.

04 어떤 첨가물의 LD_{50}의 값이 적다는 의미는?

① 독성이 적다.　　　　　　　　② 독성이 크다.

③ 안전성이 높다.　　　　　　　④ 안전성이 낮다.

해설 LD_{50}은 실험동물의 50%가 사망할 때의 투여량을 말한다.

05 작업자의 위생 준수사항으로 틀린 것은?

① 작업을 할 때마다 신체검사를 받는다.

② 작업 전 항상 손을 깨끗이 닦는다.

③ 작업장 내에서 잡담이나 흡연을 하지 않는다.

④ 손에 상처가 있으면 작업을 하지 않는다.

해설 신체검사는 작업할 때마다 받는 것이 아니고 정기적으로 받아야 한다.

06 실험동물에 시험하고자 하는 화학물질을 1~2주간에 걸쳐 관찰하는 독성 시험은?

① 아급성 독성시험

② 만성 독성시험

③ 급성 독성시험

④ 경구만성 독성시험

07 식품 위생검사와 관계가 없는 것은?

① 관능검사

② 이화학적 검사

③ 독성검사

④ 혈청학적 검사

해설 식품 위생검사에는 관능검사, 화학적 검사, 물리적 검사, 생물학적 검사, 독성검사 등이 있다.

08 식품 대상의 미생물학적 검사를 하기 위한 검체는 반드시 무균적으로 채취하여야 한다. 이때 기준 온도는?

① $-5℃$

② $0℃$

③ $5℃$

④ $10℃$

09 고무제 기구 및 용기 포장의 용출시험과 관련이 없는 항목은?

① 증발잔류물

② 페 놀

③ 중금속

④ 비 소

해설 증발잔류물, 페놀, 아연, 폼알데하이드, 중금속이 이에 해당된다.

10 식품의 신선도 검사법 중 화학적인 방법이 아닌 것은?

① 휘발성 아민 측정

② 휘발성 산 측정

③ Phosphatase 활성 측정

④ pH 측정

 식품의 신선도 검사법 중 화학적 방법으로는 휘발성 산, 휘발성 염기질소, 휘발성 환원물질, 암모니아, pH값의 측정 등이 있다. Phosphatase 활성검사는 저온살균유의 완전살균 여부를 평가한다.

11 곰팡이, 효모에 대한 식품 위생검사 시 일반 세균수를 측정하는 데 이용하는 배지는?

① BGLB 배지

② LB 배지

③ 표준한천평판 배지

④ EMB 배지

 식품의 일반세균수검사는 시료를 표준 한천평판 배지에 혼합·응고시켜서 일정한 온도와 시간 동안 배양한 후, 집락 수를 계산하고 희속배율을 곱하여 전체 생균수를 측정한다.

12 다음 중 대장균군 검사와 거리가 먼 것은?

① 추정 시험

② 결과 시험

③ 확정 시험

④ 완전 시험

 대장균의 정성 시험은 추정 시험, 확정 시험, 완전 시험의 3단계이다.

13 식품 위생검사와 가장 관계가 깊은 세균은 대장균이다. 해당 검사에 이용되는 배지가 아닌 것은?

① LB 배지

② BGLB 배지

③ EMB 배지

④ Endo 배지

 대장균의 정성 시험 각 단계별 배지는 다음과 같다.
- 추정 시험 : LB 배지로 가스 발생 여부 판단
- 확정 시험 : BGLB 배지, EMB 배지(흑녹색의 금속성 집락으로 판단)
- 완전 시험 : KI 배지

14 최확수(MPN)법의 검사와 가장 관계가 깊은 것은?

① 부패 검사

② 식중독 검사

③ 대장균 검사

④ 타액 검사

대장균 검사에 최확수(MPN)법을 이용한다.

15   SS한천 배지에 미생물을 배양했을 때 대장균의 집락은 어떤 색깔을 띠는가?

① 불투명하게 혼탁하다.

② 중심부는 녹색이며 주변부는 불투명하다.

③ 중심부는 흑색이며 주변부는 투명하다.

④ 청색이며 불투명하다.

   SS한천 배지에 미생물을 배양했을 때 대장균의 집락은 불투명하게 혼탁하고, 살모넬라의 집락은 생산된 황화수소 때문에 중심부는 흑색이나 그 주변부는 투명하다.

제 7 장 식품의 변질과 보존

 제 1 절 **식품의 변질 및 부패 요인**

(1) 변질의 종류

① **부패** : 미생물의 번식으로 단백질이 분해되어 아민, 암모니아, 악취 등이 발생하는 현상

② **변패** : 탄수화물, 지방 등이 미생물에 의해 변질되는 현상

③ **산패** : 지방의 산화로 알데하이드, 케톤, 알코올 등이 생성되는 현상(산소·미생물에 의한 변질)

④ **발효** : 탄수화물이 산소가 없는 상태에서 분해

⑤ **유지의 자동산화(β-oxidation)** : 상온에서 산소가 존재하면 자연스럽게 나타나는 현상, Hydroperoxide가 생성되어 식품에 악영향

(2) 부패에 영향을 미치는 요인

① **온도** : 미생물의 발육온도는 고온세균(25~70℃), 중온세균(10~50℃), 저온세균·곰팡이(0~40℃), 효모(5~40℃)

② **수분** : 생육 최저 수분활성도(Aw)는 세균(0.91), 효모(0.85), 곰팡이(0.80)

  ㉠ 수분활성치(수분량 = Aw ; Water Activity)는 미생물이 이용 가능한 수분

  ㉡ 미생물의 생육을 저지할 수 있는 수분함량은 15% 이하, Aw는 0.6 이하

  ㉢ 수분활성도 : 세균 > 효모 > 곰팡이

③ **pH** : 곰팡이, 효모는 약산성에서, 세균은 중성 및 알칼리성에서 잘 생육한다.

  ㉠ 탄수화물 식품은 유기산이 생성되므로 점차 산성으로 변한다.

  ㉡ 식육은 처음에는 산성으로 되었다가 알칼리성으로 진행된다.

④ **산소** : 호기성, 통성혐기성, 편성혐기성

(3) 식육 부패의 판단 기준

① **색깔** : 변색, 탈색, 착색

② **액체** : 침전, 혼탁

③ **고체** : 연화, 점액화, 탄력 소실

④ **냄새** : 아민, 암모니아, 인돌, 스케톨, 메탄, 황화수소 발생 등 알칼리성으로 변화

(4) 육류 주요 변패 미생물

① 단백질 분해력이 강한 세균(*Bacillus Putrificus*, *Bacillus Subtilis*, *Proteus Vulgaris*, *Clostridium Sporogenes*)

② 적색 색소를 생성하는 세균(*Serratia Marcescens*)

③ 통조림 플랫사워(Flat Sour)

　㉠ 통조림의 외관에는 변화 없이 내용물의 식품이 산패되어 있는 것

　㉡ 플랫사워 변패 세균 : 25~60%에서 잘 발육하는 바실러스 스테아로스모필러스(*Bacillus Stearothermophilus*), 바실러스코아굴란스(*Bacillus Coagulans*)

제 2 절　　식품의 보존 및 부패 방지

(1) 식품의 보존법

① 물리적 방법

　㉠ 탈수건조법

　　• 미생물의 생육에 반드시 필요한 수분의 제거(수분 15% 이하) 및 건조함으로써 부패를 방지하여 보존하는 방법

　　• 자연건조법, 인공건조법(열풍, 분무, 피막, 동결, 감압)

　㉡ 가열살균법

살균법	저 온	고온 단시간	고온 장시간	초고온 순간
온도(℃)	62~65	72~75	95~120	130~150
시 간	30분	20초	30~60초	2초
식 품	우유, 술, 주스 등	우유, 과즙 등	통조림	우유, 과즙 등

　㉢ 열장고 보관 : 가열된 식품을 고온(70~80℃)으로 보존

　㉣ 냉장보관 : 미생물이 거의 발육하지 못하는 0~10℃ 범위에서 식품을 보존

　㉤ 냉동보관 : 0℃ 이하에서 식품을 동결 보관

　㉥ 자외선 조사 : 태양광선 중 자외선을 조사하여 살균 후 보관(단, 식품 내부까지는 살균이 되지 않는다)

　㉦ 방사선 조사 : 방사선 β선이나 γ선을 조사하여 미생물을 살균 후 보관하는 방법으로 안전성 문제가 제기

　　※ 가공식품 제조원료 건조식육에 통용된 방사선량은 7kGy 이하

② 화학적 방법

    ㉠ 염장법

       • 10% 정도의 소금에 절이는 방법

       • 보통의 미생물은 10% 정도의 소금 농도에서 발육이 억제(해산물, 채소, 육류 등)

       • 염수법과 건염법

    ㉡ 당장법

       • 미생물의 증식을 방지하여 보존성을 높이는 방법

       • 설탕 농도가 50% 이상이어야 방부 효과(젤리, 잼 등)가 높다.

    ㉢ 산저장

       • 미생물 생육에 필요한 pH 범위를 벗어나게 하는 것

       • 초산, 젖산, 구연산 등을 이용

    ㉣ 화학물질 첨가 : 미생물을 살균하고 발육을 저지하기 위해 화학물질을 첨가하여 효소의 작용을 억제하여 식품의 변질이나 손실을 방지할 목적으로 식품첨가물인 보존료, 산화방지제, 훈증제를 사용하여 각종 가공식품이나 곡류 저장에 이용

    ㉤ 훈연법

       • 벚나무, 떡갈나무를 불완전 연소시킬 때 나오는 연기 중의 알데히드나 석탄산 같은 물질을 이용하여 건조와 살균, 저장성과 향미를 증진시키는 방법

       • 햄, 베이컨 등의 저장법에 이용

(2) 부패의 방지

식품이 부패되는 것을 방지하는 방법은 미생물의 생육조건을 최대한으로 나쁘게 하는 것이다. 미생물의 발육·증식을 억제하기 위해서는 수분관리와 온도관리처럼 물리적 조건의 변화를 주거나 pH 조절, 보존료와 같은 화학물질을 첨가하여 생육을 억제할 수 있다.

① 생육온도의 조절

    ㉠ 저온보존 : 온도가 낮아지면 화학반응이 느려지고 효소 활성이 떨어지며 미생물의 성장이나 증식이 억제된다.

       • 냉장 : 식품을 0~10℃에서 보존

       • 냉동 : 식품을 0℃ 이하로 보존

    ㉡ 고온처리 : 대부분의 미생물은 높은 온도에서 저항성이 약하여 사멸하거나 활성을 잃는 경우가 많으므로 고온 세균일지라도 70℃ 이상에서는 발육·증식하지 못하기 때문에 부패를 방지하기 위해서는 70℃ 이상으로 가열해야 한다.

② 수분함량의 조절

    ㉠ 건 조

       • 미생물이 생육하는 데는 수분이 필수적이므로 이 수분(자유수)을 한계 이하로 유지시켜 주는 것이 중요하다.

- 자유수를 수분활성도로 나타낼 수 있는데 미생물은 일정하며, 수분활성도 이하에서는 증식할 수 없다.
- 식품의 건조방법은 자연건조법, 가열건조법, 감압건조법으로 크게 나눌 수 있다.

▼ 부패 미생물의 생육 최저 수분활성도

미생물균	최저 수분활성도(Aw)
대부분 세균	0.91
대부분 효모	0.88
대부분 곰팡이	0.80
호염성 세균	0.75
내건성 곰팡이	0.65
내삼투압 효모	0.60

  ⓒ 염장법
  - 소금은 식품용액 중 용질의 농도를 높여주므로 수분활성도를 낮추어 건조의 효과가 있으며 삼투압의 영향으로 미생물의 생육이 억제된다.
  - 미생물은 호염성 세균과 일부 곰팡이나 효모를 제외하고는 5%의 소금 농도에서 증식이 억제되고 15% 이상에서 증식이 정지된다.
  ⓒ 당장법
  - 설탕 등 당 농도가 50% 이상에서는 삼투압에 의해 세균의 번식이 억제된다.
  - 소금보다는 그 효과가 낮으며 소금처럼 화학적 억제기능을 갖지 못하고 있다.

③ 화학물질에 의한 부패 방지
  ㉠ pH 조절
  - 미생물은 균에 따라서 생육에 적합한 pH를 갖는다.
  - 일반적으로 미생물은 중성 부근에서 잘 생육하나 산성에서는 저항성이 약하며 pH 4.5 이하가 되면 생육이 어렵게 된다.
  ㉡ 식품첨가물의 사용
  - 다양한 환경에서 식품을 부패시키지 않고 장기보관·유통시키기 위하여 첨가되는 화학물질을 보존료 혹은 방부제라고 한다.
  - 현재 식품위생법상 허용된 방부제는 데하이드로초산(Dehydroacetate)(염), 소브산(염), 안식향산(염), 파라옥시안식향산류, 프로피온산(염) 등이 있다.

(3) 살균과 소독
① 정 의
  ㉠ 살균 : 비교적 약한 살균력을 작용시켜 병원 미생물의 생활력을 파괴하여 감염의 위험성을 제거하는 것이다(병원미생물의 사멸).

ⓒ 멸균 : 살균과 달리 강한 살균력을 작용시켜 병원균, 아포 등 미생물을 완전히 죽여 처리하는 것이다.

ⓒ 소독 : 살균과 멸균을 의미한다(병원미생물의 생육저지 및 사멸하는 것이다).

ⓐ 방부 : 미생물의 성장을 억제하여 식품의 부패와 발효를 억제하는 것이다.

② 물리적 소독

ⓐ 자비소독법 : 약 100℃의 끓는 물에서 15~20분간 자비(식기류, 행주, 의류)

ⓒ 고압증기멸균법 : 고압솥 이용, 2기압 121℃에서 15~20분간 소독 → 아포를 포함한 모든 균 사멸(고무제품, 초자기구(유리기구), 의류, 시약, 배지 등)

ⓒ 저온살균법 : 62~65℃에서 30분간 가열한 후 급랭(우유, 술, 주스 등)

ⓐ 초고온순간살균법 : 130~150℃에서 2초간 가열한 후 급랭(우유, 과즙 등)

ⓜ 고온장시간살균법 : 95~120℃에서 30~60분간 가열(통조림)

ⓗ 간헐멸균법(아포를 형성하는 내열성) : 100℃의 유통증기를 1일 1회 15~30분씩 3일간 실시

ⓢ 자외선 멸균법 : 파장 2,500~2,800Å

자외선 멸균법의 장점	• 모든 균종에 효과가 있다. • 살균효과가 크고 균에 내성이 생기지 않는다.
자외선 멸균법의 단점	• 살균효과가 표면에 한정되어 있다. • 단백질이 많은 식품은 살균력이 떨어진다. • 지방류는 산패한다.

ⓞ 일광소독 : 장티푸스균, 결핵균, 페스트균은 단시간 내에 사멸

ⓩ 세균 여과법 : 음료수나 액체식품 등을 세균 여과기로 걸러서 균을 제거시키는 방법(바이러스는 걸리지 않음)

ⓩ 방사선 살균법 : 60Co, 137Cs 사용(주로 감자싹 방지를 위한 방법)

ⓚ 초음파 멸균법

③ 화학적 소독

ⓐ 소독약품의 구비조건

• 살균력이 강할 것

• 사용이 간편하고 가격이 저렴할 것

• 인축에 대한 독성이 적을 것

• 소독 대상물에 부식성과 표백성이 없을 것

• 용해성이 높으며 안전성이 있을 것

• 석탄산 계수가 높을 것

ⓒ 소독작용에 미치는 영향

• 농도가 짙을수록, 접촉시간이 길수록 효과가 크다.

• 온도가 증가될수록 효과가 크다.

• 유기물이 있을 때는 효과가 감소된다.

• 같은 균이라도 균주에 따라 균의 감수성이 상이하다.

ⓒ 소독약품의 종류

- 석탄산 : 3% 수용액
- 크레졸 : 3% 수용액
- 역성비누 → 양성비누 : 원액(10%)을 200~400배 희석하여 0.01~0.1%로 만들어 사용
- 알코올 : 70% 에탄올로 살균력이 강함
- 승홍 : 0.1% 수용액, 살균력이 강하고 금속 부식성이 있어 주의를 요하며 단백질 존재 시 소독력이 떨어짐
- 생석회 : 공기에 노출되면 살균력이 떨어짐
- 염 소 : 수돗물의 잔류 염소량 − 0.2ppm
- 차아염소산나트륨 : 채소, 식기, 과일, 음료수 등의 소독에 사용
- 폼알데하이드 : 포르말린 1~1.5% 수용액(방부효과가 좋고 살균력이 강해서 낮은 농도로 사용)
- 중성세제(합성세제) : 세정력이 강하여 세정에 의해 소독이 되나 자체 살균력은 없다.

01 다음 중 식육의 변패 시 나타나는 pH의 변화는?

① 산 성

② 중 성

③ 알칼리성

④ 변화 없다.

 신선한 육류의 pH는 7.0~7.3으로, 도축 후 해당작용에 의해 pH는 낮아져 최저 5.5~5.6에 이른다. 식육의 변패는 탄수화물, 지방 등이 미생물에 의해 변질되는 현상으로, pH는 산성에서 중성으로 증가한다.

02 식육의 부패가 진행되면 pH의 변화는?

① 산 성

② 중 성

③ 알칼리성

④ 변화 없다.

 신선한 육류의 pH는 7.0~7.3으로, 도축 후 해당작용에 의해 pH는 낮아져 최저 5.5~5.6에 이른다. 식육의 부패는 미생물의 번식으로 단백질이 분해되어 아민, 암모니아, 악취 등이 발생하는 현상으로 pH는 산성에서 알칼리성으로 변한다.

03 식육의 초기 부패판정과 거리가 먼 것은?

① 인 돌   ② 암모니아

③ 황화수소   ④ 포르말린

해설 식육의 부패 시 단백질이 분해되어 아민, 암모니아, 인돌, 스케톨, 황화수소, 메탄 등이 생성한다.

04 식품저장에 널리 이용되고 있는 방사선은?

① α선   ② β선

③ γ선   ④ 자외선

해설 식품의 방사선 조사 시 60Co의 γ선을 사용한다.

05 식품의 보존방법 중 방사선 조사에 관한 설명으로 틀린 것은?

① 발아억제, 살충 및 숙도 조절의 목적에 한한다.
② 안전성을 고려하여 건조식육에 허용된 방사선은 30kGy이다.
③ 10kGy 이하의 방사선 조사로는 모든 병원균을 완전히 사멸하지 못한다.
④ 살균이나 바이러스 사멸을 위해서는 10~50kGy 선량이 필요하다.

해설 가공식품 제조원료 건조식육에 통용된 방사선량은 7kGy 이하이다.

06 소독에 대한 설명으로 옳은 것은?

① 오염물질을 깨끗이 제거하는 것
② 미생물의 발육을 완전 정지시키는 것
③ 이화학적 방법으로 병원체를 파괴시키는 것
④ 모든 미생물을 전부 사멸시키는 것

07 종이류 등의 용기나 포장에서 위생 문제를 야기할 수 있는 대표적인 물질은?

① 착색료의 용출　　　　　　　② 포르말린의 용출
③ PCB의 용출　　　　　　　　④ 안티몬의 용출

해설 착색료의 용출, 형광염료의 이행, 파라핀, 납 등의 용출이 문제가 된다.

08 질소성분이 함유되지 않은 유기화합물로서 당질이나 지방질의 식품이 미생물에 의해 분해되어 변질되는 것은?

① 발 효　　　　　　　　　　　② 변 패
③ 숙 성　　　　　　　　　　　④ 산 패

해설 발효는 탄수화물이 미생물에 의해 유기산이나 알코올 등을 생성하여 사람에게 바람직한 생산물로 생화학적 변화가 일어나는 현상을 말하며, 부패는 단백질을 함유한 식품이 미생물에 의해 분해되어 아민류 등의 유해물질이 생성되고 인돌, 스카톨, 암모니아 등의 악취나 유해물질을 생성하는 현상을 말한다.

09 다음 중 소독효과가 거의 없는 것은?

① 중성 세제　　　　　　　　　② 역성비누(양성비누)
③ 크레졸　　　　　　　　　　④ 표백분

중성세제는 세정력은 강하나 소독효과는 거의 없어 과일, 식기 등의 세척에 사용한다. 반면, 역성비누(양성비누)는 세척력은 약하지만 살균력이 강하고 냄새가 없으며 자극성과 부식성이 없어 손이나 식기 등의 소독에 이용된다.

10 소독제가 갖추어야 할 조건이 아닌 것은?

① 사용이 간편하고 가격이 저렴해야 한다.
② 표백성이 없어야 한다.
③ 용해성이 낮아야 한다.
④ 석탄산 계수가 높아야 한다.

 소독제의 구비조건
• 살균력이 강할 것
• 사용이 간편하고 가격이 저렴할 것
• 인축에 대한 독성이 적을 것
• 소독 대상물에 부식성과 표백성이 없을 것
• 용해성이 높으며 안전성이 있을 것
• 석탄산 계수가 높을 것

11 기구 등에서 주로 아포를 형성하는 세균의 살균을 위한 고압증기멸균에 대한 내용으로 옳은 것은?

① 121℃, 15~20분
② 100~120℃, 20~30분
③ 100℃, 30분
④ 100℃, 60분

 물리적 소독방법
㉠ 자비소독법 : 약 100℃의 끓는 물에서 15~20분간 자비(식기류, 행주, 의류)
㉡ 고압증기멸균법 : 고압솥 이용, 2기압 121℃에서 15~20분간 소독 → 아포를 포함한 모든 균 사멸(고무제품, 유리기구, 의류, 시약, 배지 등)
㉢ 저온살균법 : 62~65℃에서 30분간 가열한 후 급랭(우유, 술, 주스 등)
㉣ 초고온순간살균법 : 130~150℃에서 2초간 가열한 후 급랭(우유, 과즙 등)
㉤ 고온장시간살균법 : 95~120℃에서 30~60분간 가열(통조림)
㉥ 간헐멸균법(아포를 형성하는 내열성) : 100℃의 유통증기를 1일 1회 15~30분씩 3일간 실시

12 포자형성균의 멸균에 가장 좋은 방법은?

① 자비소독법　　　　　　　　② 저온살균법
③ 고압증기멸균법　　　　　　④ 초고온순간살균법

13 고온으로 처리하지 않고 세균의 아포를 살균하는 살균법은?

① 저온살균법

② 고압증기멸균법

③ 초고온순간살균법

④ 간헐멸균

14 산패와 관련이 없는 것은?

① 산 소 　　　　　　② 지 방

③ 효 소 　　　　　　④ 이산화탄소

해설 산패는 유지 중의 불포화지방산이 산화에 의하여 불쾌한 냄새나 맛을 형성하는 현상이다.

15 소독액으로 적당한 것은?

① 50% 에틸알코올

② 70% 에틸알코올

③ 80% 에틸알코올

④ 90% 에틸알코올

해설 에탄올은 70% 알코올이 쓰인다.

16 미생물이 식육에서 번식하기 위한 가장 근본요인은?

① 낮은 pH 　　　　　② 수분 함량

③ 온 도 　　　　　　④ 충분한 산소공급

해설 미생물의 생육에는 수분함량이 가장 중요하다.

17 자외선 살균에 대한 설명으로 옳지 않은 것은?

① 유효한 파장은 2,500~2,800Å이다.

② 자외선으로 가장 효과적인 살균대상은 물과 실내공기이다.

③ 모든 균종에 효과가 있다.

④ 단백질이 많은 식품은 살균력이 강하다.

자외선 살균은 모든 균종에 효과가 있으면서 살균효과가 크고 균에 내성이 생기지 않는 장점이 있는데 반해, 살균효과가 표면에 한정되어 있다거나 단백질이 많은 식품은 살균력이 떨어지고 지방류는 산패하는 단점이 있다.

18 **짧은 시간에 균일한 품질의 제품을 만들 수 있는 건조법은?**

① 분무건조법   ② 열풍건조법

③ 천일건조법   ④ 동결건조법

19 **부패균의 억제를 위해서 사용하는 저장법은?**

① 냉장법   ② 냉동법

③ 염장법   ④ 산저장법

 세균 중 특히 부패균은 약한 알칼리성에서 잘 자라는데 산성에서는 생육이 억제되는 현상을 이용한 저장방법으로 산저장법이 쓰인다.

식품위생관련법규

제 1 절　총 칙

(1) 목적(식품위생법 제1조)

식품으로 인하여 생기는 위생상의 위해(危害)를 방지하고 식품영양의 질적 향상을 도모하며 식품에 관한 올바른 정보를 제공하여 국민보건의 증진에 이바지함을 목적으로 한다.

(2) 정의(식품위생법 제2조)

① **식품** : 모든 음식물(의약으로 섭취하는 것은 제외한다)을 말한다.

② **식품첨가물** : 식품을 제조·가공·조리 또는 보존하는 과정에서 감미(甘味), 착색(着色), 표백(漂白) 또는 산화방지 등을 목적으로 식품에 사용되는 물질을 말한다. 이 경우 기구(器具)·용기·포장을 살균·소독하는 데에 사용되어 간접적으로 식품으로 옮아갈 수 있는 물질을 포함한다.

③ **화학적 합성품** : 화학적 수단으로 원소(元素) 또는 화합물에 분해 반응 외의 화학 반응을 일으켜서 얻은 물질을 말한다.

④ **기구** : 다음의 어느 하나에 해당하는 것으로서 식품 또는 식품첨가물에 직접 닿는 기계·기구나 그밖의 물건(농업과 수산업에서 식품을 채취하는 데에 쓰는 기계·기구나 그 밖의 물건 및 「위생용품관리법」 제2조제1호에 따른 위생용품은 제외한다)을 말한다.

　㉠ 음식을 먹을 때 사용하거나 담는 것

　㉡ 식품 또는 식품첨가물을 채취·제조·가공·조리·저장·소분[(小分) : 완제품을 나누어 유통을 목적으로 재포장하는 것을 말한다]·운반·진열할 때 사용하는 것

⑤ **용기·포장** : 식품 또는 식품첨가물을 넣거나 싸는 것으로서 식품 또는 식품첨가물을 주고받을 때 함께 건네는 물품을 말한다.

⑥ **위해** : 식품, 식품첨가물, 기구 또는 용기·포장에 존재하는 위험요소로서 인체의 건강을 해치거나 해칠 우려가 있는 것을 말한다.

⑦ **표시** : 식품, 식품첨가물, 기구 또는 용기·포장에 적는 문자, 숫자 또는 도형을 말한다.

⑧ **영양표시** : 식품에 들어 있는 영양소의 양(量) 등 영양에 관한 정보를 표시하는 것을 말한다.

⑨ **영업** : 식품 또는 식품첨가물을 채취·제조·가공·조리·저장·소분·운반 또는 판매하거나 기구 또는 용기·포장을 제조·운반·판매하는 업(농업과 수산업에 속하는 식품채취업은 제외한다)을 말한다.

⑩ **영업자** : 영업허가를 받은 자나 영업신고를 한 자 또는 영업등록을 한 자를 말한다.

⑪ **식품위생** : 식품, 식품첨가물, 기구 또는 용기·포장을 대상으로 하는 음식에 관한 위생을 말한다.

⑫ **집단급식소** : 영리를 목적으로 하지 아니하면서 특정 다수인에게 계속하여 음식물을 공급하는 다음의 어느 하나에 해당하는 곳의 급식시설로서 대통령령으로 정하는 시설을 말한다(기숙사, 학교, 병원, 사회복지시설, 산업체, 국가·지방자치단체 및 공공기관, 그 밖의 후생기관 등).

⑬ **식품이력추적관리** : 식품을 제조·가공단계부터 판매단계까지 각 단계별로 정보를 기록·관리하여 그 식품의 안전성 등에 문제가 발생할 경우 그 식품을 추적하여 원인을 규명하고 필요한 조치를 할수 있도록 관리하는 것을 말한다.

⑭ **식중독** : 식품 섭취로 인하여 인체에 유해한 미생물 또는 유독물질에 의하여 발생하였거나 발생한 것으로 판단되는 감염성 질환 또는 독소형 질환을 말한다.

⑮ **집단급식소에서의 식단** : 급식대상 집단의 영양섭취기준에 따라 음식명, 식재료, 영양성분, 조리방법, 조리인력 등을 고려하여 작성한 급식계획서를 말한다.

(3) 식품 등의 취급(식품위생법 제3조)

① 누구든지 판매(판매 외의 불특정 다수인에 대한 제공을 포함한다)를 목적으로 식품 또는 식품첨가물을 채취·제조·가공·사용·조리·저장·소분·운반 또는 진열을 할 때에는 깨끗하고 위생적으로 하여야 한다.

② 영업에 사용하는 기구 및 용기·포장은 깨끗하고 위생적으로 다루어야 한다.

③ 식품, 식품첨가물, 기구 또는 용기·포장(이하 '식품 등'이라 한다)의 위생적인 취급에 관한 기준은 총리령으로 정한다.

 제 2 절 식품 및 식품첨가물

(1) 위해식품 등의 판매 등 금지(식품위생법 제4조)

누구든지 다음의 어느 하나에 해당하는 식품 등을 판매하거나 판매할 목적으로 채취·제조·수입·가공·사용·조리·저장·소분·운반 또는 진열하여서는 아니 된다.

① 썩거나 상하거나 설익어서 인체의 건강을 해칠 우려가 있는 것

② 유독·유해물질이 들어 있거나 묻어 있는 것 또는 그러할 염려가 있는 것. 다만, 식품의약품안전처장이 인체의 건강을 해칠 우려가 없다고 인정하는 것은 제외한다.

③ 병을 일으키는 미생물에 오염되었거나 그러할 염려가 있어 인체의 건강을 해칠 우려가 있는 것

④ 불결하거나 다른 물질이 섞이거나 첨가(添加)된 것 또는 그 밖의 사유로 인체의 건강을 해칠 우려가 있는 것

⑤ 안전성 심사 대상인 농·축·수산물 등 가운데 안전성 심사를 받지 아니하였거나 안전성 심사에서 식용(食用)으로 부적합하다고 인정된 것

⑥ 수입이 금지된 것 또는 수입신고를 하지 아니하고 수입한 것

⑦ 영업자가 아닌 자가 제조·가공·소분한 것

(2) 병든 동물 고기 등의 판매 등 금지(식품위생법 제5조)

누구든지 총리령으로 정하는 질병에 걸렸거나 걸렸을 염려가 있는 동물이나 그 질병에 걸려 죽은 동물의 고기·뼈·젖·장기 또는 혈액을 식품으로 판매하거나 판매할 목적으로 채취·수입·가공·사용·조리·저장·소분 또는 운반하거나 진열하여서는 아니 된다.

(3) 기준·규격이 정하여지지 아니한 화학적 합성품 등의 판매 등 금지(식품위생법 제6조)

누구든지 다음의 어느 하나에 해당하는 행위를 하여서는 아니 된다. 다만, 식품의약품안전처장이 식품위생심의위원회(이하 '심의위원회'라 한다)의 심의를 거쳐 인체의 건강을 해칠 우려가 없다고 인정하는 경우에는 그러하지 아니하다.

① 기준·규격이 정하여지지 아니한 화학적 합성품인 첨가물과 이를 함유한 물질을 식품첨가물로 사용하는 행위

② 식품첨가물이 함유된 식품을 판매하거나 판매할 목적으로 제조·수입·가공·사용·조리·저장·소분·운반 또는 진열하는 행위

(4) 식품 또는 식품첨가물에 관한 기준 및 규격(식품위생법 제7조제1항)

식품의약품안전처장은 국민보건을 위하여 필요하면 판매를 목적으로 하는 식품 또는 식품첨가물에 관한 다음의 사항을 정하여 고시한다.

① 제조·가공·사용·조리·보존 방법에 관한 기준

② 성분에 관한 규격

(5) 권장규격 예시 등(식품위생법 제7조의2)

① 식품의약품안전처장은 판매를 목적으로 하는 기준 및 규격이 설정되지 아니한 식품 등이 국민보건 상위해 우려가 있어 예방조치가 필요하다고 인정하는 경우에는 그 기준 및 규격이 설정될 때까지 위해우려가 있는 성분 등의 안전관리를 권장하기 위한 규격('권장규격'이라 한다)을 예시할 수 있다.

② 식품의약품안전처장은 ①에 따라 권장규격을 예시할 때에는 국제식품규격위원회 및 외국의 규격 또는 다른 식품 등에 이미 규격이 신설되어 있는 유사한 성분 등을 고려하여야 하고 심의위원회의 심의를 거쳐야 한다.

③ 식품의약품안전처장은 영업자가 ①에 따른 권장규격을 준수하도록 요청할 수 있으며 이행하지 아니한 경우 그 사실을 공개할 수 있다.

제 3 절 **기구와 용기·포장**

(1) 유독기구 등의 판매·사용 금지(식품위생법 제8조)

유독·유해물질이 들어 있거나 묻어 있어 인체의 건강을 해칠 우려가 있는 기구 및 용기·포장과 식품 또는 식품첨가물에 직접 닿으면 해로운 영향을 끼쳐 인체의 건강을 해칠 우려가 있는 기구 및 용기·포장을 판매하거나 판매할 목적으로 제조·수입·저장·운반·진열하거나 영업에 사용하여서는 아니 된다.

(2) 기구 및 용기·포장에 관한 기준 및 규격(식품위생법 제9조)

① 식품의약품안전처장은 국민보건을 위하여 필요한 경우에는 판매하거나 영업에 사용하는 기구 및 용기·포장에 관하여 다음의 사항을 정하여 고시한다.

　㉠ 제조 방법에 관한 기준

　㉡ 기구 및 용기·포장과 그 원재료에 관한 규격

② 식품의약품안전처장은 ①에 따라 기준과 규격이 고시되지 아니한 기구 및 용기·포장의 기준과 규격을 인정받으려는 자에게 ①의 각 사항을 제출하게 하여 식품의약품안전처장이 지정한 식품전문 시험·검사기관 또는 총리령으로 정하는 시험·검사기관의 검토를 거쳐 ①에 따라 기준과 규격이 고시될 때까지 해당 기구 및 용기·포장의 기준과 규격으로 인정할 수 있다.

③ 수출할 기구 및 용기·포장과 그 원재료에 관한 기준과 규격은 ① 및 ②에도 불구하고 수입자가 요구하는 기준과 규격을 따를 수 있다.

④ ① 및 ②에 따라 기준과 규격이 정하여진 기구 및 용기·포장은 그 기준에 따라 제조하여야 하며, 그 기준과 규격에 맞지 아니한 기구 및 용기·포장은 판매하거나 판매할 목적으로 제조·수입·저장·운반·진열하거나 영업에 사용하여서는 아니 된다.

제 4 절 **표 시**

(1) 표시기준(식품위생법 제10조)

① 식품의약품안전처장은 국민보건을 위하여 필요하면 다음의 어느 하나에 해당하는 표시에 관한 기준을 정하여 고시할 수 있다.

　㉠ 판매를 목적으로 하는 식품 또는 식품첨가물의 표시

　㉡ 기준과 규격이 정하여진 기구 및 용기·포장의 표시

② ①에 따라 표시에 관한 기준이 정하여진 식품 등은 그 기준에 맞는 표시가 없으면 판매하거나 판매할 목적으로 수입 · 진열 · 운반하거나 영업에 사용하여서는 아니 된다.

③ ①의 ㉠에 따른 표시의 기준에는 다음의 사항이 포함되어야 한다.

  ㉠ 제품명, 내용량, 원재료명, 영업소 명칭 및 소재지

  ㉡ 소비자 안전을 위한 주의사항

  ㉢ 제조연월일, 유통기한 또는 품질유지기한

  ㉣ 그 밖에 식품 또는 식품첨가물에 대한 소비자의 오인 · 혼동을 방지하기 위하여 표시가 필요한 사항으로서 총리령으로 정하는 사항

④ ①의 ㉡에 따른 표시의 기준에는 다음의 사항이 포함되어야 한다.

  ㉠ 재질, 영업소 명칭 및 소재지

  ㉡ 소비자 안전을 위한 주의사항

  ㉢ 그 밖에 해당 기구 또는 용기 · 포장에 대한 소비자의 오인 · 혼동을 방지하기 위하여 표시가 필요한 사항으로서 총리령으로 정하는 사항

(2) 식품의 영양표시 등(식품위생법 제11조)

① 식품의약품안전처장은 총리령으로 정하는 식품의 영양표시에 관하여 필요한 기준을 정하여 고시할 수 있다.

② 식품을 제조 · 가공 · 소분 또는 수입하는 영업자가 식품을 판매하거나 판매할 목적으로 수입 · 진열 · 운반하거나 영업에 사용하는 경우에는 ①에 따라 정하여진 영양표시 기준을 지켜야 한다.

③ 식품의약품안전처장은 국민들이 ①에 따른 영양표시를 식생활에서 활용할 수 있도록 교육과 홍보를 하여야 한다.

(3) 유전자변형식품 등의 표시(식품위생법 제12조의2)

① 다음의 어느 하나에 해당하는 생명공학기술을 활용하여 재배 · 육성된 농산물 · 축산물 · 수산물 등을 원재료로 하여 제조 · 가공한 식품 또는 식품첨가물(이하 '유전자변형식품 등'이라 한다)은 유전자변형식품임을 표시하여야 한다. 다만, 제조 · 가공 후에 유전자변형 디엔에이(DNA, Deoxyribonucleic Acid) 또는 유전자변형 단백질이 남아 있는 유전자변형식품 등에 한정한다.

  ㉠ 인위적으로 유전자를 재조합하거나 유전자를 구성하는 핵산을 세포 또는 세포 내 소기관으로 직접 주입하는 기술

  ㉡ 분류학에 따른 과(科)의 범위를 넘는 세포융합기술

② ①에 따라 표시하여야 하는 유전자변형식품 등은 표시가 없으면 판매하거나 판매할 목적으로 수입 · 진열 · 운반하거나 영업에 사용하여서는 아니 된다.

③ ①에 따른 표시의무자, 표시대상 및 표시방법 등에 필요한 사항은 식품의약품안전처장이 정한다.

(4) 표시 · 광고의 심의(식품위생법 제12조의3)

① 영유아식, 체중조절용 조제식품 등 대통령령으로 정하는 식품에 대하여 표시 · 광고를 하려는 자는 식품의약품안전처장이 정한 식품 표시 · 광고 심의기준, 방법 및 절차에 따라 심의를 받아야 한다.

② 식품의약품안전처장은 ①에 따른 식품의 표시 · 광고 사전심의에 관한 업무를 대통령령으로 정하는 기관 및 단체 등에 위탁할 수 있다.

(5) 허위표시 등의 금지(식품위생법 제13조)

① 누구든지 식품 등의 명칭 · 제조방법, 품질 · 영양 표시, 유전자변형식품 등 및 식품이력추적관리 표시에 관하여는 다음에 해당하는 허위 · 과대 · 비방의 표시 · 광고를 하여서는 아니 되고, 포장에 있어서는 과대포장을 하지 못한다. 식품 또는 식품첨가물의 영양가 · 원재료 · 성분 · 용도에 관하여도 또한 같다.

　㉠ 질병의 예방 및 치료에 효능 · 효과가 있거나 의약품 또는 건강기능식품으로 오인 · 혼동할 우려가 있는 내용의 표시 · 광고

　㉡ 사실과 다르거나 과장된 표시 · 광고

　㉢ 소비자를 기만하거나 오인 · 혼동시킬 우려가 있는 표시 · 광고

　㉣ 다른 업체 또는 그 제품을 비방하는 광고

　㉤ 심의를 받지 아니하거나 심의 받은 내용과 다른 내용의 표시 · 광고

② ①에 따른 허위표시, 과대광고, 비방광고 및 과대포장의 범위와 그 밖에 필요한 사항은 총리령으로 정한다.

※ **허위표시, 과대광고, 비방광고 및 과대포장의 범위(시행규칙 제8조)**

① 법 제13조에 따른 허위표시 및 과대광고의 범위는 용기 · 포장 및 라디오 · 텔레비전 · 신문 · 잡지 · 음악 · 영상 · 인쇄물 · 간판 · 인터넷, 그 밖의 방법으로 식품 등의 명칭 · 제조방법 · 품질 · 영양가 · 원재료 · 성분 또는 사용에 대한 정보를 나타내거나 알리는 행위 중 다음의 어느 하나에 해당하는 것으로 한다.

　㉠ 수입신고한 사항이나 허가받거나 신고 · 등록 또는 보고한 사항과 다른 내용의 표시 · 광고

　㉡ 질병의 예방 또는 치료에 효능이 있다는 내용의 표시 · 광고

　㉢ 식품 등의 명칭 · 제조방법, 품질 · 영양표시, 식품이력추적표시, 식품 또는 식품첨가물의 영양가 · 원재료 · 성분 · 용도와 다른 내용의 표시 · 광고

　㉣ 제조 연월일 또는 유통기한을 표시함에 있어서 사실과 다른 내용의 표시 · 광고

　㉤ 제조방법에 관하여 연구하거나 발견한 사실로서 식품학 · 영양학 등의 분야에서 공인된 사항 외의 표시 · 광고. 다만, 제조방법에 관하여 연구하거나 발견한 사실에 대한 식품학 · 영양학 등의 문헌을 인용하여 문헌의 내용을 정확히 표시하고, 연구자의 성명, 문헌명, 발표 연월일을 명시하는 표시 · 광고는 제외한다.

　㉥ 각종 상장 · 감사장 등을 이용하거나 '인증' · '보증' 또는 '추천'을 받았다는 내용을 사용하거나 이와 유사한 내용을 표현하는 표시 · 광고. 다만, 다음에 해당하는 내용을 사용하는 경우는 제외한다.

- 제품과 직접 관련하여 받은 상장
- 「정부조직법」제2조부터 제4조까지의 규정에 따른 중앙행정기관·특별지방행정기관 및 그 부속기관, 「지방자치법」제2조에 따른 지방자치단체 또는 「공공기관의 운영에 관한 법률」제4조에 따른 공공기관으로부터 받은 인증·보증
- 「식품산업진흥법」제22조에 따른 전통식품 품질인증, 「산업표준화법」제15조에 따른 제품인증 등 다른 법령에 따라 받은 인증·보증
- 식품의약품안전처장이 고시하는 절차와 방법에 따라 식품 등에 대한 인증·보증의 신뢰성을 인정받은 기관으로부터 받은 인증·보증
  - ⊘ 외국어의 사용 등으로 외국제품으로 혼동할 우려가 있는 표시·광고 또는 외국과 기술제휴한 것으로 혼동할 우려가 있는 내용의 표시·광고
  - ⊙ 다른 업소의 제품을 비방하거나 비방하는 것으로 의심되는 표시·광고나 '주문 쇄도' 등 제품의 제조방법·품질·영양가·원재료·성분 또는 효과와 직접적인 관련이 적은 내용 또는 사용하지 않은 성분을 강조함으로써 다른 업소의 제품을 간접적으로 다르게 인식하게 하는 표시·광고
  - ㉤ 미풍양속을 해치거나 해칠 우려가 있는 저속한 도안·사진 등을 사용하는 표시·광고 또는 미풍양속을 해치거나 해칠 우려가 있는 음향을 사용하는 광고
  - ㉫ 화학적 합성품의 경우 그 원료의 명칭 등을 사용하여 화학적 합성품이 아닌 것으로 혼동할 우려가 있는 광고
  - ㉪ 판매사례품 또는 경품 제공·판매 등 사행심을 조장하는 내용의 표시·광고(독점규제 및 공정거래에 관한 법률에 따라 허용되는 경우는 제외한다)
  - ㉽ 소비자가 건강기능식품으로 오인·혼동할 수 있는 특정 성분의 기능 및 작용에 관한 표시·광고
  - ㉾ 체험기를 이용하는 광고
② ①의 ⓒ·ⓜ 및 ⓗ에도 불구하고 다음에 해당되는 경우에는 허위표시나 과대광고로 보지 아니한다.
  - ㉠ 휴게음식점영업소 및 일반음식점영업소에서 조리·판매하는 식품, 위탁급식영업소에서 조리·제공하는 식품 및 제과점영업소에서 제조·판매하는 식품에 대한 표시·광고
  - ㉡ 영업신고를 하지 아니한 식품에 대한 표시·광고
  - ㉡의2. 영업등록을 하지 아니한 식품에 대한 표시·광고
  - ㉢ 농업인 등 및 영농조합법인과 영어조합법인이 국내산 농·임·수산물을 주된 원료로 하여 제조·가공한 메주·된장·고추장·간장·김치에 대하여 식품영양학적으로 공인된 사실이라고 식품의약품안전처장이 인정한 표시·광고
  - ㉣ 그 밖에 허위표시·과대광고로 보지 아니하는 표시 및 광고의 범위에 해당하는 표시·광고
③ 법 제13조에 따른 과대포장의 범위는 「자원의 절약과 재활용촉진에 관한 법률」제9조에 따른 「제품의 포장재질·포장방법에 관한 기준 등에 관한 규칙」에서 정하는 바에 따른다.
④ 누구든지 식품 또는 식품첨가물에는 의약품과 혼동할 우려가 있는 표시를 하거나 광고를 하여서는 아니 된다.

"(1) 표시기준'과 '(5) 허위표시 등의 금지'는 2019.3.14. 폐지되고, 해당 조항은 '표시·광고의 공정화에 관한 법률'에 의해 적용받음
** 표시·광고의 공정화에 관한 법률의 자세한 내용은 축산식품 관련법규 및 규정 과목 참조"

제 5 절 식품 등의 공전(公典)

(1) 식품 등의 공전(식품위생법 제14조)

식품의약품안전처장은 다음의 기준 등을 실은 식품 등의 공전을 작성·보급하여야 한다.

① 식품 또는 식품첨가물의 기준과 규격

② 기구 및 용기·포장의 기준과 규격

③ 식품 등의 표시기준

제 6 절 검사 등

(1) 위해평가(식품위생법 제15조)

① 식품의약품안전처장은 국내외에서 유해물질이 함유된 것으로 알려지는 등 위해의 우려가 제기되는 식품 등이 제4조 또는 제8조에 따른 식품 등에 해당한다고 의심되는 경우에는 그 식품 등의 위해요소를 신속히 평가하여 그것이 위해식품 등인지를 결정하여야 한다.

② 식품의약품안전처장은 ①에 따른 위해평가가 끝나기 전까지 국민건강을 위하여 예방조치가 필요한 식품 등에 대하여는 판매하거나 판매할 목적으로 채취·제조·수입·가공·사용·조리·저장·소분·운반 또는 진열하는 것을 일시적으로 금지할 수 있다. 다만, 국민건강에 급박한 위해가 발생하였거나 발생할 우려가 있다고 식품의약품안전처장이 인정하는 경우에는 그 금지조치를 하여야 한다.

③ 식품의약품안전처장은 ②에 따른 일시적 금지조치를 하려면 미리 심의위원회의 심의·의결을 거쳐야 한다. 다만, 국민건강을 급박하게 위해할 우려가 있어서 신속히 금지조치를 하여야 할 필요가 있는 경우에는 먼저 일시적 금지조치를 한 뒤 지체 없이 심의위원회의 심의·의결을 거칠 수 있다.

④ 심의위원회는 ③의 본문 및 단서에 따라 심의하는 경우 대통령령으로 정하는 이해관계인의 의견을 들어야 한다.

⑤ 식품의약품안전처장은 ①에 따른 위해평가나 ③의 단서에 따른 사후 심의위원회의 심의·의결에서 위해가 없다고 인정된 식품 등에 대하여는 지체 없이 ②에 따른 일시적 금지조치를 해제하여야 한다.

⑥ ①에 따른 위해평가의 대상, 방법 및 절차, 그 밖에 필요한 사항은 대통령령으로 정한다.

(2) 검사명령 등(식품위생법 제19조의4)

① 식품의약품안전처장은 다음의 어느 하나에 해당하는 식품 등을 채취·제조·가공·사용·조리·저장·소분·운반 또는 진열하는 영업자에 대하여 식품전문 시험·검사기관 또는 국외시험·검사기관에서 검사를 받을 것을 명(이하 '검사명령'이라 한다)할 수 있다. 다만, 검사로써 위해성분을 확인할 수 없다고 식품의약품안전처장이 인정하는 경우에는 관계 자료 등으로 갈음할 수 있다.

    ㉠ 국내외에서 유해물질이 검출된 식품 등

    ㉡ 그 밖에 국내외에서 위해발생의 우려가 제기되었거나 제기된 식품 등

② 검사명령을 받은 영업자는 총리령으로 정하는 검사기한 내에 검사를 받거나 관련 자료 등을 제출하여야 한다.

③ ① 및 ②에 따른 검사명령 대상 식품 등의 범위, 제출 자료 등 세부사항은 식품의약품안전처장이 정하여 고시한다.

(3) 출입·검사·수거 등(식품위생법 제22조)

① 식품의약품안전처장(대통령령으로 정하는 그 소속 기관의 장을 포함한다), 시·도지사 또는 시장·군수·구청장은 식품 등의 위해방지·위생관리와 영업질서의 유지를 위하여 필요하면 다음의 구분에 따른 조치를 할 수 있다.

    ㉠ 영업자나 그 밖의 관계인에게 필요한 서류나 그 밖의 자료의 제출 요구

    ㉡ 관계 공무원으로 하여금 다음에 해당하는 출입·검사·수거 등의 조치

        • 영업소(사무소, 창고, 제조소, 저장소, 판매소, 그 밖에 이와 유사한 장소를 포함한다)에 출입하여 판매를 목적으로 하거나 영업에 사용하는 식품 등 또는 영업시설 등에 대하여 하는 검사

        • 검사에 필요한 최소량의 식품 등의 무상 수거

        • 영업에 관계되는 장부 또는 서류의 열람

② 식품의약품안전처장은 시·도지사 또는 시장·군수·구청장이 ①에 따른 출입·검사·수거 등의 업무를 수행하면서 식품 등으로 인하여 발생하는 위생 관련 위해방지 업무를 효율적으로 하기 위하여 필요한 경우에는 관계 행정기관의 장, 다른 시·도지사 또는 시장·군수·구청장에게 행정응원(行政應援)을 하도록 요청할 수 있다. 이 경우 행정응원을 요청받은 관계 행정기관의 장, 시·도지사 또는 시장·군수·구청장은 특별한 사유가 없으면 이에 따라야 한다.

③ ① 및 ②의 경우에 출입·검사·수거 또는 열람하려는 공무원은 그 권한을 표시하는 증표 및 조사기간, 조사범위, 조사담당자, 관계 법령 등 대통령령으로 정하는 사항이 기재된 서류를 지니고 이를 관계인에게 내보여야 한다.

④ ②에 따른 행정응원의 절차, 비용 부담 방법, 그 밖에 필요한 사항은 대통령령으로 정한다.

(4) 식품 등의 재검사(식품위생법 제23조)

① 식품의약품안전처장, 시·도지사 또는 시장·군수·구청장은 제22조, 「수입식품안전관리 특별법」 제21조 또는 제25조에 따라 식품 등을 검사한 결과 해당 식품 등이 제7조 또는 제9조에 따른 식품 등의 기준이나 규격에 맞지 아니하면 대통령령으로 정하는 바에 따라 해당 영업자에게 그 검사 결과를 통보하여야 한다.

② ①에 따른 통보를 받은 영업자가 그 검사 결과에 이의가 있으면 검사한 제품과 같은 제품(같은 날에 같은 영업시설에서 같은 제조 공정을 통하여 제조·생산된 제품에 한정한다)을 식품의약품안전처장이 인정하는 국내외 검사기관 2곳 이상에서 같은 검사 항목에 대하여 검사를 받아 그 결과가 ①에 따라 통보받은 검사 결과와 다를 때에는 그 검사기관의 검사성적서 또는 검사증명서를 첨부하여 식품의약품안전처장, 시·도지사 또는 시장·군수·구청장에게 재검사를 요청할 수 있다. 다만, 시간이 경과함에 따라 검사 결과가 달라질 수 있는 검사항목 등 총리령으로 정하는 검사항목은 재검사 대상에서 제외한다.

③ ②에 따른 재검사 요청을 받은 식품의약품안전처장, 시·도지사 또는 시장·군수·구청장은 영업자가 제출한 검사 결과가 ①에 따른 검사 결과와 다르다고 확인되거나 같은 항의 검사에 따른 검체(檢體)의 채취·취급방법, 검사방법·검사과정 등이 제7조제1항 또는 제9조제1항에 따른 식품 등의 기준 및 규격에 위반된다고 인정되는 때에는 지체 없이 재검사하고 해당 영업자에게 재검사 결과를 통보하여야 한다. 이 경우 재검사 수수료와 보세창고료 등 재검사에 드는 비용은 영업자가 부담한다.

(5) 식품위생감시원(식품위생법 제32조)

① 관계 공무원의 직무와 그 밖에 식품위생에 관한 지도 등을 하기 위하여 식품의약품안전처, 특별시·광역시·특별자치시·도·특별자치도(이하 '시·도'라 한다) 또는 시·군·구(자치구를 말한다)에 식품위생감시원을 둔다.

② ①에 따른 식품위생감시원의 자격·임명·직무범위, 그 밖에 필요한 사항은 대통령령으로 정한다.

> ※ 식품위생감시원의 직무(영 제17조)
> • 식품 등의 위생적인 취급에 관한 기준의 이행 지도
> • 수입·판매 또는 사용 등이 금지된 식품 등의 취급 여부에 관한 단속
> • 표시기준 또는 과대광고 금지의 위반 여부에 관한 단속
> • 출입·검사 및 검사에 필요한 식품 등의 수거
> • 시설기준의 적합 여부의 확인·검사
> • 영업자 및 종업원의 건강진단 및 위생교육의 이행 여부의 확인·지도
> • 조리사 및 영양사의 법령 준수사항 이행 여부의 확인·지도
> • 행정처분의 이행 여부 확인
> • 식품 등의 압류·폐기 등
> • 영업소의 폐쇄를 위한 간판 제거 등의 조치
> • 그 밖에 영업자의 법령 이행 여부에 관한 확인·지도

제 **7** 절 　영 업

(1) 시설기준(식품위생법 제36조)

① 다음의 영업을 하려는 자는 총리령으로 정하는 시설기준에 맞는 시설을 갖추어야 한다.
　　㉠ 식품 또는 식품첨가물의 제조업, 가공업, 운반업, 판매업 및 보존업
　　㉡ 기구 또는 용기·포장의 제조업
　　㉢ 식품접객업
② 영업의 세부 종류와 그 범위는 대통령령으로 정한다.

(2) 영업허가 등(식품위생법 제37조)

① 영업 중 대통령령으로 정하는 영업을 하려는 자는 대통령령으로 정하는 바에 따라 영업 종류별 또는 영업소별로 식품의약품안전처장 또는 특별자치시장·특별자치도지사·시장·군수·구청장의 허가를 받아야 한다. 허가받은 사항 중 대통령령으로 정하는 중요한 사항을 변경할 때에도 또한 같다.
　　㉠ 허가를 받아야 하는 영업 및 허가관청(영 제23조)
　　　• 식품조사처리업 : 식품의약품안전처장
　　　• 단란주점영업과 유흥주점영업 : 특별자치시장·특별자치도지사 또는 시장·군수·구청장
　　㉡ 허가를 받아야 하는 변경사항(영 제24조) : 변경할 때 허가를 받아야 하는 사항은 영업소 소재지로 한다.
② 식품의약품안전처장 또는 특별자치시장·특별자치도지사·시장·군수·구청장은 ①에 따른 영업허가를 하는 때에는 필요한 조건을 붙일 수 있다.
③ ①에 따라 영업허가를 받은 자가 폐업하거나 허가받은 사항 중 같은 항 후단의 중요한 사항을 제외한 경미한 사항을 변경할 때에는 식품의약품안전처장 또는 특별자치시장·특별자치도지사·시장·군수·구청장에게 신고하여야 한다.
④ 영업 중 대통령령으로 정하는 영업을 하려는 자는 대통령령으로 정하는 바에 따라 영업 종류별 또는 영업소별로 식품의약품안전처장 또는 특별자치시장·특별자치도지사·시장·군수·구청장에게 신고하여야 한다. 신고한 사항 중 대통령령으로 정하는 중요한 사항을 변경하거나 폐업할 때에도 또한 같다.
　　㉠ 영업신고를 하여야 하는 업종(영 제25조제1항)
　　　• 즉석판매제조·가공업
　　　• 식품운반업
　　　• 식품소분·판매업
　　　• 식품냉동·냉장업

- 용기 · 포장류제조업(자신의 제품을 포장하기 위하여 용기 · 포장류를 제조하는 경우는 제외한다)
- 휴게음식점영업, 일반음식점영업, 위탁급식영업 및 제과점영업

ⓛ 영업신고를 하지 아니하는 업종(영 제25조제2항)
- 양곡가공업 중 도정업을 하는 경우
- 수산물가공업의 신고를 하고 해당 영업을 하는 경우
- 축산물가공업의 허가를 받아 해당 영업을 하거나 식육즉석판매가공업 신고를 하고 해당 영업을 하는 경우
- 건강기능식품제조업 및 건강기능식품판매업의 영업허가를 받거나 영업신고를 하고 해당 영업을 하는 경우
- 식품첨가물이나 다른 원료를 사용하지 아니하고 농산물 · 임산물 · 수산물을 단순히 자르거나, 껍질을 벗기거나, 말리거나, 소금에 절이거나, 숙성하거나, 가열하는 등의 가공과정 중 위생상 위해가 발생할 우려가 없고 식품의 상태를 관능검사(官能檢査)로 확인할 수 있도록 가공하는 경우. 다만, 다음의 어느 하나에 해당하는 경우는 제외한다.
  - 집단급식소에 식품을 판매하기 위하여 가공하는 경우
  - 식품의약품안전처장이 기준과 규격을 정하여 고시한 신선편의식품(과일, 채소, 새싹 등을 식품첨가물이나 다른 원료를 사용하지 아니하고 단순히 자르거나, 껍질을 벗기거나, 말리거나, 소금에 절이거나, 숙성하거나, 가열하는 등의 가공과정을 거친 상태에서 따로 씻는 등의 과정 없이 그대로 먹을 수 있게 만든 식품을 말한다)을 판매하기 위하여 가공하는 경우
- 농업인과 어업인 및 영농조합법인과 영어조합법인이 생산한 농산물 · 임산물 · 수산물을 집단급식소에 판매하는 경우. 다만, 다른 사람으로 하여금 생산하거나 판매하게 하는 경우는 제외한다.

⑤ 영업 중 대통령령으로 정하는 영업을 하려는 자는 대통령령으로 정하는 바에 따라 영업 종류별 또는 영업소별로 식품의약품안전처장 또는 특별자치시장 · 특별자치도지사 · 시장 · 군수 · 구청장에게 등록하여야 하며, 등록한 사항 중 대통령령으로 정하는 중요한 사항을 변경할 때에도 또한 같다. 다만, 폐업하거나 대통령령으로 정하는 중요한 사항을 제외한 경미한 사항을 변경할 때에는 식품의약품안전처장 또는 특별자치시장 · 특별자치도지사 · 시장 · 군수 · 구청장에게 신고하여야 한다.

⑥ ①, ④ 또는 ⑤에 따라 식품 또는 식품첨가물의 제조업 · 가공업의 허가를 받거나 신고 또는 등록을 한 자가 식품 또는 식품첨가물을 제조 · 가공하는 경우에는 총리령으로 정하는 바에 따라 식품의약품안전처장 또는 특별자치시장 · 특별자치도지사 · 시장 · 군수 · 구청장에게 그 사실을 보고하여야 한다. 보고한 사항 중 총리령으로 정하는 중요한 사항을 변경하는 경우에도 또한 같다.

⑦ 식품의약품안전처장 또는 특별자치시장·특별자치도지사·시장·군수·구청장은 영업자(④에 따른 영업신고 또는 ⑤에 따른 영업등록을 한 자만 해당한다)가 부가가치세법 제8조에 따라 관할 세무서장에게 폐업신고를 하거나 관할 세무서장이 사업자등록을 말소한 경우에는 신고 또는 등록 사항을 직권으로 말소할 수 있다.

⑧ ③부터 ⑤까지의 규정에 따라 폐업하고자 하는 자는 제71조부터 제76조까지의 규정에 따른 영업정지 등 행정 제재처분기간 중에는 폐업신고를 할 수 없다.

⑨ 식품의약품안전처장 또는 특별자치시장·특별자치도지사·시장·군수·구청장은 ⑦의 직권말소를 위하여 필요한 경우 관할 세무서장에게 영업자의 폐업여부에 대한 정보 제공을 요청할 수 있다. 이 경우 요청을 받은 관할 세무서장은「전자정부법」제39조에 따라 영업자의 폐업여부에 대한 정보를 제공한다.

(3) 건강진단(식품위생법 제40조)

① 총리령으로 정하는 영업자 및 그 종업원은 건강진단을 받아야 한다. 다만, 다른 법령에 따라 같은 내용의 건강진단을 받는 경우에는 이 법에 따른 건강진단을 받은 것으로 본다.

② ①에 따라 건강진단을 받은 결과 타인에게 위해를 끼칠 우려가 있는 질병이 있다고 인정된 자는 그 영업에 종사하지 못한다.

③ 영업자는 ①을 위반하여 건강진단을 받지 아니한 자나 ②에 따른 건강진단 결과 타인에게 위해를 끼칠 우려가 있는 질병이 있는 자를 그 영업에 종사시키지 못한다.

④ ①에 따른 건강진단의 실시방법 등과 ② 및 ③에 따른 타인에게 위해를 끼칠 우려가 있는 질병의 종류는 총리령으로 정한다.

(4) 식품위생교육(식품위생법 제41조)

① 대통령령으로 정하는 영업자 및 유흥종사자를 둘 수 있는 식품접객업 영업자의 종업원은 매년 식품위생에 관한 교육을 받아야 한다.

식품위생교육의 대상(영 제27조)
- 식품제조·가공업자
- 즉석판매제조·가공업자
- 식품첨가물제조업자
- 식품운반업자
- 식품소분·판매업자(식용얼음판매업자 및 식품자동판매기영업자는 제외한다)
- 식품보존업자
- 용기·포장류제조업자
- 식품접객업자

---

② 영업을 하려는 자는 미리 식품위생교육을 받아야 한다. 다만, 부득이한 사유로 미리 식품위생교육을 받을 수 없는 경우에는 영업을 시작한 뒤에 식품의약품안전처장이 정하는 바에 따라 식품위생교육을 받을 수 있다.

③ ① 및 ②에 따라 교육을 받아야 하는 자가 영업에 직접 종사하지 아니하거나 두 곳 이상의 장소에서 영업을 하는 경우에는 종업원 중에서 식품위생에 관한 책임자를 지정하여 영업자 대신 교육을 받게 할 수 있다. 다만, 집단급식소에 종사하는 조리사 및 영양사가 식품위생에 관한 책임자로 지정되어 교육을 받은 경우에는 ① 및 ②에 따른 해당 연도의 식품위생교육을 받은 것으로 본다.

④ 조리사, 영양사, 위생사 중 어느 하나에 해당하는 면허를 받은 자가 식품접객업을 하려는 경우에는 식품위생교육을 받지 아니하여도 된다.

⑤ 영업자는 특별한 사유가 없는 한 식품위생교육을 받지 아니한 자를 그 영업에 종사하게 하여서는 아니 된다.

⑥ ① 및 ②에 따른 교육의 내용, 교육비 및 교육 실시 기관 등에 관하여 필요한 사항은 총리령으로 정한다.

(5) 영업자 등의 준수사항(식품위생법 제44조)

① 식품접객영업자 등 대통령령으로 정하는 영업자와 그 종업원은 영업의 위생관리와 질서유지, 국민의 보건위생 증진을 위하여 영업의 종류에 따라 다음에 해당하는 사항을 지켜야 한다.

ㄱ 「축산물 위생관리법」 제12조에 따른 검사를 받지 아니한 축산물 또는 실험 등의 용도로 사용한 동물은 운반·보관·진열·판매하거나 식품의 제조·가공에 사용하지 말 것

ㄴ 「야생생물 보호 및 관리에 관한 법률」을 위반하여 포획·채취한 야생생물은 이를 식품의 제조·가공에 사용하거나 판매하지 말 것

ㄷ 유통기한이 경과된 제품·식품 또는 그 원재료를 조리·판매의 목적으로 소분·운반·진열·보관하거나 이를 판매 또는 식품의 제조·가공에 사용하지 말 것

ㄹ 수돗물이 아닌 지하수 등을 먹는 물 또는 식품의 조리·세척 등에 사용하는 경우에는 「먹는물관리법」 제43조에 따른 먹는물 수질검사기관에서 총리령으로 정하는 바에 따라 검사를 받아 마시기에 적합하다고 인정된 물을 사용할 것. 다만, 둘 이상의 업소가 같은 건물에서 같은 수원(水源)을 사용하는 경우에는 하나의 업소에 대한 시험결과로 나머지 업소에 대한 검사를 갈음할 수 있다.

ㅁ 제15조제2항에 따라 위해평가가 완료되기 전까지 일시적으로 금지된 식품 등을 제조·가공·판매·수입·사용 및 운반하지 말 것

ㅂ 식중독 발생 시 보관 또는 사용 중인 식품은 역학조사가 완료될 때까지 폐기하거나 소독 등으로 현장을 훼손하여서는 아니 되고 원상태로 보존하여야 하며, 식중독 원인규명을 위한 행위를 방해하지 말 것

ㅅ 손님을 꾀어서 끌어들이는 행위를 하지 말 것

ㅇ 그 밖에 영업의 원료관리, 제조공정 및 위생관리와 질서유지, 국민의 보건위생 증진 등을 위하여 총리령으로 정하는 사항

② 식품접객영업자는 「청소년보호법」 제2조에 따른 청소년에게 다음의 어느 하나에 해당하는 행위를 하여서는 아니 된다.

    ㉠ 청소년을 유흥접객원으로 고용하여 유흥행위를 하게 하는 행위

    ㉡ 청소년 출입·고용 금지업소에 청소년을 출입시키거나 고용하는 행위

    ㉢ 청소년 고용 금지업소에 청소년을 고용하는 행위

    ㉣ 청소년에게 주류(酒類)를 제공하는 행위

③ 누구든지 영리를 목적으로 식품접객업을 하는 장소(유흥종사자를 둘 수 있도록 대통령령으로 정하는 영업을 하는 장소는 제외한다)에서 손님과 함께 술을 마시거나 노래 또는 춤으로 손님의 유흥을 돋우는 접객행위(공연을 목적으로 하는 가수, 악사, 댄서, 무용수 등이 하는 행위는 제외한다)를 하거나 다른 사람에게 그 행위를 알선하여서는 아니 된다.

④ ③에 따른 식품접객영업자는 유흥종사자를 고용·알선하거나 호객행위를 하여서는 아니 된다.

(6) 위해식품 등의 회수(식품위생법 제45조)

① 판매의 목적으로 식품 등을 제조·가공·소분·수입 또는 판매한 영업자(「수입식품안전관리 특별법」 제15조에 따라 등록한 수입식품 등 수입·판매업자를 포함한다)는 해당 식품 등이 제4조부터 제6조까지, 제7조제4항, 제8조, 제9조제4항, 제10조제2항, 제12조의2제2항 또는 제13조를 위반한 사실(식품 등의 위해와 관련이 없는 위반사항을 제외한다)을 알게 된 경우에는 지체 없이 유통 중인 해당 식품 등을 회수하거나 회수하는 데에 필요한 조치를 하여야 한다. 이 경우 영업자는 회수계획을 식품의약품안전처장, 시·도지사 또는 시장·군수·구청장에게 미리 보고하여야 하며, 회수결과를 보고받은 시·도지사 또는 시장·군수·구청장은 이를 지체 없이 식품의약품안전처장에게 보고하여야 한다. 다만, 해당 식품 등이 「수입식품안전관리 특별법」에 따라 수입한 식품 등이고, 보고의무자가 해당 식품 등을 수입한 자인 경우에는 식품의약품안전처장에게 보고하여야 한다.

② 식품의약품안전처장, 시·도지사 또는 시장·군수·구청장은 ①에 따른 회수에 필요한 조치를 성실히 이행한 영업자에 대하여 해당 식품 등으로 인하여 받게 되는 허가취소 등(제75조) 또는 품목 제조정지 등(제76조)에 따른 행정처분을 대통령령으로 정하는 바에 따라 감면할 수 있다.

③ ①에 따른 회수대상 식품 등·회수계획·회수절차 및 회수결과 보고 등에 관하여 필요한 사항은 총리령으로 정한다.

(7) 식품 등의 이물 발견보고 등(식품위생법 제46조)

① 판매의 목적으로 식품 등을 제조·가공·소분·수입 또는 판매하는 영업자는 소비자로부터 판매제품에서 식품의 제조·가공·조리·유통 과정에서 정상적으로 사용된 원료 또는 재료가 아닌 것으로서 섭취할 때 위생상 위해가 발생할 우려가 있거나 섭취하기에 부적합한 물질(이하 '이물(異物)'이라 한다)을 발견한 사실을 신고 받은 경우 지체 없이 이를 식품의약품안전처장, 시·도지사

또는 시장·군수·구청장에게 보고하여야 한다.

② 소비자기본법에 따른 한국소비자원 및 소비자단체는 소비자로부터 이물 발견의 신고를 접수하는 경우 지체 없이 이를 식품의약품안전처장에게 통보하여야 한다.

③ 시·도지사 또는 시장·군수·구청장은 소비자로부터 이물 발견의 신고를 접수하는 경우 이를 식품의약품안전처장에게 통보하여야 한다.

④ 식품의약품안전처장은 ①부터 ③까지의 규정에 따라 이물 발견의 신고를 통보받은 경우 이물혼입 원인 조사를 위하여 필요한 조치를 취하여야 한다.

⑤ ①에 따른 이물 보고의 기준·대상 및 절차 등에 필요한 사항은 총리령으로 정한다.

(8) 위생등급(식품위생법 제47조)

① 식품의약품안전처장 또는 특별자치시장·특별자치도지사·시장·군수·구청장은 총리령으로 정하는 위생등급 기준에 따라 위생관리 상태 등이 우수한 식품 등의 제조·가공업소, 식품접객업소 또는 집단급식소를 우수업소 또는 모범업소로 지정할 수 있다.

② 식품의약품안전처장(대통령령으로 정하는 그 소속 기관의 장을 포함한다), 시·도지사 또는 시장·군수·구청장은 ①에 따라 지정한 우수업소 또는 모범업소에 대하여 관계 공무원으로 하여금 총리령으로 정하는 일정 기간 동안 제22조에 따른 출입·검사·수거 등을 하지 아니하게 할 수 있으며, 시·도지사 또는 시장·군수·구청장은 영업자의 위생관리시설 및 위생설비시설 개선을 위한 융자 사업과 음식문화 개선과 좋은 식단 실천을 위한 사업에 대하여 우선 지원 등을 할 수 있다.

③ 식품의약품안전처장 또는 특별자치시장·특별자치도지사·시장·군수·구청장은 ①에 따라 우수업소 또는 모범업소로 지정된 업소가 그 지정기준에 미치지 못하거나 영업정지 이상의 행정처분을 받게 되면 지체 없이 그 지정을 취소하여야 한다.

④ ① 및 ③에 따른 우수업소 또는 모범업소의 지정 및 그 취소에 관한 사항은 총리령으로 정한다.

(9) 식품안전관리인증기준(식품위생법 제48조)

① 식품의약품안전처장은 식품의 원료관리 및 제조·가공·조리·소분·유통의 모든 과정에서 위해한 물질이 식품에 섞이거나 식품이 오염되는 것을 방지하기 위하여 각 과정의 위해요소를 확인·평가하여 중점적으로 관리하는 기준(이하 '식품안전관리인증기준'이라 한다)을 식품별로 정하여 고시할 수 있다.

② 총리령으로 정하는 식품을 제조·가공·조리·소분·유통하는 영업자는 ①에 따라 식품의약품안전처장이 식품별로 고시한 식품안전관리인증기준을 지켜야 한다.

③ 식품의약품안전처장은 ②에 따라 식품안전관리인증기준을 지켜야 하는 영업자와 그 밖에 식품안전관리인증기준을 지키기 원하는 영업자의 업소를 식품별 식품안전관리인증기준 적용업소(이하 '식품안전관리인증기준 적용업소'라 한다)로 인증할 수 있다. 이 경우 식품안전관리인증기준 적용

업소로 인증을 받은 영업자가 그 인증을 받은 사항 중 총리령으로 정하는 사항을 변경하려는 경우에는 식품의약품안전처장의 변경 인증을 받아야 한다.

④ 식품의약품안전처장은 식품안전관리인증기준 적용업소로 인증받은 영업자에게 총리령으로 정하는 바에 따라 그 인증 사실을 증명하는 서류를 발급하여야 한다. ③의 후단에 따라 변경 인증을 받은 경우에도 또한 같다.

⑤ 식품안전관리인증기준 적용업소의 영업자와 종업원은 총리령으로 정하는 교육훈련을 받아야 한다.

⑥ 식품의약품안전처장은 ③에 따라 식품안전관리인증기준 적용업소의 인증을 받거나 받으려는 영업자에게 위해요소중점관리에 필요한 기술적·경제적 지원을 할 수 있다.

⑦ 식품안전관리인증기준 적용업소의 인증요건·인증절차, ⑤에 따른 영업자 및 종업원에 대한 교육 실시기관, 교육훈련 방법·절차, 교육훈련비 및 ⑥에 따른 기술적·경제적 지원에 필요한 사항은 총리령으로 정한다.

⑧ 식품의약품안전처장은 식품안전관리인증기준 적용업소의 효율적 운영을 위하여 총리령으로 정하는 식품안전관리인증기준의 준수 여부 등에 관한 조사·평가를 할 수 있으며, 그 결과 식품안전관리인증기준 적용업소가 다음의 어느 하나에 해당하면 그 인증을 취소하거나 시정을 명할 수 있다. 다만, 식품안전관리인증기준 적용업소가 ㉠의2 및 ㉡에 해당할 경우 인증을 취소하여야 한다.

　㉠ 식품안전관리인증기준을 지키지 아니한 경우

　㉡ 거짓이나 그 밖의 부정한 방법으로 인증을 받은 경우

　㉢ 허가취소 등(제75조)에 따라 영업정지 2개월 이상의 행정처분을 받은 경우

　㉣ 영업자와 그 종업원이 ⑤에 따른 교육훈련을 받지 아니한 경우

　㉤ 그 밖에 ㉠부터 ㉣까지에 준하는 사항으로서 총리령으로 정하는 사항을 지키지 아니한 경우

⑨ 식품안전관리인증기준 적용업소가 아닌 업소의 영업자는 식품안전관리인증기준 적용업소라는 명칭을 사용하지 못한다.

⑩ 식품안전관리인증기준 적용업소의 영업자는 인증받은 식품을 다른 업소에 위탁하여 제조·가공하여서는 아니 된다. 다만, 위탁하려는 식품과 동일한 식품에 대하여 식품안전관리인증기준 적용업소로 인증된 업소에 위탁하여 제조·가공하려는 경우 등 대통령령으로 정하는 경우에는 그러하지 아니하다.

⑪ 식품의약품안전처장, 시·도지사 또는 시장·군수·구청장은 식품안전관리인증기준 적용업소에 대하여 관계 공무원으로 하여금 총리령으로 정하는 일정 기간 동안 제22조에 따른 출입·검사·수거 등을 하지 아니하게 할 수 있으며, 시·도지사 또는 시장·군수·구청장은 영업자의 위생관리시설 및 위생설비시설 개선을 위한 융자 사업에 대하여 우선 지원 등을 할 수 있다.

⑫ 식품의약품안전처장은 식품안전관리인증기준 적용업소의 공정별·품목별 위해요소의 분석, 기술지원 및 인증 등의 업무를 한국식품안전관리인증원 등 대통령령으로 정하는 기관에 위탁할 수 있다.

⑬ 식품의약품안전처장은 ⑫에 따른 위탁기관에 대하여 예산의 범위에서 사용경비의 전부 또는 일부를 보조할 수 있다.

⑭ ⑫에 따른 위탁기관의 업무 등에 필요한 사항은 대통령령으로 정한다.

제 8 절 시정명령·허가취소 등 행정 제재

(1) 시정명령(식품위생법 제71조)

① 식품의약품안전처장, 시·도지사 또는 시장·군수·구청장은 제3조에 따른 식품 등의 위생적 취급에 관한 기준에 맞지 아니하게 영업하는 자와 이 법을 지키지 아니하는 자에게는 필요한 시정을 명하여야 한다.

② 식품의약품안전처장, 시·도지사 또는 시장·군수·구청장은 ①의 시정명령을 한 경우에는 그 영업을 관할하는 관서의 장에게 그 내용을 통보하여 시정명령이 이행되도록 협조를 요청할 수 있다.

③ ②에 따라 요청을 받은 관계 기관의 장은 정당한 사유가 없으면 이에 응하여야 하며, 그 조치결과를 지체 없이 요청한 기관의 장에게 통보하여야 한다.

(2) 허가취소 등(식품위생법 제75조)

① 식품의약품안전처장 또는 특별자치시장·특별자치도지사·시장·군수·구청장은 영업자가 대통령령으로 정하는 바에 따라 영업허가 또는 등록을 취소하거나 6개월 이내의 기간을 정하여 그 영업의 전부 또는 일부를 정지하거나 영업소 폐쇄(제37조제4항에 따라 신고한 영업만 해당한다)를 명할 수 있다.

② 식품의약품안전처장 또는 특별자치시장·특별자치도지사·시장·군수·구청장은 영업자가 ①에 따른 영업정지 명령을 위반하여 영업을 계속하면 영업허가 또는 등록을 취소하거나 영업소 폐쇄를 명할 수 있다.

③ 식품의약품안전처장 또는 특별자치시장·특별자치도지사·시장·군수·구청장은 다음의 어느 하나에 해당하는 경우에는 영업허가 또는 등록을 취소하거나 영업소 폐쇄를 명할 수 있다.

　㉠ 영업자가 정당한 사유 없이 6개월 이상 계속 휴업하는 경우

　㉡ 영업자(영업허가를 받은 자만 해당한다)가 사실상 폐업하여 부가가치세법 제8조에 따라 관할 세무서장에게 폐업신고를 하거나 관할 세무서장이 사업자등록을 말소한 경우

④ 식품의약품안전처장 또는 특별자치시장·특별자치도지사·시장·군수·구청장은 ③에 ㉡의 사유로 영업허가를 취소하기 위하여 필요한 경우 관할 세무서장에게 영업자의 폐업여부에 대한 정보 제공을 요청할 수 있다. 이 경우 요청을 받은 관할 세무서장은 「전자정부법」 제39조에 따라 영업자의 폐업여부에 대한 정보를 제공한다.

⑤ ① 및 ②에 따른 행정처분의 세부기준은 그 위반 행위의 유형과 위반 정도 등을 고려하여 총리령으로 정한다.

(3) 면허취소 등(식품위생법 제80조)

① 식품의약품안전처장 또는 특별자치시장·특별자치도지사·시장·군수·구청장은 조리사가 다음의 어느 하나에 해당하면 그 면허를 취소하거나 6개월 이내의 기간을 정하여 업무정지를 명할 수 있다. 다만, 조리사가 ㉠ 또는 ㉢에 해당할 경우 면허를 취소하여야 한다.

㉠ 결격사유(제54조)의 어느 하나에 해당하게 된 경우

㉡ 제56조에 따른 교육을 받지 아니한 경우

㉢ 식중독이나 그 밖에 위생과 관련한 중대한 사고 발생에 직무상의 책임이 있는 경우

㉣ 면허를 타인에게 대여하여 사용하게 한 경우

㉤ 업무정지기간 중에 조리사의 업무를 하는 경우

② ①에 따른 행정처분의 세부기준은 그 위반 행위의 유형과 위반 정도 등을 고려하여 총리령으로 정한다.

(4) 영업정지 등의 처분에 갈음하여 부과하는 과징금 처분(식품위생법 제82조)

① 식품의약품안전처장, 시·도지사 또는 시장·군수·구청장은 영업자가 제75조제1항 또는 제76조제1항의 어느 하나에 해당하는 경우에는 대통령령으로 정하는 바에 따라 영업정지, 품목 제조정지 또는 품목류 제조정지 처분을 갈음하여 10억원 이하의 과징금을 부과할 수 있다. 다만, 제6조를 위반하여 제75조제1항에 해당하는 경우와 제4조, 제5조, 제7조, 제10조, 제12조의2, 제13조, 제37조, 제43조 및 제44조를 위반하여 제75조제1항 또는 제76조제1항에 해당하는 중대한 사항으로서 총리령으로 정하는 경우는 제외한다.

② ①에 따른 과징금을 부과하는 위반 행위의 종류·정도 등에 따른 과징금의 금액과 그 밖에 필요한 사항은 대통령령으로 정한다.

③ 식품의약품안전처장, 시·도지사 또는 시장·군수·구청장은 과징금을 징수하기 위하여 필요한 경우에는 다음의 사항을 적은 문서로 관할 세무관서의 장에게 과세 정보 제공을 요청할 수 있다.

㉠ 납세자의 인적 사항

㉡ 사용 목적

㉢ 과징금 부과기준이 되는 매출금액

④ 식품의약품안전처장, 시·도지사 또는 시장·군수·구청장은 ①에 따른 과징금을 기한 내에 납부하지 아니하는 때에는 대통령령으로 정하는 바에 따라 ①에 따른 과징금 부과처분을 취소하고 제75조제1항 또는 제76조제1항에 따른 영업정지 또는 제조정지 처분을 하거나 국세 체납처분의 예 또는 「지방세외수입금의 징수 등에 관한 법률」에 따라 징수한다. 다만, 폐업 등으로 제75조제1항 또는 제76조제1항에 따른 영업정지 또는 제조정지 처분을 할 수 없는 경우에는 국세 체납처분의 예 또는 「지방세외수입금의 징수 등에 관한 법률」에 따라 징수한다.

⑤ ① 및 ④의 단서에 따라 징수한 과징금 중 식품의약품안전처장이 부과·징수한 과징금은 국가에 귀속되고, 시·도지사가 부과·징수한 과징금은 시·도의 식품진흥기금(제89조에 따른 식품진흥

기금을 말한다)에 귀속되며, 시장·군수·구청장이 부과·징수한 과징금은 시·도와 시·군·구의 식품진흥기금에 귀속된다. 이 경우 시·도 및 시·군·구에 귀속시키는 방법 등은 대통령령으로 정한다.

⑥ 시·도지사는 제91조에 따라 ①에 따른 과징금을 부과·징수할 권한을 시장·군수·구청장에게 위임한 경우에는 그에 필요한 경비를 대통령령으로 정하는 바에 따라 시장·군수·구청장에게 교부할 수 있다.

(5) 위해식품 등의 판매 등에 따른 과징금 부과 등(식품위생법 제83조)

① 식품의약품안전처장, 시·도지사 또는 시장·군수·구청장은 위해식품 등의 판매 등 금지에 관한 제4조부터 제6조까지의 규정, 제8조 또는 제13조를 위반한 경우 다음의 어느 하나에 해당하는 자에 대하여 그가 판매한 해당 식품 등의 소매가격에 상당하는 금액을 과징금으로 부과한다.

　　㉠ 제4조제2호·제3호 및 제5호부터 제7호까지의 규정을 위반하여 제75조에 따라 영업정지 2개월 이상의 처분, 영업허가 및 등록의 취소 또는 영업소의 폐쇄명령을 받은 자

　　㉡ 제5조, 제6조 또는 제8조를 위반하여 제75조에 따라 영업허가 및 등록의 취소 또는 영업소의 폐쇄명령을 받은 자

　　㉢ 제13조제1항제1호를 위반하여 제75조에 따라 영업정지 2개월 이상의 처분, 영업허가 및 등록의 취소 또는 영업소의 폐쇄명령을 받은 자

② ①에 따른 과징금의 산출금액은 대통령령으로 정하는 바에 따라 결정하여 부과한다.

③ ②에 따라 부과된 과징금을 기한 내에 납부하지 아니하는 경우 또는 폐업한 경우에는 국세 체납처분의 예 또는 「지방세외수입금의 징수 등에 관한 법률」에 따라 징수한다.

④ ②에 따라 부과한 과징금의 귀속, 귀속 비율 및 징수 절차 등에 대하여는 제82조제3항·제5항 및 제6항을 준용한다.

제 9 절　보 칙

(1) 식중독에 관한 조사 보고(식품위생법 제86조)

① 다음의 어느 하나에 해당하는 자는 지체 없이 관할 시장(제주특별자치도 설치 및 국제자유도시 조성을 위한 특별법에 따른 행정시장을 포함한다)·군수·구청장에게 보고하여야 한다. 이 경우 의사나 한의사는 대통령령으로 정하는 바에 따라 식중독 환자나 식중독이 의심되는 자의 혈액 또는 배설물을 보관하는 데에 필요한 조치를 하여야 한다.

　　㉠ 식중독 환자나 식중독이 의심되는 자를 진단하였거나 그 사체를 검안(檢案)한 의사 또는 한의사

ⓒ 집단급식소에서 제공한 식품 등으로 인하여 식중독 환자나 식중독으로 의심되는 증세를 보이는 자를 발견한 집단급식소의 설치·운영자

② 시장·군수·구청장은 ①에 따른 보고를 받은 때에는 지체 없이 그 사실을 식품의약품안전처장 및 시·도지사에게 보고하고, 대통령령으로 정하는 바에 따라 원인을 조사하여 그 결과를 보고하여야 한다.

③ 식품의약품안전처장은 ②에 따른 보고의 내용이 국민보건상 중대하다고 인정하는 경우에는 해당 시·도지사 또는 시장·군수·구청장과 합동으로 원인을 조사할 수 있다.

④ 식품의약품안전처장은 식중독 발생의 원인을 규명하기 위하여 식중독 의심환자가 발생한 원인시설 등에 대한 조사절차와 시험·검사 등에 필요한 사항을 정할 수 있다.

식중독 원인의 조사(영 제59조)

• 식중독 환자나 식중독이 의심되는 자를 진단한 의사나 한의사는 다음의 어느 하나에 해당하는 경우 해당 식중독 환자나 식중독이 의심되는 자의 혈액 또는 배설물을 채취하여 시장·군수·구청장이 조사하기 위하여 인수할 때까지 변질되거나 오염되지 아니하도록 보관하여야 한다. 이 경우 보관용기에는 채취일, 식중독 환자나 식중독이 의심되는 자의 성명 및 채취자의 성명을 표시하여야 한다.
  - 구토·설사 등의 식중독 증세를 보여 의사 또는 한의사가 혈액 또는 배설물의 보관이 필요하다고 인정한 경우
  - 식중독 환자나 식중독이 의심되는 자 또는 그 보호자가 혈액 또는 배설물의 보관을 요청한 경우
• 시장·군수·구청장이 하여야 할 조사는 다음과 같다.
  - 식중독의 원인이 된 식품 등과 환자 간의 연관성을 확인하기 위해 실시하는 설문조사, 섭취음식 위험도 조사 및 역학적(疫學的) 조사
  - 식중독 환자나 식중독이 의심되는 자의 혈액·배설물 또는 식중독의 원인이라고 생각되는 식품 등에 대한 미생물학적 또는 이화학적(理化學的) 시험에 의한 조사
  - 식중독의 원인이 된 식품 등의 오염경로를 찾기 위하여 실시하는 환경조사
• 시장·군수·구청장은 미생물학적 또는 이화학적 시험에 의한 조사를 할 때에는 「식품·의약품분야 시험·검사 등에 관한 법률」 제6조제4항 단서에 따라 총리령으로 정하는 시험·검사기관에 협조를 요청할 수 있다.

---

(2) 집단급식소(식품위생법 제88조)

① 집단급식소를 설치·운영하려는 자는 총리령으로 정하는 바에 따라 특별자치시장·특별자치도지사·시장·군수·구청장에게 신고하여야 한다.

② 집단급식소를 설치·운영하는 자는 집단급식소 시설의 유지·관리 등 급식을 위생적으로 관리하기 위하여 다음의 사항을 지켜야 한다.
  ㉠ 식중독 환자가 발생하지 아니하도록 위생관리를 철저히 할 것
  ㉡ 조리·제공한 식품의 매회 1인분 분량을 총리령으로 정하는 바에 따라 144시간 이상 보관할 것
  ㉢ 영양사를 두고 있는 경우 그 업무를 방해하지 아니할 것

　　㉣ 영양사를 두고 있는 경우 영양사가 집단급식소의 위생관리를 위하여 요청하는 사항에 대하여는 정당한 사유가 없으면 따를 것

　　㉤ 그 밖에 식품 등의 위생적 관리를 위하여 필요하다고 총리령으로 정하는 사항을 지킬 것

③ 집단급식소에 관하여는 제3조부터 제6조까지, 제7조제4항, 제8조, 제9조제4항, 제10조제2항, 제22조, 제40조, 제41조, 제48조, 제71조, 제72조 및 제74조를 준용한다.

④ 집단급식소의 시설기준과 그 밖의 운영에 관한 사항은 총리령으로 정한다.

제 10 절 벌 칙

(1) 벌칙(식품위생법 제93조)

① 다음의 어느 하나에 해당하는 질병에 걸린 동물을 사용하여 판매할 목적으로 식품 또는 식품첨가물을 제조·가공·수입 또는 조리한 자는 3년 이상의 징역에 처한다.

　　㉠ 소해면상뇌증(광우병)

　　㉡ 탄저병

　　㉢ 가금 인플루엔자

② 다음의 어느 하나에 해당하는 원료 또는 성분 등을 사용하여 판매할 목적으로 식품 또는 식품첨가물을 제조·가공·수입 또는 조리한 자는 1년 이상의 징역에 처한다.

　　㉠ 마황(麻黃)

　　㉡ 부자(附子)

　　㉢ 천오(川烏)

　　㉣ 초오(草烏)

　　㉤ 백부자(白附子)

　　㉥ 섬수(蟾수)

　　㉦ 백선피(白鮮皮)

　　㉧ 사리풀

③ ① 및 ②의 경우 제조·가공·수입·조리한 식품 또는 식품첨가물을 판매하였을 때에는 그 소매가격의 2배 이상 5배 이하에 해당하는 벌금을 병과(倂科)한다.

④ ① 또는 ②의 죄로 형을 선고받고 그 형이 확정된 후 5년 이내에 다시 ① 또는 ②의 죄를 범한 자가 ③에 해당하는 경우 ③에서 정한 형의 2배까지 가중한다.

(2) 10년 이하의 징역 또는 1억원 이하의 벌금(식품위생법 제94조)

① 위해식품 등의 판매 등 금지를 위반한 자(제4조)

② 병든 동물 고기 등의 판매 등 금지를 위반한 자(제5조)

③ 기준·규격이 정하여지지 아니한 화학적 합성품 등의 판매 등 금지를 위반한 자(제6조)

④ 유독기구 등의 판매·사용 금지를 위반한 자(제8조)

⑤ 질병의 예방 및 치료에 효능·효과가 있거나 의약품 또는 건강기능식품으로 오인·혼동할 우려가 있는 내용의 표시·광고를 해서는 안 되는데 이를 위반한 자(제13조제1항제1호)

⑥ 대통령령으로 정하는 영업을 하려는 자는 대통령령으로 정하는 바에 따라 영업 종류별 또는 영업소별로 식품의약품안전처장 또는 특별자치시장·특별자치도지사·시장·군수·구청장의 허가를 받아야 하는 데 이를 위반한 자(제37조제1항)

⑦ ①의 죄로 형을 선고받고 그 형이 확정된 후 5년 이내에 다시 ①의 죄를 범한 자는 1년 이상 10년 이하의 징역에 처한다.

⑧ ②의 경우 그 해당 식품 또는 식품첨가물을 판매한 때에는 그 소매가격의 4배 이상 10배 이하에 해당하는 벌금을 병과한다.

(3) 5년 이하의 징역 또는 5천만원 이하의 벌금(식품위생법 제95조)

① 식품 또는 식품첨가물에 관한 기준 및 규격을 위반한 자(제7조제4항)

② 기구 및 용기·포장에 관한 기준 및 규격을 위반한 자(제9조제4항)

③ 사실과 다르거나 과장된 표시·광고, 소비자를 기만하거나 오인·혼동시킬 우려가 있는 표시·광고, 다른 업체 또는 그 제품을 비방하는 광고, 심의를 받지 아니하거나 심의받은 내용과 다른 내용의 표시·광고 금지를 위반한 자(제13조제1항제2호~제5호)

④ 대통령령으로 정하는 영업을 하려는 자는 대통령령으로 정하는 바에 따라 영업 종류별 또는 영업소별로 식품의약품안전처장 또는 특별자치시장·특별자치도지사·시장·군수·구청장에게 등록해야 하는데 이를 위반한 자(제37조제5항)

⑤ 영업 제한을 위반한 자(제43조)

⑥ 위해식품 등의 회수 전단을 위반한 자(제45조제1항)

⑦ 폐기처분 또는 위해식품 등의 공표에 따른 명령을 위반한 자(제72조제1항·제3항, 제73조제1항)

⑧ 허가취소 등에 따른 영업정지 명령을 위반하여 영업을 계속한 자(제75조제1항)

(4) 3년 이하의 징역 또는 3천만원 이하의 벌금이나 병과(식품위생법 제96조)

① 집단급식소 운영자와 대통령령으로 정하는 식품접객업자는 조리사를 두어야 하는데 이를 위반한 자(제51조)

② 집단급식소 운영자는 영양사를 두어야 하는데 이를 위반한 자(제52조)

(5) 3년 이하의 징역 또는 3천만원 이하의 벌금(식품위생법 제97조)

① 표시기준(제10조제2항), 유전자변형식품 등의 표시(제12조의2제2항), 위해식품 등에 대한 긴급대
응(제17조제4항), 자가품질검사 의무(제31조제1항・제3항), 영업허가 등(제37조제3항・제4항),
영업승계(제39조제3항), 식품안전관리인증기준(제48조제2항・제10항), 식품이력추적관리 등록
기준 등(제49조제1항) 단서 또는 조리사 명칭사용금지(제55조)를 위반한 자

② 출입・검사・수거 등(제22조제1항), 폐기처분 등(제72조제1항・제2항)에 따른 검사・출입・수거
・압류・폐기를 거부・방해 또는 기피한 자

③ 시설기준(제36조)에 따른 시설기준을 갖추지 못한 영업자

④ 영업허가 등(제37조제2항)에 따른 조건을 갖추지 못한 영업자

⑤ 영업자 등의 준수사항(제44조제1항)에 따라 영업자가 지켜야 할 사항을 지키지 아니한 자. 다만,
총리령으로 정하는 경미한 사항을 위반한 자는 제외한다.

⑥ 허가취소 등(제75조제1항)에 따른 영업정지 명령을 위반하여 계속 영업한 자 또는 영업소 폐쇄명령
을 위반하여 영업을 계속한 자

⑦ 품목 제조정지 등(제76조제1항)에 따른 제조정지 명령을 위반한 자

⑧ 폐쇄조치 등(제79조제1항)에 따라 관계 공무원이 부착한 봉인 또는 게시문 등을 함부로 제거하거나
손상시킨 자

(6) 1년 이하의 징역 또는 1천만원 이하의 벌금(식품위생법 제98조)

① 영업자 등의 준수사항(제44조제3항)을 위반하여 접객행위를 하거나 다른 사람에게 그 행위를
알선한 자

② 식품 등의 이물 발견보고 등(제46조제1항)을 위반하여 소비자로부터 이물 발견의 신고를 접수하고
이를 거짓으로 보고한 자

③ 이물의 발견을 거짓으로 신고한 자

④ 위해식품 등의 회수(제45조제1항) 후단을 위반하여 보고를 하지 아니하거나 거짓으로 보고
한 자

(7) 과태료(식품위생법 제101조)

① 1천만원 이하의 과태료

  ㉠ 식품의 영양표시 등(제11조제2항)을 위반하여 영양표시 기준을 준수하지 아니한 자

  ㉡ 나트륨 함량 비교 표시 등(제11조의2)을 위반하여 나트륨 함량 비교 표시를 하지 아니하거나
비교 표시 기준 및 방법을 지키지 아니한 자

② 500만원 이하의 과태료

  ㉠ 식품 등의 취급(제3조), 건강진단(제40조제1항・제3항), 식품위생교육(제41조제1항・제5항)
또는 식중독에 관한 조사보고(제86조제1항)를 위반한 자

    ⓒ 검사명령 등(제19조의4제2항)을 위반하여 검사기한 내에 검사를 받지 아니하거나 자료 등을 제출하지 아니한 영업자

    ⓔ 영업허가 등(제37조제6항)을 위반하여 보고를 하지 아니하거나 허위의 보고를 한 자

    ⓡ 실적보고(제42조제2항)를 위반하여 보고를 하지 아니하거나 허위의 보고를 한 자

    ⓜ 식품안전관리인증기준(제48조제9항)을 위반한 자

    ⓗ 교육(제56조제1항)을 위반하여 교육을 받지 아니한 자

    ⓢ 시설 개수명령 등(제74조제1항)에 따른 명령에 위반한 자

    ⓞ 집단급식소(제88조제1항)를 위반하여 신고를 하지 아니하거나 허위의 신고를 한 자

    ⓩ 집단급식소(제88조제2항)를 위반한 자

③ 300만원 이하의 과태료

    ㉠ 영업자 등의 준수사항(제44조제1항)에 따라 영업자가 지켜야 할 사항 중 총리령으로 정하는 경미한 사항을 지키지 아니한 자

    ㉡ 식품 등의 이물 발견보고 등(제46조제1항)을 위반하여 소비자로부터 이물 발견신고를 받고 보고하지 아니한 자

    ㉢ 식품이력추적관리 등록기준 등(제49조제3항)을 위반하여 식품이력추적관리 등록사항이 변경된 경우 변경사유가 발생한 날부터 1개월 이내에 신고하지 아니한 자

    ㉣ 식품이력추적관리시스템의 구축 등(제49조의3제4항)을 위반하여 식품이력추적관리정보를 목적 외에 사용한 자

④ ①부터 ③까지의 규정에 따른 과태료는 대통령령으로 정하는 바에 따라 식품의약품안전처장, 시·도지사 또는 시장·군수·구청장이 부과·징수한다.

적중예상문제

01 다음 중 축산물 위생관리법에 규정된 축산물의 기준 및 규격 사항이 아닌 것은?

① 축산물의 가공·포장·보존 및 유통의 방법에 관한 기준

② 축산물의 성분에 관한 규격

③ 축산물의 위생등급에 관한 기준

④ 축산물에 들어 있는 첨가물의 사용기준

해설 ④ 첨가물에 대한 규정은 축산물 위생관리법에는 규정이 되어 있지 않고 식품위생법에 규정되어 있다.

02 식품위생법의 목적이 아닌 것은?

① 식품으로 인하여 생긴 위생상의 위해를 방지

② 식품의 양적 소비 진작

③ 식품에 관한 올바른 정보 제공

④ 국민보건의 증진

해설 식품영양의 질적 향상을 도모한다.

03 식품위생법상 식품위생의 대상이 아닌 것은?

① 식품첨가물   ② 기구 및 용기

③ 포장   ④ 식품공장

해설 식품위생이라 함은 식품, 식품첨가물, 기구, 용기, 포장을 대상으로 하는 음식에 관한 위생을 말한다.

04 식품위생법상 식품이란?

① 의약품 이외의 모든 음식물

② 영양가 있는 모든 음식물

③ 무해 의약품 및 음식물

④ 섭취되는 모든 음식물

05 식품위생에서 건전성이 의미하는 것은?

① 인체에 해를 미칠 유해요소가 함유되어서는 안 된다.
② 통상 식용으로 사용하는 원료를 사용하여야 한다.
③ 영양소를 적당히 함유하고 있어야 한다.
④ 부패하지 않아야 한다.

해설 ①은 안전성, ③은 완전무결성을 말한다.

06 식품위생법상 '기구'에 속하지 않는 것은?

① 식품 또는 식품첨가물에 직접 닿는 기계·기구나 그 밖의 물건
② 농업과 수산업에서 식품을 채취하는 데에 쓰는 기계·기구나 그 밖의 물건
③ 위생용품 관리법 제2조제1호에 따른 위생용품
④ 음식을 먹을 때 사용하거나 담는 것

해설 식품위생법 제2조(정의)
'기구'란 다음 각 호의 어느 하나에 해당하는 것으로서 식품 또는 식품첨가물에 직접 닿는 기계·기구나 그 밖의 물건(농업과 수산업에서 식품을 채취하는 데에 쓰는 기계·기구나 그 밖의 물건 및 위생용품 관리법 제2조 제1호에 따른 위생용품은 제외한다)을 말한다.
• 음식을 먹을 때 사용하거나 담는 것
• 식품 또는 식품첨가물을 채취·제조·가공·조리·저장·소분(小分): 완제품을 나누어 유통을 목적으로 재포 장하는 것)·운반·진열할 때 사용하는 것

07 식품 등의 취급방법에 대한 사항 중 틀린 것은?

① 어류·육류·채소류를 취급하는 칼·도마는 각각 구분하여 사용하여야 한다.
② 제조·가공·조리 또는 포장에 직접 종사하는 사람은 위생모를 착용하여야 한다.
③ 식품 또는 식품첨가물을 허가를 받지 아니하거나 신고를 하지 아니하고 판매의 목적으로 포장을 뜯어 분할하여 판매하여서는 아니 된다.
④ 컵라면, 일회용 다류, 그 밖의 음식류에 뜨거운 물을 부어주거나, 호빵 등을 따뜻하게 데워 판매하기 위하여 분할하여 판매하여서는 아니 된다.

해설 식품위생법 시행규칙 제2조 관련 [별표 1]
식품 등의 위생적인 취급에 관한 기준
• 식품 등을 취급하는 원료보관실·제조가공실·조리실·포장실 등의 내부는 항상 청결하게 관리하여야 한다.
• 식품 등의 원료 및 제품 중 부패·변질이 되기 쉬운 것은 냉동·냉장시설에 보관·관리하여야 한다.
• 식품 등의 보관·운반·진열 시에는 식품 등의 기준 및 규격이 정하고 있는 보존 및 유통기준에 적합하도록 관리하여야 하고, 이 경우 냉동·냉장시설 및 운반시설은 항상 정상적으로 작동시켜야 한다.
• 식품 등의 제조·가공·조리 또는 포장에 직접 종사하는 사람은 위생모를 착용하는 등 개인위생관리를 철저히 하여야 한다.

 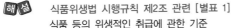

- 제조·가공(수입품을 포함)하여 최소판매 단위로 포장(위생상 위해가 발생할 우려가 없도록 포장되고, 제품의 용기·포장에 법 제10조에 적합한 표시가 되어 있는 것)된 식품 또는 식품첨가물을 허가를 받지 아니하거나 신고를 하지 아니하고 판매의 목적으로 포장을 뜯어 분할하여 판매하여서는 아니 된다. 다만, 컵라면, 일회용 다류, 그 밖의 음식류에 뜨거운 물을 부어주거나, 호빵 등을 따뜻하게 데워 판매하기 위하여 분할하는 경우는 제외한다.
- 식품 등의 제조·가공·조리에 직접 사용되는 기계·기구 및 음식기는 사용 후에 세척·살균하는 등 항상 청결하게 유지·관리하여야 하며, 어류·육류·채소류를 취급하는 칼·도마는 각각 구분하여 사용하여야 한다.
- 유통기한이 경과된 식품 등을 판매하거나 판매의 목적으로 진열·보관하여서는 아니 된다.

08 다음 괄호 안에 들어갈 알맞은 말은?

> 누구든지 (   )으로 정하는 질병에 걸렸거나 걸렸을 염려가 있는 동물이나 그 질병에 걸려 죽은 동물의 고기·뼈·젖·장기 또는 혈액을 식품으로 판매하거나 판매할 목적으로 채취·수입·가 공·사용·조리·저장·소분 또는 운반하거나 진열하여서는 아니 된다.

① 농림축산식품부령　　　　　　② 식품의약품안전처령
③ 총리령　　　　　　　　　　　④ 대통령령

 식품위생법 제5조(병든 동물 고기 등의 판매 등 금지)

09 병든 동물 고기 등의 판매 금지에 해당하지 않는 것은?

① 구제역에 걸렸거나 걸렸다고 믿을 만한 역학조사가 있는 가축
② 생물학적 제제에 의하여 현저한 반응을 나타낸 주사반응이 있는 가축
③ 강제로 물을 먹였거나 먹였다고 믿을 만한 임상증상이 있는 가축
④ 미약한 증상을 나타내며 인체에 위해를 끼칠 우려가 없다고 판단되는 파상풍이 있는 가축

 식품위생법 시행규칙 제4조(판매 등이 금지되는 병든 동물 고기 등)
병든 동물 고기 등의 판매 금지에는 「축산물 위생관리법 시행규칙」 별표 3 제1호다목에 따라 도축이 금지되는 가축전염병과 리스테리아병, 살모넬라병, 파스튜렐라병 및 선모충증이 해당한다.
※ 현저한 증상을 나타내거나 인체에 위해를 끼칠 우려가 있다고 판단되는 파상풍·농독증·패혈증·요독증·황달·수종·종양·중독증·전신쇠약·전신빈혈증·이상고열증상·주사반응(생물학적 제제에 의하여 현저한 반응을 나타낸 것만 해당한다)

10 식품 등의 표시기준에 의해 반드시 표시해야 하는 성분이 아닌 것은?

① 비타민　　　　　　　　　　　② 나트륨
③ 콜레스테롤　　　　　　　　　④ 지 방

식품 등의 표시기준 별지 1(표시사항별 세부표시기준)
영양성분 표시 대상 식품에는 열량, 탄수화물(당류), 단백질, 지방(포화지방, 트랜스지방), 콜레스테롤, 나트륨 및 그 밖에 강조표시를 하고자 하는 영양성분

11 식품위생법상의 용어 정의가 맞는 것은?

① '식품'이란 모든 음식물(의약으로 섭취하는 것은 포함한다)을 말한다.

② '화학적 합성품'이란 화학적 수단으로 원소(元素) 또는 화합물에 분해 반응을 일으켜서 얻은 물질을 말한다.

③ '위해'란 식품, 식품첨가물, 기구 또는 용기·포장에 존재하는 위험요소로서 인체의 건강을 해치거나 해칠 우려가 있는 것을 말한다.

④ '표시'란 식품에 적는 문자, 숫자 또는 도형을 말한다.

해설 식품위생법 제2조(정의)
• '식품'이란 모든 음식물(의약으로 섭취하는 것은 제외한다)을 말한다.
• '식품첨가물'이란 식품을 제조·가공·조리 또는 보존하는 과정에서 감미(甘味), 착색(着色), 표백(漂白) 또는 산화방지 등을 목적으로 식품에 사용되는 물질을 말한다. 이 경우 기구(器具)·용기·포장을 살균·소독하는 데에 사용되어 간접적으로 식품으로 옮아갈 수 있는 물질을 포함한다.
• '화학적 합성품'이란 화학적 수단으로 원소(元素) 또는 화합물에 분해 반응 외의 화학 반응을 일으켜서 얻은 물질을 말한다.
• '기구'란 다음 각 호의 어느 하나에 해당하는 것으로서 식품 또는 식품첨가물에 직접 닿는 기계·기구나 그 밖의 물건(농업과 수산업에서 식품을 채취하는 데에 쓰는 기계·기구나 그 밖의 물건 및 위생용품 관리법 제2조제1호에 따른 위생용품은 제외)을 말한다.
  – 음식을 먹을 때 사용하거나 담는 것
  – 식품 또는 식품첨가물을 채취·제조·가공·조리·저장·소분((小分): 완제품을 나누어 유통을 목적으로 재포장하는 것을 말한다)·운반·진열할 때 사용하는 것
• '용기·포장'이란 식품 또는 식품첨가물을 넣거나 싸는 것으로서 식품 또는 식품첨가물을 주고받을 때 함께 건네는 물품을 말한다.
• '위해'란 식품, 식품첨가물, 기구 또는 용기·포장에 존재하는 위험요소로서 인체의 건강을 해치거나 해칠 우려가 있는 것을 말한다.
• '표시'란 식품, 식품첨가물, 기구 또는 용기·포장에 적는 문자, 숫자 또는 도형을 말한다.
• '영양표시'란 식품에 들어 있는 영양소의 양(量) 등 영양에 관한 정보를 표시하는 것을 말한다.
• '영업'이란 식품 또는 식품첨가물을 채취·제조·가공·조리·저장·소분·운반 또는 판매하거나 기구 또는 용기·포장을 제조·운반·판매하는 업(농업과 수산업에 속하는 식품 채취업은 제외한다)을 말한다.
• '영업자'란 제37조제1항에 따라 영업허가를 받은 자나 같은 조 제4항에 따라 영업신고를 한 자 또는 같은 조 제5항에 따라 영업등록을 한 자를 말한다.
• '식품위생'이란 식품, 식품첨가물, 기구 또는 용기·포장을 대상으로 하는 음식에 관한 위생을 말한다.
• '집단급식소'란 영리를 목적으로 하지 아니하면서 특정 다수인에게 계속하여 음식물을 공급하는 다음 각 목의 어느 하나에 해당하는 곳의 급식시설로서 대통령령으로 정하는 시설을 말한다.
  – 기숙사   – 학교   – 병원
  – 사회복지사업법 제2조제4호의 사회복지시설   – 산업체
  – 국가, 지방자치단체 및 공공기관의 운영에 관한 법률 제4조제1항에 따른 공공기관
  – 그 밖의 후생기관 등
• '식품이력추적관리'란 식품을 제조·가공단계부터 판매단계까지 각 단계별로 정보를 기록·관리하여 그 식품의 안전성 등에 문제가 발생할 경우 그 식품을 추적하여 원인을 규명하고 필요한 조치를 할 수 있도록 관리하는 것을 말한다.

- '식중독'이란 식품 섭취로 인하여 인체에 유해한 미생물 또는 유독물질에 의하여 발생하였거나 발생한 것으로 판단되는 감염성 질환 또는 독소형 질환을 말한다.
- '집단급식소에서의 식단'이란 급식대상 집단의 영양섭취기준에 따라 음식명, 식재료, 영양성분, 조리방법, 조리인력 등을 고려하여 작성한 급식계획서를 말한다.

12 식품의약품안전처장 또는 특별자치시장·특별자치도지사·시장·군수·구청장은 영업자가 정당한 사유 없이 몇 개월 이상 계속 휴업하는 경우에는 영업허가 또는 등록을 취소하거나 영업소 폐쇄를 명할 수 있는가?

① 3개월   ② 6개월

③ 9개월   ④ 12개월

13 다음 중 해당하는 질병에 걸린 동물을 사용하여 판매할 목적으로 식품 또는 식품첨가물을 제조·가공·수입 또는 조리한 자는 3년 이상의 징역에 처해야 하는데 이와 다른 것은?

① 소해면상뇌증(광우병)   ② 탄저병

③ 가금 인플루엔자   ④ 마황(麻黃)

 다음의 어느 하나에 해당하는 원료 또는 성분 등을 사용하여 판매할 목적으로 식품 또는 식품첨가물을 제조·가공·수입 또는 조리한 자는 1년 이상의 징역에 처한다.
    ㉠ 마황(麻黃)   ㉡ 부자(附子)
    ㉢ 천오(川烏)   ㉣ 초오(草烏)
    ㉤ 백부자(白附子)   ㉥ 섬수(蟾수)
    ㉦ 백선피(白鮮皮)   ㉧ 사리풀

14 식품위생법상 10년 이하의 징역 또는 1억원 이하의 벌금에 처하는 것이 아닌 것은?

① 위해식품 등의 판매 등 금지를 위반한 자
② 병든 동물 고기 등의 판매 등 금지를 위반한 자
③ 유독기구 등의 판매·사용 금지를 위반한 자
④ 영업 제한을 위반한 자

 식품위생법상 5년 이하의 징역 또는 5천만원 이하의 벌금에 해당하는 것
① 식품 또는 식품첨가물에 관한 기준 및 규격을 위반한 자
② 기구 및 용기·포장에 관한 기준 및 규격을 위반한 자
③ 사실과 다르거나 과장된 표시·광고, 소비자를 기만하거나 오인·혼동시킬 우려가 있는 표시·광고, 다른 업체 또는 그 제품을 비방하는 광고, 심의를 받지 아니하거나 심의받은 내용과 다른 내용의 표시·광고 금지를 위반한 자
④ 대통령령으로 정하는 영업을 하려는 자는 대통령령으로 정하는 바에 따라 영업 종류별 또는 영업소별로 식품의약품안전처장 또는 특별자치시장·특별자치도지사·시장·군수·구청장에게 등록해야 하는데 이를 위반한 자

⑤ 영업 제한을 위반한 자
⑥ 위해식품 등의 회수 전단을 위반한 자
⑦ 폐기처분 또는 위해식품 등의 공표에 따른 명령을 위반한 자
⑧ 허가취소 등에 따른 영업정지 명령을 위반하여 영업을 계속한 자

15 식품위생법상 1년 이하의 징역 또는 1천만원 이하의 벌금에 해당하는 것이 아닌 것은?

① 영업자 등의 준수사항을 위반하여 접객행위를 하거나 다른 사람에게 그 행위를 알선한 자
② 식품 등의 이물 발견보고 등을 위반하여 소비자로부터 이물 발견의 신고를 접수하고 이를 거짓으로 보고한 자
③ 이물의 발견을 거짓으로 신고한 자
④ 기구 및 용기·포장에 관한 기준 및 규격을 위반한 자

 ④은 식품위생법상 5년 이하의 징역 또는 5천만원 이하의 벌금에 해당하는 것이다.

16 식품위생법상 500만원 이하의 과태료에 해당하는 것이 아닌 것은?

① 식품 등의 취급, 건강진단, 식품위생교육 또는 식중독에 관한 조사보고를 위반한 자
② 식품 등의 이물 발견보고 등을 위반하여 소비자로부터 이물 발견신고를 받고 보고하지 아니한 자
③ 영업허가 등을 위반하여 보고를 하지 아니하거나 허위의 보고를 한 자
④ 교육을 위반하여 교육을 받지 아니한 자

 300만원 이하의 과태료에 해당하는 것
㉠ 영업자 등의 준수사항에 따라 영업자가 지켜야 할 사항 중 총리령으로 정하는 경미한 사항을 지키지 아니한 자
㉡ 식품 등의 이물 발견보고 등을 위반하여 소비자로부터 이물 발견신고를 받고 보고하지 아니한 자
㉢ 식품이력추적관리 등록기준 등을 위반하여 식품이력추적관리 등록사항이 변경된 경우 변경사유가 발생한 날부터 1개월 이내에 신고하지 아니한 자
㉣ 식품이력추적관리시스템의 구축 등을 위반하여 식품이력추적관리정보를 목적 외에 사용한 자

제 **2** 과목

식육과학

식육 가공 기사

한권으로 끝내기!

제1장 식육의 특성과 성분

제 **1** 장

제 1 절 식육의 특성

(1) 식육의 특성

① 식육은 사람에게 양질의 단백질과 지방 그리고 비타민과 무기질을 제공한다.

② 식육은 기능성 식품이며 면역 부활작용과 항피로효과가 있어서 성인병을 예방하고 억제시킨다.

③ 인체에 합성되지 않는 필수아미노산을 함유한 양질의 완전단백질이 풍부하다.

④ 특히 육류에 많이 포함되어 있는 Thiamin(B_1)은 성장을 촉진하고 항피로와 소화를 돕는다.

⑤ Hemoglobin이나 Myoglobin 등 생성에 필수적인 철분은 외부에서 반드시 보충해야 하는데, 다른 식품에 비해 철분을 공급하는데 최상의 식품이다.

⑥ 곡류의 섭취가 많은 나라에서 뇌졸중에 의한 사망이 높은데 동물성단백질 섭취로 여러 질환을 예방한다.

⑦ 건강장수를 위한 식육섭취의 필요 권장량은 어린이 130g, 청장년 100g, 노약자 50~70g 정도이다.

(2) 식육의 냉장저장

① 식육의 도축 후 일정한 상품적 가치가 유지되지 않고 계속적인 변화를 수반한다. 식육의 냉장저장은 변패 등의 변화를 최소화하고 일정한 식육유통기간의 확보는 매우 중요하다.

  ㉠ 효소의 작용에 의한 단백질변성과 지방의 변패가 계속된다. 즉, 계속적 변패는 식육 내 존재하는 효소, 식육에 오염된 미생물이 분비하는 단백질분해효소(Protease), 지방분해효소(Lipase)에 의해 발생한다.

  ㉡ 식육지방이 외부의 광선, 온도(열), 금속이온 등의 촉매작용에 의해 분해된 지방성분이 산소와 결합하고 산화되어 불쾌취의 발생, 식육의 가치를 저하시킨다.

② 식육의 냉동저장은 식육의 온도를 낮게 유지시키고, 식육 도축 및 부분육 분할 정형 시 식육에 미생물 오염을 최소화한다.

  ㉠ 산소의 접촉과 광선을 차단할 수 있는 포장기법은 식육의 변화를 억제시키는 효과, 저장·유통과정의 감량에 의한 손실을 줄일 수 있다.

  ㉡ 식육의 장기간 안전한 저장은 빙결점 이하의 동결저장이 가장 효과적지만, 식육의 안전성도 맛과 관련된 특성 유지와 개선도 매우 중요하다.

(3) 냉장저장 및 부가적 가치

① 식육은 인간의 건강을 유지시키는 단백질 식품이면서 최고의 고가 식품이므로 맛과 관련된 부과적 가치가 요구되는 상품적 특성이 강하다. 즉, 식육의 냉동으로 질적 열화를 막을 수 있는 냉장육 유통이 필요하고, 효율적인 냉장육 유통을 위한 식육의 냉장저장에 대한 이해가 필요하다.

② 식육의 냉장저장은 안전한 유통기간 확보와, 식육의 안전성 확보를 위한 것이다.

㉠ 도축 후 신속한 냉각과정을 필수적으로 거치면서 맛에 관계되는 물리적 특성이 나빠지고, 수축에 의한 질긴 식육으로 변하는 것에 대한 개선이 요구된다.

㉡ 오염된 미생물의 증식을 최대로 억제하고 식육의 자체 내 효소를 이용한 숙성과정으로 부드럽고 풍미(맛)를 부가하여 냉장저장 효과를 높인다.

제 2 절 │ 식육의 조직

(1) 돈육의 근육조직

▼ 분할상태별 부위명칭과 특징

부위 명칭		특 징
대분할 부위명칭	소분할 부위명칭	
안 심	안심살	돼지고기 중에서 가장 부드러운 부위로 지방이 적고 살이 연하며 담백하다.
등 심	등심살	부드러운 맛이 좋아 널리 쓰인다.
	알등심살	
	등심덧살	
목 심	목심살	운동량이 많은 부위의 고기로 지방이 적고 힘줄이 많아 질기다.
앞다리	앞다리살	어깨부위의 고기로 근육이 잘 발달되어 있고 지방이 적어 다용도로 조리할 수 있다.
	앞사태살	
	항정살	
	꾸리살	
	부채살	
	주걱살	
뒷다리	볼기살	뒷다리에서 엉덩이로 연결되는 부위의 근육으로 지방질과 힘줄이 많다.
	설깃살	
	도가니살	
	홍두깨살	
	보섭살	
	뒷사태살	

부위 명칭		특 징
대분할 부위명칭	소분할 부위명칭	
삼겹살	삼겹살	근육과 지방이 겹겹으로 층을 이룬다.
	갈매기살	
	등갈비	
	토시살	
	오돌삼겹	
갈 비	갈 비	옆구리 갈비의 첫 번째부터 다섯 번째까지를 말하며, 육질이 쫄깃하여 풍미가 뛰어나다.
	갈비살	
	마구리	
7개 부위	25개 부위	–

(2) 우육의 근육조직

▼ 분할상태별 부위명칭과 특징

부위 명칭		특 징
대분할 부위명칭	소분할 부위명칭	
안 심	안심살	등심 안쪽의 연한 고기로 고기결이 곱고 지방이 적어 담백하다. 소고기 중 양이 적어 귀하다.
등 심	윗등심살	갈비의 위쪽에 붙은 살로서 육질이 곱고 연하여 붉은 살코기 속에 지방이 적당히 섞여 있어 맛이 좋다.
	꽃등심살	
	아랫등심살	
	살치살	
채 끝	채끝살	등심과 이어진 부위의 안심을 애워싸고 있고, 육질이 연하고 지방이 많다.
목 심	목심살	어깨부분의 운동량이 많은 부위로 결합조직이 많아 육질은 질기고 맛은 진하다.
앞다리	꾸리살	앞다리 부분으로 결합조직이 많아 질기다.
	부채살	
	앞다리살	
	갈비덧살	
	부채덮개살	
우 둔	우둔살	엉덩이 부위로 기름기가 적고 고기결이 곱고 부드우며 맛이 담백하다.
	홍두깨살	
설 도	보섭살	고기결이 곱고 부드러우며 맛이 담백하다.
	설깃살	
	설깃머리살	
	도가니살	
	삼각살	

부위 명칭		특 징
대분할 부위명칭	소분할 부위명칭	
양 지	양지머리	목 밑에서 가슴 및 배에 이르는 부위로 결합조직이 많아 육질이 질기나 시간을 들여 습열조리하면 연해진다.
	차돌박이	
	업진살	
	업진안살	
	치마양지	
	치마살	
	앞치마살	
사 태	앞사태	다리의 오금에 붙은 고기로서 결합조직이 많아 질긴 부위
	뒷사태	
	뭉치사태	
	아롱사태	
	상박살	
갈 비	본갈비	갈비뼈와 붙어 있는 부위로 기름기가 많고 육질은 질기고 맛이 매우 좋다.
	꽃갈비	
	참갈비	
	갈비살	
	마구리	
	토시살	
	안창살	
	제비추리	
10개 부위	39개 부위	−

(3) 계육의 근육조직

① 분할육의 부위명칭과 품질기준

항 목		품질 기준
외 관	다리·날개	질병이나 상처로 인한 외관의 손상없이 고유의 형태를 유지해야 한다.
	가 슴	과도한 근육의 제거없이 기본형태를 유지하고 안심의 힘줄은 허용한다.
비육상태		충분한 착육성이 있어야 한다.
지방 부착	다리·날개	잘 발달된 지방층이 고르게 부착되어 있어야 한다.
	가 슴	불필요한 지방은 깨끗이 손질되어야 한다.
잔털, 깃털	다리·날개	깃털은 다음 기준 허용치를 초과해서는 안 되며, 약간의 잔털은 허용한다. – 깃털 1개 이하
신선도	다리·날개	피부색이 좋고 광택이 있으며 근육의 탄력성이 있다.
	가 슴	육색이 좋고 광택이 있으며, PSE 발생이 없어야 한다.

항목			품질 기준
외 상	다 리	윗다리	피부상처로 인해 노출된 살의 총면적에 대해 장축의 지름이 1.5cm를 초과해서는 안 되며, 작업과정에 기인한 약간의 손상은 허용한다.
		아랫다리	피부상처로 인해 노출된 살이 없어야 하며, 작업과정에서 기인한 약간의 손상은 허용한다.
	날 개		피부상처로 인해 노출된 살의 총면적에 대해 장축의 지름이 1.5cm를 초과해서는 안 되며, 작업과정에 기인한 약간의 손상은 허용한다.
	가 슴		절단이나 찢김으로 인한 근육의 과도한 손상은 없어야 하며, 약간의 찰과상은 허용한다.
변 색	다 리		옅은 변색은 허용하나 색이 분명한 것은 총면적에 대해 장축의 지름이 1.5cm를 초과해서는 안 된다.
	날개·가슴		옅은 변색은 허용하나 색이 분명한 것은 총면적에 대해 장축의 지름이 1cm를 초과해서는 안 된다.
뼈의 상태	다리·날개		골절이 없어야 한다.

② 추가가공육의 명칭과 품질기준

구 분	품질기준
발골육	육색과 탄력성이 좋은 신선한 닭고기를 원료육으로 하여 발골로 인한 뼈조각과 주변 근육의 심각한 손상없이 충분한 착육성을 가지고, 껍질(피복지방)이 잘 정돈되고, 깃털, 연골, 힘줄 및 1cm 이상의 색이 분명한 변색은 없어야 하며, 부분육의 1/3 이상이 손상되지 않고 남아 있어야 한다.
껍질 제거육	육색과 탄력성이 좋은 신선한 닭고기를 원료육으로 하여 피복지방을 깨끗이 제거하고, 충분한 착육성을 가지고, 골절 및 1cm 이상의 색이 분명한 변색은 없어야 하나 피복지방 제거로 나타나는 경미한 변색은 허용한다.
발골 및 껍질 제거육	발골육 및 껍질제거육의 품질기준에 부합되어야 하며, 근육의 가장자리를 따라 껍질(피복지방)은 손질하고, 뼈 조각, 연골조직, 힘줄은 없어야 하나 안심의 경우 힘줄은 허용한다.
절단육	육색과 탄력성이 좋은 신선한 닭고기를 원료육으로 하여 약간의 외상이나 약한 멍은 허용한다. 색이 분명한 변색이나 응혈된 부위와 복부지방 및 깃털은 제거되어야 하고, 약간의 잔모는 허용하며, 작업과정에서 나타나는 약간의 결점은 허용한다.
세절육	발골육 및 껍질제거육의 품질기준에 부합되어야 하나, 근육 손상을 야기하지 않은 방법으로 근육의 크기를 변형하되, 연골조직이나 색이 분명한 변색, 과도한 근육손상은 없어야 한다.

(4) 정상육과 이상육

① PSE육(돼지)

ㄱ 고기의 색깔이 창백하고(Pale), 염용성 단백질인 근원섬유단백질의 변성으로 조직은 무르고 (Soft), 육즙이 많이 나와 있는(Exudative) 고기를 말한다.

ㄴ 도살되기 전에 근육 내에 글라이코겐이 충분히 남아 있는 돼지가 흥분하거나 스트레스를 받으면 도체 내에 젖산의 축적속도가 빨라지고, 젖산의 축적에 의한 낮은 pH는 근육온도가 높은 상황에서 근육의 근형질단백질을 변성시켜 PSE육을 발생시킨다.

ㄷ Stress 감수성 돈(PSS)은 유전적으로 나타날 수 있으며, CPK(Creatin Phospho Kinase) 활성 측정 및 Halothane 검정을 통해 PSS 여부를 판정한다.

② DFD육(소, 돼지)

    ㉠ 보수력은 PSE육이나 정상육보다 높아 표면은 건조하고(Dry), 조직은 촘촘해져(Firm) 산소의 침투가 힘들고 빛의 산란도 적어 색깔은 짙게(Dark) 되는데 이를 Dark Cutting(DFD)육이라 한다.

    ㉡ PSE처럼 도축 전 오랫동안 스트레스를 받으면 체내의 글라이코겐이 고갈되어 도살 시 근육에 글라이코겐이 거의 남아 있지 않게 되고 도살 후 근육 내에 젖산의 축적이 적어 pH는 높고 근육단백질은 부풀게 된다.

    ㉢ DFD육은 pH가 높기 때문에(6.0 이하) 가공육제품의 원료로서는 매우 바람직하지만, 신선육으로는 미생물 발육이 촉진되므로 저장성이 떨어지는 단점이 있다.

    ㉣ 소는 돼지와는 달리 사후 해당작용 속도가 느리기 때문에 낮은 pH와 높은 온도의 조건이 발생하지 않아 PSE육의 발생은 거의 없고 도살 전에 근육의 글라이코겐이 고갈되어 발생하는 DFD육의 문제가 발생된다. 주로 수컷의 비육우에서 많이 나타난다.

③ 황지돈(돼지) : 사료 중 불포화지방산이 많은 생선찌꺼기나 누에번데기박에 의한 신장주위의 지방이 황색이고 이취가 난다.

④ 연지돈 : 높은 칼로리의 사료를 급여하여 지방이 연하고 고기가 견고하지 않은 육이다.

⑤ 웅취육(Sex Odor) : 거세하지 않은 수퇘지에서 나는 스테로이드 계통의 냄새가 나는 육이다.

(5) 근육조직과 육질

① **식육의 조직 구성** : 횡문근(골격근, 심근), 평활근

② **근육의 수축과 이완**

    ㉠ 골격근의 수축에는 4개의 근원섬유단백질, 즉 마이오신, 액틴, 트로포마이오신, 트로포닌이 직접 관여한다. 액틴과 마이오신은 수축단백질로서 근원섬유의 액틴 필라멘트와 마이오신 필라멘트를 형성한다.

    ㉡ 근육의 이완 : 근육의 이완에 있어서는 이완인자가 작용하게 된다. 즉, 근소포체는 칼슘이온을 받아들이며 그 농도를 저하시키고 다시 마그네슘-ATP를 형성하여 마이오신-ATPase의 활성은 저지되고, 액토마이오신을 액틴 필라멘트와 마이오신 필라멘트로 해리시킨다.

③ **근육조직의 미세구조**

    ㉠ 근섬유 : 근원섬유, 근형질막, 핵, 미토콘드리아, 근소포체, 근장 등으로 구성되어 있다.

        ※ 근소포체 : 망상의 미세구조로 종주관, 측포체, T관(신경전달)으로 구성되며, Ca^{2+}의 저장소로 근육수축 시 근소포체로부터 유리된다.

    ㉡ 근원섬유

    ㉢ 결합조직

    ㉣ 지방조직

④ 육 질

㉠ 식육의 육질은 근내지방도, 육색, 지방색, 조직감, 성숙도로 평가(등급 판정)

㉡ 지방이 적게 포함된 살코기를 선호하는 경향이 있으나, 지방은 풍미와 관련되므로 지방이 전혀 없는 것은 맛이 없다.

㉢ 선홍색의 고기색과 유백색의 지방을 가진 고기를 선호하고 딱딱한 지방이 연한 지방보다 선호하는 경향이 있다.

㉣ 육질의 주요성분

육량 및 전체 조성	• 판매가능 수량 • 살코기와 지방 비율 • 근육의 크기와 모양
외관 및 기술적 특징	• 지방조직과 지방색 • 근육 내 지방 함량 • 살코기의 색과 보수성 • 살코기의 화학적 조성
기호성	• 연도와 조직 • 다즙성 • 풍미, 냄새
건강성	• 영양적인 육질 • 화학적 안전성 • 미생물학적 안전성
윤리적 과제	동물복지(사양관리, 도축)

제 3 절 식육의 조성 및 성분

고기의 성분은 수분을 제외하면 거의 단백질이며, 그외 지방, 탄수화물, 무기물 미량 성분으로 구성되어 있다. 화학적 조성은 동물의 종류, 품종, 성별, 특히 영양상태에 따라 차이가 있다.

▼ 식육의 성분 함량표

구 분	수분(g)	단백질(g)	지질(g)	탄수화물(g)		회분(g)	칼슘(mg)	인(mg)	철(μg)	총비타민(IU)
				당 질	섬 유					
소고기	75.8	22.8	3.7	0	0	1.0	19	142	4.8	15
돼지고기	72.4	20.7	4.6	0.2	–	1.1	4	218	3.0	10
닭고기	73.5	20.7	4.8	–	–	1.33	4	302	–	40

(1) 수 분

① 식육에 약 70% 함유

② **수분의 형태** : 결합수, 고정수, 자유수

　※ 자유수 : 물의 표면장력에 의하여 식육에 지탱하고 있는 물(79%)

③ **수분활성도(Aw)** : 식품 중 미생물이 이용할 수 있는 실제적인 양 (0 < Aw ≤ 1)

　※ 식품이 나타내는 수증기압에 대한 순수한 물의 수증기압의 비율로 산출

(2) 단백질

① 식육에 약 20% 함유

② **식육단백질** : 근원섬유 단백질(염용성), 근장 단백질(수용성), 결체조직 단백질 (산용성)

　※ 근원섬유 (염용성) 단백질 : Myosin., Actin, Actomyosin, Tropomyosin(Actin의 조절단백질), Troponin(칼슘이온과 결합하여 Actin과 Myosin의 결합을 조절)

③ **필수아미노산** : 아미노산 중 생체 내에서 합성할 수 없는 8종의 아미노산

　※ Valine, Leucine, Isoleucine, Threonine, Lysine, Methionine, Phenylalaine, Trypthophane

④ **단백가** : 식품 단백질질소 1g당 아미노산 함유량(mg)×100

⑤ 생물가 = $\dfrac{\text{체내에 축척된 질소량} \times 100}{\text{흡수된 질소량}}$

(3) 지 질

① 중성지질과 인지질로 구분된다.

② 대체로 내부기관 및 근원섬유 사이의 상강육 및 외부지방으로 분류된다.

(4) 당질

① 육조직에는 약 1% 이내의 Glycogen이 존재하며, 사후강직 시 유산으로 변한다.

② 대부분이 근육과 간장에 존재한다.

③ 탄수화물은 소량이지만 체구성 조직과 에너지대사에 매우 중요한 기능을 한다.

④ 최종 Glycogen의 양이 육류의 pH에 관여하며 보수력, 색깔, 연도 및 식육저장에 영향을 미친다.

(4) 무기질

① 유기물질을 만들고 있는 탄소, 수소, 산소, 질소를 제외한 나머지 원소를 일괄해 무기질이라 한다.

② 무기질함량은 1% 내외이며, 비교적 양적 변동이 적은 성분이다.

(6) 비타민

① 생체속에서 효소의 역할을 돕는 보조역할을 담당한다.

② 식육에는 B-complex Vitamin은 풍부하나, 지용성 비타민과 비타민 C는 부족하다. 다만, 간이나 신장에는 지용성 비타민이 풍부하다.

③ 수용성 비타민 : B-complex Vitamin(Thiamine, Riboflavin, Niacin, Panthothenic Acid, B_6, Folic acid, Biotin, B_{12}), Vitamin C

④ 지용성 비타민 : Vitamin A, D, E, K

(7) 기타 성분

① 비단백태질소화합물

㉠ 단백질이 아니면서 조단백질이 함유되어 있고 생체의 생리·화학적 기능면에서 중요한 역할을 한다.

㉡ 식육을 뜨거운 물로 추출해서 얻은 성분에서 단백질, 지질, 무기질, 비타민을 제외한 나머지의 유기화합물을 말한다.

㉢ 식육의 약 1.5%를 함유한다.

㉣ 핵산관련 물질(Nucleotides), 유리아미노산, 당질, 유기산 등을 갖는다.

㉤ 핵산관련 물질 중 ATP는 이노신산이라고도 하며 식육의 맛을 증진시키는 정미성분으로 알려져 있다.

※ 크레아틴은 생체 근육 내에서 인산과 결합하여 ATP와 같이 근육수축에 중요한 역할을 하지만, 사후근육에서는 인산이 떨어져 나가 다시 크레아틴으로 전환된다.

적중예상문제

01 다음 중 근육의 미세구조와 그 설명이 가장 적절하지 않은 것은?

① 근원섬유 – 근육수축에 관여
② 근초 – 근섬유를 싸고 있는 막
③ 근주막 – 근육을 싸고 있는 막
④ 근장 – 근원섬유 사이의 교질용액

02 근육조직을 미세구조적으로 볼 때 망상구조를 가지며 근육수축 시 Ca^{2+}를 세포 내로 방출하는 것은?

① 근 절   ② 근 초
③ 근소포체   ④ 근원섬유

03 근육의 수축기작이 일어나는 기본적인 단위는?

① 근 절   ② 근형질
③ 핵   ④ 암 대

04 다음 설명에 해당하는 근육은?

> 미토콘드리아는 크고 수가 많으며 근장에 많은 글라이코겐 입자를 가지고 있다.

① 골격근   ② 평활근
③ 심 근   ④ 배최장근

05 다음 중 결합조직에 포함되지 않은 것은?

① 교원섬유   ② 탄성섬유
③ 세망섬유   ④ 지방섬유

1 ③ 2 ③ 3 ① 4 ③ 5 ④ **Answer**

06 식육에 함유되어 있는 일반적인 수분함량은?

① 45~50%

② 55~60%

③ 65~75%

④ 80% 이상

07 식육에 존재하는 수분에 관한 설명으로 가장 적합하지 않은 것은?

① 결합수는 0℃ 이하에서도 얼지 않는 물이다.

② 식육의 수분은 일반적으로 70% 이상을 차지하고 있다.

③ 자유수는 결합수 표면의 수분분자들과 수소결합을 이루고 있다.

④ 식육에서 수분의 존재상태는 자유수, 결합수, 고정수로 구성되어 있다.

08 식육의 Freezer Burn에 대한 설명으로 틀린 것은?

① 동결육의 표면건조로 인한 변색이 발생한다.

② 상품가치가 상승된다.

③ 조직감이 질겨진다.

④ 이취가 생성된다.

09 근원섬유단백질 중 칼슘이온 수용단백질로서 근수축기작에 중요한 기능을 가지고 있는 것은?

① 트로포닌 ② 리소좀

③ 엘라스틴 ④ 네불린

10 다른 식육에 비하여 돼지고기에 특히 많이 함유된 비타민은?

① 비타민 A

② 비타민 B_1

③ 비타민 C

④ 비타민 E

11 식육의 성분 중 가축의 종류에 따라 식육의 풍미가 달라지는 것은?

① 수 분

② 비타민

③ 지 질

④ 무기질

12 육색에 대한 설명으로 틀린 것은?

① 고기색에 영향을 미치는 요인은 마이오글로빈량, 마이오글로빈 분자의 종류와 화학적 상태이다.

② 돼지고기는 소고기보다 근육 내 마이오글로빈함량이 많다.

③ 근육 내 마이오글로빈함량은 가축의 종류 및 연령과 관련이 있다.

④ 운동을 많이 하는 근육일수록 호기성 대사를 주로 하고 육색이 짙다.

13 돼지고기의 육색이 창백하고, 육조직이 무르고 연약하여, 육즙이 다량으로 삼출되어 이상육으로 분류되는 돈육은?

① 황지(黃脂)돈육   ② 연지(軟脂)돈육

③ PSE돈육   ④ DFD돈육

14 DFD육에 대한 설명으로 옳은 것은?

① 돼지고기와 암소에서 주로 발생한다.

② 육색이 어둡고 건조하다.

③ pH는 5.4를 나타낸다.

④ 신선육으로 적합하다.

15 생육인데도 불구하고 삶은 것과 같은 검푸른 외관을 나타내며 심한 냄새가 나는 육은?

① 성취(Sex Odor)육

② Two Toning육

③ PSE육

④ 질식육(Suffocated Meat)

16 메틸렌 블루(Methylene Blue) 환원시험법의 확인내용은?

① 단백질함량

② 유지방함량

③ 미생물량 추정

④ 무기질량 추정

17 식육의 식중독 미생물 오염방지를 위한 대책으로 적합하지 않은 것은?

① 철저한 위생관리

② 20~25℃에서 보관

③ 충분한 조리

④ 적절한 냉장

18 고기를 숙성시키는 가장 중요한 목적은?

① 육색의 증진

② 보수성 증진

③ 위생안전성 증진

④ 맛과 연도의 개선

19 다음 중 비정상육의 발생을 방지하는 방법으로 옳지 않은 것은?

① 스트레스에 강한 품종을 개발한다.

② 도축 전 충분히 흥분시킨다.

③ 도축 전 계류를 실시한다.

④ 운송 중 스트레스를 최소화한다.

해설 도축 전 가축이 흥분하면 비정상육을 생산할 확률이 높다.

20 다음 중 돼지고기의 저온숙성기간으로 적합한 것은?

① 1~2일

② 5~6일

③ 10일

④ 7~14일

해설 돼지고기는 4℃에서 1~2일이면 숙성이 완료된다.

21 다음은 DFD육의 특징이다. 틀린 것은?

① 육색이 암적색이다.
② 당과 IMP 함량이 낮다.
③ 미생물의 오염과 증식이 쉽지 않다.
④ 최종 pH는 pH 6.0 이상이다.

해설 DFD육은 높은 pH로 미생물의 오염 및 증식이 쉽다.

22 근육이 원래의 길이에서 얼마 정도까지 단축되었을 때 연도가 최대한 감소하는가?

① 25%
② 33%
③ 40%
④ 50%

해설 20%까지 단축되었을 때는 아무런 영향이 없으나 그 이상으로 단축되었을 때는 연도가 급격히 감소하여 40%
단축 시에 최대한 감소한다.

23 다음 중 골격근의 설명으로 틀린 것은?

① 수의근이다.
② 주로 뼈에 연결된 근육이다.
③ 근육의 수축과 이완을 담당하고 있다.
④ 평활근이다.

해설 심근과 평활근은 불수의근이고 골격근은 수의근이다.

24 다음 식육의 구성성분 중 가장 변화가 심한 것은?

① 지 방
② 단백질
③ 비타민
④ 탄수화물

해설 식육의 구성성분 중 수분과 지방은 품종, 연령, 성별, 비육 정도, 부위 등에 따라 함량의 차이가 많다.

21 ③ 22 ③ 23 ④ 24 ① **Answer**

25 다음은 비타민에 대한 설명이다. 맞는 것은?

① 일반적으로 고기에는 지용성 비타민이 많이 들어 있다.
② 고기는 비타민 B 복합체의 좋은 공급원이다.
③ 동물의 연령은 비타민 함량에 영향을 미치지 않는다.
④ 신선육은 일반적으로 조리육보다 많은 비타민 함량을 나타낸다.

해설 ① 비타민은 수용성과 지용성 비타민 두 가지로 나눌 수 있다. 일반적으로 고기에는 지용성 비타민이 많이 들어 있지 않다.
③ 비타민 함량은 동물의 연령에 따라 차이가 있다.
④ 조리육이 비타민 함량이 많다.

26 다음 중 DFD육의 품질 특성으로 옳은 것은?

① 중량 감소가 크다.
② 저장성이 짧다.
③ 육색이 창백하다.
④ 소매진열 시 변색속도가 빠르다.

해설 ①, ③, ④는 PSE육의 품질 특성이다.

27 지방이 연하고 견고성이 떨어지며 산패가 일어나기 쉬운 이상육은?

① PSE육
② DFD육
③ 질식육
④ 연지돈

해설 연지돈은 지방이 연하고 고기의 견고성이 떨어져 산화 변패가 쉬우며 결착력이 결여되기 쉽다.

28 다음 설명 중 평활근에 해당되는 것은?

① 내장육을 의미한다.
② 근육의 운동을 수행한다.
③ 정육을 의미한다.
④ 일반적인 고기를 의미한다.

해설 ②, ③, ④는 골격근에 해당된다.

29 다음 중 사후 근육의 pH 변화와 밀접한 관계가 있는 것은?

① 에키스분　　　　　　　　　② 비타민 B_1

③ 글라이코겐　　　　　　　　④ 철(Fe)

> **해설** 글라이코겐은 근육 내 탄수화물로서 사후 젖산으로 변해 근육의 pH를 저하시킨다.

30 다음 중 결합조직 단백질에 대한 설명으로 틀린 것은?

① 운동을 많이 하는 다리와 같은 근육에 많이 있다.

② 육단백질의 약 30%에 해당된다.

③ 나이가 많은 늙은 가축에 그 함량이 많다.

④ 물과 함께 끓이면 수용성의 젤라틴으로 변한다.

> **해설** 결합조직 단백질은 육단백질의 약 20%를 차지하고 있으며 질기고 단단하다.

31 다음 중 평활근에 대한 설명으로 옳은 것은?

① 골격에 부착되어 있어 골격근이라고도 한다.

② 수축과 이완에 의하여 운동을 하는 기관이다.

③ 소화관, 혈관, 자궁 등의 벽에 분포되어 있다.

④ 운동에 필요한 에너지원을 저장하고 있다.

> **해설** ①, ②, ④는 횡문근에 대한 설명이다.

32 수분의 역할이 아닌 것은?

① 고질의 분산매이다.

② 생체고분자 구성체의 형태를 유지한다.

③ 동식물 세포의 성분이다.

④ 미생물에 대한 방어작용을 한다.

> **해설** 수분의 역할
> - 영양분과 노폐물의 수송체이다.
> - 맛과 저장력을 부여한다.
> - 동식물 세포의 성분이다.
> - 고질의 분산매이다.
> - 반응물, 반응 물체, 생체 고분자의 구성체의 형태를 유지한다.

33 다음 무기물 중 육색과 밀접한 관련이 있는 것은?

① P
② Fe
③ Ca
④ Mg

 Fe는 헤모글로빈과 마이오글로빈에 함유되어 있으며 육색과 밀접한 관련이 있다.
①, ③, ④는 뼈와 치아의 주요 성분

34 다음 DFD육의 상태를 설명한 것 중 틀린 것은?

① 육색이 암적색이다.
② 보수력이 강하다.
③ 조직이 견고하고 다즙성이 좋다.
④ 육즙이 많이 삼출(Effusion)된다.

 ④ PSE육의 상태이다.

35 다음 중 생선 찌꺼기나 누에 번데기 등을 오랫동안 급여하는 경우에 나타날 수 있는 비정상육은?

① 웅취돈
② 연지돈
③ 황 돈
④ 질식육

 황돈은 생선 찌꺼기나 누에 번데기 등을 장기간 급여하면 나타나며, 사료유지 내 불포화지방산이 근육조직에 축적되어 배지방이나 산지방이 황색을 띠며 이취를 풍기게 된다.

36 다음 근수축에 관계하는 근원섬유 단백질 중 수축단백질은?

① 트로포닌
② 액 틴
③ 알파액티닌
④ 트로포마이오신

• 수축단백질 : 액틴, 마이오신
• 조절단백질 : 트로포마이오신, 트로포닌, 알파액티닌, 베타액티닌

37 다음 근육 내 수분의 존재상태 중 제거할 수 없는 것은?

① 결합수
② 자유수
③ 고정수
④ 동결수

결합수는 탄수화물이나 단백질 분자들과 결합하여 그 일부분을 형성하거나 그 행동에 구속받고 있는 물이며, 그 결합은 수소결합에 의해서 결합되어 있어서 수화수라고도 한다. 결합수는 대기상에서 100℃ 이상으로 가열하여도 완전히 제거할 수 없으며, 0℃ 이하에서도 얼지 않아 식품에서 제거할 수 없는 물이다.

38 다음 설명 중 틀린 것은?

① 돼지고기는 소고기나 다른 고기에 비해 필수지방산이 많이 함유되어 있다.
② 비타민 A는 간에 특히 많으며, 살코기에는 거의 없다.
③ 식육 내 미네랄 함량은 약 1% 정도이다.
④ 일반적으로 뼈와 함께 붙어 있는 고기 또는 정육은 평활근이다.

 ④ 골격근이다.

39 다음 중 PSE육 발생원인이 아닌 것은?

① 도체공정이 길어져 방랭이 지연될 경우
② 가축의 운송을 장시간 할 경우
③ 도축 직전 심한 스트레스를 받을 경우
④ 도축 후 냉각이 빨리 이루어지지 않을 경우

 ② DFD육의 발생조건이다.

40 신선육인데도 불구하고 마치 삶은 것과 같은 검푸른 외관의 성상을 보이며 심한 이취가 나는 비정상육은?

① 질식육 ② 연지돈
③ Two-toning ④ PSE육

 신선육인데도 불구하고 마치 삶은 것과 같은 검푸른 외관의 성상을 보이며 심한 이취가 나는 것을 질식육이라 하는데, 이는 도살공정이 길어져 방랭이 지연되었을 경우, 또는 운반된 지육이 공기에 충분히 노출되지 않을 경우에 발생한다.

41 다음 중 비정상육의 발생을 억제하기 위한 방법으로 부적당한 것은?

① 운송 중 스트레스를 최소화한다. ② 도축된 지육의 예랭을 실시한다.
③ 도축 전 계류를 실시한다. ④ 숙성을 철저하게 시킨다.

 비정상육은 도축 전후의 취급법에 따라 큰 영향을 받는다.

38 ④ 39 ② 40 ① 41 ④ **Answer**

42 **다음 중 수용성 단백질은?**

① 마이오글로빈(Myoglobin)

② 마이오신(Myosin)

③ 콜라겐(Collagen)

④ 액토마이오신(Actomyosin)

 • 근장 단백질은 근원섬유 사이의 근장 중에 용해되어 있는 단백질로서 물 또는 낮은 이온강도의 염용액으로 추출되므로 수용성 단백질이라고도 하며, 육색소 단백질인 마이오글로빈, 사이토크로뮴 등이 있다.
• 기질단백질은 물이나 염용액에도 추출되지 않아 결합조직단백질이라고도 하며, 주로 콜라겐, 엘라스틴 및 레티큘린 등의 섬유상 단백질들이며, 근육조직 내에서 망상의 구조를 이루고 있다.
• 근원섬유단백질은 식육을 구성하고 있는 주요 단백질로 높은 이온강도에서만 추출되므로 염용성 단백질이라고도 한다. 근육의 수축과 이완의 주역할을 하는 수축단백질(마이오신과 액틴), 근육 수축기작을 직간접으로 조절하는 조절단백질(트로포마이오신과 트로포닌) 및 근육의 구조를 유지시키는 세포골격단백질(타이틴, 뉴불린 등)로 나뉜다.

43 **생육의 육색 및 보수력과 가장 관계가 깊은 것은?**

① pH

② ATP 함량

③ 마이오글로빈 함량

④ 헤모글로빈 함량

 산도(pH)는 지육의 근육 내 산성도를 측정하는 것으로, 도축 후 24시간 후의 산도는 5.4~5.8이어야 한다. 산도가 높은 육류는 육색이 짙어지며 녹색 박테리아에 의해 변색될 수 있다. 육색이 짙은 제품은 3주가 지나면 부패한 달걀 냄새를 풍긴다.

44 **근절(筋節)에 대한 설명으로 틀린 것은?**

① 근육이 수축되면 근절이 짧아지고 이완되면 근절이 길어진다.

② Z선으로 구분된다.

③ 근절에는 명대와 암대가 포함된다.

④ 사후경직이 발생되면 근절이 길어진다.

해설 사후경직이 발생되면 근절이 짧아진다.

45 **다음 근육구조 중 근절과 근절 사이를 구분하는 것은?**

① 명 대

② 암 대

③ M-line

④ Z-line

해설 Z선(Z-line) : 근원섬유가 반복되는 단위인 근절을 구분하는 원반 형태의 선을 말한다.

46 비정상육들의 발생을 방지하는 방법 중 가장 알맞은 것은?

① 스트레스에 강한 품종을 개발한다.

② 예랭실에서 지육의 간격을 밀착시킨다.

③ 계류를 하지 않고 도축한다.

④ 운송거리나 시간에 관계없이 가축을 이동시킨다.

 예랭실에서 지육은 적당한 간격을 유지하는 것이 중요하며, 도축 전 계류는 운송거리나 운송시간을 고려하여 동물의 심신을 안정시키기 위해 반드시 필요하다.

47 다음 중 골격근의 특징이 아닌 것은?

① 뼈에 부착되어 있다.

② 수의근이다.

③ 근육 조직의 대부분을 차지한다.

④ 평활근이다.

해설 골격근은 길이가 길며(최대 30cm) 직경이 10~100m인 원통형의 다핵세포들이 다발을 이루고 있는 구조이다. 이 세포를 근섬유(Muscle Fibers) 라고 한다. 골격근 세포는 배자발생 중 핵이 하나인 근모세포(Myoblasts)들이 서로 융합하여 형성한다. 핵세포(Multinucleated Cell)이다. 핵은 타원형으로 대부분 세포막 아래에서 관찰된다. 이와 같이 핵이 위치하는 부위가 특징적이므로 심장근 및 평활근과 쉽게 구별된다.

48 근육 내 성분함량은 적으나 사후 근육의 에너지 대사에 큰 영향을 미치는 것은?

① 단백질

② 지 방

③ 탄수화물

④ 무기질

49 식육에 가장 많이 함유되어 있는 비타민은?

① 비타민 A

② 비타민 B군

③ 비타민 C

④ 비타민 D

해설 고기는 양질의 단백질, 상당량의 비타민 B군(티아민, 리보플라빈, 나이아신, B_6 및 B_{16}) 그리고 철분과 아연의 우수한 급원이다.

50 PSE돈육에 대한 설명으로 옳은 것은?

① 창백색, 견고한 조직, 적은 육즙 유출

② 창백색, 연약한 육조직, 다량의 육즙 유출

③ 짙은 육색, 연약한 육조직, 적은 육즙 유출

④ 짙은 육색, 견고한 조직, 다량의 육즙 유출

 PSE돈육 : 고기의 색깔이 창백하고(Pale), 염용성단백질인 근원섬유단백질의 변성으로 조직은 무르고(Soft), 육즙이 많이 나와 있는(Exudative) 고기를 말한다.

51 사후 6~8시간 후에 근육의 pH 5.6~5.7에 이르는 돼지고기는 다음 중 무엇에 해당하는가?

① 정상 돈육

② PSE돈육

③ DFD돈육

④ 물돼지고기

52 근육단백질 중에서 고농도의 염용액으로 추출되는 염용성 단백질은?

① 근장단백질

② 근원섬유단백질

③ 육기질단백질

④ 결합조직단백질

해설 ② 근원섬유단백질은 식육을 구성하고 있는 주요단백질로 높은 이온강도에서만 추출되므로 염용성 단백질이라 고도 한다. 근육의 수축과 이완의 주 역할을 하는 수축단백질(마이오신과 액틴), 근육 수축기작을 직·간접으로 조절하는 조절단백질(트로포마이오신과 트로포닌) 및 근육의 구조를 유지시키는 세포골격단백질(타이틴, 뉴불린 등)로 나눈다.
① 근장단백질은 근원섬유 사이의 근장 중에 용해되어 있는 단백질로서 물 또는 낮은 이온강도의 염용액으로 추출되므로 수용성 단백질이라고도 하며, 육색소단백질인 마이오글로빈, 사이토크로뮴 등이 있다.
③, ④ 기질단백질은 물이나 염용액에도 추출되지 않아 결합조직단백질이라고도 하며, 주로 콜라젠, 엘라스틴 및 레티큘린 등의 섬유상 단백질들이며 근육조직 내에서 망상의 구조를 이루고 있다.

53 근육의 수축이완에 직접적인 영향을 미치는 무기질은?

① 인(P)

② 칼슘(Ca)

③ 마그네슘(Mg)

④ 나트륨(Na)

54 돼지 도살 전 스트레스로 고기의 pH가 낮아 보수성이 낮고 유화성이 떨어지는 상태의 돈육은?

① DFD육

② PSE육

③ 암적색육

④ 숙성육

 스트레스에 민감한 돼지에서 가장 크게 문제가 되는 돈육상태는 PSE육이다.

55 신선육의 냉장 중 저온단축이 가장 적게 일어나는 것은?

① 돼지고기

② 말고기

③ 소고기

④ 양고기

 사후경직 전 근육을 0~16℃ 사이의 저온으로 급속히 냉각시키면 불가역적이고 반영구적으로 근섬유가 강하게 수축되는 현상을 저온단축이라 한다. 저온단축은 주로 적색근섬유에서 주로 발생하는 것에 반해, 고온단축은 닭의 가슴살, 토끼의 안심과 같은 백색근섬유에서 주로 발생한다. 돼지고기의 경우에는 급속냉동시키는 경우가 있는데, 이는 동결속도가 빠를수록 얼음의 결정이 작고 고르게 분포되어 조직의 손상이 적고 결과적으로 해동 시 분리되는 유리육즙량도 적고 복원력도 우수하게 되기 때문이다.

56 근육에 대한 설명 중 틀린 것은?

① 소고기의 골격근은 적색근이다.

② 돼지고기의 골격근은 닭고기보다 적색근이 많다.

③ 오리고기의 골격근은 백색근이다.

④ 닭고기의 가슴부위 골격근은 적색근보다 백색근이 많다.

해설 마이오글로빈이나 미토콘드리아의 함량이 많아 적색을 나타낸다. 백색근은 빠르게 운동하기 때문에 속근(Fast Muscle)이라고 부르고 적색근은 지속적으로 천천히 운동함으로 지근(Slow Muscle)이라고 부른다. 오리고기의 골격근은 적색근이다.

57 지육으로부터 뼈를 분리한 고기를 일컫는 용어는?

① 정 육   ② 내 장

③ 도 체   ④ 육 류

54 ② 55 ① 56 ③ 57 ① **Answer**

58 다음 중 수의근은?

① 골격근

② 심 근

③ 평활근

④ 소화기관

 근육은 수의근과 불수의근으로 구분한다. 수의근은 의식에 의해 조절이 가능한 근육을 말하며, 불수의근은 의식과 무관하게 조절하지 않아도 움직이는 근육을 말한다. 자기 몸에 빗대어 설명하면 의식으로 움직이는 다리, 팔, 몸통, 목, 얼굴과 같은 골격근은 수의근이다. 그 외 의식과 무관하게 조절하지 않아도 움직이는 심장근, 소화기관 근육, 생식기관 근육, 혈관벽의 근육은 불수의근이다.

59 다음 중 수용성 단백질은?

① 마이오글로빈(Myoglobin)

② 마이오신(Myosin)

③ 콜라겐(Collagen)

④ 액토마이오신(Actomyosin)

60 생육의 육색 및 보수력과 가장 관계가 깊은 것은?

① pH

② ATP함량

③ 마이오글로빈 함량

④ 헤모글로빈 함량

 산도(pH)는 지육의 근육 내 산성도를 측정하는 것으로, 도축 후 24시간 후의 산도는 5.4~5.8이어야 한다. 산도가 높은 육류는 육색이 짙어지며 녹색 박테리아에 의해 변색될 수 있다. 육색이 짙은 제품은 3주가 지나면 부패한 계란 냄새를 풍긴다.

61 도축 후 소 도체의 정상적인 최종 pH는?

① 4.4~4.6 ② 4.8~5.0

③ 5.3~5.6 ④ 6.5~6.8

 생체의 근육조직은 7.0~7.5의 pH가를 지닌다. 도축 후 pH가는 급격히 하락하여 우육 6.5~6.2의 pH가에 달하고 서서히 감소하여 24시간 후 최저의 pH가 5.3~5.6에 도달한다. 참고로, 숙성이 진행됨에 따라 pH가는 단백질의 알칼리성 분해물에 의해 다시 상승하여 수일 후 6.1~6.4 정도까지 상승한다.

62 마이오글로빈에 대한 설명 중 잘못된 것은?

① 마이오글로빈은 식육의 색소 단백질이다.

② 마이오글로빈에는 철(Fe) 원자가 들어 있다.

③ 마이오글로빈은 혈액 중의 주성분이다.

④ 마이오글로빈 함량은 가축의 연령에 따라 변동된다.

 마이오글로빈(Myo+globin)은 Myo(근육의)라는 어두를 지닌 단어로 근육에 있는 헤모글로빈과 유사한 산소운반 단백질로 붉은색을 띤다. 돼지고기가 붉은색을 띠는 것은 혈액 때문이 아니라 마이오글로빈 때문이다. 마이오글로빈이 근육에 산소를 공급하는 역할을 하고 근육을 쓰는 정도에 따라 마이오글로빈의 양은 동물마다 차이가 난다. 마이오글로빈도 헤모글로빈처럼 철(Fe)을 포함하고 있어 적색을 띠며, 어류는 물속을 부유하므로 근육의 사용이 적어서 마이오글로빈이 거의 없기 때문에 살이 흰색으로 보이게 된다.

63 지방질의 자동산화를 일으키는 요인은?

① 항산화제의 첨가　　　　　　② 비타민 C의 첨가

③ 산소와의 접촉　　　　　　　④ 효소의 반응

 지방의 자동산화는 상온에서 산소가 존재하면 자연스럽게 일어나는 산화반응이다.

64 근육단백질 중에서 고농도의 염용액으로 추출되는 염용성 단백질은?

① 근장단백질　　　　　　　　② 근원섬유단백질

③ 육기질단백질　　　　　　　④ 결합조직단백질

 ② 근원섬유단백질은 식육을 구성하고 있는 주요단백질로 높은 이온강도에서만 추출되므로 염용성 단백질이라고도 한다. 근육의 수축과 이완의 주 역할을 하는 수축단백질(마이오신과 액틴), 근육 수축기작을 직·간접으로 조절하는 조절단백질(트로포마이오신과 트로포닌) 및 근육의 구조를 유지시키는 세포골격단백질(타이틴, 뉴불린 등)로 나뉜다.
① 근장단백질은 근원섬유 사이의 근장 중에 용해되어 있는 단백질로서 물 또는 낮은 이온강도의 염용액으로 추출되므로 수용성 단백질이라고도 하며, 육색소단백질인 마이오글로빈, 사이토크로뮴 등이 있다.
③, ④ 기질단백질은 물이나 염용액에도 추출되지않아 결합조직단백질이라고도 하며, 주로 콜라젠, 엘라스틴 및 레티큘린 등의 섬유상 단백질들이며 근육조직 내에서 망상의 구조를 이루고 있다.

65 돼지의 PSE육에 대한 설명 중 틀린 것은?

① 고기에 탄력성이 결여되어 있다.

② 고기 표면이 건조되어 있다.

③ 육색이 창백한 색깔이다.

④ 육즙감량이 많다.

해설 PSE육은 고기색이 창백하고(Pale), 조직의 탄력성이 없으며(Soft), 고기로부터 육즙이 분리되는(Exudative) 고기를 말하며 주로 스트레스에 민감한 돼지에서 발생한다.

66 근육의 수축이완에 직접적인 영향을 미치는 무기질은?

① 인(P)
② 칼슘(Ca)
③ 마그네슘(Mg)
④ 나트륨(Na)

67 돼지 도살 전 스트레스로 고기의 pH가 낮아 보수성이 낮고 유화성이 떨어지는 상태의 돈육은?

① DFD육
② PSE육
③ 암적색육
④ 숙성육

해설 스트레스에 민감한 돼지에서 가장 크게 문제가 되는 돈육상태는 PSE육이다.

68 가축 도축 후 고기가 질겨지는 근육수축과 가장 관계가 깊은 것은?

① Fe
② Cu
③ Ca
④ Mg

69 다음 중 지방조직이 가장 단단한 축종은?

① 소
② 돼 지
③ 닭
④ 오 리

70 골격근의 근원섬유 중에서 굵은 필라멘트를 구성하는 주요 단백질은?

① 액틴(Actin)
② 마이오신(Myosin)
③ 트로포마이오신(Tropomyosin)
④ 콜라겐(Collagen)

해설 마이오신(Myosin) 액틴과 함께 근육단백질을 이루는 두 가지 기본적 단백질 중 하나로서 형태상 구상단백질이다. 근원섬유에서 굵은 필라멘트 부분을 이루고 있다.

71 염용성 단백질(근원섬유 단백질)에 속하지 않는 것은?

① 마이오신(Myosin)

② 마이오글로빈(Myoglobin)

③ 액틴(Actin)

④ 트로포닌(Troponin)

 근원섬유는 20여 종 이상의 단백질과 관련을 가지고 있으며, 이런 단백질들 중 6개가 전체 근원섬유단백질의 약 90% 정도를 차지하고 있다. 마이오신, 액틴, 타이틴, 트로포마이오신, 트로포닌, 네불린이다.

72 식육을 질기게 하는 원인이 되는 결합조직이 아닌 것은?

① 근원섬유

② 교원섬유

③ 탄성섬유

④ 세망섬유

 도체는 기본적으로 근육조직과 다양한 종류의 결합조직, 그리고 약간의 상피조직과 신경조직으로 구성된다. 근육조직은 골격근, 평활근 및 심근으로 구분되며, 식육으로 이용되는 근육은 주로 골격근이다. 주요 결합조직은 지방조직, 뼈, 연골 및 결합조직 등이다. 근원섬유는 근섬유의 세포질을 형성하고 있는 아주 가느다란 섬유이며 원기둥 형태의 세포소기관으로, 근육 세포에 존재한다.

73 pH에 대한 설명 중 틀린 것은?

① 일반적인 식중독균은 낮은 pH에서 잘 자라지 못한다.

② 곰팡이나 효모는 세균보다 넓은 pH 범위에서 자랄 수 있다.

③ pH가 낮은 PSE육은 pH가 높은 DFD육보다 저장성이 좋다.

④ 고기의 pH는 높을수록 저장성이 좋아진다.

해설 고기의 부패와 병원성 물질의 발생은 대개 박테리아, 효모, 곰팡이의 증식에 의한 것으로, 미생물의 생장에 영향을 미치는 요인들로는 수분활성도(상대습도), 온도, 수소이온농도(pH), 산화환원전위, 생장억제 물질 등이 있으며, 미생물은 이들 요인에 따라 증식속도가 달라진다. 일상생활에서는 건조와 염장 등의 방법으로 미생물이 이용할 수 있는 유리수를 줄임으로써 저장성 및 보존성을 높이고 있다. 그 외에 저장 온도와 pH를 낮추고 산화환원 전위를 방지하기 위하여 혐기상태를 유지하며 미생물의 생장억제 물질을 첨가하는 등의 방법이 활용되고 있다.

74 식육의 주원료인 골격근에 가장 풍부한 것은?

① 세망세포

② 근섬유

③ 결합조직

④ 신경조직

71 ② 72 ① 73 ④ 74 ② **Answer**

근육은 골격근, 평활근, 심근으로 구분하며, 식육으로 이용되는 근육은 주로 골격근이다. 골격근은 횡문근으로 수의근에 속하며, 근육의 수축과 이완을 통해 동물의 운동을 수행하는 기관인 동시에 필요한 에너지원을 저장하고 있기 때문에 식품으로서 가치가 매우 높다. 골격근은 다수의 근섬유가 혈관과 신경섬유와 함께 결합조직에 의해 다발을 이루는 근섬유 속을 만들고, 이 근섬유 속은 근막에 쌓여 양쪽 끝이 건을 이뤄 뼈나 인대에 부착되어 있다.

75 근육이 공기 중에 노출되어 산소와 결합하면 생성되는 육색소의 형태는?

① 옥시마이오글로빈(Oxymyoglobin)

② 메트마이오글로빈(Metmyoglobin)

③ 환원마이오글로빈(Reduced Myglobin)

④ 데옥시마이오글로빈(Deoxymyoglobin)

 식육의 적색은 일차적으로 육색소의 함량에 따라 차이를 나타내지만, 같은 육색소의 함량을 가진 식육이라고 할지라도 마이오글로빈의 화학적 상태에 따라 육색은 다르게 나타날 수 있다. 마이오글로빈에 철원자가 2가 (Fe^{2+})로 존재하면 데옥시마이오글로빈이라 부르고 자색을 띤다. 철 원자가 3가로 존재하면 메트마이오글로빈이라 부르고 갈색을 나타낸다. 한편, 산소분자가 부착하면 옥시마이오글로빈이라 부르며 밝은 선홍색을 보인다.

76 글라이코겐(Glycogen)에 대한 설명으로 틀린 것은?

① 분해되어 젖산이 된다.

② 무정형의 백색 분말로서 무미, 무취이고 물에 녹아 콜로이드용액을 이룬다.

③ 근육이 움직일 때 신속히 분해되어 에너지원이 된다.

④ 고기 속에 존재하는 단백질로서 맛에 중요한 영향을 미친다.

 글라이코겐은 백색·무정형·무미의 다당류로 고등동물의 중요한 탄수화물(단백질이 아니다) 저장형태로 간 및 근육에서 주로 만들어지며, 세균·효모를 포함한 균류와 같은 다양한 미생물에서도 발견된다. 글라이코겐은 필요할 때 포도당으로 분해되는 에너지 저장원으로서의 역할을 한다.

77 용해성으로 본 근원섬유 단백질은?

① 염용성   ② 수용성

③ 불용성   ④ 알칼리성

78 식육에는 비타민 B군이 많은 편인데, 그 중에서도 비타민 B_1의 함량이 높은 것은?

① 소고기   ② 돼지고기

③ 닭고기   ④ 양고기

79 PSE 발생의 주원인이 아닌 것은?

① 스트레스   ② 품 종

③ 도축처리방법   ④ 방 혈

80 다음 중 결합수의 성질은?

① 전해질을 녹이는 용매로 작용한다.

② 건조에 의해 쉽게 제거된다.

③ 미생물의 생육·증식에 이용된다.

④ 식품성분들과 수소결합을 한다.

 결합수의 성질
- 용질에 대해 용매의 기능이 없다.
- 압력을 가해도 제거되지 않는다(식품의 구성성분과 수소결합에 의해 결합).
- 미생물의 번식에 이용하지 못한다.
- 0℃ 이하의 낮은 온도(-30~-20℃에서도 얼지 않음) → 보통 -18℃ 이하에도 얼지 않는 물로 정의된다.
- 대기 중 100℃ 이상 가열해도 제거되지 않는다(수증기압이 보통 물보다 낮다).
- 유리수보다 밀도가 크다.

81 식품의 수분활성도란?

① 식품이 나타내는 수증기압

② 순수한 물이 나타내는 수증기압

③ 식품의 수분함량

④ 식품이 나타내는 수증기압에 대한 순수한 물의 수증기압의 비율

82 자유수와 결합수에 대한 설명 중 틀린 것은?

① 결합수는 용매로서 작용하지 않는다.

② 결합수는 0℃ 이하에서도 잘 얼지 않는다.

③ 자유수는 건조로 쉽게 제거 가능하다.

④ 자유수는 미생물의 생육, 증식에 이용되지 못한다.

- 자유수 : 용매로 작용한다. 0℃에서도 쉽게 동결되고 건조로 쉽게 제거되며, 미생물 생육 및 발아 번식에 이용된다.
- 결합수 : 용매로 작용하지 않는다. 또한 0℃에서 동결이 어렵고, 100℃ 이상 가열해도 제거가 어려우며 미생물 생육 및 발아 번식에 이용이 어렵다.

83 다음 중 가장 낮은 수분활성에서도 증식이 가능한 미생물은?

① 바이러스 ② 곰팡이

③ 세 균 ④ 내삼투압효모

 미생물 관련 수분활성도

세균 0.91 > 보통 효모 0.88 > 보통 곰팡이 0.80 > 내건성 곰팡이 0.65 > 내삼투압성 효모 0.60

84 수분활성도(Aw)에 영향을 미치는 요인과 거리가 먼 것은?

① 식품 내의 불용성 물질의 함량

② 대기 중의 상대습도

③ 식품에 녹아 있는 용질의 종류

④ 식품에 녹아 있는 용질의 양

 • 수분활성도(Aw)는 식품 중의 수분함량이 아니라, 어떤 임의의 온도에서 식품이 나타내는 수증기압(P)을 그 온도에서 순수한 물의 최대 수증기압(Po)으로 나눈 값이다.

• 식품의 수증기압은 대기 중의 상대습도, 식품에 녹아 있는 용질의 종류와 양에 영향을 받는다.

85 숙성 소고기의 색이 선명한 붉은색으로 변하는 이유는?

① 산소와 결합하여 마이오글로빈이 옥시마이오글로빈으로 변하기 때문에

② 세균에 의하여 마이오글로빈에서 글로빈이 분리되기 때문에

③ 마이오글로빈이 서서히 산화되어 메트마이오글로빈으로 변하기 때문에

④ 마이오글로빈이 환원되어 메트마이오글로빈으로 변하기 때문에

 숙성된 소고기의 색은 환원형의 마이오글로빈(철 함유)에 의해 적자색을 띠지만 산소와 결합 시 선홍색의 옥시마이오글로빈이 된다.

86 생물학적 산소요구량(BOD)과 용존산소량(DO)과의 관계로 맞는 것은?

① BOD가 높으면 DO는 낮다.

② BOD가 낮으면 DO도 낮다.

③ BOD가 높으면 DO도 높다.

④ BOD와 DO는 관계없다.

DO가 낮으면 오염도가 높다는 뜻이고, BOD의 수치가 높으면 오염도가 높다는 뜻이다.

87 카로티노이드계에 대한 설명 중 틀린 것은?

① 동물성 식품에만 존재한다.

② 버터나 치즈의 색에 관여한다.

③ 난황의 황색은 사료의 종류에 따라 차이가 있다.

④ 가열에 의해 새우나 게의 색이 변하는 것은 카로티노이드 때문이다.

해설 카로티노이드는 동·식물성 식품에 있으며 체내에서 비타민 A의 작용을 한다.

88 식품 중의 결합수에 대한 설명으로 옳지 않은 것은?

① 식품에서 미생물의 번식과 발아에 이용되지 못한다.

② 0℃ 이하에서 잘 얼지 않는다.

③ 수중 기압(Underwater Pressure)이 보통 물보다 낮다.

④ 용질을 녹이는 용매로서 작용한다.

해설 결합수는 용매, 즉 용질을 녹이는 작용을 하지 못한다.

89 비타민 B$_2$의 성질이 아닌 것은?

① 알칼리성에 비교적 안정하다.

② 열에 비교적 안정하다.

③ 빛에 의해 분해되기 쉽다.

④ 비타민 C에 의하여 광분해가 억제된다.

해설 비타민 B$_2$는 광선에 파괴율이 높고, 산과 산소에는 안정하고 알칼리에는 약한 특성을 가진다.

90 식품 중의 결합수의 특성으로 틀린 것은?

① 미생물의 생육, 증식에 이용된다.

② 용질에 대하여 용매로 작용하지 않는다.

③ 자유수보다 밀도가 크다.

④ 식품의 구성성분과 수소결합에 의해 결합되어 있다.

91 **육류색소에 대한 설명으로 틀린 것은?**

① 송아지 고기가 늙은 소보다 육색이 흐린 것은 마이오글로빈(Myoglobin) 함량이 적기 때문이다.

② 고기를 가열했을 때 나타나는 색은 헤마틴(Hematin)이다.

③ 염절임육의 선명한 적색은 나이트로소마이오글로빈(Nitrosomyoglobin)이다.

④ 마이오글로빈(Myoglobin)이 산화되어 형성된 메트마이오글로빈(Metmyoglobin)은 선홍색이다.

 ④ 마이오글로빈(Myoglobin)이 산소와 만나 선홍색의 옥시마이오글로빈이 되며, 이후 산화되어 형성된 메트마이오글로빈(Metmyoglobin)은 암갈색이다.
육류를 조리할 때 색의 변화
마이오글로빈(적색) → 옥시마이오글로빈(선홍색) → 메트마이오글로빈(암갈색) → 헤마틴(회갈색)

92 **육류를 충분히 익히면 나타나는 갈색 또는 회갈색의 색소는?**

① 옥시마이오글로빈(Oxymyoglobin)

② 마이오글로빈(Myoglobin)

③ 나이트로소마이오글로빈(Nitrosomyoglobin)

④ 변성글로빈헤미크로뮴(Denatured Globin Hemichrome)

 육류를 오래 가열하면 식육의 색이 적색에서 갈색 또는 회갈색으로 변하게 된다. 이는 철이 산화되어 헤미크로뮴으로 변화됨과 동시에 단백질의 글로빈도 열변성을 일으켜 분리되기 때문이다. 이때 나타나는 색소를 변성글로빈헤미크로뮴이라 한다.

93 **탄수화물에 대한 설명 중 틀린 것은?**

① 자연계에는 D-형의 알도스(Aldose)와 케토스(Ketose)가 많이 존재한다.

② 부제탄소원자를 가지고 있으므로 광학이성체가 존재한다.

③ 분자 내에 하나의 수산기와 두 개 이상의 알데하이드기 또는 케톤기를 가지고 있다.

④ 포도당을 물에 용해시키면 우선성의 선광도를 나타낸다.

해설 분자 내에 2개 이상의 수산기(—OH)와 1개의 알데하이드기(—CHO) 또는 1개의 케톤기(=CO)를 갖는다.

94 **단백질에 대한 설명으로 틀린 것은?**

① 염산으로 가수분해하면 아미노산이 생성된다.

② 아미노산은 한 분자 내에 카복시기와 아미노기를 모두 가지고 있다.

③ 아미노산들이 펩타이드결합을 하고 있다.

④ 단백질을 구성하고 있는 아미노산은 대부분 D-형이다.

단백질(Protein)을 구성하는 아미노산의 거의 대부분은 L-아미노산 형태로 존재한다. 아미노산 D형은 인공합성에 의하며 자연계에는 없거나 극히 일부 특이한 바다생물(청자고둥)에서만 발견되었다.

95 결합수의 특성이 아닌 것은?

① 자유수보다 밀도가 크다.

② 대기 중에서 100℃ 이상으로 가열해도 제거하기 어렵다.

③ 용질에 대하여 용매로서 작용한다.

④ 미생물의 번식과 발아에 이용되지 못한다.

 ③ 결합수는 용질에 대해 용매로 작용하지 못한다.

96 신선도가 떨어진 단백질 식품의 냄새성분이 아닌 것은?

① 알데하이드(Aldehyde)

② 피페리딘(Piperidine)

③ 암모니아(Ammonia)

④ 황화수소(H_2S)

 ① 알데하이드는 알코올이 산화하는 과정에서 발생하며, 양파나 과일 썩는 냄새를 풍긴다. 알코올(Alcohol) 및 알데하이드(Aldehyde)류 : Ethanol(주류), Propanol(양파), Pentanol(감자), 3-Hexenol(엽채류), 2, 6-Nonadienal(오이), Furfuryl Alcohol(커피), Eugenol(계피) 등

97 안토시안 색소의 성질이 아닌 것은?

① 철(Fe) 등의 금속이온이 존재하면 청색이 된다.

② pH에 따라 색이 변하며 산성에서는 적색을 나타낸다.

③ 산화효소에 의해 산화되면 갈색화가 된다.

④ 담황색의 색소이며, 경수로 가열하면 황색을 나타낸다.

 • 안토시안은 백색 채소(안토시아닌계 색소)이며, 물에 끓이면 백색이 되고 산에 끓이면 더욱 선명한 백색이 된다.
• 무, 배추줄기, 양파, 연근, 죽순, 콩나물, 숙주
• 수용성, 산에 안정, 알칼리에는 누런색으로 변한다.

95 ③ 96 ① 97 ④ **Answer**

98 소고기의 대분류 중 제비추리, 안창살, 토시살 등이 포함되어 있는 부위는?

① 우 둔   ② 갈 비

③ 양 지   ④ 등 심

 대분류 중 안창살, 토시살, 제비추리는 갈비에 속하며 생산량이 적고 구이용으로 많이 쓰인다.

99 비타민 C의 결핍증은?

① 각기병

② 야맹증

③ 악성빈혈

④ 잇몸 출혈

100 식품 중의 수분의 역할에 관한 설명으로 옳지 않은 것은?

① 계면활성제의 존재 하에서 유지와 유탁액을 만든다.

② 친수성 콜로이드 물질과 함께 졸과 젤을 형성한다.

③ 결합수는 식품 중의 단백질이나 탄수화물과 공유결합을 하고 있다.

④ 물에 가용성인 염이나 당 등을 용해하여 운반한다.

101 단백질의 변성에 의해 일어나는 현상은?

① 단백질의 3차 구조가 유지된다.

② 용해도가 감소한다.

③ 가수분해효소의 작용을 받기가 어려워진다.

④ 생물학적 활성이 증가한다.

 변성단백질의 성질

- 생물학적 기능 상실
- 용해도 감소
- 반응성 증가
- 분해효소에 의한 분해 용이
- 결정성의 상실
- 이화학적 성질 변화

102 고압상태로부터 급속히 감압할 때 체액 중에서 다음과 같은 현상을 일으키는 물질은?

> • 체액 중 용해되어 있던 것이 기체로 바뀌며 기포를 형성하여 모세혈관에 혈전을 일으킨다.
> • 혈전현상으로 전신의 동통과 신경마비, 보행곤란을 일으킨다.
> • 잠수작업을 하는 사람에게 잠수병을 일으키는 원인이 된다.

① 이산화탄소(CO_2)

② 일산화탄소(CO)

③ 산소(O_2)

④ 질소(N_2)

제 2 장 사후변화 및 선도변화

(1) 사후경직

① 사후경직의 기작

ⓐ 당의 분해 (Glycolysis)

Glycogen의 분해 → 젖산의 생성 → pH의 저하(근육의 산성화)

※ 도축 전 중성의 pH7에서 근육 내 해당작용으로 pH5.2~5.4까지 하락

ⓑ ATP의 합성과 분해

ⓒ 근육 중에 ATP가 존재하지 않게 되면 Actin과 Myosin은 견고하게 결합하여 Actomyosin이 형성되고 신장성을 잃게 된다.

② 사후경직 특성

ⓐ 동물의 연령이 높을수록 또는 도축 전 스트레스(운반, 급수, 소음 등)에 의한 고밀사일수록 강도가 높고 경직 개시가 빨라진다.

ⓑ 도축방법에 따라 차이가 있으며 근육의 부위에 따라 골격근이 빠르고 내장근은 별 영향이 없다.

ⓒ 근육의 온도가 낮은 부위부터 개시되며 소고기, 양고기의 경우 6~12시간, 돼지고기에 있어서 1/4~3시간, 칠면조 고기는 1시간 이내, 닭고기는 1/2시간 등 많은 변이를 보이고 있다.

ⓓ 도살 후 근육은 근절의 길이가 짧아지고 전자현미경에서 A대의 길이는 변하지 않지만 I대가 짧아진다.

③ pH 변화와 사후경직과의 관계

ⓐ 사후 pH 저하가 거의 없거나, pH 저하가 급속한 두 극단의 경우에는 사후경직의 개시와 완료가 빨리 오게 된다.

ⓑ 사후 pH 저하가 거의 없는 경우 심한 피로나 스트레스에 의해 근육 내 글라이코겐이 도살 전에 거의 고갈된 상태이므로 사후 해당작용이 미미하고 ATP 생성이 적어서 경직이 빨리 오게 된다.

ⓒ 사후 pH 저하가 급속한 경우에는 근육 내 글라이코겐이 사후 단시간 내에 급속히 분해되어 일찍 고갈되거나, 젖산의 축적으로 pH가 낮아져 해당작용이 억제되므로 ATP 생성이 장시간 지속되지 못하고 일찍 고갈되어 경직이 빨리 오게 된다.

ⓓ 정상적인 pH의 변화를 보이는 근육은 사후경직의 개시 및 완료가 보다 장시간에 걸쳐 서서히 일어난다.

④ 저온단축과 사후경직

　　㉠ 사후근육이 급랭시킬 때 나타나는 근육의 단축현상으로 소나 양의 적색근에서 잘 나타난다.

　　㉡ 저온단축과 사후경직은 모두 혐기적 상태에서 나타난다.

　　㉢ 저온단축은 냉각 시 나타나는 근육 수축인데 비해 사후경직은 사후에 나타나는 근육의 수축이다.

　　㉣ 저온단축은 높은 pH와 ATP에서 나타나는데 비해 사후경직은 낮은 pH와 ATP에서 나타난다.

(2) 자기소화

① 가축이 살아 있을 때에 대사과정에서 지방, 단백질, 탄수화물 분해에 관여하던 효소들이 가축의 사후 체내에서 스스로 조직을 분해하여 발생하는 화학적 변화를 의미한다.

② 염지염들은 식육 속에 존재하는 단백질 분해효소를 불활성화시키거나 활력을 감소시킨다.

③ 효소들의 활력은 pH에 영향을 받기 때문에 각종 산들을 첨가하여 pH를 조절하면 효소들의 활력을 억제할 수 있다. 아스코브산, 초산 혹은 염산으로 pH를 낮추면 활성이 저하된다.

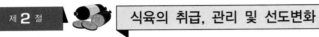

제 2 절　식육의 취급, 관리 및 선도변화

(1) 식육의 선도판정법

식품의 경도・점성, 탄력성, 전기저항 등을 측정하는 방법으로 짧은 시간에 간단히 결과를 얻을 수 있다.

① 보수력

　　㉠ 수분의 양은 식육과 육제품의 품질에 있어서 매우 중요

　　㉡ 물은 결합수, 고정수, 자유수(유리수)로 구분되고 결합수는 단백질과 같은 거대분자와 밀접하게 결합되어 있어서 가열조리 및 기계적인 압력에 의하여 쉽게 분리되지 않는 물인데 비해, 고정수와 자유수는 식육가공 공정 중 유리될 수 있는 성질을 활용하여 유리될 수 있는 수분의 양에 영향을 받는 식육과 육제품의 보수성을 산출한다.

　　㉢ 일정량의 식육 및 육제품을 유산지에 싸고 압착 및 원심분리에 의하여 유리된 수분의 양 측정한다.

　　㉣ 원심분리법

$$유리수분량 \ \% = \frac{유리수분량}{시료량} \times 100$$

ⓜ 압착법

$$보수력\ 지수 = \frac{고기조직에\ 묻어\ 있는\ 면적}{젖어\ 있는\ 부위의\ 면적} \times 100$$

② 단백질의 용해성

　　㉠ 단백질의 용해성은 특히 식육가공품의 제조에 중요하기 때문에 각 부위별로 용해성을 측정하여 비교 평가한다.

　　㉡ 실험결과

$$\%용해성 = \frac{추출한\ 단백질\ 함량 \times 4}{원료육의\ 단백질\ 함량} \times 100$$

③ 가열 감량

　　㉠ 식육을 일정한 온도로 가열하여 유리된 수분 및 지방의 양을 측정

　　㉡ 실험결과

$$\%가열수율 = \frac{가열\ 후\ 유화물의\ 양}{가열\ 전\ 유화물의\ 양} \times 100$$

$$\%지방감량 = \frac{유리된\ 지방량}{가열\ 전\ 유화물의\ 양} \times 100$$

$$\%수분감량 = \frac{유리된\ 수분량}{가열\ 전\ 유화물의\ 양} \times 100$$

　　※ 가열감량이 높으면 식육 및 육제품이 퍽퍽하다는 뜻이고, 보수력이 높으면 저장 중 물이 더 잘 유리된다는 것과 같다.

제 3 절　　**취급 · 관리와 선도유지**

(1) 식육의 취급 · 관리

미생물의 번식을 막아 식육을 최상의 상태로 유지하기 위함이다.

① 냉장고의 온도와 습도는 일정하게 유지되도록 한다.

② 작업장의 온도는 최대한 저온을 유지하여 작업의 전 공정을 10℃ 이하에서 실시하는 것이 가장 바람직하다.

③ 냉동육류를 해동할 경우 반드시 4℃ 이하에서 서서히 진행하고, 다른 제품과 접촉을 피하고 2차 오염방지를 위해 해동전용 냉장고를 사용한다.

④ 기계는 분해하여 세척하며 부품은 바닥에 놓지 말고, 40℃ 정도의 온수로 3회 정도 세척 후 세제로 오염을 제거하며, 40℃ 온수로 헹구어낸다. 부품은 좀 더 뜨거운 80℃에서 5분간 살균하거나 동등한 효과가 있는 방법으로 살균한다. 부품은 잘 건조한 후 조립한다.

⑤ 작업대의 경우도 위 같은 방법과 순서로 세척. 살균하여 건조시킨다.

⑥ 도마·칼 도구도 위와 같이 세척 살균하여 건조 후 청결한 보관고에 보관한다.

⑦ 행주·수건 등은 40℃의 온수에서 세제를 이용 세탁한 후, 100℃에서 5분간 끓여 살균한 후 청결한 장소에서 건조하여 보관한다.

⑧ 가공장의 설비와 기구는 항상 세척소독한 것을 사용하여 위생적으로 처리한다.

⑨ 미생물의 증식은 저온상태를 유지하여 억제할 수 있으므로, 식육의 온도는 항상 4℃(진공포장육 −2~0℃) 이하로 보관하고 보관 및 진열온도는 −1~2℃로 한다.

⑩ 미생물의 증식억제는 일정시간 가능하므로 가공처리시간은 단시간에 처리한다.

⑪ 식육을 보관하는 냉장/냉동고와 쇼케이스의 적정온도유지와 청결상태를 유지하여야 한다. 청소 시에 내부벽면, 출입면은 물로 세척하고, 출입구는 세척제로 닦아내고 60℃ 정도의 뜨거운 물로 살균 후 물기를 건조시킨다.

⑫ 제품을 진열할 때는 품질저하방지를 위해 적재한계선 이하로 하며 포장이 파손된 것은 진열하지 않으며 선입선출의 원칙을 지킨다.

⑬ 문을 열고 닫을 때는 시간을 최소화하고 진열장의 수용능력 이상의 것은 냉동고나 냉장고에 보관한다.

⑭ 쇼케이스는 복사열의 영향으로 상품의 온도가 쇼케이스 내부온도보다 높다. 식육의 표면온도를 4℃로 할 경우 실온이 25℃일 경우 냉장고의 온도를 0℃로 하여 4℃ 온도차를 두고, 냉동 쇼케이스 상품온도를 −15℃로 유지할 경우 실온이 25℃일 때 냉동고 온도를 −22℃로 하여 −7℃의 온도차를 두어야 한다.

⑮ 쇼케이스 조명은 온도상승 방지를 위해 1,500Lux 이하의 형광등을 사용해야 한다.

(2) 식육의 선도유지

① **선도관리** : 온도상승에 따라 박테리아가 증식하여 변색이 되며 육즙(Drip)이 발생하여 동시에 부패가 시작된다.

　㉠ 원료육의 입고 및 재고관리

　　• 냉장고는 0℃, 냉동고는 −20℃로 온도를 항상 설정 유지한다.

　　• 적정 재고량과(1.5~2.5일분) 상품회전율을 설정하고, 재고구분의 기준을 두어 재고를 정리한다.

　㉡ 상품화공정의 선도관리와 유지

　　• 작업환경과 작업원의 위생관리를 철저히 한다.

　　• 원료육은 외부공기와 장시간 접촉하지 않도록 하고 신속하게 상품화한다.

　　• 가공 후 바로 냉각시켜 작업 중 상승된 공기의 온도(0℃)를 저하시킨 후 포장한다.

　㉢ 가공실의 청결유지

　　• 가공용 기구와 비품은 항상 세정·소독하여 보관한다.

- 작업장은 15℃ 이하로 유지되고 더 낮은 온도이면서 건조한 곳일수록 좋다.
- 기구와 비품 외에 작업실 전반(천장, 벽, 형광등, 선반 등)에 대한 청소를 주기적으로 한다.

㉣ 매장의 청결유지
- 다단계 점검표를 작성하여 매일 청결상태를 점검한다.
- 쇼케이스 진열, 최저진열물량, 품절방지 및 판매량에 따른 진열물량, 시간대별 진열물량, 작업량의 항목을 두어 철저히 점검한다.
- 상품을 진열할 때는 적정량을 초과하지 않도록 하고 각종 판촉물과 진열도구의 청결에도 만전을 기한다.
- 청소 및 정리시간도 정례화하고 시간별 선도 점검표도 비치하여 상품의 상태를 점검한다.

② 변색 관리 : 식육에 포함된 색소가 산화되어 색이 변하는데 온도가 높을수록 진행이 더욱 빠르다.

③ 육즙(Drip) 관리 : 육류 자체의 온도가 2℃ 이상이 되면 드립이 발생하기 시작하며, 온도가 7℃가 되면 육즙의 발생량이 증가한다. 또한, 온도가 상승하면 박테리아가 번식하고 드립의 유출, 변색, 선도의 저하가 진행된다.

④ 온도 관리 : 박테리아 번식은 고온에서 가속된다. 박테리아 번식을 억제하여 고기의 선도저하를 막을 수 있다.

㉠ 도축 후 지육은 즉시 4시간 이내에 4℃까지 냉장을 해야 한다.

㉡ 지육의 냉장은 수침냉장이나 공기냉각 방법을 사용한다. 공기냉각을 이용하면 지육 표면온도가 더 빨리 내려가고 표면은 건조되어 미생물 부패를 최소화한다. 수침은 중량 손실이 발생한다. 미생물 숫자 측면에서 수침냉각보다 공기냉각이 유리하다.

㉢ 세균 성장은 영하 12℃에서 정지되고 영하 18℃ 이하에서는 동물 세포의 모든 세포대사가 정지된다. 냉동저장 중 미생물 군의 60% 정도는 사멸하지만 남아 있는 것들은 냉동저장 중 서서히 자란다.

⑤ 화학첨가물 : 각종 화학첨가물들이 미생물 부패방지, 지방산화 방지 및 효소 자기소화 방지 방지를 위해 이용된다.

⑥ 비가열방법 : 방사선 조사, 고정수압력 기술

㉠ 방사선 조사
- FAO와 WHO는 10kGy (1 Mrd) 이하의 방사선 조사를 식품저장을 위한 수단으로 사용할 수 있다.
- 식품에 사용할 수 있는 방사선은 코발트와 세시움에서 발생하는 방사선과 X선 및 전자선이다.

| 장 점 | 살균 능력이 뛰어나고 비가열 수단이며 용기에 포장된 상태 |
| 단 점 | 이용상 독특한 조사취가 발생하고 변색이 발생한다. |

㉡ 고정수압력 기술 : 고압(100~1,000 MPa)을 이용하여 식육 안에 존재하는 미생물과 효소들을 불활성화시킨다.

장 점	저온에서 영양가나 관능적 특성의 변화 없이 부패미생물과 효소들을 불활성화시킨다.
단 점	고압에 의해 마이오글로빈이 변성됨으로써 변색된다. 특히 적색이 강한 소고기에서 문제가 된다.

⑦ 포 장
  ⊙ 산소의 접촉이나 광선 등을 차단할 수 있는 포장기법의 개발은 식육의 변화를 억제시키는
    효과, 저장·유통과정의 감량에 의한 손실을 줄일 수 있다.
  ⓛ 종류 : 진공포장, 가스치환포장(MAP ; Modified Atmosphere Packaging), 활성포장, 지능
    형 포장, 가식성 물질도포 포장재, 생분해성 포장재, 나노기술 활용 포장재

(3) 식육의 숙성

① 경직의 해제와 숙성은 유사하며, 사후경직에 의하여 신전성을 잃고 경직된 근육이 시간이 지남에
  따라 점차 장력이 떨어지고 유연해지는 현상을 말한다.
② 보통 숙성은 0~5℃의 온도범위에서 냉장한다. 고온숙성(15~40℃)을 이용하기도 하며 미생물에
  의한 변질이 문제가 된다.
③ 숙성 중에 일어나는 변화
  ⊙ 연도의 개선
  ⓛ 보수력(보수성)의 향상
  ⓒ 풍미의 증진
④ 고기의 숙성기간 : 육축의 종류, 근육의 종류, 숙성온도 등에 따라 다르다.
  ⊙ 소고기나 양고기는 4℃ 내외에서 7~14일의 숙성기간이 필요하다. 10℃에서는 4~5일, 16℃
    의 높은 온도에서는 2일 정도에서 대체로 완료된다.
  ⓛ 돼지고기는 4℃에서 1~2일 정도 걸린다.
  ⓒ 닭고기는 8~24시간이면 완료된다.

제 4 절 소재 사용장치 개발

(1) 3D 인쇄 고기

① 3D 인쇄 식품의 정의
  ⊙ 부가적 제조라는 공정으로 식품이 층으로 차곡차곡 쌓여 만들어지는(인쇄되는) 기술
  ⓛ 다양한 원료들을 혼합하여 주입하고 가열하는 공정이 포함됨
② 3D 공정과 자동공정의 차이
  ⊙ 3D 식품은 사용자에게 창의적이 될 기회를 제공하는 반면, 자동공정은 인간의 노력을
    배제시킴

ⓒ 3D 식품기술은 모양, 색깔, 풍미, 조직감뿐만 아니라 영양가도 원하는 대로 만들 수 있다.

ⓒ 기본적으로 3D 인쇄는 어떤 종류의 식품이든 사출시켜 그 형태를 유지한다.

③ 3D 인쇄기술의 근본원리

ⓐ 물질을 3차원의 디지털 모델을 이용하여 연속적인 얇은 층으로 퇴적시켜 물질을 만들어내는 공정이다.

ⓑ 공급되는 물질의 상태(액체 혹은 분말)와 요구되는 최종 용도의 성격에 따라 퇴적되면서 스스로 유지되는 층을 완성하고 가공할 수 있도록 다양한 3D기술이 응용될 수 있다.

ⓒ 공급되는 물질의 종류에 따라서 액체, 섬유 또는 연질 재료, 고체, 세포로 분류한다.

▼ **3D 인쇄기술과 식용재료 인쇄 가능성**

기술/물질	재료 준비	원 리	결합 메커니즘	식용 재료
잉크젯/액체	노즐에 액체방울	요구 시 방울 퇴적	상변화 무, 형태 인쇄 혹은 공간 충전	초콜릿, 액체빵 반죽, 설탕 아이싱, 고기반죽, 치즈, 잼, 젤
로보캐스팅(Robocasting) / 고분자섬유 : 연질재료	노즐에 연질재료	사출 및 퇴적	상변화 무, 층 형성은 유동학적 성질에 좌우	프로스팅, 가공치즈, 빵반죽, 고기반죽
수화젤 형성 사출 / 고분자섬유 : 연질재료	노즐에 연질재료	사출 및 퇴적	이온 교차결합 혹은 효소 교차결합	잔탄검, 젤라틴
용용사출 / 고분자 섬유 : 연질재료	노즐에 연질재료	사출 및 퇴적	냉각 시 응고	초콜릿
선택적 레이저 침전 / 분말 (고체)	바닥틀에 분말	레이저 주사(Scan)	부분용융	설탕, 초코스틱
바이오인쇄 / 세포	세포배양	요구 시 방울 퇴적	세포들의 자율조립	–

(Guo & Leu, 2013)

④ 3D 인쇄를 위한 식품물질의 결정적 요인

ⓐ 인쇄 가능성 : 물질의 성질이 3D인쇄기에 의해 취급되고 퇴적되어 구조를 유지할 수 있는가

ⓑ 적용성 : 복잡한 구조를 만들거나 조직을 만드는 데 유용

ⓒ 가공 후 공정 : 제조 후 가공과정을 잘 견디어 내야 한다.

⑤ 식육에서 3D 인쇄에 사용할 수 있는 원료

단백질(수용성, 염용성, 불용성), 용출시킨 지방(양, 소, 돼지의 지방), 혈장 단백질, 효소분해 콜라겐, 식육 분말, 내장 분말 등

⑥ 3D 인쇄의 장점

ⓐ 소비자에게 유익한 점 : 간편성, 환경적으로 지속가능한 기술, 맞춤형 건강 및 영양, 조직감 및 맛, 맞춤형 차별화 제품

ⓑ 생산자에게 유익한 점 : 지육당 낭비 감소 및 추가가치 창출, 추가 판매량, 자본 및 운영비, 가공비용 절감

제 5 절 ⬤ 식육의 변질, 부패 및 부패생성물

(1) 부패의 원인

① 신선육의 부패

　㉠ 도살 중의 부주의한 취급과 방혈, 박피, 도체 절단 중 동물체의 피부, 발굽, 털과 장내용물

　㉡ 도살장에서 사용하는 칼, 작업복, 공기, 손, 수건 등은 물, 토양, 사료, 분뇨 등으로부터 오염되고, 다시 도살 및 도체의 처리 중에 고기에 오염된다. 특히 칼에 오염된 미생물은 식육의 혈관 및 림프선을 통해 식육의 조직 내부에 널리 오염될 수 있어 주의해야 한다.

　㉢ 도체의 온도가 즉각 냉각되지 않고 습기가 높고, 저장고의 온도가 10℃ 이상이면 고기 표면에 오염된 미생물이 급격히 생장하여 부패를 일으킨다. 주로 점질형성, 부패취, 산패취, 산취 등의 이상취를 발생시킨다.

② 가공육의 부패

　㉠ 일차 오염 : 원료육이나 부재료에 의한 오염(그람양성균)

　　예 가열에 의해 살아남을 수 있는 Bacillus나 Clostridium과 같은 포자생성균

　㉡ 이차 오염 : 가열 후의 손, 의복, 기타 포장지에 의한 이차 오염

　　예 대장균군, Listeria, Monocytohgens

③ 가금육의 부패 : 도살중 특히 표피, 털, 다리 및 몸통 오염과 탕침과정 중에 Salmonella에 의한 오염

④ 염지육의 부패

　㉠ 염지육에 사용되는 각종 염류 때문에 염지육에는 그람음성 박테리아보다 그람양성 박테리아가 더 잘 자라는 경향이 있다.

　㉡ 소시지의 부패는 포장필름 내의 소시지의 표면과 소시지 내부에서 일어날 수 있다. 표면의 미생물 생장은 주로 수분의 응축이 많을 때 잘 일어나며, Micrococcus 등이 생장한다.

> **용어의 뜻**
> - 부패 : 지방질, 탄수화물, 단백질 등의 식품 성분이 혐기성 미생물의 작용으로 아민(Amine), 암모니아(Ammonia)가 생성되어 악취와 유해물질을 생성하는 현상이다.
> - 발효 : 탄수화물이나 단백질 등이 미생물의 작용을 받아 유기산이나 아세트산, 알코올 등을 생성하는 현상이다.
> - 산패 : 지질이 산화되어 분해되는 현상을 말한다.
> - 변패 : 미생물 등에 의하여 식품 중의 질소를 함유하지 않는 성분, 즉 탄수화물이나 지방이 변질하는 성질을 말한다.

(2) 부패의 종류

① 호기성 부패 : 고기의 표면에 Pseudomonas, Alcaligenes, Streptococcus, Leuconostoc, Bacillus, Micrococcus 등의 박테리아가 자라서 표면 점질물을 생성한다.

② 혐기성 부패

　㉠ 식육 및 육제품은 진공포장한 혐기상태에서는 혐기성 미생물에 의해 부패를 일으키며, 식육 자체의 효소 및 혐기성 미생물에 의해 각종 저급지방산을 발생시킴으로써 산패를 유발한다.

　㉡ 식육제품의 혐기성 부패는 주로 Clostridium에 의해 일어나는 단백질의 혐기적 부패로서 H_2S, Mercaptan, Indole, Ammonia, Amine 등의 휘발성 물질이 생겨 강한 부패취를 발생한다.

(3) 부패로 인한 생성물

① 가스 발생

　㉠ 미생물에 의하여 분비되는 효소의 작용으로 단백질이나 지방의 분해로 발생한다.

　㉡ 세균의 리파제 등 효소에 의해서 지방산과 글라이세린으로 분해되고, 특히 불포화 지방산은 공기 중의 산소와 세균에 의해서 산화되어서 과산화물이 생성되어 독성을 나타내고 더욱 분해하여 알데하이드나 저급 지방산이 되어 특유의 산패취를 발생한다.

② 색의 변질

　㉠ 미생물에 의해 생성된 유기산이나 색소에 의한 변색 예 갈변

　㉡ Pseudomonas, Acinetobacter 등의 그람음성균, 통조림 등의 혐기성 Clostridium, 곰팡이 부패균 등에 의한 Myoglobin의 산화(갈변)

　㉢ Lactobacillus의 증식에 의해 생성되는 과산화수소에 의한 변색(녹갈색)

③ 부패기작

　㉠ 탄수화물 : 세균에 의해 분해(Glycosis)되어 최종적으로 탄산가스와 물이 생긴다.

　㉡ 지방 : β-oxidation에 의한 지방산의 분해(Lipase)로 산패취가 발생한다.

　㉢ 단백질 : 탈아미노산, 탈카복실에 의한 아미노산의 분해(Protease)로 Ammonia나 CO_2가 생성된다.

(4) 저장 시 품질변화

① 육색의 변화

　※ Myoglobin에 의한 색의 변화

　　Myoglobin(적자색) → Oxymyoglobin(선홍색) → Metmyoglobin(갈색)

② 지방의 변화

　㉠ 식육 자체에 존재하는 효소나 직접적인 화학작용에 의한 산화작용 또는 분해작용으로 산패취가 발생한다.

　㉡ 비반추동물이 반추동물에 비해 지방산패율이 높다.

　㉢ 불포화지방산의 함량이 높을수록 지방산패는 낮다.

③ 감 량

④ Bone-taint : 뼈 가운데 지육의 중심부위에서 부패나 산패취를 형성한다.

⑤ 미생물의 변화

    ㉠ −1℃에서 생존하는 균 : Achromobacter, Micrococcus, Flavobacterium, Pseudomonas

    ㉡ 냉장 중 증식균 : Lactobacillus, Streptococcus, Leuconostoc, Pediococus, Proteus

    ㉢ −2℃에서 출하하거나 포자를 생성하는 효모 : Saccaromyces

    ㉣ 곰팡이류 : Clodosporium, Penicillium, Sporotrichium, Rhizopus

적중예상문제

01 식육이 부패에 도달하였을 때 나타나는 현상이 아닌 것은?

① 부패취

② 점질 형성

③ 산패취

④ pH 저하

> **해설** 고기 표면에 오염된 미생물이 급격히 생장하여 부패를 일으키며, 주로 점질 형성, 부패취, 산취 등의 이상취를 발생시킨다.

02 다음 중 진공포장육에서 신냄새를 유발하는 미생물은?

① 젖산균

② 대장균

③ 비브리오균

④ 슈도모나스균

> **해설** 진공포장육은 호기성균보다는 젖산균과 같은 혐기성균에 의해 주로 부패가 이루어진다.

03 식육에서 발생하는 산패취는 어느 구성성분에서 기인하는가?

① 무기질

② 지 방

③ 단백질

④ 탄수화물

> **해설** 식육에서 발생하는 산패취는 지방에서 기인하며, 동결육이 오랫동안 저장되었을 때 나는 냄새이다.

04 다음 중 근육의 사후경직과 밀접한 관련이 있는 것은?

① Glucose

② NaCl

③ Glycogen

④ Fructose

> **해설** 사후 글라이코겐이 젖산으로 모두 분해되어 더 이상의 ATP를 생성하지 못하면 액토마이오신이 생성되어 사후경직이 일어난다.

05 다음 설명 중 고온단축에 관한 것으로 옳은 것은?

① 적색근보다 백색근에서 심하게 일어난다.
② 육질이 질기며 상품적 가치가 없다.
③ 전기자극을 실시하면 막을 수 있다.
④ 지육을 도축 후 바로 낮은 온도에 저장 시 발생한다.

 ②, ③, ④는 저온단축에 대한 설명이다.

06 소고기의 경우 10℃에서 숙성을 요하는 기간은?

① 7~14일 ② 4~5일
③ 1~2일 ④ 8~24시간

해설 고기의 숙성기간은 육축의 종류, 근육의 종류, 숙성온도 등에 따라 다르다. 일반적으로 소고기나 양고기의 경우, 4℃ 내외에서 7~14일의 숙성기간이 필요하나 10℃에서는 4~5일, 16℃의 높은 온도에서는 2일 정도에서 숙성이 대체로 완료된다. 돼지고기는 4℃에서 1~2일, 닭고기는 8~24시간이면 숙성이 완료된다.

07 다음 중 연결이 틀린 것은?

① 부패 – 단백질
② 변패 – 탄수화물
③ 산패 – 지방
④ 발효 – 무기질

해설 발효는 글라이코겐을 젖산으로 변환시키는 과정이다.

08 신선육의 부패를 방지하는 대책 중 적절하지 못한 것은?

① 온도를 0℃ 가까이 유지하거나 냉동 저장한다.
② 습도조절을 위해 응축수를 이용한다.
③ 자외선 조사로 공기와 고기표면의 미생물을 사멸시킨다.
④ 각종 도살용 칼이 주된 오염원이 될 수 있으므로 철저히 위생관리를 한다.

해설 습기를 조절하여 응축수가 생기지 않도록 한다.

09 다음 중 DFD육이 정상육보다 더 빨리 부패하는 이유로 알맞은 것은?

① DFD육이 정상육보다 pH가 높기 때문에
② DFD육이 정상육보다 pH가 낮기 때문에
③ DFD육이 정상육보다 육즙이 많기 때문에
④ DFD육에는 미생물이 좋아하는 영양소가 많이 존재하기 때문에

 DFD육은 육내 글라이코겐이 도살 전 거의 분해되어 잔존함량이 적기 때문에 높은 pH를 유지한다. 이에 따라 정상육보다 미생물의 생장이 두드러져 빨리 부패하게 된다.

10 다음 중 육류가 부패하여 생기는 유독 성분은?

① 젖 산
② 리파제
③ 토마인
④ 라이신

해설 토마인은 단백질이 세균의 작용으로 분해될 때 생긴다.

11 사후경직 또는 육가공에 있어서 결착성을 지배하는 근원섬유 단백질은?

① 마이오신(Myosin)
② 알파 액티닌(α-actinin)
③ 트로포닌(Troponin)
④ 액틴(Actin)

해설 마이오신(Myosin)은 근수축이라고 하는 중요한 생리적 기능을 수행하고, 사후경직 또는 육가공에 있어서 결착성을 지배하는 단백질이다.

12 사후경직 동안 식육이 최대 경직을 나타내는 최종 pH는?

① pH 5.4
② pH 5.8
③ pH 6.0
④ pH 6.5

해설 사후경직 동안 식육이 나타내는 극한 산성은 pH 5.4 부근이다.

13 숙성에 대한 다음 설명 중 틀린 것은?

① 단백질이 분해효소들의 작용으로 연도가 좋아진다.
② 근육의 사후경직이 해제되어 연해지는 현상이다.
③ 지육이나 분할육을 빙점 이상의 온도에 장시간 보관한다.
④ 단백질 분해효소들의 자가소화로 풍미가 감소된다.

해설 숙성 중 근절이 늘어나고 단백질 분해효소들의 자가소화로 연도가 좋아지고 풍미가 증진된다.

14 **식육의 부패 방지를 위한 조치 중 부적당한 것은?**

① 저온처리　　　　　　　　　　② 염 장
③ 보존료　　　　　　　　　　　④ 영양성분 공급

해설 식육의 부패 방지 : 생육온도 조절, 수분함량 조절, 화학물질 처리

15 **해체된 도체를 신속하게 냉각 처리를 하는 이유가 아닌 것은?**

① 미생물의 증식을 억제하기 위하여
② 품질이 좋은 식육을 얻기 위하여
③ 저장성을 좋게 하기 위하여
④ 숙성을 촉진시키기 위하여

16 **사후경직에 대한 설명이다. 틀린 것은?**

① 사후근육은 혐기적 대사로 바뀌고 생성된 젖산은 근육에 축적되어 근육의 pH가 강하한다.
② 사후경직 동안 식육이 나타내는 극한 산성은 pH 5.4 부근이다.
③ 사후 도체온도는 일시적인 상승현상을 나타내는데 이를 사후경직이라 한다.
④ 근육은 도축 후 혈액순환이 중단되고 사후경직이 일어난 다음 단백질 분해효소들에 의한 자가소화 과정을 거쳐 경직이 해제된다.

해설 ③ 사후 도체온도의 일시적인 상승현상을 경직열이라 한다.

17 **다음 중 식육의 부패와 관계 있는 인자로 거리가 먼 것은?**

① 기 압　　　　　　　　　　　② pH
③ 온 도　　　　　　　　　　　④ 수분활성도

해설 식육의 부패와 관계 있는 인자는 미생물의 생장 인자와 같다.

18 고온단축(Heat Shortening)에 대한 설명으로 틀린 것은?

① 고기의 육질이 연화된다.

② 닭고기에서 많이 발생한다.

③ 사후경직이 빨리 일어난다.

④ 근섬유의 단축도가 증가한다.

 저온단축이든 고온단축이든 둘의 공통점은 '단축'된다는 점이다. 즉, 근섬유가 강하게 수축된다는 말이다. 저온단축은 주로 적색근섬유에서 발생하는 것에 반해, 고온단축은 닭의 가슴살, 토끼의 안심과 같은 백색근섬유에서 주로 발생한다. 16℃ 이상의 고온에서 오래 방치할 경우 고온단축이 일어나는데, 근육 내 젖산이 축적된 상태에서 열을 가하면 즉, 산과 열의 복합작용으로 근육의 과도한 수축을 나타낼 때 이를 고온단축이라 한다.

19 도축 후 소도체의 정상적인 최종 pH는?

① 4.4~4.6

② 4.8~5.0

③ 5.3~5.6

④ 6.5~6.8

 생체의 근육조직은 7.0~7.5의 pH가를 지닌다. 도축 후 pH가는 급격히 하락하여 우육 6.5~6.2의 pH가에 달하고 서서히 감소하여 24시간 후 최저의 pH가 5.3~5.6에 도달한다. 참고로, 숙성이 진행됨에 따라 pH가는 단백질의 알칼리성 분해물에 의해 다시 상승하여 수일 후 6.1~6.4까지 상승한다.

20 식육 단백질의 부패 시 발생하는 물질이 아닌 것은?

① 알코올(Alcohol)

② 스카톨(Scatole)

③ 아민(Amine)

④ 황화수소(H₂S)

 부패(Putrefaction)는 단백질이 많이 함유된 식품(식육, 달걀, 어패류)에 혼입된 미생물의 작용에 의해 질소를 함유하는 복잡한 유기물(단백질)이 혐기적 상태에서 간단한 저급 물질로 퇴화, 분해되는 과정을 말한다. 호기성 세균에 의해 단백질이 분해되는 것을 부패라고 하며, 이때 아민과 아민산이 생산되고, 황화수소, 메르캅탄 (Mercaptan), 암모니아, 메탄 등과 같은 악취가 나는 가스를 생성한다. 인돌은 불쾌한 냄새가 나며, 스카톨과 함께 대변냄새의 원인이 되지만, 순수한 상태나 미량인 경우는 꽃냄새와 같은 향기가 난다.

21 식품 미생물의 생육 최저 수분활성도(Water Activity)가 일반적으로 높은 것부터 낮은 순으로 바르게 나열한 것은?

① 세균 > 효모 > 곰팡이

② 세균 > 곰팡이 > 효모

③ 곰팡이 > 효모 > 세균

④ 곰팡이 > 세균 > 효모

 식품의 수분 중에서 미생물의 증식에 이용될 수 있는 상태인 자유수의 함량을 나타내는 척도로서 수분활성도(Aw ; Water Activity) 개념이 사용된다. 수분활성도가 높을수록 미생물은 발육하기 쉽고 미생물이 생육하는 데 수분이 필수적인 조건이다.

식품의 부패에 관여하는 이러한 자유수를 수분활성으로 나타내며 미생물은 일정부분 활성도 이하에서는 증식할 수 없다. 일반적으로 호염세균이 0.75이고, 곰팡이 0.80, 효모 0.88, 세균 0.91의 순으로 높아진다. 그러므로 식품을 건조시키면 세균, 효모, 곰팡이의 순으로 생육하기 어려워지며 곰팡이는 수분활성도 0.65 이하에서는 생육하지 못한다.

22 근육조직의 숙성과정과 관련된 설명으로 틀린 것은?

① 숙성의 목적은 연도를 증가시키고 풍미를 향상시키기 위함이다.

② 숙성기간은 0℃에서 1~2주로 소와 돼지고기 모두 조건이 같다.

③ 소고기는 사후경직과 저온단축으로 인해 질겨지므로 숙성이 필요하다.

④ 고온숙성은 16℃ 내외에서 실시하는데 빠른 부패를 야기할 수도 있으므로 주의한다.

 식육의 숙성시간은 식육동물의 종류, 근육의 종류 및 숙성온도에 따라 달라지는데 사후경직 후 소고기의 경우 4℃ 내외의 냉장숙성은 약 7~14일이 소요되며, 10℃에서는 4~5일, 15℃ 이상의 고온에서는 2~3일 정도가 대체로 요구된다. 사후 해당 속도가 빠른 돼지고기의 경우 4℃ 내외에서 1~2일, 닭고기는 8~24시간 이내에 숙성이 완료된다.

23 식육의 숙성 중 일어나는 변화가 아닌 것은?

① 자가소화

② 풍미 성분의 증가

③ 일부 단백질의 분해

④ 경도의 증가

 식육의 숙성 중에 일어나는 변화로 사후경직에 의해 신전성을 잃고 단단하게 경직된 근육은 시간이 지남에 따라 점차 장력이 떨어지고 유연해져 연도가 증가한다. 즉, 경도가 증가하는 것은 아니다.

24 사후경직기를 지나 조직 속에 함유되어 있는 효소의 작용에 의해 분해되는 현상은?

① 변 패

② 자기소화

③ 부 패

④ 가수분해

25 소를 도살한 후 지육을 냉각시킬 때 지육의 온도를 너무 급속히 저하시키면 근육이 강하게 수축되어 그 이후의 숙성에 의해서도 충분히 연화되지 않는 경우가 있는데 이러한 현상은?

① 저온단축

② 고온단축

③ 해동경직

④ 사후경직

22 ② 23 ④ 24 ② 25 ① **Answer**

26 식육의 사후경직 전의 특징이 아닌 것은?

① 혈압이 떨어진다.
② 심장박동이 증가한다.
③ 근육 중 젖산 함량이 높다.
④ ATP가 높은 수준으로 유지된다.

해설 식육의 사후경직 후 근육 중 젖산 함량이 높아진다.

27 식육이 심하게 부패할 때 수소이온농도(pH)의 변화는?

① 변화가 없다.
② 산성이다.
③ 중성이다.
④ 알칼리성이다.

28 식육의 휘발성 염기태질소를 측정하는 주된 이유는 무엇을 알기 위한 것인가?

① 기생충 유무
② 부패 정도
③ 부정 도살 확인
④ 방부제의 사용유무

29 다음 중 식육의 숙성을 가장 올바르게 설명한 것은?

① 근육 내의 pH가 최종 pH로 저하되는 것
② 근육 내의 ATP 수준이 높게 유지되는 과정
③ 근육의 장력이 떨어지고 육질이 유연해지는 현상
④ 근육의 신전성 및 유연성이 상실되는 시기

30 소고기의 숙성에 대한 설명으로 옳은 것은?

① 도체 상태로 0℃ 이하에 보존한다.
② 사후경직이 끝난 도체를 부분육으로 분할, 진공포장 후 저온숙성으로 0~5℃에 보존한다.
③ 진공포장된 소고기 부분육을 −5~−2℃에 보존한다.
④ 부분육을 급속 동결하여 −18℃에 보존한다.

31 경직이 완료되고 최종 pH가 정상보다 높은 근육의 색은?

① 선홍색 ② 암적색
③ 창백색 ④ 적자색

32 미생물에 의한 부패 시 생성되어 육색을 저하시키는 물질은?

① 전분분해효소
② 황화수소(H_2S)
③ 육색소(Myoglobin)
④ 혈색소(Hemoglobin)

33 가축을 도축 후 48시간 이내 나타나는 현상이 아닌 것은?

① pH의 증가
② 젖산의 생성
③ 글라이코겐의 분해
④ ATP의 분해

 근육의 식육화 과정은 방혈에 따른 산소공급의 중단으로 시작되고, 근육에 존재하고 있던 마이오글로빈과 결합된 산소가 소모되고 나면 근육은 혐기적 대사를 통해 ATP(근육이 수축 및 각종 기능을 수행하기 위해 이용하는 에너지원으로 포스포크레아틴의 분해, 호기적 대사 및 혐기적 대사에 의해 생성된다)를 생성하게 된다. 즉, 포스포크레아틴의 분해 또는 글라이코겐이 젖산으로 분해되면서 사후일정기간 동안 제한된 양이지만 ATP의 생성이 지속되다가 고갈되면 ATP 생성이 완전히 중지되며, 근육은 더 이상 수축과 이완을 할 수 없어 사후경직현상을 일으킨다. 이때 방혈에 의해 근육 내에서 생성된 혐기성대사의 산물인 젖산이 간으로 이행되지 못하고 근육 중에 남게 되는데, 이러한 젖산의 축적으로 인해 근육의 pH가 저하된다.

34 근육조직의 숙성과정과 관련된 설명으로 틀린 것은?

① 숙성의 목적은 연도를 증가시키고 풍미를 향상시키기 위함이다.
② 숙성기간은 0℃에서 1~2주로 소와 돼지고기 모두 조건이 같다.
③ 소고기는 사후경직과 저온단축으로 인해 질겨지므로 숙성이 필요하다.
④ 고온숙성은 16℃ 내외에서 실시하는데 빠른 부패를 야기할 수도 있으므로 주의한다.

 식육의 숙성시간은 식육동물의 종류, 근육의 종류 및 숙성온도에 따라 달라지는데 사후경직 후 소고기의 경우 4℃ 내외의 냉장숙성은 약 7~14일이 소요되나 10℃에서는 4~5일, 15℃ 이상의 고온에서는 2~3일 정도가 대체로 요구된다. 사후 해당속도가 빠른 돼지고기의 경우 4℃ 내외에서 1~2일, 닭고기는 8~24시간 이내에 숙성이 완료된다.

35 육류의 저온단축(Cold Shortening)에 대한 설명으로 틀린 것은?

① 고기의 연도가 저하된다.
② 냉동저장 시 발생한다.
③ 돼지고기보다 소고기에서 그 정도가 심하다.
④ 경직 전 근육을 저온(0~5℃)에 노출 시 발생한다.

 사후경직 전 근육을 0~16℃ 사이의 저온으로 급속히 냉각시키면 불가역적이고 반영구적으로 근섬유가 강하게 수축되는 현상을 저온단축이라 한다. 저온단축은 주로 적색근섬유에서 주로 발생하는 것에 반해, 고온단축은 닭의 가슴살, 토끼의 안심과 같은 백색근섬유에서 주로 발생한다.

36 신선육의 부패억제를 위한 방법이 아닌 것은?

① 4℃ 이하로 냉장한다.
② 포장을 하여 15℃ 이상에서 저장한다.
③ 진공 포장을 하여 냉장한다.
④ 냉동 저장을 한다.

37 식육의 부패과정에서 생성되는 악취의 원인이 되는 저분자물질의 종류가 아닌 것은?

① 질산염   ② 암모니아
③ 아민류   ④ 인 돌

 부패(Putrefaction)는 단백질이 많이 함유된 식품(식육, 달걀, 어패류)에 혼입된 미생물의 작용에 의해 질소를 함유하는 복잡한 유기물(단백질)이 혐기적 상태하에서 간단한 저급 물질로 퇴화, 분해되는 과정을 말하며, 호기성 세균에 의해 단백질이 분해되는 것을 부패라고 한다. 이때 아민과 아민산이 생산되며, 황화수소, Mercaptan, 암모니아, 메탄 등과 같은 악취가 나는 가스를 생성한다. 인돌은 불쾌한 냄새가 나며 스카톨과 함께 대변냄새의 원인이 되지만, 순수한 상태나 미량인 경우는 꽃냄새와 같은 향기가 난다.

38 저온 단축이 우려되므로 도축 후 예랭 시 예랭온도에 특히 유의하여야 하는 축종은?

① 소   ② 돼 지
③ 닭   ④ 오 리

 식육의 보존성을 높이기 위해서는 가공단계에서의 초기 미생물 오염을 최소화하는 동시에 고기의 온도를 빠른 시간 내에 낮추어 미생물 성장을 억제하는 것이 중요하다. 그러나 사후경직이 완료되지 않은 고기를 0~16℃ 사이의 저온에서 급속냉각시키면 근섬유가 심하게 수축하여 연도가 나빠지는데 이런 현상을 저온단축이라고 한다. 특히, 저온단축현상은 적색근섬유의 비율이 높고 피하지방이 얇은 소고기에 주로 발생한다. 그 이유는 적색근섬유가 상대적으로 미토콘드리아가 많고, 덜 발달된 근소포체 구조를 갖고 있기 때문이다. 반대로 돼지는 적색근섬유의 비율이 낮고 두꺼운 피하지방의 단열효과로 인해 저온단축이 일어날 가능성은 적으나 16℃ 이상의 고온에서 오래 방치할 경우 고온단축이 일어난다.

39 도축 후 식육의 사후 변화 과정이 바르게 된 것은?

① 사후경직 – 해직 – 자기소화 – 숙성
② 해직 – 사후경직 – 자기소화 – 숙성
③ 자기소화 – 사후경직 – 해직 – 숙성
④ 숙성 – 사후경직 – 해직 – 자기소화

40 숙성기간이 가장 길게 필요한 육류는?

① 소고기
② 돼지고기
③ 닭고기
④ 오리고기

 식육의 숙성기간은 덩치가 클수록 오래 걸린다고 보면 된다. 다시 말해, 식육의 숙성시간은 식육동물의 종류, 근육의 종류 및 숙성온도에 따라 달라지는데 사후경직 후 소고기의 경우 4℃ 내외의 냉장 숙성은 약 7~14일이 소요된다. 그러나 10℃에서는 4~5일, 15℃ 이상의 고온에서는 2~3일 정도가 대체로 요구된다. 또한, 사후 해당속도가 빠른 돼지고기의 경우 4℃ 내외에서 1~2일, 닭고기는 8~24시간 이내에 숙성이 완료된다.

41 고온단축(Heat Shortening)에 대한 설명으로 틀린 것은?

① 고기의 육질이 연화된다.
② 닭고기에서 많이 발생한다.
③ 사후경직이 빨리 일어난다.
④ 근섬유의 단축도가 증가한다.

 저온단축이든 고온단축이든 둘의 공통점은 '단축'된다는 점이다. 근섬유가 강하게 수축된다는 말이다. 저온단축은 주로 적색근섬유에서 주로 발생하는 것에 반해, 고온단축은 닭의 가슴살, 토끼의 안심과 같은 백색근섬유에서 주로 발생한다. 16℃ 이상의 고온에서 오래 방치할 경우 고온단축이 일어나는데, 근육 내 젖산이 축적된 상태에서 열을 가하면, 즉 산과 열의 복합작용으로 근육의 과도한 수축을 나타낼 때 이를 고온단축이라 한다.

42 식육 단백질의 부패 시 발생하는 물질이 아닌 것은?

① 알코올(Alcohol)
② 스카톨(Scatole)
③ 아민(Amine)
④ 황화수소(H₂S)

 부패(Putrefaction)는 단백질이 많이 함유된 식품(식육, 달걀, 어패류)에 혼입된 미생물의 작용에 의해 질소를 함유하는 복잡한 유기물(단백질)이 혐기적 상태에서 간단한 저급 물질로 퇴화, 분해되는 과정을 말하며, 호기성 세균에 의해 단백질이 분해되는 것을 부패라고 하며, 이때 아민과 아민산이 생산되며, 황화수소, Mercaptan, 암모니아, 메탄 등과 같은 악취가 나는 가스를 생성한다. 인돌은 불쾌한 냄새가 나며, 스카톨과 함께 대변 냄새의 원인이 되지만, 순수한 상태나 미량인 경우는 꽃냄새와 같은 향기가 난다.

39 ① 40 ① 41 ① 42 ① **Answer**

43 식육의 부패 진행을 측정하기 위한 판정방법으로 옳지 않은 것은?

① 관능검사　　　　　　　② 휘발성 염기질소 측정
③ 세균수 측정　　　　　　④ 단백질 측정

 부패는 주로 단백질의 변질(사람에게 유리한 경우 도 있음), 변패는 탄수화물이나 지질이 변질, 산패는 지질의 분해, 발효는 주로 탄수화물의 분해(사람에게 유리한 경우)를 말한다. 부패육 검사법(신선도 검사법) : pH, 암모니아 시험, 유화수소검출시험, Walkiewicz반응, Trimethyla-mine, 휘발성 염기질소가 있다. 이외 관능검사, 생균수 측정 등도 이용된다. 생균수는 미생물의 작용으로 부패가 일어나므로 생균수는 식품의 부패 진행과 밀접한 관계가 있고, 식품 신선도 판정의 유력한 지표가 된다.

44 고기의 숙성 중 발생하는 변화가 아닌 것은?

① 단백질의 자기소화가 일어난다.
② 수용성 비단백태질소화합물이 증가한다.
③ 풍미가 증진된다.
④ 보수력이 감소한다.

 식육의 숙성 중에 일어나는 변화로 사후경직에 의해 신전성을 잃고 단단하게 경직된 근육은 시간이 지남에 따라 점차 장력이 떨어지고 유연해져 연도와 보수력이 증가한다.

45 근육조직의 숙성과정과 관련된 설명으로 틀린 것은?

① 숙성의 목적은 연도를 증가시키고 풍미를 향상시키기 위함이다.
② 숙성기간은 0℃에서 1~2주로 소와 돼지고기 모두 조건이 같다.
③ 소고기는 사후경직과 저온단축으로 인해 질겨지므로 숙성이 필요하다.
④ 고온숙성은 16℃ 내외에서 실시하는데 빠른 부패를 야기할 수도 있으므로 주의한다.

 식육의 숙성시간은 식육동물의 종류, 근육의 종류 및 숙성온도에 따라 달라지는데 사후경직 후 소고기의 경우 4℃ 내외의 냉장숙성은 약 7~14일이 소요되나 10℃에서는 4~5일, 15℃ 이상의 고온에서는 2~3일 정도가 대체로 요구된다. 사후 해당속도가 빠른 돼지고기의 경우 4℃ 내외에서 1~2일, 닭고기는 8~24시간 이내에 숙성이 완료된다.

46 육류의 저온단축(Cold Shortening)에 대한 설명으로 틀린 것은?

① 고기의 연도가 저하된다.
② 냉동저장 시 발생한다.
③ 돼지고기보다 소고기에서 그 정도가 심하다.
④ 경직 전 근육을 저온(0~5℃)에 노출 시 발생한다.

사후경직 전 근육을 0~16℃ 사이의 저온으로 급속히 냉각시키면 불가역적이고 반영구적으로 근섬유가 강하게 수축되는 현상을 저온단축이라 한다. 저온단축은 주로 적색 근섬유에서 주로 발생하는 것에 반해, 고온단축은 닭의 가슴살, 토끼의 안심과 같은 백색근섬유에서 주로 발생한다.

47 **신선육의 부패억제를 위한 방법이 아닌 것은?**

① 4℃ 이하로 냉장한다.
② 포장을 하여 15℃ 이상에서 저장한다.
③ 진공 포장을 하여 냉장한다.
④ 냉동 저장을 한다.

48 **식육의 부패과정에서 생성되는 악취의 원인이 되는 저분자물질의 종류가 아닌 것은?**

① 질산염   ② 암모니아
③ 아민류   ④ 인 돌

 부패(Putrefaction)는 단백질이 많이 함유된 식품(식육, 달걀, 어패류)에 혼입된 미생물의 작용에 의해 질소를 함유하는 복잡한 유기물(단백질)이 혐기적 상태에서 간단한 저급 물질로 퇴화, 분해되는 과정을 말하며, 호기성 세균에 의해 단백질이 분해되는 것을 부패라고 한다. 이때 아민과 아민산이 생산되며, 황화수소, Mercaptan, 암모니아, 메탄 등과 같은 악취가 나는 가스를 생성한다. 인돌은 불쾌한 냄새가 나며 스카톨과 함께 대변냄새의 원인이 되지만, 순수한 상태나 미량인 경우는 꽃냄새와 같은 향기가 난다.

49 **사후경직과정에 일어나는 당의 분해(해당작용)란?**

① ATP가 ADP와 AMP로의 분해
② 포도당(Glucose)이 젖산으로 분해
③ 포스포크레아틴(Phosphocreatine)이 인(P)과 크레아틴(Creatine)으로의 분해
④ 액토마이오신(Actomyosin)이 액틴(Actin)과 마이오신(Myosin)으로의 분해

 식육의 안정성 확보를 위해서 도축 후 냉각과정을 필수적으로 거치게 되는데 이 과정에서 근육 내부에 잔존하는 당의 분해에 의해서 얻어지는 에너지에 의하여 근육이 수축하는 사후경직현상으로 근육의 수축에 의해서 매우 질긴 식육이 되고, 또 당의 분해로 생선된 젖산에 의하여 산도가 저하되어 도축 후 1~2일 경에 식육의 조리 시 맛에 관계되는 물리적 특성이 가장 나빠지게 된다.

50 숙성에 대한 설명으로 옳은 것은?

① 일반적으로 돼지고기 숙성기간이 소고기 보다 길다.

② 숙성기간은 저장온도에 영향을 받지 않는다.

③ 숙성기간 중 근육의 연도변화는 주로 지방분해효소의 작용에 의한다.

④ 숙성기간 중 고기 내부에서 많은 생화학적 변화가 일어난다.

 식육의 숙성 중에 일어나는 변화로 사후경직에 의해 신전성을 잃고 단단하게 경직된 근육은 시간이 지남에 따라 점차 장력이 떨어지고 유연해져 연도가 증가한다. 사후근육의 숙성 중에는 근섬유의 미세구조에 많은 변화가 일어나는데 그 첫 번째 변화는 Z-선의 붕괴가 시작되고, Z-선의 구조가 완전히 소실되는 것은 Z-선과 관련된 데스민과 타이틴 같은 단백질이 붕괴되는 자가소화(autolysis)의 결과이다. 사후 저장기간 동안 연도가 증진되는 것은 거의 전적으로 근원섬유단백질이 붕괴되는 자가소화에 기인하고, 콜라겐의 붕괴도 식육의 연도를 증진시킨다.

51 일반적으로 소고기보다 돼지고기 신선육이 빨리 산패되는 이유는?

① 돼지고기에 비타민 C 함량이 높기 때문이다.

② 돼지고기에 탄수화물이 많기 때문이다.

③ 돼지고기에 비타민 E 함량이 높기 때문이다.

④ 돼지고기에 불포화지방산이 많기 때문이다.

 돼지고기는 쇠고기 보다 연하고 지방의 산패가 빠르기 때문이다. 지방은 β-oxidation에 의한 지방산의 분해 (Lipase)로 산패취를 발생한다.

〈식육의 성분 함량표〉

구 분	수분(g)	단백질(g)	지질(g)	탄수화물(g)		회분(g)	칼슘(mg)	인(mg)	철(μg)	총비타민 (IU)
				당 질	섬 유					
쇠고기	75.8	22.8	3.7	0	0	1.0	19	142	4.8	15
돼지고기	72.4	20.7	4.6	0.2	–	1.1	4	218	3.0	10

52 사후경직 과정 중 고기가 가장 질겨지는 단계는?

① 경직 전 단계

② 경직 개시 단계

③ 경직 완료 단계

④ 경직 해제 단계

53 식육의 숙성 중 일어나는 변화가 아닌 것은?

① 자가소화
② 풍미 성분의 증가
③ 일부 단백질의 분해
④ 경도의 증가

> **해설** 식육의 숙성 중에 일어나는 변화로 사후경직에 의해 신전성을 잃고 단단하게 경직된 근육은 시간이 지남에 따라 점차 장력이 떨어지고 유연해져 연도가 증가한다. 즉, 경도가 증가하는 것이 아니다.

54 식육의 숙성 시 나타나는 현상이 아닌 것은?

① Z-선의 약화
② Actin-Myosin 간의 결합 약화
③ Connectin의 결합 약화
④ 유리아미노산의 감소

55 다음 중 육류의 사후경직 시 일어나는 현상이 아닌 것은?

① 염기적 해당작용이 일어난다.
② 글라이코겐이 젖산으로 분해된다.
③ 근육의 pH가 점차 높아진다.
④ 근육의 보수성이 낮아지고 단단해진다.

> **해설** 도살 전의 근육 산도는 pH 7.0~7.4 정도이지만, 도살 후에는 글라이코겐이 혐기적 상태에서 젖산(Lactic Acid)을 생성하기 때문에 pH가 낮아지게 된다.

56 식육의 부패가 진행되면 pH의 변화는?

① 산 성
② 중 성
③ 알칼리성
④ 변화 없다.

> **해설** 신선한 육류의 pH는 7.0~7.3으로, 도축 후 해당작용에 의해 pH는 낮아져 최저 5.5~5.6에 이른다. 식육의 부패는 미생물의 번식으로 단백질이 분해되어 아민, 암모니아, 악취 등이 발생하는 현상으로 pH는 산성에서 알칼리성으로 변한다.

57 식육의 초기 부패판정과 거리가 먼 것은?

① 인 돌 ② 암모니아
③ 황화수소 ④ 포르말린

> **해설** 식육의 부패 시 단백질이 분해되어 아민, 암모니아, 인돌, 스케톨, 황화수소, 메탄 등이 생성한다.

58 단백질 식품의 부패 정도를 측정하는 지표가 아닌 것은?

① 휘발성 염기질소 ② 과산화물가
③ 수소이온 농도(pH) ④ Histamine

> **해설** 과산화물가는 유지의 산패 정도를 나타내는 지표이다.

59 식품부패 및 변질의 원인과 관계가 적은 것은?

① 산 소 ② 수 분
③ pH ④ 압 력

> **해설** 미생물의 증식에 관련된 요소는 온도, 광선, pH, 수분, 산소, 염류 등이다.

60 식품의 부패방지에 관한 설명 중 옳지 않은 것은?

① 식품 내 수분을 없앤다.
② 온도를 $-10℃$ 이하로 낮추어 미생물의 생장을 방지한다.
③ pH를 4.5 이하로 낮춘다.
④ 식품을 소금에 절이면 식품 내 영양소가 파괴되어 미생물의 성장이 중지된다.

> **해설** 염장은 식품 중의 수분을 탈수시키므로 미생물이 이용할 수 있는 유리수를 감소시켜 부패를 지연·방지시키는 것이다.

61 식육의 취급·관리에 관한 내용이다. 맞지 않은 것은?

① 미생물의 번식을 막아 식육을 최상의 상태로 유지하기 위함이다.
② 냉장고의 온도와 습도는 외부상황에 따라 달리 적용한다.
③ 작업장의 온도는 최대한 저온을 유지하여 작업의 전 공정을 $10℃$ 이하에서 실시하는 것이 가장 바람직하다.

④ 냉동육류를 해동할 경우 반드시 4℃ 이하에서 서서히 진행하고, 다른 제품과 접촉을 피하고 2차 오염방지를 위해 해동전용 냉장고를 사용한다.

해설 냉장고의 온도와 습도는 일정하게 유지되도록 한다.

62 식육의 취급·관리에 관한 내용이다. 바르지 않은 것은?

① 행주. 수건 등은 40℃의 온수에서 세제를 이용 세탁한 후, 100℃에서 5분간 끓여 살균한 후 청결한 장소에서 건조하여 보관한다.

② 가공장의 설비와 기구는 항상 세척소독한 것을 사용하여 위생적으로 처리한다.

③ 미생물의 증식은 저온상태를 유지하여 억제할 수 있으므로, 식육의 온도는 항상 4℃ 이하로 보관하고 보관 및 진열온도는 −1~2℃로 한다.

④ 미생물의 증식억제는 불가능하다.

해설 미생물의 증식억제는 일정시간 가능하므로 가공처리시간은 단시간에 처리한다.

63 식육의 선도 유지에 관한 내용이다. 바르지 않은 것은?

① 온도상승에 따라 박테리아가 증식하여 변색이 되며 육즙(Drip)이 발생하여 동시에 부패가 시작된다.

② 작업장은 15℃ 이하로 유지되고 더 낮은 온도이면서 건조한 곳일수록 좋다.

③ 식육에 포함된 색소가 환원되어 색이 변하는데 온도가 높을수록 진행이 더욱 빠르다

④ 박테리아 번식은 고온에서 가속된다. 박테리아 번식을 억제하여 고기의 선도저하를 막을 수 있다.

해설 식육에 포함된 색소가 산화되어 색이 변하는데 온도가 높을수록 진행이 더욱 빠르다.

64 3D 인쇄 식품에 관한 설명이다. 바르지 않은 것은?

① 3D 인쇄식품이란 부가적 제조라는 공정으로 식품이 층으로 차곡차곡 쌓여 만들어지는(인쇄되는) 기술이다.

② 다양한 원료들을 혼합하여 주입하고 가열하는 공정이 없다.

③ 3D 식품기술은 모양, 색깔, 풍미, 조직감뿐만 아니라 영양가조차도 원하는 대로 만들 수 있다.

④ 3D 식품은 사용자에게 창의적이 될 기회를 제공하는 반면, 자동공정은 인간의 노력을 배제시킨다.

해설 다양한 원료들을 혼합하여 주입하고 가열하는 공정이 포함된다.

65 3D 인쇄를 위한 식품물질의 결정적 요인이 아닌 것은?

① 인쇄 가능성

② 적용성

③ 가공 후 공정 가능성

④ 재료의 크기

 3D 인쇄를 위한 식품물질의 결정적 요인으로는 인쇄 가능성, 독특한 구조에 영양가를 접목하는 등 적용성, 제조 후 가공과정을 잘 견뎌야 하는 가공 후 공정 가능성이 있다.

66 3D 인쇄기술과 식용재료 인쇄 가능성이 바르지 않게 연결된 것은?

① 바이오인쇄 – 세포

② 잉크젯 – 액체

③ 수화젤 형성 사출·고분자섬유 – 연질재료

④ 선택적 레이저 침전 – 액체

해설 선택적 레이저 침전에는 분말(고체)이 이용되며 바이오인쇄에는 세포가 이용된다.

67 3D 인쇄 식품이 소비자에게 유익한 점이 아닌 것은?

① 간편성

② 맞춤형 건강

③ 지육당 추가가치 창출

④ 환경적으로 지속가능한 기술

해설 지육당 낭비 감소는 생산자에게 유익한 점이다.
3D 인쇄 식품의 유익한 점
① 소비자에게 유익한 점 : 간편성, 환경적으로 지속가능한 기술, 맞춤형 건강 및 영양, 조직감 및 맛, 맞춤형 차별화 제품
② 생산자에게 유익한 점 : 지육당 낭비 감소 및 추가가치 창출, 추가 판매량, 자본 및 운영비 그리고 가공비용 절감

제 **3** 장 분석 및 검사

  성분분석

수분, 회분, 단백질, 지방질, 당질, 조섬유질 및 무기질의 함량을 측정하는 방법

(1) 일반성분 분석의 개요

① 일반성분시험법은 식품 중에 일반적으로 함유되어 있는 성분에 관한 시험법으로, 식품의 규격, 순도의 검사 및 영양가를 평가하기 위한 시험방법과 열량계산법을 말한다.

② 일반시험으로는 외관, 취미, 수분, 회분, 조단백질, 조지방 및 조섬유에 대해 시험하고, 특별한 경우에는 비중, 아미노산성질소, 각종 당류 및 지질 등에 대한 시험을 한다.

③ 일반적으로 당질은 검체 100g 중에서 수분, 조단백질, 조지방 및 회분의 양을 감하여 얻은 양으로서 표시하고, 음식물 중의 일반성분의 시험결과는 보통 백분율로 표시한다.

(2) 일반성분 분석

① **수분** : 이 시험의 수분은 건조감량법, 증류법 및 칼피셔(Karl-Fisher)법에 따라 정량되는 것을 말한다.

㉠ 건조감량법 : 상압가열건조법, 감압가열건조법이 있다.

• 상압가열건조법

– 시험법 적용범위 : 동물성 식품과 단백질 함량이 많은 식품에 가열온도를 98~100℃으로 한다.

– 분석원리 : 검체를 물의 끓는점보다 약간 높은 온도 105℃에서 상압건조시켜 그 감소되는 양을 수분량으로 하는 방법으로서 가열에 불안정한 성분과 휘발성분을 많이 함유한 식품에 있어서는 정확도가 낮은 결점이 있으나 측정원리가 간단하여 여러 가지 식품에서 많이 이용된다.

㉡ 증류법 : 분석원리는 검체를 수분과 혼합되지 않은 유기용매 중에서 가열하면 검체중의 수분 또는 수분과 용매의 혼합증기가 증류된다. 이것을 냉각시켜서 눈금이 있는 냉각관에 모아서 유출된 수분의 양으로 한다.

㉢ 칼피셔(Karl-Fisher)법 : 이법의 분석원리에서 수분정량은 피리딘 및 메탄올의 존재하에 물이 요오드(아이오딘) 및 아황산가스와 다음의 반응식과 같이 정량적으로 반응하는 것을 이용하여 칼피셔 시액으로 검체의 수분을 정량하는 방법이다.

$$H_2O + I_2 + SO_2 + 3C_5H_5N = 2(C_5H_5N + H)I^- + C_5H_5N \cdot SO_3$$

② 회 분

　㉠ 시험법 적용범위 : 고춧가루 또는 실고추, 전분, 밀가루, 수산물, 가공치즈, 조제유류 등 식품에 적용한다.

　㉡ 분석원리

　　• 검체를 도가니에 넣고 직접 550~600℃의 온도에서 완전히 회화처리하였을 때의 회분의 양을 말한다. 즉, 식품을 550~600℃로 가열하면 유기물은 산화, 분해되어 많은 가스를 발생하고 타르(tar)모양으로 되며 점차로 탄화(炭火)한다.

　　• 탄소는 더욱 산화되어 탄산가스(CO_2)로 되어 방출되지만, 인산이 많은 검체에서는 강열하면 양이온과 결합하지 않고 용융상태로 되며, 또한 산소의 공급이 불충분하게 되어 오히려 회화의 진행이 어렵게 된다.

　　• 일부의 식품에서는 무기질의 염소이온(Cl^-) 등 휘발성 무기물은 휘산되기도 하고, 양이온의 일부는 공존하는 음이온과 반응하여 인산염, 황산염 등으로 되기도 하며, 유기물 기원의 탄산염으로 되기 때문에 조회분(租灰分, Crude Ash)이라고 한다.

③ 총질소 및 조단백질

　㉠ 세미마이크로 킬달법으로 정량한다.

　㉡ 분석원리 : 분해 → 증류 → 중화 → 적정

　　• 질소를 함유한 유기물을 촉매의 존재하에서 황산으로 가열분해하면, 질소는 황산암모늄으로 변한다(분해).

　　• 황산암모늄에 수산화나트륨(NaOH)를 가하여 알칼리성으로 하고, 유리된 NH_3를 수증기 증류하여 희황산으로 포집한다(증류).

　　• 이 포집액을 NaOH로 적정하여 질소의 양을 구하고(적정), 이에 질소 계수를 곱하여 조단백의 양을 산출한다.

④ 조섬유

　㉠ 헨네베르크-스토만개량법(Henneberg-Stohmann method)에 의한 정량

　㉡ 분석원리는 식품을 묽은 산, 묽은 알칼리, 알코올 및 에테르로 처리한 후 남은 불용성 잔사(Residue)의 양에서 불용성잔사(Residue)의 회분량을 빼서 조섬유량을 구한다.

⑤ 조지방

　㉠ 에테르추출법 : 일반법(속슬렛법), 특수법, 액상검체의 추출법

　　• 일반법(속슬렛법)

　　　- 시험법 적용범위 : 이 법은 식용유 등 주로 중성지질로 구성된 식품 및 식육에 적용한다. 다만, 가열 · 조리 등의 가공과정을 거치지 않은 식품에 적용된다.

　　　- 분석원리 : 속슬렛추출장치로 에테르를 순환시켜 검체 중의 지방을 추출하여 정량한다.

- 특수법
  - 시험법 적용범위 : 이 법은 점질상으로서 분말로 하기 어렵고 또한 당분을 많이 함유한 밀크카라멜 등의 식품에 적용한다.
  - 분석원리 : 페링황산동 용액을 NaOH 용액에서 중화하여 생성하는 $Cu(OH)_2$에 의해서 단백질, 지질이 같이 침전되고 이 침전 중의 지질을 에테르로 추출하여 정량하는 방법이다.
- 액상검체의 추출법 : 이 시험법의 적용범위는 주스, 간장 등 검체를 증발 건조하기 어려운 식품에 적용한다.

⑥ 당질 : 당질의 환원당 반응으로는 펠링(Fehling), 베네딕트(Benedict), 톨렌스(Tollens)반응 등이 이용된다.

제 2 절 식육의 검사

(1) 생물학적 검사

① 일반 세균수를 측정

일반 세균수를 측정하여 선도를 측정하는 방법으로 식품 1g 또는 1mL당 $10^7 \sim 10^8$이면 초기 부패로 본다. 10^5 이하는 안전하다.

② 총균수(직접검경법)

㉠ 우유를 슬라이드 글라스 위에 도말·건조·염색한 후 직접 현미경으로 측정

㉡ 현미경 시야의 면적에 의해서 존재하는 세균수 측정

㉢ 일반적으로 생우유에 이용

③ 생균수(평판배양법)

㉠ 적당한 농도로 희석하고 일정량을 직경 9~10cm의 페리 디시(Petri Dish ; 샤레)를 사용하여 표준 한천배지에서 35℃로 48±3시간 배양하여 발생한 집락수를 계산하고 희석률 곱하여 측정

㉡ 희석액은 표준한천평판배지에 30~300개의 집락을 얻을 수 있는 것으로 배양

㉢ 페리 디시(Petri Dish)는 세균 배양용의 뚜껑이 있는 얇은 유리 또는 플라스틱으로 만든 투명한 접시(미생물 실험에 이용되는 기구)

④ 대장균군

㉠ 그람음성, 무아포성 단간균

㉡ 젖당을 분해하여 산과 가스 생성

㉢ 호기성 또는 통성혐기성균

ㄹ 대장균이 검출되는 음료수 = 오염수(병원 미생물이 생존할 가능성 때문에)

ㅁ 시험 방법

- 정성시험 : 추정시험 → 확정시험 → 완전시험
  - 일정량의 시료 중 1개 이상의 대장균의 유무를 측정
  - GLB(Brillant Lactose Bile Broth)배지나 고형배지를 사용하는 경우에는 순서 구분 없이 연속으로 실시
  - B(Lactose Broth)발효관 배지를 이용한 시험
  - 추정시험 : LB발효관 배지에 접종하여 35~37℃, 24±2시간 배양했을 때 가스가 생성되면 대장균의 존재를 추정할 수 있다.
  - 확정시험 : BGLB발효관에 이식하여 35~37℃, 48±3시간 배양했을 때 가스가 생성된 것을 1백금이 취해서 EMB한천배지, Endo평판배지에 도말해서 분리배양한 후 대장균군의 집락을 증명하고, EMB배지에 청동색의 집락이 나타나면 양성 판정을 한다.
  - 완전시험 : LB발효관 배지에서 가스발생, 사면배양에서 그람음성, 무아포성 간균인 것이 증명될 경우 대장균군은 양성으로 판정한다. EMB한천배지, Endo평판배지 사용
- 정량시험
  - 액체배지 : LB발효관배지 또는 BGLB발효관 배지 사용
  - 고형배지 : Desoxycholate Agar 사용

(2) 화학적 검사

① 휘발성 염기질소 : 단백질 식품은 신선도 저하와 함께 Amine이나 NH_3 등을 생성(30~40mg%)

② Trimethylamine : 어패류의 Trimethylamine Oxide가 환원되어 Trimethylamine을 생성(3~4mg%)

③ 히스타민 : 세균에 의해서 생성된 히스티딘이 탈탄산작용에 의해 히스타민으로 되어 어육 중에 축적

④ K값 : 뉴크레오타이드의 분해 생성물(ATP, ADP, AMP, IMP Hypoxanthine 등)을 측정하여 계산(어패류의 초기 변화를 조사)

⑤ pH : 부패로 인해 염기성 물질이 생성되어 중성 또는 알칼리성으로 이행(pH 6.0~6.2)

(3) 물리적 검사

① 보수력

ㄱ 수분의 양은 식육과 육제품의 품질에 있어서 매우 중요하다.

ㄴ 물은 결합수, 고정수, 자유수로 구분되고 결합수는 단백질과 같은 거대분자와 밀접하게 결합되어 있어서 가열조리 및 기계적인 압력에 의하여 쉽게 분리되지 않는 물인데 비해, 고정수와 자유수는 식육가공 공정 중 유리될 수 있는 성질을 활용하여 유리될 수 있는 수분의 양에 영향을 받는 식육과 육제품의 보수성을 산출한다.

ⓒ 일정량의 식육 및 육제품을 유산지에 싸고 압착 및 원심분리에 의하여 유리된 수분의 양 측정

② 원심분리법

$$유리수분량 \% = \frac{유리수분량}{시료량} \times 100$$

⑩ 압착법

$$보수력\ 지수 = \frac{고기조직에\ 묻어\ 있는\ 면적}{젖어\ 있는\ 부위의\ 면적} \times 100$$

② 단백질의 용해성

ⓐ 단백질의 용해성은 특히 식육가공품의 제조에 중요하기 때문에 각 부위별로 용해성을 측정하여 비교 평가한다.

ⓑ 실험결과

$$\%용해성 = \frac{추출한\ 단백질의\ 단백질\ 합량(\times 4)}{원료육의\ 단백질\ 함량} \times 100$$

③ 가열 감량

ⓐ 식육을 일정한 온도로 가열하여 유리된 수분 및 지방의 양을 측정

ⓑ 실험결과

$$\%가열수율 = \frac{가열\ 후\ 유화물의\ 양}{가열\ 전\ 유화물의\ 양} \times 100$$

$$\%지방감량 = \frac{유리된\ 지방량}{가열\ 전\ 유화물의\ 양} \times 100$$

$$\%수분감량 = \frac{유리된\ 수분량}{가열\ 전\ 유화물의\ 양} \times 100$$

※ 가열감량이 높으면 식육 및 육제품이 퍽퍽하다는 뜻이고, 보수력이 높으면 저장 중 물이 더 잘 유리된다는 것과 같다.

01 식품 대상의 미생물학적 검사를 하기 위한 검체는 반드시 무균적으로 채취하여야 한다. 이때 기준 온도는?

① −5℃

② 0℃

③ 5℃

④ 10℃

02 건조법에 의해 수분정량할 때 필요가 없는 기구는?

① 칭량병

② 건조기

③ 데시케이터

④ 전기로

 일정량의 시료를 칭량병에 넣고 항온건조기에 건조시킨 다음 데시케이터에 옮겨 칭량한다.

03 식품의 신선도 검사법 중 화학적인 방법이 아닌 것은?

① 휘발성 아민 측정

② 휘발성 산 측정

③ phosphatase 활성 측정

④ pH 측정

 식품의 신선도 검사법 중 화학적 방법으로는 휘발성 산, 휘발성 염기질소, 휘발성 환원물질, 암모니아, pH값의 측정 등이 있다. Phosphatase 활성 검사는 저온살균유의 완전살균 여부를 평가한다.

04 곰팡이, 효모에 대한 식품 위생검사 시 일반 세균수를 측정하는데 이용하는 배지는?

① BGLB 배지

② LB 배지

③ 표준한천평판 배지

④ EMB 배지

식품의 일반세균수 검사는 시료를 표준 한천평판 배지에 혼합 응고시켜서 일정한 온도와 시간 동안 배양한 후, 집락 수를 계산하고 희속배율을 곱하여 전체 생균수를 측정한다.

05 다음 중 대장균군 검사와 거리가 먼 것은?

① 추정 시험

② 결과 시험

③ 확정 시험

④ 완전 시험

해설 대장균의 정성 시험은 추정시험, 확정시험, 완전시험의 3단계이다.

06 식품 위생검사와 가장 관계가 깊은 세균은 대장균이다. 해당 검사에 이용되는 배지가 아닌 것은?

① LB 배지

② BGLB 배지

③ EMB 배지

④ Endo 배지

해설 대장균의 정성 시험 각 단계별 배지
 • 추정시험 : LB 배지로 가스 발생 여부 판단
 • 확정시험 : BGLB 배지, EMB 배지(흑녹색의 금속성 집락으로 판단)
 • 완전시험 : KI 배지

07 최확수(MPN)법의 검사와 가장 관계가 깊은 것은?

① 부패 검사

② 식중독 검사

③ 대장균 검사

④ 타액 검사

해설 대장균 검사에 최확수(MPN)법을 이용한다.

08 SS한천 배지에 미생물을 배양했을 때 대장균의 집락은 어떤 색깔을 띠는가?

① 불투명하게 혼탁하다.

② 중심부는 녹색이며 주변부는 불투명하다.

③ 중심부는 흑색이며 주변부는 투명하다.

④ 청색이며 불투명하다.

해설 SS한천 배지에 미생물을 배양했을 때 대장균의 집락은 불투명하게 혼탁하고, 살모넬라의 집락은 생산된 황화수소 때문에 중심부는 흑색이나 그 주변부는 투명하다.

09 식육에 관한 일반성분시험법은 식품 중에 일반적으로 함유되어 있는 성분에 관한 시험법으로서 식품의 규격, 순도의 검사 및 영양가를 평가하기 위한 시험방법과 열량계산법에 대한 것이다. 다음 중 보통 일반시험에 해당하지 않는 것은?

① 외 관

② 수 분

③ 회 분

④ 비 중

해설 보통 일반시험으로는 외관, 취미, 수분, 회분, 조단백질, 조지방 및 조섬유에 대하여 시험하고, 특별한 경우에는 비중, 아미노산성질소, 각종 당류 및 지질 등에 대하여 시험한다.

10 다음 중 수분 성분분석 방법이 아닌 것은?

① 건조감량법

② 증류법

③ 칼피셔(Karl-Fisher)법

④ 세미마이크로 킬달법

해설 수분은 건조감량법, 증류법 및 칼피셔(Karl-Fisher)법에 따라 정량시험을 한다. 세미마이크로 킬달법은 총질소 및 조단백질을 시험하기 위한 방법이다.

11 다음은 수분 성분분석에 대한 설명이다. 어떤 방법의 분석원리인가?

> 검체를 물의 끓는점보다 약간 높은 온도 105℃에서 상압건조시켜 그 감소되는 양을 수분량으로 하는 방법으로서 가열에 불안정한 성분과 휘발성분을 많이 함유한 식품에 있어서는 정확도가 낮은 결점이 있으나 측정원리가 간단하여 여러 가지 식품에 있어서 많이 이용된다.

① 감압가열건조법

② 상압가열건조법

③ 칼피셔(Karl-Fisher)법

④ 증류법

12 회분에 대한 일반성분 분석에 대한 내용 중 틀린 것은?

① 가공치즈, 조제유류 등 식품에 적용한다.

② 검체를 도가니에 넣고 직접 300℃의 온도에서 완전히 회화처리 하였을 때의 회분의 양을 말한다.

③ 많은 가스를 발생하고 타르(tar)모양으로 되며 점차로 탄화(炭火)한다.

④ 인산이 많은 검체에서는 강열하면 양이온과 결합하지 않고 용융상태로 된다.

해설 검체를 도가니에 넣고 직접 550~600℃의 온도에서 완전히 회화처리하였을 때의 회분의 양을 말한다.

13 조지방에 대한 일반성분 분석법은?

① 속슬렛법

② 증류법

③ 칼피셔(Karl-Fisher)법

④ 세미마이크로 킬달법

해설 증류법과 칼피셔(Karl-Fisher)법은 수분에 대한 일반성분 분석방법이고, 세미마이크로 킬달법은 총질소 및 조단백질을 시험하기 위한 방법이다.

14 조지방 정량에 사용되는 유기용매와 대표적인 실험기구는?

① 황산칼륨, 질소분해장치

② 에테르, 속슬렛 추출기

③ 메틸알코올, 질소증류장치

④ 수산화나트륨, 반슬라이크 질소정량장치

해설 조지방 정량은 속슬렛 장치에서 에테르를 추출하는 방법이다.

15 속슬렛 추출법에 의해 지질정량을 할 때 추출용매로 사용하는 것은?

① 증류수

② 에테르

③ 에탄올

④ 메탄올

해설 속슬렛추출장치로 에테르를 순환시켜 검체 중의 지방을 추출하여 정량한다.

16 다음 중 단백질 정량법은?

① 상압가열건조법

② 버트런드법

③ 속슬렛법

④ 킬달법

해설 킬달질소정량법은 조단백질의 정량에 쓰이는 방법이다.

17 킬달질소정량법에 의해 조단백질을 정량할 때 필요한 시약이 아닌 것은?

① 황 산

② 염화칼륨

③ 수산화나트륨

④ 분해촉진제(촉매)

· 질소를 함유한 유기물을 촉매의 존재하에서 황산으로 가열분해하면, 질소는 황산암모늄으로 변한다(분해).
· 황산암모늄에 수산화나트륨(NaOH)를 가하여 알칼리성으로 하고, 유리된 NH_3를 수증기 증류하여 희황산으로 포집한다(증류).
· 이 포집액을 NaOH로 적정하여 질소의 양을 구하고(적정), 이에 질소 계수를 곱하여 조단백의 양을 산출한다.

18 킬달정량법의 주요 과정과 거리가 먼 것은?

① 분 해   ② 증 류
③ 적 정   ④ 수 집

 킬달질소정량법은 분해, 증류, 중화, 적정의 4단계를 거친다.

19 상압가열건조법에 의해 수분정량을 할 때 건조기의 온도는?

① 105~110℃   ② 90~100℃
③ 80~90℃   ④ 60~70℃

20 다음 중 당류의 시험법은?

① 펠링 시험   ② TBA 시험
③ 밀론 시험   ④ 닌하이드린 시험

당질의 환원당 반응으로는 펠링(Fehling), 베네딕트(Benedict), 톨렌스(Tollens) 반응 등이 이용된다.

21 다음 중 조지방에 대한 일반성분 분석방법이 아닌 것은?

① 에테르추출법   ② 속슬렛법
③ 특수법   ④ 칼피셔(Karl-Fisher)법

칼피셔(Karl-Fisher)법은 수분에 대한 일반성분 분석방법이다.

22 식품의 신선도 판정방법 중 주관에 따라 개인 차이가 많이 날 수 있는 것은?

① 관능적 방법   ② 화학적 방법
③ 물리적 방법   ④ 생물학적 방법

23 조회분 정량 시 시료의 회화온도는?

① 105~110℃   ② 120~130℃

③ 150~200℃   ④ 550~600℃

 시료를 550~600℃의 전기로에서 백색이나 회색의 재가 남을 때까지 태우고 냉각시켜 회분량을 산출한다.

식육가공학

식육 가공 기사

한권으로 끝내기!

식육가공산업 동향 및 식육가공품 분류

식육가공산업 동향 및 식육가공품 분류

제 1 절 식육가공산업의 동향

(1) 식육가공산업의 역사

① 원시인이 수렵생활을 시작했을 때부터 지금까지

② 이집트나 중국의 고대문명 : 소금 및 건조법

③ 로마의 초기시대 : 얼음과 눈을 이용하여 고기를 저장

④ 소금에 함유된 불순물로서 질산염(Nitrate)의 개발 → 염지육

⑤ 살균법 개발 : 가공식품의 개발을 촉진

⑥ 식육가공이 발달한 시기 : 18C 이후 축산업의 기계화

⑦ 19C 초기 니콜라스 아페르(Nicholas Appert) : 통조림을 이용한 장기저장법 개발

⑧ 다양한 육단백질 대체제로 인한 고품질, 저단가 제품의 개발, 즉석식품(Fast Food), 저지방, 저염 기능성 육제품의 필요성

(2) 우리나라의 식육가공

① 1915년 : 조선 축산이 설립된 후 근대적인 육가공업 시작

② 1968년 : 진주햄의 어육소시지

③ 1970년 : 한국냉장과 대한종합식품

④ 1980년 : 제일제당(주), 롯데햄, 우유(주) 설비, 제조 및 유통부분의 혁신

⑤ 1990년대 : 부분육과 식육가공품의 동시 생산, 기능성 무방부제 출현, HACCP 도입 → 대상, 동원, 축협중앙회, 한성, 하림

⑥ 육류소비량에 대한 육가공품의 의존율은 10%에 미치지 않는다.

⑦ 앞으로의 과제 : 질적수준 향상, 원료육의 다양화, 저온 유통 시스템(Cold Chain System)으로 품질관리 철저, 즉석제조 판매가공업

▼ 우리나라 육가공산업의 변화

	1960년 이전 (초창기)	1960년대 (태동기)	1970년대 (도입기)	1980년대 (적응기)	1990년대 (성장기)	2000년대 (성숙기)
사회 경제 문화	• 베이비 붐 • 라디오시대	• 흑백TV 방영 개시 • 이농현상	• 농촌개혁 • 제차 농산물 소비붐 • 도시거대화	• 컬러TV 방영 시대 • 올림픽 개최 • 맞벌이 부부	• 해외여행 자유화 • IMF구제금융	• 월드컵 개최 • 구제역 발생
식생활 문화 변천사	기아의 시대	영양추구의 시대	합리적 시대	문화적 식사시대		미적 추구시대
	• 생존을 위한 식사 • 막걸리시대	• 라면시대 • 막소주시대	• 기초식품 정착 • 소주시대	• 육류소비 급증 • 외식산업 본격화 • 인스턴트식품, 자연식, 건강식 증가 • 맥주시대	• 미식시대 • 기능성식품 • 무공해식품 • 호텔식사 • 양주시대	• 본격지향시대 • 퓨전요리시대 • 브랜드시대
육가공 역사 · 주요업체	주문 · 소량납품	소량 시판	어육소시지 중심 경쟁시대	축육햄 및 소시지 중심(대기업 참여)	고품질 제품 시장 주도	• 고급품 개발 활기 • HACCP 본격도입
	• 1915년 조선축산 봉천햄 • 1926년 금강식품 • 1957년 크라운식품	• 1960년 대륙식품 • 1963년 동양식품 • 1969년 진주햄	• 1971년 한국냉장 • 1972년 대한종합식품 • 1975년 한국식품공업 • 1978년 대림햄	• 1980년 롯데햄 제일제당 • 1982년 남부햄 • 1985년 삼원농역	• 1990년 대상 • 1995년 목우촌햄 • 1999년 하림	호텔 및 외식전문 공급업체 등

▼ 우리나라 1인당 육가공품 소비량

국 가	소비량(kg)	신선육 대비 비율(%)
한 국	2.8	8.5
독 일	40.0	45.0
미 국	42.0	35.0
일 본	6.5	15

(3) 식육가공산업 동향

① 육가공산업의 활성화 노력이 미흡하고, 관심도가 낮다.

㉠ 우리나라의 육가공산업은 수입개방 대비 생산 인프라 구축은 발전하였으나 활성화되지 못하고 있는 실정이다.

㉡ 일본 시장에는 로스햄 등 덩어리 햄류, 프레스햄 등 분쇄된 햄류, 비엔나 등 소시지류로 구분되는 다양한 육가공제품을 생산하고 있다.

㉢ 우리나라 육가공제품 1인당 소비량(신선육 대비 비율)은 2.8kg(8.5%)로서 일본 6.5kg(15%), 독일 40kg(45%) 및 미국 42kg(35%) 등으로 선진국에 비해 아주 적을 뿐만 아니라 육가공제품의 다양성도 부족하다.

② 대기업 중심의 생산자 중심 시장 형성

   ㉠ 우리나라 육가공산업 구조는 10여 개의 대규모 육가공업체가 전체 생산량의 80%를 차지하고 있을 정도로 대기업 제품의 시장 점유율이 매우 높은 실정이며, 또한, 신제품의 개발 및 출시가 원활하지 못한 단점이 있어 급변하고 다양해지는 소비자 요구 반영이 미흡한 실정이다.

   ㉡ 현재 우리나라 식육가공장은 1,618개소(햄, 소시지 등 2차 가공품 생산업체)가 있으나 대부분 중소 영세기업으로 현재 시장구조를 배경으로는 대형 식육가공업체에 대한 경쟁력이 떨어진다.

   ㉢ 최근 한-유럽 FTA 등 국제 정세의 변화와 함께 향후 무관세 수입될 외국 제품과의 제품품질 및 가격 경쟁력제고를 위해 국내 육가공산업 기반조성과 소비 환경 조성이 필요하다.

③ 축산물판매업의 노동 집약적 수익창출 한계, 새로운 수익사업 모델 필요

   ㉠ 우리나라 식육판매업소는 현재 53천 개소로 식육점(62.8%)이 가장 큰 비중을 차지하고 있다. 서울과 광역시에 집중 분포(41.7%)되어 있으며 대부분 영세한 규모의 자영업체가 대부분이다.

   ㉡ 이 중 비교적 중대형 규모인 농협직매장과 할인매장의 수는 각각 2,169개와 506개(백화점 82, 대형마트 424)로서 전체 식육판매업소 규모로 보았을 때 5.5%에 불과하다.

   ㉢ 따라서 품질과 가격을 앞세워 국내 수입될 것으로 예상되는 외국 육가공제품과의 경쟁력제고를 위해 우리나라에도 기술집약적이며 작고 강한 중소기업 비즈니스 모델 개발이 필요하다.

④ 국내 전문적 육가공 기술교육과 육가공 인력 양성기관은 거의 전무 : 식육처리기능사 자격증 취득을 위해 교육하는 곳은 축산물위생교육원 등 몇군데가 있으나 새로운 육가공제품 개발을 위한 기술과 위생관리에 중점을 둔 육가공 교육이 필요하다.

제2절 식육가공품의 분류

(1) 식육가공품의 분류와 처리형태

① 식육가공은 1차 가공과 2차 가공으로 구분한다.

   ㉠ 1차 가공 : 도체의 발골 및 해체(부분육, 정육)로 신선육을 생산하는 과정이다.

   ㉡ 2차 가공 : 신선육을 분쇄, 혼합, 조미, 건조, 열처리 등의 방법으로 식육 고유의 성질을 변형시킨 것이다.

② 육류가공품에는 햄류, 소시지류, 베이컨류, 건조저장육류, 양념육류, 대통령령으로 정하는 분쇄가공육제품(햄버거 패티·미트볼·돈가스 등), 갈비가공품, 식육 추출가공품, 식용 우지, 식용 돈지 등이 있다.

(2) 육류가공품의 종류

① 햄 류

ⓐ 정의 : 햄류라 함은 식육 또는 식육가공품을 부위에 따라 분류하여 정형 염지한 후 숙성, 건조한 것, 훈연, 가열처리한 것이거나 식육의 고깃덩어리에 식품 또는 식품첨가물을 가한 후 숙성, 건조한 것이거나 훈연 또는 가열처리하여 가공한 것을 말한다.

ⓑ 원료 등의 구비요건 : 어육을 혼합하여 프레스햄을 제조하는 경우 어육은 전체 육함량의 10% 미만이어야 한다.

ⓒ 식품유형

햄	식육을 부위에 따라 분류하여 정형 염지한 후 숙성·건조하거나 훈연 또는 가열처리하여 가공한 것을 말한다(뼈나 껍질이 있는 것도 포함한다).
생 햄	식육의 부위를 염지한 것이나 이에 식품첨가물을 가하여 저온에서 훈연 또는 숙성·건조한 것을 말한다(뼈나 껍질이 있는 것도 포함한다).
프레스햄	식육의 고깃덩어리를 염지한 것이나 이에 식품 또는 식품첨가물을 가한 후 숙성·건조하거나 훈연 또는 가열처리한 것으로 육함량 75% 이상, 전분 8% 이하의 것을 말한다.

② 소시지류

ⓐ 정의 : 소시지류라 함은 식육이나 식육가공품을 그대로 또는 염지하여 분쇄 세절한 것에 식품 또는 식품첨가물을 가한 후 훈연 또는 가열처리한 것이거나, 저온에서 발효시켜 숙성 또는 건조처리한 것이거나, 또는 케이싱에 충전하여 냉장·냉동한 것을 말한다(육함량 70% 이상, 전분 10% 이하의 것).

ⓑ 제조·가공기준

- 건조 소시지류는 수분을 35% 이하로, 반건조 소시지류는 수분을 55% 이하로 가공하여야 한다.
- 식육을 분쇄하여 케이싱에 충전 후 냉장 또는 냉동한 제품에는 충전용 내용물에 내장을 사용하여서는 아니 된다.

ⓒ 식품유형

소시지	식육(육함량 중 10% 미만의 알류를 혼합한 것도 포함)에 다른 식품 또는 식품첨가물을 가한 후 숙성·건조시킨 것, 훈연 또는 가열처리한 것 또는 케이싱에 충전 후 냉장·냉동한 것을 말한다.
	• 스모크 소시지 : 포크소시지, 위너소시지, 프랑크푸르트소시지, 볼로냐소시지, 리오나소시지 • 가열소시지 : 리버 소시지(Liver sausage), 블러드 소시지(Blood sausage), 텅 소시지(Tongue sausage), 헤드 소시지(Head sausage) ※ 프레시 소시지 : 프레시 포크 소시지(Fresh pork sausage), 블랙퍼스트 소시지(breakfast sausage), 보크우르스트(Bockwurst), 브라트부르스트(Bratwurst)
발효 소시지	식육에 다른 식품 또는 식품첨가물을 가하여 저온에서 훈연 또는 훈연하지 않고 발효시켜 숙성 또는 건조처리한 것을 말한다.
혼합 소시지	식육(전체 육함량 중 20% 미만의 어육 또는 알류를 혼합한 것도 포함)에 다른 식품 또는 식품첨가물을 가한 후 숙성·건조 시킨 것, 훈연 또는 가열처리한 것을 말한다.

③ 베이컨류 : 베이컨류의 정의는 돼지의 복부육(삼겹살) 또는 특정부위육(등심육, 어깨부위육)을 정형한 것을 염지한 후 그대로 또는 식품 또는 식품첨가물을 가하여 훈연하거나 가열처리한 것을 말한다.

④ 건조저장육류

　　㉠ 정의 : 건조저장육류라 함은 식육을 그대로 또는 이에 식품 또는 식품첨가물을 가하여 건조하거
　　　　나 열처리하여 건조한 것을 말한다(육함량 85% 이상의 것).

　　㉡ 제조·가공기준 : 건조저장육류는 수분을 55% 이하로 건조하여야 한다.

⑤ 양념육류

　　㉠ 정의 : 양념육류의 정의는 식육 또는 식육가공품에 식품 또는 식품첨가물을 가하여 양념하거나
　　　　이를 가열 등 가공한 것을 말한다.

　　㉡ 식품유형

양념육	식육이나 식육가공품에 식품 또는 식품첨가물을 가하여 양념한 것이거나 식육을 그대로 또는 양념하여 가열처리한 것으로 편육, 수육 등을 포함한다(육함량 60% 이상).
분쇄 가공육 제품	식육(내장은 제외한다)을 세절 또는 분쇄하여 이에 식품 또는 식품첨가물을 가한 후 냉장, 냉동한 것이거나 이를 훈연 또는 열처리한 것으로서 햄버거패티·미트볼·돈가스 등을 말한다(육함량 50% 이상의 것).
갈비 가공품	식육의 갈비부위(뼈가 붙어 있는 것에 한한다)를 정형하여 식품 또는 식품첨가물을 가하여 양념하고 훈연하거나 열처리한 것을 말한다.
천연 케이싱	돈장, 양장 등 가축의 내장을 소금 또는 소금용액으로 염(수)장하여 식육이나 식육가공품을 담을 수 있도록 가공 처리한 것을 말한다.

⑥ 식육추출가공품 : 식육추출가공품의 정의는 식육을 주원료로 하여 물로 추출한 것이거나 이에
　식품 또는 식품첨가물을 가하여 가공한 것을 말한다.

⑦ 식육함유가공품 : 식육함유가공품의 정의는 식육을 주원료로 하여 제조·가공한 것으로 식품유형
　16-1~16-6에 해당되지 않는 것을 말한다.

⑧ 포장육

　　㉠ 정의 : 판매를 목적으로 식육을 절단(세절 또는 분쇄를 포함한다)하여 포장한 상태로 냉장
　　　　또는 냉동한 것으로서 화학적 합성품 등 첨가물 또는 다른 식품을 첨가하지 아니한 것을
　　　　말한다(육함량 100%).

▼ 원료육 형태를 기준으로 한 제품 분류

형 태	제품의 예
전체 혹은 덩어리 고기	훈연통닭, 파스트라미, 햄, 베이컨
재구성육	치킨롤, 칠면조햄 등
조분쇄	블랙퍼스트소시지, 반건조/건조 소시지, 햄버거
미세분쇄	유화형 소시지, 핫도그 등
도 포	너겟, 꼬르동 블루, 바비큐, 돈가스

▼ 가공방법에 의한 제품 분류

가공방법	제품의 예
신선(비가열)	신선블랙퍼스트소시지, 돈육소시지
비가열 훈연	이탈리아소시지, 베이컨

가공방법	제품의 예
훈연가열	프랭크, 볼로니, 모타델라, 햄
가 열	간소시지, 파떼
건조, 반건조 혹은 발효	서머소시지, 건조살라미, 페퍼로니
가열 특수	런천미트, 미트로오프, 헤드치즈

ⓛ 가공육제품의 종류 : 비분쇄 제품과 분쇄제품이 있다.

• 비분쇄 제품

비분쇄 제품	제품의 종류
비건조식품	베이컨(Bacon), 소고기베이컨(Beef Bacon), 햄(Ham), 파스트라미(Pastrami), 콘드비프 (Corned Beef)
건조식품	프로퓨티(Proscutti), 캐포콜로(Capocollo)

• 분쇄제품

분쇄 제품	제품의 종류
소시지 제품	• 유화형 소시지(Emulsion) 　– 생소시지(Fresh Sausage) 　– 가열 소시지(Cooked Sausage) : 리버(Liver)소시지, 비엔나(Vienna)소시지, 브라운슈바 이거 　– 가열 훈연소시지(Cooked, Smoked Sausage) : 볼로니(Bologna), 위너(Wiener), 프랑크푸 르트(Frankfurter) • 조분쇄 소시지 　– 생소시지 : 브랄불스트(Bratwurst), 생돈육소시지 　– 비가열훈연소시지(Smoked Sausage) : 킬바사(Kielbasa) 　– 건조 및 반건조 소시지(Dry & Seme-dry Sausage) 　　건조 소시지 : 살라미(Salami), 페퍼로니(Peperoni), 초리조(Chorizo) 　　반건조 소시지 : 레바논볼로나(Lebanon Bologna), 투링거(Thuringian), 서머(Summer)소시지
비소시지 특수제품	미트로프(Meat Loaf), 햄버거 패티, 미트파이(Meat Pie), 헤드치즈(Head Cheese), 스크래플 (Scraple), 프레스햄, 재구성육

(3) 식육가공품의 생산 및 이용

우리나라 육가공 제품 1인당 소비량(신선육 대비 비율)은 2.8kg(8.5%)로서 일본 6.5kg(15%), 독일 40kg(45%) 및 미국 42kg(35%) 등 선진국에 비해 아주 적을 뿐만 아니라 한국 시장에는 여전히 육가공제품의 다양성이 부족하다.

▼ 우리나라 1인당 육가공품 소비량

국 가	소비량(kg)	신선육 대비 비율(%)
한 국	2.8	8.5
독 일	40.0	45.0
미 국	42.0	35.0
일 본	6.5	15

01 축산물 위생관리법상 식육가공품에 속하지 않는 것은?

① 햄 류
② 치즈류
③ 소시지류
④ 건조저장육류

 ② 치즈류는 유가공품이다.
정의(축산물 위생관리법 제2조제8호) "식육가공품"이란 판매를 목적으로 하는 햄류, 소시지류, 베이컨류, 건조저장육류, 양념육류, 그밖에 식육을 원료로 하여 가공한 것으로서 대통령령이 정하는 것을 말한다.

02 육류소비량 중에서 육가공품이 차지하는 비율에 가장 근접한 것은?

① 10%
② 20%
③ 30%
④ 40%

 육류소비량에 대한 육가공품의 의존율이 10%에 못 미침

03 신선육 대비 육가공품의 1인당 소비량에 가장 근접한 것은?

① 3kg
② 6kg
③ 9kg
④ 12kg

 육가공 제품 1인당 소비량(신선육 대비 비율)은 2.8kg이다.

04 식육 또는 식육가공품을 부위에 따라 분류하여 정형 염지한 후 숙성, 건조한 것, 훈연, 가열처리한 것이거나 식육의 고깃덩어리에 식품 또는 식품첨가물을 가한 후 숙성, 건조한 것이거나 훈연 또는 가열처리하여 가공한 것을 무엇이라고 하는가?

① 햄 류
② 소시지류
③ 베이컨류
④ 건조저장육류

05 어육을 혼합하여 프레스햄을 제조하는 경우 어육은 전체 육함량의 몇 % 미만이어야 하는가?

① 5%

② 10%

③ 15%

④ 20%

06 식육의 부위를 염지한 것이나 이에 식품첨가물을 가하여 저온에서 훈연 또는 숙성·건조한 것을 말하는 것은?

① 생 햄

② 프레스햄

③ 소시지

④ 발효소시지

07 식육의 고깃덩어리를 염지한 것이나 이에 식품 또는 식품첨가물을 가한 후 숙성·건조하거나 훈연 또는 가열처리한 것으로 프레스햄을 만들기 위한 육함량과 전분이 맞게 짝지어진 것은?

① 55% 이상 육함량, 6% 이하 전분

② 65% 이상 육함량, 6% 이하 전분

③ 75% 이상 육함량, 8% 이하 전분

④ 85% 이상 육함량, 8% 이하 전분

08 식육이나 식육가공품을 그대로 또는 염지하여 분쇄 세절한 것에 식품 또는 식품첨가물을 가한 후 훈연 또는 가열처리한 것이거나, 저온에서 발효시켜 숙성 또는 건조처리한 것이거나, 또는 케이싱에 충전하여 냉장·냉동한 것을 말하는 것은?

① 햄 류

② 소시지류

③ 베이컨류

④ 건조저장육류

09 다음은 소시지류에 대한 설명이다. 빈칸을 순서대로 맞게 나타낸 것은?

> • 육함량 (　　)% 이상, 전분 10% 이하의 것
> • 건조 소시지류는 수분을 (　　)% 이하로, 반건조 소시지류는 수분을 (　　)% 이하로 가공하여야 한다.

① 60%, 25%, 35%
② 65%, 25%, 45%
③ 70%, 35%, 55%
④ 75%, 35%, 65%

10 돼지의 복부육(삼겹살) 또는 특정부위육(등심육, 어깨부위육)을 정형한 것을 염지한 후 그대로 또는 식품 또는 식품첨가물을 가하여 훈연하거나 가열처리한 것을 말하는 것은?

① 햄 류
② 소시지류
③ 베이컨류
④ 건조저장육류

11 건조저장육류에 대한 설명 중 틀린 것은?

① 식육을 그대로 또는 이에 식품 또는 식품첨가물을 가하여 건조하거나 열처리하여 건조한 것을 말한다.
② 육함량 75% 이상이다.
③ 수분을 55% 이하로 건조하여야 한다.
④ 타르색소는 검출되어서는 아니 된다.

해설 육함량 85% 이상이다.

12 판매를 목적으로 식육을 절단(세절 또는 분쇄를 포함한다)하여 포장한 상태로 냉장 또는 냉동한 것으로서 화학적 합성품 등 첨가물 또는 다른 식품을 첨가하지 아니한 것을 말하는 것은?

① 햄
② 소시지
③ 베이컨
④ 포장육

제 **2** 장 식육가공기술

제 1 절 **식육원료의 조건**

(1) 원료육의 조건

① 햄 류

    ㉠ 햄이란 주로 돼지의 뒷다리 부분을 원료로 하여 염지한 후 정형하여 훈연 및 가열한 제품으로 소시지와는 달리 대체적으로 고기입자가 살아 있는 육제품을 통칭한다.

    ㉡ 어육을 혼합하여 프레스햄을 제조하는 경우 어육은 전체 육함량의 10% 미만이어야 한다.

    ㉢ 생햄의 원료육은 7~9개월의 성돈, 위생처리, 작업장의 온도는 15℃ 이하, 원료육은 0℃ 이하에서 보관, pH는 6.0 이하에서 선정한다.

    ㉣ 프레스햄은 결착력이 강한 돈육의 어깨, 뒷다리, 기타 돈육, 우육, 마육 등이 있고 기계 골발육 등 다양한 원료육을 사용하여 결착력을 증진시킨다.

② 소시지류

    ㉠ 소시지의 원료육은 대체로 이용가치가 낮은 육을 사용하며, 어육도 이용되기도 한다.

    ㉡ 원료육 선택 시 결착력이 좋아야 하고, 적육(lean)과 지방(Fat)을 구분하고 가급적 건(Tendon) 및 근막 등을 제거하여야 한다.

    ㉢ 건조 소시지류는 수분을 35% 이하로, 반건조 소시지류는 수분을 55% 이하로 가공하여야 한다.

    ㉣ 식육을 분쇄하여 케이싱에 충전 후 냉장 또는 냉동한 제품에는 충전용 내용물에 내장을 사용하여서는 아니 된다.

③ **건조저장육류** : 건조저장육류는 수분을 55% 이하로 건조하여야 한다.

④ **베이컨** : 주로 돈육의 삼겹부위를 사용하나 등심, 목살 등도 원료육으로 사용된다. 베이컨은 가열처리가 없으므로 원료육의 신선도가 제품의 품질에 중요한 영향을 미친다.

(2) 물의 조건

① 식품용수는 먹는물관리법의 먹는물 수질기준에 적합한 것이거나, 해양심층수의 개발 및 관리에 관한 법률의 기준·규격에 적합한 원수, 농축수, 미네랄탈염수, 미네랄농축수이어야 한다.

② 식품용수는 먹는물관리법에서 규정하고 있는 수처리제를 사용하거나, 각 제품의 용도에 맞게 물을 응집침전, 여과[활성탄, 모래, 세라믹, 맥반석, 규조토, 마이크로필터, 한외여과(Ultra Filter), 역삼투막, 이온교환수지], 오존살균, 자외선살균, 전기분해, 염소소독 등의 방법으로 수처리하여 사용할 수 있다.

③ 제4. '식품별 기준 및 규격'에서 원료배합 시의 기준이 정하여진 식품은 그 기준에 의하며, 물을 첨가하여 복원되는 건조 또는 농축된 식품의 경우는 복원상태의 성분 및 함량비(%)로 환산 적용한다. 다만, 식육가공품 및 알가공품의 경우 원료배합 시 제품의 특성에 따라 첨가되는 배합수는 제외할 수 있다.

제2절 식품첨가물의 정의 및 구비조건

(1) 식품첨가물의 정의(식품위생법 제2조제2호)

식품을 제조·가공·조리 또는 보존하는 과정에서 감미(甘味), 착색(着色), 표백(漂白) 또는 산화방지 등을 목적으로 식품에 사용되는 물질을 말한다. 이 경우 기구(器具)·용기·포장을 살균·소독하는 데에 사용되어 간접적으로 식품으로 옮아갈 수 있는 물질을 포함한다.

(2) 식품첨가물의 구비조건

① 인체에 유해한 영향을 미치지 않을 것
② 사용목적에 따른 효과를 소량으로도 충분히 나타낼 것
③ 식품의 제조가공에 필수불가결할 것
④ 식품의 영양가를 유지할 것
⑤ 식품에 나쁜 이화학적 변화를 주지 않을 것
⑥ 식품의 화학성분 등에 의해서 그 첨가물을 확인할 수 있을 것
⑦ 식품의 외관을 좋게 할 것
⑧ 식품을 소비자에게 이롭게 할 것

제3절 식육가공에 사용되는 부재료 및 첨가물

(1) 소금 및 인산염의 기능

① 보수력과 결착력의 증가, 저장수명의 연장 등의 목적으로 사용된다.
② 종류 : 피로인산사나트륨(*Tetrasodium pyrophosphate*), 삼인산나트륨(*Sodium tripolyphosphate*), 피로인산나트륨(*Sodium pyurophosphate*), 다이나트륨포스페이트(*Disodium phosphate*) 등

(2) 발색제 및 착색제

① 발색제

ㄱ 질산칼륨, 아질산나트륨, 질산나트륨, 황산 제1철, 아질산염, 질산염, 아스코빈산, 당인산염, 글루코노델타락톤

ㄴ 색을 안정시키거나 선명하게 하는 데 사용하는 물질로 아질산염의 분해로 발색 기능을 한다.

ㄷ 미생물(*Pseudomonas*, *E coli*, *Coliform*, *Bacillus*, *Clostridium*) 사멸효과가 있다.

ㄹ 아스코브산과 에리소브산이나 그 외 염 등으로 염지를 촉진시키고 변색을 막아준다. 소시지 제조 시 0.02~0.05% 정도 첨가

ㅁ 식육제품의 사용기준 : 0.07g/kg 이하(잔존량 70ppm 이하)

ㅂ 글루코노델타락톤은 발효소시지에서 발효촉진제로서 0.5%의 수준 사용

② 착색제

ㄱ 붉은 색의 강화제로 코치닐, 락, 홍국색소 등이 있다.

ㄴ 타르와 같은 인공색소 금지

(3) 조미료 및 향신료

① 조미료 : 식품의 맛을 증진시켜 기호성을 높이기 위하여 첨가되는 물질로 염미료, 감미료, 산미료, 지미료 및 복합조미료 등이 있다.

ㄱ 염미료(천일염, 암염)

• 식염은 삼투압에 의하여 육에서 탈수를 일으키고 제품의 색, 냄새와 맛을 변화시키며 미생물의 성장을 억제시키는 효과가 있다.

• 육제품에 첨가되는 양은 대충 1.5~2.0%이고 살라미와 같은 발효소시지는 2.4~3% 정도이다. 햄의 경우 원료육의 무게에 대하여 염지액이 약 6~25%가 주입되도록 한다.

ㄴ 감미료

• 포도당, 물엿, 말토 덱스트린 등의 전분당이 사용된다.

• 감미료는 육제품의 단맛을 부여함으로써 풍미가 증진되며 짠맛을 감소시키는 역할을 하고 발색에 관여하는 미생물의 영양원으로 작용하여 발색을 촉진하고 갈변반응에 의하여 육제품의 색을 개선하는 효과를 나타낸다.

• 발효 육제품에서는 미생물의 영양원으로 사용됨으로써 젖산·유산 생성으로 pH를 낮추게 되고 부패미생물의 성장 억제에 기여한다.

• 육제품에는 설탕, 포도당 및 물엿이 단독 또는 혼합하여 사용한다.

• 발효에 이용되는 감미료는 빠른 발효에는 단당류를, 느린 발효에는 이당류나 덱스트린 등이 단독이나 혼합 사용된다.

• 단맛을 내며 설탕의 수백 배 효과를 내는 물질 → 아스파탐, d-소르비톨, 사카린나트륨, 글리실리친산2나트륨 등

ⓒ 산미료
- 신맛과 청량감을 부여함으로써 육의 잡냄새를 제거한다.
- 염지 시 pH를 낮춤으로써 염지반응을 촉진시켜 가공시간을 단축시킬 수 있으므로 생햄이나 건조 발효육제품에 사용된다.

ⓓ 지미료
- 명칭은 우마미(Umami)
- L-Monosodium glutamate(MSG 미원)의 아미노산계 조미료 외에 5′-이노신산나트륨, 5′-구아닐산나트륨, 5′-리보뉴클레오티드나트륨 등의 핵산계 조미료가 있다.

ⓔ 복합조미료
- 두 가지 이상의 맛을 내는 조미료
- 간장, 고추장, 된장, 미린, 알코올 등의 발효조미료와 천연식품 자체에 있는 맛 성분을 추출한 조미료로서 동식품 추출물, 효모 엑스트렉트류가 있고 동·식물단백질의 가수분해물의 조미료가 있다.

② 향신료
ⓐ 향료는 식품의 기호적 가치를 증가시킬 목적으로 냄새를 강화 또는 변화시키거나, 좋지 않은 냄새를 없애기 위하여 사용 → 에스텔류(카프론산알릴), 에스톤 이외의 것(바닐린), 성분규격이 없는 것(락톤류)
ⓑ 휘발성 에테르가 주성분이고 그 외에 기타 페놀(Phenol)류, 알코올류, 테르핀(Terpenes), 케톤(Ketone) 및 방향성 알데하이드(Aldehyde)로 구성되어 있다.
ⓒ 후추가 가장 많이 사용(약 2~3g/kg)된다.
ⓓ 육두구(Nutmeg), 마요람, 파프리카(Paprika) 등이 0.5~1g/kg으로 쓰이고 있고, 맛과 냄새가 강한 겨자, 마늘, 계피 등은 0.5g/kg 이하로 쓰인다.

(4) 결착제, 충전제 및 증량제

① 인산염
ⓐ 식품의 결착성을 높여서 씹을 때 식욕 향상, 변색 및 변질 방지, 맛의 조화, 풍미 향상, 조직의 개량 등을 위하여 사용한다.
ⓑ 피로인산염, 폴리인산염, 메타인산염, 제1인산염, 제2인산염, 제3인산칼륨 등이 있으며 사용제한이 없다.

② 대두단백질 : 대두분말, 농축대두, 분리대두 분말상이며 영양학적으로 우수하고 육제품에 이용되어 보수력, 유화력, 팽윤성, 점도, 겔화, 용해도 등을 개선할 목적으로 첨가된다.

③ 유단백질
ⓐ 우유단백질은 80% 카세인과 20% 유청으로 구성되어 있다.
ⓑ 수용성 카세이네이트는 유화력이 우수하나 겔 생성능력이 없다.
ⓒ 무미, 무취의 유백색 분말로 내열성이 강하고 80℃ 이상의 고온가열을 요하는 육제품에 사용된다.

ㄹ 원료육의 약 2% 수준으로 사용된다.

④ 난단백질

ㄱ 수용성 단백질로 액상, 분말 또는 냉동상태로 첨가한다.

ㄴ 낮은 온도의 육 에멀션에 잘 분산되며 세절 후반부에 첨가한다.

ㄷ 원료육과 지방의 3%까지 첨가할 수 있다.

⑤ 혈장단백질

ㄱ 용해도가 높고 물 결합능력이 우수하며 pH를 증가시킴으로써 보수성과 유화안정성을 증진시킨다.

ㄴ 소시지의 조직감을 향상시키고 콜라겐과 전분 등과 같은 재료와 친화력이 높다.

⑥ 글루텐

ㄱ 활성글루텐은 1.5~2배의 물을 흡수하여 팽윤됨으로써 보수성과 점도의 향상된다.

ㄴ 소시지에는 약 2% 내외로 첨가한다.

⑦ 검 류

ㄱ 물에 용해되어 농후하거나 겔 상태로 변하는 친수성 콜로이드 물질의 총칭으로 해조류에서 추출한 한천, 알긴산염 등의 천연 검류, 곤약, 셀룰로스 유도체 등

ㄴ 카라기난 : 홍조류의 세포막 추출물. 보수성, 탄력성, 검성 및 수율을 높인다.

ㄷ 알긴 : 미역 및 다시마 등의 갈조류에서 추출. 친수성으로 햄버거 제조 시 결착력이 증진된다.

ㄹ 한천 : 홍조류인 우뭇가사리의 세포 간 충진물질인 점질 다당류로 겔 형성능력이 있다.

ㅁ 곤약 : 글루코만난(Glucomannam) 저칼로리, 정장작용과 변배해소, 탄력성, 보수성, 결착성, 단백질, 지질, 전분과 다양하게 사용된다.

ㅂ 로커스트빈검, 카복시메틸셀룰로스 등

⑧ 전 분

ㄱ 탄력성을 부여하기 위하여 첨가한다.

ㄴ 프레스햄에는 5%까지, 혼합프레스햄은 8%까지, 소시지류에는 10%까지 첨가할 수 있다.

⑨ 젤라틴

ㄱ 콜라겐을 산 처리하여 염류 등을 제거한 후 남은 단백질을 부분적으로 가수분해하여 분자량이 작은 단백질인 젤라틴으로 변형한 후 이를 정제한 것

ㄴ 젤라틴은 콘 비프(corned beef), 가열 햄(cooked ham), 텅 소시지(tongue sausage)나 통조림에 결착력과 전단력을 증진시키고 육즙의 분리를 감소하기 위하여 첨가된다.

⑩ **식이섬류** : 보수성과 팽윤성이 있어서 육가공제품의 제조 시 결착력을 증진시키고 열처리 수율을 증가시키며 조직감을 향상시킨다.

⑪ 고온 열처리된 겨자분말

⑫ 트랜스글루타미네이스

(5) 기타 첨가물

① 보존제

ㄱ 방부 효과가 있어서 소빈산과 소브산 칼륨으로 사용

ㄴ 약 0.02% 이하로 규제되어 있으며 맛과 냄새가 중성에 가깝고 독성이 매우 낮아 육가공품에 자주 사용된다.

ㄷ 발효소시지 제조 후 곰팡이의 성장을 억제하기 위하여 소브산 용액에 외침형태로 침지된다.

② 항산화제 : 발효소시지나 건조육포에 BHT, BHA, TBHQ 등과 같은 합성제를 쓰거나 식물이나 동물에서 추출된 자연 항산화제를 쓰기도 한다.

③ 향기증진제 : 글루텐(Gluten), 이스트(Yeast), 카세인(Casein) 등의 단백질을 산, 알칼리, 효소 등으로 가수분해하여 얻은 일종의 아미노산의 혼합물을 사용한다.

④ 방부제 : 세균류의 성장을 억제하거나 방지하기 위해 식품에 첨가하는 화학물질 → 소브산칼륨, 벤조산나트륨, 살리실산, 데하이드로초산나트륨

⑤ 팽창제 : 빵이나 과자를 부풀리는 화학물질 → 탄산수소나트륨, 탄산암모늄, 염화암모늄, d-주석산수소칼륨 등

⑥ 산화방지제 : 지방의 산화를 지연시키거나 산화에 의한 변색을 지연시킬 목적으로 첨가되는 첨가물 → 뷰틸하이드록시아니솔(BHA), 다이뷰틸하이드록시톨루엔(BHT), 에리소브산 등

⑦ 표백제 : 식품을 표백하기 위해서는 일반적으로 환원제나 산화제를 사용하여 색소를 분해 → 아황산나트륨, 과산화수소

⑧ 살균제 : 음식물용 용기, 기구 및 물 등의 소독에 사용하는 것과 음식물의 보존 목적으로 첨가 → 표백분, 고도 표백분, 차아염소산나트륨

⑨ 강화제 : 식품에 여러 가지 영양소를 첨가하여 부족한 성분을 보충, 식품의 영양을 강화시킨 것 → 비타민류, 필수아미노산류, 철염류, 칼슘염류

⑩ 증점제 : 식품에 점착성을 증가시키고 유화, 안정성을 좋게 하여 식품가공에서 가열이나 보존 중에 선도를 유지하거나 형체를 보존 → 알긴산나트륨, 카세인, 한천

⑪ 겨자분말

ㄱ 유화안정성과 보수성 증진 효과 및 토코페롤에 의한 지방산패 억제 작용을 가지고 있다.

ㄴ 육제품의 맛을 향상시켜 주는 작용을 가지고 있다.

⑫ 트랜스 글루타미네이트 : 겔 강도와 탄력성, 결착력, 조직감 등의 품질 개선 효과

(6) 케이싱

① 천연케이싱 : 양, 돼지, 말, 소 등 내장류에서 이용되며, 돼지와 양의 식도, 양의 결장 및 직장은 천연장으로 이용이 안 된다.

장 점	훈연 용이, 내용물에 밀착성이 우수, 천연의 재질 및 외형상의 특이한 형태로 인한 고급화
단 점	저장성이 떨어지고 취급상의 불편 및 직경의 균일성이 떨어진다.

② 인공케이싱 : 직경과 장벽두께가 일정하고 충전 시 내압성이 강하고 제품의 감량이 적으며 취급과 보관이 간편하다.

종 류	취급 및 보관
콜라겐케이싱 (Collagen casing)	• 동물 진피중의 콜라겐을 마쇄한 후 산처리에 의하여 팽윤시킨 후 성형 건조 등의 과정을 거쳐 긴 롤의 튜브상으로 제조된다. • 가식성 콜라겐은 비엔나나 프랑크푸르트 소시지용으로 이용된다.
셀룰로스케이싱 (Cellulose casing)	• 목재의 펄프나 목화의 식물성 셀룰로스를 비스코스화 상태로 용해시킨 뒤 세정, 경화, 건조의 과정을 반복하여 재생한 다음 다양한 크기와 직경으로 고압에서 튜브형태로 사출시킨 비가식성 인공장이다. • 훈연성이 우수하다.
플라스틱케이싱 (Plastic casing)	• 나일론, 폴리에스터와 염화비닐리덴 등의 플라스틱류로 제조 • 직경이 큰 소시지나 햄류에 이용된다. • 기체투과가 되지 않아 훈연이 되지 않는다.

제 4 절 식육가공 제조 공정

(1) 염지공정

① 이용목적 : 염지는 저장성 이외에도, 식염, 질산염, 당류 및 인산염 등을 첨가하여 맛, 풍미 및 발색을 향상시킨다. 특히 보툴리누스균(Clostridium botulinum)의 증식을 억제시키고 지질산화를 방지할 목적으로 사용한다.

② 효 과

㉠ 발색 증진 : 육제품의 색을 고기의 붉은색으로 유지시켜 주는 발색 및 육색의 고정효과

㉡ 풍미 증진 : 육제품 특유의 맛을 내는 염지향 향미 생성효과(육제품 제조 시 원료육의 풍미에 영향을 미치는 요인 : 동물의 종류, 연령, 사료 등)

㉢ 보수성 증진 : 습염법을 이용한 햄 제조 시 소금과 인산염의 기능에 의한 염용성 육단백질 추출과 그로 인한 결착력 및 보수력 증진 그리고 수율향상효과 등이다.

㉣ 항산화작용 : 지방산화를 억제함으로써 맛을 오랫동안 유지시킬 수 있는 항산화효과

㉤ 저장성 증진 : 소금에 의한 수분활성도 감소 및 아질산염에 의한 미생물 발육억제를 통한 육제품 보존성 증진효과

㉥ 질산염의 첨가로 인한 클로스트디움 보툴리눔 독소(Clostridium botulinum) 식중독 예방효과 : 육제품 제조과정에서 염지를 실시할 때 아질산염의 첨가로 억제되는 식중독균

③ 염지에 사용되는 첨가물

㉠ 식염(Salt)

• 염지에 이용되는 가장 중요한 첨가물

• 방부제, 향미 증진제, 연화제, 질산염과 함께 살균증진 효과

- 염용성단백질의 추출 용이
- 식염의 농도는 저염 선호. 단, 식염의 농도에는 제한이 없다.

ⓛ 당류(Sugar)
- 염의 수렴성을 중화시키고 육제품의 맛과 색을 개선시킨다.
- 염지육의 pH를 저하시켜 육색발달 촉진
- 발효육에서는 당류(글루코노델타락톤)가 젖산으로 변함으로써 pH를 저하시켜 소시지의 조직을 단단하게 하고 발색과 풍미를 증진시키며 부패미생물의 증식을 억제한다.
- 당류로 자당, 포도당 또는 유당을 사용

ⓒ 아질산염과 염지 혼합물
- 염지혼합물은 아질산염(6.25%)과 식염(93.75%)으로 구성되어 있는 핑크색의 분말
- 아질산염($NaNO_2$)은 Myoglobin과 반응하여 염지 육색을 나타내는 중요한 요소이다.
- 보존료로서 보툴리누스균(Clostidium botulinum)의 증식을 억제하고 향미를 증진시킨다.
- 나이트로소아민{Nitrosoamine(발암물질)}은 발암성 화합물로 높은 온도에서 굽거나 튀길 때 발생

ⓔ 에리소브산 및 아스코브산 염(Sodium erythorbate)
- 환원제로 작용하여 아질산염(nitrite)를 산화질소(nitric oxide)로 환원시켜 마이오글로빈(myoglobin)과의 반응을 촉진시키고 나이트로소아민(nitrosoamine)과의 반응을 억제시킨다.
- 사용량은 약 550ppm으로 규제된다.

ⓜ 인산염
- 염지액의 제조 시 사용되어 보수력을 증진시키고, 근원섬유 단백질의 용해성을 증진시키고 산패를 억제시키며 풍미와 색을 고정시킨다.
- 첨가되는 인산염은 염지액에서 5% 이상 초과되지 않도록 하며 최종제품 중에서 0.5% 이상 초과되지 않도록 한다.
- 과다한 첨가는 육제품의 비누맛을 내는 원인이 된다.

ⓗ 향신료와 풍미제(방향성 화합물)
- 대부분의 향신료는 여러 식품들, 특히 약용식품에서 만들어져서 육가공 제품에 있어서 독특한 풍미를 위해 사용된다.
  예 후추, 계피, 마늘, 양파, 육두구(Nutmeg), 고수(Coriander), 올스파이스(All spice)

ⓢ 결착제
- 육제품의 단가를 절감시킨다.
- 가열수율을 높인다.
- 비육류 단백질을 이용하여 단백질 함량을 높인다.
- 향미와 풍미를 증가시킨다.
- 유화안정성을 높인다.

◎ 수 분

- 가장 많이 사용되는 첨가물
- 염지제를 용해시키고, 즙성을 유지하며, 조직에 관여하며, 보수력을 높임으로써 단가를 절감할 수 있다.
- 특히 미국에서는 40% 규칙이 있어서 유화형 육제품 제조 시 지방의 함량과 첨가된 수분의 함량이 40%를 넘지 못한다.
- 햄의 경우 10% 이상 첨가 시, "Ham-water added 10%"로 규정
- 첨가하여야 할 수분의 양(AW) = 최종제품의 수분양 − (수분 계수 × 단백질 함량)
  ※ 수분계수 : 훈연햄 3.79, 통조림 햄 3.83, 훈연피크닉햄 3.93, 다른 육제품 4.0

> $$PFF(\text{Proten Fat}-\text{Free}) = \frac{\text{Meat Potern}\times 100}{(100-\text{Fat\%})}$$
>
> 두 공식의 차이점은 첨가하여야 할 수분의 양(AW)은 첨가할 수분을 정하고, PEF는 수분함량을 고려치 않으며, 유리지방 함량을 기준으로 염지액 제품에 있는 최소단백질 함량을 기준으로 한다.

④ 염지방법
  ㉠ 건염법
    - 소금을 포함한 염지제를 건조상태로 고기표면에 비벼서 바른 후 일정시간이 경과함으로써 염지가 되게 하는 방법
    - 가장 오래된 방법으로 소금과 설탕, 질산염 또는 아질산염으로 이루어진 염지제를 원료육 표면에 골고루 발라 문지르고 도포한 후 재워두는 방법
    - 고기 내 육즙이 추출되어 수분함량이 감소됨으로써 조직이 단단해지고 저장성이 증가하는 반면에 시간과 노력이 많이 들고 생산성이 낮다.
    - 본인햄, 본리스햄 또는 베이컨 제조 등에 사용
    - 원리는 육표면의 소금과 고기 내부의 수분 간의 삼투압 작용
    - 종 류

당첨가 건염법	저온 염지실이 없고 염지액 주입기도 없는 곳에서 당을 첨가하여 염지
암염법	베이컨 제조 시 사용
온염법	질산염으로 햄을 문지른 다음 즉시 설탕으로 햄이 완전히 덮히도록 문지름
당염법	소금을 물에 녹인 피클액을 사용

  ㉡ 액염법(= 습염법)
    - 소금과 기타 염지제들을 물에 녹여 염지액(Brine)을 만들고 이것을 고기 속에 침투시키는 방법으로 주로 열처리하는 햄(Cooked Ham) 제조 시 이용한다.
    - 염지액의 소금농도는 15~20%가 적당하나 염지액의 주입량에 따라 염농도를 조절한다.
    - 습염법은 건염법에 비해 소요시간이 짧고 감량도 적다는 장점이 있다.
    - 습염법에는 염수침지법, 염지액주사법, 진공텀블링법 및 마사지법 등이 있다.

• 습염법의 종류

염수침지법	원료육을 염수에 침지시키는 방법으로 주로 락스햄(Lachs Ham), 등심햄, 베이컨 및 족발 제조 등에 사용하는데, 약 15~20%의 염지액으로 1주일 정도 염지시킨다.
염지액주사법	염지액을 짧은 시간 내에 고기 속으로 스며들게 하는 방법으로 혈관주사법과 근육에 염지액을 직접 주사하는 근육주사법이 있다.
진공텀블링법	염지액과 원료육 또는 염지주사한 원료육을 텀블러에 넣고 교반시키는 방법으로 염지 및 결착이 잘된다는 장점이 있다.
마사지법	프레스햄 제조와 같이 비교적 작은 육괴들을 염지할 경우 사용하는데, 염지발색 및 결착력의 증가효과 가 높다.

ⓒ 복합염지법 : 건염법과 액염법을 혼합한다.

ⓔ 주입식 액염법(염지촉진법)

• 염지액을 고기속에 신속히 침지되는 이점이 있다.

• 동맥 주입식 염지, 분사바늘 주사식 염지, 다침 고속주사식 염지 등

고기 염지 시 아질산염의 첨가 이유
• 육제품의 선홍빛을 고정, 조직감 및 풍미 증진
• 지방산화 억제
• 미생물 발육 억제 및 식중독 예방효과
• 아질산염은 우리 몸속으로 들어오면,
  - 단백질 속 아민과 결합하여 나이트로사민(Nitrosamine)이란 발암물질을 생성한다.
  - 기준치 이상 섭취 시 헤모글로빈의 기능을 억제해 세포를 파괴, 이 경우 혈액 속 산소가 줄어 청색증을 유발하기도 한다.
  - 국내에서는 아질산이온 잔존량 70ppm 이하로 규정

고기 염지 시 인산염의 첨가 이유
• 보수력 증진(pH와 이온강도 증가, 액토마이오신 해리)
• 결착력 증가
• 저장성 증진
• 떫은 맛 증가

---

(2) 분쇄공정

① 분 쇄

ㄱ 분쇄기로 덩어리 육을 잘게 잘라 전체입자을 균일한 크기로 세절하는 공정

ㄴ 분쇄기는 원료육을 운반하는 Screw, 분쇄하는 Plate, Knife로 구성

② 세 절

ㄱ 원료육을 균일하게 하여 혼합하거나 반죽하기 쉽도록 하는 공정

ㄴ 사일런트 커터(Silent cutter), 시편 절단기(Micro cutter), 콜로이드 밀(Colloid mill)

세절 및 혼합에 중요한 영향을 미치는 요인
- 작업장 온도 및 세절시간 : 약 10℃의 작업장, 13~15℃유지
- 원료육의 온도와 세절온도 : 원료육의 가급적 낮은 온도로 유지되어야 한다.
  - 16℃ 이상에서는 보수력이 감소한다.
  - 세절시간이 길어짐에 따라 견고성이 감소한다.
- 회전속도의 영향 : 회전속도가 큼에 따라 마찰이 커져서 온도가 상승하나 시간은 단축시킬 수 있다.
- 칼의 수와 형태
  - 칼의 수가 많을수록, 각이지지 않은 반달형일수록 온도가 상승한다.
  - 같은 시간을 세절하였을 때 칼날이 많을수록 한 면만 칼날이 선 경우 보수력이 증가
- 세절조건의 영향 : 진공상태가 대기상태보다 소시지의 적색 비율을 높이고 산소의 혼입을 막아 소시지의 견고성이 높아지며 산소흡입에 의한 지방산화를 방지한다.
- 수분 첨가의 영향
  - 소시지의 제조 시 첨가하는 수분은 식육의 강도를 완화하고 칼날과의 접촉에 의한 마찰을 막아 세절작업을 순조롭게 하는데 도움이 된다.
  - 일반적으로 소시지 제조 시 약 10~30%의 수분을 첨가하고 빙수를 첨가하여 세절 중의 온도상승을 막는다.

(3) 유화 및 혼합공정

① 유 화

㉠ 적육으로부터 식염첨가와 세절에 의한 염용성단백질 추출, 추출된 염용성 단백질이 첨가한 지방구를 둘러싸서 유화를 형성하게 된다. 즉, 유화는 세절된 원료육을 원료육과 지방, 물 등과 같이 정상적인 상태에서는 서로가 섞이지 않는 물질을 기계적으로 혼합하여 하나의 물질로 만드는 과정이다.

㉡ 용해된 단백질과 물이 지방구를 둘러싼 매트릭스(Matrix)를 형성하며, 이때 용해된 단백질이 유화제 역할을 한다.

㉢ 수중유적형과 유중수적형으로 나눈다.

㉣ 유화형태의 육제품은 액상상태가 아니므로 진정한 유화가 아니지만 수중유적형에 속한다.
　　예 우유(수중유적형), 버터(유중수적형)

㉤ 유화에 영향을 주는 요인
- 원료육의 보수력 : 높은 pH(보수력 증가), 염의 첨가량 증가(보수력 증가), 사후강직 전 가공(보수력 유지), 인산염 첨가(보수력 증가), PSE와 같은 이상육(유화력 저하), DFD와 같이 pH가 높은 육(보수력 증가 및 유화안정성 상승)
- 세절온도와 세절시간 : 0~15℃가 적당(즉, 16℃ 이하), 20℃ 이상 시 유화안정성이 낮아 지방분리가 증가
- 배합성분과 비율

② 혼 합

㉠ 분쇄한 적육과 지방, 빙수 및 부원료를 배합하여 사일런트 커터(Silent cutter)에서 세절 및 혼합시킨다.

ⓛ 세절 및 혼합길로는 대표적으로 Silent cutter가 이용된다.

ⓒ 예비혼합은 원료육과 식염 및 아질산염을 첨가하여 분쇄 혼합한 예비혼합물의 화학적 조성을 분석하여 최종제품의 특성에 맞도록 예비혼합하지 않은 원료육, 지방, 수분을 첨가하는 것을 말한다.

ⓔ 예비혼합의 장점
- 고기혼합물의 분석을 통하여 최종제품의 화학적 조성을 정확히 조절 가능하다.
- 예비혼합 시 첨가되는 염지제에 의하여 부패를 지연시켜 저장기간의 연장이 가능하다. 단, 내염성 저온 미생물이 자랄 우려가 있어 수시간 혹은 수일 내로 한정하는 것이 바람직하다.
- 온도체 가공에 있어서 염용성 단백질의 추출 양을 증가시켜 결착성, 보수성, 유화안정성을 높여 준다.
- 아질산염의 첨가로 산패의 방지 가능 및 풍미가 증진된다.
- 예비혼합은 기계의 동시 활용을 용이하게 해 기계사용의 효율성을 증진시킨다.

ⓜ 세절은 회전하는 볼 초퍼(Bowl Chopper) 내에서 예리한 칼날에 의하여 세절하여 염용성 단백질의 추출에 의한 결착력을 높이고 혼합은 스파이스(Spice)와 첨가제, 지방 등의 균일성을 갖게 하는 조작으로 특히 유화형 소시지의 유화를 형성시키는 중요한 공정이다.
- 볼(Bowl)의 냉각으로 온도상승을 방지
- 칼의 연마와 조립으로 인한 칼날방지에 의한 마찰 방지
- 원료육의 취급과 빙수의 첨가
  - 염용성 단백질의 용출을 용이하게 한다.
  - 각종 재료 및 첨가물, 향신료를 균일하게 분산시켜 양호한 유화상태를 형성
  - 칼날 마찰에 의한 열의 상승을 방지
  - 풍미와 저작성에 관여
  - 물과 빙수의 비율이 약 2 : 1 비율로 사용
- 향신료, 결착제 및 기타 첨가물의 첨가
  - 향비성분을 부여하고, 결착성을 높이며, 맛을 조정하고, 유화성을 좋게 하며, 산화를 지연시키며 pH의 상승을 억제하고 항균성을 증가시킨다.
  - 보존료도 허용기준에 따라 사용하며 소시지의 종류에 따라 식용색소 사용이 가능하다.
- 지방의 첨가
  - 등지방이 좋으며 유화형 소시지의 경우 약 30% 첨가
  - 유화를 형성하여 조직감과 맛을 높인다.
- 전분의 첨가 : 증량제로 사용되며 3% 이내에서 사용

(4) 충전 및 결찰공정

① 충 전

ⓐ 충전은 혼합기나 사일런트 커터에서 제조된 혼합육이나 고기 유화물을 햄 또는 소시지의 형태로 만들기 위해 케이싱(Casing)이나 캔 또는 유리병 등의 용기에 집어넣는 공정

　　ⓛ 분쇄육 제품의 충전

　　ⓒ 비분쇄 제품의 충전

　　　　• 염지가 끝난 비분쇄 제품의 충전은 소시지에서 사용되는 천연 케이싱이나 콜라겐 케이싱을 이용하여 수행되지 않고 섬유성 셀룰로스 케이싱이나 실 또는 신축성 망 그리고 플라스틱 필름이 사용된다.

　　　　• 본레스 햄(Boneless Ham)은 섬유성 셀룰로스나 플라스틱 용기에 충전한 후 틀에 넣어 가열 후에도 형태를 유지하게 한다.

　　　　• 본인 햄(Bone-in Ham) 또는 앞다리는 실로 짠 망 형태의 스타커네트(Stockinette)에 넣어 훈연 가열한다.

　　　　• 베이컨의 경우는 그냥 훈연가열한 후 고압프레스를 이용하여 사각으로 성형한 후 슬라이스 한다.

※ 참 고

1. 케이싱의 조건
　• 케이싱은 가공 및 저장기간 동안 내용물의 팽창 및 수축을 수용할 수 있도록 수축 및 신장성이 있어야 한다.
　• 충전, 결찰 및 매달음에 견딜 만큼 충분한 강도를 유지해야 한다.

2. 케이싱의 종류
　• 천연 케이싱
　　− 수분과 연기가 투과할 수 있다.
　　− 냉장온도에서 저장하며 고온이나 냉동저장은 금물이다.
　• 재생 콜라겐 케이싱 : 천연 케이싱의 불균일한 직경을 개선하여 충전 자동화 작업이 가능하다.
　• 셀룰로스 케이싱
　　− 직경과 길이가 균일하며 취급이 간편하다.
　　− 채색이 가능하여 외관을 우수하게 한다.
　　− 축축할 때는 연기를 통과시키므로 사용 전에 물을 적셔야 한다.
　• 플라스틱 케이싱
　　− 훈연하지 않는 소시지는 수분 및 연기 불투과성인 플라스틱 케이싱에 충전한다.
　　− 주로 물에서 가열되는 제품이나 멸균 제품을 위해 사용되며, 생소시지는 플라스틱 케이싱에 충전되어 냉장 또는 냉동 상태로 판매된다.

---

　② 결찰 : 원료육을 케이싱에 충전 후 매듭을 짓는 공정으로 금속의 클립이나 알루미늄철사를 이용한 기계로 결찰한다.

(5) 훈연 및 가열공정

　① 건 조

　　ⓞ 수분활성도를 낮추어 미생물의 성장을 억제함으로써 저장성을 높인다.

　　　예 발효, 건조 및 반 건조 소시지

　　ⓛ 외피(케이싱)를 건조시켜 훈연을 용이하게 한다.

② 훈 연

㉠ 경질나무인 히코리나무나 참나무 등을 톱밥형태로 태워서 풍미증진, 색의 증진, 저장성, 산화 방지 목적으로 실시한다.

㉡ 습도는 일정하게 유지시키고 너무 높은 습도에서는 훈연 연기가 육제품 속으로 침투되기 어려우므로 가급적 낮은 습도(50% 이하)에서 훈연하는 것이 바람직하다.

㉢ 훈연성분
  • 페놀성분 : 항산화작용, 훈연제품의 색과 풍미에 기여, 살균 및 정균작용을 한다.
  • 알코올(Alchol) : 살균작용. 다른 휘발성 물질의 전구체로서 역할을 한다.
  • 유기산(Organic acid) : 훈제육 표면의 산성에 기여. 산에 의한 단백질 응고는 유화형 소시지의 외피를 형성하여 저장 효과가 있다.
  • 카보닐(Carbonyls) : 훈연색, 풍미, 냄새에 중요하다.
  • 카스(Cas) : 육색 발현

㉣ 훈연방법
  • 온도에 따라 냉훈연법(15~30℃), 온훈연법(30~50℃), 열훈연법(50~80℃)이 있다.
    – 냉훈법 : 30℃ 이하에서 훈연하는 방법으로 별도의 가열처리 공정을 거치지 않는 것이 일반적이다. 훈연시간이 길어 중량감소가 크지만 건조, 숙성이 일어나서 보존성이 좋고 풍미가 뛰어나다.
    – 온훈법 : 30~50℃의 온도범위에서 행하는 훈연법으로, 본레스 햄(Boneless Ham), 로인 햄(Loin Ham) 등 가열처리 공정을 거치는 제품에 이용된다. 이 방법의 온도범위에서는 미생물이 번식하기에 알맞은 조건이므로 주의하여야 한다.
    – 열훈법 : 50~80℃(보통 60℃ 전후)의 온도범위에서 훈연하는 방법으로, 이 온도에서는 단백질이 거의 응고하며, 표면만 강하게 경화하여 내부는 비교적 많은 수분이 함유된 채로 응고되므로 탄력이 있는 제품이 된다.
  • 액훈법, 기체훈연법
    – 액훈법 : 훈연액을 훈연실에서 가열 중 제품표면에 분무하여 훈연을 수행하거나 염지액에 혼합하여 제품에 직접 주입하는 방법으로 사용된다.
    – 액훈법은 재현성이 좋고 연기를 피울 필요가 없고 농축물 준비 시 발암물질이 제거되어 대기오염의 위험이 적고 재래훈연보다 간편하고 신속하다.
  • 간접훈연법
    – 연소법 : 연기발생기에서 톱밥을 전열 또는 버너로 연소시켜 연기를 만드는 방법으로, 직접 훈연법의 연기발생을 단지 장소만 바꾼 상태이다.
    – 마찰 발연법 : 경목의 막대기를 위에서 눌러서 고속으로 회전하는 날카로운 마찰칼날과 심한 마찰로 생기는 열로서 미리 넣어둔 톱밥을 열분해시켜 발연시키는 것이다. 연기의 온도 조절은 톱밥에 물을 뿌려서 한다.
    – 습열 분해법 : 수증기와 공기를 적당히 섞어서 300~400℃ 정도로 가열하고, 이것을

톱밥을 통하여 열분해를 일으키는 방법으로, 연기는 증기와 함께 흐르기 때문에 다습하고 온도가 높은 연기가 되므로(보통 훈연실에서 80℃ 정도가 됨) 냉각시켜야 한다.

– 부유 발연법 : 스크루 컨베이어를 통하여 운반되는 톱밥을 필요한 양만큼 압축공기로 반응기에 운반시킨 후 전기히터로 300~400℃까지 가열시킨 공기를 반응기에 불어 넣어, 압축공기로 인하여 반응기 내에 약 10초간 부유되어 있는 톱밥을 350℃에서 열분해 시킨다.

③ 가 열

㉠ 가열의 목적

- 육단백질을 변성시키고 응고시켜 바람직한 조직을 부여한다.
- 향미의 생성과 염지육의 육색안정화에 기여 → 기호성 증진
- 미생물성장을 억제시켜 저장기간을 연장시킨다.
- 단백분해효소를 분해시켜 악취생성을 방지한다.
- 표면 건조와 육색 발현

㉡ 가열의 방법 : 조리, 저온 살균법, 고온 살균법

- 조 리
  - 건열조리법 : 공기에 의하여 조리(Broiling)
  - 습열조리법 : 수분과 함께 가열하여 가열감량을 낮출 수 있으나, 식육의 독특한 향미 상실(Boiling, Stewing, Braising, Steaming 등)
  - 혼합조리법 : 알맞은 향미를 부여하고 가열감량을 줄이기 위하여 실시(Brasing 등)
  - 전자오븐 조리법
- 저온살균법 : 비포자 형성세균을 일부 사멸시켜 저장성을 연장하기 위한 살균법이다. 통조림을 제외한 대부분의 육제품은 거의 60~80℃에서 가열한다.
- 고온살균법 : 부분적인 멸균을 의미하며 비포자균을 사멸시키고 일부포자를 불활성시켜 살균시키는 방법이다. 대체로 육제품의 중심온도 100℃ 내외에서 장시간 가열하는 방법과 115~121℃에서 단시간 가압에 의하여 살균하는 방법이 있다. 가압살균은 주로 육통조림이나 레토르트 파우치 등의 제조 시 사용한다.

㉢ 가열에 의한 식육의 변화

- 육조직의 변화 : 식육의 열변성에 의한 응고가 일어나며 단백질의 열변성 발생(단백질의 결합 중 정전기적 상호결합과 수소결합이 약해지나 오히려 소수성결합은 강하게 된다.)
- 연도의 변화 : 식육은 가열에 의하여 전단력이 높아지게 된다.
- 다즙성 : 탈수현상으로 인한 다즙성이 감소하고 가열 중에 수분 손실이 일어난다.

㉣ 가열에 의한 세절유화육의 변화

- 단백질의 변화 : 가열에 의한 단백질의 열변성이 이루어진다.
- 지방의 변화 : 향미와 조직을 갖게 된다.
  ※ 지방유리는 염용성 단백질이 부족할 때, 지방을 과다하게 첨가하였을 때(Fat Capping),

지방을 과다하게 세절하였을 때(Overchopping), 이상육의 첨가로 단백질의 용해성이 나빴을 때 발생한다.
- 향미의 변화 : 갈변화반응에 의한 향미활성물질이 생성된다.
  ※ 악취의 원인 : NH_3^+(Amino acid), H_2S(Cystein계)
- 색의 변화 : 갈변화에 의한 갈색

> 가열에 의한 미생물의 사멸곡선
> - D-value(Decimal Reduction Time) : 일정한 온도에서 원래의 세균수를 90% 살균시키는데 필요한 시간
>   (예 D210＝10 : 210°F로 10분간 90% 사멸효과)
> - Z-value : 사멸시간(D-value)을 1/10로 단축시키기 위하여 높이는 온도
>   (예 Z＝30 : 가열온도 30°F 온도로 균수 1/10 감소)
> - TDT(Total Death Time, 가열치사시간) : 일정온도에서 어떤 미생물을 모두 사멸시키기 위한 시간
> - F-value : 일정온도로 일정농도의 미생물을 사멸시키는데 소용되는 시간
>   (예 F255＝20 : 255°F로 20분간 전부 사멸)

(6) 숙성 및 발효 공정

① 숙성

㉠ 숙성은 도체나 절단육을 빙점 이상의 온도에서 방치시킴으로써 고기의 질이 향상된다. 특히 연도를 향상시키는 방법이다. 고온숙성은 온도체를 5℃ 이상(보통 15~40℃ 사이)에서 숙성시키며, 냉장온도 숙성은 절단육을 0~5℃ 사이에서 숙성시키는 것이다.

㉡ 숙성의 효과
- 저온단축의 방지
- 근육 내 단백질 분해 효소들의 자가 소화 증진
- 고기의 연도 향상
- 균일한 육색 유지
- 보수성의 감소

㉢ 숙성법
- 양(羊)에서는 16℃에서 18시간, 85%의 상대 습도, 공기유통 속도 9m/min이 추천된다.
- 소에 있어서는 연령, 도체 크기, 도체 모양, 지방 두께에 의하여 고온숙성 조건이 변하게 되는데, 특히 지방의 두께가 중요한 역할을 한다.

㉣ 숙성 중 이화학적 변화
- pH 저하 : 당류의 첨가에 의해 산 생성으로 pH는 낮아진다.
- 조직감 : 추출된 단백질이 단백질 간의 낮은 pH로 응고되어 결착력이 생긴다.
- 미생물의 변화 : 숙성 초기에는 *Pseudomonas*, *Acinetobacter*, *Moraxella*, *Alcaligenes*, *Aerobacter* 등이 차지하고 숙성 말기에는 *Lactobacilli*, *Micrococci*, *Streptococci* 및 효모가 주종을 이룬다.

② 발효 : 탄수화물이나 단백질 등이 미생물의 작용을 받아 유기산이나 아세트산, 알코올 등을 생성하는 현상이다.

(7) 포장공정

① 포장의 목적과 기능
ㄱ 품질변화 방지
ㄴ 생산제품의 규격화
ㄷ 취급의 편리성
ㄹ 상품가치의 향상

② 소비자가 요구하는 포장지의 요건
ㄱ 개봉용이성
ㄴ 재밀봉 가능성
ㄷ 재사용성

③ 포장지의 종류
ㄱ 천연케이싱 : 양, 돼지, 말, 소 등 내장류에서 이용되나 돼지와 양의 식도, 양의 결장 및 직장은 천연장으로 이용이 안 된다.

장 점	훈연 용이, 내용물에 밀착성이 우수, 천연의 재질 및 외형상의 특이한 형태로 인한 고급화
단 점	저장성이 떨어지고 취급상의 불편 및 직경의 균일성이 떨어진다.

ㄴ 인공케이싱 : 직경과 장벽두께가 일정하고 충전 시 내압성이 강하고 제품의 감량이 적으며 취급과 보관이 간편하다.
• 콜라겐 케이싱(Collagen casing)
– 동물 진피중의 콜라겐을 마쇄한 후 산처리에 의하여 팽윤시킨 후 성형 건조 등의 과정을 거쳐 긴롤의 튜브상으로 제조된다.
– 가식성 콜라겐은 비엔나나 프랑크푸르트 소시지용으로 이용된다.
• 셀룰로스 케이싱(Cellulose casing)
– 목재의 펄프나 목화의 식물성 셀룰로스를 비스코스화 상태로 용해시킨 뒤 세정, 경화, 건조의 과정을 반복하여 재생한 다음 다양한 크기와 직경으로 고압에서 튜브형태로 사출시킨 비가식성 인공장이다.
– 훈연성이 우수하다.
• 플라스틱 케이싱(Plastic casing)
– 나일론, 폴리에스터와 염화비닐리덴 등의 플라스틱류로 제조된다.
– 직경이 큰 소시지나 햄류에 이용된다.
– 기체투과가 되지 않아 훈연이 되지 않는다.

ⓒ 플라스틱 포장재
- 폴리에틸렌(PE) : 에틸렌을 중합, 저밀도, 중밀도, 고밀도로 분류하고 수증기 투과성이 낮고 기체투과성이 높으며 내한성과 열봉합성이 우수하여 생육, 냉동육의 진공 또는 공기조절용 포장지의 봉합면으로 이용된다. 인쇄적성이 나쁘다.
- 폴리프로필렌(PP) : PE보다 기체 및 수증기 투과성이 약간 낮고 내열성이 좋으며 투명성과 표면 광택성이 뛰어나고 경도가 크다.
- 에틸렌 아세테이트 공중합물 : 유연성이 있어서 단독으로 또는 PE나 PP 등과 공압출되어 생육용 스트레치 필름으로 이용된다.
- 에틸렌 비닐 알코올 : 에틸렌과 비닐 알코올의 공중합체로 단체 필름과 공압출 필름이 있다.
ⓒ 알루미늄
ⓒ 금속용기
ⓒ 유리용기
ⓒ 종이와 카톤

④ 포장방법
ⓒ 도체의 분할육 : 플라스틱 필름이나 마대
ⓒ 부분육의 숙성 및 장기저장을 위한 포장 : 복합필름(Laminated Film), 공중합물(Copolymerisate)으로 진공 및 가스치환 포장에 이용된다.
ⓒ 소비자용 랩 포장
- 산소의 농도를 높혀 육색을 보호하고 5,000 이상의 산소투과도를 가져야 한다.
- 저장 수분의 증발을 막기 위하여, 수증기 투과도가 낮고, 점착성, 수축성, 투명성, 내수성이 있는 포장재를 이용한다.
- 연질 PVC, 폴리에틸렌(polyethylene), PVDC, PB 등
ⓒ 공기조절 포장
- 산소는 육색을 선홍색으로 유지시켜 주고, 탄산가스는 정균작용을 나타내며 질소는 비활성 기체로 포장 내의 압력을 유지시켜 준다.
- 랩포장에서는 선홍색이 유지되는 반면, 저장성이 짧고 진공포장이나 가스 포장은 저장성이 연장되지만 육색이 적자색으로 나타나는 단점을 서로 보완한다.
⑤ **포장육의 변패요인** : 산소분압에 의한 Metmyoglobin 형성, pH, 녹변현황은 미생물에 의한 변패(혐기적 상태에서 *Lactobacillus*, 호기적 상태에서 *Pseudomonas*)

제 **5** 절 식육가공품의 품목별 제조 공정

(1) 생햄과 가열햄

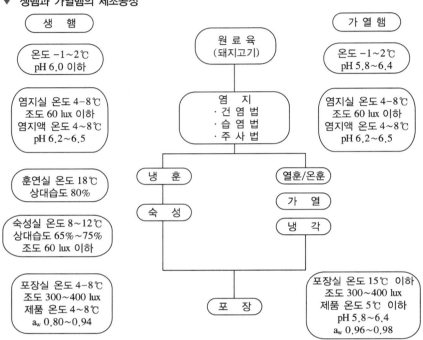

▼ 생햄과 가열햄의 제조공정

생 햄		가 열 햄
온도 −1~2℃ pH 6.0 이하	원 료 육 (돼지고기)	온도 −1~2℃ pH 5.8~6.4
염지실 온도 4~8℃ 조도 60 lux 이하 염지액 온도 4~8℃ pH 6.2~6.5	염 지 · 건 염 법 · 습 염 법 · 주 사 법	염지실 온도 4~8℃ 조도 60 lux 이하 염지액 온도 4~8℃ pH 6.2~6.5
훈연실 온도 18℃ 상대습도 80%	냉 훈 열훈/온훈	
숙성실 온도 8~12℃ 상대습도 65%~75% 조도 60 lux 이하	숙 성 가 열 냉 각	
포장실 온도 4~8℃ 조도 300~400 lux 제품 온도 4~8℃ a_w 0.80~0.94	포 장	포장실 온도 15℃ 이하 조도 300~400 lux 제품 온도 5℃ 이하 pH 5.8~6.4 a_w 0.96~0.98

① 생햄의 제조공정

   ㉠ 원료육 선정 : 7~9개월의 성돈, 위생처리, 작업장의 온도는 15℃ 이하, 원료육은 0℃ 이하에서 보관, pH는 6.0 이하

   ㉡ 염지 : 건염법, 습염법, 주사법 등을 이용한다.

      • 고기를 소금에 절이는 과정

      • 소시지에서 발생하기 쉬운 보툴리누스균이 들어오는 것을 방지하고 오래 보존하기 위한 중요한 과정이다.

      • 일반적인 소금 외에 아질산염, 인산염 등을 미량 추가해 넣기도 한다.

      • 고기색이 선명한 선홍빛으로 발색되고, 보존성을 높이고, 풍미를 유지시키는 역할을 한다.

- 염지는 고기를 소금에 직접 바르는 건염법과 소금을 포함한 염지제를 녹인 염지액을 만들어 고기를 담그는 습염법 등이 있다.
- 염지액을 제조할 때 주의사항
  - 염지액 제조를 위해 사용되는 물은 미생물에 오염되지 않은 깨끗한 물을 이용한다.
  - 천연향신료를 사용할 경우에는 천으로 싸서 끓는 물에 담가 향을 용출시킨 후 여과하여 사용한다.
  - 염지액 제조를 위해 아스코브산염을 제외한 나머지 첨가물들을 물에 넣어 잘 용해시키고 아스코브산염은 사용 직전 투입하도록 한다. 만일 아질산염을 아스코브산염과 동시에 물에 첨가하면 아질산염과 아스코브산염이 화학반응을 일으키고 여기서 발생된 일산화 질소의 많은 양이 염지액 주입 전 이미 공기 중으로 날아가므로 발색이 불충분하게 된다 (아스코브산이 없을 경우 건강보조제인 비타민 C를 넣어도 된다).
- 염지액을 사용하기 전 염지액 내에 존재하는 세균과 잔존하는 산소를 배출하기 위해 끓여서 사용한다.
- 염지액은 사용 전 냉장실에서 6~10℃ 정도 충분히 냉각되어야 한다.
- 염지액의 온도는 원료육의 온도와 동일하게 4~8℃로 유지한다.
- 육속에 공기가 혼입이 되지 않도록 염지액의 기포를 제거한다.
- 염지액 투입량은 원료육 중량의 10~15% 정도가 적당하다.
- 원하는 양의 염지액이 투입되도록 투입 전과 후의 중량을 측정하여 투입한다.
- 염지액 주입 시 염지액을 한 번에 다 주입시키지 말고 수회에 걸쳐 나누어 주입하도록 한다.
  - ㉢ 수침 : 육표면의 소금농도를 감소시켜 중심부와 편차를 줄이고 장시간 형성된 염지제 덩어리나 혈액응고물 등의 불필요한 것들을 제거하도록 한다.
  - ㉣ 정형과 건조과정
  - ㉤ 훈연 : 냉훈법, 온훈법, 열훈법 중에 생햄의 경우 특히 냉훈법이 실시된다.
  - ㉥ 숙성 : 저온(10~15℃)에서 숙성. 보관온도가 낮으면 색상 및 풍미가 변질될 우려가 있어 상대습도는 70~75% 범위, 숙성이 끝난 후 최적 수분활성도는 0.92%
  - ㉦ 포장 : 본인햄의 경우 산소차단성 포장재료(진공포장)를 사용하지 않는데 그 이유는 생햄은 계속 살아 숨쉬는 제품이기 때문이다.
② **가열햄의 제조공정(가열 공정의 추가)**
  - ㉠ 성형 및 충전
  - ㉡ 가열처리 : 가열온도와 시간은 70℃에서 10분, 68℃에서 15분, 65℃에서 30분으로 규정한다.
  - ㉢ 냉 각
  - ㉣ 포 장

(2) 가열소시지, 발효소시지

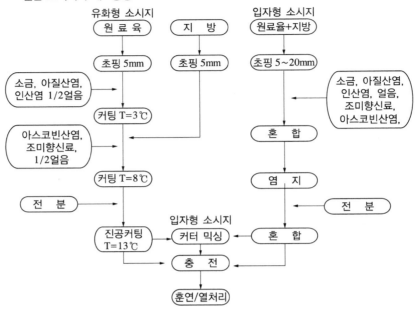

▼ 일반 소시지의 제조공정

① 가열소시지
　　㉠ 원료육의 선정 : 대체로 이용가치가 낮은 육을 사용한다. 결착력이 좋고 적육과 지방을 구분하
　　　고 가급적 건(Tendon) 및 근막 등을 제거해야 한다.
　　㉡ 만육(Grinding) : 원료육과 지방을 만육기로 갈아내는 것으로 입자의 크기를 작고 균일하게
　　　한다.
　　㉢ 세절 및 혼합 : 회전하는 볼 로퍼(Bowl Chopper) 내에서 예리한 칼날에 의하여 세절하여
　　　염용성 단백질의 추출에 의한 결착력을 높이고 혼합은 스파이스(Spice)와 첨가제, 지방 등의
　　　균일성을 갖게 하는 조작으로 특히 유화형 소시지의 유화를 형성시키는 중요한 공정이다.
　　　• 볼(Bowl)의 냉각으로 온도상승을 방지
　　　• 칼의 연마와 조립으로 인한 칼날방지에 의한 마찰 방지
　　　• 원료육의 취급과 빙수의 첨가
　　　　－ 염용성 단백질의 용출을 용이하게 한다.
　　　　－ 각종 재료 및 첨가물, 향신료를 균일하게 분산시켜 양호한 유화상태를 형성한다.
　　　　－ 칼날 마찰에 의한 열의 상승을 방지한다.
　　　　－ 풍미와 저작성에 관여한다.
　　　　－ 물과 빙수의 비율이 약 2 : 1 비율로 사용한다.
　　　• 향신료, 결착제 및 기타 첨가물의 첨가

- 향비성분을 부여하고, 결착성을 높이며, 맛을 조정하고, 유화성을 좋게 하며, 산화를 지연시키며 pH의 상승을 억제하고 항균성을 증가시킨다.
- 보존료도 허용기준에 따라 사용하며 소시지의 종류에 따라 식용색소 사용이 가능하다.
- 지방의 첨가
  - 등지방이 좋으며 유화형 소시지의 경우 약 30% 첨가
  - 유화를 형성하여 조직감과 맛을 높인다.
- 전분의 첨가 : 증량제로 사용되며 3% 이내에서 사용한다.

고품질 소시지 생산을 위해 유화공정에서 특히 고려해야 할 요인
- 세절온도
- 세절시간
- 원료육의 보수력

㉣ 충진 : 공기가 섞이지 않도록 케이싱에 충진하는 공정
㉤ 훈연 및 가열
- 훈연은 훈연취, 항산화 작용, 갈색화 반응에 의한 조미, 염지 육색 변화
- 훈연 전의 건조는 훈연연기 성분의 침투를 용이하게 하고 표면의 수분활성도를 낮게 하여 세균의 증식을 억제하는데 사용된다.
- 가열은 제품을 응고시켜 탄력성을 주고 바람직한 풍미를 부여한다. 또한 미생물의 증식을 억제시켜 보존성을 갖게 하며 최종 내부온도가 70~75℃가 되도록 한다.
㉥ 냉각 : 가열이 끝난 제품은 샤워(Shower)를 통해 급랭시켜 미생물의 오염을 가급적 차단한다.
② 발효소시지
  ㉠ 일반소시지와 달리 가열시키지 않는다.
  ㉡ pH, 건조에 의해 수분활성도의 감소로 미생물 방지

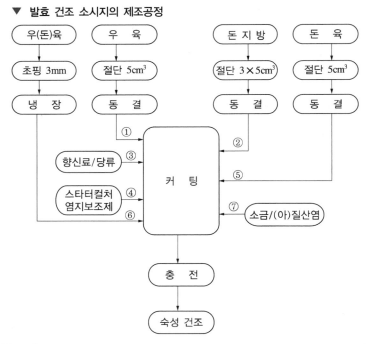

▼ 발효 건조 소시지의 제조공정

(3) 병조림 및 통조림

① 통조림

　㉠ 식품을 일정한 통조림관 또는 병에 넣어 충전하고 탈기하여 내용물의 품질을 보호하고 용기의 부식이나 가열 시의 파손을 막는다.

　㉡ 밀봉에 의하여 용기 내외의 공기유통을 차단하여 외부로부터의 미생물 침입을 방지한다.

　㉢ 가열에 의하여 내용물에 부착되어 있는 미생물을 살균하여 식품의 변패를 막아 장기저장이 가능하도록 한다.

　㉣ 용기의 재질과 규격

　　• 주석으로 전기 도금한 양철판, 무도석강판(TSF), 니켈도금판 등

　　• 통조림의 부식을 방지하기 위하여 유성도료, 에나멜 수지 등과 같은 내연도료가 이용된다.

　　• 식품접촉면에 쓰이는 도료에는 에폭시 페놀, 에폭시 아미노, 에폭시 아크릴계 유도체, 유기용매 가용성 비닐 및 폴리에스터 등이 있다.

　　• 특히 식육제품에는 c-에나멜이 주로 사용되는데 최근 금속용기 대신 플라스틱 용기가 사용되며 이것은 고밀도 폴리에틸렌이나 나이론, 아이오노머(Ionomer)의 혼합플라스틱이 쓰인다.

　㉤ 제조공정

　　• 원료육의 선정 및 정형 : 인대나 건 제거, 근섬유의 방향과 직각으로 절단

　　• 세절 : 슬라이스, 입방체화, 분쇄 등

　　• 조리가공 : 저온에서 염지

　　• 충 전

- 조리된 원료육의 캔(Can)에 일정량을 넣고 캔은 용기 및 제조품의 변패를 방지할 수 있도록 내면에 특수도금이 되어 있어야 한다.
- 황화철 생성 : 황화수소와 철이 반응하여 흑색의 황화철이 생성되어 외견상 보기 흉하고 불쾌한 냄새가 생성되므로 c-에나멜이나 페놀수지 도료 등을 사용한다.
- 헤드 스페이스(Head space) : 충전할 때는 공간 윗부분이 팽창하는 것을 예방하여야 한다.
- 가권체(Clinching)
  - 탈기를 하기 전에 뚜껑을 덮고 가권체기로 행하며 탈기 및 밀봉을 하기 위한 예비공정이다.
  - 가권체의 목적은 탈기공정 중관의 뚜껑이 떨어지는 것을 막고, 탈기함을 통과할 때 응결수가 관속으로 들어가는 것을 방지하고, 가열 탈기 후 상부공간이 냉각되거나 공기가 다시 관속으로 들어가는 것을 막는다.
- 탈기(Degasing, Vacuum)
  - 탈기는 제품의 품질을 방지하기 위하여 관속의 공기를 제거하고 진공으로 만든다.
  - 탈기의 목적은 가열살균 시 관내 공기의 팽창에 의하여 생기는 밀봉부위의 파손이나 늘어짐을 방지하고 관내면의 부식을 억제하고 호기성 세균의 발육을 억제하며 산화에 따른 내용물의 맛, 색택, 영양가의 저하를 막는다.
- 밀봉(Seaming)
  - 외부로부터 미생물의 침입을 막고 관 내외의 공고의 유동을 방지하여 관내의 진공도를 유지하여 식품을 안정하게 보존하기 위함이다.
  - 밀봉은 통조림 제조에 있어서 가장 중요한 공정이다.
- 멸 균
  - 클로스트리디움 보툴리눔(Closttridium Botulinum) 등 혐기성 세균을 제거하는 데 목적이 있다.
  - 축육 통조림은 pH 5.0 이하의 저산성이 대부분이므로 고압, 고열, 살균을 해야 하며 고압솥(Retort)이 이용된다. 104~107℃의 온도에서 가열 살균한다.
- 냉 각
- 저장과 품질수명 : 시원하고 건조한 장소에서 보관, 상대습도는 30~40% 이하로 하고 저장온도는 21.1℃를 넘지 않도록 한다.

(4) 양념육

① 식육이나 식육가공품에 식품 또는 식품첨가물을 가하여 양념한 것이거나 식육을 그대로 또는 양념하여 가열처리한 것으로 편육, 수육 등을 포함한다.
② **육함량** : 60% 이상의 것을 말한다.

(5) 분쇄 가공 육제품

① 식육(내장은 제외한다)을 세절 또는 분쇄하여 이에 식품 또는 식품첨가물을 가한 후 냉장, 냉동한 것이거나 이를 훈연 또는 열처리한 것으로서 햄버거패티·미트볼·돈가스 등을 말한다.

② 수분함량 : 75% 이하, 조지방 : 30% 이하, 육함량 : 50% 이상의 것을 말한다.

(6) 건조 육제품

① 정의 : 건조저장육은 식육을 그대로 또는 조미료 및 향신료 등을 첨가하여 건조하거나 열처리하여 건조한 것을 말하며, 수분함량이 55% 이하의 것을 말한다.

② 특징 : 식육을 원료로 한 건조가공품은 비용이 적게 들뿐만 아니라 기호성, 저장성 및 대중성이 좋아 비상식품 및 간식으로 폭넓게 활용할 수 있는 이점이 있으며, 건조육을 가공하는 데 있어서 원료육의 전처리, 조미, 건조과정은 제품의 색택, 조직감, 풍미 등에 큰 영향을 준다.

(7) 식육추출가공품

식육추출가공품이라 함은 식육을 주원료로 하여 물로 추출한 것이거나 이에 식품 또는 식품첨가물을 가하여 가공한 것을 말한다.

적중예상문제

01 육제품 제조용 원료육의 결착력에 영향을 미치는 염용성 단백질 구성성분 중 가장 함량이 높은 것은?

① 액 틴
② 레타큘린
③ 마이오신
④ 엘라스틴

- 근원섬유단백질은 식육을 구성하고 있는 주요 단백질로 높은 이온강도에서만 추출되므로 염용성 단백질이라고도 한다.
- 근육의 수축과 이완의 주 역할을 하는 수축단백질(마이오신과 액틴), 근육 수축기작을 직·간접으로 조절하는 조절단백질(트로포마이오신과 트로포닌) 및 근육의 구조를 유지시키는 세포골격단백질(타이틴, 뉴불린 등)로 나눈다.

02 육제품 제조를 위해 사용되는 결착제 중 주성분이 Globulin이며, 90% 이상의 단백질을 함유하고 있고 물과 기름의 결합능력이 좋지만 가열에 의해 암갈색으로 변하기 때문에 다량 사용하지 못하는 것은?

① 우유단백질
② 혈장단백질
③ 난 백
④ 분리대두단백질

03 고기를 숙성시키는 가장 중요한 목적은?

① 육색의 증진
② 보수성 증진
③ 위생안전성 증진
④ 맛과 연도의 개선

04 식육의 가열처리효과로 볼 수 없는 것은?

① 조직감 증진

② 기호성 증진

③ 다즙성 증진

④ 저장성 증신

05 육제품 제조에 사용되는 원료육의 풍미에 영향을 미치는 요인과 가장 거리가 먼 것은?

① 동물의 종류

② 도체중

③ 동물의 연령

④ 사 료

06 뼈가 있는 채로 가공한 햄은?

① Loin Ham

② Shoulder Ham

③ Picnic Ham

④ Bone-in Ham

07 저렴한 각종 원료육을 활용하며 육괴끼리 결합시킬 결착육을 사용하며 다양한 풍미, 모양, 크기로 제조한 육제품은?

① Press Ham

② Salami

③ Tongue Sausage

④ Belly Ham

08 고품질 소시지 생산을 위해 유화공정에서 특히 고려해야 할 요인이 아닌 것은?

① 세절온도

② 세절시간

③ 원료육의 보수력

④ 아질산염의 첨가량

09 훈연의 목적이 아닌 것은?

① 풍미의 증진

② 저장성의 증진

③ 색택의 증진

④ 지방산화 촉진

10 건조소시지 제조에 쓰이며 15~30℃의 온도에서 훈연하는 방법은?

① 온훈법

② 냉훈법

③ 액훈법

④ 열훈법

11 스모크소시지(Smoked Sausage)가 아닌 것은?

① Fresh Pork Sausage

② Wiener Sausage

③ Frankfurt Sausage

④ Bologna Sausage

12 젖산균 발효에 의해 pH를 저하시켜 가열처리한 후, 단기간의 건조로 수분함량이 50% 전후가 되도록 만든 소시지에 해당하는 것은?

① 가열건조소시지

② 스모크소시지

③ 비훈연 건조소시지

④ 프레시소시지

13 신맛과 청량감을 부여하고 염지반응을 촉진시켜 가공시간을 단축할 수 있어 주로 생햄이나 살라미 제품에 이용되는 것은?

① 염미료

② 감미료

③ 산미료

④ 지미료

14 생햄이나 건조 발효육제품에서 염지 시 pH를 낮춤으로써 염지반응을 촉진시켜 가공시간을 단축시킬 수 있는 것은?

① 염미료

② 감미료

③ 산미료

④ 지미료

15 육제품 제조 시 첨가되는 소금의 역할이 아닌 것은?

① 결착력 증가

② 향미증진

③ 저장성 증진

④ 지방산화 억제

12 ① 13 ③ 14 ③ 15 ④ **Answer**

16 다음 중 염지의 효과로 가장 거리가 먼 것은?

① 발색 증진

② 풍미 증진

③ 건강성 증진

④ 보수성 증진

17 식육의 염지효과가 아닌 것은?

① 발색작용

② 세균증식작용

③ 풍미증진작용

④ 항산화작용

18 육제품 제조 시 원료육에 요구되는 기능적 특성이 아닌 것은?

① 보수성

② 결착력

③ 유화력

④ 수분활성도

19 육제품 제조과정에서 염지를 실시할 때 아질산염의 첨가로 억제되는 식중독균은?

① *Clostridium botulinum*

② *Salmonella spp.*

③ *Pseudomonas aeruginosa*

④ *Listeria monocytogenes*

20 염지액을 제조할 때 주의사항으로 틀린 것은?

① 염지액 제조를 위해 사용되는 물은 미생물에 오염되지 않은 깨끗한 물을 이용한다.

② 천연 향신료를 사용할 경우에는 천으로 싸서 끓는 물에 담가 향을 용출시킨 후 여과하여 사용한다.

③ 염지액 제조를 위해 아스코브산과 아질산염을 함께 물에 넣어 충분히 용해시킨 후에 사용한다.

④ 염지액을 사용하기 전 염지액 내에 존재하는 세균과 잔존하는 산소를 배출하기 위해 끓여서 사용한다.

 염지액 제조 시 염지보조제인 아스코브산염을 제외한 나머지 첨가물들을 물에 넣어 잘 용해시키고 아스코브산염은 사용 직전 투입하도록 한다. 만일 아질산염을 아스코브산염과 동시에 물에 첨가하면 아질산염과 아스코브산염이 화학반응을 일으키게 되며, 여기서 발생된 일산화질소의 많은 양이 염지액 주입 전 이미 공기 중으로 날아가 버려 발색이 불충분하게 되기 때문이다.

21 염지액 인젝션 과정에서 주의사항으로 틀린 것은?

① 염지액 온도는 원료육의 온도와 동일하게 4~8℃로 유지한다.

② 육속에 공기 혼입이 되지 않도록 염지액의 기포를 제거한다.

③ 염지액 투입량은 원료육 중량의 40% 정도가 적당하다.

④ 원하는 양의 염지액이 투입되도록 투입 전과 후의 중량을 측정하여 투입한다.

 염지액은 일반적으로 원료육의 10~15% 정도 주입되는데 염지액 주입 시 염지액을 한 번에 다 주입시키지 말고 수회에 걸쳐 나눠 주입하도록 한다. 또한 염지액 주입 시 압력을 2바 이하로 유지해야 하는데 이렇게 해야 고압에 의한 원료육의 손상을 억제하고 기포발생을 방지할 수 있다.

22 다음 육제품 제조기계 중 유화기능이 있는 것은?

① Mixer

② Grinder

③ Stuffer

④ Silent Cutter

23 육제품 제조 시 사용되는 아질산염의 주된 기능으로 틀린 것은?

① 미생물 성장억제

② 풍미증진

③ 염지육색 고정

④ 산화촉진

24 아질산염의 첨가로 아민류와 반응하여 생성되는 발암의심물질은?

① Nitrosyl Hemochrome

② Nitroso-Myochromogen

③ Nitrosoamine

④ Nitroso Myoglobin

25 육제품에 이용되는 포장재 중 산소투과도($cm^3/m^2 \cdot d \cdot dar$, 20℃, 85% RH)가 가장 높은 것은?

① PVDC(Polyvinylidene Chloride), 40m

② PA(Polyamide) 12, 40m

③ Cellulose, 80m

④ PET(Polyester), 20m

26 다음 중 원료육의 유화력에서 가장 중요한 단백질은?

① 당단백질

② 염용성 단백질

③ 지용성 단백질

④ 수용성 단백질

해설 원료육의 유화력은 원료육에서 추출된 염용성 단백질의 양에 좌우되므로, 염용성 단백질이 유화력에서 가장 중요한 단백질이다.

27 다음 중 식육을 소금과 함께 혼합하여 염용성 단백질이 많이 추출되면 개선되는 제품의 특성과 거리가 먼 것은?

① 유화력

② 결착력

③ 보수력

④ 거품형성력

해설 염용성 단백질의 추출량에 의해 좌우되는 특성 : 유화력, 결착력, 보수력(보수성) 등

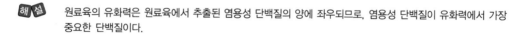

28 사후경직 전 고기는 사후경직 후 고기에 비하여 유화성이 적어도 몇 % 정도가 우수한가?

① 13%

② 18%

③ 25%

④ 33%

해설 사후경직 전 고기는 사후경직 후 고기에 비하여 유화성이 적어도 25% 정도 우수하다.

29 다음 중 우피콜라겐을 이용하여 만드는 케이싱은?

① 재생콜라겐 케이싱

② 플라스틱 케이싱

③ 천연 케이싱

④ 셀룰로스 케이싱

해설 재생콜라겐 케이싱은 주로 우피콜라겐을 이용하고, 셀룰로스 케이싱은 목재펄프나 목화섬유 등을 이용한다.

30 다음 중 훈연액에 들어 있지 않은 성분은?

① 페 놀

② 벤조피렌

③ 유기산

④ 카보닐

해설 훈연액은 연기성분 중 훈연에 필요한 성분만을 추출한 것으로 페놀, 유기산, 카보닐 등이 들어 있다.

31 다음 중 육가공제품의 포장방법으로 가장 알맞은 것은?

① 통기성 포장

② 진공 포장

③ 랩 포장

④ 가스치환 포장

해설 식육의 진공 포장은 산소를 차단하여 호기성 세균의 발육을 억제한다.

28 ③ 29 ① 30 ② 31 ② **Answer**

32 축육 가공에서 발색제로 사용하는 물질은?

① 질산칼륨
② 황산칼륨
③ 아질산염
④ 벤조피렌

33 다음 중 질산염의 기능을 옳게 설명한 것은?

① 풍미의 향상
② 육색의 향상
③ 아질산염의 공급원
④ 식중독의 예방

- 질산염을 첨가하는 이유는 질산염이 아질산염의 공급원이기 때문이다.
- 질산칼륨(KNO₃)은 무색의 투명한 백색 결정성 분말로 육가공품의 발색제로 효과가 있다.

34 다음 중 육가공에서 가장 많이 쓰이는 향신료에 해당하는 것은?

① 마 늘
② 후 추
③ 초 석
④ 에리소브산

육가공에서는 후추가 향신료로 가장 많이 쓰이며, 대부분 천연으로 자라는 식품체의 일부를 건조분말로 쓴다.

35 프레스 햄 제조 시 고기의 처리실 온도로 적당한 것은?

① 3℃ 이하
② 5℃ 이하
③ 10℃ 이하
④ 20℃ 이하

고기 처리 중에 육온이 10℃ 이상되면 결착력이 극히 낮아지므로 고기의 처리실 온도는 10℃ 이하로 유지하는 것이 좋다.

36 다음 중 가열 시 고기의 결체조직의 길이가 1/3 정도로 수축되는 온도는?

① 50~55℃

② 62~63℃

③ 68~73℃

④ 73~76℃

 가열 시 결체조직의 길이는 62~63℃에서 1/3로 수축되며, 더욱 장시간 가열하면 젤라틴화된다.

37 가열 소시지 중에서 혈액을 많이 이용한 소시지는?

① 간소시지

② 혈액소시지

③ 리버소시지

④ 생돈육소시지

 가열소시지는 고기 이외에 혈액이나 간 등을 첨가하는데, 혈액소시지는 혈액을 많이 이용한 소시지로 순대와 비슷하게 생겼다.

38 다음 중 지방낭(Fat Pocket)을 옳게 설명한 것은?

① 유화물 생성을 위해 지방을 소시지 반죽에 첨가한 것

② 유화물이 파괴되어 지방입자가 큰 덩어리로 유착되어 소시지 내부에 몰려 있는 것

③ 소시지 외부가 기름진 것

④ 물과 지방이 섞여 쌓여 있는 것

 지방낭(Fat Pocket)
유화물이 파괴되어 지방입자가 큰 덩어리로 유착되어 소시지 내부에 몰려 있는 것이다

39 다음 소시지 중 간으로 만드는 소시지는 어느 것인가?

① 혈액소시지

② 리버소시지

③ 생돈육소시지

④ 볼로냐

 간을 이용한 소시지로는 리버소시지, 브라운슈바이거가 있다.

40 식품의 품질 면에서 가장 이상적인 건조방법은?

① 동결 건조

② 열풍 건조

③ 냉장 건조

④ 가압 건조

 건조식품은 색깔과 풍미는 그대로 있고 조리할 때 원상복구 능력이 크고 저장, 수송에 편리해야 되는데 여기에는 진공동결 건조가 가장 이상적인 건조 방법이다.

41 내열성도 강해서 가열·냉동식품 포장에 적합한 포장재료는?

① 폴리에스테르

② 나일론

③ 글라신페이퍼

④ 폴리에틸렌

 폴리에스테르는 에틸렌글라이콜과 테레프탈산의 축합 중합물로 질기고 광택이 있고 무색 투명하지만 열접착이 안 된다.

42 다음 중 훈연실에서 육가공제품 가열시 공기 중의 습도가 높으면 조리속도는 어떻게 되는가?

① 빨라진다.

② 변화가 없다.

③ 늦어진다.

④ 온도에 따라 빨라지기도 하고 늦어지기도 한다.

 훈연실에서 육가공제품 가열 시 공기 중의 습도가 높으면 열전달이 잘되기 때문에 조리속도가 빨라진다.

43 다음 중 훈연액에 반드시 들어 있어야 하는 성분은 어느 것인가?

① 유기산

② 페 놀

③ 벤조피렌

④ 알코올

 유기산은 케이싱을 쉽게 벗겨지게 하므로 훈연액에 꼭 들어 있어야 한다.

44 다음 중 훈연 시 연기 성분이 침투할 수 없는 케이싱은?

① 천연 케이싱

② 플라스틱 케이싱

③ 파이브로스 케이싱

④ 재생 콜라겐 케이싱

해설 플라스틱 케이싱
수분 및 연기에 대해 불투과성이기 때문에 훈연하지 않는 소시지에 이용된다.

45 다음 중 인산염이 보수성을 향상시키는 이유로 거리가 먼 것은?

① 고기의 pH를 증가시켜서

② 고기의 이온강도를 증가시켜서

③ 근원섬유 단백질의 결합을 분리시켜서

④ 단백질 함량을 감소시켜서

해설 인산염이 보수성(보수력)을 향상시키는 이유로는 ①, ②, ③의 3가지가 있다.

46 장기보관용 육제품에 이용되는 포장재는?

① 연질 PVC

② 알루미늄

③ 유리 용기

④ 셀로판

해설 유리 용기는 무겁고 충격에 약하나 장기보관용 육제품에 이용된다.

47 다음 중 햄 제조 시에만 사용되는 염지방법은?

① 맥관주사법

② 다침주사법

③ 바늘주사법

④ 액침법

해설 햄 제조 시에만 사용되는 염지법은 맥관주사법이고, 가장 빠른 염지법은 다침주사법이다.

48 고깃덩어리끼리의 결착은 가열에 의해 완성된다. 다음 중 이때 관여하는 성분으로 옳은 것은?

① 단백질
② 탄수화물
③ 무기질
④ 비타민

해설 고깃덩어리끼리의 결착은 가열에 의해 단백질이 서로 결착되어 이루어진다.

49 **원료육의 유화성에 대한 설명으로 올바른 것은?**

① 내장기관육은 골격근에 비해 유화성이 우수하다.
② 기계적 발골육은 수동발골육보다 유화성이 높다.
③ 냉동육은 신선육에 비해 유화성이 높다.
④ PSE 근육은 DFD 근육보다 유화성이 떨어진다.

해설 pH가 낮은 PSE 근육은 단백질의 변성이 많고 단백질 용해도가 떨어져 pH가 높은 DFD 근육이나 정상근육에 비해 유화성이 떨어진다.

50 **다음 중 유화물에 대한 설명으로 옳은 것은?**

① 탄수화물과 단백질의 혼합물
② 물과 지방이 골고루 섞인 혼합물
③ 단백질과 물이 골고루 섞인 혼합물
④ 지방과 탄수화물의 혼합물

해설 유화물
물과 지방이 골고루 잘 섞인 혼합물이다.

51 **다음 중 그라인더를 이용한 연화는 어느 것인가?**

① 효소법
② 세절법
③ 액침법
④ 동결법

해설 세절법이란 그라인더(만육기)로 고기를 세절하여 연화시키는 방법이다.

52 다음 중 염지 시 사용되는 풍미물질로 옳지 않은 것은?

① 식물성 단백질 가수분해물

② 훈연액

③ 설 탕

④ 후 추

해설 염지 시 사용되는 풍미증진제 : 설탕, 훈연액, 조미료(MSG), 식물성 가수분해물(HVP) 등

53 돈육만을 쓰며, 프레시소시지 중 가장 보편적인 제품은?

① 스위디시포테이토소시지

② 캠브리지소시지

③ 프레시포크소시지

④ 프레시더링거

해설 프레시포크소시지(Fresh Pork Sausage)는 돈육만을 쓰며, 프레시소시지 중 가장 보편적인 제품이다.

54 다음 중 건조저장육의 수분함량으로 옳은 것은?

① 25% 이하

② 35% 이하

③ 55% 이하

④ 65% 이하

해설 식품의 기준 및 규격(식품의약품안전처고시)
건조저장육류라 함은 식육을 그대로 또는 이에 식품 또는 식품첨가물을 가하여 건조하거나 열처리하여 건조한
것을 말한다(수분함량 55% 이하, 육함량 85% 이상의 것).

55 다음 중 훈연에 사용되는 나무원료로 알맞은 것은?

① 경질나무

② 참나무

③ 연질나무

④ 소나무

해설 훈연에는 경질나무가 주로 사용된다.

52 ④ 53 ③ 54 ③ 55 ① **Answer**

56 다음 중 진공 포장된 신선육의 색깔로 옳은 것은?

① 적자색

② 황 색

③ 선홍색

④ 청자색

해설 진공 포장된 신선육은 산소가 없기 때문에 다이옥시마이오글로빈은 적자색을 나타낸다.

57 수출용 냉동돈육의 외포장재로 적당한 것은?

① PE 필름

② 카톤박스

③ 폴리필렌

④ 크리오백

해설 수출용 냉동돈육의 외포장은 카톤박스, 내포장은 폴리필렌 진공포장을 사용한다.

58 다음 중 식육을 포장하는 이유와 거리가 먼 것은?

① 지방산패 방지

② 산소의 유입 방지

③ 육즙 누출의 방지

④ 미생물의 사멸

해설 식육의 포장은 미생물을 사멸시키는 것이 아니라 미생물의 오염을 막고 성장을 억제시키는데 목적이 있다.

59 다음 중 훈연 시 소시지 케이싱이 잘 벗겨지게 하는 연기성분은 어느 것인가?

① 카보닐

② 유기산

③ 알코올

④ 페 놀

해설 유기산
훈연 시 소시지 케이싱이 잘 벗겨지게 하는 연기성분으로, 풍미에 영향을 주고, 방부성을 증가시키며, 표면단백질을 증가시킨다.

60 수침할 때의 물은 몇 ℃가 가장 적당한가?

① 40~45℃

② 20~25℃

③ 30~35℃

④ 10~15℃

해설 수침할 때 물의 온도가 너무 높거나, 수침시간이 너무 길면 변색, 산패 등 좋지 않은 영향을 미치므로 주의가
필요하다.

61 케이싱의 종류 중 연기투과성이 있으며 먹을 수 있는 것은?

① 천연 케이싱

② 파이브로스 케이싱

③ 셀룰로스 케이싱

④ 재생콜라겐 케이싱

해설 천연 케이싱은 양, 돼지 창자에서 내외층의 용해성 물질을 제거하고 불용성 성분인 콜라겐으로 만든다.

62 다음 중 실온에서 저장이 가능한 육가공 제품은?

① 육 포

② 소시지

③ 베이컨

④ 프랑크푸르트소시지

해설 육포는 건조하여 만든 제품으로 냉동저장할 필요없이 실온에서 저장이 가능하다.

63 육가공에 있어서 인산염을 첨가하는 목적이 아닌 것은?

① 지방질의 산화억제

② 고기의 보수성 증대

③ 계면 활성 작용

④ pH의 완충 작용

해설 인산염의 첨가 목적
· 금속이온의 봉쇄 작용
· H의 완충 작용
· 계면 활성 작용
· 고기의 보수성 증대

60 ④ 61 ① 62 ① 63 ① **Answer**

64 다음 중 포장육이나 분쇄육의 유통과정에서 중량감소가 발생하는 이유로 옳은 것은?

① 지방의 산화

② 수분의 손실

③ 탄수화물의 분해

④ 단백질의 부패

해설 식육 및 육제품의 중량감소가 일어나는 원인은 바로 수분의 손실이다.

65 다음 중 직접훈연법에 해당하지 않는 것은?

① 습열분해법

② 배훈법

③ 온훈법

④ 냉훈법

해설 직접훈연법으로는 ②, ③, ④ 이외에 열훈법이 있다.

66 다음 중 가장 빠른 염지방법은?

① 맥관주사법

② 다침주사법

③ 액침법

④ 바늘주사법

해설 가장 빠른 염지방법은 다침주사법이고, 가장 느린 염지방법은 마른 연지재료를 사용하는 건염지이다.

67 다음 중 염지육의 독특한 풍미를 위하여 첨가하는 것은?

① 소 금

② 아질산염

③ 간 장

④ 인산염

해설 염지 시 아질산염의 효과 : 육색의 안정, 독특한 풍미 부여, 식중독 및 미생물 억제, 산패의 지연 등

68 지방이 없고 적육이 많은 베이컨은?

① 미들 베이컨

② 덴마크식 베이컨

③ 캐나다식 베이컨

④ 사이드 베이컨

해설 캐나다식 베이컨은 보통의 베이컨과는 원료가 달라서 주로 로인 부분의 큰 근육이나 가늘고 긴 설로인으로 만든다.

69 다음 중 유화물 제조 시 소금을 꼭 첨가해야 하는 이유로 알맞은 것은?

① 독특한 향기를 내기 위하여

② 염 균형을 유지하기 위하여

③ 염용성 단백질이 추출되어 안정된 유화물을 형성시키기 위하여

④ 단백질 유착을 촉진하기 위하여

해설 유화물 제조 시 소금을 첨가하는 주된 목적은 염용성 단백질을 추출하여 안정된 유화물을 형성하는 데 있다.

70 다음 중 훈연 연기 생산 시 400℃ 이상에서 가장 많이 생성되는 발암성분은 어느 것인가?

① 폼알데하이드

② 카보닐

③ 벤조피렌

④ 페 놀

해설 벤조피렌(Benzpyrene)은 400℃ 이상 연소시킬 때 발생되는 발암성분이다.

71 식육을 진공포장하는 주목적은?

① 호기성 세균의 발육을 억제하기 위하여

② 산화작용을 억제하기 위하여

③ 효소작용을 증대시키기 위하여

④ 혐기성 세균의 발육을 억제하기 위하여

해설 식육의 진공포장은 산소를 차단하여 호기성 세균의 발육을 억제한다.

72 다음 중 건조햄 제품에 해당하는 것은?

① 프로슈티

② 저 키

③ 콘드비프

④ 페퍼로니

 프로슈티(Proscuitti)
햄을 이용하여 만드는 건조제품이다.

73 다음 중 건조소시지의 특징에 해당하지 않는 것은?

① 냉동하지 않으면 쉽게 부패한다.

② 표면에 곰팡이가 자랄 수 있다.

③ 실온에서 저장이 가능하다.

④ 살균처리를 하지 않으므로 안전성에 유의하여야 한다.

 건조제품은 실온에서 저장이 가능하므로 냉동이나 냉장을 할 필요가 없다.

74 다음 중 발효소시지의 특징이 아닌 것은?

① 유화형 소시지이다.

② 수분함량에 따라 건조소시지와 반건조소시지로 구분된다.

③ 새콤한 맛을 가진다.

④ 씹는 맛이 있다.

 발효소시지는 조분쇄소시지이다.

75 다음 중 프레스햄 제조 시 충전단계에서 사용되는 용기는 어느 것인가?

① 플라스틱 케이싱

② 오 븐

③ 사각 리테이너

④ 스모크 하우스

 프레스햄은 셀로판에 충전한 다음 사각 리테이너에 담아 훈연을 한다.

76 다음 중 육제품의 가열 정도를 판정할 때 제품 1g당 세균 수는 어느 정도이어야 하는가?

① 6,000마리 이하

② 4,000마리 이하

③ 3,000마리 이하

④ 1,000마리 이하

해설 육제품의 가열 정도를 판정할 때 제품 1g당 세균 수는 1,000마리 이하이어야 양호한 것이다.

77 보수성을 측정할 때 고기를 원심 분리관에 넣고 가열하는 내부 온도는?

① 50℃

② 70℃

③ 80℃

④ 100℃

해설 고기를 잘 분쇄, 혼합한 후 10g 내외의 고기를 원심 분리관에 넣고 70℃의 내부 온도로 가열한 다음 1,000rpm으로 원심 분리하여 분리되는 수분의 양을 측정한다.

78 다음 중 육가공제품에 대한 훈연의 효과로 옳은 것은?

① 풍미 개선

② 보수력 증진

③ 점도의 증가

④ 유화력 향상

해설 훈연은 풍미를 개선시키는 효과가 있다.

79 다음 중 케이싱이 필요하지 않은 육가공제품은?

① 페퍼로니

② 프랑크푸르트소시지

③ 베이컨

④ 위 너

해설 베이컨은 케이싱이 필요하지 않은 육가공제품이다.

76 ④ 77 ② 78 ① 79 ③ **Answer**

80 다음 천연 케이싱에 대한 설명 중 틀린 것은?

① 불가식성 케이싱이다.

② 수분과 연기가 투과한다.

③ 강도가 약하다.

④ 항상 냉장온도에서 저장되어야 한다.

> **해설** 천연 케이싱은 가축의 내장을 주로 이용하는 가식성 케이싱이다.

81 다음 중 염지육색의 안정을 위해 사용되는 물질이 아닌 것은?

① 에리소브산

② 아스코브산

③ 인산염

④ 글루타민산 소다

> **해설** 염지육색의 안정을 위해 사용되는 염지촉진제로는 인산염, 아스코브산, 에리소브산 등이 있다. ④의 글루타민산 소다는 염지 시 사용되는 풍미물질이다.

82 다음 중 육제품 제조 시 소금을 첨가하는 이유가 아닌 것은?

① 염용성 단백질 추출

② 보수력 향상

③ 단백질 감소

④ 저장성 향상

> **해설** 육제품 제조 시 소금을 첨가하는 이유는 보수력을 향상시키고, 염용성 단백질을 추출하며, 저장성 및 제조 시 맛을 향상시키기 위해서이다.

83 다음 중에서 비육단백질이 육가공에서 많이 사용되는 이유로 타당하지 않은 것은?

① 유화력의 개선

② 맛의 증진

③ 원가절감

④ 조리수율 향상

> **해설** 비육단백질이 육제품 가공 시 많이 사용되는 이유는 원가절감, 조리수율 향상, 유화력의 개선 등을 위해서이다.

84 다음 중 안정된 유화물을 생산하는 데 가장 중요한 역할을 하는 구성성분은 어느 것인가?

① 탄수화물

② 지 방

③ 단백질

④ 무기질

해설 유화력이 좋으려면 염용성 단백질이 많아야 한다.

85 다음 중 염지액을 고기 속에 주입하는 염지방법에 해당하지 않는 것은?

① 맥관주사법

② 바늘주사법

③ 다침주사법

④ 텀블링법

해설 텀블링법은 고깃덩어리를 드럼 벽에 부딪치게 하여 단백질 추출을 촉진하기 위해 사용되는 염지촉진법이다.

86 건조방법 중 품질이 가장 좋은 제품을 만들려면 어떻게 하는 것이 좋은가?

① 저온 단시간 건조

② 저온 장시간 건조

③ 고온 단시간 건조

④ 고온 장시간 건조

해설 저온 건조에 의해서 미생물이나 효소의 작용을 억제하고 장시간 건조로 겉마르기 현상을 방지할 수 있다.

87 다음 중 아스코브산의 사용목적과 관련이 먼 것은?

① 보수성의 개선

② 염지촉진

③ 육색의 보존

④ 항산화 효과

해설 아스코브산의 효과
항산화효과, 염지촉진 및 육색보존, Nitrosamines 형성억제, Clostridium의 독소생산억제 등

88 다음 중 염지 시에 사용되는 아질산염의 효과가 아닌 것은?

① 육색의 안정

② 산패의 지연

③ 미생물 억제

④ 조리수율 증대

해설 염지 시 아질산염의 효과 : 육색의 안정, 산패의 지연, 독특한 풍미 부여, 식중독 및 미생물 억제 등

89 다음 중 천연 케이싱으로 사용되는 부산물이 아닌 것은?

① 창 자　　　　　　　　　　② 기 도

③ 지 라　　　　　　　　　　④ 방 광

해설 천연 케이싱으로 사용되는 부산물 : 기도, 창자, 맹장, 방광, 위 등

90 다음 중 사전혼합(Preblending)의 장점이 아닌 것은?

① 원료육의 산패를 지연시킨다.

② 원료육의 유화력을 향상시킨다.

③ 원료육의 보수성을 향상시킨다.

④ 원료육의 사용량을 증가시킨다.

해설 사전혼합의 장점 : 제품의 화학적 조성이 정확하고, 원료육의 산패와 부패를 지연시키고, 유화력과 보수성을 향상시킨다는 점이다.

91 다음 중 가열에 의한 변화로 맞지 않는 것은?

① 미생물의 억제

② 효소의 불활성화

③ 육색의 변화

④ 풍미의 개선

해설 가열에 의한 변화
• 단백질의 열변성
• 풍미의 개량
• 미생물의 억제
• 효소의 불활성화
• 표면의 건조
• 발 색

92 훈연 시 연기성분 중 표면 미생물 억제와 항산화성 등의 효과를 가지고 있어 매우 중요한 것은?

① 페놀류
② 유기산
③ 젖 산
④ 카보닐

해설 페놀류
방부성과 항산화성이 있어서 보존성 향상과 풍미를 위해서 매우 중요하다.

93 다음 훈연 과정에 대한 설명 중 틀린 것은?

① 공기의 흐름이 빠를수록 연기의 침투가 빠르다.
② 연기의 밀도가 높을수록 연기의 침착이 작다.
③ 연기 발생에 사용하는 재료는 수지함량이 적은 것이 좋다.
④ 훈연은 항산화 작용에 의하여 지방의 산화를 억제한다.

해설 연기의 밀도가 높을수록 연기의 침착이 크다.

94 다음 중 신선소시지의 적절한 소비방법으로 옳은 것은?

① 익혀서 먹는다.
② 냉동시켜서 먹는다.
③ 그냥 생으로 먹는다.
④ 데워서 먹는다.

해설 신선소시지는 제조 시 가열을 하지 않기 때문에 익혀서 먹어야 한다.

95 플라스틱 포장재료 중 방습성이 크고, 열 접착성이 좋은 것은?

① 폴리아마이드
② 염화비닐라이덴
③ 폴리에틸렌
④ 셀로판

해설 폴리에틸렌은 식품 포장에 가장 많이 쓰이는 필름으로 내수성이 우수하며 코팅재료로 많이 사용된다.

96 건조저장육에 대한 설명으로 틀린 것은?

① 육포도 건조저장육의 일종이다.

② 건조저장육은 육의 수분함량을 줄인 제품을 의미한다.

③ 건조저장육은 온도, 열기, 공기의 속도 등에 의하여 육을 건조한 것을 의미한다.

④ 냉동 저장 과정 중 수분 증발로 발생된 건조육을 의미한다.

 식품의 기준 및 규격(식품의약품안전처고시)
건조저장육류라 함은 식육을 그대로 또는 이에 식품 또는 식품첨가물을 가하여 건조하거나 열처리하여 건조한 것을 말하며 수분 55% 이하의 것을 말한다(육함량 85% 이상의 것).

97 포장육의 성분규격에 관한 설명 중 맞는 것은?

① 포장육은 발골한 것으로 육함량이 50% 이상 함유되어야 한다.

② 포장육의 보존료는 1g/kg 이하이어야 한다.

③ 포장육의 휘발성 염기질소 함량은 20mg% 이하이어야 한다.

④ 포장육의 대장균군은 양성이어야 한다.

 식품의 기준 및 규격(식품의약품안전처고시)
• 포장육의 정의 : 판매를 목적으로 식육을 절단(세절 또는 분쇄를 포함한다)하여 포장한 상태로 냉장 또는 냉동한 것으로서 화학적 합성품 등 첨가물 또는 다른 식품을 첨가하지 아니한 것을 말한다(육함량 100%).
• 포장육의 성분규격
 − 성상 : 고유의 색택을 가지고 이미 · 이취가 없어야 한다.
 − 타르색소 : 검출되어서는 아니 된다.
 − 휘발성 염기질소(mg%) : 20 이하
 − 보존료(g/kg) : 검출되어서는 아니 된다.
 − 장출혈성 대장균 : n = 5, c = 0, m = 0/25g(다만, 분쇄에 한한다)

98 소시지류의 제조 공정에서 사용되는 설비로서 세절과 혼합을 하는 것은?

① 분쇄기(Chopper)

② 사일런트 커터(Silent Cutter)

③ 혼합기(Mixer)

④ 텀블러(Tumbler)

 세절과 혼합은 원료육, 지방, 빙수 및 부재료를 배합하여 만들어지는 소시지류의 제조에 있어 중요한 공정으로 주로 사일런트 커터에서 이루어진다. 세절공정을 통해 원료육과 지방은 입자가 매우 작은 상태가 되어 교질상의 반죽상태가 된다.

99 가공육의 결착력을 높이기 위해 첨가되는 것은?

① 단백질
② 수 분
③ 지 방
④ 회 분

 근육의 수축과 이완에 직접 관여하는 근원섬유 단백질은 가공특성이나 결착력에 크게 관여하는데, 재구성육 제품이나 유화형 소시지 제품에서 근원섬유 단백질의 추출량이 증가할수록 결착력이 높아진다.

100 고기 유화물의 보수력과 유화력에 영향을 주는 요인이 아닌 것은?

① 원료육의 보수력
② 세절온도와 세절시간
③ 배합성분과 비율
④ 건조와 훈연

 고기 유화물의 보수력과 유화력에 영향을 주는 요인은 원료육의 보수력, 세절온도와 세절시간, 배합성분과 비율 이 있다.

101 고기의 연화제로 쓰이는 식물계 효소는?

① 파파인
② 리파제
③ 포스파타제
④ 아밀라제

 고기연화제는 보통 포도나무의 생과일에서 나오는 단백질 분해효소인 파파인과 같은 식물성 물질이다.

102 육가공품 제조 시 첨가하는 소금의 기능이 아닌 것은?

① 증량 효과
② 보수력 증진
③ 염용성 단백질 추출
④ 저장성 증진

 육가공품 제조 시 소금을 첨가하면 보수력이 증진되고, 염용성 단백질이 추출되며, 저장성이 증진된다.

99 ① 100 ④ 101 ① 102 ① **Answer**

103 식육의 부위를 염지한 것이나 이에 식품첨가물을 가하여 저온에서 훈연 또는 숙성·건조한 것을 무엇이라고 하는가?

① 햄
② 생 햄
③ 프레스햄
④ 소시지

 식품의 기준 및 규격(식품의약품안전처고시)
- 햄 : 식육을 부위에 따라 분류하여 정형 염지한 후 숙성·건조하거나 훈연 또는 가열처리하여 가공한 것을 말한다(뼈나 껍질이 있는 것도 포함한다).
- 생햄 : 식육의 부위를 염지한 것이나 이에 식품첨가물을 가하여 저온에서 훈연 또는 숙성·건조한 것을 말한다 (뼈나 껍질이 있는 것도 포함한다).
- 프레스햄 : 식육의 고깃덩어리를 염지한 것이나 이에 식품 또는 식품첨가물을 가한 후 숙성·건조하거나 훈연 또는 가열처리한 것을 말한다(육함량 75% 이상, 전분 8% 이하의 것).

104 소시지류에 대한 설명 중 틀린 것은?

① 소시지는 식육에 다른 식품 또는 식품첨가물을 가한 후 숙성·건조시킨 것이거나, 훈연 또는 가열처리한 것을 말한다.
② 소시지에서 식육에는 육함량 중 10% 미만의 알류를 혼합한 것은 제외한다.
③ 혼합소시지는 전체 육함량 중 20% 미만의 어육 또는 알류를 혼합한 것도 포함한다.
④ 발효소시지는 식육에 다른 식품 또는 식품첨가물을 가하여 저온에서 훈연 또는 훈연하지 않고 발효시켜 숙성 또는 건조처리한 것을 말한다.

 식품의 기준 및 규격(식품의약품안전처고시)
소시지에서 식육에는 육함량 중 10% 미만의 알류를 혼합한 것도 포함한다.

105 식육단백질의 열응고 온도보다 높은 온도 범위에서 훈연을 행하기 때문에 단백질이 거의 응고되고 표면만 경화되어 탄력성이 있는 제품을 생산할 수 있어서 일반적인 육제품의 제조에 많이 이용되는 훈연법은?

① 냉훈법
② 온훈법
③ 열훈법
④ 배훈법

 ① 냉훈법 : 30℃ 이하에서 훈연하는 방법으로 별도의 가열처리 공정을 거치지 않는 것이 일반적이다. 훈연시간 이 길어 중량감소가 크지만 건조, 숙성이 일어나서 보존성이 좋고 풍미가 뛰어나다.
② 온훈법 : 30~50℃의 온도범위에서 행하는 훈연법으로, 본레스햄(Boneless Ham), 로인햄(Loin Ham) 등 가열처리 공정을 거치는 제품에 이용된다. 이 방법의 온도범위에서는 미생물이 번식하기에 알맞은 조건이므 로 주의하여야 한다.

106 훈연 시 연기 침착의 속도와 양에 영향을 주는 것과 가장 거리가 먼 것은?

① 제품 표면의 건조 상태
② 훈연실 내 연기의 밀도
③ 훈연실의 공기의 순환 속도
④ 훈연실의 온도

107 열처리에서 D값(D-Value)은?

① 미생물의 열처리에 대한 완전멸균시간을 말한다.
② 보툴리누스균의 사멸시간을 말한다.
③ F_0값의 정반대 개념이다.
④ 일정한 온도에 있어서 세균이 90% 사멸하는 데 필요한 가열시간을 말한다.

108 진공포장육의 장점이 아닌 것은?

① 저장기간이 연장된다.
② 건조에 의한 감량을 줄일 수 있다.
③ 혐기성균이 사멸된다.
④ 육의 취급 및 운송이 간편하다.

109 '식품의 기준 및 규격'에서 산화방지제가 아닌 것은?

① 소브산
② 다이뷰틸하이드록시톨루엔
③ 터셔리뷰틸하이드로퀴논
④ 몰식자산프로필

 식품의 기준 및 규격(식품의약품안전처고시)
• 산화방지제 : 다이뷰틸하이드록시톨루엔, 뷰틸하이드록시아니솔, 터셔리뷰틸하이드로퀴논(tert-Butyl-hydroquinone), 몰식자산프로필, 이·디·티·에이·이나트륨(DisodiumEthylenediamin-etetraacetate), 이·디·티·에이·칼슘이나트륨(Calcium DisodiumEthylenediamin-etetraacetate)
• 보존료 : 데하이드로초산나트륨, 소브산 및 그 염류(칼륨, 칼슘), 안식향산 및 그 염류(나트륨, 칼륨, 칼슘), 파라옥시안식향산류(메틸, 에틸), 프로피온산 및 그 염류(나트륨, 칼슘)

110 공기가 있어야만 증식이 가능하므로, 식육이나 육제품의 표면에서만 자랄 수 있는 미생물은?

① 곰팡이
② 세 균
③ 박테리아
④ 효 모

106 ④ 107 ④ 108 ③ 109 ① 110 ① **Answer**

111 다음 육제품 중 공장에서 2차 오염 가능성이 가장 높은 제품은?

① 프랑크푸르트 소시지
② 슬라이스 햄
③ 장조림 통조림
④ 피크닉 햄

112 원료육과 유화성과의 관계에 대한 설명으로 틀린 것은?

① 근원섬유단백질이 많고 결합조직이 적은 고기일수록 유화성이 우수하다.
② 지방이 많은 고기일수록 단위무게당 단백질량이 적으므로 유화성이 떨어진다.
③ 사후경직 전의 고기는 사후경직 중인 고기에 비해 유화성이 우수하다.
④ pH가 낮은 PSE육은 pH가 높은 DFD육이나 정상육에 비해 유화성이 우수하다.

 ④ pH가 낮은 PSE근육은 단백질 변성이 많고 단백질 용해도가 떨어져 pH가 높은 DFD근육이나 정상근육에 비해 유화성이 떨어진다.

113 만 3세 이상 우리 국민이 통상적으로 소비하는 1회 섭취량과 시장조사 결과 등을 바탕으로 설정한 축산물별 1회 섭취 참고량이 다음의 식육가공품 중에서 가장 높은 것은?

① 햄 류
② 소시지류
③ 건조저장육류
④ 양념육류

 축산물별 1회 섭취 참고량(축산물의 표시기준 [별첨 1])

축산물군	축산물종	축산물유형	1회 섭취 참고량
식육가공품	햄 류	햄	30g
		프레스햄	
		혼합프레스햄	
	소시지류	소시지	
		발효소시지	
		혼합소시지	
	베이컨류	베이컨류	
	건조저장육류	건조저장육류	15g
	양념육류	양념육	60g
		가열양념육	
	분쇄가공육제품	분쇄가공육제품	30g
	갈비가공품	갈비가공품	60g
	식육추출가공품	단순식육추출가공품	240g
		식육추출가공품	

114 식육가공품에 사용할 수 있는 보존료와 허용량은?

① 소브산 – 5.0g/kg 이하

② 소브산 – 2.0g/kg 이하

③ 아질산나트륨 – 5.0g/kg 이하

④ 아질산나트륨 – 2.0g/kg 이하

115 육제품 중 소시지 제조에 있어서 가장 기본적인 공정은?

① 염지 – 충전 – 유화 – 가열 처리 – 훈연 – 포장

② 염지 – 세절 – 유화 – 충전 – 훈연 – 가열처리 – 포장

③ 유화 – 염지 – 세절 – 훈연 – 충전 – 가열처리 – 포장

④ 유화 – 염지 – 세절 – 충전 – 훈연 – 가열처리 – 포장

116 발효공정을 거쳐 만드는 소시지는?

① 프레시소시지(Fresh Sausage)

② 스모크소시지(Smoked Sausage)

③ 건조소시지(Dry Sausage)

④ 가열소시지(Cooked Sausage)

해설 식품의 기준 및 규격(식품의약품안전처고시)
발효소시지 : 식육에 다른 식품 또는 식품첨가물을 가하여 저온에서 훈연 또는 훈연하지 않고 발효시켜 숙성
또는 건조처리한 것을 말한다.

117 훈연의 가장 중요한 목적은?

① 결착을 좋게 한다.

② pH를 높여 준다.

③ 육색을 증진시킨다.

④ 증량을 시켜 준다.

118 산화방지제에 해당하는 식품첨가물은?

① 에리소브산나트륨

② 아질산이온

③ 소브산

④ 프로피온산

 식품첨가물의 가장 중요한 역할은 '식품의 보존성을 향상시켜 식중독을 예방한다'는 것이다. 식품에 포함되어 있는 지방이 산화되면 과산화지질이나 알데하이드가 생성되어 인체 위해요소가 될 수 있으며, 또한 식품 중 미생물은 식품의 변질을 일으킬 뿐만 아니라 식중독의 원인이 되므로, 이를 방지하기 위해 산화방지제, 보존료, 살균제 등의 식품첨가물이 사용되고 있다. 산화방지제는 산소에 의해 지방성 식품과 탄수화물 식품의 변질을 방지하는 화학물질이다. 식품첨가물로 BHA(뷰틸하이드록시아니솔), BHT(다이뷰틸하이드록시톨루엔), 에리소브산, 에리소브산나트륨, 구연산이 해당된다.

119 식육에 물리적인 힘(절단, 분쇄, 압착 등)을 가할 때 식육 내의 수분을 유지하려는 성질은?

① 결착성

② 유화성

③ 친수성

④ 보수성

120 건조 저장육에 대한 설명으로 틀린 것은?

① 육포도 건조 저장육의 일종이다.

② 건조 저장육은 육의 수분함량을 줄인 제품을 의미한다.

③ 건조 저장육은 온도, 열기, 공기의 속도 등에 의하여 육을 건조한 것을 의미한다.

④ 냉동 저장 과정 중 수분 증발로 발생된 건조육을 의미한다.

121 염지육의 발색에 관여하는 첨가제는 무엇인가?

① 아질산염

② 인산염

③ 설 탕

④ 항산화제

 아질산염은 아질산나트륨 또는 아질산칼륨을 가리킨다. 햄, 소시지, 이크라(Ikura) 등에 색소를 고정시키기 위해서 이용되며 가열조리 후 선홍색의 유지에 도움이 된다.

122 유연성과 산소투과성이 좋아 생육의 랩 필름용으로 가장 적합한 포장재는?

① 저밀도 폴리에틸렌(LDPE)

② 폴리프로필렌(PP)

③ 염화비닐(PVC)

④ 폴리아마이드(PA)

 ① 폴리에틸렌(Polyethylene, PE)은 선상저밀도 폴리에틸렌(LLDPE), 저밀도 폴리에틸렌(LDPE)과 고밀도 폴리에틸렌(HDPE)으로 구분하며, 저밀도 폴리에틸렌은 유연성과 산소투과성이 좋고, 고밀도 폴리에틸렌은 내열성이 좋으나 산소투과성은 저밀도폴리에틸렌보다 낮다. 그래서 저밀도 폴리에틸렌(LDPE)은 생육의 랩포장(LLDPE, LDPE), 냉동육용, 진공포장재와 가스 포장재의 봉함면에 주로 사용된다.
② 폴리프로필렌(Polypropylene, PP)은 레토르트용 포장재의 봉함면(CPP), 스트레치포장(OPP), 수축포장에 이용된다.
③ 염화비닐수지(Polyvinyl Chloride, PVC)는 연질PVC는 투명성, 산소투과성과 점착성이 좋고 경질 PVC는 성형성과 산소차단성이 좋아 랩, 스트레치필름(연질 PVC), 용기나 Tray(경질PVC)에 사용된다. 그러나 PVC는 염화비닐 단량체와 가소제의 용출가능성으로 사용이 제한되는 추세이다.
④ 폴리아마이드(Polyamide, PA)는 나일론(Nylon)이라고 불리며 공기차단성, 내열성, 내한성 및 성형성이 우수해 진공 및 가스치환포장용, 냉동제품의 포장용으로 이용된다.

123 훈연의 목적이 아닌 것은?

① 풍미 증진

② 보수성 증진

③ 색도 증진

④ 산화방지

 훈연의 기본적인 목적은 제품의 보존성 부여, 육색 향상, 풍미와 외관의 개선 그리고 산화의 방지 등이다. 보수성 증진과는 거리가 멀다.

124 프레스 햄 제조 시 고기 조각을 소금과 함께 마사징이나 텀블링 기계에 넣어 교반하는 이유와 거리가 먼 것은?

① 육단백질의 추출을 위하여

② 결착력을 향상시키기 위하여

③ 염지를 촉진하기 위하여

④ 영양가를 높이기 위하여

125 염지 방법과 거리가 먼 것은?

① 예열법

② 건염법

③ 주사법

④ 액염법

 염지 방법은 크게 건염법, 액염법, 염지액 주사법 등으로 구분한다.

② 건염법은 소금만을 사용하거나 또는 아질산염이나 질산염을 함께 사용하여 만든 염지염을 원료육 중량의 10% 정도 도포하여 4~6주간 저장하여 염지한다.

④ 액염법은 건염법에서 사용되는 염지제들을 물에 녹여 염지액으로 만든 후 여기에 원료육을 담가 염지가 이루어지게 하는 방법이다. 현재에는 주로 맥관이나 바늘 주사를 이용하여 조직 내에 훨씬 신속하고 균일하게 염지액을 분포시키는 염지액 주사법이 많이 사용되고 있다. 염지육 제품의 품질을 향상시키고 제조과정을 단축하고자 하는 물리적인 염지 촉진 방법들로서 마사지와 텀블링이 있다.

126 식용이 가능한 포장재(Casing)는?

① 콜라겐(Collagen) 케이싱

② 셀룰로스(Cellulose) 케이싱

③ 셀로판(Cellophan) 케이싱

④ 파이브러스(Fibrous) 케이싱

127 분할된 부분육의 보관과 유통 시 외부로부터 오염을 방지하고 수분증발을 방지하기 위한 생육의 포장재료로 가장 부적당한 것은?

① 폴리에틸렌(PE)

② 염화비닐(PVC)

③ 염화비닐라이덴(PVDC)

④ 기름종이

128 식육 가공 시 육제품의 보수력을 향상시키기 위한 방법으로 잘못된 것은?

① 보수성이 우수한 원료육을 선택한다.

② 인산염을 소량 첨가한다.

③ 적당한 시간동안 마사지를 시켜 준다.

④ 소브산을 3.0g/kg 정도 첨가한다.

 식품의 기준 및 규격(식품의약품안전처고시 제2018-18호)

식육가공품의 규격 보존료(g/kg) : 소브산, 소브산칼륨, 소브산칼슘 2.0 이하 이외의 보존료가 검출되어서는 아니 된다(양념육류와 포장육은 보존료가 검출되어서는 아니 된다).

129 햄, 소시지 제조에 있어 고기 입자 간의 결착력에 영향을 미치는 요인과 가장 거리가 먼 것은?

① 천연 향신료의 배합비율

② 원료육의 보수력과 유화성

③ 혼합 시간과 온도

④ 인산염의 사용 여부

130 소시지류의 제조 공정에서 사용되는 설비로서 세절과 혼합을 하는 것은?

① 분쇄기(Chopper)

② 사일런트 커터(Silent Cutter)

③ 혼합기(Mixer)

④ 텀블러(Tumbler)

 세절과 혼합은 원료육, 지방, 빙수 및 부재료를 배합하여 만들어지는 소시지류의 제조에 있어 중요한 공정으로 주로 사일런트 커터에서 이루어진다. 세절공정을 통해 원료육과 지방은 입자가 매우 작은 상태가 되어 교질상의 반죽상태가 된다.

131 0.6%의 아질산나트륨이 함유된 염지소금 10kg을 만들 때 아질산나트륨과 식염은 몇 g 필요한가?

① 아질산나트륨 6g, 식염 9,994g

② 아질산나트륨 60g, 식염 9,940g

③ 아질산나트륨 600g, 식염 9,400g

④ 아질산나트륨 600g, 식염 10,000g

 0.6%는 10kg(= 10,000g) 중의 60g이다. 10kg 염지소금에는 아질산나트륨 60g과 식염 9,940g으로 구성되어 있다.

132 햄의 종류와 일반적으로 사용되는 부위가 서로 맞게 연결된 것은?

① 등심 - 로인햄(Loin Ham)

② 삼겹살 - 락스햄(Lachs Ham)

③ 목심 - 레귤러햄(Regular Ham)

④ 뒷다리 - 피크닉햄(Picnic Ham)

 햄의 종류로는 본인햄, 본레스햄, 로스햄, 숄더햄, 안심햄, 피크닉햄, 프레스햄, 혼합프레스햄이 있으며, 한국산업 규격(KS)에서는 다음과 같이 햄을 4종류로 분류하고 있다.
• 본인햄(Bone In Ham) : 돈육의 넓적다리 부위를 뼈가 있는 그대로 정형하여 조미료, 향신료 등으로 염지시킨 후 훈연하여 가열하거나 또는 가열하지 않은 것으로 서양에서 햄은 보통 이것을 가리킨다. 써는 방법에 따라서

쇼트컷과 롱컷이 있다. Regular Ham이라고 한다.
- 본레스햄(Boneless Ham) : 돈육의 넓적다리 부위에서 뼈를 제거하고 정형하여 조미료, 향신료 등으로 염지시 킨 후 케이싱 등에 포장하거나 또는 포장하지 않고, 훈연하거나 또는 훈연하지 않고, 수증기로 찌거나 끓는 물에 삶은 것으로 훈연하지 않는 경우 보일드햄이라고 부르기도 한다.
- 로스햄(Roast Ham) : 돈육의 등심 부위를 정형하여 조미료, 향신료 등으로 염지시킨 후 케이싱 등에 포장하거나 또는 포장하지 않고, 훈연하거나 또는 훈연하지 않고, 수증기로 찌거나 끓는 물에 삶은 것으로 햄 표면에 지방층이 하얗게 덮여 있다.
- 숄더햄(Shoulder Ham) : 돈육의 어깨 부위를 정형하여 조미료, 향신료 등으로 염지시킨 후 케이싱 등에 포장하 거나 또는 포장하지 않고, 훈연하거나 또는 훈연하지 않고, 수증기로 찌거나 끓는 물에 삶은 것이다.

133 육제품 제조 시의 발색제로 가장 많이 쓰이는 것은?

① 초산, 젖산
② 구연산, 유기산
③ 소금, 설탕
④ 질산염, 아질산염

 발색제는 음식의 색을 선명하게 하는 화학물질로 아질산나트륨이 가장 많이 쓰인다. 시중에 판매되는 햄, 소시지, 베이컨 등 육류를 원료로 하는 거의 모든 제품에 들어 있다. 고기류는 제조 또는 가공 후 일정 시간이 지나면 자연히 붉은색에서 갈색으로 변색이 되는데, 이를 막기 위한 방법으로 발색제를 사용하는 것이다.

134 육의 저장법으로 이용되지 않는 방법은?

① 염장법
② 냉동법
③ 훈연법
④ 주정처리법

135 진공포장육의 장점으로 볼 수 없는 것은?

① 호기성 미생물의 증식과 지방산화가 억제되어 저장성이 높다.
② 저장기간을 연장할 수 있으므로 냉장육으로 판매가 가능하다.
③ 진공상태로 유지되어 육의 변색을 방지하고 소비자가 선호하는 발색이 나타난다.
④ 취급 및 운송이 간편하다.

 진공포장은 이러한 랩포장의 단점을 보완한 포장 방식으로 저장기간이 연장됨에 따라 육즙 삼출과 표면 변색 등의 문제점이 있다.

136 신선육을 진공포장할 때 발생되는 문제점과 거리가 먼 것은?

① 드립(Drip) 발생

② 변 색

③ 이취발생

④ 호기성 세균증식

 진공포장의 주된 목적은 포장 내 산소를 제거함으로써 호기성 미생물의 성장과 지방 산화를 지연시켜 저장성을 높이는 데 있다. 그러나 진공상태에서 보관된 고기의 색이 암적색으로 나타나는 표면 변색(Surface Discoloration)과 진공에 의한 찌그러짐(Distortion) 등의 포장육 형태 변화, 식육으로부터 유리되는 육즙량 증가 (Purge Loss) 등 여러 가지 문제점들이 발생되고 있다.

137 염지와 효과가 아닌 것은?

① 육제품의 색을 좋게 한다.

② 세균성장을 억제시킨다.

③ 원료육의 저장성을 증가시킨다.

④ 원료육의 풍미를 감소시킨다.

138 소시지 제조 시의 충전에 대한 설명 중 틀린 것은?

① 충전에 사용되는 기계를 스터퍼(Stuffer)라고 한다.

② 충전기의 종류에는 공기압식, 유압식 등이 있다.

③ 소시지의 내포장에는 케이싱(Casing)을 이용한다.

④ 내수성 케이싱을 사용하면 좋지 않다.

139 염지와 관련된 재료의 기능으로 틀린 것은?

① 소금은 염용성 단백질을 추출하여 유화력을 증진시킨다.

② 당류는 맛과 색을 개선시키나 미생물과는 관련되지 않는다.

③ 에리소브산나트륨은 산화방지제이다.

④ 아질산염은 유해미생물 성장 억제와 육색의 발달에 관여한다.

 염지에서 당류는 풍미증진, 육색향상, 미생물 발육 억제로 쓰인다.
당류의 효과
• 풍미 증진 : 소금첨가에 따른 거친 맛을 순화시키고 설탕은 수분의 건조를 막고 고기를 연하게 하는 효과가 있다.
• 육색 향상 : 단백질의 아미노산기와 반응하여 가열시 갈변현상으로 육색을 향상시키고 백설탕, 흑설탕 또는 꿀이 사용되며, 건염 시에는 환원미생물이 잘 자라게 하여 이 미생물들이 질산염을 아질산염으로 환원시키는 역할을 하도록 한다.
• 미생물 발육 억제 : 소금성분과 복합으로 미생물의 성장을 지연시킨다. 그러나 실제로 사용하는 농도가 낮으므로 미생물 성장 억제 효과를 기대하기는 어렵다.

140 소시지 제조에 있어서 가장 기본적인 공정은?

① 염지 – 충전 – 유화 – 가열처리 – 훈연 – 포장
② 염지 – 세절 – 유화 – 충진 – 훈연 – 가열처리 – 포장
③ 유화 – 염지 – 세절 – 훈연 – 충진 – 가열처리 – 포장
④ 유화 – 염지 – 세절 – 충진 – 훈연 – 가열처리 – 포장

141 비포장 식육의 냉장저장 중에 일어날 수 있는 변화가 아닌 것은?

① 육색의 변화
② 지방산화
③ 감 량
④ 미생물 사멸

해설 비포장 식육은 냉장저장 중에 미생물이 번식한다.

142 소시지 유화물의 혼합공정에서 혼합 도중 얼음물을 첨가하는 가장 중요한 이유는?

① 호화를 잘되게 하기 위해
② 지방을 얼리기 위해
③ 유화 안정성을 유지하기 위해
④ 영양소의 파괴를 막기 위해

143 열과 소금에 대한 저항성이 강하고, 절임육을 녹색으로 변화시키는 것으로 알려진 세균은?

① 살모넬라(*Salmonella*)
② 슈도모나스(*Pesudomonas*)
③ 락토바실러스(*Lactobacillus*)
④ 바실러스(*Bacillus*)

해설 락토바실러스속은 미호기성이며 운동성이 없고 색소를 생성하지 않는 무포자균이다. 젖당을 분해하여 젖산을 생성하는 젖산균(*Lactobacillus*균)으로 유익한 세균이 많은데, 특히 *L. bulgaricus*, *L. acidophius*, *L. casei* 등은 치즈나 젖산음료의 발효균으로 맛, 향, 보존성 등을 향상시킨다. 다만, 우유와 버터를 변패시키고 육류, 소시지, 햄 등의 표면에 점질물(녹색 형광물)을 생성하는 등 부패를 일으키기도 한다.

144 산화방지제에 해당하는 식품첨가물은?

① 에리소브산나트륨
② 아질산이온
③ 소브산
④ 프로피온산

 식품첨가물의 가장 중요한 역할은 '식품의 보존성을 향상시켜 식중독을 예방한다'는 것이다. 식품에 포함되어 있는 지방이 산화되면 과산화지질이나 알데하이드가 생성되어 인체 위해요소가 될 수 있으며, 또한 식품 중 미생물은 식품의 변질을 일으킬 뿐만 아니라 식중독의 원인이 되므로, 이를 방지하기 위해 산화방지제, 보존료, 살균제 등의 식품첨가물이 사용되고 있다. 산화방지제는 산소에 의해 지방성 식품과 탄수화물 식품의 변질을 방지하는 화학물질이다. 식품첨가물로 BHA(뷰틸하이드록시아니솔), BHT(다이뷰틸하이드록시톨루엔), 에리소브산, 에리소브산나트륨, 구연산이 해당된다.

145 식육에 물리적인 힘(절단, 분쇄, 압착 등)을 가할 때 식육 내의 수분을 유지하려는 성질은?

① 결착성
② 유화성
③ 친수성
④ 보수성

146 식육의 보수성이 낮은 경우에 나타나는 현상이 아닌 것은?

① 가열하게 되면 감량이 커진다.
② 육제품 생산시 수율이 낮아진다.
③ 육질이 저하된다.
④ 식육의 육색이 향상된다.

147 건조 저장육에 대한 설명으로 틀린 것은?

① 육포도 건조 저장육의 일종이다.
② 건조 저장육은 육의 수분함량을 줄인 제품을 의미한다.
③ 건조 저장육은 온도, 열기, 공기의 속도 등에 의하여 육을 건조한 것을 의미한다.
④ 냉동 저장 과정 중 수분 증발로 발생된 건조육을 의미한다.

144 ① 145 ④ 146 ④ 147 ④ **Answer**

148 염지육의 발색에 관여하는 첨가제는 무엇인가?

① 아질산염
② 인산염
③ 설 탕
④ 항산화제

 아질산염은 아질산나트륨 또는 아질산칼륨을 가리킨다. 햄, 소시지, 이크라(Ikura) 등에 색소를 고정시키기 위해서 이용되며 가열조리 후 선홍색의 유지에 도움이 된다.

149 유연성과 산소투과성이 좋아 생육의 랩 필름용으로 가장 적합한 포장재는?

① 저밀도 폴리에틸렌(LDPE)
② 폴리프로필렌(PP)
③ 염화비닐(PVC)
④ 폴리아마이드(PA)

 ① 폴리에틸렌(Polyethylene, PE)은 선상저밀도 폴리에틸렌(LLDPE), 저밀도 폴리에틸렌(LDPE)과 고밀도 폴리에틸렌(HDPE)으로 구분하며, 저밀도 폴리에틸렌은 유연성과 산소투과성이 좋고, 고밀도 폴리에틸렌은 내열성이 좋으나 산소 투과성은 저밀도폴리에틸렌보다 낮다. 그래서 저밀도 폴리에틸렌(LDPE)은 생육의 랩포장(LLDPE, LDPE), 냉동육용, 진공포장재와 가스포장재의 봉함면에 주로 사용된다.
② 폴리프로필렌(Polypropylene, PP)은 레토르트용 포장재의 봉함면(CPP), 스트레치포장(OPP), 수축포장에 이용된다.
③ 염화비닐수지(Polyvinyl Chloride, PVC)는 연질PVC는 투명성, 산소투과성과 점착성이 좋고 경질 PVC는 성형성과 산소차단성이 좋아 랩, 스트레치필름(연질 PVC), 용기나 Tray(경질 PVC)에 사용된다. 그러나 PVC는 염화비닐 단량체와 가소제의 용출가능성으로 사용이 제한되는 추세이다.
④ 폴리아마이드(Polyamide, PA)는 나일론(Nylon)이라고 불리며 공기차단성, 내열성, 내한성 및 성형성이 우수해 진공 및 가스치환포장용, 냉동 제품의 포장용으로 이용된다.

150 훈연의 목적이 아닌 것은?

① 풍미 증진
② 보수성 증진
③ 색도 증진
④ 산화방지

 훈연의 기본적인 목적은 제품의 보존성 부여, 육색 향상, 풍미와 외관의 개선 그리고 산화의 방지 등이다. 보수성 증진과는 거리가 멀다.

151 프레스 햄 제조 시 고기 조각을 소금과 함께 마사징이나 텀블링 기계에 넣어 교반하는 이유와 거리가 먼 것은?

① 육단백질의 추출을 위하여

② 결착력을 향상시키기 위하여

③ 염지를 촉진하기 위하여

④ 영양가를 높이기 위하여

152 염지 방법과 거리가 먼 것은?

① 예열법　　　　　　　　　　　② 건염법

③ 주사법　　　　　　　　　　　④ 액염법

 염지 방법은 크게 건염법, 액염법, 염지액 주사법 등으로 구분한다.

② 건염법은 소금만을 사용하거나 또는 아질산염이나 질산염을 함께 사용하여 만든 염지염을 원료육 중량의 10% 정도 도포하여 4~6주간 저장하여 염지한다.

④ 액염법은 건염법에서 사용되는 염지제들을 물에 녹여 염지액으로 만든 후 여기에 원료육을 담가 염지가 이루어지게 하는 방법이다.

현재에는 주로 맥관이나 바늘 주사를 이용하여 조직 내에 훨씬 신속하고 균일하게 염지액을 분포시키는 염지액 주사법이 많이 사용되고 있다. 염지육 제품의 품질을 향상시키고 제조과정을 단축하고자 하는 물리적인 염지 촉진 방법들로서 마사지와 텀블링이 있다.

153 육가공의 주요 대상이 되는 근육은?

① 심 근　　　　　　　　　　　② 골격근

③ 신경근　　　　　　　　　　　④ 평활근

 육가공 분야에는 생체량의 30~40%를 차지하는 골격근이 주요한 대상이 된다. 횡문근인 골격근은 일명 수의근 이라고도 불리며 근육의 수축과 이완에 의해 동물의 운동을 수행하는 기관인 동시에 운동에 필요한 에너지원을 저장하고 있기 때문에 식품으로서 귀중한 영양소를 함유하고 있다.

154 유화형 소시지의 제조 시에 원료육과 지방을 미세하게 절단하여 유화물(Emulsion)을 만드는 공정에서 빙수나 얼음을 첨가하는 이유로 틀린 것은?

① 단백질 변성방지

② 케이싱에의 충전용이

③ 지방의 유화억제

④ 소시지 조직의 안정

155 고기 유화물의 보수력과 유화력에 영향을 주는 요인이 아닌 것은?

① 원료육의 보수력

② 세절온도와 세절시간

③ 배합성분과 비율

④ 건조와 훈연

 고기 유화물의 보수력과 유화력에 영향을 주는 요인은 원료육의 보수력, 세절온도와 세절시간, 배합성분과 비율이 있다.

156 고기 염지 시 사용되는 설비가 아닌 것은?

① 인젝터(Injecter) ② 텀블러(Tumbler)

③ 믹서(Mixer) ④ 스터퍼(Stuffer)

 스터핑은 우리말로 '충전'이라고 하며 달걀, 닭고기, 생선, 채소, 버섯 등의 내부에 다른 재료를 넣는 것을 말한다. 축산식품 가공에서 스터핑은 혼화를 마친 조미혼합육을 충전기에 공기가 혼입되지 않도록 다져 넣은 다음 케이싱에 넣는 것을 말한다.

157 소시지나 프레스햄은 훈연 전에 가벼운 건조 공정을 거치게 되는데, 이때 과도한 건조가 진행될 경우 발생할 수 있는 현상과 거리가 먼 것은?

① 표면 경화

② 연기성분 침투용이

③ 스모크 링(Smoke Ring) 형성

④ 발색 불량

 소시지나 프레스햄을 과도하게 건조할 경우 표면 경화가 일어나고, 스모크 링이 형성하며, 발색 불량이 일어날 수 있다.

158 양념육에 대한 설명으로 가장 적절한 것은?

① 식육에 다른 식품 또는 식품첨가물을 첨가하여 저온에서 훈연하고 발효시켜 숙성한 것이다.

② 베이컨류가 이에 해당된다.

③ 식육에 식품 또는 식품첨가물을 첨가하여 양념한 것이다.

④ 판매를 목적으로 식육을 절단하여 포장한 상태로 냉장한 것이다.

식품의 기준 및 규격(식품의약품안전처고시)
양념육 : 식육이나 식육가공품에 식품 또는 식품첨가물을 가하여 양념한 것이거나 식육을 그대로 또는 양념하여 가열처리한 것으로 편육, 수육 등을 포함한다(육함량 60% 이상).

159 식품의 기준 및 규격상 식육이나 식육가공품을 그대로 또는 염지하여 분쇄 세절한 것에 식품 또는 식품첨가물을 가한 후 훈연 또는 가열처리한 것이거나, 저온에서 발효시켜 숙성 또는 건조처리한 것이거나, 또는 케이싱에 충전하여 냉장·냉동한 것은?(단, 육함량 70% 이상, 전분 10% 이하의 것을 말한다)

① 햄 류
② 베이컨류
③ 소시지류
④ 건조저장육류

160 고기의 연화제로 쓰이는 식물계 효소는?

① 파파인
② 리파제
③ 포스파타제
④ 아밀라제

해설 고기연화제는 보통 포도나무의 생과일에서 나오는 단백질 분해 효소인 파파인과 같은 식물성 물질이다.

161 육제품의 내포장재로 이용되는 천연케이싱의 장점이 아닌 것은?

① 훈연성이 좋다.
② 저장성이 좋다.
③ 밀착성이 좋다.
④ 제품의 외관이 좋다.

해설 천연케이싱은 외관이 우수하나 직경이 균일하지 않고 쉽게 터지며 가격이 비싼 단점을 가지고 있어서, 저장을 잘 해야 한다.

162 육가공품 제조 시 첨가하는 소금의 기능이 아닌 것은?

① 증량 효과
② 보수력 증진
③ 염용성 단백질 추출
④ 저장성 증진

해설 육가공품 제조 시 소금을 첨가하면 보수력이 증진되고, 염용성 단백질을 추출하며, 저장성이 증진된다.

159 ③ 160 ① 161 ② 162 ① **Answer**

163 소시지 제조 시 가열 중 수축 현상이 심하게 일어났다면 그 주요 원인은?

① 가열 시 온도와 시간이 부족해서

② 원료의 보수력이 낮아서

③ 미생물의 침투에 의한 2차 오염 때문에

④ 소시지 제품을 포장시 포장지의 손상으로 인한 공기 침투 때문에

 소시지 제조 시 가열 중 원료의 보수력이 낮으면 수축 현상이 심하게 일어난다.

164 유화형 소시지 제조과정 중 고기유화물 제조 시 온도관리가 특히 중요한 이유는?

① 육색의 안정성

② 염지속도

③ 유화 안정성

④ 혼화속도

165 축산물의 가공기준 및 성분규격상 식육가공품 및 포장육의 보존온도는?

① 냉장제품 : −2~10℃

② 냉동제품 : −20℃ 이하

③ 냉장제품 : 0~10℃

④ 냉동제품 : −20℃ 이상

 식품의 기준 및 규격(식품의약품안전처고시)

식육, 포장육 및 식육가공품의 냉장 제품은 −2~10℃(다만, 가금육 및 가금육 포장육 제품은 −2~5℃)에서
보존 및 유통하여야 한다. 다만, 멸균 또는 건조식육가공품 등은 실온에서 보관할 수 있다.

166 프레스햄에 대한 설명으로 틀린 것은?

① 결착제, 조미료, 향신료 등을 첨가한다.

② 숙성·건조하여 훈연하지 않은 것이다.

③ 육함량 75% 이상, 전분 8% 이하이다.

④ 식육의 육괴를 염지한 것도 포함된다.

167

식품의 기준 및 규격상 보존 및 유통기준으로 틀린 것은?

① 즉석섭취편의식품류의 냉장은 0~10℃, 온장은 60℃ 이상을 유지할 수 있어야 한다.
② "유통기간"의 산출은 포장완료 시점으로 한다.
③ 식용란은 가능한 한 냉소(0~15℃)에, 알가공품은 10℃ 이하에서 냉장 또는 냉동보관 유통하여야 한다.
④ 포장축산물을 재분할 판매할 때는 보존 및 유통기준에 준하여 한다.

 축산물의 가공기준 및 성분규격(식품의약품안전처고시)
포장축산물은 다음의 경우를 제외하고는 재분할 판매하지 말아야 하며, 표시대상 축산물인 경우 표시가 없는 것을 구입하거나 판매하지 말아야 한다.
• 식육판매업 또는 식육즉석판매가공업의 영업자가 포장육을 다시 절단하거나 나누어 판매하는 경우
• 식육즉석판매가공업 영업자가 식육가공품(통조림·병조림은 제외)을 만들거나 다시 나누어 판매하는 경우

168

육가공제품의 분류로 틀린 것은?

① 햄류는 식육을 정형, 염지한 후 훈연, 가열한 것이다.
② 베이컨류는 돼지의 복부육을 정형, 염지한 후 훈연, 가열한 것이다.
③ 프레스햄은 육괴를 염지한 것에 결착제, 조미료 등을 첨가한 후 훈연, 가열한 것으로 돼지고기 함량은 전체 함유량의 75% 이상인 것이다.
④ 소시지류는 식육에 조미료 및 향신료 등을 첨가한 후 훈연, 가열처리한 것으로 수분 70%, 지방 20% 이하인 것이다.

 식품의 기준 및 규격(식품의약품안전처고시 제2018-18호)
식육가공품 및 포장육
• 햄류라 함은 식육 또는 식육가공품을 부위에 따라 분류하여 정형 염지한 후 숙성, 건조한 것, 훈연, 가열처리한 것이거나 식육의 고깃덩어리에 식품 또는 식품첨가물을 가한 후 숙성, 건조한 것이거나 훈연 또는 가열처리하여 가공한 것을 말한다.

햄	식육을 부위에 따라 분류하여 정형 염지한 후 숙성·건조하거나 훈연 또는 가열처리하여 가공한 것을 말한다(뼈나 껍질이 있는 것도 포함한다).
생 햄	식육의 부위를 염지한 것이나 이에 식품첨가물을 가하여 저온에서 훈연 또는 숙성·건조한 것을 말한다(뼈나 껍질이 있는 것도 포함한다).
프레스햄	식육의 고깃덩어리를 염지한 것이나 이에 식품 또는 식품첨가물을 가한 후 숙성·건조하거나 훈연 또는 가열처리한 것으로 육함량 75% 이상, 전분 8% 이하의 것을 말한다.

• 베이컨류라 함은 돼지의 복부육(삼겹살) 또는 특정부위육(등심육, 어깨부위육)을 정형한 것을 염지한 후 그대로 또는 식품 또는 식품첨가물을 가하여 훈연하거나 가열처리한 것을 말한다.
• 소시지류라 함은 식육이나 식육가공품을 그대로 또는 염지하여 분쇄 세절한 것에 식품 또는 식품첨가물을 가한 후 훈연 또는 가열처리한 것이거나, 저온에서 발효시켜 숙성 또는 건조처리한 것이거나, 또는 케이싱에 충전하여 냉장·냉동한 것을 말한다(육함량 70% 이상, 전분 10% 이하의 것).

소시지	식육(육함량 중 10% 미만의 알류를 혼합한 것도 포함)에 다른 식품 또는 식품첨가물을 가한 후 숙성·건조시킨 것, 훈연 또는 가열처리한 것 또는 케이싱에 충전 후 냉장·냉동한 것을 말한다.
	• 건조 소시지류는 수분을 35% 이하로 가공 • 반건조소시지류는 수분을 55% 이하로 가공
발효소시지	식육에 다른 식품 또는 식품첨가물을 가하여 저온에서 훈연 또는 훈연하지 않고 발효시켜 숙성 또는 건조처리한 것을 말한다.
혼합소시지	식육(전체 육함량 중 20% 미만의 어육 또는 알류를 혼합한 것도 포함)에 다른 식품 또는 식품첨가물을 가한 후 숙성·건조 시킨 것, 훈연 또는 가열처리한 것을 말한다.

169 소시지 표면에 녹변현상이 발생하는 원인은?

① 훈연기 내 제품 과다 투입

② 염지액의 분포 불량

③ 냉장보관상태 불량으로 인한 2차 오염

④ PSE 이상육을 다량 사용

 헴(Heme)을 함유하는 식품, 특히 식육, 육제품에 때때로 볼 수 있는 초록 또는 초록회색의 변색으로 세균학적 또는 화학적 원인 또 양자의 공동에 의해서 나타나는 것을 녹변현상이라고 한다. 녹변이 생기는 근본적 원인은 식육이면 그것에 함유되는 색소단백질인 마이오글로빈 중의 힘의 포르피린(Phorphyrin) 링이 산화적 변화를 받거나 파괴됨으로써 녹색물 질이 생기는 것에 의한다. 따라서 냉장보관상태 불량으로 인한 2차 오염이 원인이 된다.

170 가공육의 결착력을 높이기 위해 첨가되는 것은?

① 단백질

② 수 분

③ 지 방

④ 회 분

 근육의 수축과 이완에 직접 관여하는 근원섬유 단백질은 가공특성이나 결착력에 크게 관여하는데, 재구성육 제품이나 유화형 소시지 제품에서 근원섬유단백질의 추출량이 증가할수록 결착력이 높아진다. 또한, 육제품 제조 시 최종 제품의 맛과 풍미 안전성을 위해 가장 광범위하게 사용되는 소금과 인산염은 근원섬유단백질의 추출성을 증가시켜 결착력 증진에 효과가 있으나, 소금의 경우는 지방산화 등의 이유로 2% 이내 그리고 인산염은 0.5% 이내의 수준에서 이용하는 것이 바람직하다.

171 육제품의 훈연방법 중 50~80℃의 온도 범위에서 실시하는 것은?

① 온훈법

② 냉훈법

③ 열훈법

④ 액훈법

 육제품의 훈연방법에는 냉훈법(10~30℃), 온훈법(30~50℃), 열훈법(50~80℃), 액훈법, 정전기적훈 연법 등이 있다.

172 육제품의 포장재로 이용되는 셀로판의 특징이 아닌 것은?

① 광택이 있고 투명하다.
② 기계적 작업성이 우수하다.
③ 인쇄 적성이 좋다.
④ 열 접착성이 좋다.

 셀로판은 열 접착성이 없다.

173 건조 및 반건조 육제품이 아닌 것은?

① 육 포
② 비엔나소시지
③ 살라미
④ 페퍼로니

 비엔나소시지는 가열소시지이다.

174 저장기간이 짧지만 소비자가 선호하는 선홍색의 육색을 부여하기 위하여 포장 내의 산소농도를 높게 유지시킬 수 있는 포장방법은?

① 랩포장
② 진공포장
③ 스킨팩포장
④ 플라스틱포장

 식육의 포장 방법에는 일반 랩(Wrap)포장, 진공포장(Vacuum Packaging), 가스치환포장(Modified Atmosphere Packaging) 등이 있는데, 주로 얇은 랩 필름(Wrapping Film)을 사용한 랩 포장이 많이 사용되나 이는 저장성이 매우 짧은 단점이 있다.
진공포장은 이러한 랩포장의 단점을 보완한 포장방식으로 저장 기간이 연장됨에 따라 육즙 삼출과 표면 변색 등의 문제점이 있다. 이와 같은 진공포장의 단점을 보완하고자 개발된 포장방식이 탈기 후 질소(N_2), 산소(O_2), 이산화탄소(CO_2) 등을 재주입 하는 가스치환포장이다. 가장 일반적인 포장 방식인 랩포장은 포장 용기에 신선육을 넣고 산소 투과도가 높은 포장인 Polyvinyl Chloride(PVC)로 포장하는 것인데, 이 방식의 경우 냉장 조건하에서 식육의 변색 정도가 빠르고 슈도모나스(Pseudomonas) 등과 같은 호기성 균의 발육이 촉진되어 부패취가 발생되는 등, 저장성이 매우 짧은 단점이 있다. 다만, 산소 투과도가 높은 포장재(PVC)를 사용했기 때문에 저장된 수일 동안은 소비자 기호에 맞는 바람직한 육색을 나타내 신선하게 보일 수 있다. 이러한 랩포장 방식의 단점을 보완하고자 개발된 포장 방식이 진공포장이다. 진공포장의 주된 목적은 포장 내 산소를 제거함으로써 호기성 미생물의 성장과 지방 산화를 지연시켜 저장성을 높이는 데 있지만, 진공 상태에서 보관된 고기의 색이 암적색으로 나타나는 표면 변색(Surface Discoloration)과 진공에 의한 찌그러짐(Distortion) 등의 포장육 형태 변화, 식육으로부터 유리되는 육즙량 증가(Purge Loss) 등 여러 가지 문제점들이 발생되고 있다.

175 고기유화물에 영향을 미치는 요인이 아닌 것은?

① 충전강도

② 원료육의 보수력

③ 배합성분과 비율

④ 세절온도와 세절시간

176 육제품 제조 시 세절 공정에서 온도 상승을 억제하기 위한 방법이 아닌 것은?

① 원료육의 온도를 0~5℃로 낮춘다.

② 세절기의 칼날을 예리하게 유지한다.

③ 세절 시간을 길게 한다.

④ 물 대신 얼음을 사용한다.

177 소시지 제조 시 지방이 분리되는 현상의 원인이 아닌 것은?

① 적육의 과다

② 첨가 지방의 과다

③ 심한 세절

④ 급속 가열

 소시지 제조 시 첨가 지방이 과다하거나 심한 세절, 급속 가열을 하게 되면 지방이 분리된다.

178 육제품 제조 시 염지 촉진법이 아닌 것은?

① 건염법

② 염지액 주사법

③ 텀블링법

④ 마사지법

해설 염지 방법은 크게 건염법, 액염법, 염지액 주사법 등으로 구분한다. 건염법은 소금만을 사용하거나 또는 아질산염이나 질산염을 함께 사용하여 만든 염지염을 원료육 중량의 10% 정도 도포하여 4~6주간 저장하여 염지한다. 액염법은 건염법에서 사용되는 염지제들을 물에 녹여 염지액으로 만든 후 여기에 원료육을 담가 염지가 이루어지게 하는 방법이다. 현재에는 주로 맥관이나 바늘 주사를 이용하여 조직 내에 훨씬 신속하고 균일하게 염지액을 분포시키는 염지액 주사법이 많이 사용되고 있다. 염지육제품의 품질을 향상시키고 제조과정을 단축하고자 하는 물리적인 염지촉진방법들로서 마사지와 텀블링이 있다.

179 육제품 제조 시 훈연재료로 적합하지 않는 것은?

① 플라타너스

② 밤나무

③ 소나무

④ 떡갈나무

> **해설** 훈연에 이용되는 목재는 수지의 함량이 적고 향기가 좋으며 방부성 물질의 발생량이 많은 것이 좋다. 보통은 굳은 질의 나무로서 참나무, 밤나무, 도토리나무, 갈나무, 플라타너스, 떡갈나무 등이 쓰인다.

180 햄 제품 제조 시 결착력이 가장 요구되는 제품은?

① 레귤러 햄(Regular Ham)

② 본인 햄(Bonein Ham)

③ 로인 햄(Loin Ham)

④ 프레스 햄(Press Ham)

181 소시지 제조에 있어서 유화작업을 통해 보수력을 높이고 조미료, 증량제, 지방 등을 첨가하여 소시지 반죽을 만드는 작업에 쓰이는 기계는?

① 그라인더(Grinder)

② 사일런트 커터(Silent Cutter)

③ 스터퍼(Stuffer)

④ 리테이너(Retainer)

182 식육의 연화제로 주로 사용되는 식물성 효소는?

① 파파인

② 리파제

③ 펩 신

④ 크레아틴

> **해설** 식육 연화제로 파인애플이 연화 효과가 가장 좋았고, 파파야, 무화과, 키위, 배 순으로 효과가 있는 것으로 나타났다.

183 식육 제품의 일반적인 품질검사 방법으로 부적당한 것은?

① 관능 검사법
② 미생물 검사법
③ 방사선 검사법
④ 이화학 검사법

184 식육가공품, 어육소시지에 사용되며 발색, 산패지연, 미생물억제 등 복합적 효과를 내는 식품첨가물은?

① 소 금
② 인산염
③ 소브산
④ 아질산나트륨

185 육의 보수성을 높이기 위한 방법은?

① 육의 pH를 5.0으로 맞춘다.
② 인산염을 첨가한다.
③ 소브산
④ 아질산나트륨

186 고기를 포장하는 포장재의 기능이 아닌 것은?

① 표면건조 현상을 방지한다.
② 해충으로 인한 손상을 방지한다.
③ 산화반응을 촉진시킨다.
④ 제품의 규격화 생산을 가능하게 한다.

187 육가공 제조에서 세절 및 혼합에 대한 설명으로 틀린 것은?

① 세절 시에는 빙수의 첨가가 금지되어 있다.
② 소시지 제조의 중요 공정으로 사일런트 커터에서 이루어진다.
③ 세절 시 가능한한 작업장 온도나 최종 고기 혼합물의 온도가 15℃ 이하를 권장한다.
④ 세절은 유화상태, 결착성 및 보수성 등 조직감에 큰 영향을 미친다.

188 고기 유화물의 안정도에 적합한 배합비 중 적정지방 첨가량은?

① 15%
② 25%
③ 40%
④ 50%

189 식육을 그대로 또는 이에 식품 또는 식품첨가물을 가하여 건조하거나 열처리하여 건조한 것으로 수분 55% 이하의 식육가공품은?(육함량 85% 이상의 것)

① 건조 소시지
② 혼합소시지
③ 양념육류
④ 건조저장육류

190 유화형 소시지 제조에 가장 중요하게 고려해야 할 원료육의 기능적 특성은?

① 유화성
② 탄력성
③ 기포성
④ 호화성

191 고온 발골된 신선육을 가공육에 사용했을 때 나타나는 영향이 아닌 것은?

① 육색안정성 개선
② 염지액 침투 개선
③ 단백질용출 증가
④ 보수성 감소

192 식육가공품의 유통기한이 바르게 연결되지 않은 것은?

① 햄류 – 30일
② 베이컨 – 15일
③ 건조 소시지 – 3개월
④ 냉동육(우육) – 6개월

해설 냉동육(우육)의 유통기한은 12개월이다.

193 훈연 시 연기 침착의 속도와 양에 영향을 주는 것과 가장 거리가 먼 것은?

① 제품 표면의 건조 상태
② 훈연실 내 연기의 밀도
③ 훈연실의 공기의 순환 속도
④ 훈연실의 온도

194 인공 케이싱이 아닌 것은?

① 돈장 케이싱
② 콜라겐 케이싱
③ 셀룰로스 케이싱
④ 플라스틱 케이싱

195 다음 중 훈연에 적합하지 않은 포장재(Casing)는?

① 파이브러시(Fibrous) 케이싱
② 피브이디시(PVDC) 케이싱
③ 셀룰로스(Cellulose) 케이싱
④ 콜라겐(Collagen) 케이싱

196 분쇄기의 3대 구성요소가 아닌 것은?

① 스크루(Screw)
② 볼(Bowl)
③ 플레이트(Plate)
④ 칼날(Knife)

197 염지 시 사용되는 염지재료와 그 사용목적이 옳게 연결된 것은?

① 구연산염 – 결착성 증진
② 아질산염 – 육색 고정
③ 탄산염 – 보수력 증진
④ 인산염 – 풍미 향상

198 햄버거 패티에 대한 설명으로 옳은 것은?

① 분쇄가공육 제품으로 냉장 또는 냉동 저장한다.
② 양념육류로 실온에 저장한다.
③ 포장육으로 산소와 차단된 상태로 저장한다.
④ 식육추출가공품으로 냉장 저장한다.

199 염지육의 가열 건조 시 발생하는 현상이 아닌 것은?

① 감 량
② 흑색소 고정
③ 미생물의 살균
④ 효소의 활성화

200 연기 발생에 이용되는 목재로서 가장 부적당한 것은?

① 참나무
② 밤나무
③ 벚나무
④ 소나무

201 염지 촉진 방법이 아닌 것은?

① 마사지
② 정체염지
③ 텀블링
④ 믹 싱

202 제품 품질관리를 위한 가공기술로서 원료육을 유사한 것끼리 몇 개의 그룹으로 나누고 이를 각각 따로 분쇄한 다음 그 화학적 조성을 분석하여 원하는 제품의 최종배합에 이용하는 것을 무엇이라고 하는가?

① 최소가격배합
② 예비혼합
③ 마사지
④ 텀블링

198 ① 199 ④ 200 ④ 201 ② 202 ② **Answer**

203 진공포장육에 관한 설명 중 틀린 것은?

① DFD육은 진공포장육의 원료로 사용하기에 적합하지 않다.

② pH가 정상적인 고기를 진공포장육의 원료로 사용하면 녹변 현상이 전혀 일어나지 않는다.

③ 진공포장을 할 때 탈기가 불충분하게 이루어지면 갈변현상이 일어나기 쉽다.

④ 진공포장육에서는 저장기간이 경과됨에 따라 유산균의 증식에 의하여 산패취가 발생될 수 있다.

204 통조림 내에서 가장 늦게 가열되는 부분으로, 가열살균 공정에서 오염미생물이 확실히 살균되었는가를 평가하는 데 이용되는 것은?

① 온 점

② 냉 점

③ 열 점

④ 중앙점

205 수분활성도에 대한 설명으로 틀린 것은?

① 수분활성도는 식품의 수증기압과 공기의 수증기압과의 비율로 표현된다.

② 식품의 수분활성도는 식품의 수분함량, 식품온도의 영향을 받는다.

③ 식품의 비효소적 갈변반응, 지방질 산화반응의 속도는 식품의 수분활성도와 직접적인 관계가 있다.

④ 미생물의 생장에 필요한 최저 수분활성도는 곰팡이가 세균보다 낮다.

206 무균포장에 대한 설명으로 옳지 않은 것은?

① 무균포장제품은 멸균되었기 때문에 열에 불안정한 식품에서 일어나기 쉬운 품질변화를 최소화할 수 있다.

② 연속공정생산이 어렵고 대형포장제품을 만들 수 없다.

③ 냉장할 필요없이 상온에서 장기간 보존이 가능하다.

④ 멸균용기에 포장하므로 내열성 포장이 필요없고 플라스틱이나 종이를 소재로 한 복합재질을 포장 용기로 사용할 수 있다.

207 육류 가공 시 보수성에 영향을 미치는 요인과 가장 거리가 먼 것은?

① 근육의 pH
② 유리아미노산의 양
③ 이온의 영향
④ 근섬유 간 결합상태

208 육제품의 훈연에 대한 설명으로 틀린 것은?

① 훈연은 산화작용에 의하여 지방의 산화를 촉진하여 훈제품의 신선도가 향상된다.
② 염지에 의하여 형성된 염지육색이 가열에 의하여 안정된다.
③ 대부분의 제품에서 나타나는 적갈색은 훈연에 의하여 강하게 나타난다.
④ 연기성분 중 페놀(Phenol)이나 유기산이 갖는 살균작용에 의하여 표면의 미생물을 감소시킨다.

209 열처리 시 온도에 대한 민감성이 가장 큰 것은?

① Z값이 10℃인 포자
② Z값이 25℃인 효소
③ Z값이 35℃인 비타민
④ Z값이 50℃인 색소

210 고기의 해동강직에 대한 설명으로 틀린 것은?

① 골격으로부터 분리되어 자유수축이 가능한 근육은 60~80%까지의 수축을 보인다.
② 가죽처럼 질기고 다즙성이 떨어지는 저품질의 고기를 얻게 된다.
③ 해동강직을 방지하기 위해서는 사후강직이 완료된 후에 냉동해야 한다.
④ 냉동 및 해동에 의하여 고기의 단백질과 칼슘결합력이 높아져서 근육수축을 촉진하기 때문에 발생한다.

211 D값, F값, Z값에 대한 설명 중 옳은 것은?

① D110℃ = 10 : 110℃에서 일정농도의 미생물을 완전히 사멸시키려면 10분이 소요된다.
② F121℃ = 4.07 : 식품을 121℃에서 가열하면 미생물이 처음균수의 1/10로 줄어드는데 4.07분이 소요된다.
③ Z = 20℃ : D값을 1/10로 감소시키려면 살균온도를 20℃만큼 더 높여야 된다.
④ D값, F값, Z값은 모두 시간을 나타낸다.

207 ② 208 ① 209 ① 210 ④ 211 ③ **Answer**

212 다음 훈제품 제조법 중 가장 실용성이 적은 방법은?

① 냉훈법(冷燻法)

② 온훈법(溫燻法)

③ 전훈법(電燻法)

④ 액훈법(液燻法)

213 햄(ham) 제조에 대한 설명으로 틀린 것은?

① 염지방법은 건염법, 액염법, 염지액주사법 등이 있다.

② 염지는 15℃ 정도에서 하는 것이 효과적이다.

③ 훈연은 향미, 색깔, 보존성을 증진한다.

④ 훈연방법은 냉훈법, 온훈법 등이 있다.

214 식육의 사후경직과 숙성에 대한 설명으로 틀린 것은?

① 사후 경직 – 도살 후 시간이 경과함에 따라 근육이 굳어지는 현상

② 식육 냉동 – 사후경직 억제

③ 식육 숙성 – 육의 연화과정, 보수력 증가

④ 숙성 속도 – 온도가 높으면 신속

215 소시지, 햄 등의 가공품이 가열 처리 후에도 갈색으로 잘 변하지 않는 주된 이유는?

① 축산 가공품 제조 시 사용되는 인산염의 작용에 의해 Nitrosometmyoglobin으로 전환되기 때문이다.

② Myoglobin 등의 성분이 아질산염 또는 질산염과 반응하여 Nitrosomyoglobin으로 전환되기 때문이다.

③ 훈연과정 중에 훈연성분과 반응하여 선홍색이 생성되기 때문이다.

④ 근육성분인 Myoglobin이 가열과정 중에 변색하여 Melanoidin 색소를 만들기 때문이다.

216 통조림의 가열 살균을 위하여 살균 솥에 원료를 삽입할 때 그 통조림의 초기 온도를 중요시하는
주요 이유는?

① 통조림의 내용물의 조리 상태가 변화되는 것을 막기 위해

② 유해 미생물의 계속적인 번식을 방지하기 위해

③ 작업의 진도를 쉽게 알아보기 위해

④ 통조림의 관내 중심온도가 살균온도로 유지되는 시간을 일정하게 하기 위해

217 일반적으로 미생물의 생육 최저 수분활성도가 높은 것부터 순서대로 나타낸 것은?

① 곰팡이 > 효모 > 세균

② 효모 > 곰팡이 > 세균

③ 세균 > 효모 > 곰팡이

④ 세균 > 곰팡이 > 효모

218 소시지 가공제품 제조 시 염지의 효과가 아닌 것은?

① 근육단백질의 용해성을 증가시킨다.

② 보수성과 결착성을 증진시킨다.

③ 방부성과 독특한 맛을 갖게 한다.

④ 단백질을 변성시키고 살균한다.

219 훈연의 목적이 아닌 것은?

① 향기의 부여

② 제품의 색 향상

③ 보존성 향상

④ 조직의 연화

216 ② 217 ③ 218 ④ 219 ④ **Answer**

220 소시지 가공에 쓰이는 기계 장치는?

① 사일런트 커트(Silent Cutter)
② 해머밀(Hammer Mill)
③ 프리저(Freezer)
④ 볼밀(Ball Mill)

221 햄을 가공할 때 정형한 고기를 혼합염(식염, 질산염 등)으로 염지하지 않고 가열하면 어떻게 되는가?

① 결착성과 보수성이 발현된다.
② 탄성을 가지게 된다.
③ 형이 그대로 보존된다.
④ 조직이 뿔뿔이 흩어진다.

222 다음 중 육가공 제조 시 필요한 기구 및 설비가 아닌 것은?

① 세절기
② 충진기
③ 혼합기
④ 균질기

223 식품의 냉동 저장 중 일어나는 변화로서 냉동해(Freezer Burn)와 거리가 먼 것은?

① 산화방지
② 미세한 구멍 생성
③ 풍미저하
④ 단백질의 탈수변성

224 햄(Ham) 제조에 대한 설명으로 틀린 것은?

① 염지방법은 건염법, 액염법, 염지액주사법 등이 있다.
② 염지는 15℃ 정도에서 하는 것이 효과적이다.
③ 훈연은 향미, 색깔, 보존성을 증진한다.
④ 훈연방법은 냉훈법, 온훈법 등이 있다.

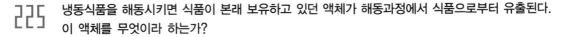

225 냉동식품을 해동시키면 식품이 본래 보유하고 있던 액체가 해동과정에서 식품으로부터 유출된다. 이 액체를 무엇이라 하는가?

① Glaze
② Drip
③ Micelle
④ Thaw

226 식품의 포장방법에 대한 설명으로 틀린 것은?

① 용기충전 포장방법은 용기에 충전 후 밀봉하는 방식으로 고체 식품 포장에 이용한다.
② 진공 포장방법은 고체 식품의 공기를 진공펌프로 제거하여 밀봉하는 방식이다.
③ 성형충전 포장방법은 플라스틱 시트(Sheet)를 가열하면서 내용품에 맞춰 성형해서 액체나 고체 식품을 채우고 성형하여 밀봉하는 방식이다.
④ 가스충전 포장방법은 고체 식품을 용기에 넣고 질소가스 등을 충전하여 밀봉하는 방식이다.

227 육류의 조리법 중 건열 조리법은?

① Braising
② Broiling
③ Simmering
④ Stewing

 브로일링(Broiling)은 석쇠나 쇠꼬챙이를 활용해서 식재료(식품)를 불에 직접 노출시켜 조리하는 방법이다.

228 육류를 연화시키는 방법으로 틀린 것은?

① 설탕이나 꿀에 재워 둔다.
② 도살된 직후에 사용된다.
③ 섬유질의 반대방향으로 썰어 준다.
④ 파파인 등의 연육효소를 사용한다.

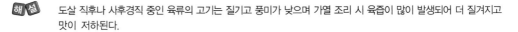 도살 직후나 사후경직 중인 육류의 고기는 질기고 풍미가 낮으며 가열 조리 시 육즙이 많이 발생되어 더 질겨지고 맛이 저하된다.

229 식품첨가물로 허용되어 있는 유지 추출제는?

① n-헥산(Hexane)

② 글라이세린(Glycerin)

③ 프로필렌글라이콜(Propylene Glycol)

④ 규소수지(Silicone Resin)

해설   n-헥산(Hexane)은 유지 추출제 중에서 유일하게 허용하는 첨가물이며, 완성 전에 제거해 주어야 한다.

230 먹는 물의 수질판정기준 중 유해한 유기물질 검사항목에 해당되는 것은?

① 납

② 비 소

③ 파라티온

④ 6가크로뮴

해설   파라티온 유기물(인체에 맹독성인 살충제)은 화합물이며, 비소, 6가크로뮴, 납은 무기질이다.

231 육류 조리 시 첨가하면 연화작용을 하는 과일만 모은 것은?

① 키위, 파인애플, 파파야, 배

② 파인애플, 사과, 포도, 배

③ 파파야, 키위, 딸기, 사과

④ 아보카도, 자두, 유자, 키위

해설   과일에는 단백질 분해효소가 있어 육류 조리 시 연화작용을 하는데, 키위에는 액티니딘, 파인애플에는 브로멜린, 파파야는 파파인, 배는 프로테아제 성분이 있어 연화작용을 한다.

232 고기 조직의 연화작용에 관여하는 효소가 아닌 것은?

① 시니그린(Sinigrin)

② 파파인(Papain)

③ 피신(Ficin)

④ 브로멜린(Bromelin)

233 착색료인 베타카로틴(β-carotene)에 대한 설명 중 틀린 것은?

① 치즈, 버터, 마가린 등에 많이 사용된다.

② 비타민 A의 전구물질이다.

③ 산화되지 않는다.

④ 자연계에 널리 존재하고 합성에 의해서도 얻는다.

 베타카로틴(β-carotene)은 붉은색 계통의 천연색소인 카로티노이드 중의 하나이며, 주로 녹황색 채소에 많이 함유되어 있으며, 산화된다.

234 고기의 연화방법으로 적합하지 않은 것은?

① 고기의 양념에 키위를 갈아 넣는다.

② 고기를 결 반대방향으로 썰어 조리한다.

③ 고기에 설탕 대신 꿀을 첨가하여 조미한다.

④ 고기에 식소다를 첨가하여 조리한다.

 육류의 연화방법에는 고기를 결의 반대방향으로 썰어주거나, 육류에 산성의 과즙이나 토마토를 가해 주면 연육에 효과적이다.

235 다음 식품첨가물에 대한 설명 중 맞는 것은?

① 식품첨가물은 천연물도 있으나 대부분은 화학적 합성품이다. 화학적 합성품의 경우 위생상 지장이 없다고 인정되어 지정 고시된 것만을 사용할 수 있다.

② 식품첨가물 중 화학적 합성품이란 화학적 수단에 의하여 분해하거나 기타의 화학적 반응에 의해 얻어지는 모든 물질을 말한다.

③ 식품은 부패나 변질이 매우 쉬운 제품이므로 어떤 식품이든 미생물의 증식이 효과적으로 억제될 수 있는 보존료를 사용하여야만 제조 허가될 수 있다.

④ 타르(Tar)색소란 천연에서 추출한 색소를 말하며 대부분의 타르색소는 안정성이 인정되어 식품에 사용하는 데 제한이 없다.

 화학적 합성품의 경우 위생상 지장이 없다고 지정 고시된 것만 사용할 수 있으며, 대부분 화학적으로 만들어진 합성품이다.

236 소포제로 사용되는 식품첨가물은?

① 초산비닐수지

② 규소수지

③ 아질산나트륨

④ 유동파라핀

해설 소포제는 거품을 제거하는 용도로 규소수지가 사용된다.

237 냉장·냉동설비의 관리에 대한 설명 중 옳은 것은?

① 냉동실 내면에 낀 서리는 칼끝으로 떼어내거나 뜨거운 물로 녹여낸다.

② 냉장·냉동실과 주방 바닥의 연결은 수평면이어야 한다.

③ 냉동실에 식품을 저장할 때 공간을 효율적으로 사용하기 위해 윗면까지 꽉 채운다.

④ 뜨거운 식품을 식힐 때는 뜨거운 상태에서 냉장·냉동설비에 넣는다.

해설 냉장고 및 냉동고를 설치할 때 바닥면은 수평으로 유지되어야 한다.

238 통·병조림식품의 규격에 의한 주석의 허용 기준은?(단, 산성통조림은 제외)

① 50mg/kg 이하

② 100mg/kg 이하

③ 150mg/kg 이하

④ 200mg/kg 이하

해설 통·병조림식품의 규격에 의한 주석의 허용 기준은 150mg/kg 이하이다.

239 훈연(Smoking)의 효과로 적합하지 않은 것은?

① 풍미 향상

② 저장성 향상

③ 육색의 고정

④ 산화방지

해설 훈연법 : 식품에 목재연소의 연기를 쐬어 저장성과 기호성을 향상시키는 방법이다(소시지, 햄, 베이컨).

• 훈연재료 : 수지가 적고 단단한 벚나무, 참나무, 떡갈나무 및 왕겨

• 종류 : 냉훈법(저장성이 높음), 온훈법(풍미가 좋음)

• 건조효과뿐만 아니라 살균효과도 있다.

• 연기성분 : 개미산, 페놀, 폼알데하이드 → 산화방지제 역할

제 3 장 품질관리

  품질관리의 활동

(1) 원료관리
원료 및 부재료 등을 식품공장에서 취급하는 기자재 등을 외부에서 구입하여 품질의 적합성 관리

(2) 공정관리
공정 중에 실시하는 중간관리로서 공정 중에 발생하는 불량품을 방지

(3) 품질관리
① 목 적
　㉠ 제품을 목적하는 규정에 일치시킴으로써 고객을 만족시킨다.
　㉡ 다음 공정작업이 지장없이 계속될 수 있게 한다.
　㉢ 불량제품, 기계작동의 착오 등이 재발하지 않도록 한다.
　㉣ 요구되는 품질수준과 비교함으로써 공정을 관리한다.
　㉤ 현 보유능력에 대한 적정품질을 결정하여 제품설계 처방의 지침으로 한다.
　㉥ 불량품을 감소시킨다.
　㉦ 작업자에게 검사 결과에 대하여 원인이 규명되어 있음을 인식시킨다.
　㉧ 검사방법을 검토, 개선한다.
② 효 과
　㉠ 품질의 규격화
　㉡ 제품의 원가 절감
　㉢ 생산량 증가
　㉣ 합리적인 생산 계획 수립
　㉤ 책임제를 통한 작업의욕 향상
　㉥ 제품 평가에 따른 대외 신용도 제고
③ 품질검사 방법
　㉠ 샘플링 검사 : 모집단으로부터 일정 샘플을 취하는 방법
　㉡ 전수 검사 : 제품의 불량률이 크고 특정항목에 대하여 실시. 시간과 경비가 많이 소요되며
　　　검사비용에 비하여 얻는 효과가 클 때 이용

ⓒ 무시험 검사 : KS 지정상품 등 수입제품 중 인증된 제품을 원료로 사용한 경우 또는 장시간 양호한 제품을 생산하여 리콜이 없는 경우. 단, 체크검사나 공정검사에 의하여 적절한 품질정보를 파악한다.

④ 통계적 품질관리

ⓐ 표준에 근거하여 어떤 결과를 검사하고, 표준에 부합하지 않으면(변동성이 심각하면) 수정하는 프로세스

ⓑ 검사빈도가 많아지면 평가비용과 내부실패비용이 증가하지만, 외부실패비용은 감소한다.

⑤ 통계적 프로세스관리(SPC ; Statistical Process Control)

ⓐ 통계적 기법을 이용하여 프로세스 산출물(Output)을 검사

ⓑ 관리도(control chart) 활용
  • 산출물의 표본 통계치(예, 평균)를 시간 순으로 나타낸 도표
  • 관리상한(UCL ; Upper Control Limit :)과 관리하한(LCL ; Lower Control Limit)
  • 상한과 하한의 차이를 관리범위(허용범위)라고 하며, 기업이 임의적으로 결정
  • 관리범위(허용범위)가 작을수록 표본 통계치의 변동 허용범위를 줄인다는 것을 의미하며, 이는 곧 어떤 통계치를 엄격하게 관리한다는 것을 의미한다.
  • 통계치가 관리범위 안에 있어야 하며, 벗어나면 원인을 파악하여 제거한다.

ⓒ 변동(variation)
  • 우연변동(random variation)
    – 관리범위 내에서 발생하는 통계치의 변동
    – 생산 프로세스에 자연스럽게 내재되어 있는 변동으로 제거할 필요가 없다.
  • 이상변동(Assignable Variation)
    – 관리범위를 벗어나는 변동으로 반드시 원인을 찾아 제거해야 한다.
    – 이상변동의 원인을 찾아 이를 없애는 것이 SPC의 목적

(4) 위생관리

① 식육의 위생관리

ⓐ 미생물의 오염원 : 식품위생상 부패, 변패면에서 *Pseudomonas*, *Acinetobacter*, *Flavobacterium* 등의 저온세균이, 식중독 면에서 *Salmonella*, *Staphylococcus Aureus*, *Camphylobacter* 등이 중요하다.

ⓑ 생산지에서의 오염
  • 생산지에서 오염된 미생물은 도살, 해체, 유통, 판매의 과정을 지나 소비자에게 직접 전달될 뿐만 아니라 도축장, 판매점 등을 오염시켜 타식육이나 조육에까지 오염을 확대하게 된다.
  • 생산지에서의 오염으로 식품위생상 특히 중요한 미생물은 동물에 감염증을 일으키는 살모넬라, 포도상구균, 캠퍼로박터 등의 병원균이 있다.

ⓒ 도축장에서의 오염

- 가축의 근육은 보통 병원 미생물이나 부패 미생물에 오염되어 있지 않기 때문에 식육의 위생 상태를 유지하기 위하여 도살 해체 시에 미생물 오염을 가능한 한 방지해야 한다.
- 병원 미생물을 주로 생각한다면 동물의 소화관이 터지지 않도록 주의하여 들어내며 체표오염균이 근육으로 오염되지 않도록 체표의 처리가 중요하다.
- 부패·변패 미생물을 중심으로 생각한다면 습한 바닥에서 오염된 물이 튀어 오르는 것을 방지하거나 벽면과 접촉을 피하는 등 도살체와 습윤한 기물·환경과의 접촉을 피하도록 해야 한다.
- 작업대는 해체 부위에 따라 크게 나누어 상호오염이 일어나지 않도록 유의한다.

ⓔ 판매점에서의 오염

- 판매점에서의 오염에서 특히 중요한 것은 육류 상호 간에 직접 혹은 간접적인 오염을 피하는 것이다.
- 육류 간의 접촉뿐만 아니라 사람의 손이나, 사용기구·용기를 매개로 간접적인 오염을 일으키는 경우도 있으므로 작업자의 동선에 주목하고 판매점 내에서 물건의 이동에 세심한 주의를 할 필요가 있다.

② 제조 공정의 위생관리

ⓐ 도살과 해체 : 도축장은 가축을 도살하여 지육 및 내장 등의 식품을 생산하는 곳이므로 도살, 해체되는 과정 중에 식육의 2차 오염을 방지하여야 한다.

ⓑ 생육의 처리 가공

- 식육가공품의 제조, 수송, 소매의 전과정에서 높은 위생기준과 충분한 냉장은 필수적이며, 제품을 취급하는 종업원의 충분한 주의가 요구된다.
- 미생물의 오염을 최소한으로 방지하기 위해서는 처리장의 시설, 기구 등을 항상 깨끗이 처리하고 미생물의 증식을 막기 위하여 원료의 온도를 10℃ 이하로 유지하며, 가능한 빨리 처리하는 것을 원칙으로 하여야 한다.

ⓒ 염지 : 염지 중에는 모든 과정을 위생적으로 처리하여 원료육의 오염을 최소한으로 줄이고 피클주사기나 주입액에 의한 오염에 주의하며, 기기류와 냉장고의 위생적인 취급에 주의하여야 한다.

ⓓ 세절·혼합·충전

- 이 공정에서 주의할 점은 원료가 아직 신선한 상태로서 기계, 용기나 원료가 오염되면 이들이 오염원이 되어 다음 공정으로 계속되어 전체가 오염된다는 것이다. 따라서 이들 공정에서 오염되지 않도록 청결히 하여야 한다.
- 이 공정 중에 박테리아, 곰팡이, 효모, 기생충란, 오물, 화학물질, 먼지, 기계 또는 기구의 파편 등이 제품에 들어가면 그대로 제품에 남게 된다. 특히, 이들 공정에 사용하는 많은 기계장치나 기구류의 세척이 불충분하면 고기찌꺼기나 지방이 잔존하여 항상 오염원이 되므로 세척, 소독 등에 주의를 하여야 한다.

- 기계, 기구류는 세척하기 쉬운 구조이며, 내구성의 재질로 되어 있어야 한다.
- 가공실은 가능한 한 낮은 온도를 유지하여야 하고 기계, 기구류, 바닥, 벽 등은 항상 깨끗이 하여야 한다.
- 가능하면 원료처리, 첨가물, 기타 부자재실은 가공실과 분리하는 것이 좋다.

㉑ 건조와 훈연
- 건조를 충분히 하지 않으면 연기 성분의 침투가 잘 되지 않으며 실제로 훈연실 내에는 습도가 높으므로 박테리아 증식에 좋은 조건이 된다.
- 훈연실은 가공실과 떨어져 있는 것이 바람직하다.
- 훈연실은 항상 청결히 하여야 하며, 훈연의 상태, 즉 연기의 양, 시간 등을 항상 주의하여야 한다.

㉒ 가열과 냉각
- 가열 : 가열처리는 온도가 너무 높으면 지방분리를 일으키고, 너무 낮으면 살균이 불충분하게 된다. 대부분의 박테리아는 규정된 시간과 온도에서 사멸하지만, 내열성이 강한 박테리아나 포자는 죽지 않으므로 공정 중에 내열성균의 오염을 방지하여야 한다. 또 가열의 온도와 시간은 제품의 크기, 용량, 전분함량, 초기온도 등에 따라 다르므로 중심 온도가 63℃에 달하는 시간을 측정하여야 한다.
- 냉각 : 냉각은 미생물의 증식억제 효과를 높이기 위하여 행한다. 따라서 급속히 냉각하여 박테리아가 증식하기 쉬운 온도범위를 가능한 한 단시간에 통과시켜 온도차를 줌으로써 박테리아의 증식억제를 할 수 있다.

㉓ 포장과 보존 : 무균 포장실을 이용하는 경우라도 저온으로 유지하고 유통과정도 10℃ 이하로 하는 것이 바람직하다.

01 다음 중 발골작업 시 미생물의 오염원과 가장 거리가 먼 것은?

① 작업자의 손
② 작업도구
③ 작업대
④ 작업시간

해설 발골작업 시 미생물의 오염원은 작업자의 손, 작업도구, 작업대 등이다.

02 작업자의 위생복에 대한 설명으로 틀린 것은?

① 위생복에 손을 닦아서는 안 된다.
② 위생복은 자주 갈아입어야 한다.
③ 항상 위생복을 착용하고 있어야 한다.
④ 더러운 위생복은 병원성 세균의 서식처가 될 수 있다.

해설 위생복은 때와 장소에 따라 구분하여 착용하여야 한다.

03 다음 중 식육을 다루는 작업원의 위생관리에 대한 설명으로 틀린 것은?

① 질병이 있는 사람은 반드시 마스크를 쓰고 작업해야 한다.
② 흡연을 하거나 껌을 씹어서는 안 된다.
③ 손톱은 짧고 청결하게 유지한다.
④ 머리는 자주 감아야 한다.

해설 질병이 있는 사람은 작업을 해서는 안 된다.

04 다음 중 식육판매점의 위생관리가 잘못된 것은?

① 바닥은 방수성, 비흡수성으로 균열이 없고 세척이 용이해야 한다.
② 작업실의 자연채광을 위하여 창문을 둔다.
③ 화장실은 가능한 한 작업장과 멀리 떨어져야 한다.
④ 모든 기계나 기구는 일과 후 깨끗이 세척 후 건조시켜 보관한다.

해설 작업실은 자연채광보다 인공조명을 채용하며 창문이 없는 것이 원칙이다.

1 ④ 2 ② 3 ① 4 ② **Answer**

05 공정의 상태를 나타내는 특성치에 관해서 그려진 그래프로서 공정을 안정상태로 유지하기 위하여 사용되는 것은?

① 관리도

② 파레토그림

③ 히스토그램

④ 산점도

 공정이 안정상태에 있는지의 여부를 조사하거나 또는 공정을 안정상태로 유지하기 위해 사용하는 것이 관리도 이다.

MEMO

제 **4** 과목

축산식품 관련 법규 및 규정

식육 가공 기사

한권으로 끝내기!

축산물 위생관리법령

제 1 절 축산물 관리

1. 기준·규격 및 표시

(1) 축산물위생심의위원회의 설치 등(제3조의2)

① 축산물 위생에 관한 주요 사항 등을 조사·심의하기 위하여 식품의약품안전처장 소속으로 축산물 위생심의위원회(이하 "위원회"라 한다)를 둔다.

② 위원회는 다음 각 호의 사항을 조사·심의한다.

ㄱ 축산물의 병원성미생물(病原性微生物) 검사기준 및 오염 방지에 관한 사항

ㄴ 축산물의 항생물질, 농약 등 유해성 물질의 잔류 방지를 위한 기술지도 및 교육에 관한 사항

ㄷ 축산물의 가공·포장·보존·유통의 기준 및 성분의 규격에 관한 사항

ㄹ 제9조제1항에 따른 안전관리인증기준에 관한 사항

ㅁ 제15조의2제1항 또는 제33조의2제2항에 따른 축산물의 수입·판매 등의 금지 조치에 관한 사항

ㅂ 그 밖에 식품의약품안전처장이 중요하다고 인정하여 심의에 부치는 사항

③ 축산물의 국제기준 및 규격 등을 조사·연구하게 하기 위하여 위원회에 연구위원을 둘 수 있다.

④ 제①항부터 제③항까지에서 규정한 사항 외에 위원회의 구성과 운영에 필요한 사항은 대통령령으로 정한다.

(2) 축산물위생심의위원회의 구성(영 제5조)

① 법 제3조의2제1항에 따른 축산물위생심의위원회(이하 "위원회"라 한다)는 위원장과 부위원장 각 1명을 포함한 30명 이상 50명 이하의 위원으로 구성한다.

② 위원장은 위원 중에서 호선(互選)하고, 부위원장은 위원장이 지명하는 위원이 된다.

③ 위원은 관계 공무원과 축산물에 관한 영업에 종사하는 사람, 축산물 위생 또는 소비자 보호업무에 관한 학식과 경험이 있는 사람 중에서 식품의약품안전처장이 임명하거나 위촉한다. 이 경우 식품의약품안전처장은 위원을 위촉할 때 관련 학회 또는 전문가 단체 등의 추천을 받을 수 있다.

(3) 연구위원(영 제9조의2)

① 법 제3조의2제3항에 따른 연구위원은 5명 이내로 한다.

② 연구위원은 축산물에 관한 학식과 경험이 풍부한 사람 중에서 식품의약품안전처장이 임명한다.

2. 축산물의 기준 및 규격

(1) 축산물의 기준 및 규격(법 제4조)

① 가축의 도살·처리 및 집유의 기준은 총리령으로 정한다.

② 식품의약품안전처장은 공중위생상 필요한 경우 다음 각 호의 사항을 정하여 고시할 수 있다.

    ㉠ 축산물의 가공·포장·보존 및 유통의 방법에 관한 기준(이하 "가공기준"이라 한다)

    ㉡ 축산물의 성분에 관한 규격(이하 "성분규격"이라 한다)

    ㉢ 축산물의 위생등급에 관한 기준

③ 식품의약품안전처장은 가공기준 및 성분규격이 정하여지지 아니한 축산물에 대하여는 그 축산물 가공업의 영업자로 하여금 가공기준 및 성분규격을 제출하도록 하여 식품·의약품분야 시험·검사 등에 관한 법률 제6조제2항제2호에 따른 축산물 시험·검사기관의 검토를 거쳐 그 가공기준 및 성분규격을 제2항에 따른 고시 전까지 한시적으로 인정할 수 있다.

④ 수출을 목적으로 하는 축산물의 기준, 가공기준 및 성분규격은 제①항 및 제②항에도 불구하고 수입자가 요구하는 기준, 가공기준 및 성분규격에 따를 수 있다.

⑤ 가축의 도살·처리, 집유와 축산물의 가공·포장·보존·유통은 제1항부터 제3항까지의 규정에 따른 기준, 가공기준 및 성분규격에 따라야 한다. 판매를 목적으로 수입하는 축산물의 경우에도 같다.

⑥ 제①항부터 제③항까지의 규정에 따른 기준, 가공기준 및 성분규격에 맞지 아니하는 축산물은 판매하거나 판매할 목적으로 보관·운반 또는 진열하여서는 아니 된다.

[별표 1] 가축의 도살·처리 및 집유의 기준(규칙 제2조 관련)

1. 소·말·양·돼지 등 포유류(토끼는 제외한다)

   (1) 도살방법

     1) 도살 전에 가축의 몸 표면에 묻어 있는 오물을 제거한 후 깨끗하게 물로 씻어야 한다.

     2) 도살은 타격법·전살법·총격법·자격법 또는 CO_2가스법을 이용하여야 하며, 방혈 전후 연수 또는 척수를 파괴할 목적으로 철선을 사용하는 경우 그 철선은 스테인리스철재로서 소독된 것을 사용하여야 한다.

     3) 방혈법

       가) 방혈은 목동맥을 절단하여 실시한다.

       나) 목동맥 절단 시에는 식도 및 기관이 손상되어서는 아니 된다.

       다) 방혈 시에는 뒷다리를 매달아 방혈함을 원칙으로 한다.

   (2) 처리방법 : 부위별 절단은 다음 방법에 따르고, 미생물의 오염을 줄이는 목적으로 도체(屠體) 등 축산물에 사용하는 살균·소독제는 식품에 첨가하여 사용할 수 있도록 허용된 것이어야 한다.

     1) 가축의 껍질과 털은 해당 가축의 특성에 맞게 벗기거나 뽑는 등 위생적으로 제거하여야 한다.

     2) 머리

       가) 소

         ㄱ. 뒷머리뼈와 제1목뼈 사이를 절단한다.

         ㄴ. 머리부위에는 하악림프절·인두후림프절 및 귀밑림프절을 부착시킨다.

       나) 양·돼지 등 : 가)에 따른 소 머리 처리방법에 따라 머리부위를 절단하되, 림프절은 머리에 부착시킨다. 다만, 양(염소 등 산양을 포함한다)의 머리는 절단하지 아니할 수 있다.

---

3) 앞다리 : 앞발목뼈와 앞발허리뼈 사이를 절단한다. 다만, 탕박(뜨거운 물에 담근 후 털을 뽑는 방식을 말한다.)을 하는 돼지의 경우에는 절단하지 아니할 수 있다.

4) 뒷다리 : 뒷발목뼈와 뒷발허리뼈 사이를 절단한다. 다만, 탕박을 하는 돼지의 경우에는 절단하지 아니할 수 있다.

5) 장기 : 배 쪽의 정중선에 따라 절개한 후 다음 방법에 따른다.

   가) 절개 시에 음경·고환 및 유방(새끼를 낳은 소만 해당한다)을 제거한다.

   나) 항문·외음부 및 그 주위 부분을 제거한 후 횡경막의 부착 부분부터 절개한다.

   다) 가슴뼈와 치골결합 사이를 세로로 절개한다.

   라) 장 내용물이 쏟아지지 않도록 항문을 묶는다.

   마) 흉강장기·복강장기를 모두 끄집어내고 도체에서 분리한다.

   바) 식용에 제공하기 위한 간은 그 밖의 장기와 구분·채취하여 오염을 방지할 수 있는 위생적인 용기에 담거나 포장하여야 한다.

   사) 식용에 제공하기 위한 위·소장 및 대장은 그 밖의 장기와 구분하여 처리하되, 내용물이 눈에 보이지 때까지 세척하여 오염을 방지할 수 있는 위생적인 용기에 담거나 포장하여야 한다.

6) 도체 : 다음 방법에 따라 2등분 또는 4등분으로 절단하되, 필요에 따라 더 작은 크기로 절단할 수 있다. 다만, 양(염소 등 산양을 포함한다)의 도체는 절단하지 아니할 수 있다.

   가) 도체를 2등분으로 절단할 경우에는 엉덩이사이뼈·허리뼈·등뼈 및 목뼈를 좌우 평등하게 절단하여야 한다. 이 경우 소의 도체는 제1허리뼈와 최후등뼈 사이가 일부 절단되도록 하여야 한다.

   나) 도체를 4등분으로 절단할 경우에는 제1허리뼈와 최후등뼈(제13등뼈) 사이를 절단하여야 하며, 추가로 절단하려는 경우에는 도체 소유자의 요구에 따라 절단 부분을 정할 수 있다

   다) 도체의 절단은 전기톱을 이용하여 위생적으로 하여야 한다. 다만, 양(염소 등 산양을 포함한다)의 도체는 그 특성에 따라 칼 등을 사용할 수 있다. 다만, 양(염소 등 산양을 포함한다)의 도체 및 4등분 이상으로 나누는 경우에는 그 특성에 따라 칼 등을 사용할 수 있다.

7) 도축장에서 반출되는 식육은 10℃ 이하로 냉각하여야 한다. 다만, 소·말의 식육 중 가열을 하지 않고 바로 섭취할 용도로 식육의 일부를 반출하려는 경우와 식육포장처리업의 영업자가 포장육의 원료로 사용하기 위하여 돼지의 식육을 자신의 영업장 냉장시설에 보관할 목적으로 반출하려는 경우에는 그러하지 아니하다.

8) 7) 본문에 따라 냉각한 식육은 병원성미생물의 오염을 방지하기 위하여 포장하여 반출할 것을 권장하며, 포장을 하는 경우 포장지는 식품위생법 제9조에 따라 정한 기준 및 규격에 맞는 재질을 사용하여야 한다.

2. 닭·오리·칠면조 등 가금류

(1) 도살방법

1) 도살은 전살법, 자격법 또는 CO_2가스법을 이용한다.

2) 방혈은 목동맥을 절단하여 실시하며, 도체에 상처나 울혈이 생기지 아니하도록 하여야 한다.

(2) 처리방법

1) 가금의 처리는 충분히 방혈한 후 탕지(털을 제거하기 위하여 뜨거운 물에 담그는 것을 말한다. 이하 같다) 탈모·머리절단·발절단·항문제거·개복·장기적출·냉각(수세냉각 또는 공기냉각)·냉장·냉동(냉동을 하는 경우만 해당한다) 및 포장(포장을 하는 경우만 해당한다) 등의 순서로 실시하여야 한다.

2) 탕지는 가금이 죽은 후에 하여야 하고, 탕지하는 물은 식육이 익지 않을 정도의 온도를 유지하여야 하며, 일정한 주기로 새로운 물을 투입하여 깨끗한 상태이어야 한다.

3) 가금의 털은 도체를 식용에 제공할 수 있도록 위생적으로 제거하되 도체에 상처를 주지 아니하도록

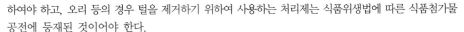

하여야 하고, 오리 등의 경우 털을 제거하기 위하여 사용하는 처리제는 식품위생법에 따른 식품첨가물 공전에 등재된 것이어야 한다.

4) 가금의 절단작업은 도체를 식용에 제공할 수 있도록 머리·발·기도·허파·식도·심장·모이주머니·내장 등을 제거하고, 해체된 식육은 더럽혀지지 아니하도록 하여야 하며, 내장의 적출은 항문의 주위를 도려낸 후 실시하여야 한다.

5) 냉장·냉동(냉동을 하는 경우에 한한다) 및 포장은 해체된 식육을 신속히 냉각한 후에 하여야 한다.

가) 도축장에서 반출되는 식육의 심부온도는 2℃ 이하로 유지되어야 한다.

나) 빙수냉각

ㄱ. 빙수냉각은 식용얼음을 사용하여 위생적인 방법으로 취급·저장되어야 한다. 다만, 제빙기가 없는 도축장에서는 수냉각장치에 의한다.

ㄴ. 식육은 다음에 규정된 시간 내에 5℃ 이하로 냉각하여야 하며, 포장을 하는 경우에는 포장 시까지 이 온도가 유지되어야 한다.

도체중량	시 간
1.8kg 미만	4
1.8kg 이상~3.6kg 미만	6
3.6kg 이상	8

ㄷ. 식육가공품 또는 포장육의 원료로 사용하는 식육은 5℃ 이하의 온도를 유지할 수 있는 냉각탱크에 24시간까지 보관할 수 있다.

• 보관기간 중에는 5℃ 이하의 온도를 유지할 수 있도록 필요한 경우 얼음을 보충하거나 그 밖에 필요한 조치를 하여야 한다.

• 세척·냉각수는 포장 시의 습기흡수율 및 수분함유율을 최소한으로 하도록 하여야 한다.

• 냉동 또는 냉동포장을 하는 식육의 경우 세척 및 냉각수로 인한 최대 허용습기흡수량 및 수분함유량은 다음에서 정한 백분율을 초과하여서는 아니 된다.

▼ 냉각세척 후 중량증가 허용기준

식육의 종류	구 분	허용기준
닭고기		8%
칠면조고기	4.5kg 미만	8%
	4.5kg 이상~9kg 미만	6%
	9kg 이상	4.5%
그 밖의 가금육		6%

• 빙수냉각을 한 냉동식육의 최대 허용습기흡수량 및 수분함유량은 증가된 중량의 백분율이 19%를 초과하여서는 아니 된다.

• 냉각시설의 온도는 15℃를 초과하여서는 아니 된다.

다) 공기냉각의 경우에는 해체 후 식육의 심부온도가 신속하게 5℃ 이하로 되어야 하며, 공기 유통과 적정 습도가 잘 유지되어야 한다.

6) 계절적인 이유 등으로 일시적으로 도축 물량이 증가하여 도축장의 시설만으로는 도축한 물량을 제때 냉동할 수 없는 경우에는 식육을 신속히 냉각하고 포장한 후 다음의 요건을 모두 갖추어 도축장 외부에 있는 냉동시설(이하 이 목에서 "외부 냉동시설"이라 한다)을 이용하여 5)에 따른 냉동을 할 수 있다. 이 경우 그 결과를 식품의약품안전처장이 정하는 바에 따라 해당 검사관에게 보고하여야 한다.

가) 식품의약품안전처장이 정하는 바에 따라 해당 도축장을 관리하는 검사관으로부터 미리 승인을 받을 것

나) 외부 냉동시설이 도축장 인근에 있는 것일 것

다) 외부 냉동시설의 운영자가 축산물보관업 영업허가를 받은 자일 것

라) 도축장에서 식육을 반출할 때 식육의 심부온도가 2℃ 이하일 것

마) 도축장에서 외부 냉동시설까지 운반하는 동안 식육의 심부온도를 2℃ 이하로 유지할 것

바) 품질 변화를 최소화할 수 있도록 외부 냉동시설에 도착한 즉시 신속히 냉동할 것

7) 식육의 포장은 별표 2의3에 따른다.

8) 미생물의 오염을 줄이는 목적으로 도체 등 축산물에 사용하는 살균·소독제는 식품에 첨가하여 사용할 수 있도록 허용된 것이어야 한다.

3. 토 끼

토끼의 도살·처리방법은 제1호의 기준을 준용하되, 필요한 경우에는 개체의 특성을 고려하여 그 방법을 달리할 수 있다.

4. 집유의 방법

(1) 농장으로부터의 집유는 보랭탱크집유차량을 이용하여야 한다.

(2) 보랭탱크집유차량으로 원유를 옮겨 싣기 전에 법 제12조제2항에 따라 검사를 실시하여야 한다. 이 경우 현장에서 검사실시가 불가능한 검사항목에 대해서는 검사시료를 채취하여 시험실에서 검사한다.

(3) 집유된 원유는 신속하게 집유장 또는 유가공장에 운송하여 여과·냉각 또는 저장 등 필요한 조치를 하여야 한다.

5. 수출 등 특수한 목적의 가축의 도살·처리 및 집유기준

(1) 수출을 목적으로 도살·처리하는 가축에 대해서는 제1호부터 제3호까지의 규정에도 불구하고 수입자가 요구하는 가축의 도살·처리기준에 따라 할 수 있다.

(2) 바베큐 또는 제수 용도로 사용하거나 종교적 이유로 달리 도살·처리할 필요가 있는 가축은 제1호부터 제3호까지의 규정에도 불구하고 도살·처리방법을 달리할 수 있다.

(3) (1) 및 (2) 외의 목적으로 도체의 절단방법 및 집유의 방법을 달리 할 필요가 있다고 인정되는 경우에는 식품의약품안전처장이 그 방법을 따로 정하여 고시할 수 있다.

6. 차량을 이용한 도축업에서 가축의 도살·처리기준 특례

(1) 제1호(1)목7) 및 제2호(2)목5)가)에도 불구하고 차량을 이용한 도축장에서 염소 등 포유류 또는 닭·오리 등 가금류의 식육이 반출되는 경우로서 다음의 어느 하나에 해당하는 경우 도축업 영업자는 해당 영업자에게 축산물의 가공기준 및 성분규격에서 별도로 정한 온도로 반출할 수 있다.

1) 차량을 이용한 도축장을 허가한 관할 특별시·광역시·특별자치시·도·특별자치도(이하 "시·도"라 한다) 또는 이와 관할 구역이 접해있는 시·도에 소재하는 식육판매업 영업장에서 최종 소비자에게 직접 판매(식품접객업·집단급식소 등과 같이 해당 영업소에서 최종 소비되는 경우를 포함한다)하는 경우

2) 차량을 이용한 도축장을 허가한 관할 시·도 또는 이와 관할 구역이 접해있는 시·도에 소재하는 식육즉석판매가공업 또는 식품위생법 시행령 제21조에 따른 즉석판매제조가공업의 영업장에서 식육가공품의 생산에 사용하는 경우

3) 식육포장처리업 영업자가 포장육의 원료로 사용하기 위하여 염소의 식육을 자신의 영업장 냉장시설에 보관할 목적으로 반출하는 경우

(2) 용기 등의 규격 등(법 제5조)

① 식품의약품안전처장은 축산물의 위생적 처리를 위하여 필요하다고 인정하면 축산물에 사용하는 용기, 기구, 포장 또는 검인용·인쇄용 색소(이하 "용기 등"이라 한다)에 관한 규격 등 필요한 사항을 정하여 고시할 수 있다.

② 제①항에 따라 규격 등이 정하여진 경우에는 그 규격 등에 적합한 용기 등을 사용하여야 한다.

(3) 축산물의 표시기준(법 제6조)

① 식품의약품안전처장은 판매를 목적으로 하는 축산물의 표시에 관한 기준을 정하여 고시할 수 있다. 이 경우 축산법 제2조제1호의2에 따른 토종가축에 대한 표시를 구분하여 정할 수 있다.

② 제①항에 따라 표시에 관한 기준이 정하여진 축산물은 그 기준에 적합한 표시를 하여야 한다. 판매를 목적으로 수입하는 축산물의 경우에도 같다.

③ 제①항에 따라 표시에 관한 기준이 정하여진 축산물은 제2항에 따른 표시가 없으면 판매하거나 판매할 목적으로 가공·포장·보관·운반 또는 진열하여서는 아니 된다.

3. 축산물의 위생관리

(1) 가축의 도살 등(법 제7조)

① 가축의 도살·처리, 집유, 축산물의 가공·포장 및 보관은 제22조제1항에 따라 허가를 받은 작업장에서 하여야 한다. 다만, 다음 각 호의 어느 하나에 해당하는 경우에는 그러하지 아니하다.

  ㉠ 학술연구용으로 사용하기 위하여 도살·처리하는 경우

  ㉡ 특별시장·광역시장·특별자치시장·도지사 또는 특별자치도지사(이하 "시·도지사"라 한다)가 소와 말을 제외한 가축의 종류별로 정하여 고시하는 지역에서 그 가축을 자가소비(自家消費)하기 위하여 도살·처리하는 경우

  ㉢ 시·도지사가 소·말·돼지 및 양을 제외한 가축의 종류별로 정하여 고시하는 지역에서 그 가축을 소유자가 해당 장소에서 소비자에게 직접 조리하여 판매(이하 "자가 조리·판매"라 한다)하기 위하여 도살·처리하는 경우

② 제①항 ㉠에 따라 가축을 도살·처리한 자는 총리령으로 정하는 바에 따라 시·도지사에게 신고하여야 한다.

③ 제①항 ㉠에 따라 도살·처리한 가축의 식육은 총리령으로 정하는 바에 따라 식용으로 사용하거나 판매할 수 있다.

④ 제①항 ㉢에 따라 소·말·돼지 및 양을 제외한 가축을 도살·처리하는 자는 식품의약품안전처장이 정하여 고시하는 바에 따라 위생적으로 도살·처리하여야 한다.

⑤ 제①항 각 호 외의 부분 본문에도 불구하고 부상 등 대통령령으로 정하는 경우를 제외한 기립불능 가축은 도살·처리하여 식용으로 사용하거나 판매하여서는 아니 된다.

⑥ 국가 및 지방자치단체는 제⑤항에 따른 기립불능 가축에 대하여 질병검사를 실시한 후 적절한 방법으로 폐기처리하여야 하고, 이에 따라 발생한 가축소유자의 손실에 대하여는 정당한 보상을 하여야 한다.

⑦ 제⑤항의 적용 대상 가축 및 ⑥에 따른 가축별 질병검사 항목 및 검사방법, 보상 기준·절차와 보상가격 산정 및 폐기 방식 등에 필요한 사항은 대통령령으로 정한다.

⑧ 소·말·돼지 및 양을 제외한 가축 중에서 총리령으로 정하는 가축을 제①항 ⓛ에 따른 자가소비 또는 자가 조리·판매를 하기 위하여 도살·처리하려는 자는 시·도지사 또는 시장·군수·구청장(자치구의 구청장을 말한다. 이하 같다)에게 도살·처리하는 가축이나 도살 후 처리하는 식육에 대하여 검사를 요청할 수 있다. 이 경우 요청을 받은 시·도지사 또는 시장·군수·구청장은 특별한 사정이 없으면 제13조제1항에 따라 시·도지사가 임명·위촉한 검사관에게 그 검사를 하게 하여야 한다.

⑨ 제⑧항에 따라 식육에 대한 검사를 한 검사관은 검사에 합격한 식육에 제16조에 따른 합격표시를 하여야 한다. 다만, 검사를 요청한 자가 합격표시를 원하지 아니하는 경우에는 그러하지 아니하다.

⑩ 제⑧항에 따른 검사의 항목·방법·기준·절차 등에 관하여 필요한 사항은 총리령으로 정한다.

(2) 기립불능 가축 중 도축금지 대상(영 제12조의2)

① 법 제7조제5항에서 "부상 등 대통령령으로 정하는 경우"란 다음 각 호의 어느 하나의 원인으로 기립불능 가축이 된 경우를 말한다.

ㄱ 부상(負傷)

ㄴ 난산(難産)

ㄷ 산욕마비(産褥痲痺)

ㄹ 급성고창증(急性鼓脹症)

② 법 제7조제5항의 적용 대상 가축은 소로 한다.

③ 해당 소가 법 제7조제5항에 따라 도살·처리하여 식용으로 사용하거나 판매하여서는 아니 되는 기립불능 소(이하 "도축금지 대상 기립불능 소"라 한다)인지 여부는 다음 각 호의 구분에 따라 판정하여야 한다.

ㄱ 도축장에서 발견된 경우 : 특별시장·광역시장·특별자치시장·도지사 또는 특별자치도지사(이하 "시·도지사"라 한다)가 해당 소에 대한 법 제11조제1항에 따른 검사결과로 판정

ㄴ 도축장 외의 장소에서 발견된 경우 : 특별자치시장·특별자치도지사·시장·군수·구청장(자치구의 구청장을 말한다. 이하 같다)이 해당 소에 대한 임상검사 결과 또는 진료기록으로 판정

(3) 도축금지 대상 기립불능 소에 대한 질병검사 항목 및 검사방법(영 제12조의3)

① 법 제7조제6항에 따른 질병검사 항목은 소해면상뇌증을 말한다.

② 제①항에 따른 소해면상뇌증 검사는 뇌조직 채취에 의한 소해면상뇌증 병원체 검사의 방법으로 실시한다.

③ 제②항에 따른 검사를 위한 시료의 채취와 취급처리 및 검사실시요령 등에 관하여 필요한 사항은 식품의약품안전처장이 정한다.

(4) 도축금지 대상 기립불능 소에 대한 보상기준·절차와 보상가격 산정(영 제12조의4)

① 법 제7조제6항에 따른 보상기준은 해당 소가 도축금지 대상 기립불능 소로 판정된 시점에서 식용으로서 지닌 가치의 평가액 전부로 한다.

② 법 제7조제6항에 따른 보상가격은 기립불능의 원인, 증세의 정도, 치료경력 및 예후소견(豫後所見), 법 제11조제4항에 따른 가축의 검사기준에 적합한지의 여부, 그 밖에 가격형성에 관련되는 요인 등을 고려하여 시·도지사 또는 시장·군수·구청장이 산정한다.

③ 법 제7조제6항에 따라 보상을 받으려는 소유자는 해당 소를 판정한 시·도지사 또는 시장·군수·구청장에게 보상을 신청하여야 하고, 신청을 받은 시·도지사 또는 시장·군수·구청장은 제②항에 따라 산정된 보상가격을 소유자에게 지급하여야 한다.

(5) 도축금지 대상 기립불능 소에 대한 폐기 방식(영 제12조의5)

시·도지사 또는 시장·군수·구청장은 법 제7조제6항에 따라 도축금지 대상 기립불능 소를 다음 각 호의 어느 하나의 방법으로 폐기처리하여야 한다. 다만, 제12조의3에 따른 질병검사 결과 소해면상뇌증에 감염된 것으로 확인된 경우에는 제①항의 방법으로 폐기처리하여야 한다.

① 소각·매몰 등의 방법으로 폐기

② 식용 외의 다른 용도로 전환

(6) 위생관리기준(법 제8조)

① 제22조에 따라 허가를 받거나 제24조에 따라 신고를 한 자(이하 "영업자"라 한다) 및 그 종업원이 작업장 또는 업소에서 지켜야 할 위생관리기준(이하 "위생관리기준"이라 한다)은 총리령으로 정한다.

② 다음 각 호에 해당하는 영업자는 위생관리기준에 따라 해당 작업장 또는 업소에서 영업자 및 종업원이 지켜야 할 자체위생관리기준을 작성·운영하여야 한다.

　㉠ 제21조제1항제1호에 따른 도축업의 영업자

　㉡ 제21조제1항제3호에 따른 축산물가공업의 영업자

　㉢ 제21조제1항제4호에 따른 식육포장처리업의 영업자

　㉣ 그 밖에 자체위생관리기준을 작성·운영하여야 한다고 인정되어 총리령으로 정하는 영업자

③ 제②항에 따른 자체위생관리기준의 작성·운영 등에 필요한 사항은 총리령으로 정한다.

(7) 위생관리기준 등(규칙 제6조)

① 법 제8조제1항에 따른 위생관리기준은 [별표 2]와 같다.

② 법 제8조제2항제4호에서 "총리령으로 정하는 영업자"란 집유업·식용란선별포장업·축산물보관업·축산물운반업·축산물판매업 및 식육즉석판매가공업의 영업을 하는 자를 말한다.

③ 법 제8조제2항에 따른 자체위생관리기준에는 ①에 따른 위생관리기준에 따라 해당 작업장에서 작업 개시 전과 작업 과정에서 발생할 수 있는 축산물의 오염이나 변질을 방지하기 위한 구체적인 절차와 방법 등이 포함되어야 한다.

④ 영업자는 매일 자체위생관리기준의 준수 여부를 점검하여 이를 점검일지에 기록하여야 하고, 점검일지는 최종 기재일부터 3개월간 보관하여야 한다.

⑤ 특별시장·광역시장·특별자치시장·도지사·특별자치도지사(이하 "시·도지사"라 한다), 시장·군수·구청장(자치구의 구청장을 말한다), 식품의약품안전처장 또는 지방식품의약품안전청장(도축장·집유장에 대해서는 농림축산검역본부장을 말한다)은 검사관·축산물위생감시원으로 하여금 자체위생관리기준의 적합성 및 효율성을 검증하고 필요한 경우 해당 작업장 또는 업소의 자체위생관리기준의 수정을 권고할 수 있다.

[별표 2] 영업장 또는 업소의 위생관리기준(규칙 제6조제1항 관련)

1. 작업개시 전 위생관리
   (1) 작업실, 작업실의 출입구, 화장실 등은 청결한 상태를 유지하여야 한다.
   (2) 축산물과 직접 접촉되는 장비·도구 등의 표면은 흙·고기찌꺼기·털·쇠붙이 등 이물질이나 세척제 등 유해성 물질이 제거된 상태이어야 한다.

2. 작업 중 위생관리
   (1) 작업실은 축산물의 오염을 최소화하기 위하여 가급적 안쪽부터 처리·가공·유통공정의 순서대로 설치하고, 출입구는 맨 바깥쪽에 설치하여 출입 시 발생할 수 있는 축산물의 오염을 최소화하여야 한다.
   (2) 축산물은 벽·바닥 등에 닿지 아니하도록 위생적으로 처리·운반하여야 하고, 냉장·냉동 등의 적절한 방법으로 저장·운반하여야 한다.
   (3) 작업장에 출입하는 사람은 항상 손을 씻도록 하여야 한다.
   (4) 위생복·위생모 및 위생화 등을 착용하고, 항상 청결히 유지하여야 하며, 위생복 등을 입은 상태에서 작업장 밖으로 출입을 하여서는 아니 된다.
   (5) 작업 중 화장실에 갈 때에는 앞치마와 장갑을 벗어야 한다.
   (6) 작업 중 흡연·음식물 섭취 및 껌을 씹는 행위 등을 하여서는 아니 된다.
   (7) 시계·반지·귀걸이 및 머리핀 등의 장신구가 축산물에 접촉되지 아니하도록 하여야 한다.

3. 영업자·검사관 및 축산물위생감시원의 책무
   (1) 영업자는 작업개시 전 또는 작업종료 후에 시설·장비 및 도구 등에 대한 위생상태 및 작동상태를 점검하여야 한다.
   (2) 검사관 또는 축산물위생감시원은 자체위생관리기준이 효율적으로 시행되는지의 여부를 감독하고, 그 위반사항을 발견한 경우에는 영업자 또는 관리책임자에게 명하여 이를 즉시 시정·보완하도록 하여야 하며, 위반사항이 법 제27조에 따른 행정처분의 사유가 되는 경우에는 그 내용을 관할 시·도지사 또는 소속 축산물 시험·검사기관의 장에게 보고하여야 한다.

(3) 영업자 또는 관리책임자는 검사관 또는 축산물위생감시원이 지시한 사항을 즉시 시정·보완하기가 어렵다고 판단될 경우에는 시정·보완이 될 때까지 작업을 일시 중단하는 등 필요한 조치를 하여야 한다.

(4) 영업자는 다음 장소에 형성되거나 부착된 이물질을 제거하기 위한 청소를 정기적으로 실시하여야 한다.

1) 축산물과 직접 접촉하는 시설·장비

2) 작업실의 천정, 벽, 자동이송장치 등(이물질의 낙하 등으로 인하여 축산물을 오염시킬 수 있는 경우만 해당한다)

4. 개별기준

(1) 도축업

1) 도살작업은 가축을 매단 상태 또는 가축이 바닥과 닿지 아니하는 상태에서 하여야 한다.

2) 종업원은 지육의 오염을 방지하기 위하여 작업 중에 수시로 작업칼·기구·톱 등 작업에 사용하는 도구를 적어도 83℃ 이상의 뜨거운 물로 세척·소독하여야 한다.

3) 종업원은 작업종료 후 오염물질 및 지방 등을 제거하기 위하여 작업대·운반도구 및 용기 등 식육과 직접 접촉되는 시설 등의 표면을 깨끗이 세척하여야 한다.

4) 가축도살·지육처리 및 내장처리에 종사하는 종업원은 각 작업장별로 구분하여 작업에 임하여야 한다. 다만, 부득이하게 다른 작업장으로 이동하여야 하는 경우에는 오염을 방지하기 위하여 위생복 및 앞치마를 갈아입고 위생화 등을 세척·소독하는 등의 위생조치를 하여야 한다.

5) 도살 및 처리 작업 중에 지육이 분변 또는 장의 내용물에 오염되지 아니하도록 하여야 한다.

6) 탕박(湯剝)시설의 수조 및 내장 세척용수조에 탕박 또는 세척의 효과가 없을 정도로 분변이 잔류하지 않도록 수시로 물을 교환하여야 한다.

7) 식용에 적합하지 않거나 폐기처리 대상인 것은 식육과 별도로 구분하여 관리하여야 한다.

(2) 집유업

1) 원유를 직접 취급하는 사람은 작업 중 수시로 손을 세척·소독하여 개인위생관리를 철저히 하여야 한다.

2) 집유차량의 보랭(保冷)탱크, 검사용 기구, 집유(수유)호스 등은 수시로 이를 세척·소독하여 항상 청결히 유지되도록 하여야 한다.

3) 작업장에 출입할 때에는 반드시 위생화를 소독조에 세척·소독하여야 한다.

4) 작업 전에 집유(수유)설비의 작동상태에 대한 사전점검을 실시하여야 한다.

5) 집유차량의 보랭탱크 및 저유조 내 원유는 냉장상태를 유지하여야 한다.

6) 집유차량의 집유호스 및 저유조 수유호스 등은 벽·바닥 등과 닿지 아니하도록 위생적으로 관리하여야 한다.

(3) 축산물가공업 및 식육포장처리업

1) 종업원은 축산물의 오염을 방지하기 위하여 작업 중 수시로 손·장갑·칼·가공작업대 등을 세척·소독하여야 한다.

2) 모든 장비·컨베이어벨트 및 작업대 그 밖에 축산물과 직접 접촉되는 시설 등의 표면은 깨끗하게 유지되어야 한다.

3) 종업원이 원료작업실에서 가공품작업실로 이동하는 때에는 교차오염을 예방하기 위하여 위생복 또는 앞치마를 갈아입거나 위생화 또는 손을 세척·소독하는 등 예방조치를 하여야 한다.

(4) 식용란선별포장업

1) 종업원은 식용란의 오염을 방지하기 위하여 작업 중에 수시로 손·장갑 등을 세척·소독하는 등 개인위생관리를 철저히 하여야 한다.

2) 식품의약품안전처장이 정하여 고시한 축산물의 가공기준 및 성분규격에서 식용에 적합하지 않거나 폐기처리 대상으로 정한 식용란은 별도로 구분하여 관리하여야 한다.

3) 식용란 선별·포장에 쓰이는 모든 장비·달걀 운반라인, 그밖에 식용란과 직접 접촉되는 시설 등의 표면은 매일 깨끗이 청소·관리되어야 한다.

4) 물로 세척한 식용란은 신속히 건조시켜야 한다.

5) 영업자는 종업원 중에 검란책임자를 지정하여 검란책임자가 검란 작업을 총괄·관리하도록 하여야 한다.

6) 식용란을 보관하거나 진열하는 장소 및 식용란을 운반하는 차량의 내부는 직사광선이 차단되고 축산물의 가공기준 및 성분규격에서 정한 적정 온도가 유지되어야 한다.

(5) 축산물보관업

1) 오염된 기구를 만지거나 오염될 가능성이 있는 작업을 한 경우 등은 손을 깨끗이 씻어야 한다.

2) 축산물을 취급할 때에는 포장재가 파손되거나 제품이 손상되지 아니하도록 주의하여야 하며, 파손된 제품이 작업장 내에 방치되지 아니하도록 위생조치를 하여야 한다.

3) 냉장(냉동)실 출입문이 개방된 상태에서 작업하여서는 아니 된다.

(6) 축산물운반업

1) 축산물의 상·하차 작업을 할 때에는 위생복·위생모·위생화 및 위생장갑을 착용하고, 항상 청결히 유지하여야 한다.

2) 작업 전에 운반차량 적재함·작업도구 및 위생화 등을 세척 소독하여야 한다.

3) 냉장(냉동)기를 가동하여 적정온도가 유지된 후 지육의 운반을 시작하여야 한다.

4) 식육은 벽이나 바닥에 닿지 아니하도록 위생적으로 취급 운반하여야 한다.

5) 식육을 운반하는 경우에는 냉장 또는 냉동상태를 유지하여야 한다.

(7) 축산물판매업

1) 식육을 판매하는 종업원은 위생복·위생모·위생화 및 위생장갑 등을 착용하여야 하며, 항상 청결히 유지하여야 한다.

2) 작업을 할 때에는 오염을 방지하기 위하여 수시로 칼·칼갈이·도마 및 기구 등을 70% 알코올 또는 동등한 소독효과가 있는 방법으로 세척·소독하여야 한다.

3) 식육 작업완료 후 칼, 칼갈이 등은 세척·소독하여 위생적으로 보관하여야 한다.

4) 냉장(냉동)실 및 축산물 운반차량은 항상 청결하게 관리하여야 하며 내부는 적정온도를 유지하여야 한다.

5) 진열상자 및 전기냉장(냉동)시설 등의 내부는 축산물의 가공기준 및 성분규격 중 축산물의 보존 및 유통기준에 적합한 온도로 항상 청결히 유지되어야 한다.

6) 우유류를 배달하거나 판매하는 때에 사용하는 운반용기는 항상 청결히 유지되어야 한다.

7) 식용란 보관·진열장소 및 운반차량의 내부는 직사광선이 차단되고 적정 습도가 유지되어야 하며, 그 온도는 식용란의 보존 및 유통기준에 적합한 온도를 초과하여서는 아니 된다.

(8) 식육즉석판매가공업

1) 종업원은 위생복·위생모·위생화 및 위생장갑 등을 깨끗한 상태로 착용하여야 하며, 항상 손을 청결히 유지하여야 한다.

2) 식육가공품을 만들거나 나누는 데 사용되는 장비, 작업대 및 그 밖에 식육가공품과 직접 접촉되는 시설 등의 표면은 깨끗하게 유지되어야 한다.

3) 진열상자 및 전기냉장시설·전기냉동시설 등의 내부는 축산물의 가공기준 및 성분규격 중 축산물의 보존 및 유통 기준에 적합한 온도로 항상 청결히 유지되어야 한다.

4) 작업을 할 때에는 오염을 방지하기 위하여 수시로 칼·칼갈이·도마 및 기구 등을 70% 알코올 또는 동등한 소독효과가 있는 방법으로 세척·소독하여야 한다.

5) 작업완료 후 칼, 칼갈이 등은 세척·소독하여 위생적으로 보관하여야 한다.

4. 안전관리

(1) 안전관리인증기준(법 제9조)

① 식품의약품안전처장은 가축의 사육부터 축산물의 원료관리·처리·가공·포장·유통 및 판매까지의 모든 과정에서 인체에 위해(危害)를 끼치는 물질이 축산물에 혼입되거나 그 물질로부터 축산물이 오염되는 것을 방지하기 위하여 총리령으로 정하는 바에 따라 각 과정별로 안전관리인증기준(이하 "안전관리인증기준"이라 한다) 및 그 적용에 관한 사항을 정하여 고시한다.

② 제21조제1항제1호에 따른 도축업의 영업자, 같은 항 제2호에 따른 집유업의 영업자, 같은 항 제3호에 따른 축산물가공업의 영업자 중 총리령으로 정하는 영업자 및 같은 항 제3호의2에 따른 식용란선별포장업의 영업자는 안전관리인증기준에 따라 해당 작업장에 적용할 자체안전관리인증기준(이하 "자체안전관리인증기준"이라 한다)을 작성·운용하여야 한다. 다만, 총리령으로 정하는 섬 지역에 있는 영업자인 경우에는 그러하지 아니하다.

③ 식품의약품안전처장은 안전관리인증기준을 준수하고 있음을 인증받기를 원하는 자(제②항 본문에 따른 영업자는 제외한다)가 있는 경우에는 그 준수 여부를 심사하여 해당 작업장·업소 또는 농장을 안전관리인증작업장·안전관리인증업소 또는 안전관리인증농장으로 인증할 수 있다.

④ 농업협동조합법에 따른 축산업협동조합 등 총리령으로 정하는 자가 가축의 사육, 축산물의 처리·가공·유통 및 판매 등 모든 단계에서 안전관리인증기준을 준수하고 있음을 통합하여 인증받고자 신청하는 경우에는 식품의약품안전처장은 그 신청자와 가축의 출하 또는 원료공급 등의 계약을 체결한 작업장·업소 또는 농장의 안전관리인증기준 준수 여부 등 인증요건을 심사하여 해당 신청자를 안전관리통합인증업체로 인증할 수 있다. 이 경우 해당 작업장·업소 또는 농장은 ③에 따른 안전관리인증작업장·안전관리인증업소 또는 안전관리인증농장으로 각각 인증받은 것으로 본다.

⑤ 제③항 또는 제④항 후단에 따라 안전관리인증작업장·안전관리인증업소 또는 안전관리인증농장으로 인증을 받거나 받은 것으로 보는 자, 제④항 전단에 따른 안전관리통합인증업체로 인증을 받은 자가 그 인증받은 사항 중 총리령으로 정하는 사항을 변경하려는 경우에는 식품의약품안전처장의 변경 인증을 받아야 한다.

⑥ 식품의약품안전처장은 제③항 또는 제④항 후단에 따라 안전관리인증작업장·안전관리인증업소 또는 안전관리인증농장으로 인증을 받거나 받은 것으로 보는 자, 제④항 전단에 따른 안전관리통합인증업체로 인증을 받은 자 및 ⑤에 따라 변경 인증을 받은 자에게 그 인증 또는 변경 인증 사실을 증명하는 서류를 발급하여야 한다.

⑦ 제⑥항에 따른 인증 또는 변경 인증 사실 증명서류를 발급받지 아니한 자는 안전관리인증작업장·안전관리인증업소·안전관리인증농장 또는 안전관리통합인증업체(이하 "안전관리인증작업장 등"이라 한다)라는 명칭을 사용하지 못한다.

⑧ 식품의약품안전처장, 시·도지사 또는 시장·군수·구청장은 안전관리인증기준을 효율적으로 운용하기 위하여 다음 각 호의 어느 하나에 해당하는 자에게 안전관리인증기준 준수에 필요한

기술·정보를 제공하거나 교육훈련을 실시할 수 있다.

   ㉠ 자체안전관리인증기준을 작성·운용하여야 하는 영업자(종업원을 포함한다)

   ㉡ 제③항 또는 제④항에 따라 안전관리인증작업장 등의 인증을 받으려는 자 및 인증을 받은 자(종업원을 포함한다)

⑨ 식품의약품안전처장, 시·도지사 또는 시장·군수·구청장은 안전관리인증작업장 등으로 인증 받은 자에게 시설 개선을 위한 융자사업 등의 우선지원을 할 수 있다.

⑩ 다음 각 호의 사항은 총리령으로 정한다.

   ㉠ 제③항 및 제④항에 따른 안전관리인증작업장 등의 인증 요건 및 절차

   ㉡ 제⑤항에 따른 변경 인증의 절차

   ㉢ 제⑥항에 따른 증명서류의 발급

   ㉣ 제⑧항에 따른 교육훈련의 실시기관, 실시비용 및 내용 등

(2) 안전관리인증기준의 작성·운용 등(규칙 제7조)

① 법 제9조제1항에 따른 안전관리인증기준에는 국제식품규격위원회(Codex Alimentarius Commission)의 안전관리인증기준의 적용에 관한 지침에 따라 다음 각 호의 내용이 포함되어야 한다.

   ㉠ 가축의 사육부터 축산물의 원료관리·처리·가공·포장·유통 및 판매까지의 모든 과정에서 위생상 문제가 될 수 있는 생물학적·화학적·물리학적 위해요소의 분석

   ㉡ 위해의 발생을 방지·제거하기 위하여 중점적으로 관리하여야 하는 단계·공정(이하 "중요관리점"이라 한다)

   ㉢ 중요관리점별 위해요소의 한계기준

   ㉣ 중요관리점별 감시관리 체계

   ㉤ 중요관리점이 한계기준에 부합되지 아니할 경우 하여야 할 조치

   ㉥ 안전관리인증기준 운용의 적정 여부를 검증하기 위한 방법

   ㉦ 기록유지 및 서류작성의 체계. 다만, 기록유지의 경우 안전관리인증기준의 운용에 관한 자료 및 기록은 2년 이상 보관하도록 하여야 한다.

② 법 제9조제2항 본문에서 "축산물가공업의 영업자 중 총리령으로 정하는 영업자"란 축산물 위생관리법 시행령(이하 "영"이라 한다) 제21조제3호가목에 따른 식육가공업의 영업자, 같은 호 나목에 따른 유가공업의 영업자 및 같은 호 다목에 따른 알가공업의 영업자를 말하며, 법 제9조제2항 단서에서 "총리령으로 정하는 섬 지역"이란 울릉도 및 백령도를 말한다.

[시행일] 영업소의 식육가공업의 영업자에 대한 제7조제2항의 개정규정은 다음 각 호에서 정한 날

   ㉠ 2016년 매출액이 20억원 이상인 영업소 : 2018년 12월 1일

   ㉡ 2016년 매출액이 5억원 이상인 영업소 : 2020년 12월 1일

   ㉢ 2016년 매출액이 1억원 이상인 영업소 : 2022년 12월 1일

   ㉣ 제1호부터 제3호까지 중 어느 하나에 해당하지 아니하는 영업소 : 2024년 12월 1일

(3) 안전관리인증기준 적용 확인서의 발급(규칙 제7조의2)

시·도지사는 법 제9조제2항에 따라 자체안전관리인증기준을 작성·운용하고 있는 영업자가 안전관리인증기준 적용 확인서의 발급을 요청하는 경우에는 현장조사 등의 방법을 통하여 자체안전관리인증기준 및 그 운용의 적정성 등을 확인한 후 별지 제1호의2서식의 확인서를 발급할 수 있다.

(4) 안전관리인증작업장 등의 인증신청 등(규칙 제7조의3)

① 법 제9조제3항에 따라 안전관리인증작업장·안전관리인증업소·안전관리인증농장의 인증을 받으려는 자는 별지 제1호의3서식의 안전관리인증작업장·업소·농장(HACCP) 인증신청서(전자문서로 된 신청서를 포함한다)에 다음 각 호의 구분에 따른 서류(전자문서를 포함한다)를 첨부하여 한국식품안전관리인증원의 설립 및 운영에 관한 법률에 따른 한국식품안전관리인증원장(이하 "인증원장"이라 한다)에게 제출하여야 한다.

ㄱ 축산물가공업의 경우 : 식육가공업, 유가공업 및 알가공업의 영업장별로 구분하여 작성한 자체안전관리인증기준

ㄴ 그 밖의 경우 : 인증받으려는 작업장·업소·농장에 대하여 작성한 자체안전관리인증기준

② 제①항에 따른 안전관리인증작업장·안전관리인증업소·안전관리인증농장의 인증을 받으려는 자는 다음 각 호의 요건을 갖추어야 한다.

ㄱ 위생관리프로그램을 운용하고 있을 것

ㄴ 자체안전관리인증기준을 작성·운용하고 있을 것

ㄷ 제7조의4제4항에 따른 교육훈련기관에서 영업자 및 농업인은 4시간 이상, 종업원은 24시간 이상의 교육훈련을 수료하였을 것. 다만, 종업원을 고용하지 않고 영업을 하는 축산물가공업·식용란선별포장업·식육포장처리업·축산물보관업·축산물운반업·축산물판매업·식육즉석판매가공업 영업자는 종업원이 받아야 하는 교육훈련을 수료하여야 하며, 이 경우 영업자가 받아야 하는 교육훈련은 받지 아니할 수 있다.

③ 법 제9조제4항 전단에서 "농업협동조합법에 따른 축산업협동조합 등 총리령으로 정하는 자"란 다음 각 호의 어느 하나에 해당하는 자를 말한다.

ㄱ 농업협동조합법에 따른 축산업협동조합

ㄴ 농어업경영체 육성 및 지원에 관한 법률에 따른 농업경영체

ㄷ 축산물의 연간 판매액이 50억원 이상인 축산물가공업 또는 축산물판매업의 영업자

④ 법 제9조제4항 전단에 따라 안전관리통합인증업체의 인증(이하 "통합인증"이라 한다)을 받으려는 자는 별지 제1호의4서식의 안전관리통합인증업체(HACCP) 인증신청서(전자문서로 된 신청서를 포함한다)에 다음 각 호의 서류(전자문서를 포함한다)를 첨부하여 인증원장에게 제출하여야 한다.

ㄱ 제③항 각 호의 어느 하나에 해당하는 자임을 확인할 수 있는 서류

ㄴ 안전관리통합인증업체의 안전관리인증기준을 관리·운용하기 위한 전담조직의 구성 및 운영 규정

ⓒ 통합적인 안전관리인증기준 적용을 위한 통합관리프로그램(이하 "통합관리프로그램"이라 한다) 및 3개월 이상의 운용실적

ⓔ 통합인증에 참여하는 각각의 작업장·업소·농장과 체결한 계약서 사본

ⓜ 통합인증에 참여하는 각각의 작업장·업소·농장(통합인증을 신청한 자 자신이 인증 참여 작업장·업소·농장 중 하나에 해당하는 경우에는 신청인을 포함한다)에 대한 제①항 각 호의 구분에 따른 서류. 다만, 기존에 안전관리인증작업장·안전관리인증업소·안전관리인증농장으로 인증을 받은 작업장·업소·농장의 경우에는 그 인증서 사본으로 갈음할 수 있다.

⑤ 제④항에 따른 통합인증을 받으려는 자는 다음 각 호의 요건을 갖추어야 한다.

ⓐ 통합관리프로그램을 작성·운용하고 있을 것

ⓑ 가축의 사육, 축산물의 처리·가공·유통 및 판매 등 모든 단계에서 안전관리인증기준을 준수할 수 있도록, 생산하는 축산물의 특성에 따라 관계되는 모든 작업장·업소·농장과 가축의 출하 또는 원료공급 등의 계약을 체결할 것. 이 경우 그 계약에는 각 작업장·업소·농장이 통합관리프로그램을 준수한다는 내용이 포함되어 있어야 하며, 각 계약기간은 3년 이상이어야 한다.

ⓒ 통합인증에 참여하는 각각의 작업장·업소·농장(통합인증을 신청한 자 자신이 인증 참여 작업장·업소·농장 중 하나에 해당하는 경우에는 신청인을 포함한다. 이하 이 항에서 같다)은 위생관리프로그램을 운용하고 있을 것

ⓔ 통합인증에 참여하는 각각의 작업장·업소·농장은 자체안전관리인증기준을 작성·운용하고 있을 것

ⓜ 통합인증에 참여하는 각각의 작업장·업소·농장의 영업자·농업인 및 종업원은 모두 제②항 ⓒ에 따른 교육훈련을 수료하였을 것

⑥ 인증원장은 제①항에 따라 안전관리인증작업장·안전관리인증업소·안전관리인증농장의 인증을 신청한 자에 대하여 신청서류 검토 및 현장 조사를 한 결과 인증을 신청한 자가 제②항의 요건을 갖추고 법 제9조제1항에 따른 안전관리인증기준을 준수하고 있다고 인정되면 신청인에게 별지 제1호의5서식의 안전관리인증작업장·업소·농장(HACCP) 인증서를 발급하여야 한다.

⑦ 인증원장은 제④항에 따라 통합인증을 신청한 자 및 통합인증에 참여한 각각의 작업장·업소·농장 모두가 제5항의 요건을 갖추고 법 제9조제1항에 따른 안전관리인증기준을 준수하고 있다고 인정되면 신청인에게 별지 제1호의6서식의 안전관리통합인증업체(HACCP) 인증서를 발급하여야 한다. 이 경우 통합인증에 참여한 각각의 작업장·업소·농장(기존에 안전관리인증작업장·안전관리인증업소·안전관리인증농장으로 인증을 받은 작업장·업소·농장은 제외한다)의 영업자 또는 농업인에게는 별지 제1호의5서식의 안전관리인증작업장·업소·농장(HACCP) 인증서를 각각 발급한다.

⑧ 법 제9조제⑤항에서 "총리령으로 정하는 사항을 변경하려는 경우"란 이 조 제①항 및 제④항에 따라 안전관리인증작업장·안전관리인증업소·안전관리인증농장 또는 안전관리통합인증업체(이하 "안전관리인증작업장 등"이라 한다)로 인증받은 사항 또는 중요관리점을 변경하려는 경우

(법 제26조 또는 축산법 제24조에 따른 영업의 승계에 따라 영업자 또는 상호를 변경하려는 경우로서 종업원의 고용을 승계하지 아니한 경우는 제외한다)를 말하며, 변경 인증을 받으려는 자는 별지 제1호의7서식의 인증변경신청서(전자문서로 된 신청서를 포함한다)에 변경사항을 증명할 수 있는 서류(전자문서를 포함한다)를 첨부하여 인증원장에게 제출하여야 한다.

⑨ 인증원장은 제⑧항에 따라 변경신청을 받으면 서류검토 또는 현장조사 등의 방법으로 변경사항을 확인하고 안전관리인증기준의 적용에 지장이 없다고 인정되면 별지 제1호의5서식의 안전관리인증작업장·업소·농장(HACCP) 인증서 또는 별지 제1호의6서식의 안전관리통합인증업체(HACCP) 인증서를 재발급하여야 한다.

⑩ 인증원장은 제⑥항, 제⑦항 또는 제⑨항에 따라 안전관리인증작업장 등의 인증 또는 변경 인증을 하였을 때에는 지체 없이 그 사실을 식품의약품안전처장과 관할 지방식품의약품안전청장(농장에 대해서는 농림축산식품부장관과 농림축산검역본부장을 말한다), 시·도지사 및 시장·군수·구청장에게 통보하여야 한다.

(5) 영업자 등에 대한 교육훈련(규칙 제7조의4)

① 법 제9조제8항에 따라 자체안전관리인증기준을 작성·운용하여야 하는 영업자 및 안전관리인증작업장 등의 인증을 받은 자(이하 이 조에서 "영업자 등"이라 한다)에게 실시하는 교육훈련의 종류 및 시간은 다음 각 호와 같다.
  ㉠ 정기 교육훈련 : 매년 1회(영업 개시일 또는 인증받은 날부터 기산한다) 이상 4시간 이상. 다만, 2년 이상의 기간 동안 정기 교육훈련을 이수하고 이 법을 위반한 사실이 없는 경우에는 다음 1년간의 정기 교육훈련을 받지 아니할 수 있다.
  ㉡ 수시 교육훈련 : 축산물 위해사고의 발생 및 확산이 우려되는 경우에 실시하는 교육훈련으로서 1회 8시간 이내

② 영업자 등이 자체안전관리인증기준 또는 안전관리인증기준의 총괄적인 관리 업무를 담당하는 종업원을 지정한 경우 영업자 등을 대신하여 그 종업원에 대하여 교육을 실시할 수 있으며, 교육을 받은 종업원이 그 관리 업무를 더 이상 하지 아니하게 된 경우에는 영업자 등이나 그 관리 업무를 새로 담당하는 직원에게 다시 교육을 실시할 수 있다.

③ 제①항에 따른 교육훈련의 내용에는 다음 각 호의 사항이 포함되어야 한다.
  ㉠ 안전관리인증기준의 원칙과 절차에 관한 사항
  ㉡ 안전관리인증기준 관련 법령에 관한 사항
  ㉢ 안전관리인증기준의 적용방법에 관한 사항
  ㉣ 안전관리인증기준의 조사·평가에 관한 사항
  ㉤ 안전관리인증기준과 관련된 축산물 위생에 관한 사항

(6) 인증 유효기간(법 제9조의2)

① 제9조제3항 또는 제4항에 따른 인증의 유효기간은 인증을 받은 날부터 3년으로 하며, 같은 조 제⑤항에 따른 변경 인증의 유효기간은 당초 인증 유효기간의 남은 기간으로 한다.

② 제①항에 따른 인증 유효기간을 연장하려는 자는 총리령으로 정하는 바에 따라 식품의약품안전처 장에게 연장신청을 하여야 한다.

③ 식품의약품안전처장은 제②항에 따른 연장신청을 받았을 때에는 안전관리인증기준에 적합하다고 인정하는 경우 그 기간을 연장할 수 있다. 이 경우 1회의 연장기간은 3년을 초과할 수 없다.

(7) 인증 유효기간의 연장신청 등(규칙 제7조의5)

① 인증원장은 안전관리인증작업장 등으로 인증을 받은 자에게 법 제9조의2제1항에 따른 인증 유효기 간이 끝나는 날의 130일 전까지 연장절차와 해당 기간까지 연장하지 아니하면 연장을 받을 수 없다는 사실을 미리 알려야 한다.

② 제①항에 따른 통지는 휴대폰에 의한 문자전송, 전자메일, 팩스, 전화, 문서 등으로 할 수 있다.

③ 법 제9조의2제2항에 따라 안전관리인증작업장·안전관리인증업소·안전관리인증농장의 인증 유효기간을 연장받으려는 자는 유효기간이 만료되기 120일 전까지 별지 제1호의3서식의 안전관리 인증작업장·업소·농장(HACCP) 인증연장신청서(전자문서로 된 신청서를 포함한다)에 다음 각 호의 서류를 첨부하여 인증원장에게 제출하여야 한다.

　　㉠ 영업 허가증 또는 신고필증 사본(농업인인 경우에는 축산업 허가증 또는 등록증 사본이나 그 밖에 가축을 사육하는 농업인임을 확인할 수 있는 서류)

　　㉡ 인증서 사본

④ 법 제9조의2제2항에 따라 통합인증 유효기간을 연장받으려는 자는 유효기간이 만료되기 120일 전까지 별지 제1호의4서식의 안전관리통합인증업체(HACCP) 인증연장신청서(전자문서로 된 신 청서를 포함한다)에 다음 각 호의 서류를 첨부하여 인증원장에게 제출하여야 한다.

　　㉠ 제7조의3제3항 각 호의 어느 하나에 해당하는 자임을 확인할 수 있는 서류

　　㉡ 통합인증에 참여하는 각각의 작업장·업소·농장의 영업 허가증 또는 신고필증 사본(농업인 인 경우에는 축산업 허가증 또는 등록증 사본이나 그 밖에 가축을 사육하는 농업인임을 확인할 수 있는 서류)

　　㉢ 안전관리통합인증업체 및 통합인증에 참여하는 각각의 작업장·업소·농장의 인증서 사본

　　㉣ 통합인증에 참여하는 각각의 작업장·업소·농장과 체결한 계약서 사본

⑤ 인증원장은 제③항에 따라 인증 유효기간의 연장을 신청한 자가 법 제9조제1항에 따른 안전관리인 증기준을 준수하고 있다고 인정되면 신청인에게 별지 제1호의5서식의 안전관리인증작업장·업소 ·농장(HACCP) 인증서를 발급하여야 한다.

⑥ 인증원장은 제④항에 따라 통합인증 유효기간의 연장을 신청한 자 및 통합인증에 참여한 각각의 작업장·업소·농장 모두가 법 제9조제1항에 따른 안전관리인증기준을 준수하고 있다고 인정되면

신청인에게 별지 제1호의6서식의 안전관리통합인증업체(HACCP) 인증서를 발급하여야 한다. 이 경우 통합인증에 참여한 각각의 작업장·업소·농장(안전관리통합인증업체와 유효기간 만료일이 같은 작업장·업소·농장만 해당한다)의 영업자 또는 농업인에게는 별지 제1호의5서식의 안전관리인증작업장·업소·농장(HACCP) 인증서를 각각 발급한다.

(8) 안전관리인증기준의 준수 여부 평가 등(법 제9조의3)

① 식품의약품안전처장은 안전관리인증작업장 등에 대하여 안전관리인증기준의 준수 여부를 연 1회 이상 조사·평가하여야 한다.

② 식품의약품안전처장은 자체안전관리인증기준을 운용하는 영업자에 대하여 자체안전관리인증기준 및 그 운용의 적정성을 연 1회 이상 조사·평가하여야 한다.

③ 식품의약품안전처장은 제②항에 따른 평가 결과 그 결과가 우수한 영업자에 대하여 우선적으로 행정적·재정적 지원을 할 수 있다.

④ 식품의약품안전처장은 안전관리인증기준의 적정성 검증을 통하여 안전관리인증제도의 정착과 지속적 발전을 위하여 노력하여야 한다.

⑤ 식품의약품안전처장은 제④항에 따른 검증을 하기 위하여 관계 공무원이 관련 작업장·업소 또는 농장에 출입하여 조사하게 할 수 있다. 이 경우 관계 공무원은 그 권한을 표시하는 증표를 지니고 이를 관계인에게 보여주어야 한다.

⑥ 안전관리인증작업장 등의 인증을 받은 자(종업원을 포함한다)와 자체안전관리인증기준을 운용하는 영업자(종업원을 포함한다)는 제①항, 제②항 및 제⑤항에 따른 출입·조사를 거부·방해하거나 기피하여서는 아니 된다.

⑦ 식품의약품안전처장은 제②항에 따른 조사·평가 과정에서 자체안전관리인증기준을 위반한 사실을 알게 되었을 때에는 시·도지사로 하여금 해당 작업장의 영업자에 대하여 제27조제1항에 따른 조치를 하게 할 수 있다.

⑧ 다음 각 호의 사항은 총리령으로 정한다.
ㄱ 제①항 및 제②항에 따른 조사·평가의 방법 및 절차
ㄴ 제④항에 따른 적정성 검증의 방법 등

(9) 조사·평가의 방법 등(규칙 제7조의6)

① 법 제9조의3제1항에 따른 안전관리인증기준의 준수 여부에 대한 조사·평가는 서류검토 및 현장조사의 방법으로 한다.

② 법 제9조의2제3항에 따라 인증 유효기간을 연장받은 날이 속한 해당 연도에는 제①항에 따른 조사·평가를 생략할 수 있다.

③ 제①항에 따른 조사·평가에는 다음 각 호의 사항이 포함되어야 한다.
ㄱ 자체위생관리기준에 따른 위생점검 시행 및 기록유지 여부

      ⓒ 새로운 원료의 사용이나 공정변경 등에 따른 위해분석 및 안전관리인증기준의 재평가와 기준
         서 개정 여부

      ⓒ 감시활동, 개선조치 및 검증활동의 이행 및 기록유지 여부

      ⓔ 잔류물질 및 미생물에 대한 검사 등 실험실 검사 실시 및 기록유지 여부

      ⓜ 교육훈련 수료 여부

      ⓗ 부적합제품에 대한 회수프로그램 이행 및 기록유지 여부

      ⓢ 그 밖에 안전관리인증기준의 이행 및 기록유지에 관한 사항

   ④ 제①항에 따라 조사·평가를 한 인증원장은 그 결과를 매월 말일까지 별지 제1호의8서식에 따라
      식품의약품안전처장 및 관할 지방식품의약품안전청장(농장에 대해서는 농림축산검역본부장을
      말한다)에게 통보하여야 한다.

(10) 안전관리인증기준 및 운용의 적정성 검증(규칙 제7조의7)

   ① 법 제9조의3제5항에 따른 안전관리인증기준의 적정성 검증을 위한 출입·조사에 관하여는 제7조
      의6제1항 및 제3항을 준용한다. 이 경우 지방식품의약품안전청장(농장·도축장·집유장에 대해
      서는 농림축산검역본부장을 말한다)은 안전관리인증기준 중 일부에 대한 전문적인 조사를 하려는
      경우에는 조사항목 등을 조정할 수 있다.

   ② 지방식품의약품안전청장(농장·도축장·집유장에 대해서는 농림축산검역본부장을 말한다)은
      제①항에 따른 출입·조사에 관한 계획을 매년 초에 수립하여 시행하여야 한다.

   ③ 지방식품의약품안전청장(농장·도축장·집유장에 대해서는 농림축산검역본부장을 말한다)은
      제①항에 따른 출입·조사의 결과 및 제7조의6제4항에 따른 통보 내용 등을 종합하여 관계 기관에
      안전관리인증기준 및 그 운용의 적정성을 확보하기 위한 관련 정보를 제공하고 교육할 수 있다.

(11) 인증의 취소 등(법 제9조의4)

식품의약품안전처장은 안전관리인증작업장 등이 다음 각 호의 어느 하나에 해당하면 총리령으로
정하는 바에 따라 시정을 명하거나 그 인증을 취소할 수 있다. 다만, ⓐ 또는 ⓜ에 해당하는 경우에는
그 인증을 취소하여야 한다.

      ⓐ 거짓이나 그 밖의 부정한 방법으로 인증을 받은 경우

      ⓑ 안전관리인증기준을 지키지 아니한 경우

      ⓒ 제9조제5항에 따른 변경 인증을 받지 아니하고 인증 사항을 변경한 경우

      ⓓ 제4조제5항·제6항, 제5조제2항, 제8조제2항, 제12조제2항부터 제4항까지, 제18조 또는 제
         33조제1항을 위반하거나 제36조제1항 또는 제2항에 따른 명령을 위반하여 제27조에 따라
         2개월 이상의 영업정지(영업의 일부정지는 제외한다) 명령을 받거나 그를 갈음하여 과징금
         부과 처분을 받은 경우

      ⓜ 총리령으로 정하는 바에 따라 1회 또는 2회 이상의 시정명령을 받고도 이를 이행하지 아니한

경우

ⓑ 제9조의3제1항·제5항에 따른 출입·조사·평가를 거부·방해 또는 기피한 경우

ⓢ 식품 등의 표시·광고에 관한 법률 제8조제1항을 위반하여 같은 법 제16조제1항 또는 제3항에 따라 2개월 이상의 영업정지(영업의 일부정지는 제외한다) 명령을 받거나 그를 갈음하여 과징금 부과 처분을 받은 경우

ⓞ 그 밖에 ⓛ·ⓡ에 준하는 경우로서 총리령으로 정하는 경우

(12) 안전관리인증작업장 등의 인증취소 등(규칙 제7조의8)

① 법 제9조의4제7호에서 "총리령으로 정하는 경우"란 다음 각 호의 어느 하나에 해당하는 경우를 말한다.

㉠ 법 제6조제2항 또는 제3항을 위반하여 기준에 적합하지 아니한 표시를 하거나 기준에 적합한 표시가 없는 축산물을 판매 또는 판매할 목적으로 가공·포장·보관·운반·진열한 경우

㉡ 법 제21조제1항을 위반하여 기준에 적합한 시설을 갖추지 아니한 경우

㉢ 법 제22조제2항·제5항 또는 법 제24조를 위반하여 변경허가를 받지 아니하거나 변경신고를 하지 아니한 경우

㉣ 법 제27조제3항제1호를 위반하여 정당한 사유 없이 6개월 이상 계속 휴업한 경우

㉤ 법 제32조제1항을 위반하여 허위표시·과대광고 또는 과대포장을 한 경우

㉥ 제7조의4제1항에 따른 교육훈련을 받지 아니한 경우

(13) 부정행위의 금지(법 제10조)

누구든지 가축에게 강제로 물을 먹이거나 식육에 물을 주입하는 등 부정한 방법으로 중량 또는 용량을 늘리는 행위를 하여서는 아니 된다.

(14) 축산물의 포장 등(법 제10조의2)

① 식품의약품안전처장은 축산물의 안전관리를 위하여 영업자에게 축산물을 포장하여 보관·운반·진열 및 판매하게 할 수 있다.

② 제①항에 따른 포장대상 축산물의 종류 및 영업자 등에 관하여 필요한 사항은 대통령령으로 정한다.

(15) 축산물의 포장 등(영 제12조의7)

① 법 제10조의2제2항에 따른 포장대상 축산물은 다음 각 호와 같다.

㉠ 닭·오리의 식육

㉡ 식용란 중 달걀

② 제①항 각 호에 따른 포장대상 축산물을 포장하여 보관·운반·진열 및 판매하여야 하는 영업자는 다음 각 호와 같다. 다만, 식용란 중 달걀의 경우 제4호의 영업자만 해당한다.

      ⊙ 제21조제1호에 따른 도축업의 영업자

      ⊙ 제21조제5호의 축산물보관업의 영업자

      ⊙ 제21조제6호의 축산물운반업의 영업자

      ㉣ 제21조제7호의 축산물판매업의 영업자. 다만, 전통시장 및 상점가 육성을 위한 특별법 제2조제1호에 따른 전통시장에서 닭·오리의 식육을 판매하는 제21조제7호가목의 식육판매업의 영업자 중 총리령으로 정하는 위생요건을 갖춘 영업자는 제외한다.

      ㉤ 제21조제8호에 따른 식육즉석판매가공업의 영업자. 다만, 전통시장 및 상점가 육성을 위한 특별법 제2조제1호에 따른 전통시장에서 닭·오리의 식육을 판매하는 식육즉석판매가공업의 영업자 중 총리령으로 정하는 위생요건을 갖춘 영업자는 제외한다.

③ 제①항에 따른 포장대상 축산물의 포장방법 등에 관하여 필요한 사항은 총리령으로 정한다.

(16) 닭·오리의 식육 비포장 시 위생요건(규칙 제7조의10)

영 제12조의7제2항제4호 단서 및 같은 항 제5호 단서에서 "총리령으로 정하는 위생요건"이란 각각 다음 각 호의 요건을 말한다.

① 닭·오리의 식육을 다음 각 목의 요건을 갖춘 진열시설에 진열할 것

      ⊙ 세균·이물 등의 오염을 막을 수 있는 개폐장치가 있을 것

      ⊙ 소비자가 손 등으로 직접 만지기 어려운 구조일 것

      ⊙ 진열시설 내 온도를 섭씨 영하 2도에서 섭씨 5도까지 유지할 것

② 법 제6조에 따른 닭·오리의 식육에 관한 표시사항을 표지판이나 라벨 등으로 표시하여 소비자가 해당 식육과 표시사항을 구분·식별하기 쉬운 위치에 게시할 것

③ 진열시설 내에 얼음을 둘 경우 닭·오리의 식육에 얼음이 직접 닿지 아니하도록 할 것

[별표 2의3] 축산물의 포장방법 등(규칙 제7조의11 관련)

1. 축산물의 오염을 방지하고 품질을 유지하기 위하여 용기 또는 적합한 재료를 사용하여 다음과 같이 포장한다.
   (1) 닭·오리 식육 : 소매단위(1~5마리 단위를 권장), 부위별(20㎏ 이하 단위를 권장) 또는 벌크(25마리 이하 단위를 권장)로 포장하며, 그 외부에 별표 8에 따른 합격표시(이하 "합격표시"라 한다)를 할 것
   (2) 식용란 : 소매단위(1~30개 단위를 권장) 또는 벌크(300개 이하 단위를 권장)로 포장(식용란이 외부에 직접 노출되지 아니하도록 덮개와 끈을 이용하여 포장하는 것도 포함한다)할 것

2. 도축장 외부로 반출하는 닭·오리의 식육은 포장한 후 그 외부에 합격표시를 하여야 한다.

3. 닭·오리 식육의 포장에 사용되는 용기 및 재료는 식품위생법의 관련 규정에 적합한 재질을 사용하여야 한다.

4. 닭·오리 식육을 소비자에게 직접 판매하는 식육판매업·식육즉석판매가공업 영업자는 포장된 닭·오리 식육을 포장된 상태 그대로 판매하여야 하며, 포장을 뜯어 진열하거나 판매하여서는 아니 된다. 다만, 소비자가 소매단위 포장된 닭·오리 식육의 구매를 결정한 후 조리의 편의성을 위해 식육판매업·식육즉석판매가공업 영업자에게 포장을 뜯고 절단해 줄 것을 요구한 경우에는 식육판매업·식육즉석판매가공업 영업자는 위생적으로 절단한 후 포장에 적합한 비닐 등에 담아 줄 수 있다.

5. 수입된 닭·오리 식육을 판매하는 영업자는 수입 당시에 포장된 상태 그대로 유통·판매하여야 하며, 소매단위 포장이나 부위별 포장을 하려는 경우에는 식육포장처리업 영업장에서 하여야 한다.

6. 식용란의 최소 포장단위에는 같은 생산농장에서 같은 산란일에 생산된 식용란이 포장되어야 하며, 난각과 최소 포장단위의 포장지에는 유통기한, 생산자명 또는 판매자명 등 법 제6조에 따른 축산물의 표시기준에서 정하는 사항을 표시하여야 한다.

7. 식용란수집판매업 영업자는 포장된 달걀을 재포장하여 판매해서는 안 된다. 다만, 다음의 어느 하나에 해당하는 경우는 재포장하여 판매할 수 있다.

   (1) 식용란수집판매업 영업자가 다른 식용란수집판매업 영업자로부터 구입한 벌크(300개 이상 단위를 말한다)로 포장된 달걀(식용란선별포장업에서 선별·포장한 달걀과 수입식품안전관리 특별법 제12조에 따라 등록한 해외작업장에서 포장되어 수입된 달걀은 제외한다)을 소매단위로 포장하여 판매하는 경우

   (2) 법 제9조제3항에 따라 안전관리인증소로 인증을 받은 식용란수집판매업의 영업자가 식용란선별포장장에서 선별·포장이 되거나 수입식품안전관리 특별법 제12조에 따라 등록한 해외작업장에서 포장되어 수입된 달걀을 최종 소비자에게 판매하기 위해 소매단위로 포장하여 판매하는 경우

   (3) 식용란수집판매업 영업자가 식용란선별포장장에서 선별·포장이 되거나 수입식품안전관리 특별법 제12조에 따라 등록한 해외작업장에서 포장되어 수입된 달걀을 식품접객업, 집단급식소 등의 영업에 사용하는 것을 목적으로 하는 자에게 판매하는 경우

5. 가축의 검사

(1) 가축의 검사(법 제11조)

① 제21조제1항에 따른 도축업의 영업자는 작업장에서 도살·처리하는 가축에 대하여 제13조제1항에 따라 임명·위촉된 검사관(이하 "검사관"이라 한다)의 검사를 받아야 한다.

② 시·도지사는 검사관에게 착유하는 소 또는 양에 대하여 검사하게 할 수 있다.

③ 착유하는 소 또는 양의 소유자나 관리자는 제②항에 따른 검사를 거부·방해하거나 기피하여서는 아니 된다.

④ 제①항 및 제②항에 따른 검사의 항목·방법·기준·절차 등은 총리령으로 정한다.

(2) 가축 및 식육의 검사신청 등(규칙 제8조)

① 법 제11조제1항, 제12조제1항 및 이 규칙 제5조제2항에 따른 검사를 받으려는 자는 법 제37조의2에 따른 정보시스템(이하 "정보시스템"이라 한다)을 통하여 별지 제2호서식의 도축검사신청서를 검사관에게 제출하여야 한다. 다만, 정보시스템이 정상적으로 운영되지 아니하거나 소·돼지·닭·오리를 제외한 가축의 경우로서 정보시스템을 통한 신청이 불가능한 경우에는 서면으로 제출할 수 있다.

② ①에 따른 도축검사 신청을 받은 검사관은 지체 없이 검사를 하여야 한다.

③ 시·도지사는 도축장에서 처리하는 가축의 검사를 위하여 필요하다고 인정하는 경우에는 도축업의 영업자로 하여금 검사를 받으려는 가축을 도축장의 계류장에 일정기간 계류하게 할 수 있다.

(3) 착유하는 소 또는 양에 대한 검사(규칙 제10조)

① 시·도지사는 검사관으로 하여금 연 1회 이상 법 제11조제2항에 따른 착유하는 소 또는 양(이하 "착유가축"이라 한다)에 대한 검사를 하게 하여야 한다.

② 제①항에 따른 착유가축 검사의 항목·방법 및 기준은 별표 3의2와 같다.

③ 제①항에 따른 검사를 한 검사관은 별지 제3호서식의 착유가축 검사대장에 그 결과를 기록하고 이를 최종 기재일부터 3년간 보관하거나 같은 서식에 따른 전산망에 입력하여 관리하여야 한다.

(4) 검사증명서의 발급(규칙 제13조)

① 법 제11조제1항 및 제12조제1항에 따라 가축 및 식육에 대한 검사를 한 검사관은 정보시스템을 통하여 그 검사 신청인에게 별지 제4호서식의 도축검사증명서를 발급하여야 한다. 다만, 제8조제1항 단서에 해당하여 도축검사신청서를 서면으로 제출받은 경우에는 서면으로 발급할 수 있다.

② 제①항의 경우 해당 식육을 도축검사 신청인 또는 도살·처리 의뢰인의 축산물가공장 또는 식육포장처리장에서 식육가공품 또는 포장육의 원료로 사용하는 경우 또는 수출을 목적으로 도살·처리하는 경우에는 도축검사증명서의 발급을 생략할 수 있다.

(5) 검사기록부(규칙 제17조)

검사관·책임수의사 또는 축산물 시험·검사기관이 법 제11조제1항 및 제12조제1항·제2항에 따라 검사를 하였을 때에는 검사기록부를 작성·비치하고 이를 최종 기재일부터 3년간 보관하여야 한다.

(6) 검사결과의 통보(규칙 제18조)

① 검사관 또는 축산물 시험·검사기관이 법 제11조제1항 및 제12조제1항에 따라 검사를 하였을 때에는 지체 없이 그 결과를 도축검사 신청인 또는 도살·처리 의뢰인에게 통보하여야 한다.

② 검사관이 법 제11조제1항 또는 제12조제1항에 따라 검사를 하였을 때에는 그 검사결과를 정보시스템에 기록하여야 하며, 검사관이 소속된 기관의 장은 월별 도축검사실적을 다음 달 5일까지 정보시스템을 통하여 식품의약품안전처장 및 시·도지사에게 제출하여야 한다. 다만, 정보시스템이 정상적으로 운영되지 아니하는 경우에는 월별 도축검사실적을 서면으로 제출할 수 있다.

③ 법 제12조제5항에 따라 위탁검사를 한 축산물 시험·검사기관의 장은 지체 없이 그 결과를 검사성적서로 위탁검사를 신청한 자에게 통보하여야 하며, 법 제31조의2에 따른 회수대상 축산물에 해당하는 것으로 인정되는 축산물에 대해서는 법 제22조 또는 제24조에 따라 해당 영업을 허가하는 관청(이하 "허가관청"이라 한다) 또는 영업의 신고를 수리하는 관청(이하 "신고관청"이라 한다)에 지체 없이 그 검사결과를 통보하여야 한다.

[별표 3] 도축하는 가축 및 그 식육의 검사기준(규칙 제9조제3항관련)

1. 도축하는 가축의 검사기준

  (1) 소·말(당나귀 포함)·양·돼지 등 포유류

    1) 검사는 도축장안의 계류장에서 가축을 일정기간 계류한 후에 생체검사장에서 실시한다.

    2) 검사대상가축이 정보시스템을 통하여 도축검사가 신청된(정보시스템이 정상적으로 운영되지 않을 경우에는 서면으로 신청된) 가축인지의 여부를 확인한다.

    3) 개체별 검사는 다음의 방법에 따라 실시한다.

      가) 가축의 자세·거동·영양상태·호흡상태 등을 관찰하고 필요한 경우 맥박·체온을 측정한다.

      나) 피부와 털의 상태를 확인한다.

      다) 필요한 경우 눈꺼풀·비강·구강·항문·생식기·직장검사를 실시한다.

    4) 검사관은 생체검사결과 이상이 있는 가축에 대하여는 격리장에서 일정시간 이상 계류시킨 후 재검사를 실시하여 도축허용 여부를 결정할 수 있다.

    5) 검사관은 생체검사결과 분변 등으로 체표면 오염이 심하여 교차오염이 우려된다고 판단되는 가축은 그 오염원이 적절하게 제거될 때까지 도축을 보류하거나 도축 공정 중 그 오염원이 제거될 수 있도록 조치를 취할 수 있다.

  (2) 닭·오리·칠면조 등 가금류

    1) 검사는 군별 검사와 개체별 검사로 구분하여 실시하되, 군별 검사는 도축장안의 계류장에서 실시하고, 개체별 검사는 도축장안의 생체검사대에서 실시한다.

    2) 검사대상가축의 군별로 정보시스템을 통하여 도축검사가 신청된(정보시스템이 정상적으로 운영되지 않을 경우에는 서면으로 신청된) 가축인지의 여부를 확인한다.

    3) 수송 중 죽었거나 손상이 심하여 식육으로 제공하기 어렵다고 판단되는 가축은 골라내어 폐기하도록 하여야 한다.

    4) 군별 검사는 가축의 자세·거동상태 등을 관찰한다.

    5) 개체별 검사는 군별 검사 결과 이상이 있는 경우에 하며, 털의 상태 및 눈꺼풀·비강·항문 등의 이상 유무를 검사한다.

    6) 검사관은 생체검사 결과 이상이 있는 가축에 대해서는 계류장에서 일정시간 이상 계류시킨 후 재검사를 하여 도축 허용 여부를 결정할 수 있다.

    7) 검사관은 생체검사결과 분변 등으로 체표면 오염이 심하여 교차오염이 우려된다고 판단되는 가축은 그 오염원이 적절하게 제거될 때까지 도축을 보류하거나 도축 공정 중 그 오염원이 제거될 수 있도록 조치를 취할 수 있다.

  (3) 검사관은 가축의 검사 결과 다음에 해당되는 가축에 대해서는 도축을 금지하도록 하여야 한다.

    1) 다음의 가축질병에 걸렸거나 걸렸다고 믿을 만한 역학조사·정밀검사 결과나 임상증상이 있는 가축

      가) 우역(牛疫)·우폐역(牛肺疫)·구제역(口蹄疫)·탄저(炭疽)·기종저(氣腫疽)·블루텅병·리프트계곡열·럼프스킨병·가성우역(假性牛疫)·소유행열·결핵병(結核病)·브루셀라병·요네병(전신증상을 나타낸 것만 해당한다)·스크래피·소해면상뇌증(海綿狀腦症 : BSE)·소류코시스(임상증상을 나타낸 것만 해당한다)·아나플라즈마병(아나플라즈마 마지나레만 해당한다)·바베시아병(바베시아 비제미나 및 보비스만 해당한다)·타이레리아병(타이레리아 팔마 및 에눌라타만 해당한다)

      나) 돼지열병·아프리카돼지열병·돼지수포병(水疱病)·돼지텟센병·돼지단독·돼지일본뇌염

      다) 양두(羊痘)·수포성구내염(水疱性口內炎)·비저(鼻疽)·말전염성빈혈·아프리카마역(馬疫)·광견병(狂犬病)

라) 뉴캣슬병·가금콜레라·추백리(雛白痢)·조류(鳥類)인플루엔자·닭전염성후두기관염·닭전염성기관지염·가금티프스

마) 현저한 증상을 나타내거나 인체에 위해를 끼칠 우려가 있다고 판단되는 파상풍·농독증·패혈증·요독증·황달·수종·종양·중독증·전신쇠약·전신빈혈증·이상고열증상·주사반응(생물학적제제에 의하여 현저한 반응을 나타낸 것만 해당한다)

2) 강제로 물을 먹였거나 먹였다고 믿을 만한 역학조사·정밀검사 결과나 임상증상이 있는 가축

2. 식육의 검사기준

(1) 소·말(당나귀 포함)·양·돼지 등 포유류

1) 검사항목

가) 혈액 및 가죽

나) 머리·혀·인두후·목부위 및 그 인근 림프절

다) 폐·폐문·폐림프절 및 폐종격

라) 심장·심낭

마) 횡격막

바) 간·간문 및 그 인근 림프절

사) 위·장간막림프절 및 망막

아) 비장·췌장·신장 및 그 인근 림프절

자) 방광·고환·음경·난소·자궁·질 및 외음부

차) 지육

2) 검사방법

가) 소

ㄱ. 내외교근은 하악과 병행하여 절개하여 검사한다.

ㄴ. 간장은 담관 및 우엽·좌엽을 가로로 절개하여 검사한다.

ㄷ. 신경은 지방을 분리한 후 검사한다.

ㄹ. 자궁은 절개하여 검사한다.

ㅁ. 심장·심낭은 양심실을 동맥에 따라 절개하여 검사한다.

나) 말·당나귀 : 두부를 횡단하여 비중격을 절개하여 점막을 검사한다.

다) 면양·산양 : 간·폐 및 두부를 절개하여 검사한다.

라) 돼지 : 복근·횡격막·목·심장·혀 및 인두후를 절개하여 검사한다.

마) 사슴 : 간·폐 및 두부와 그 인근 림프절을 절개하여 검사한다.

3) 검사기준 및 폐기범위

구 분	대상질병	폐기범위			가축별
		일 부	전 체	폐기 세부내용	
위장관	농 양	○			포유류
	복막염		○	위장관 전체 폐기	포유류
	장 염		○	장관 전체 폐기	소·돼지
	직장협착			살모넬라감염이 의심되는 경우 식육 전체 폐기	돼 지
	제2위염	○		제2위-횡격막-심장막 누관형성시 식육 전체 폐기	반추류
	제1위비장염		○	위장관 전체 폐기	반추류
	비 종		○	비장폐기·전신성 병변 여부 확인	포유류
	장간막림프절결핵		○	식육 전체 폐기	포유류
	오 염	○		오염부위 폐기, 심한 경우 위장관 전체 폐기	포유류

		○			포유류
간	복막염	○		.	포유류
	농 양		○	간 폐기	포유류
	간경화	○			포유류
	간출혈	○			포유류
	지방간		○	간 폐기	포유류
	부맥반	○			포유류
	결 핵		○	간을 포함한 모든 장기를 정밀검사 실시	포유류
	간질증		○	간 폐기	소
	밀크반점		○	간 폐기	돼 지
	세경낭미충		○	간 폐기	돼 지
	파라티프스결절		○	간을 포함한 모든 장기에 대한 정밀검사 실시	소·돼지
심장·폐	점상출혈			전신감염이 의심되는 경우 관련 심장·폐 폐기	포유류
	심장지방의 아교양 위축		○	심장 전체 폐기	포유류
	심근농양		○	내장·머리 및 지육 폐기	포유류
	폐수종		○	폐 폐기	포유류
	흡입성출혈		○	폐 폐기	포유류
	간질성폐기종		○	폐 폐기	포유류
	기관지확장증		○	폐 폐기	포유류
	화농성기관지폐렴		○	폐 폐기	포유류
	심장내막염		○	심장 폐기	포유류
	폐렴·흉막염		○	폐 폐기, 폐와 늑골흉막의 분리가 불가능하면 심장·폐·전체갈비부위 폐기	포유류
신 장	점상출혈		○	신장 폐기, 전신성감염증으로 추정 시 다른 장기와 지육을 정밀검사 실시	포유류
	농 양		○	신장 폐기, 신장림프절에 농양시 다른 장기와 지육 정밀검사 실시	포유류
	백반신과신우신염		○	신장 폐기	포유류
	신 낭		○	신장 폐기	포유류
	오 염		○	신장 폐기	포유류
머리·혀	농 양		○	관련장기 폐기	포유류
	오 염	○		오염부위 폐기	포유류
	결 핵			정밀검사 실시	소·돼지
	방선균증, 악티노바실러스증		○	관련장기 폐기	소
	눈편평상피암		○	머리 폐기	소
	림프절의 혈액흡수			관련머리 정밀검사 실시	돼 지
지 육	화농성 병변	○		농양부위 폐기	포유류
	관절염	○		관련 부위 폐기, 전신성 감염이 의심되는 경우 머리·지육 및 내장 폐기	포유류
	복막염	○		관련 부위 폐기	포유류
	흉막염	○		관련 부위 폐기	포유류
	창상, 좌상	○		악취가 나면 전체지육 폐기	포유류

지 육	오 염	○		관련 부위 폐기	포유류
	결 핵		○	전체지육 폐기, 정밀검사 실시	소·돼지
	방선균증	○		관련 부위 폐기	소
	피부병변 (농양·구진·농포)	○		관련 부위 폐기, 다이아몬드형 구진 시 정밀검사 실시, 척추의 농양 시 전체지육 폐기, 피부청색증 시 정밀검사 실시	포유류

4) 실험실검사 : 실험실검사는 식육의 검사 결과 정밀검사가 필요하다고 인정되는 경우에 실시한다.
　가) 병리·조직학적 검사를 실시하여 질병 감염 여부를 확인한다.
　나) 식육 중의 유해성잔류물질·특정병원성미생물의 검사는 이화학적 또는 미생물학적 검사로 하고, 식육에 물을 주입하는 등 부정한 방법으로 중량 또는 용량을 늘린 식육(이하 "부정행위식육"이라 한다)의 검사는 수분단백비 등 이화학적 검사로 한다.

(2) 닭·오리·칠면조 등 가금류
1) 검사구분 : 해체 전 검사 및 해체 후 검사로 구분하여 실시한다.
2) 검사내용 및 방법
　가) 해체 전 검사
　　ㄱ. 우모 및 잔모의 제거상태
　　ㄴ. 발목부위의 기형과 목뼈의 적정제거여부 확인
　　ㄷ. 백혈병·패혈증·독혈증·관절염·염증·농양·궤양·피부기생충증·황색종증의 감염여부 검사
　　ㄹ. 멍들거나 도살 전에 죽은 도체, 방혈불량도체, 이물질오염도체, 심하게 탕지된 도체(껍질이 익은 것을 말한다), 부패도체, 복부팽만도체여부 검사
　나) 해체 후 검사
　　ㄱ. 정상적인 도체절단 및 장기제거상태 확인
　　ㄴ. 내부장기·조직·체벽을 검사하여 병변·삼출물 및 이물질오염여부 검사
　　ㄷ. 비장은 으깨어 보고 간은 손으로 진단하여 경변정도 및 표면의 이상여부 검사
3) 검사기준 및 폐기범위
　가) 도체와 내장 전부폐기
　　ㄱ. 결핵병 또는 백혈병에 감염된 도체
　　ㄴ. 서로 다른 장기에 2개 이상의 종양이 있는 도체
　　ㄷ. 심한 기낭염·복막염·복수증·내장유착 등이 있는 도체
　　ㄹ. 죽은 도체, 방혈불량도체, 부패도체 등 식용에 제공할 수 없다고 판단되는 도체
　나) 부분폐기
　　ㄱ. 생체 및 도체에는 이상이 없는 것으로서 1개의 장기에만 이상이 있을 경우에는 그 장기만을 폐기하고, 2개 이상의 장기가 이상이 있을 경우에는 장기 전체를 폐기한다. 다만, 2개 이상의 장기에 이상이 있어 전신성 질병이 있다고 의심되면 도체전부를 폐기한다.
　　ㄴ. 생체 또는 도체에 약간의 이상이 있는 것으로서 1개 이상의 장기에 이상이 있으면 장기를 포함한 도체전부를 폐기한다.
4) 실험실검사 : 실험실검사는 식육의 검사결과 정밀검사가 필요하다고 인정되는 경우에 실시한다.
　가) 병리·조직학적 검사를 실시하여 질병감염여부를 확인한다.
　나) 식육 중의 유해성잔류물질·특정병원성미생물의 검사는 이화학적 또는 미생물학적 검사로 한다.

(3) 식육의 검사결과 부정행위식육으로 의심되는 식육에 대하여는 제24조에 따른 검사불합격품의 처리기준에 따라 처리하여야 한다.

3. 식육에 대한 잔류물질 및 미생물 검사에 관한 사항은 식품의약품안전처장이 정하여 고시한다. 다만, 농장 및 도축장 등에서의 검사에 관한 사항을 정하려는 경우에는 농림축산식품부장관과 협의한 후 공동으로 정하여 고시한다.

4. 제1호, 제2호 및 제3호에서 규정한 사항 외에 검사기준에 관하여 필요한 사항은 농림축산검역본부장이 정하여 고시한다.

(7) 축산물의 검사(법 12조)

① 제21조제1항에 따른 도축업의 영업자는 작업장에서 처리하는 식육에 대하여 검사관의 검사를 받아야 한다.

② 제21조제1항에 따른 집유업의 영업자는 집유하는 원유에 대하여 검사관 또는 제13조제3항에 따라 지정된 책임수의사(이하 "책임수의사"라 한다)의 검사를 받아야 한다.

③ 제21조제1항에 따른 축산물가공업 및 식육즉석판매가공업의 영업자는 총리령으로 정하는 바에 따라 그가 가공한 축산물이 가공기준 및 성분규격에 적합한지 여부를 검사하여야 한다.

④ 제21조제1항에 따른 축산물판매업의 영업자 중 대통령령으로 정하는 영업자는 그가 판매한 식용란이 성분규격에 적합한지 여부를 검사하여야 한다.

⑤ 시·도지사는 장비·시설의 부족 등으로 인하여 작업장에서 제②항부터 제④항까지에 따른 검사를 하기에 적합하지 아니하다고 인정하는 경우에는 식품·의약품분야 시험·검사 등에 관한 법률 제6조제2항제2호에 따른 축산물 시험·검사기관에 검사를 위탁하게 할 수 있다.

⑥ 제③항 또는 제④항에 따라 검사하거나 제⑤항에 따라 검사를 위탁한 영업자는 검사 결과 해당 축산물이 제4조제5항·제6항 및 제33조를 위반한 경우에는 지체 없이 식품의약품안전처장에게 보고하여야 한다.

⑦ 식품의약품안전처장 또는 시·도지사는 검사관이 식용란에 대하여 검사하게 할 수 있다.

⑧ 제①항부터 제④항까지 및 제⑦항에 따른 검사의 항목, 방법, 기준, 그 밖에 필요한 사항은 총리령으로 정한다.

[별표 4] 축산물의 검사기준(규칙 제12조 관련)

1. 원유의 검사
   (1) 검사구분 : 원유위생검사 및 시설위생검사로 구분하여 실시한다.
   (2) 검사요령
      1) 원유위생검사
         가) 집유 전 검사 : 관능검사·비중검사·알코올검사(또는 pH검사) 및 진애검사는 다목의 검사기준에 따라 집유 전에 실시한다. 다만, 진애검사는 필요한 경우에만 실시할 수 있다.
         나) 실험실검사 : 적정산도시험·세균수시험·체세포수시험·세균발육억제물질검사·성분검사 및 그 밖의 검사는 시험항목별로 필요한 기간을 정하여 정기적으로 실시하되, 세균수시험 및 체세포수시험은 각각 농가별로 15일에 1회 이상 실시한다. 다만, 새로 원유를 납유하는 농가, 제10조

제1항에 따른 착유가축검사에서 부적합판정을 받은 가축으로부터 착유한 원유를 납유한 농가, 그 밖의 실험실검사에서 부적합판정을 받은 원유를 납유한 농가의 원유에 대해서는 필요에 따라 수시로 검사를 실시한다.

　다) 농가에서의 집유시 원유의 냉각온도는 5℃ 이하이어야 한다.

　2) 시설위생검사 : 집유 전후 각 1회 이상 실시한다.

(3) 검사기준 및 시험방법 : 원유의 검사기준 및 시험방법 등에 대해서는 축산물의 가공기준 및 성분규격에 따른다.

(4) 그 밖에 원유에 대한 잔류물질 검사에 관한 사항은 식품의약품안전처장이 정하여 고시한다. 다만, 농장 및 집유장 등에서의 검사에 관한 사항을 정하려는 경우에는 농림축산식품부장관과 협의한 후 공동으로 정하여 고시한다.

2. 식용란의 검사

(1) 식용란의 표면은 분변·혈액·알내용물·깃털 등 사람의 건강에 위해를 야기할 수 있는 이물질이 없어야 한다.

(2) 식용란은 껍질이 깨지거나 변질·부패되지 않아야 하며, 부화 등 식용 이외의 목적으로 생산·처리된 것이 아니어야 한다.

(3) 식용란의 검사기준 및 시험방법 등에 대해서는 축산물의 가공기준 및 성분규격에 따른다.

(4) 식용란에 대한 잔류물질 및 미생물 검사에 관한 사항은 식품의약품안전처장이 정하여 고시한다. 다만, 농장 등에서 검사에 관한 사항을 정하려는 경우에는 농림축산식품부장관과 협의한 후 공동으로 정하여 고시한다.

3. 가공품의 검사

식육가공품·유가공품 및 알가공품에 대한 검사항목·방법·기준 등에 대해서는 축산물의 가공기준 및 성분규격에 따른다.

4. 수출용 축산물의 검사기준

수출을 목적으로 검사하는 축산물에 대해서는 제1호부터 제3호까지의 규정에도 불구하고 수입자가 요구하는 검사기준에 따를 수 있다.

[별표 5] 축산물가공업 등 영업자의 검사기준(규칙 제14조제1항 전단 관련)

1. 검사기준

(1) 가공품의 검사

　1) 축산물가공품의 검사는 판매를 목적으로 제조·가공하는 품목별로 실시하여야 한다.

　2) 1)에도 불구하고 다음에 해당하는 축산물가공품은 유형별로 검사를 실시할 수 있다.

　　가) 축산물의 가공기준 및 성분규격에 따른 검사항목이 모두 같은 축산물 중 식품의약품안전처장이 고시한 유형의 축산물가공품

　　나) 식육즉석판매가공업 영업자가 생산하는 식육가공품

　3) 검사주기의 적용시점은 제품제조일을 기준으로 한다.

　4) 축산물가공업 및 식육즉석판매가공업 영업자는 식품의약품안전처장이 정하여 고시하는 검사항목을 검사한다. 다만, 축산물의 가공과정 중 특정 식품첨가물을 사용하지 아니한 경우에는 그 항목을 생략할 수 있다.

　5) 축산물가공품에 대한 검사는 다음의 구분에 따라 실시하여야 한다.

　　가) 축산물가공업 영업자가 생산하는 축산물가공품 : 식품의약품안전처장이 영업자별로 정하여 고시

한 검사주기에 따라 검사하여야 하며, 조제유류의 경우에는 이에 추가하여 같은 생산단위별로 1회 이상 검사

나) 식육즉석판매가공업 영업자가 생산하는 식육가공품 : 9개월마다 1회 이상 검사

6) 동일 생산단위별로 1회 이상 성상·이물에 대한 검사를 실시하여야 한다.

(2) 축산물가공업 영업자의 원료 검사

1) 원료가 입고되는 시점에서 원료의 종류별로 성상·이물 등이 가공품 원료로서 적합한지의 여부에 대하여 검사를 실시하여야 한다. 다만, 해당 원료를 이미 다른 영업자가 검사한 경우, 축산물 시험·검사기관에서 검사한 경우 또는 다른 법령에서 인정하는 검사기관에서 검사한 경우에는 그러하지 아니하다.

2) 자신이 직접 생산한 원유를 원료로 하여 가공하는 경우로서 법 제22조에 따른 집유업의 허가를 받지 아니한 유가공업의 영업자는 별표 4 제1호에 따른 검사를 실시하여야 한다. 이 경우 집유 전 검사는 매일 1회 이상 실시하여야 한다.

3) 알가공품을 가공하기 위한 원료알에 대해서는 축산물의 가공기준 및 성분규격에 적합한지의 여부와 함께 원료알 껍질 및 난막의 상태를 검사하여야 한다.

(3) 식용란수집판매업 영업자의 식용란 검사

1) 식용란을 생산한 가축사육시설별로 검사를 하여야 한다.

2) 식용란수집판매업 영업자는 식용란의 성분규격 중 식품의약품안전처장이 정하여 고시하는 검사항목을 검사하여야 한다. 이 경우 식용란의 검사방법, 검사주기 등에 대해서는 식품의약품안전처장이 정하여 고시한 기준을 따른다.

2. 수출용 축산물의 검사기준 등

수출을 목적으로 처리·가공하는 축산물에 대해서는 제1호에 불구하고 수입자가 요구하는 검사기준에 따라 할 수 있다.

3. 그 밖에 축산물가공업·식육즉석판매가공업 및 식용란수집판매업 영업자의 검사와 관련한 세부사항은 식품의약품안전처장이 정하는 바에 따른다.

[별표 6] 검사시료의 채취 및 축산물의 수거기준(규칙 제16조제1항 및 제26조제1항 관련)

1. 무상 채취·수거 대상

(1) 법 제12조 및 법 제19조의 규정에 따라 검사에 필요한 축산물

(2) 법 제36조에 따라 압류 또는 수거·폐기하여야 하는 축산물

(3) 식중독·인수공통전염병발생 등 공중위생상 긴급을 요하는 경우로서 원인규명·역학조사를 목적으로 검사하는 축산물

2. 채취(수거)량 기준

(1) 축산물

축산물의 종류	채취·수거량(단위)	비 고
식육·포장육	500(g)	
원 유	500(mL)	농가별 채취량은 20mL
식용란	20(개)	
식육가공품	500(g, mL)	
유가공품	500(g, mL)	
알가공품	200(g, mL)	

비 고

1. 수거량은 검체의 개수별 무게 또는 용량을 모두 합한 것을 말한다.
2. 검사에 필요한 시험재료는 수거량의 범위 안에서 채취하되, 검사시료의 최소포장단위가 기준량을 초과하더라도 검사시료 채취로 인한 오염 등으로 검사결과에 영향을 줄 우려가 있다고 판단될 경우에는 최소 포장단위 그대로 채취할 수 있다.
3. 검사항목의 수가 많을 경우에는 채취·수거량을 초과할 수 있으며, 검사 중 최종 확인 등을 위하여 추가로 검체가 필요한 경우에는 추가로 검체를 수거할 수 있다.
4. 2 이상의 검사시료를 채취·수거하는 경우에는 그 용기 또는 포장과 제조연월일이 같은 것이어야 한다.
5. 미생물검사를 위한 식육의 검사시료는 표면육을 포함하여야 한다.
6. 용량검사를 하여야 하는 경우에는 기준량을 초과하더라도 축산물의 가공기준 및 성분규격에서 정한 용량검사에 필요한 양을 추가하여 채취할 수 있다.
7. 세균검사항목이 있는 경우와 멸균처리된 병·통조림 및 레토르트 축산물은 최소한 6개(미생물검사용 5개, 이화학검사용 1개) 이상을 수거하여야 하고 총수거량은 800(g, mL) 이상이어야 한다.
8. 채취(수거)대상 축산물이 채취(수거)량 기준보다 적을 경우에는 검사에 필요한 최소량을 채취(수거)할 수 있다.
9. 법 제12조제4항에 따라 축산물의 검사를 위탁하는 경우, 검사시료량은 검사목적, 검사항목 등을 고려하여 검사에 필요한 최소한의 양을 채취할 수 있다.

(8) 가축 등의 출하 전 준수사항(법 제12조의2)

① 다음 각 호의 어느 하나에 해당하는 자는 출하 전 절식(絶食), 약물 투여 금지기간 등 총리령으로 정하는 사항을 준수하여야 한다.
  ㉠ 가축을 사육하는 자
  ㉡ 가축을 도축장에 출하하려는 자
  ㉢ 원유, 식용란 등 총리령으로 정하는 축산물을 작업장 또는 축산물판매업의 영업장으로 출하하려는 자
② 축산법 제2조제8호에 따른 가축사육업을 경영하는 자가 식용란을 출하하는 때에는 총리령으로 정하는 바에 따라 산란일 등을 포함한 거래명세서를 발급하여야 한다.
③ 식품의약품안전처장, 시·도지사 또는 시장·군수·구청장은 제11조 또는 제12조에 따른 검사결과 다음 각 호의 어느 하나의 경우에는 해당자에게 가축의 사육방법 및 위생적인 출하 등 개선에 필요한 지도를 하거나 시정을 명할 수 있다.
  ㉠ 제①항 각 호의 자가 출하한 가축 또는 축산물이 제11조제4항 또는 제12조제8항에 따라 총리령으로 정한 검사기준에 적합하지 아니한 경우
  ㉡ 제①항 각 호의 자가 제1항에 따른 준수사항을 지키지 아니한 것으로 판단되는 경우

(9) 가축 등의 출하 전 준수사항(규칙 제18조의2)

① 법 제12조의2제1항에 따라 출하 전에 준수하여야 하는 사항은 다음 각 호와 같다.

㉠ 가축을 도축장에 출하하기 전 12시간 이상 절식(絶食)할 것. 다만, 가금류는 3시간 이상으로 하며, 물은 제외한다.

㉡ 동물용 의약품등 취급규칙 제46조에 따라 농림축산검역본부장이 고시한 동물용의약품 안전사용기준 중 휴약기간 및 출하제한기간을 준수할 것

㉢ 제②항의 거래명세서에 냉장보관으로 표시한 경우 냉장차량 등을 이용하여 냉장상태로 출하할 것

② 법 제12조의2제2항에 따라 발급하는 거래명세서에는 식용란의 산란일·세척방법, 냉장보관 여부, 사육환경, 산란주령(産卵週齡) 등에 대한 정보를 포함하여야 한다. 이 경우 산란일은 알을 낳은 날을 적되, 산란시점으로부터 36시간 이내 채집한 경우에는 채집한 날을 산란일로 본다.

③ 법 제12조의2제1항제3호에서 "원유 등 총리령으로 정하는 축산물"이란 원유와 식용란을 말한다.

(10) 축산물의 재검사(법 제12조의3)

① 식품의약품안전처장 또는 시·도지사는 제12조, 제19조, 수입식품안전관리 특별법 제21조 또는 제25조에 따라 축산물을 검사한 결과 가공기준 및 성분규격에 적합하지 아니한 경우로서 적절한 검사를 위하여 필요한 경우에는 미리 해당 영업자에게 그 검사 결과를 통보하여야 한다.

② 제①항에 따른 통보를 받은 영업자가 그 검사 결과에 이의가 있으면 식품의약품안전처장이 인정하는 국내외 검사기관에서 발급한 검사성적서 또는 검사증명서를 첨부하여 식품의약품안전처장 또는 시·도지사에게 재검사를 요청할 수 있다.

③ 제②항에 따른 재검사 요청을 받은 식품의약품안전처장 또는 시·도지사는 대통령령으로 정하는 바에 따라 재검사 여부를 결정하여 해당 영업자에게 통보하여야 한다.

④ 식품의약품안전처장 또는 시·도지사는 제③항에 따른 재검사를 하기로 결정하였을 때에는 지체 없이 재검사를 하고 해당 영업자에게 그 재검사 결과를 통보하여야 한다.

⑤ 제①항·제③항 및 제④항에 따른 통보 내용 및 통보기한 등은 대통령령으로 정한다.

(11) 축산물의 재검사(영 제13조의2)

① 법 제12조의3제1항에 따라 식품의약품안전처장 또는 시·도지사가 해당 영업자에게 통보하여야 할 통보 내용과 통보기한은 다음 각 호와 같다.

㉠ 통보 내용 : 해당 검사에 적용한 검사방법, 검체의 채취·취급방법 및 검사결과

㉡ 통보기한 : 해당 검사성적서 또는 검사증명서가 작성된 날부터 7일 이내

② 식품의약품안전처장 또는 시·도지사는 법 제12조의3제2항에 따른 재검사 요청이 다음 각 호의 어느 하나에 해당하는 경우에는 재검사를 한다.

㉠ 법 제12조의3제2항에 따른 국내외 검사기관이 법 제4조제2항제2호에 따른 축산물의 성분에 관한 규격(이하 "성분규격"이라 한다)에서 고시한 검사방법(성분규격에서 고시한 검사방법이 둘 이상인 경우만 해당한다) 중 식품의약품안전처장이나 시·도지사가 사용하지 않은 방법으

로 검사한 결과가 성분규격에 적합한 것으로 나타난 경우로서 검사방법 적용의 적정성 및 검사시료의 적합성 등이 인정되는 경우

ⓛ 성분규격에서 고시한 검체의 채취·취급 방법, 검사절차 등의 검사방법 중 검사결과에 직접적인 영향을 미치는 것으로 인정되는 검사방법을 위반한 경우

③ 법 제12조의3제3항 및 제4항에 따라 식품의약품안전처장 또는 시·도지사가 해당 영업자에게 통보하여야 할 통보 내용과 통보기한은 다음 각 호와 같다.

㉠ 통보 내용 : 재검사 여부 결정결과(사유를 포함한다) 또는 재검사 결과

ⓛ 통보기한 : 재검사 여부 결정결과는 재검사 요청을 받은 날부터 7일 이내, 재검사 결과는 재검사할 것을 통보한 날부터 18일 이내

(12) 검사관과 책임수의사(법 제13조)

① 식품의약품안전처장 또는 시·도지사는 이 법에 따른 검사 등을 하게 하기 위하여 대통령령으로 정하는 바에 따라 수의사 자격을 가진 사람 중에서 검사관을 임명하거나 위촉한다.

② 제11조제1항 및 제12조제1항에 따른 검사를 실시하는 검사관은 제33조제1항제1호부터 제4호까지에 해당하는 경우로서 필요한 조치를 함으로써 그 위해요소를 해소할 수 있다고 판단할 때에는 도축업의 영업자에게 위해요소의 즉시 제거 등 필요한 조치를 하게 하거나 작업중지를 명할 수 있으며, 영업자는 정당한 사유가 없으면 이에 따라야 한다. 이 경우 영업자의 조치 결과 위해요소가 해소된 것으로 인정되면 검사관은 지체 없이 작업중지 명령을 해제하거나 그 밖에 필요한 조치를 통하여 작업이 계속될 수 있게 하여야 한다.

③ 제12조제2항의 경우 해당 영업자는 이 법에 따른 검사 등을 하게 하기 위하여 총리령으로 정하는 바에 따라 시·도지사의 승인을 받아 소속 수의사 중에서 책임수의사를 지정하여야 한다.

④ 제③항에 따라 책임수의사를 지정한 영업자는 책임수의사의 업무를 방해하여서는 아니 되며, 그로부터 업무수행에 필요한 요청을 받은 경우 정당한 사유가 없으면 그 요청을 거부하여서는 아니 된다.

⑤ 식품의약품안전처장 또는 시·도지사는 대통령령으로 정하는 검사관의 기준 업무량을 고려하여 그 적정 인원을 해당 작업장에 배치하도록 노력하여야 하며, 제③항에 따라 책임수의사를 지정하는 영업자는 대통령령으로 정하는 책임수의사의 기준 업무량을 고려하여 그 적정 인원을 해당 작업장에 배치하여야 한다.

⑥ 검사관 및 책임수의사의 자격·임무, 기준 업무량 등은 대통령령으로 정한다.

(13) 검사관의 자격·임무(영 제14조)

① 법 제13조제1항에 따른 검사관은 농림축산식품부, 식품의약품안전처, 특별시·광역시·특별자치시·도·특별자치도(이하 "시·도"라 한다), 시·군·구(자치구를 말한다) 또는 식품·의약품분야 시험·검사 등에 관한 법률 제6조제2항제2호에 따른 축산물 시험·검사기관(이하 "축산물

시험·검사기관"이라 한다)의 소속 공무원 중 수의사의 자격을 가진 사람 및 수의사법 제21조에 따른 공수의로 한다.

② 제①항에 따른 검사관의 임무는 다음 각 호와 같다.

　　㉠ 법 제5조제1항에 따른 규격 등에 적합한 용기등(축산물에 사용하는 용기, 기구, 포장 또는 검인용·인쇄용 색소를 말한다)의 사용 여부 확인

　　㉡ 법 제6조에 따른 축산물의 표시기준 위반 여부 확인

　　㉢ 법 제7조제6항·제8항, 제11조제1항 및 제12조제1항·제2항·제7항에 따른 가축, 식육, 원유 및 식용란의 검사

　　㉣ 법 제8조제2항에 따른 자체위생관리기준의 작성·운영 여부 확인

　　㉤ 법 제9조제2항 및 제9조의3제2항에 따른 자체안전관리인증기준의 작성·운영 여부에 대한 확인 및 조사·평가에 관한 업무

　　㉥ 법 제9조제3항·제4항 및 제9조의3제1항·제4항에 따른 안전관리인증작업장·안전관리인증업소·안전관리인증농장 및 안전관리통합인증업체(이하 "안전관리인증작업장 등"이라 한다)에 대한 점검·지도, 조사·평가 및 적정성 검증 등에 관한 업무

　　㉦ 법 제11조제2항에 따른 착유하는 소 또는 양의 검사

　　㉧ 법 제12조제3항에 따라 축산물가공업 및 식육즉석판매가공업의 영업자가 실시하는 검사의 적정 여부 확인

　　㉨ 법 제13조제3항에 따른 책임수의사 및 법 제14조에 따른 검사원의 업무 이행 여부 확인

　　㉩ 법 제18조에 따른 검사에 불합격한 가축 및 축산물의 처리

　　㉪ 법 제19조에 따른 출입·검사·수거에 관한 업무

　　㉫ 법 제27조, 제28조, 제28조의2, 제30조제2항 및 제47조에 따른 행정처분의 이행 여부 확인

　　㉬ 법 제31조제2항에 따른 영업자 및 그 종업원의 준수사항의 이행 여부 확인·지도

　　㉭ 법 제32조제1항에 따른 허위·과대·비방의 표시·광고 또는 과대포장 금지의 위반 여부에 관한 점검·지도

　　㉮ 법 제33조제1항에 따른 판매 등의 금지의 위반 여부에 대한 점검·지도

　　㉯ 법 제36조제1항에 따른 축산물의 압류·폐기·회수

　　㉰ 법 제40조의2에 따른 가축 외의 동물 및 그 지육(枝肉), 정육, 내장, 그 밖의 부분에 대한 검사·처리

　　㉱ 축산물의 유통에 관한 지도

　　㉲ 그 밖에 이 법에 따른 명령 및 보고의무의 이행 여부 확인 등 가축 및 축산물의 위생관리에 관련된 업무

(14) 책임수의사의 자격·임무 등(영 제15조)

① 법 제13조제3항에 따른 책임수의사는 수의사의 자격을 가진 사람으로서 법 제30조제3항에 따른 교육을 받은 사람으로 한다.

② 제①항에 따른 책임수의사의 임무는 다음 각 호와 같다.

    ㉠ 원유의 검사

    ㉡ 영업장 시설의 위생관리

    ㉢ 종업원에 대한 위생교육

    ㉣ 검사에 불합격한 원유의 처리

    ㉤ 검사기록의 유지 및 검사에 관한 보고

    ㉥ 검사원의 업무이행 여부 확인

    ㉦ 착유하는 소 또는 양의 위생관리에 관한 지도

    ㉧ 그 밖에 원유의 위생관리에 관련된 업무

(15) 검사원(법 제14조)

① 식품의약품안전처장은 제13조제1항에 따른 검사관의 검사 업무를 보조하게 하기 위하여 검사원을 채용하여 배치하게 할 수 있다.

② 제22조제1항에 따라 허가를 받은 자 중 대통령령으로 정하는 작업장의 허가를 받은 자는 책임수의사의 검사 업무를 보조하게 하기 위하여 대통령령으로 정하는 바에 따라 검사원을 두어야 한다.

③ 제①항 및 제②항에 따른 검사원의 자격, 임무 및 교육, 그 밖에 필요한 사항은 대통령령으로 정한다.

(16) 검사원을 두어야 하는 작업장(영 제17조)

법 제14조제2항에서 "대통령령으로 정하는 작업장"이란 집유장을 말한다.

(17) 수입 · 판매 금지 등(법 제15조의2)

① 식품의약품안전처장은 특정 국가 또는 지역에서 도축·처리·가공·포장·유통·판매된 축산물이 위해한 것으로 밝혀졌거나 위해의 우려가 있다고 인정되는 경우에는 그 축산물을 수입·판매하거나 판매할 목적으로 가공·포장·보관·운반 또는 진열하는 것을 금지할 수 있다.

② 식품의약품안전처장은 제①항에 따른 금지를 하려면 미리 관계 중앙행정기관의 장의 의견을 듣고 위원회의 심의·의결을 거쳐야 한다. 다만, 국민건강을 급박하게 위해할 우려가 있어 신속히 금지하여야 할 필요가 있는 경우에는 먼저 금지할 수 있다. 이 경우 사후에 위원회의 심의·의결을 거쳐야 한다.

③ 제②항에 따라 위원회가 심의하는 경우 대통령령으로 정하는 이해관계인은 위원회에 출석하여 의견을 진술하거나 문서로 의견을 제출할 수 있다.

④ 식품의약품안전처장은 제①항에 따라 수입·판매 등이 금지된 해당 축산물에 위해가 없는 것으로 인정되거나 그 축산물에 대하여 이해관계가 있는 국가 또는 수입한 영업자가 원인을 규명하거나 개선사항을 제시하면 제①항에 따른 금지의 전부 또는 일부를 해제할 수 있다.

⑤ 식품의약품안전처장은 제④항에 따른 금지의 해제 여부를 결정하기 위하여 필요한 때에는 위원회의 심의·의결을 거칠 수 있다.

⑥ 식품의약품안전처장은 제①항 또는 제④항에 따른 금지나 해제 여부를 결정하기 위하여 필요한 때에는 관계 공무원 등에게 현지조사를 하게 할 수 있다.

(18) 합격표시(법 제16조)

검사관·책임수의사 또는 영업자는 제12조에 따라 검사한 결과 검사에 합격한 축산물(원유는 제외한다)에 대하여는 총리령으로 정하는 바에 따라 합격표시를 하여야 한다.

[별표 8] 식육의 합격표시(규칙 제23조 관련)

1. 합격표시 방법
   (1) 합격표시는 다음 식육의 종류별로 별도 1, 별도 1의2 또는 별도 2의 규격에 따른 스탬프식 검인을 이용하여 식육에 표시한다. 다만, 법 제10조의2 및 영 제12조의7에 따른 포장대상 식육의 경우 그 포장에 합격여부에 관하여 별도 2에 따른 합격표시와 작업장 명칭, 생산연월일, 유통기한, 보존방법 등의 표시를 하여야 하며, 해당 표시내용과 표시방법 등 세부기준에 대해서는 법 제6조에 따른 축산물의 표시에 관한 기준에 따른다.
      1) 소·말·양·돼지 등 포유류의 식육 : 별도 1의 검인. 단, 머리·꼬리 등의 표면에는 별도 1의2의 검인
      2) 닭·오리·칠면조 등 가금류의 식육
         가) 포장을 하지 아니하는 경우 : 별도 2의 검인
         나) 포장을 하는 경우 : 별도 2에 따른 합격표시와 법 제6조에 따른 축산물의 표시에 관한 기준에서 정한 표시사항
   (2) 표시부위
      1) 지육 : 어깨·등·가슴·배·앞다리·뒷다리 등의 표면
      2) 그 밖에 식용으로 제공되는 머리·꼬리 등의 표면

2. 검인의 부호·번호 및 규격
   (1) 시·도별 검인부호

시·도	부호	시·도	부호
서울특별시	서 울	강원도	강 원
부산광역시	부 산	충청북도	충 북
대구광역시	대 구	충청남도	충 남
인천광역시	인 천	전라북도	전 북
광주광역시	광 주	전라남도	전 남
대전광역시	대 전	경상북도	경 북
울산광역시	울 산	경상남도	경 남
경기도	경 기	제주특별자치도	제 주

   (2) 도축장별 검인번호는 시·도지사가 부여한 두 자리의 아라비아숫자로 표시한다.
   (3) 별도 1과 별도 2의 스탬프식 검인의 "검"자, 시·도별 부호 및 도축장별 번호는 각각 평면에서 5mm 이상 양각되어야 한다.
   (4) 수출을 목적으로 검사한 식육의 합격표시에 사용하는 검인의 부호·번호 및 규격에 대해서는 식품의약품안전처장이 따로 정할 수 있다.

---

3. 검인용 색소
(1) 검인용 색소는 식품위생법에 따른 식품첨가물의 식용색소를 사용하여야 한다.
(2) 검인용 색소는 식육의 종류별로 다음과 같이 구분하여 사용한다.
1) 한우고기 : 식용색소 적색3호
2) 육우고기(새끼를 낳지 아니한 젖소고기 및 국내에서 사육한 수입소의 고기를 포함한다) : 식용색소 황색4호와 식용색소 청색1호를 4 : 1로 배합한 색소(녹색을 나타낸다)
3) 젖소·돼지 등 그 밖의 가축의 고기 : 식용색소 적색3호와 식용색소 청색1호를 4 : 1로 배합한 색소(청색을 나타낸다)
(3) (2) 외의 검인용 색소를 사용하고자 하는 자는 식품의약품안전처장의 승인을 받아야 한다.
4. 검인의 사용
(1) 합격표시의 검인은 식육을 도축장 밖으로 반출하기 전에 검사관이 직접하거나 검사관 또는 책임수의사의 지시에 따라 검사원이 한다.
(2) 냉장을 하는 경우의 합격표시는 냉장 후 출고하기 전에 할 수 있다.
(3) 검인기 및 검인용 색소는 검사관이 관리하여야 하며, 검인기 보관상자는 청결을 유지하여야 한다.

(19) 미검사품의 반출금지(법 제17조)

영업자는 제12조에 따른 검사를 받지 아니한 축산물(이하 "미검사품"이라 한다)을 작업장 밖으로 반출하여서는 아니 된다.

(20) 검사 불합격품의 처리(법 제18조)

영업자는 제11조 또는 제12조에 따른 검사에 불합격한 가축 또는 축산물을 대통령령으로 정하는 바에 따라 처리하여야 한다.

(21) 검사에 불합격한 가축·축산물의 처리(영 제19조)

① 법 제18조에 따라 영업자는 법 제11조 또는 제12조에 따른 검사에 불합격한 가축 또는 축산물을 다음 각 호의 어느 하나에 해당하는 방법으로 처리하여야 한다.
㉠ 소각·매몰 등의 방법에 의한 폐기
㉡ 식용 외의 다른 용도로의 전환

② 검사불합격품을 소각·매몰 등의 방법으로 폐기하려는 경우 그 처리방법과 기준은 별표 2와 같다.

③ 검사불합격품을 식용 외의 다른 용도로 전환하려는 경우 그 처리방법과 기준은 총리령으로 정한다.

[별표 9] 검사불합격품의 용도전환의 방법과 기준(규칙 제24조 관련)
1. 용도전환대상 축산물
(1) 법 제12조에 따른 검사에 불합격한 축산물
1) 항생물질·농약 등 유해성물질의 잔류허용기준 및 병원성미생물의 검출기준을 초과한 축산물
2) 축산물의 가공기준 및 성분규격에 부적합한 축산물

(2) 법 제10조에 따른 부정행위로 중량이 늘어난 식육

(3) 법 제31조의2에 따라 회수하는 축산물

(4) 법 제36조에 따라 압류·회수된 축산물

(5) 가축의 도살·처리과정에서 발생되는 것으로서 식용에 제공되지 아니하는 가축의 털·내장·피·가죽·발굽·머리·유방 등

(6) 검사시료에 사용된 잔여 식육 등

2. 용도전환의 방법 등

(1) 농장·동물원 등에서 동물의 사료로 직접 사용한다.

(2) 사료 또는 비료(이하 "사료 등"이라 한다)제조업체나 렌더링시설(도축부산물 열처리정제시설을 말한다)에서 골분·육분·육골분·우모분 등 사료등의 원료로 사용한다.

(3) 검사에 불합격한 축산물을 동물원·농장 및 사료등제조업체 등에 사료 또는 사료등의 원료로 제공한 축산물 시험·검사기관의 장 또는 도축업·집유업·축산물가공업·식육포장처리업의 영업자는 그 사실을 검사불합격품등재활용대장에 기록하고 이를 최종기재일부터 2년간 보관하여야 한다.

(4) 검사불합격품 등의 물량이 적거나 사료 등으로 재활용하고자 하는 자를 찾지 못하여 사료 등으로 활용하기가 어렵다고 판단되는 경우의 해당 축산물은 폐기물관리법 또는 수질 및 수생태계 보전에 관한 법률에 따라 처리하여야 한다.

3. 용도전환의 기준

(1) 축산물의 보관상태에 대한 검사결과 변질 또는 부패되지 아니한 축산물이어야 한다.

(2) 해당 축산물에는 쇠붙이·합성수지 등 이물질이 붙어있거나 혼입되어서는 아니 된다.

(3) 항생물질·농약 등 유해성 물질의 잔류허용기준 및 병원성미생물의 검출기준을 초과한 축산물의 경우에는 해당 축산물을 검사한 축산물 시험·검사기관의 장이 기준 초과 또는 안전성 확보방법 등을 감안하여 동물의 사료 및 비료 이용 여부를 결정하여야 한다.

(22) 출입·검사·수거(법 제19조)

① 식품의약품안전처장, 시·도지사 또는 시장·군수·구청장은 필요한 경우 영업자에게 축산물의 검사 결과 및 수출입 실적 등 필요한 보고를 하게 하거나 검사관 또는 관계 공무원이 영업장(식용란을 생산하는 가축사육시설을 포함한다)에 출입하여 축산물, 시설, 서류 또는 작업 상황 등을 검사하게 할 수 있으며, 검사에 필요한 최소량의 축산물을 무상으로 수거하게 할 수 있다.

② 식품의약품안전처장, 시·도지사 또는 시장·군수·구청장은 미검사품 및 제33조제1항 각 호에 해당하는 축산물을 조사하기 위하여 필요한 경우 검사관 또는 관계 공무원이 식품위생법에 따른 식품제조·가공업소, 식품접객업소 또는 집단급식소에 출입하여 미검사품의 처리·가공·사용·보관·운반·진열 또는 판매 상황 등을 검사하게 할 수 있으며, 검사에 필요한 최소량의 축산물을 무상으로 수거하게 할 수 있다.

③ 제①항 및 제②항에 따라 출입·검사·수거를 하는 검사관 또는 관계 공무원은 그 권한을 표시하는 증표를 관계인에게 보여 주어야 한다.

④ 제①항 및 제②항에 따른 영업장, 식품제조·가공업소, 식품접객업소 및 집단급식소의 소유자 또는 관리자는 제①항 또는 제②항에 따른 출입·검사·수거를 거부·방해하거나 기피하여서는 아니 된다.

(23) 소비자 등의 위생검사 등 요청(법 제19조의2)

① 식품의약품안전처장, 시·도지사 또는 시장·군수·구청장은 대통령령으로 정하는 일정 수 이상의 소비자, 소비자단체 또는 식품·의약품분야 시험·검사 등에 관한 법률 제6조에 따른 시험·검사기관 중 총리령으로 정하는 시험·검사기관(이하 이 조에서 "시험·검사기관"이라 한다)이 축산물 또는 영업장 등에 대하여 제19조제1항 및 제2항에 따른 출입·검사·수거 등(이하 이 조에서 "위생검사 등"이라 한다)을 요청하는 경우에는 이에 따라야 한다. 다만, 다음 각 호의 어느 하나에 해당하는 경우에는 그러하지 아니하다.

  ㉠ 같은 소비자, 소비자단체 또는 시험·검사기관이 특정 영업자의 영업을 방해할 목적으로 같은 내용의 위생검사 등을 반복적으로 요청하는 경우

  ㉡ 식품의약품안전처장, 시·도지사 또는 시장·군수·구청장이 기술, 시설 또는 재원(財源) 등의 사유로 위생검사 등을 할 수 없다고 인정하는 경우

② 식품의약품안전처장, 시·도지사 또는 시장·군수·구청장은 제①항에 따라 위생검사 등의 요청에 따르는 경우 14일 이내에 위생검사 등을 하고 그 결과를 대통령령으로 정하는 바에 따라 위생검사 등을 요청한 소비자, 소비자단체 또는 시험·검사기관에 알리고 인터넷 홈페이지에 게시하여야 한다.

③ 제①항에 따른 위생검사 등의 요청 요건 및 절차 등에 필요한 사항은 대통령령으로 정한다.

(24) 소비자 등의 위생검사 등 요청(영 제20조)

① 법 제19조의2제1항 각 호 외의 부분 본문에서 "대통령령으로 정하는 일정 수 이상의 소비자"란 같은 영업장 등에 의하여 같은 피해를 입은 5명 이상의 소비자를 말한다.

② 법 제19조의2제1항에 따라 법 제19조제1항 및 제2항에 따른 출입·검사·수거 등(이하 "위생검사 등"이라 한다)을 요청하려는 자는 총리령으로 정하는 요청서를 식품의약품안전처장, 시·도지사 또는 시장·군수·구청장에게 제출하여야 한다. 이 경우 요청하려는 자가 소비자인 경우에는 그 대표자가 요청서를 제출하여야 한다.

③ 식품의약품안전처장, 시·도지사 또는 시장·군수·구청장은 법 제19조의2제2항에 따라 위생검사 등의 결과를 알리는 경우에는 소비자의 대표자, 소비자단체의 장 또는 축산물 시험·검사기관의 장이 요청하는 방법으로 하되, 별도의 요청이 없는 경우에는 문서로 한다.

(25) 축산물위생감시원(법 제20조의2)

① 제19조제1항부터 제3항까지의 규정에 따른 관계 공무원의 직무나 그 밖의 축산물 위생에 관한 지도 등을 하게 하기 위하여 식품의약품안전처(대통령령으로 정하는 그 소속 기관을 포함한다), 특별시·광역시·특별자치시·도·특별자치도 또는 시·군·자치구에 축산물위생감시원을 둔다.

② 제①항에 따른 축산물위생감시원의 자격·임명·직무 범위는 대통령령으로 정한다.

(26) 축산물위생감시원의 자격 및 직무범위 등(영 제20조의2)

① 법 제20조의2제1항에서 "대통령령으로 정하는 그 소속기관"이란 지방식품의약품안전청을 말한다.

② 법 제20조의2제1항에 따른 축산물위생감시원은 식품의약품안전처장, 지방식품의약품안전청장, 시·도지사 또는 시장·군수·구청장이 다음 각 호의 어느 하나에 해당하는 소속 공무원 중에서 임명한다.

　　㉠ 위생사·식품기술사·식품기사·식품산업기사 또는 영양사

　　㉡ 고등교육법 제2조에 따른 학교에서 의학·한의학·약학·한약학·수의학·축산학·축산가공학·화학·화학공학·식품가공학·식품화학·식품제조학·식품공학·식품과학·식품영양학·위생학·발효공학·미생물학·생물학 분야의 학과 또는 학부를 이수하여 졸업한 사람 또는 이와 동등한 수준 이상의 자격이 있는 사람

　　㉢ 1년 이상 축산물 위생행정에 관한 사무에 종사한 경험이 있는 사람

③ 축산물위생감시원의 직무는 제14조제2항제1호, 제2호, 제4호부터 제6호까지, 제8호, 제10호부터 제16호까지, 제18호 및 제19호와 같다.

(27) 명예축산물위생감시원(법 제20조의3)

① 식품의약품안전처장, 시·도지사 또는 시장·군수·구청장은 축산물의 위생을 관리하기 위한 지도, 계몽 등을 하게 하기 위하여 명예축산물위생감시원(이하 "명예감시원"이라 한다)을 둘 수 있다.

② 명예감시원의 위촉·해촉·업무 범위와 수당의 지급에 관하여는 대통령령으로 정한다.

(28) 명예축산물위생감시원의 위촉 등(영 제20조의3)

① 법 제20조의3제1항에 따른 명예축산물위생감시원(이하 "명예감시원"이라 한다)은 다음 각 호의 어느 하나에 해당하는 사람 중에서 위촉한다.

　　㉠ 축산물의 위생 및 유통에 관한 지식이 풍부한 사람

　　㉡ 소비자단체, 축산 관련 생산자단체 또는 협회(법 제21조에 따른 영업을 하는 영업자의 공동이익을 도모하기 위하여 설립한 단체 또는 협회는 제외한다. 이하 "단체 등"이라 한다)의 소속 직원 중에서 해당 단체 등의 장이 추천한 사람

② 식품의약품안전처장, 시·도지사 또는 시장·군수·구청장은 제①항에 따라 위촉한 명예감시원이 다음 각 호의 어느 하나에 해당하는 때에는 해촉하여야 한다.

　　㉠ 단체 등에서 퇴직하거나 해임된 때

　　㉡ 제③항 각 호의 업무와 관련하여 부정한 행위를 하거나 권한을 남용한 경우

　　㉢ 사망·질병 또는 부상 등의 사유로 직무수행이 곤란하게 된 때

③ 명예감시원의 업무범위는 다음 각 호와 같다. 이 경우 명예감시원은 그 업무와 관련하여 부정한

행위를 하거나 권한을 남용해서는 아니 된다.

　㉠ 축산물위생감시원이 수행하는 축산물의 수거·검사·압류·폐기 지원

　㉡ 법령 위반행위자에 대한 신고 및 정보제공

　㉢ 그 밖에 축산물의 위생 및 거래질서 유지를 위한 홍보·계몽 등의 업무

④ 식품의약품안전처장, 시·도지사 또는 시장·군수·구청장은 명예감시원에 대하여 예산의 범위에서 수당을 지급할 수 있다.

⑤ 명예감시원의 운영에 관한 세부사항은 식품의약품안전처장이 정하여 고시한다.

제 2 절　행정 제재

1. 영업의 허가 및 신고

(1) 영업의 종류 및 시설기준(법 제21조)

① 다음 각 호의 어느 하나에 해당하는 영업을 하려는 자는 총리령으로 정하는 기준에 적합한 시설을 갖추어야 한다.

　㉠ 도축업

　㉡ 집유업

　㉢ 축산물가공업

　㉣ 식용란 선별포장업

　㉤ 식육포장처리업

　㉥ 축산물보관업

　㉦ 축산물운반업

　㉧ 축산물판매업

　㉨ 식육즉석판매가공업

　㉩ 그 밖에 대통령령으로 정하는 영업

② 제①항에 따른 영업의 세부 종류와 그 범위는 대통령령으로 정한다.

[별표 10] 영업의 종류별 시설기준(규칙 제29조 관련)

1. 도축업

　(1) 포유류 가축의 도축업

　　1) 공통시설기준

　　　가) 도축장에는 계류장·생체검사장·격리장·작업실·검사시험실·소독준비실·폐수처리시설·폐기물처리시설·가축수송차량의 세척 및 소독시설·탈의실·목욕실·휴게실 등이 있어야 하며, 별도의 식당을 설치하는 것을 권장한다.

나) 계류장·생체검사장·격리장·작업실의 바닥은 콘크리트·돌 등 내수성이 있고 견고한 재료를 사용하여 미끄럼을 방지하여야 하며, 배수가 잘되도록 100분의 1 정도의 경사를 유지하여야 한다.

다) 계류장은 가축의 종류별로 구획하여 개방식으로 설치하되, 가축을 하역할 수 있는 시설과 사람 및 가축의 출입통제가 가능한 출입문이 있어야 한다.

라) 계류장에는 110럭스 이상의 조명장치, 가축이 물을 먹을 수 있는 급수시설, 안개분무가 가능한 분무시설 및 가축의 몸통을 세척할 수 있는 샤워시설을 갖추어야 한다.

마) 생체검사장은 작업실과 인접한 곳에 설치하여야 하며, 생체검사에 편리한 보정틀·조명장치(밝기가 220럭스 이상이어야 한다) 등 필요한 설비를 하여야 한다.

바) 생체검사장과 작업실 사이에는 가축이 걸어 들어갈 수 있는 구획된 통로가 있어야 한다.

사) 작업실 안의 바닥과 벽, 바닥으로부터 1.5미터 이하의 벽과 벽 사이의 모서리는 곡선으로 처리하여야 하며, 타일·콘크리트 또는 이와 유사한 재료로 시공하여 작업과 청소가 쉽도록 하여야 한다.

아) 작업실의 천정은 내수성재료를 사용하여 이물이나 먼지 등이 붙지 아니하는 구조로 하고, 천정에 설치하는 아이빔은 도체를 매달 때 도체가 바닥에 닿지 아니할 정도의 높이를 두어야 한다.

자) 작업실 안은 작업과 검사가 용이하도록 자연채광 또는 인공조명장치를 하고 환기장치를 하여야 한다. 이 경우 밝기는 220럭스 이상(검사장소의 경우에는 540럭스 이상을 권장한다)이 되어야 하며, 조명장치는 파열 시 식육이 오염되지 아니하도록 보호망 등 안전장치를 하여야 한다.

차) 작업실은 도살실·지육처리실·내장처리실로 구획하여 설치하고, 창은 방충설비를 갖추어야 하며, 배수구에는 쥐 등의 드나듦을 막을 수 있는 설비를 하여야 한다. 내장처리실에는 장기를 냉각하기 위한 시설·장비를 설치할 것을 권장한다.

카) 작업라인에는 일정간격으로 83℃ 이상의 온수가 나오는 설비를 하여 해체작업과 검사에 사용되는 칼을 소독할 수 있도록 하여야 한다.

타) 작업실은 가축이 들어가는 입구를 제외하고는 출입자를 통제할 수 있는 구조로 되어 있어야 하며, 소·돼지 도축장의 경우 출입문은 공기스크린 장치를 하거나 자동 또는 반자동문으로 설치하여야 한다.

파) 도체에 직접 접촉되는 기계·기구류는 세척 및 소독이 용이하고 부식이 되지 않는 스테인리스철재 또는 이와 동등 이상의 재질로 설치하여야 한다.

하) 검사시험실은 검사관실과 시험실을 구획하여 설치하되, 검사관실에는 서류보관함·옷장·신발장·검사기구상자 등이 있어야 하고, 검사기구상자에는 체온계·청진기·해부기·검인기 등이 있어야 하며, 시험실에는 냉·온수가 나오는 급수설비를 하여야 한다.

거) 소독준비실 바닥은 내수성재료로 시공하여야 하며, 소독준비실에는 소독에 필요한 장비와 약품 등이 있어야 한다.

너) 급수시설은 수돗물 또는 먹는물관리법에 따른 먹는물 수질검사기준에 적합한 지하수 등을 공급할 수 있는 시설을 갖추어야 한다.

더) 배수구는 암거를 원칙으로 하며, 실내에서 실외로 통하는 배수구는 트랩(U자관, P자관, S자관 또는 이와 비슷한 유형의 트랩)을 설치하여 냄새의 역류를 방지할 수 있도록 하여야 하며, 실내의 배수구 덮개는 스테인리스철재 또는 이와 동등 이상의 재질을 사용하여 상부 개폐식으로 설치하고 덮개의 구멍은 쥐 등의 드나듦을 막을 수 있는 크기여야 한다.

러) 화장실은 작업실에 영향을 주지 아니하는 곳에 위치하고 수세설비와 방충·방서설비를 하여야 하며, 수도꼭지는 반자동 또는 자동으로 작동되는 구조로 설치하여 오염을 방지할 수 있도록 하여야 한다.

머) 도축장의 진입로·주차장 및 건물과 건물 사이는 포장을 하여야 한다.

버) 폐수처리시설은 수질 및 수생태계 보전에 관한 법률에 적합한 시설이어야 한다.

서) 폐기물처리시설은 폐기물관리법에 적합한 시설이어야 하며, 그 시설을 설치하지 아니하는 경우에는 폐기물처리업체에 위탁처리하거나 폐기물을 퇴비로 활용하는 증명서류가 있어야 한다.

어) 탈의실은 작업실과 인접한 곳에 구획하여 설치하고 탈의실 안에는 종업원 개인별로 옷·신발 등을 보관할 수 있는 보관함이 있어야 한다.

저) 도축장의 주위는 외부에서 도축장의 내부가 보이지 아니하도록 담장 등 차단시설을 하여야 한다.

처) 도축업의 영업자가 자신이 도살·처리한 식육을 직접 운반하려는 경우에는 제6호(1)에 따른 운반시설 기준을 준수하여야 한다.

2) 개별시설기준

가) 소 도축업

ㄱ. 각 시설의 배치순서는 별도 4를 기준으로 하여야 하며, 교차오염을 방지하기 위해 작업라인을 일직선으로 배치하는 것을 원칙으로 하되, 도축장의 공간구조상 일직선으로 배치하기 힘든 경우로서 다음 중 어느 하나에 해당하는 경우에는 배치방식을 달리 할 수 있다.
- 최종 세척을 마무리한 지육이 위치하는 장소로 오염원이 비산(飛散)되는 것을 방지할 수 있도록 공기흐름을 조정하는 시설을 갖춘 경우
- 오염원을 차단할 수 있도록 오염지역과 비오염지역을 벽으로 구분한 경우
- 최종 세척된 도체의 오염을 막을 수 있도록 칸막이를 설치한 경우

ㄴ. 도축장 부지는 2천m^2 이상이어야 한다.

ㄷ. 도축장에는 공통시설기준에 따른 시설 외에 원피처리실, 냉장·냉동실, 계량시설 등이 있어야 하며, 폐기물처리시설은 퇴비화시설 또는 동물성폐기물소각로시설의 설치를 권장한다.

ㄹ. 영업자가 필요하다고 판단하여 도축장 안에 발골정형실을 따로 설치하는 경우 발골정형실은 작업실과 구획하여 설치하되, 실내온도가 15℃ 이내로 유지될 수 있도록 설치하고 그 안에는 도체현수시설·발골작업대 및 83℃ 이상의 온수가 나오는 시설을 각각 설치하여야 한다.

ㅁ. 각 시설별 면적은 다음과 같다.

시설명	면 적	시설명	면 적
계류장	150m^2 이상 (1두당 3.3m^2 이상)	냉장·냉동실	41.25m^2 이상 (평면 3.3m^2당 4두 기준) 도축능력 및 종업원의 이용에 적정한 면적
생체검사장	15m^2 이상	탈의실 등 부대시설	
작업실	100m^2 이상		
검사시험실	20m^2 이상		
원피처리실	30m^2 이상		

ㅂ. 작업실과 냉장·냉동실에는 아이빔을 설치하여 일괄작업이 가능하도록 하여야 하며, 아이빔은 도체가 바닥이나 벽에 닿지 않도록 설치하되, 바닥에 대해서는 다음 기준에 따라 설치할 것을 권장한다.
- 작업실 : 작업실의 바닥에서 도체까지 30cm 이상의 간격을 둘 것
- 냉장·냉동실 : 작업실의 바닥에서 도체까지 10cm 이상의 간격을 둘 것

ㅅ. 작업실 또는 냉장·냉동실의 아이빔은 식육운반차량의 상차대까지 연결하여 설치하되 자동 이송장치의 설비를 권장한다.

ㅇ. 작업실에는 도체를 매다는 라인별로 지육검사대와 내장검사대가 있어야 하며, 검사대는 2명 이상이 동시에 서서 검사하기에 편리한 크기로 하되, 지육과 내장을 검사할 수 있는 위치에 있거나 검사자가 검사위치를 자동으로 조작할 수 있는 구조로 설치하여야 한다.

ㅈ. 작업실에는 도체를 절단하는 전기톱과 지육세척장치를 갖추고 있어야 하며, 지육을 최종적으로 세척하는 장치는 물의 사용을 최소화할 수 있도록 증기세척 방식일 것을 권장한다.

ㅊ. 작업실은 실내온도가 15℃ 이내로 유지될 수 있도록 냉방시설의 설비를 권장한다. 이 경우 온도를 확인하는 장소는 최종 세척이 이루어진 지육이 위치한 곳으로 하되, 최종 세척을 증기세척 방식으로 하는 경우에는 그러하지 아니하다.

ㅋ. 도살실에는 소가 매달린 상태에서 충분히 방혈(放血)될 수 있는 설비가 있어야 하고, 피를 동물의 사료 또는 퇴비로 사용하는 경우에는 스팀처리시설의 설치를 권장하며, 피를 식용에 제공하거나 식품·의약품의 원료로 사용하려는 경우에는 위생적으로 처리할 수 있는 별도의 설비를 하여야 한다. 이 경우 그 설비는 이물 등의 오염을 방지하고 공기의 접촉을 최소화하여 피를 채취할 수 있는 장비로 설치할 것을 권장한다.

ㅌ. 내장처리실은 작업실 안에 구획하여 설치하거나 도축장 안에 따로 설치하되, 내장검사대와 연결되도록 하여야 하고, 내장처리실에는 내장처리대·내장운반구·세척용수조 및 폐기용 저장용기가 있어야 하며, 내장처리대·내장운반구 및 세척용수조의 재질은 스테인리스철재 또는 이와 같은 수준 이상의 재질로 만들어진 것이어야 한다.

ㅍ. 냉장·냉동실은 평면 3.3m² 당 우지육 4두를 초과할 수 없는 면적으로 하되, 냉장을 하는 경우에는 입고 후 냉장실 내부온도가 10℃ 이하가 되는 성능이어야 하고, 냉장·냉동실 벽면의 재질은 내수성·무독성 재료로 시공되어야 한다.

ㅎ. 지육의 온도를 급격하게 낮출 수 있도록 급랭시설의 설치를 권장하며, 냉장·냉동실은 온도 조절이 가능하도록 시공하되, 문을 열지 않아도 온도를 알아볼 수 있는 온도계와 온도의 변화를 실시간으로 기록할 수 있는 장치를 외부에 설치하여야 하며, 냉장·냉동실 안의 현수 시설은 도체가 서로 닿지 아니하는 간격으로 설치하여야 한다.

㉮ 가축수송차량세척·소독시설은 가능한 한 해당 차량이 가축을 하역한 후 차량을 돌리지 아니 한 상태로 진행하면서 세척·소독을 할 수 있는 위치에 설치하여야 한다.

나) 말·당나귀 도축업
ㄱ. 공통시설기준 외의 시설에 대해서는 소 도축업의 시설기준을 준용한다.
ㄴ. 허가관청은 말·당나귀와 그 식육의 국내수급상황·지역여건·특성 또는 도축 예상 마릿수 등을 고려하여 위생상 위해가 없는 범위에서 다음 각 호에 관한 시설기준을 조정하거나 일부 시설의 설치를 생략하게 할 수 있다.
• 도축장의 위치·구조·규모(부지면적)
• 도축장의 시설(소독준비실, 폐기물처리시설, 탈의실, 목욕실, 휴게실, 분무시설·샤워시설, 작업실 내부의 구획, 출입문의 공기스크린·자동·반자동화, 외부 차단시설, 시설의 배치순서, 각 시설별 면적, 원피처리실, 자동이송장치, 검사위치의 자동조작 등 자동화 여부 등)
ㄷ. 소 도축업의 영업자가 말·당나귀 도축업의 시설을 별도로 설치하지 아니하고 자기의 도축장 시설을 이용하는 조건으로 말·당나귀 도축업의 허가를 신청하는 경우 허가관청은 해당 도축 장의 도축능력을 감안하여 그 영업을 허가할 수 있다.

다) 양 도축업
ㄱ. 공통시설기준 외의 시설에 대해서는 돼지 도축업의 시설기준을 준용한다.
ㄴ. 허가관청은 양과 양고기의 국내수급상황·지역여건·특성 또는 도축 예상 마릿수 등을 고려하여 위생상 위해가 없는 범위에서 다음 각 호에 관한 시설기준을 조정하거나 일부시설의 설치를 생략하게 할 수 있다. 다만, 하루에 양 10마리 이상 도축할 수 있는 정도의 시설기준은 되도록 하여야 한다.
• 도축장의 위치·구조·규모(부지면적)
• 도축장의 시설(소독준비실, 폐기물처리시설, 탈의실, 목욕실, 휴게실, 분무시설·샤워시

설, 작업실 내부의 구획, 출입문의 공기스크린·자동·반자동화, 외부 차단시설, 시설의 배치순서, 각 시설별 면적, 원피처리실, 자동이송장치, 검사위치의 자동조작 등 자동화 여부 등)

ㄷ. 소 또는 돼지 도축업의 영업자가 해당 도축장의 도축능력 범위 안에서 이미 설치되어 있는 소 또는 돼지 도축장시설을 이용하여 양 도축업을 하고자 하는 경우에는 별도의 양 도축업의 시설을 설치하지 아니할 수 있다.

라) 돼지 도축업

ㄱ. 각 시설의 배치순서는 별도 4를 기준으로 하여야 하며, 교차오염을 방지하기 위해 작업라인을 일직선으로 배치하는 것을 원칙으로 하되, 도축장의 공간구조상 일직선으로 배치하기 힘든 경우로서 다음 중 어느 하나에 해당하는 경우에는 배치방식을 달리 할 수 있다.
- 최종 세척을 마무리한 지육이 위치하는 장소로 오염원이 비산되는 것을 방지할 수 있도록 공기흐름을 조정하는 시설을 갖춘 경우
- 오염원을 차단할 수 있도록 오염지역과 비오염지역을 벽으로 구분한 경우
- 최종 세척된 도체의 오염을 막을 수 있도록 칸막이를 설치한 경우

ㄴ. 도축장의 부지면적은 3천m² 이상이어야 한다.

ㄷ. 도축장에는 공통시설기준에 따른 시설 외에 원피처리실(박피를 하는 경우에 한한다), 냉장·냉동실 등이 있어야 하며, 폐기물처리시설은 퇴비화시설 또는 동물성폐기물소각로시설의 설치를 권장한다.

ㄹ. 영업자가 필요하다고 판단하여 도축장 안에 발골정형실을 따로 설치하는 경우 발골정형실은 작업실과 구획하여 설치하되, 실내온도가 15℃ 이내로 유지될 수 있도록 설치하고 그 안에는 도체현수시설·발골작업대 및 83℃ 이상의 온수가 나오는 시설을 각각 설치하여야 한다.

ㅁ. 각 시설별 면적은 다음과 같다.

시설명	면 적	시설명	면 적
계류장	100m² 이상 (1두당 0.83m² 이상)	냉장·냉동실	61.88m² 이상 (평면 3.3m²당 8두 기준) 도축능력 및 종업원의 이용에 적정한 면적
생체검사장	15m² 이상	탈의실 등 부대시설	
작업실	200m² 이상		
검사시험실	20m² 이상		
원피처리실	30m² 이상		

ㅂ. 작업실과 냉장·냉동실에는 아이빔을 설치하여 일괄작업이 가능하도록 하여야 하며, 아이빔은 도체가 바닥이나 벽에 닿지 않도록 설치하되, 바닥에 대해서는 다음 기준에 따라 설치할 것을 권장한다.
- 작업실: 작업실의 바닥에서 도체까지 30cm 이상의 간격을 둘 것
- 냉장·냉동실: 작업실의 바닥에서 도체까지 10cm 이상의 간격을 둘 것

ㅅ. 작업실 또는 냉장·냉동실의 아이빔은 식육운반차량의 상차대까지 연결하여 설치하되 자동 이송장치의 설비를 권장한다.

ㅇ. 작업실에는 도체를 매다는 라인별로 지육검사대와 내장검사대가 있어야 하고, 검사대는 2명 이상이 동시에 서서 검사하기에 편리한 크기로 하되, 지육과 내장을 검사할 수 있는 위치에 있거나 검사자가 검사위치를 자동으로 조작할 수 있는 구조로 설치하여야 한다.

ㅈ. 작업실에는 도체를 절단하는 전기톱과 지육세척장치를 갖추고 있어야 하며, 지육을 최종적으로 세척하는 장치는 물의 사용을 최소화할 수 있도록 증기세척 방식일 것을 권장한다.

ㅊ. 작업실은 실내온도가 15℃ 이하(고온의 물 또는 화염을 사용하는 탕박수조·잔모제거기 등 열 발생 설비가 위치한 장소는 그러하지 아니하다)로 유지될 수 있도록 냉방시설의 설비를

권장하며, 이 경우 온도를 확인하는 장소는 최종 세척이 이루어진 지육이 위치한 곳으로 하되, 최종 세척을 증기세척 방식으로 하는 경우에는 그러하지 아니하다.

ㅋ. 도살실에는 돼지가 매달린 상태에서 충분히 방혈될 수 있는 설비가 있어야 하고, 피를 동물의 사료 또는 퇴비로 사용하는 경우에는 스팀처리시설 등의 설치를 권장하며, 피를 식용에 제공하거나 식품·의약품의 원료로 사용하려는 경우에는 위생적으로 처리할 수 있는 별도의 설비를 하여야 한다. 이 경우 그 설비는 이물 등의 오염을 방지하고 공기의 접촉을 최소화하여 피를 채취할 수 있는 장비로 설치할 것을 권장한다.

ㅌ. 돼지의 털을 뽑는 방식으로 처리하기 위하여 작업실에 탈모장비를 설치하는 경우에는 물의 사용을 최소화할 수 있도록 고온샤워 또는 증기 방식을 권장한다.

ㅍ. 내장처리실은 작업실 안에 구획하여 설치하거나 도축장 안에 따로 설치하되 내장검사대와 연결되도록 하여야 하고, 내장처리실에는 내장처리대·내장운반구·세척용수조 및 폐기용 저장용기가 있어야 하며, 내장처리대·내장운반구 및 세척용수조의 재질은 스테인리스철재 또는 이와 같은 수준 이상의 재료로 만들어진 것이어야 한다.

ㅎ. 냉장·냉동실은 평면 3.3m²당 돈지육 8두를 초과할 수 없는 면적으로 하되, 냉장을 하는 경우에는 입고 후 냉장실 내부온도가 10℃ 이하가 되는 성능이어야 하고 냉장·냉동실 벽면의 재질은 내수성·무독성 재료로 시공되어야 한다.

㉮ 지육의 온도를 급격하게 낮출 수 있도록 급랭시설의 설치를 권장하며, 냉장·냉동실은 온도조절이 가능하도록 시공하되, 문을 열지 않아도 온도를 알아볼 수 있는 온도계와 온도의 변화를 실시간으로 기록할 수 있는 장치를 외부에 설치하여야 하며, 냉장·냉동실 안의 현수시설은 도체가 서로 닿지 아니하는 간격으로 설치하여야 한다.

㉯ 가축수송차량세척·소독시설은 가능한 해당 차량이 가축을 하역한 후 차량을 돌리지 아니한 상태로 진행하면서 세척·소독을 할 수 있는 위치에 설치하여야 한다.

　마) 사슴·토끼 도축업

ㄱ. 공통시설기준 외의 시설에 대해서는 돼지 도축업의 시설기준(무게가 200kg이 넘는 사슴을 도축하는 경우는 소 도축업의 시설기준으로 한다)을 준용한다.

ㄴ. 허가관청은 사슴·토끼와 그 식육의 국내급수상황·지역여건·특성 또는 도축 예상 마릿수 등을 고려하여 위생상 위해가 없는 범위에서 다음 각 호에 관한 시설기준을 조정하거나 일부 시설의 설치를 생략할 수 있도록 하되, 사슴 도축장은 사슴 10마리 이상을, 토끼 도축장은 토끼 100마리 이상을, 사슴 및 토끼 도축장은 사슴 10마리 이상 및 토끼 100마리 이상을 하루에 도축할 수 있는 정도의 시설기준은 되도록 하여야 한다.

• 도축장의 위치·구조·규모(부지면적)

• 도축장의 시설(소독준비실, 폐기물처리시설, 탈의실, 목욕실, 휴게실, 분무시설·샤워시설, 작업실 내부의 구획, 출입문의 공기스크린·자동·반자동화, 외부 차단시설, 시설의 배치순서, 각 시설별 면적, 원피처리실, 자동이송장치, 검사위치의 자동조작 등 자동화 여부 등)

ㄷ. 다음 중 어느 하나에 해당하는 경우에는 별도의 시설을 설치하지 아니할 수 있다.

• 소·말·당나귀 도축업의 영업자가 이미 설치되어 있는 도축장 시설을 이용하여 해당 도축장의 도축능력 범위에서 사슴·토끼를 도축하려는 경우

• 돼지 또는 양 도축업의 영업자가 이미 설치되어 있는 도축장 시설을 이용하여 해당 도축장의 도축능력 범위에서 사슴(무게가 200kg 이하인 사슴만 해당한다)·토끼를 도축하려는 경우

(2) 가금류 가축의 도축업

1) 공통시설기준

가) 도축장에는 계류장·도살방혈실·작업실·검사시험실·포장실·소독준비실·폐수처리시설·폐기물처리시설·가축수송차량세척소독시설·탈의실·목욕실·휴게실 등이 있어야 하며, 별도의 식당을 설치하는 것을 권장한다.

나) 계류장·도살방혈실·작업실의 바닥은 콘크리트·돌 등 내수성이 있고 견고한 재료를 사용하여 미끄럼을 방지하여야 하며, 배수가 잘되도록 100분의 1 정도의 경사를 유지하여야 한다.

다) 계류장은 도축장 안에 설치된 가금의 투입라인에 연결하여 개방식구조로 설치하되, 차광·송풍 및 물뿌림시설이 있어야 하고, 가금수송차량 또는 가금수송용기를 충분하게 수용할 수 있는 면적으로 하여야 하며, 조명장치의 밝기는 최소한 110럭스 이상이 되도록 하여야 한다.

라) 도살방혈실은 작업실과 차단하여 설치하되, 방혈대에서 작업실의 탕지시설까지의 라인은 도체의 방혈이 충분하게 될 수 있는 길이가 되도록 설치하여야 한다.

마) 생체검사대는 도살방혈실 옆에 설치하되, 조명장치의 밝기는 최소한 220럭스 이상이 되도록 하여야 한다.

바) 작업실 안의 바닥과 벽, 바닥으로부터 1.5m 이하의 벽과 벽 사이의 모서리는 곡선으로 처리하고 타일·콘크리트 또는 이와 유사한 내수성 재료로 시공하여 작업과 청소가 쉽도록 하여야 한다.

사) 작업실의 천정은 내수성재료를 사용하여 이물이나 먼지 등이 붙지 아니하는 구조로 시공하여야 한다.

아) 작업실 안에는 다음의 시설을 갖추어야 한다.

　ㄱ. 도체에 직접 접촉되는 기계·기구류는 세척 및 소독이 용이하고 부식이 되지 아니하는 스테인리스철재 또는 이와 동등 이상의 재질로 설치하여야 한다.

　ㄴ. 탕지시설·탈모시설·잔모처리시설·내장적출시설·도체절단기 및 냉각시설로 구획하여 일괄작업이 가능하도록 하고 내장적출라인별로 도체검사대를 설치하여야 한다.

　ㄷ. 작업실 안은 작업과 검사가 용이하도록 자연채광 또는 인공조명장치를 하고 환기장치를 하여야 한다. 이 경우 밝기는 220럭스 이상(검사장소의 경우에는 540럭스 이상을 권장한다)이 되어야 하며, 조명장치는 파열 시 식육이 오염되지 아니하도록 보호망 등 안전장치를 하여야 한다.

　ㄹ. 작업실의 창은 방충설비를 하고 배수구에는 쥐 등의 드나듦을 막을 수 있는 설비를 하여야 한다.

　ㅁ. 작업라인에는 일정한 간격으로 83℃ 이상의 온수가 나오는 설비를 하여 가금의 해체작업과 검사에 사용되는 칼을 소독할 수 있도록 하여야 한다.

　ㅂ. 작업실의 출입구는 출입자를 통제할 수 있는 구조로 하고 자동 또는 반자동문으로 설치하여야 한다.

　ㅅ. 탕지시설은 컨베이어식 연속탕지조 또는 자동탕지기로 설치하여야 한다.

　ㅇ. 탈모시설은 컨베이어식·이동식탈모기 또는 자동식탈모기로 설치하여야 한다.

　ㅈ. 내장적출시설 안에는 컨베이어식 내장운반기 또는 작업대를 설치하여야 하고 충분한 급수시설을 갖추어야 한다.

　ㅊ. 냉각시설은 냉풍냉각·수냉각 또는 빙수냉각장치로 설치하여야 한다.

　ㅋ. 내장처리시설은 충분한 면적으로 설치하고 내장처리대를 설치하여야 한다.

자) 검사시험실은 검사관실과 시험실을 구획하여 설치하되, 검사관실에는 서류보관함·옷장·신발장·검사기구상자 등이 있어야 하고, 검사기구상자에는 심부온도계·청진기·해부기·검인기 등이 있어야 하며, 시험실에는 냉·온수가 나오는 급수설비를 하여야 한다.

차) 소독준비실의 바닥은 내수성재료로 시공하여야 하며, 소독준비실에는 소독에 필요한 장비와 약품 등이 있어야 한다.

카) 급수시설은 수돗물이나 먹는물관리법에 따른 먹는물의 수질검사기준에 적합한 지하수 등을 공급할 수 있는 시설을 갖추어야 한다.

타) 배수구는 암거를 원칙으로 하고, 실내에서 실외로 통하는 배수구는 트랩(U자관, P자관, S자관 또는 이와 비슷한 유형의 트랩)을 설치하여 냄새의 역류를 방지할 수 있도록 하여야 하며, 실내의 배수구 덮개는 스테인리스철재 또는 이와 동등 이상의 재질을 사용하여 상부 개폐식으로 설치하고, 덮개의 구멍은 쥐 등의 드나듦을 막을 수 있는 크기여야 한다.

파) 화장실은 작업실에 영향을 주지 아니하는 곳에 위치하여야 하고 수세설비와 방충·방서설비를 하여야 하며, 수도꼭지는 자동 또는 반자동으로 작동되는 구조로 하여 오염을 방지할 수 있도록 하여야 한다.

하) 도축장의 진입로·주차장 및 건물과 건물사이는 포장을 하여야 한다.

거) 폐수처리시설은 수질 및 수생태계 보전에 관한 법률에 적합한 시설이어야 한다.

너) 폐기물처리시설은 폐기물관리법에 적합한 시설이어야 하며, 그 시설을 설치하지 아니하는 경우에는 폐기물처리업체에 위탁처리하거나 또는 폐기물을 퇴비 등으로 활용하는 증명서류가 있어야 한다.

더) 탈의실은 작업실과 인접한 곳에 구획하여 설치하고, 탈의실 안에는 종업원 개인별로 옷·신발 등을 보관할 수 있는 보관함이 있어야 한다.

러) 도축장의 주위는 외부에서 도축장의 내부가 보이지 아니하도록 담장 등 차단시설을 하여야 한다.

머) 도축업의 영업자가 자신이 도살·처리한 식육을 직접 운반하려는 경우에는 제6호가목에 따른 운반시설 기준을 준수하여야 한다.

2) 개별시설기준

가) 닭 도축업

ㄱ. 각 시설의 배치는 별도 5를 기준으로 한다.

ㄴ. 도축장 부지면적은 2천백m^2 이상이어야 한다.

ㄷ. 도축장에는 공통시설기준에 따른 시설 외에 냉장·냉동실, 가축수송용기세척·소독시설이 있어야 하며, 폐기물처리시설은 동물성폐기물소각로시설 또는 렌더링시설의 설비를 권장한다.

ㄹ. 각 시설별 면적은 다음과 같다.

시설명	면 적	시설명	면 적
냉장·냉동실 작업실 검사시험실	100m^2 이상 200m^2 이상 20m^2 이상	탈의실 등 부대시설	도축능력 및 종업원의 이용에 적정한 면적

ㅁ. 작업실은 일괄작업이 가능하도록 도축기계를 자동식으로 설치하여야 하고, 검사대가 위치한 곳은 도축기계의 가동속도를 시간당 2천500수 이내로 유지할 것을 권장하며, 실내온도가 15℃ 이내로 유지될 수 있도록 냉방시설의 설비를 권장한다.

ㅂ. 탕지시설은 도체의 이동방향과 반대로 온수가 공급되어 깨끗한 온수가 나오는 곳에서 도체를 꺼낼 수 있도록 자동탕지기를 설치하여야 한다.

ㅅ. 항문제거기, 허파제거기, 기도·식도인출기, 내외부세척기·내장적출시설은 자동설비를 권장한다.

ㅇ. 검사시험실에는 1) 공통시설기준 중 자)의 시설·장비 외에 현미경과 혈청검사 또는 잔류물질검사에 필요한 간이검사 기구류가 있어야 한다.

ㅈ. 냉장·냉동실은 온도조절이 가능하도록 시공하되, 문을 열지 않아도 온도를 알아볼 수 있는 온도계와 온도의 변화를 실시간으로 기록할 수 있는 장치를 외부에 설치하여야 한다.

ㅊ. 가축수송차량세척 · 소독시설은 해당 차량이 가축을 하역한 후 차량을 돌리지 아니한 상태로 진행하면서 세척 · 소독을 할 수 있는 위치에 설치하여야 하며, 닭 수송용기의 세척 · 소독시설은 작업실과 구획하여 설치하여야 한다.

ㅋ. 영업자가 도축과정에서 발생되는 우모 · 내장 등 동물성폐기물을 이용하여 사료의 원료를 제조하고자 하는 경우에는 도축장 안에 렌더링설비를 할 수 있다.

ㅌ. 생체중량 2.3kg 이상의 닭을 연간 30만수 이하로 도축 · 처리하는 도축업에 대하여는 허가관청이 닭과 닭고기의 국내수급상황 · 지역여건 · 특성 또는 도축 예상 마릿수 등을 고려하여 위생상 위해가 없는 범위에서 다음 각 호에 관한 시설기준을 조정하거나 일부시설의 설치를 생략할 수 있도록 하되, 하루에 닭 500마리 이상 도축할 수 있는 정도의 시설기준은 되도록 하여야 한다.

- 도축장의 위치 · 구조 · 규모(부지면적)
- 도축장의 시설(소독준비실, 폐기물처리시설, 탈의실, 목욕실, 휴게실, 물뿌림시설, 작업실 안 시설별 구획, 출입문의 자동 · 반자동화, 자동 탕지기 · 탈모기, 외부 차단시설, 시설의 배치순서, 각 시설별 면적, 도축기계의 자동식 설치 등)

나) 그 밖의 가금류 가축의 도축업

ㄱ. 공통시설기준 외의 시설에 대해서는 닭 도축업의 시설기준을 준용한다.

ㄴ. 허가관청은 나)에 따른 그 밖의 가금류 가축과 그 고기의 국내수급상황 · 지역여건 · 특성 또는 도축 예상 마릿수 등을 고려하여 위생상 위해가 없는 범위에서 다음 각 호에 관한 시설기준을 조정하거나 일부시설의 설치를 생략할 수 있도록 하되, 하루에 오리는 200마리 이상, 메추리는 1,000마리 이상, 꿩은 100마리 이상, 칠면조는 100마리 이상, 거위는 100마리 이상 도축할 수 있는 정도의 시설기준은 되도록 하여야 한다.

- 도축장의 위치 · 구조 · 규모(부지면적)
- 도축장의 시설(소독준비실, 폐기물처리시설, 탈의실, 목욕실, 휴게실, 물뿌림시설, 작업실 안 시설별 구획, 출입문의 자동 · 반자동화, 자동 탕지기 · 탈모기, 외부 차단시설, 시설의 배치순서, 각 시설별 면적, 도축기계의 자동식 설치 등)

ㄷ. 닭 도축업의 영업자가 이미 설치되어 있는 닭 도축장 시설을 이용하여 해당 도축장의 도축능력 안에서 나)에 따른 그 밖의 가금류 가축을 도축하려는 경우에는 별도의 시설을 설치하지 아니할 수 있다.

(3) 공동사용시설의 설치생략 등

1) 도축업의 영업자가 같은 도축장에서 2종류 이상의 가축을 도살하거나 같은 작업장 안에서 추가로 시설을 갖추어 다른 종류의 가축을 도살하려는 경우 검사시험실, 소독준비실, 원피처리실, 내장처리실, 폐수처리시설, 폐기물처리시설, 탈의실, 목욕실, 휴게실, 냉장 · 냉동실, 가축수송차량세척 · 소독시설 등 이미 설치되어 있는 시설과 공동으로 사용할 수 있는 시설은 그 전부 또는 일부를 설치하지 아니할 수 있다. 다만, 냉장 · 냉동실의 면적은 가축의 지육별 수용기준을, 도축장의 부지면적은 가축별 면적기준을 각각 합산한 면적이 되어야 한다.

2) (1) 및 (2)에도 불구하고 식품의약품안전처장은 외국으로 수출하는 가축을 도살 · 처리하는 도축업의 영업자로 하여금 수출상대국의 정부기관 또는 수입자의 요구기준에 적합한 식육을 생산하기 위한 시설을 설치하게 할 수 있다.

(4) 차량을 이용한 도축업 시설기준 특례

1) 허가관청은 위생상 위해가 없는 범위에서 관할 구역 내 가축(소 · 돼지는 제외한다)의 국내수급상황 · 지역여건 · 특성 또는 도축 예상 마릿수 등을 고려하여 제한적으로 특정 장소를 지정하여 차량을 작업장으로 하는 도축업을 허가할 수 있다.

2) 도축업의 공통 시설기준 및 개별 시설기준을 원칙적으로 적용 하되, 허가관청은 다음과 같이 가) 및 나)에 관한 시설기준을 조정하거나 일부시설의 설치를 생략하게 할 수 있다. 다만, 작업장으로 하는 차량은 길이 7.3m, 폭 2.3m 이상, 높이는 도체를 매달 때 도체가 바닥에 닿지 아니할 정도이어야 하고, 가축 종류별로 말·당나귀·사슴은 10마리 이상, 양은 50마리 이상, 토끼는 100마리 이상, 닭·오리·칠면조·거위·메추리·꿩은 500마리 이상을 하루에 도축할 수 있는 정도의 시설기준을 갖추어야 한다.

가) 작업장의 구조·시설별 면적

나) 도축 관련 시설(계류장, 생체검사장, 소독준비실, 폐수처리시설, 폐기물처리시설, 탈의실·목욕실·휴게실 등 부대시설, 물뿌림시설, 작업실 안 시설별 구획, 출입문의 자동·반자동화, 자동 탕지기·탈모기, 외부 차단시설, 시설의 배치순서, 각 시설별 면적, 도축기계의 자동식 설치 등)

2. 집유업

(1) 집유장은 원유취급실 및 검사실 등으로 구획되어야 한다.

(2) 집유장의 주위환경은 매연·먼지 및 악취 등이 없어야 하며, 위생적으로 원유를 받거나 저장할 수 있도록 다른 목적의 시설과 격리되어야 한다.

(3) 주차장·차도 등은 먼지가 발생하지 아니하도록 포장하여야 하며, 배수시설이 설치되어 있어야 한다.

(4) 원유취급실에는 다음 설비를 하여야 한다.

1) 저유조 및 밀크펌프 등이 있어야 하고 유량기 및 냉각기는 필요에 따라 설치할 수 있으며, 원유와 직접 접촉되는 부분은 스테인리스철재 또는 부식되지 아니하는 재질로서 세척·분해·조립이 쉬운 것으로 설치하되 법 제5조에 따른 용기 등의 규격에 적합한 것이어야 한다. 다만, 저유조와 밀크펌프는 차량에 부착된 것을 이용할 수 있다.

2) 면적은 작업에 충분하도록 하여야 하며, 바닥·내벽·천정 및 출입문은 다음과 같은 구조로 설치하여야 한다.

가) 바닥은 타일·콘크리트·돌 등 내수성자재를 사용하고 청소 및 배수에 편리한 구조로 하여야 한다.

나) 내벽은 내수성자재를 사용하고 바닥에서 최소한 1.5m까지는 타일·콘크리트 또는 이와 유사한 자재로 사면을 축조하고 청소하기 쉽도록 하여야 한다.

다) 작업실의 창은 방충설비를 하고 배수구에는 쥐 등의 드나듦을 막을 수 있는 설비를 하여야 한다.

라) 천정은 내수성재료를 사용하여 이물이나 먼지 등이 붙지 아니하는 구조로 시공하여야 한다.

마) 출입구는 개폐식으로 하고 그 입구에는 소독조를 설치하여야 한다.

3) 채광·조명이 충분하여야 하고 환기시설이 되어 있어야 한다.

4) 사용이 편리한 위치에 위생적인 수세설비 및 급수시설을 갖추어야 한다.

5) 저유조는 뚜껑이 있어야 하고 8시간 이상 원유를 저장할 수 있도록 보랭 또는 냉각이 용이한 구조로 설치하여야 한다.

6) 계량기는 관계 법령의 규정에 적합한 것이어야 한다.

(5) 검사실

1) 검사실은 30m² 이상의 면적으로 하고 원유검사에 필요한 기구·기계 및 시약을 비치하여야 하며, 집유장의 소독 및 악취제거 등을 위한 기구·약품을 상비하여야 한다.

2) 원유검사에 필요한 기구 및 장비는 다음과 같고, 그 수량은 집유하는 농가의 수 및 검사량을 고려하여 필요한 만큼 갖추어야 한다. 다만, 축산물의 가공기준 및 성분규격에서 정하는 시험방법에 따른 검사기기 등으로 검사함에 따라 필요하지 아니한 기구 및 장비는 갖추지 아니할 수 있고, 이 경우에도 검사기기 등의 보정을 위하여 필요한 기구는 갖추어야 하며, 유성분검사기·세균수검사기 및 체세포수검사기는 필요에 따라 설치할 수 있다.

1. 우유비중계	13. 건열멸균기(드라이오븐)	25. 온도계	37. 시험관
2. 원통실린더	14. 고압멸균기	26. 냉장고	38. 평량병
3. 주정계	15. 원심분리기	27. 집락계산기	39. 시약병(대·중·소)
4. 진애검사기	16. 저울	28. 페트리디시	40. 스탠드
5. 산도측정장치	17. 교반기	29. 가스버너 또는 전기풍로	41. 클램프
6. 증류수 제조장치	18. 수소이온농도측정기	30. 비커(대·중·소)	42. 시험관꽂이
7. 겔베르 유지계	19. 부란기(인큐베이터)	31. 삼각플라스크 (대·중·소)	43. 진열장(시약보관용)
8. 유지방 원심분리기	20. 데시케이터	32. 메스플라스크 (대·중·소)	44. 현미경
9. 피펫 10mL(황산용)	21. 시험검사에 필요한 시약	33. 피펫(0.01~10mL 5종)	45. 유성분 검사기
10. 피펫 11mL(우유용)	22. 시험대(세척대를 포함한다)	34. 자불소독기	46. 세균수 검사기
11. 피펫 1mL(아밀알코올용)	23. 알코올램프	35. 뷰렛	47. 체세포수 검사기
12. 항온수조	24. 알코올시험판 또는 알코올시험관	36. 메스실린더	

3) 검사실 안은 검사가 용이하도록 자연채광 또는 인공조명장치를 하고 환기장치를 하여야 한다. 이 경우 밝기는 220럭스 이상(검사장소의 경우에는 540럭스 이상을 권장한다)이 되어야 한다.

4) 검사실은 실내온도가 일정하게 유지될 수 있도록 냉·온방설비를 하여야 한다.

5) 검사실 안의 온도계와 습도계는 알아보기 쉬운 곳에 부착하여야 한다.

(6) 위생·편의시설 : 종업원이 이용하기에 충분한 면적의 탈의실 및 휴게실이 있어야 하며 수세설비를 갖추어야 한다.

(7) 급수시설 : 급수시설은 수돗물이나 먹는물관리법에 따른 먹는물 수질검사기준에 적합한 지하수 등을 공급할 수 있는 시설을 갖추어야 한다.

(8) 하수구는 암거 또는 상부개폐식으로 하여야 한다.

(9) 화장실

1) 화장실은 작업에 영향을 주지 아니하는 곳에 위치하여야 하고 위생적인 수세설비를 하여야 한다.

2) 화장실의 바닥·벽 및 천정은 타일·콘크리트 등 내수성자재로 시설되어야 하고 방충·방서시설을 하여야 한다.

(10) 수질환경보전법에 적합한 폐수처리시설의 설치를 권장한다.

(11) 그 밖의 시설

1) 집유에 필요한 기계 및 도구 등을 보관하여야 하고 집유탱크 등을 세척·소독할 수 있는 시설·장비가 있어야 한다. 다만, 타인과 시설사용계약을 맺은 경우에는 동 시설·장비를 갖추지 아니하여도 된다.

2) 집유장의 주위는 외부에서 집유장의 내부가 보이지 아니하도록 담장 등으로 차단시설을 하여야 한다.

(12) 공동사용시설의 설치생략 등

1) 허가관청은 집유업의 영업자가 집유한 원유를 유가공업의 작업장에서 처리·가공하는 경우 제3호 축산물가공업의 시설기준 중 검사실(검사시험기구 및 장비를 포함한다)·창고·급수시설·화장실·위생편의시설 등 이미 설치되어 있는 시설과 공동으로 사용할 수 있는 시설은 그 전부 또는 일부의 설치를 생략하게 할 수 있다.

2) 허가관청은 집유업의 영업허가를 받은 자가 농가에서 집유한 원유를 집유장을 경유하지 아니하고 유가공업의 작업장 안에 있는 집유시설로 직송하는 경우 원유의 위생적인 처리에 지장이 없는 범위 안에서 일부시설의 설치를 생략하게 할 수 있다.

3. 축산물가공업

(1) 공통시설기준

  1) 축산물의 가공시설과 원료 및 제품의 보관시설 등이 설치된 건축물(이하 "건물"이라 한다)의 위치 등

    가) 건물의 위치는 축산폐수·화학물질 그 밖의 오염물질의 발생시설로부터 축산물에 나쁜 영향을 주지 아니할 정도의 거리를 두어야 한다.

    나) 건물의 구조는 가공하려는 축산물의 특성에 따라 적정한 온도가 유지될 수 있고 환기가 잘될 수 있어야 한다.

    다) 건물의 자재는 축산물에 나쁜 영향을 주지 아니하고 축산물을 오염시키지 아니하는 것이어야 한다.

    라) 축산물가공업 영업자가 자신이 생산하는 축산물의 원료 또는 자신이 생산한 축산물(냉장·냉동이 필요한 축산물에 한한다)을 스스로 운반하고자 할 경우에는 제6호(1)의 규정을 준용한다.

  2) 작업장

    가) 작업장(원료처리실·가공실·포장실, 그 밖에 축산물의 처리·가공에 필요한 작업실을 말한다)은 독립된 건물이거나 다른 용도로 사용되는 시설과 분리(별도의 방을 분리함에 있어 벽이나 층 등으로 구분하는 경우를 말한다. 이하 같다)되어야 한다.

    나) 작업장은 시설별로 분리 또는 구획(칸막이·커튼 등으로 구분하는 경우를 말한다. 이하 같다)되어야 한다. 다만, 가공공정의 자동화 또는 시설·제품의 특수성으로 인하여 분리 또는 구획할 필요가 없다고 인정되는 경우로서 각각의 시설이 서로 구분(선·줄 등으로 구분하는 경우를 말한다. 이하 같다)될 수 있는 경우에는 그러하지 아니하다.

    다) 작업장의 바닥·내벽 및 천정은 다음과 같은 구조로 설치하여야 한다.

      ㄱ. 바닥은 콘크리트 등으로 내수처리를 하여야 하며, 배수가 잘 되도록 하여야 한다.

      ㄴ. 내벽 및 천정은 이물이나 먼지 등이 쌓이지 아니하도록 표면이 미끄러워야 한다.

      ㄷ. 내벽은 바닥으로부터 1.5m까지 밝은 색의 내수성으로 설치하거나 세균방지용페인트를 칠하여야 한다.

    라) 작업장의 밝기는 220럭스 이상이어야 한다. 다만, 자동화시설의 설치 등으로 직접 원료나 축산물을 처리하지 아니하는 곳은 그러하지 아니하다.

    마) 작업장 안에서 발생하는 악취·유해가스·매연·증기 등을 환기시키기에 충분한 환기시설을 갖추어야 한다.

    바) 작업장에는 쥐 등의 드나듦을 막을 수 있는 설비를 하여야 한다.

  3) 축산물취급시설 등

    가) 축산물을 처리·가공하는 데 필요한 기계·기구류 등 축산물취급시설은 축산물의 특성에 따라 법 제5조제1항에 따른 용기등에 관한 규격 등에 적합한 것이어야 한다.

    나) 축산물취급시설 중 축산물과 직접 접촉하는 부분은 위생적인 내수성재질[스테인리스·알루미늄·에프알피(FRP)·테프론 등 물을 흡수하지 아니하는 것을 말한다. 이하 같다]로서 씻기 쉬우며, 열탕·증기·살균제 등으로 소독·살균이 가능한 것이어야 한다.

    다) 냉동·냉장시설 및 가열처리시설에는 온도계 또는 온도를 측정할 수 있는 기계를 설치하여야 하며, 적정온도가 유지되도록 관리하여야 한다.

  4) 급수시설

    가) 수돗물이나 먹는물관리법에 따른 먹는물 수질검사기준에 적합한 지하수 등을 공급할 수 있는 시설을 갖추어야 한다.

    나) 지하수 등을 사용하는 경우 취수원은 화장실·폐기물처리시설·동물사육장 그 밖에 지하수가 오염될 우려가 있는 장소로부터 20m 이상 떨어진 곳에 위치하여야 한다.

5) 화장실

　가) 작업장에 영향을 미치지 아니하는 곳에 정화조를 갖춘 수세식 화장실을 설치하여야 한다.

　나) 화장실은 콘크리트 등으로 내수처리를 하여야 하고, 바닥 및 바닥으로부터 1.5m까지의 내벽에는 타일을 붙이거나 방수페인트를 칠하여야 한다.

　다) 가) 및 나)의 조건을 충족하는 공동화장실이 설치된 건물 안에 있는 업소 또는 인근에 사용하기 편리한 화장실이 있는 경우에는 따로 화장실을 설치하지 아니할 수 있다.

6) 창고 등의 시설 : 원료와 제품을 위생적으로 보관·관리할 수 있는 창고를 갖추어야 하고, 그 바닥에는 양탄자를 설치하여서는 아니 된다. 다만, 창고에 갈음할 수 있는 냉동·냉장시설을 따로 갖춘 업소에서는 창고를 설치하지 아니할 수 있다.

7) 검사실

　가) 축산물의 가공기준 및 성분규격의 적합여부를 검사할 수 있는 검사실을 갖추어야 한다. 다만, 다음 각 호의 어느 하나에 해당하는 경우에는 이를 갖추지 아니할 수 있다.

　　ㄱ. 법 제12조제5항에 따라 식품·의약품분야 시험·검사 등에 관한 법률 제6조에 따라 식품의약품안전처장이 지정한 축산물 시험·검사기관과 위탁계약을 맺은 경우

　　ㄴ. 같은 법인·영업자가 다음의 어느 하나에 해당하여 자사의 기존 검사실을 이용하려는 경우
　　　• 2개소 이상의 축산물 가공업의 영업을 하는 경우
　　　• 식품위생법 시행령 제21조제1호에 따른 식품제조·가공업의 영업을 하면서 축산물가공업의 영업을 추가로 하려는 경우

　　ㄷ. 같은 영업자가 설립한 축산물 관련 연구·검사기관에서 자사 제품에 대한 검사를 하는 경우

　　ㄹ. 독점규제 및 공정거래에 관한 법률 제2조제2호에 따른 기업집단에 속하는 식품·축산물 관련 연구·검사기관의 검사실에서 검사를 하려는 경우 또는 같은 조 제3호에 따른 계열회사의 축산물가공업 검사실에서 검사를 하려는 경우

　나) 검사실을 갖추어야 하는 경우에는 자가검사에 필요한 기계·기구 및 시약류를 갖추어야 한다.

(2) 개별시설기준

1) 식육가공업

　가) 식육가공품은 가공과정을 자동화시설로 설치하여야 하며(원료의 배합과정에서 제품의 포장과정까지 필요한 시설에 한하며, 베이컨·건조저장육 등 제품의 특성상 자동화시설을 설치하기 어려운 경우를 제외한다), 그 밖의 시설기준은 (1)에 따른 공통시설기준에 따른다.

　나) 식육가공품의 가공실은 그 실내온도가 15℃ 이내로 유지될 수 있는 온도조절시설을 설치하여야 한다. 다만, 가열처리를 실시하는 장소는 그러하지 아니하다.

2) 유가공업

　가) 유가공품은 가공과정을 자동화시설로 설치하여야 한다(원료의 배합 과정에서 제품의 포장과정까지 필요한 시설에 한하며, 버터·치즈 등 제품의 특성상 자동화시설을 설치하기 어려운 경우를 제외한다)

　나) 자신이 직접 생산한 원유로 하여 가공하는 경우로서 법 제22조에 따른 집유업의 허가를 받지 아니하는 경우에는 제2호의 집유업 시설기준에 따른 시설을 함께 설치하여야한다. 다만, 허가관청은 원유의 수집행위가 이루어지지 않는 점 등을 고려하여 원유의 위생적인 처리에 지장이 없는 범위 내에서 일부 시설의 설치를 생략하게 할 수 있다.

3) 알가공업

　가) 제조가공실에는 검란기·세란기·파란장치(식용란을 깨는 과정이 있는 경우만 해당한다)·액란 열처리시설(열처리의 과정이 있는 경우만 해당한다) 등 알의 처리·가공에 필요한 장비나 시설을 갖추어야 한다.

나) 알가공품의 가공과정을 자동화시설로 설치하는 것을 권장한다.

다) 제조가공실은 그 실내온도가 15℃ 이내로 유지될 수 있도록 온도조절시설을 설치하여야 한다. 다만, 열처리를 실시하는 장소는 그러하지 아니하다.

(3) 공동사용시설의 설치생략

1) 허가관청은 동일한 영업자가 2 이상의 업종의 영업을 할 경우 또는 2 이상의 가공품을 처리·가공하고 자 하는 경우, 각각의 제품의 전부 또는 일부가 다른 제품과 동일한 공정을 거쳐 생산되는 경우에는 그 공정에 사용되는 시설 및 작업장의 설치를 생략하게 할 수 있다.

2) 허가관청은 식품위생법 제37조에 따라 식품제조·가공업의 신고를 한 영업자 또는 건강기능식품에 관한 법률 제5조제1항에 따라 건강기능식품제조업의 허가를 받은 영업자가 축산물가공업을 함께 영위 하려는 경우 각각의 제품의 전부 또는 일부가 다른 제품과 동일한 공정을 거쳐 생산되는 경우에는 그 공정에 사용되는 시설 및 작업장의 설치를 생략하게 할 수 있다.

4. 식용란선별포장업

(1) 식용란 선별·세척·포장·보관시설 등이 설비된 건축물(이하 이 목에서 "건물"이라 한다)의 위치 등

1) 건물의 위치는 축산폐수·화학물질 그 밖의 오염물질의 발생시설로부터 식용란의 선별포장에 나쁜 영향을 주지 않을 정도의 거리를 두어야 한다.

2) 건물의 구조는 적정한 온도가 유지될 수 있고 환기가 잘 될 수 있어야 한다.

3) 건물의 자재는 축산물에 나쁜 영향을 주지 않고 축산물을 오염시키지 않는 것이어야 한다.

4) 건물의 출입구는 식용란을 생산하는 가축사육시설의 출입구와 서로 분리되거나, 교차 오염 등 위생상 위해 발생의 우려가 없도록 관리가 가능한 구조이어야 한다.

5) 축산법 제22조에 따라 종계업 또는 닭 사육업의 허가를 받거나 등록을 한 자가 그 종계업 또는 닭 사육업의 시설 중 종란이나 달걀을 집란하거나 보관하는 시설의 일부를 이용하여 식용란선별포장업을 하려는 경우에는 그 영업장을 갖춘 것으로 본다. 이 경우 식용란선별포장업 영업장과 종계 또는 닭을 실제 사육하는 시설이 분리 또는 구획되어 있고, 교차(交叉) 오염 등 축산물 위생상 위해의 발생 가능성이 없어야 한다.

(2) 작업장

1) 작업장(원료란보관실·식용란보관실·검란실·선별실·세척실·건조실·포장실, 그 밖에 식용란의 선별·포장에 필요한 작업실을 말한다)은 독립된 건물이거나 다른 용도로 사용되는 시설과 분리 또는 구획되어야 한다.

2) 작업장은 시설별로 분리 또는 구획되어야 한다. 다만, 작업공정의 자동화 또는 시설·제품의 특수성으로 인하여 분리 또는 구획할 필요가 없다고 인정되는 경우로서 각각의 시설이 서로 구분될 수 있는 경우에는 제외한다.

3) 작업장에는 다음의 설비를 갖추어야 한다.

가) 검란기(부패된 알, 혈액이 함유된 알, 난황이 파괴된 알 등 식용에 부적합 알을 검출하는 기기를 말한다)·파각검출기·중량선별기·세척기·건조기·살균기 등 식용란의 선별 및 포장에 필요한 장비나 시설을 갖추어야 한다.

나) 식용란을 운반하기 위한 지게차·컨베이어시스템 등의 장비를 갖추어야 한다.

다) 식용란의 껍데기 표면과 포장에 인쇄할 수 있는 장비를 갖추어야 한다.

4) 작업장의 면적은 작업에 충분하도록 확보하여야 하며, 바닥·내벽 및 천정은 다음의 요건을 갖추어 설치하여야 한다.

가) 바닥은 콘크리트 등으로 내수처리를 하여야 하며, 배수가 잘 되도록 하여야 한다.

나) 내벽 및 천정은 이물이나 먼지 등이 쌓이지 않도록 표면이 미끄러워야 한다.

다) 내벽은 바닥으로부터 1.5m까지 밝은 색의 내수성으로 설치하거나 세균방지용 페인트를 칠하여야

한다.

    라) 작업장의 내부 구조물, 벽, 바닥, 천장, 출입문, 창문 등은 내구성, 내부식성 등을 갖추어야 하고 세척·소독이 용이하여야 한다.

  5) 작업장의 내부는 축산물의 가공기준 및 성분규격에서 정한 적합한 온도(냉장된 식용란을 처리하는 작업실의 경우에는 15℃를 말한다) 이내로 유지할 수 있는 냉방시설을 설치하여야 한다.

  6) 작업장의 밝기는 220럭스 이상이어야 한다. 다만, 자동화시설의 설치 등으로 직접 식용란을 처리하지 않아도 되는 경우는 제외한다.

  7) 작업장 안에서 발생하는 악취·유해가스·매연·증기 등을 배출시키기 위한 환기시설을 갖추어야 한다.

  8) 작업장은 외부의 오염물질이나 해충, 설치류, 빗물 등의 유입을 차단할 수 있는 구조이어야 한다.

  9) 작업장은 일괄작업이 가능하도록 자동화시설로 설치하되, 그 자동화시설은 시간당 20,000개 이상의 식용란을 처리할 수 있는 시설을 권장한다.

  10) 작업장의 면적은 자동화 시설 및 작업자의 작업 공간 등을 고려하여 충분하게 확보하여야 한다.

  11) 작업장에는 축산물의 가공기준 및 성분규격에 부적합하여 식용으로 사용할 수 없는 식용란을 폐기하기 위하여 전용 폐기용기를 설치하여야 한다.

(3) 식용란취급시설 등

  1) 식용란을 선별·포장하는데 필요한 기계·기구류 등 취급시설은 식품위생법 제7조에 따라 식품의약품안전처장이 정하여 고시한 기준 및 규격의 제조·가공기준에 적합하여야 한다.

  2) 식용란과 직접 접촉하는 시설은 위생적인 내수성 재질[스테인리스·알루미늄·에프알피(FRP)·테프론 등 물을 흡수하지 않는 것을 말한다]로서 씻기 쉬우며, 열탕·증기·살균제 등으로 소독·살균이 가능하여야 한다.

  3) 냉장시설에는 온도계 등 온도를 측정할 수 있는 계기를 설치하여야 하며, 축산물의 가공기준 및 성분규격에서 정한 적정온도가 유지되도록 관리하여야 한다.

(4) 급수시설

  1) 수돗물이나 먹는물 수질기준 및 검사 등에 관한 규칙 제2조 및 제4조에 따른 먹는물의 수질검사기준에 적합한 지하수 등을 공급할 수 있는 시설을 갖추어야 한다.

  2) 지하수 등을 사용하는 경우 취수원은 화장실·폐기물처리시설·동물사육장, 그 밖에 지하수가 오염될 우려가 있는 장소로부터 영향을 받지 않는 곳에 위치하여야 한다.

  3) 먹기에 적합하지 않은 용수와 교차 또는 합류되지 않아야 한다.

(5) 화장실

  1) 작업장에 영향을 미치지 않는 장소에 정화조를 갖춘 수세식 화장실을 설치하여야 한다. 다만, 동일 건물 내에 사용가능한 화장실이 있는 경우에는 화장실을 따로 설치하지 않을 수 있다.

  2) 화장실은 콘크리트 등으로 내수처리를 하여야 하고, 바닥 및 바닥으로부터 1.5m까지의 내벽에는 타일을 붙이거나 방수페인트를 칠하여야 한다.

(6) 창고 등의 시설

  1) 식용란을 위생적으로 보관·관리할 수 있는 창고를 갖추어야 한다. 이 경우 창고에는 축산물의 가공기준 및 성분규격에서 정한 적합한 온도를 유지할 수 있는 냉방시설이 설치되어야 한다.

  2) 창고의 바닥에는 양탄자를 설치해서는 안 된다.

(7) 운반시설

  1) 선별·포장이 완료된 식용란 제품을 직접 운반하는 경우에는 축산물의 가공기준 및 성분규격에서 정한 적합한 온도를 유지할 수 있는 운반차량(자동차관리법에 따라 등록된 차량을 말한다) 또는 선박법에 따라 등록된 선박을 갖추어야 한다.

2) 냉장시설로 된 적재고의 내부는 축산물의 가공기준 및 성분규격에서 정한 적합한 온도를 유지하여야 하며, 적재고의 외부에는 문을 열지 않고도 내부의 온도를 알 수 있도록 온도계를 설치하여야 한다.

(8) 공동사용시설의 설치 생략 : 허가관청은 식용란선별포장업의 영업자가 식용란수집판매업 또는 알가공업을 함께 하면서 공통으로 요구되는 시설을 함께 사용하는 경우 교차 오염 등 위생상 우려가 없다고 인정하는 때에는 그 시설의 전부 또는 일부의 설치를 생략하게 할 수 있다.

5. 축산물보관업

(1) 작업장은 독립된 건물이거나 다른 용도로 사용되는 시설과 구분[밀봉 포장된 축산물과 밀봉 포장된 식품(식품위생법에 따른 식품을 말한다)을 같은 작업장에 보관하는 경우만 해당한다]되거나 분리되어야 한다. 다만, 수입식품안전관리 특별법 제15조에 따라 등록한 수입식품 등 보관업의 시설과 함께 사용하는 경우에는 그러하지 아니하다.

(2) 작업장에는 상하차대・냉동예비실・냉동실 및 냉장실이 있어야 하며, 각각의 시설은 분리 또는 구획되어야 한다. 다만, 냉동을 하지 아니할 경우에는 냉동예비실과 냉동실을 두지 아니할 수 있다.

(3) 작업장의 바닥은 콘크리트 등으로 내수처리를 하여야 하며, 물이 고이거나 습기가 차지 아니하도록 하여야 한다.

(4) 냉동예비실・냉동실 및 냉장실은 온도조절이 가능하도록 시공하되, 문을 열지 아니하고도 온도를 알아볼 수 있는 온도계를 외부에 설치하여야 한다.

(5) 작업장의 조명시설(자동화시설의 설치 등으로 영업자나 종업원이 직접 축산물을 이동하거나 보관할 필요가 없는 경우는 제외한다)은 75럭스 이상이어야 하고, 작업장 안에서 발생하는 악취・유해가스・매연・증기 등을 배출시키기 위한 환기시설을 갖추어야 한다.

(6) 작업장에는 쥐 등의 드나듦을 막을 수 있는 방서・방충시설을 하여야 한다.

(7) 상호 오염원이 될 수 있는 축산물을 보관하는 경우에는 서로 분리하여 구별할 수 있도록 하여야 한다.

(8) 작업장 안에서 사용하는 기구 및 용기・포장 중 축산물에 직접 접촉하는 부분은 위생적인 내수성재질로서 씻기 쉬우며, 살균・소독이 가능한 것이어야 한다.

(9) 수돗물이나 먹는물관리법에 따른 먹는물 수질검사기준에 적합한 지하수 등을 공급할 수 있는 시설을 갖추어야 한다. 다만, 수돗물이나 지하수 등을 축산물이 직접 닿지 않는 시설의 청소에 사용하는 경우에는 해당 시설을 갖추지 않을 수 있다.

(10) 다음의 기준에 적합한 화장실을 설치하여야 한다.
  1) 화장실은 작업장에 영향을 미치지 아니하는 곳에 설치하여야 한다.
  2) 정화조를 갖춘 수세식 화장실을 설치하여야 한다. 다만, 상・하수도가 설치되지 아니한 지역에서는 수세식이 아닌 화장실을 설치할 수 있다.
  3) 2) 단서에 따라 수세식이 아닌 화장실을 설치하는 경우에는 변기의 뚜껑과 환기시설을 갖추어야 한다.
  4) 공동화장실이 설치된 건물 안에 있는 업소 또는 작업장 인근에 사용이 편리한 화장실이 있는 경우에는 따로 화장실을 설치하지 아니할 수 있다.

6. 식육포장처리업

(1) 건물의 위치 등
  1) 건물의 위치는 축산폐수・화학물질, 그 밖의 오염물질의 발생시설로부터 식육포장처리에 나쁜 영향을 주지 아니할 정도의 거리를 두어야 한다.
  2) 건물의 구조는 적정한 온도가 유지되고 환기가 잘될 수 있어야 한다.
  3) 건물의 자재는 축산물에 나쁜 영향을 주지 아니하고 축산물을 오염시키지 아니하는 것이어야 한다.

(2) 작업장(원료보관실・식육처리실・포장실 그 밖에 식육처리・포장에 필요한 작업실을 말한다)은 독립된 건물이거나 다른 용도로 사용되는 시설과 분리 또는 구획되어야 한다.

(3) 작업장의 바닥・내벽 및 천정은 다음과 같은 구조로 설치하여야 한다.

1) 바닥은 콘크리트 등으로 내수처리를 하여야 하며, 배수가 잘되도록 하여야 한다.

2) 내벽 및 천정은 이물이나 먼지 등이 쌓이지 아니하도록 표면이 미끄러워야 한다.

3) 내벽은 바닥으로부터 1.5m까지 밝은 색의 내수성으로 설치하거나 세균방지용페인트를 칠하여야 한다.

(4) 작업장의 밝기는 220럭스 이상이어야 한다. 다만, 원료나 식육포장처리를 하지 아니하는 곳은 그러하지 아니하다.

(5) 작업장 안에서 발생하는 악취 등을 환기시킬 수 있는 시설을 갖추어야 한다.

(6) 작업장에는 쥐 등의 드나듦을 막을 수 있는 설비를 하여야 한다.

(7) 작업장의 실내온도가 15℃ 이내로 유지될 수 있도록 온도조절시설을 설치하여야 한다.

(8) 식육과 직접 접촉하는 시설은 위생적인 내수성 재질로서 씻기 쉬우며, 열탕·증기·살균제 등으로 소독·살균이 가능한 것이어야 한다.

(9) 냉동·냉장시설에는 온도계 또는 온도를 측정할 수 있는 계기를 설치하여야 하며, 적정온도가 유지되도록 관리하여야 한다.

(10) 수돗물이나 먹는물 수질기준 및 검사 등에 관한 규칙 제2조 및 제4조에 따른 먹는물의 수질검사기준에 적합한 지하수 등을 공급할 수 있는 시설을 갖추어야 한다.

(11) 다음의 기준에 적합한 화장실을 설치하여야 한다.

1) 작업실에 영향을 미치지 아니하는 곳에 설치하여야 한다.

2) 정화조를 갖춘 수세식으로 설치하여야 한다.

3) 공동화장실이 설치된 건물 안에 있는 업소 또는 작업장 인근에 사용이 편리한 화장실이 있는 경우에는 따로 화장실을 설치하지 아니할 수 있다.

(12) 원료와 포장육을 위생적으로 보관·관리할 수 있는 창고를 갖추어야 하고, 그 바닥에는 양탄자를 설치하여서는 아니 된다. 다만, 창고에 갈음할 수 있는 냉동·냉장시설을 따로 갖춘 업소에서는 창고를 설치하지 아니할 수 있다.

(13) 식육포장처리업 영업자가 자신이 생산하는 포장육의 원료 또는 자신이 생산한 포장육을 스스로 운반하고자 할 경우에는 제6호 (1)의 규정을 준용한다.

(14) 공동사용시설의 설치 생략 : 허가관청은 식육포장처리업의 영업자가 축산물가공업, 식육판매업 또는 식육즉석판매가공업을 함께 영위하면서 시설을 공동으로 사용하는 경우에는 그 시설의 전부 또는 일부의 설치를 생략하게 할 수 있다.

7. 축산물운반업

(1) 운반시설

1) 냉동 또는 냉장시설을 갖춘 적재고가 설치된 운반차량(자동차관리법에 따라 등록된 차량을 말한다) 또는 선박이 있어야 한다.

2) 냉동 또는 냉장시설로 된 적재고의 내부는 축산물의 가공기준 및 성분규격 중 축산물의 보존 및 유통기준에 적합한 온도를 유지하여야 하며, 문을 열지 아니하고도 내부의 온도를 알 수 있도록 외부에 온도계를 설치하여야 한다.

3) 적재고는 혈액·오수 등이 누출되지 아니하고 냄새를 방지할 수 있는 구조이어야 한다.

4) 지육을 운반하는 냉장차량의 경우 지육이 차량 적재고 바닥에 직접 닿지 아니하도록 매달 수 있는 설비를 하여야 한다. 다만, 지육을 포장하거나 위생용기에 넣은 상태로 운반하는 경우에는 그러하지 아니하다.

(2) 세차시설

1) 세차장은 수질환경보전법에 적합한 시설로 설치하여야 한다. 다만, 전용세차장을 설치할 수 없을 경우에는 동일 영업자가 공동으로 세차장을 설치하거나 타인의 세차장을 사용계약에 따라 사용할

수 있다.

　　2) 1)에 따른 세차장은 영업신고를 한 소재지와 다른 곳에 설치하거나 임차하여 사용할 수 있다.

　(3) 차 고

　　1) 축산물운반용 차량을 주차시킬 수 있는 전용차고를 두어야 한다. 다만, 전용차고를 설치할 수 없을 경우에는 타인의 차고를 사용계약에 따라 사용할 수 있다.

　　2) 1)에 따른 차고는 영업신고를 한 소재지와 다른 곳에 설치하거나 임차하여 사용할 수 있다.

　(4) 영업장 : 영업활동을 위한 영업소를 두어야 한다. 다만, 영업활동에 지장이 없는 경우에는 다른 영업소를 함께 사용할 수 있고, 화물자동차 운수사업법 시행령 제3조제2호에 따른 개별화물자동차운송사업자가 축산물운반업을 하는 경우에는 영업자의 거주지를 영업소로 할 수 있다.

8. 축산물판매업

　(1) 공통시설기준

　　1) 영업장(축산물유통전문판매업은 제외한다)

　　　가) 건물은 독립된 건물이거나 다른 용도로 사용되는 시설과 분리 또는 구획되어야 한다. 다만, 다음 각 호의 어느 하나에 해당하는 경우에는 그러하지 아니하다.

　　　　ㄱ. 식품위생법 시행령 제21조제8호나목의 일반음식점영업을 하는 자가 그 영업을 하는 장소에서 식육판매업을 하려는 경우

　　　　ㄴ. 식품을 전문적으로 취급하는 일정 장소(백화점·마트 등의 건물 내부에 위치한 식품매장 등으로 한정한다)에서 식육판매업을 하려는 경우로서 축산물 위생상 위해발생의 우려가 없다고 인정되는 경우

　　　나) 식육판매업의 작업실에 관하여는 제3호가목(2)를 준용한다. 다만, 포장육·수입육을 가공(절단·분쇄·포장을 말한다)없이 전문적으로 다른 업소 등에 그대로 판매하는 경우로서 소비자에게 직접 진열하여 판매하지 아니하는 경우에는 작업실을 갖추지 아니할 수 있다.

　　　다) 축산법 제22조에 따라 종계업 또는 닭 사육업의 허가를 받거나 등록을 한 자가 그 종계업 또는 닭 사육업의 시설 중 종란이나 계란을 집란하거나 보관하는 시설의 일부를 이용하여 식용란수집판매업을 하려는 경우에는 영업장을 갖춘 것으로 본다. 이 경우 식용란수집판매업 영업장과 종계 또는 닭을 실제 사육하는 시설이 서로 분리 또는 구획되어 있고, 교차오염 등 축산물 위생상 위해 발생의 가능성이 없어야 한다.

　　2) 급수시설(우유류판매업·축산물유통전문판매업·식용란수집판매업 등 물을 사용하지 아니하는 영업장을 제외한다)은 수돗물이나 먹는물관리법에 따른 먹는물 수질검사기준에 적합한 지하수 등을 공급할 수 있는 시설을 갖추어야 한다.

　　3) 화장실을 설치하여야 하며, 이 경우 제4호가목을 준용한다. 다만, 식육판매업(식육을 절단·분쇄 등 가공하여 판매하는 경우만 해당한다) 또는 식육부산물전문판매업의 경우에는 제5호가목을 준용한다.

　　4) 공통시설기준의 적용특례 : 지방자치단체 또는 식품의약품안전처장이 인정하는 생산자단체가 국내산 축산물의 판매촉진을 위한 홍보를 하거나 소비자에게 직거래를 통한 가격안정을 위하여 14일 이내의 기간 내에 특정장소에서 축산물의 판매행위를 하려는 경우에는 공통시설기준에 불구하고 시·도지사가 시설기준을 따로 정할 수 있다.

　(2) 개별시설기준

　　1) 식육판매업

　　　가) 영업장의 면적은 $26.4m^2$ 이상을 권장한다.

　　　나) 영업장에는 전기냉동시설·전기냉장시설·진열상자 및 저울을 설치하여야 한다. 다만, 다음 각 호의 경우에는 그러하지 아니하다.

ㄱ. 포장육·수입육을 가공(이 목에서는 절단·분쇄·포장을 말한다)없이 전문적으로 다른 업소 등에 그대로 판매하는 경우 진열상자 및 저울을 설치하지 아니할 수 있다. 이 경우 축산물보관 업 영업장의 전기냉동시설·전기냉장시설을 임차하여 사용할 수 있다.

ㄴ. 식육을 식품접객업 또는 집단급식소 등과 같은 최종소비가 이루어지는 업소에 전문적으로 납품만 하는 경우로서 직접 진열·판매하지 아니하는 때에는 진열상자를 설치하지 아니할 수 있다.

ㄷ. 전자상거래 등에서의 소비자 보호에 관한 법률 제12조에 따라 통신판매업 신고를 하고 식육 또는 포장육을 판매하는 경우로서 판매하려는 식육 또는 포장육을 가공한 식육포장처리업 영업자의 영업장에서 구매자에게 직접 배송하는 형태의 영업을 하는 경우에는 전기냉동시설, 전기냉장시설, 진열상자 및 저울을 설치하지 아니할 수 있다.

ㄹ. 사물인터넷 자동판매기만을 이용하여 밀봉한 포장육을 판매하는 경우에는 전기냉동시설, 전기냉장시설, 진열상자 및 저울을 설치하지 아니할 수 있다.

다) 전기냉동시설·전기냉장시설 및 진열상자는 축산물의 가공기준 및 성분규격 중 축산물의 보존 및 유통기준에 적합한 온도로 유지될 수 있는 것이어야 하고, 그 내부의 온도를 알 수 있는 온도계 를 비치 또는 설치하여야 한다.

라) 식육을 자기업소에서 판매하기 위하여 스스로 운반하고자 할 경우에는 제6호(1)의 규정을 준용한 다.

마) 사물인터넷 자동판매기에는 축산물의 가공기준 및 성분규격 중 축산물의 보존 및 유통기준에 적합한 온도로 유지될 수 있는 냉동 또는 냉장시설과 외부에는 그 내부의 온도를 알 수 있도록 온도계 등 온도장치를 갖추어야 하며, 제품의 정보를 알아보기 쉽도록 유통기한, 중량 등을 외부에 표시하여야 한다.

바) 시설기준의 적용특례 : 시·도지사가 인정하는 식육판매업의 동업자조합, 농업협동조합법에 따 른 농업협동조합중앙회 및 조합 또는 민법 제32조에 따라 농림축산식품부장관의 허가를 받아 설립된 축산 관련 사단법인이 식육판매업의 영업장을 두고 식육판매업을 하는 경우에는 다음의 식육판매시설을 갖춘 차량을 이용하여 시·도지사가 필요하다고 인정하는 장소에서만 식육을 판매할 수 있다. 이 경우 시·도지사는 식육의 위생 및 유통질서 등을 고려하여 이동판매 장소별로 판매기간을 제한할 수 있다.

ㄱ. 판매차량은 냉동 또는 냉장시설을 갖춘 적재고가 있는 것이어야 한다.

ㄴ. 판매차량에는 칼·도마 등을 세척·소독할 수 있는 물탱크, 진열상자, 판매대 및 저울을 설치하여야 한다.

ㄷ. 진열상자는 식육을 10℃ 이하로 냉각하여 보존할 수 있는 것이어야 하며, 그 내부에는 온도계 를 비치하여야 한다.

ㄹ. 판매차량의 세차 및 차고에 대해서는 제6호(2) 및 (3)의 규정을 준용한다.

ㅁ. 판매차량의 외부에는 식육판매업의 영업소 명칭을 알아보기 쉽도록 표시하여야 한다.

사) 공동사용시설의 설치 생략 : 신고관청은 식육판매업의 영업자가 식육가공업 또는 식육포장처리업 을 함께 영위하면서 시설을 공동으로 사용하는 경우에는 그 시설의 전부 또는 일부의 설치를 생략하게 할 수 있다.

2) 식육부산물전문판매업

가) 세척시설·보관시설·진열상자 및 저울을 설치하여야 한다.

나) 세척시설은 부식성이 없고 내수성 재질이어야 한다.

다) 보관시설은 10℃ 이하의 전기냉장 또는 영하 18℃ 이하의 전기냉동이 가능하여야 하고, 내부에는 온도계를 비치하여야 한다.

라) 진열상자는 식육부산물을 종류별로 진열하도록 되어 있어야 한다.

마) 진열상자는 내부에 온도계를 비치하고 축산물의 가공기준 및 성분규격 중 축산물의 보존 및 유통 기준에 적합한 온도로 유지되어야 하며, 진열한 식육부산물을 소비자가 보기 쉽도록 하여야 한다.

바) 식육부산물을 채취·수집·운반하는 기구는 내수성 재질로 된 것이어야 한다.

3) 우유류판매업

가) 판매장에는 우유류를 10℃ 이하로 냉각하여 보존할 수 있는 우유류 전용의 전기냉장시설을 갖추어 야 하고 그 내부에는 온도계를 비치하여야 한다.

나) 소비자에게 배달판매를 하고자 하는 경우에는 위생적인 운반용기가 있어야 한다.

4) 축산물유통전문판매업

가) 영업활동을 위한 독립된 영업소가 있어야 한다. 다만, 영업활동에 지장이 없는 경우에는 다른 영업소를 함께 사용할 수 있다.

나) 축산물을 위생적으로 보관할 수 있는 창고를 갖추어야 한다. 이 경우 보관창고는 영업신고를 한 영업소의 소재지와 다른 곳에 설치하거나 임차하여 사용할 수 있다.

다) 나)에 따른 창고를 전용으로 갖출 수 없거나 전용 창고만으로는 그 용량이 부족할 경우에는 다음 중 어느 하나에 해당하는 창고를 구분하여 사용할 수 있다.

　　ㄱ. 축산물유통전문판매업을 하려는 자가 축산물가공업 또는 식육포장처리업 영업자인 경우 그 축산물가공업 또는 식육포장처리업에 사용되는 보관창고의 일부 구역

　　ㄴ. 축산물유통전문판매업을 하려는 자가 축산물의 가공 또는 포장처리를 의뢰하려는 영업자의 축산물가공업 또는 식육포장처리업에 사용되는 보관창고의 일부 구역(사용계약을 체결한 경우만 해당한다)

라) 상시 운영하는 반품·교환품의 보관시설을 두어야 한다.

5) 식용란수집판매업

가) 영업장에는 식용란을 검란·선별(검란·선별이 된 계란을 판매하는 경우는 제외한다), 포장·운 반하기 위한 장비 및 식용란의 표면과 포장에 날짜를 인쇄할 수 있는 장비(인쇄작업을 하는 경우만 해당한다)를 갖추어야 한다.

나) 영업장에는 직사광선이 차단되어야 하며, 방서·방충시설과 환기시설을 갖추어야 한다.

다) 영업장의 내부는 축산물의 가공기준 및 성분규격 중 식용란의 보존 및 유통기준에 적합한 온도 이내로 유지할 수 있는 냉방시설을 설치하여야 하며, 특히 냉장된 식용란을 처리하는 작업실인 경우에는 실내온도를 15℃ 이내로 유지할 수 있어야 한다. 다만, 전자상거래 등에서의 소비자 보호에 관한 법률 제12조에 따라 통신판매업 신고를 하고 식용란을 판매하는 경우로서 판매하려는 식용란을 수집·처리한 식용란수집판매업 영업자의 영업장에서 구매자에게 직접 배송하는 형태 의 영업을 하는 경우 냉방시설을 설치하지 아니할 수 있다.

라) 식용란을 구입하거나 운송하기 위해 직접 운반하는 경우 운반차량을 갖추어야 한다. 운반차량은 직사광선을 차단할 수 있는 시설을 갖추어야 하며, 냉장된 식용란을 운반하는 차량의 경우에는 축산물의 가공기준 및 성분규격 중 식용란의 보존 및 유통기준에 적합한 온도를 유지할 수 있는 냉장시설을 갖춘 적재고가 설치된 것이어야 한다.

마) 제7조의11 및 별표 2의3에 따라 포장 및 표시된 식용란은 영업장이 아닌 별도의 보관창고를 이용하 여 보관할 수 있다. 이 경우 별도의 보관창고는 축산물의 가공기준 및 성분규격 중 식용란의 보존 및 유통기준에 적합한 온도를 유지할 수 있는 냉방시설이 설치된 곳이어야 한다.

바) 영업장에는 식용란의 성분규격의 적합여부를 검사할 수 있는 검사실을 설치하여야 한다. 이 경우 검사실은 제3호의(1)7)의 기준에 적합하여야 한다.

사) 공동사용시설의 설치 생략 : 신고관청은 식용란수집판매업의 영업자가 알가공업 또는 식용란선별

포장업을 함께 영위하면서 시설을 공동으로 사용하는 경우에는 그 시설의 전부 또는 일부의 설치를 생략하게 할 수 있다.

9. 식육즉석판매가공업

(1) 영업장

1) 영업장은 독립된 건물이거나 다른 용도로 사용되는 시설과 분리 또는 구획되어야 한다. 다만, 다음의 어느 하나에 해당하는 경우에는 그러하지 아니하다.

　가) 식품위생법 시행령 제21조제8호나목의 일반음식점영업을 하는 자가 식육즉석판매가공업을 하려는 경우

　나) 식품을 전문적으로 취급하는 일정 장소(백화점·마트 등의 건물 내부에 위치한 식품매장 등으로 한정한다)에서 식육즉석판매가공업을 하려는 경우로서 축산물 위생상 위해발생의 우려가 없다고 인정되는 경우

2) 영업장 건물의 위치·구조 및 자재

　가) 건물의 위치는 축산폐수·화학물질 그 밖의 오염물질의 발생시설로부터 축산물에 나쁜 영향을 주지 아니할 정도의 거리를 두어야 한다.

　나) 건물의 구조는 가공하려는 식육가공품의 특성에 따라 적정한 온도가 유지될 수 있고 환기가 잘될 수 있어야 한다.

　다) 건물의 자재는 축산물에 나쁜 영향을 주지 아니하고 축산물을 오염시키지 않는 것이어야 한다.

3) 영업장의 면적은 $26.4m^2$ 이상이어야 한다. 다만, 다음의 어느 하나에 해당하는 경우에는 그러하지 아니하다.

　가) 식육가공품 중 양념육류나 분쇄가공육제품만을 만들어 판매하는 경우

　나) 식육가공품을 직접 만들지 아니하고, 기성 식육가공품을 소분·분할하여 판매하는 영업만 하는 경우

(2) 식육 및 식육가공품을 처리·가공할 수 있는 기계·기구류 등이 설치된 작업장(양념육류 및 분쇄가공육제품만을 만들어 판매하는 경우에는 작업장을 따로 두지 아니할 수 있다)을 두어야 하며, 작업장의 시설 등에 관하여는 제3호(1)2)를 준용한다. 다만, 제3호(1)2)가)에 따라 작업장을 다른 용도로 사용되는 시설과 분리하는 경우에는 벽이나 층 대신 칸막이나 커튼을 이용하여 별도의 공간으로 분리할 수 있다.

(3) 식육 및 식육가공품을 처리·가공하는 데 필요한 기계·기구류 등은 다음의 기준을 충족하여야 한다.

1) 처리·가공하는 식육 및 식육가공품의 특성에 따라 법 제5조제1항에 따른 용기 등에 관한 규격 등에 적합할 것

2) 식육 및 식육가공품과 직접 접촉하는 부분은 위생적인 내수성재질로서 씻기 쉬우며, 열탕·증기·살균제 등으로 소독·살균이 가능할 것

(4) 전기냉동시설·전기냉장시설 및 진열상자는 축산물의 가공기준 및 성분규격 중 축산물의 보존 및 유통기준에 적합한 온도로 유지될 수 있는 것이어야 하고, 그 내부의 온도를 알 수 있는 온도계를 비치하거나 설치하여야 한다.

(5) 급수시설은 수돗물이나 먹는물관리법에 따른 먹는물 수질검사기준에 적합한 지하수 등을 공급할 수 있는 시설을 갖추어야 한다.

(6) 화장실을 설치하여야 하며, 이 경우 제5호카목을 준용한다.

(7) 식육 또는 식육가공품을 자기업소에서 판매하기 위하여 스스로 운반하려는 경우에는 제6호(1)을 준용한다.

(8) 공동사용시설의 설치 생략 : 신고관청은 식육즉석판매가공업의 영업자가 식육가공업 또는 식육포장처리업을 함께 영위하면서 시설을 공동으로 사용하는 경우에는 그 시설의 전부 또는 일부의 설치를 생략하게 할 수 있다.

(2) 영업의 세부 종류와 범위(영 제21조)

법 제21조에 따른 영업의 세부 종류와 그 범위는 다음과 같다.

① 도축업 : 가축을 식용에 제공할 목적으로 도살·처리하는 영업

② 집유업 : 원유를 수집·여과·냉각 또는 저장하는 영업. 다만, 자신이 직접 생산한 원유를 원료로 하여 가공하는 경우로서 원유의 수집행위가 이루어지지 아니하는 경우는 제외한다.

③ 축산물가공업의 경우에는 다음 각 목의 구분에 따른 영업

　　㉠ 식육가공업 : 식육가공품을 만드는 영업

　　㉡ 유가공업 : 유가공품을 만드는 영업

　　㉢ 알가공업 : 알가공품을 만드는 영업

④ 식용란선별포장업 : 식용란 중 달걀을 전문적으로 선별·세척·건조·살균·검란·포장하는 영업

⑤ 식육포장처리업 : 포장육을 만드는 영업

⑥ 축산물보관업 : 축산물을 얼리거나 차게 하여 보관하는 냉동·냉장업. 다만, 축산물가공업 또는 식육포장처리업의 영업자가 축산물을 제품의 원료로 사용할 목적으로 보관하는 경우는 제외한다.

⑦ 축산물운반업 : 축산물(원유와 건조·멸균·염장 등을 통하여 쉽게 부패·변질되지 않도록 가공되어 냉동 또는 냉장 보존이 불필요한 축산물은 제외한다)을 위생적으로 운반하는 영업. 다만, 축산물을 해당 영업자의 영업장에서 판매하거나 처리·가공 또는 포장할 목적으로 운반하는 경우와 해당 영업자가 처리·가공 또는 포장한 축산물을 운반하는 경우는 제외한다.

⑧ 축산물판매업의 경우에는 다음 각 목의 구분에 따른 영업

　　㉠ 식육판매업 : 식육 또는 포장육을 전문적으로 판매하는 영업(포장육을 다시 절단하거나 나누어 판매하는 영업을 포함한다). 다만, 다음의 어느 하나에 해당하는 경우는 제외한다.

　　　• 식품을 소매로 판매하는 슈퍼마켓 등 점포를 경영하는 자 또는 식육판매업 외의 축산물판매업 영업자가 닭·오리의 식육(제12조의7제2항제1호에 따른 도축업의 영업자가 개체별로 포장한 닭·오리의 식육을 말한다. 이하 이 호 및 제8호에서 같다) 또는 포장육을 해당 점포 또는 영업장에 있는 냉장시설 또는 냉동시설에 보관 또는 진열하여 그 포장을 뜯지 아니한 상태 그대로 해당 점포 또는 영업장에서 최종 소비자에게 판매하는 경우

　　　• 식품위생법 시행령 제21조제5호나목4)에 따른 집단급식소 식품판매업의 영업자가 닭·오리의 식육 또는 포장육을 그 포장을 뜯지 아니한 상태 그대로 식품위생법 제2조제12호에 따른 집단급식소의 설치·운영자 또는 같은 법 시행령 제21조제8호마목에 따른 위탁급식영업의 영업자에게 판매하는 경우

　　　• 제⑨에 따른 식육즉석판매가공업의 신고를 하고 해당 영업을 하는 경우

　　㉡ 식육부산물전문판매업 : 식육 중 부산물로 분류되는 내장(간·심장·위장·비장·창자·콩팥 등을 말한다)과 머리·다리·꼬리·뼈·혈액 등 식용이 가능한 부분만을 전문적으로 판매하는 영업

　　㉢ 우유류판매업 : 우유대리점·우유보급소 등의 형태로 직접 마실 수 있는 유가공품을 전문적으

로 판매하는 영업

 ㉣ 축산물유통전문판매업 : 축산물(이 목에서는 포장육·식육가공품·유가공품·알가공품을 말한다)의 가공 또는 포장처리를 축산물가공업의 영업자 또는 식육포장처리업의 영업자에게 의뢰하여 가공 또는 포장처리된 축산물을 자신의 상표로 유통·판매하는 영업

 ㉤ 식용란수집판매업 : 식용란(달걀만 해당한다)을 수집·처리 또는 구입하여 전문적으로 판매하는 영업. 다만, 다음의 어느 하나에 해당하는 경우는 제외한다.

- 축산법 제22조제3항에 따른 가축사육업 등록 제외대상에 해당하여 등록을 하지 아니하고 닭 사육업을 하는 경우
- 포장된 달걀[제12조의7제2항제4호에 따른 축산물판매업(식용란수집판매업만 해당한다)의 영업자가 제12조의7제1항제2호에 따라 포장한 달걀을 말한다]을 슈퍼마켓 등 소매업 점포, 식용란수집판매업 외의 축산물판매업 또는 식육즉석판매가공업의 영업장에서 최종 소비자에게 직접 판매하는 경우
- 포장된 달걀을 식품위생법 시행령 제21조제5호나목4)에 따른 집단급식소 식품판매업의 영업자가 집단급식소에 판매하는 경우
- 자신이 생산한 식용란 전부를 식용란수집판매업의 영업자에게 판매하는 경우

⑨ **식육즉석판매가공업** : 식육 또는 포장육을 전문적으로 판매(포장육을 다시 절단하거나 나누어 판매하는 것을 포함한다)하면서 식육가공품(통조림·병조림은 제외한다)을 만들거나 다시 나누어 직접 최종 소비자에게 판매하는 영업. 다만, 식품을 소매로 판매하는 슈퍼마켓 등 점포를 경영하는 자가 닭·오리의 식육 또는 포장육을 해당 점포에 있는 냉장시설 또는 냉동시설에 보관 및 진열하여 그 포장을 뜯지 아니한 상태 그대로 해당 점포에서 최종 소비자에게 판매하면서 식육가공품(통조림·병조림은 제외한다)을 만들거나 다시 나누어 직접 최종 소비자에게 판매하는 경우는 제외한다.

(3) 영업의 허가(법 제22조)

① 제21조제1항제1호부터 제3호까지 및 제3호의2에 따른 도축업·집유업·축산물가공업 또는 식용란선별포장업의 영업을 하려는 자는 총리령으로 정하는 바에 따라 작업장별로 시·도지사의 허가를 받아야 하고, 같은 항 제4호에 따른 식육포장처리업 또는 같은 항 제5호에 따른 축산물보관업의 영업을 하려는 자는 총리령으로 정하는 바에 따라 작업장별로 특별자치시장·특별자치도지사·시장·군수·구청장의 허가를 받아야 한다.

② 제①항에 따른 영업의 허가를 받은 자가 다음 각 호의 어느 하나에 해당하는 사항을 변경하려면 총리령으로 정하는 바에 따라 작업장별로 시·도지사 또는 시장·군수·구청장의 허가를 받아야 한다.

 ㉠ 영업장 소재지를 변경하는 경우

 ㉡ 제21조제1항제1호의 도축업을 하는 자가 다음 각 목의 어느 하나에 해당하는 경우

- 같은 작업장에서 도살·처리하는 가축의 종류를 변경하는 경우
- 같은 작업장에서 다른 종류의 가축을 도살·처리하기 위하여 설치된 시설을 변경하는 경우

ⓒ 그 밖에 대통령령으로 정하는 중요한 사항을 변경하는 경우

③ 시·도지사 또는 시장·군수·구청장은 다음 각 호의 어느 하나에 해당하는 경우를 제외하고는 제①항 또는 제②항에 따라 허가나 변경허가를 하여야 한다.

   ㉠ 해당 시설이 제21조제1항에 따른 기준에 적합하지 아니한 경우

   ㉡ 제27조제1항·제2항 또는 식품 등의 표시·광고에 관한 법률 제16조제1항·제2항에 따라 허가가 취소된 후 1년이 지나지 아니한 경우에 같은 장소에서 취소된 허가와 같은 종류의 허가를 받으려는 경우. 다만, 제2항에 따른 변경허가를 받지 아니하고 영업시설 전부를 철거하여 영업허가가 취소된 경우는 제외한다.

   ㉢ 제27조제1항·제2항 또는 식품 등의 표시·광고에 관한 법률 제16조제1항·제2항에 따라 허가가 취소된 후 2년이 지나지 아니한 자(법인인 경우에는 그 대표자를 포함한다)가 취소된 허가와 같은 종류의 허가를 받으려는 경우

   ㉣ 허가를 받으려는 자가 피성년후견인이거나 파산선고를 받고 복권되지 아니한 자인 경우

   ㉤ 허가를 받으려는 자가 이 법을 위반하여 징역형을 선고받고 그 집행이 끝나지 아니하거나 집행을 받지 아니하기로 확정되지 아니한 자인 경우

   ㉥ 도축장 구조조정법 제10조제1항에 따른 도축장구조조정자금을 지급받고 폐업한 도축장이 소재한 같은 장소(제21조제1항제1호에 따른 도축업의 허가를 받은 부지를 말한다)에서 폐업한 날부터 10년이 지나기 전에 도축업의 영업을 하려는 경우

   ㉦ 제27조제1항 또는 식품 등의 표시·광고에 관한 법률 제16조제1항에 따라 영업정지처분을 받은 후 그 정지 기간이 지나기 전에 같은 장소에서 같은 종류의 영업을 하려는 경우

   ㉧ 제27조제1항 또는 식품 등의 표시·광고에 관한 법률 제16조제1항에 따라 영업정지처분을 받은 후 그 정지 기간이 지나지 아니한 자(법인인 경우에 그 대표자를 포함한다)가 같은 종류의 영업을 하려는 경우

   ㉨ 제33조의2제5항에 따라 식품의약품안전처장으로부터 허가 보류 요청을 받은 경우

   ㉩ 그 밖에 이 법 또는 다른 법령에 따른 제한에 위반되는 경우

④ 제①항에 따라 시·도지사 또는 시장·군수·구청장이 허가를 할 때에는 축산물의 위생적인 관리와 그 품질의 향상을 도모하기 위하여 필요한 조건을 붙일 수 있다.

⑤ 제①항에 따라 허가를 받은 자가 그 영업을 휴업, 재개업 또는 폐업하거나 허가받은 사항 중 제②항 각 호에서 정하는 사항 외의 경미한 사항을 변경하려는 경우에는 총리령으로 정하는 바에 따라 시·도지사 또는 시장·군수·구청장에게 신고하여야 한다.

(4) 영업허가의 신청 등(규칙 제30조)

① 법 제22조제1항에 따라 도축업·집유업·축산물가공업·식용란선별포장업·식육포장처리업 또는 축산물보관업의 허가를 받으려는 자는 별지 제16호서식의 신청서(전자문서로 된 신청서를 포함한다)에 다음 각 호의 서류(전자문서를 포함한다)를 첨부하여 허가관청에 제출하여야 한다.

   ㉠ 작업장의 시설내역 및 배치도

ⓛ 책임수의사 지정승인신청서(집유업만 해당한다)

ⓒ 검사위탁계약서 사본(법 제12조제5항에 따라 축산물 시험·검사기관에 위탁하여 검사를 하는 경우만 해당한다)

ⓔ 먹는물관리법에 따른 먹는물 수질검사기관이 발행한 수질검사(시험)성적서 사본(수돗물이 아닌 지하수 등을 먹는 물에 사용하는 경우 또는 축산물이 직접 닿지 아니하는 시설을 청소하는 경우가 아닌 축산물의 처리·가공·포장 등에 사용하는 경우만 해당한다)

ⓜ 작업장에 대하여 작성한 자체안전관리인증기준(법 제9조제2항에 따른 자체안전관리인증기준 적용 대상만 제출한다)

② 제①항에 따른 신청서 제출 시 허가관청은 전자정부법 제36조제1항에 따른 행정정보의 공동이용을 통하여 다음 각 호의 서류를 확인하여야 한다. 다만, 신청인이 확인에 동의하지 아니하는 경우에는 건강진단서의 사본을 첨부하게 하여야 한다.

ⓣ 법인 등기사항증명서(법인인 경우만 해당한다)

ⓛ 건축물대장 및 토지이용계획확인서

ⓒ 건강진단서(제44조에 따른 건강진단 대상자만 해당한다)

③ 허가관청은 제①항에 따른 신청인이 법 제22조제3항제4호 또는 제5호의 규정에 해당하는지를 내부적으로 확인할 수 없는 경우에는 해당 신청인에게 제①항 각 호의 서류 외에 신원확인에 필요한 자료를 제출하게 할 수 있다.

④ 허가관청은 영업의 허가를 할 때에는 신청인에게 별지 제17호서식의 허가증을 발급하여야 한다. 이 경우 허가관청은 별지 제18호서식의 영업허가 관리대장을 작성·관리하여야 한다.

⑤ 영업자는 허가증을 잃어버리거나 헐어 못 쓰게 되어 허가증을 재발급받으려는 때에는 별지 제19호서식의 허가증 재발급신청서를 허가관청에 제출하여야 한다.

⑥ 제④항의 영업허가 관리대장은 전자적 처리가 불가능한 특별한 사유가 없으면 전자적 방법으로 작성·관리하여야 한다.

(5) 변경허가를 받아야 하는 중요 사항(영 제22조)

법 제22조제2항제3호에서 "대통령령으로 정하는 중요한 사항을 변경하는 경우"란 다음 각 호의 시설을 변경하는 경우를 말한다.

① **도축업의 경우** : 계류장·작업실 또는 냉장·냉동실

② **집유업의 경우** : 저유조

③ **축산물가공업의 경우** : 원료처리실·제조가공실 또는 포장실

④ **식용란선별포장업의 경우** : 원료알보관실·선별실·포장실 또는 제품보관실

⑤ **식육포장처리업의 경우** : 원료보관실·식육처리실·포장실 또는 냉동·냉장실

⑥ **축산물보관업의 경우** : 냉동·냉장실

(6) 영업의 변경허가 등(규칙 제31조)

① 법 제22조제5항에 따라 같은 조 제1항에 따른 영업의 허가를 받은 자가 다음 각 호에 해당하는 사항을 변경하려는 경우에는 허가관청에 신고하여야 한다.
    ㉠ 영업자의 성명(영업자가 법인인 경우에는 그 대표자의 성명)
    ㉡ 영업장의 명칭 또는 상호
    ㉢ 영 제22조에 따른 시설을 제외한 시설

② 법 제22조제2항에 따라 변경허가를 신청하거나 제①항에 따라 변경신고를 하려는 자는 별지 제20호서식의 변경허가신청서(전자문서로 된 신청서를 포함한다) 또는 변경신고서(전자문서로 된 신고서를 포함한다)에 다음 각 호의 서류를 첨부하여 허가관청에 제출하여야 한다. 다만, 영업자가 영업장의 소재지를 변경하는 경우에는 다음 각 호의 서류(전자문서를 포함한다) 외에 제30조제1항제1호 및 제4호의 서류(전자문서를 포함한다)를 첨부하여야 한다.
    ㉠ 허가증
    ㉡ 영업시설의 변경내역서(시설변경의 경우만 해당한다)

③ 제②항에 따른 변경허가 신청 및 변경신고에 관하여는 제30조제2항 및 제3항을 준용한다.

(7) 휴업 등의 신고(규칙 제32조)

① 법 제22조제5항에 따라 영업의 휴업·재개업 또는 폐업신고를 하려는 자는 별지 제21호서식의 휴업(재개업·폐업)신고서(전자문서로 된 신고서를 포함한다)를 허가관청에 제출하여야 한다. 다만, 휴업의 기간을 정하여 신고하는 경우 그 기간이 만료되어 재개업할 때에는 신고하지 아니할 수 있다.

② 도축업 및 집유업의 영업자가 영업을 휴업·재개업 또는 폐업하려는 경우의 제①항에 따른 신고는 휴업·재개업 또는 폐업 예정일 5일 전까지 하여야 한다.

③ 제①항에 따라 폐업신고를 하려는 자가 부가가치세법 제8조제6항에 따른 폐업신고를 같이 하려는 경우에는 제①항에 따른 폐업신고서에 부가가치세법 시행규칙 별지 제9호서식의 폐업신고서를 함께 제출하여야 한다. 이 경우 허가관청 또는 신고관청은 함께 제출받은 폐업신고서를 지체 없이 관할 세무서장에게 송부(정보통신망을 이용한 송부를 포함한다)하여야 한다.

④ 관할 세무서장이 부가가치세법 시행령 제13조제5항에 따라 제①항에 따른 폐업신고를 받아 이를 해당 허가관청 또는 신고관청에 송부한 경우에는 제①항에 따른 폐업신고서가 제출된 것으로 본다.

(8) 영업의 신고(법 제24조)

① 제21조제1항제6호, 제7호, 제7호의2, 제8호에 따른 영업을 하려는 자는 총리령으로 정하는 바에 따라 제21조제1항에 따른 시설을 갖추고 특별자치시장·특별자치도지사·시장·군수·구청장에게 신고하여야 한다.

② 제①항에 따라 신고를 한 자가 그 영업을 휴업, 재개업 또는 폐업하거나 신고한 내용을 변경하려는 경우에는 총리령으로 정하는 바에 따라 특별자치시장·특별자치도지사·시장·군수·구청장에게 신고하여야 한다.

③ 다음 각 호의 어느 하나에 해당하는 경우에는 제①항에 따른 영업신고를 할 수 없다.

　㉠ 제27조제1항 또는 제2항에 따른 영업소 폐쇄명령을 받고 6개월이 지나기 전에 같은 장소에서 같은 종류의 영업을 하려는 경우. 다만, 제2항에 따른 변경신고를 하지 아니하고 영업시설 전부를 철거하여 영업소 폐쇄명령을 받은 경우는 제외한다.

　㉡ 제27조제1항 또는 제2항에 따른 영업소 폐쇄명령을 받고 2년이 지나기 전에 같은 자(법인인 경우에는 그 대표자를 포함한다)가 폐쇄명령을 받은 영업과 같은 종류의 영업을 하려는 경우

　㉢ 제27조제1항에 따라 영업정지처분을 받고 그 정지 기간이 지나기 전에 같은 장소에서 같은 종류의 영업을 하려는 경우

　㉣ 제27조제1항에 따라 영업정지처분을 받고 그 정지 기간이 지나지 아니한 자(법인인 경우에 그 대표자를 포함한다)가 정지된 영업과 같은 종류의 영업을 하려는 경우

④ 특별자치시장·특별자치도지사·시장·군수·구청장은 영업자(제①항에 따라 영업신고를 한 자만 해당한다)가 부가가치세법 제8조에 따라 관할 세무서장에게 폐업신고를 하거나 관할 세무서장이 사업자등록을 말소한 경우에는 신고 사항을 직권으로 말소할 수 있다.

⑤ 특별자치시장·특별자치도지사 또는 시장·군수·구청장은 제④항에 따른 직권말소를 위하여 필요한 경우 관할 세무서장에게 영업자의 폐업여부에 대한 정보 제공을 요청할 수 있다. 이 경우 요청을 받은 관할 세무서장은 전자정부법 제36조제1항에 따라 영업자의 폐업여부에 대한 정보를 제공하여야 한다.

(9) 영업의 신고 등(규칙 제35조)

① 법 제24조제1항에 따라 축산물운반업·축산물판매업 또는 식육즉석판매가공업의 신고를 하려는 자는 별지 제23호서식의 신고서(전자문서로 된 신고서를 포함한다)에 다음 각 호의 서류(전자문서를 포함한다)를 첨부하여 신고관청에 제출하여야 한다. 다만, 축산물판매업 중 식육판매업의 신고를 한 영업자가 식육즉석판매가공업 영업자로 전환하기 위하여 식육즉석판매가공업의 신고를 하는 경우에는 다음 각 호의 서류 중 식품의약품안전처장이 정하는 서류는 제출하지 아니할 수 있다.

　㉠ 영업장의 시설내역 및 배치도(화물자동차 운수사업법 시행령 제3조제2호에 따른 개별화물자동차 운송사업의 허가를 받은 자가 축산물운반업을 신청하는 경우는 제외한다)

　㉡ 시설사용계약서 사본(시설을 임대하여 사용하는 경우만 해당한다)

　㉢ 가공하려는 식육가공품의 유형 및 가공방법 설명서(식육즉석판매가공업 신고를 하는 경우에만 해당한다)

　㉣ 먹는물관리법에 따른 먹는물 수질검사기관이 발급한 수질검사성적서(식육즉석판매가공업 신고를 하는 경우로서 수돗물이 아닌 지하수 등을 먹는 물 또는 축산물의 가공과정 등에 사용하는 경우만 해당한다)

② 제①항에 따른 신고서 제출 시 신고관청은 전자정부법 제36조제1항에 따른 행정정보의 공동이용을 통하여 다음 각 호의 서류를 확인하여야 한다. 다만, 신청인이 확인에 동의하지 아니하는 경우에는 건강진단서의 사본을 첨부하게 하여야 한다.

    ㉠ 법인 등기사항증명서(법인인 경우만 해당한다)

    ㉡ 건축물대장 및 토지이용계획확인서

    ㉢ 건강진단서(제44조에 따른 건강진단 대상자만 해당한다)

③ 제①항에 따른 영업의 신고를 할 때 법 제21조제1항제7호의 축산물판매업의 경우 동일인이 같은 시설에서 식육판매업 및 식육부산물전문판매업의 영업을 하려는 경우에도 영업별로 각각 영업의 신고를 하여야 한다. 다만, 식육판매업의 영업자가 같은 시설에서 식육부산물을 판매하는 때에는 그러하지 아니하다.

④ 제①항에 따른 영업의 신고를 할 때 영 제21조제7호의 식육판매업의 경우 사물인터넷(인터넷을 기반으로 모든 사물을 연결하여 사람과 사물 또는 사물과 사물 간 정보를 상호 공유·소통하는 지능형 기술을 말한다)을 적용하여 밀봉한 포장육의 보관온도, 유통기한 등의 정보를 실시간으로 확인·관리할 수 있는 자동판매기(이하 "사물인터넷 자동판매기"라 한다)를 제①항㉠에 따른 영업장 외의 장소(영업신고한 영업장과 같은 특별자치시·특별자치도·시·군·구인 경우만 해당한다)에 설치하려는 경우에는 사물인터넷 자동판매기의 설치대수 및 설치장소를 함께 신고하여야 한다. 이 경우 2대 이상의 사물인터넷 자동판매기의 설치신고를 하려면 사물인터넷 자동판매기의 설치대수 및 각각의 설치된 장소가 기재된 서류를 첨부하여 제출하여야 한다.

⑤ 제①항에 따른 영업의 신고를 할 때 영 제21조제8호의 식육즉석판매가공업의 영업자가 같은 시설에서 식육부산물을 판매하는 경우에는 영 제21조제7호나목의 식육부산물전문판매업 영업신고를 하지 아니할 수 있다.

⑥ 신고관청은 제①항에 따른 신고를 받았을 때에는 신고인에게 별지 제24호서식의 신고필증을 발급하여야 한다. 이 경우 신고관청은 별지 제25호서식의 영업신고 관리대장을 작성·관리하여야 한다.

⑦ 영업자가 신고필증을 잃어버리거나 헐어 못 쓰게 되어 신고필증의 재발급을 받으려는 때에는 별지 제26호서식의 재발급신청서(전자문서로 된 신청서를 포함한다)를 신고관청에 제출하여야 한다.

⑧ 제⑥항의 영업신고 관리대장은 전자적 처리가 불가능한 특별한 사유가 없으면 전자적 방법으로 작성·관리하여야 한다.

(10) 신고사항의 변경 등의 신고(규칙 제36조)

① 법 제24조제2항에 따라 같은 조 제1항에 따른 영업의 신고를 한 자가 다음 각 호의 어느 하나에 해당하는 사항을 변경하려는 경우에는 신고관청에 그 사실을 신고하여야 한다.

    ㉠ 영업자의 성명(영업자가 법인인 경우에는 그 대표자의 성명)

ⓛ 영업장의 명칭 또는 상호

ⓒ 영업장의 소재지

ⓔ 영업장의 면적

ⓜ 축산물운반용 차량의 수(축산물운반업만 해당한다)

ⓗ 시설의 사용계약

ⓢ 식육가공품의 유형 및 가공방법(식육즉석판매가공업만 해당한다)

ⓞ 영업장 외의 장소에 설치된 사물인터넷 자동판매기의 설치대수 또는 설치장소(신고된 영업장 외의 장소에 설치되었거나 설치하려는 경우만 해당한다)

② 제①항에 따른 변경신고를 하려는 자는 별지 제27호서식의 신고사항 변경신고서(전자문서로 된 신고서를 포함한다)를 신고관청에 제출하여야 한다. 다만, 영업자가 영업장의 소재지를 변경하는 경우에는 제35조제1항제1호 및 제2호의 서류(전자문서를 포함한다)를 첨부하여야 하고, 영업자가 영업시설을 변경하는 경우에는 영업시설의 변경내역서(전자문서를 포함한다)를 첨부하여야 하며, 식육가공품의 유형 및 가공방법을 변경하는 경우에는 제35조제1항제4호의 서류를 첨부하여야 한다.

(11) 품목 제조의 보고(법 25조)

제22조제1항에 따라 축산물가공업의 허가를 받은 자가 축산물을 가공하거나 식육포장처리업의 허가를 받은 자가 식육을 포장처리하는 경우에는 그 품목의 제조방법설명서 등 총리령으로 정하는 사항을 시·도지사 또는 시장·군수·구청장에게 보고하여야 한다. 보고한 사항 중 총리령으로 정하는 중요한 사항을 변경하는 경우에도 같다.

(12) 영업의 승계(법 26조)

① 영업자가 사망하거나 그 영업을 양도하거나 법인인 영업자가 합병하였을 때에는 그 상속인이나 영업 양수인이나 합병 후 존속하는 법인 또는 합병으로 설립되는 법인(이하 "양수인 등"이라 한다)은 그 영업자의 지위를 승계한다.

② 다음 각 호의 어느 하나에 해당하는 절차에 따라 영업용 시설의 전부를 인수한 자는 그 영업자의 지위를 승계한다.

ⓐ 민사집행법에 따른 경매

ⓑ 채무자 회생 및 파산에 관한 법률에 따른 환가(換價)

ⓒ 국세징수법·관세법 또는 지방세법에 따른 압류재산의 매각

ⓓ 그 밖에 제ⓐ호부터 제ⓒ호까지의 규정에 준하는 절차

③ 제①항 또는 제②항에 따라 그 영업자의 지위를 승계한 자는 총리령으로 정하는 바에 따라 승계한 날부터 30일 이내에 그 사실을 시·도지사 또는 시장·군수·구청장에게 신고하여야 한다.

④ 제①항 및 제②항에 따른 승계에 관하여는 제22조제3항 및 제24조제3항을 준용한다.

(13) 허가의 취소 등(법 제27조)

① 시·도지사 또는 시장·군수·구청장은 영업자가 다음 각 호의 어느 하나에 해당하면 대통령령으로 정하는 바에 따라 그 허가를 취소하거나, 6개월 이내의 기간을 정하여 그 영업의 전부 또는 일부의 정지를 명하거나, 영업소 폐쇄(제24조에 따라 신고한 영업만 해당한다. 이하 이 조에서 같다)를 명할 수 있다. 다만, 제3호에 해당하는 경우에는 그 허가를 취소하거나 영업소 폐쇄를 명하여야 한다.

  ㉠ 제4조제5항·제6항, 제5조제2항, 제8조제2항, 제9조제2항, 제9조의3제6항, 제10조, 제11조 제1항, 제12조제1항부터 제4항까지 및 제6항, 제13조제2항부터 제5항까지, 제14조제2항, 제16조, 제17조, 제18조, 제19조제4항, 제21조, 제22조제5항, 제24조제2항, 제25조, 제29조 제2항·제3항, 제30조제5항·제6항, 제31조, 제31조의2제1항·제2항, 제31조의3제1항 각 호 외의 부분 단서, 제31조의4제1항 후단·제2항 단서, 제33조제1항 또는 제34조를 위반한 경우

  ㉡ 제22조제2항을 위반하여 변경허가를 받지 아니하거나 같은 조 제4항에 따른 조건을 위반한 경우

  ㉢ 제22조제3항 또는 제24조제3항 각 호의 어느 하나에 해당하게 된 경우

  ㉣ 제35조, 제36조제1항·제2항, 제37조제1항 또는 제42조에 따른 명령을 위반한 경우

  ㉤ 축산법 제35조제5항을 위반하여 등급판정을 받지 아니한 축산물을 도축장에서 반출한 경우(도축장의 경영자만 해당한다)

  ㉥ 축산법 제38조제3항을 위반하여 등급판정업무를 거부·방해하거나 기피한 경우(도축장의 경영자만 해당한다)

② 시·도지사 또는 시장·군수·구청장은 영업자가 제①항에 따른 영업정지 명령을 위반하여 영업을 계속하면 영업허가를 취소하거나 영업소 폐쇄를 명할 수 있다.

③ 시·도지사 또는 시장·군수·구청장은 다음 각 호의 어느 하나에 해당하면 영업허가를 취소하거나 영업소 폐쇄를 명할 수 있다.

  ㉠ 영업자가 정당한 사유 없이 6개월 이상 계속 휴업하는 경우

  ㉡ 영업자(제22조제1항에 따라 영업허가를 받은 자만 해당한다)가 부가가치세법 제8조에 따라 관할 세무서장에게 폐업신고를 하거나 사실상 폐업하여 관할 세무서장이 사업자등록을 말소한 경우

④ 시·도지사 또는 시장·군수·구청장은 제3항제2호에 따른 영업허가 취소를 위하여 필요한 경우 관할 세무서장에게 영업자의 폐업여부에 대한 정보 제공을 요청할 수 있다. 이 경우 요청을 받은 관할 세무서장은 전자정부법 제36조제1항에 따라 영업자의 폐업여부에 대한 정보를 제공하여야 한다.

⑤ 제①항부터 제③항까지의 규정에 따른 처분의 효과는 그 처분기간이 끝난 날부터 1년간 양수인 등에게 승계되며, 처분의 절차가 진행 중인 때에는 양수인 등에 대하여 처분의 절차를 행할 수 있다. 다만, 양수인 등이 양수, 상속 또는 합병 시에 그 처분 또는 위반사실을 알지 못하였음을

증명하는 경우에는 그러하지 아니하다.

⑥ 제①항에 따른 처분의 세부적인 기준은 그 위반행위의 유형과 위반의 정도 등을 고려하여 총리령으로 정한다.

[별표 11] 행정처분 기준(규칙 제41조 및 제43조 관련)

1. 일반기준

(1) 둘 이상의 위반행위가 적발된 경우로서 위반행위가 다음의 어느 하나에 해당하는 경우에는 가장 중한 정지처분 기간에 나머지 각각의 정지처분 기간의 2분의 1을 더하여 처분한다.

　1) 영업정지에만 해당하는 경우

　2) 한 품목 또는 품목류(축산물의 가공기준 및 성분규격 중 같은 기준 및 규격을 적용받아 제조·가공되는 모든 품목을 말한다)에 대하여 품목 또는 품목류 제조정지에만 해당하는 경우

(2) 둘 이상의 위반행위가 적발된 경우로서 그 위반행위가 영업정지와 품목 또는 품목류 제조정지에 해당하는 경우에는 각각의 영업정지와 품목 또는 품목류 제조정지 처분기간을 가목에 따라 산정한 후 다음에 따라 처분한다.

　1) 영업정지 기간이 품목 또는 품목류 제조정지 기간보다 길거나 같으면 영업정지 처분만 할 것

　2) 영업정지 기간이 품목 또는 품목류 제조정지 기간보다 짧으면 그 영업정지 처분과 그 초과기간에 대한 품목 또는 품목류 제조정지 처분을 병과할 것

　3) 품목류 제조정지 기간이 품목 제조정지 기간보다 길거나 같으면 품목류 제조정지 처분만 할 것

　4) 품목류 제조정지 기간이 품목 제조정지 기간보다 짧으면 그 품목류 제조정지 처분과 그 초과기간에 대한 품목 제조정지 처분을 병과할 것

(3) 행정처분의 기준에 따른 위반행위의 횟수산정은 최근 1년간(다만, 법 제9조제2항·제17조·제18조·제33조제1항 위반은 3년으로 한다) 같은 위반행위(제4조제5항을 위반한 경우에는 같은 품목에 대한 같은 기준·규격 항목을 위반한 것을 말하며, 그 외의 위반의 경우에 대해서는 2. 개별기준에서 정한 같은 위반행위를 말한다. 이하 같다)로 행정처분을 받은 경우에 적용한다. 다만, 축산물에 이물이 혼입되어 위반한 경우에는 같은 품목에서 같은 종류의 재질의 이물이 발견된 경우에 적용한다.

(4) (3)에 따른 처분기준의 적용은 같은 위반사항에 대한 행정처분일(행정처분의 효력발생일)과 그 처분 후 재적발일(수거검사에 따른 경우에는 검사결과를 허가관청 또는 신고관청이 접수한 날)을 기준으로 한다.

(5) 위반행위에 대하여 행정처분을 하기 위한 절차가 진행되는 기간(적발일부터 행정처분의 효력발생일까지를 말한다) 중에 반복하여 같은 사항을 위반하는 경우에는 그 위반횟수마다 행정처분 기준의 2분의 1씩 더하여 처분한다.

(6) 같은 날 가공한 같은 품목에 대하여 같은 위반사항이 적발되는 경우에는 같은 위반행위로 본다.

(7) 어떤 위반행위든 해당 위반 사항에 대하여 행정처분이 이루어진 경우에는 행정처분의 효력발생일 이전에 이루어진 같은 위반행위에 대해서도 행정처분이 이루어진 것으로 보아 다시 처분하여서는 아니 된다.

(8) 가목 및 나목에 따라 행정처분이 있은 뒤에 다시 행정처분을 하게 되는 경우 그 위반행위의 횟수에 따른 행정처분의 기준을 적용함에 있어서는 종전의 행정처분의 사유가 된 각각의 위반행위에 대하여 각각 행정처분을 하였던 것으로 본다.

(9) 4차 위반의 경우에는 다음의 기준에 따르고, 5차 위반의 경우로서 1)의 경우에는 영업정지 6개월로 하고, 2)의 경우에는 영업허가 취소 또는 영업소 폐쇄를 한다. 1)의 경우로서 6차 위반한 경우에는 영업허가 취소 또는 영업소 폐쇄를 하여야 한다.

　1) 3차 위반의 처분 기준이 품목 또는 품목류 제조정지인 경우에는 품목 또는 품목류 제조정지 6개월의 처분을 한다.

---

2) 3차 위반의 처분 기준이 영업정지인 경우에는 3차 위반 처분 기준의 2배로 하되, 영업정지 6개월 이상이 되는 경우에는 영업허가 취소 또는 영업소 폐쇄를 한다.

3) 축산물에 이물이 혼입된 경우로서 4차 이상의 위반에 해당하는 경우에는 3차 위반의 처분 기준을 적용한다.

(10) 축산물의 출입·검사·수거 등에 따른 위반행위에 대한 행정처분의 경우에는 그 위반행위가 해당 축산물의 처리·가공·운반·진열·보관 또는 판매과정 중 어느 과정에서 기인하는지 여부를 판단하여 그 원인제공자에 대하여 처분한다. 다만, 축산물유통전문판매업 영업자가 판매하는 축산물이 법 제4조·제5조·제6조·제32조 및 제33조를 위반한 경우로서 그 위반행위의 원인제공자가 해당 축산물을 제조·가공한 영업자인 경우에는 해당 축산물을 제조·가공한 영업자와 해당 축산물유통전문판매업 영업자에 대하여 함께 처분하여야 하고, 식용란 수집·처리를 다른 식용란수집판매업 영업자에게 의뢰하여 그 수집·처리된 식용란을 자신의 상표로 유통·판매하는 식용란수집판매업 영업자가 유통·판매하는 식용란이 법 제4조부터 제6조까지, 제32조 또는 제33조를 위반한 경우로서 그 위반행위의 원인제공자가 해당 식용란 수집·처리를 의뢰받은 식용란수집판매업 영업자인 경우에는 의뢰한 식용란수집판매업 영업자와 의뢰받은 식용란수집판매업 영업자를 함께 처분하여야 한다.

(11) 차목 단서에 따라 축산물유통전문판매업 영업자에 대하여 품목 또는 품목류 제조정지 처분을 하는 경우에는 이를 각각 그 위반행위의 원인제공자인 제조·가공업소에서 제조·가공한 해당 품목 또는 품목류의 판매정지에 해당하는 것으로 본다.

(12) 식육포장처리업 영업자에 대한 행정처분의 경우 그 처분이 품목류 제조정지에 해당하는 경우에는 품목류 제조정지 기간의 2분의1에 해당하는 기간으로 영업정지 처분을 하여야 한다.

(13) 법 제26조에 따른 영업의 승계의 경우에는 그 승계 전에 해당 영업에 행하여진 처분(이미 처분기간이 경과한 처분, 처분기간이 진행 중인 처분을 포함한다)의 효과는 그 영업을 승계받은 자가 이를 승계한다.

(14) 이 기준에 명시되지 아니한 사항으로서 처분의 대상이 되는 사항이 있을 경우에는 이 기준 중 가장 유사한 사항에 따라 처분한다.

(15) 다음의 어느 하나에 해당하는 경우에는 행정처분의 기준이 영업정지 또는 품목·품목류 제조정지인 경우에는 정지처분 기간의 2분의 1 이하의 범위에서, 영업허가 취소 또는 영업소 폐쇄인 경우에는 영업정지 3개월 이상의 범위에서 각각 그 처분을 경감할 수 있다.

1) 축산물의 가공기준 및 성분규격 중 산가, 과산화물가 또는 성분배합비율 등과 같이 경미한 위반의 경우로서 인수공통전염병·식중독 등 공중위생상 인체의 건강을 해할 우려가 없다고 인정되는 경우

2) 축산물의 표시기준의 위반의 경우로서 일부 가공품 등에 대한 제조일자 등의 표시누락 등 그 위반사유가 영업자의 고의나 과실이 아닌 단순한 기계작동 상의 오류에 기인한 것이라고 인정되는 경우

3) 축산물을 처리·가공만 하고 시중에 유통시키지 아니한 경우

4) 축산물가공업 영업자가 생산한 축산물가공품 또는 식육포장처리업 영업자가 생산한 포장육이 잔류허용기준 위반에 해당하는 경우 해당 영업자가 같은 생산단위(같은 도축장에서 같은 도축일에 같은 농장에서 출하된 것을 말한다)에 대해 표본검사를 실시하는 등 원료의 적합성을 관리하여야 할 노력을 하였다고 인정되는 경우

5) 식용란수집판매업 영업자가 판매하거나 판매할 목적으로 보관·운반·진열하고 있는 식용란이 식품의약품안전처장이 정하여 고시한 잔류허용기준 위반에 해당하지만 해당 영업자가 법 제12조제4항에 따른 식용란의 성분규격에 관한 검사를 성실히 실시하였다고 인정되는 경우

6) 기준 및 규격이 정해지지 않은 유독·유해물질 등이 축산물에 혼입여부를 전혀 예상할 수 없었고 고의성이 없는 최초의 사례로 인정되는 경우

7) 해당 위반사항에 관하여 검사로부터 기소유예의 처분을 받거나 법원으로부터 선고유예의 판결을 받은 경우. 다만, 그 위반사항이 고의성이 없거나 공중위생상 인체의 건강을 해하지 아니한 경우로

한정한다.

8) 축산물가공품을 가공 또는 판매하는 자가 축산물가공품이력추적관리를 등록한 경우
9) 그 밖에 축산물의 수급정책상 필요하다고 인정되는 경우
(16) 영업정지 1개월은 30일을 기준으로 한다.
(17) 행정처분의 기간이 소수점 이하로 산출되는 경우에는 소수점 이하는 버린다.

2. 개별기준
(1) 도축업·집유업·식용란선별포장업

위반행위	근거법령	행정처분기준		
		1차위반	2차위반	3차위반
1. 법 제4조제5항에 따른 가축의 도살·처리·집유 등의 기준위반	법 제27조 제1항			
가. 도축업				
1) 가축을 매달지 아니한 상태로 방혈을 한 경우		영업정지 15일	영업정지 1개월	영업정지 2개월
2) 가축의 도살·처리에 사용이 허용되지 아니한 살균·소독제 또는 털 제거제를 사용한 경우		영업정지 15일	영업정지 1개월	영업정지 2개월
3) 위 1) 및 2) 외의 가축의 도살·처리기준을 위반한 경우		경 고	영업정지 7일	영업정지 15일
4) 보존 및 유통기준을 위반한 경우		영업정지 7일	영업정지 15일	영업정지 1개월
나. 집유업				
1) 보랭탱크집유차량을 이용하지 아니하고 집유한 경우		영업정지 15일	영업정지 1개월	영업정지 2개월
2) 그 밖에 집유의 기준을 위반한 경우		경 고	영업정지 15일	영업정지 1개월
1의2. 법 제6조 위반(닭, 오리 등 가금류의 식육 중 포장을 하는 경우에 한한다)				
가. 표시대상 축산물에 표시사항 전부(합격표시, 작업장의 명칭, 작업장의 소재지, 생산연월일, 유통기한, 보존방법 및 내용량)를 표시하지 아니한 경우		영업정지 1개월과 해당 제품 폐기	영업정지 2개월과 해당 제품 폐기	영업정지 3개월과 해당 제품 폐기
나. 작업장의 명칭, 작업장의 소재지, 보존방법 및 내용량을 전부 표시하지 아니한 경우		영업정지 15일과 해당 제품 폐기	영업정지 1개월과 해당 제품 폐기	영업정지 2개월과 해당 제품 폐기
다. 작업장의 명칭, 작업장의 소재지 또는 보존방법 중 1개 이상을 표시하지 아니한 경우		영업정지 7일과 해당 제품 폐기	영업정지 15일과 해당 제품 폐기	영업정지 1개월과 해당 제품 폐기
라. 내용량만을 표시하지 아니한 경우		경 고	영업정지 7일과 해당 제품 폐기	영업정지 15일과 해당 제품 폐기
마. 생산연월일 또는 유통기한 중 1개 이상을 표시하지 아니한 경우		영업정지 7일과 해당 제품 폐기	영업정지 15일과 해당 제품 폐기	영업정지 1개월과 해당 제품 폐기
바. 제품에 표시된 생산연월일 또는 유통기한을 변조한 경우(가공 없이 포장만을 다시 하여 표시한 경우를 포함한다)		영업허가 취소와 해당 제품 폐기		

제1장 축산물 위생관리법령 / 393

사. 생산연월일 표시기준을 위반하여 유통기한을 연장한 경우	영업정지 1개월과 해당 제품 폐기	영업정지 2개월과 해당 제품 폐기	영업정지 3개월과 해당 제품 폐기
2. 법 제8조제2항 및 제9조제2항 위반			
가. 자체위생관리기준을 작성하지 아니한 경우	영업정지 1개월	영업정지 2개월	영업정지 3개월
나. 작성된 자체위생관리기준을 운용하지 아니한 경우로서			
1) 자체위생관리기준서에 따라 위생점검을 실시하지 아니하고도 거짓으로 점검표를 작성한 경우	영업정지 15일	영업정지 2개월	영업정지 3개월
2) 자체위생관리기준서에 따라 작업 전 및 작업 중 위생점검을 통틀어 10일 이상 실시·기록하지 않은 경우	영업정지 7일	영업정지 2개월	영업정지 3개월
3) 자체위생관리기준서에 따라 작업 전 및 작업 중 위생점검을 통틀어 10일 미만 실시·기록하지 않은 경우	경 고	영업정지 1개월	영업정지 2개월
4) 그 밖에 자체위생관리기준을 준수하지 않은 경우	경 고	영업정지 15일	영업정지 1개월
다. 자체안전관리인증기준을 작성하지 않은 경우			
1) 자체안전관리인증기준의 전부를 작성하지 않은 경우	영업정지 1개월	영업정지 2개월	영업정지 3개월
2) 안전관리인증기준에서 정한 작업장 세척·소독, 종사자 위생관리, 중요관리점에 대한 모니터링·검증·한계기준 및 개선조치에 관한 사항을 작성하지 않은 경우	영업정지 7일	영업정지 1개월	영업정지 3개월
라. 작성된 자체안전관리인증기준을 운용하지 아니한 경우			
1) 작업장 세척 또는 소독을 하지 않고 종사자 위생관리도 하지 않은 경우	영업정지 7일	영업정지 1개월	영업정지 3개월
2) 자체안전관리인증기준에 따른 중요관리점(CCP)에 대한 모니터링 및 검증을 실시하지 아니하고도 거짓으로 그 기록을 작성한 경우	영업정지 15일	영업정지 1개월	영업정지 3개월
3) 중요관리점에 대한 모니터링 및 검증을 10일 이상 실시하지 않은 경우	영업정지 7일	영업정지 2개월	영업정지 3개월
4) 중요관리점에 대한 모니터링 및 검증을 10일 미만 실시하지 않은 경우	경 고	영업정지 1개월	영업정지 2개월
5) 축산물의 안전성에 대한 개선사항이 있거나 중요관리점에 대한 한계기준의 위반사실이 있음에도 불구하고 즉시 개선조치를 하지 않은 경우	영업정지 7일	영업정지 1개월	영업정지 3개월
6) 중요관리점에 대한 같은 한계기준을 2회 이상 연속으로 위반한 경우	경 고	영업정지 1개월	영업정지 3개월
7) 계측기구에 대한 검정·교정을 실시하지 않은 경우	경 고	영업정지 15일	영업정지 1개월
8) 1년 이상 자체안전관리인증기준에 대한 재평가를 실시하지 않은 경우	경 고	영업정지 15일	영업정지 1개월
9) 대장균 및 살모넬라균의 검사기준을 초과하였으나 오염의 방지 또는 감축을 위한 적절한 개선조치를 이행하지 않은 경우	경 고	영업정지 15일	영업정지 1개월

위반사항	근거 법령	1차 위반	2차 위반	3차 위반
10) 법 제9조의3제2항에 따른 조사·평가 결과가 다음의 어느 하나에 해당하는 경우 　가) 선행요건 관리분야에서 부적합 판정을 받은 경우로서 만점의 60% 미만을 받은 경우 　나) 안전관리인증기준 관리분야에서 부적합 판정을 받은 경우로서 만점의 60% 미만을 받은 경우		영업정지 7일	영업정지 1개월	영업정지 3개월
11) 법 제9조의3제2항에 따른 조사·평가 결과가 다음의 어느 하나에 해당하는 경우 　가) 선행요건 관리분야에서 부적합 판정을 받은 경우로서 만점의 85% 미만 60% 이상을 받은 경우 　나) 안전관리인증기준 관리분야에서 부적합 판정을 받은 경우로서 만점의 85% 미만 60% 이상을 받은 경우		경 고	영업정지 7일	영업정지 15일
12) 그 밖에 자체안전관리인증기준을 준수하지 않은 경우		경 고	영업정지 15일	영업정지 1개월
2의2. 법 제9조의3제6항을 위반하여 정당한 사유없이 관계 공무원의 출입·조사를 거부·방해하거나 기피한 경우		영업정지 7일	영업정지 15일	영업정지 1개월
3. 법 제10조를 위반하여 가축에 대하여 강제로 물을 먹이거나 식육에 물을 주입하는 등 부정한 방법으로 중량 또는 용량을 늘리는 행위를 한 경우	법 제27조제1항 제1호	영업허가 취소		
4. 법 제11조제1항 및 법 제12조제1항·제2항 위반 　가. 가축과 식육에 대하여 검사관의 검사를 받지 아니한 경우		영업정지 15일	영업정지 1개월	영업정지 3개월
나. 집유하는 원유에 대하여 검사관 또는 책임수의사의 검사를 받지 아니한 경우		영업정지 7일	영업정지 15일	영업정지 1개월
5. 법 제13조제2항부터 제5항까지의 규정 위반 　가. 도축업 영업자에 대한 검사관의 조치 명령 또는 작업중지 명령을 정당한 사유 없이 이행하지 않은 경우		영업정지 1개월	영업정지 2개월	영업정지 3개월
나. 책임수의사를 지정하지 아니한 경우		영업정지 15일	영업정지 1개월	영업정지 2개월
다. 책임수의사의 업무를 방해하거나 업무수행상 필요한 요청을 정당한 사유 없이 거부한 경우		경 고	영업정지 15일	영업정지 1개월
라. 작업장에 두어야 하는 책임수의사의 수가 기준에 미달한 경우		경 고	영업정지 10일	영업정지 20일
6. 법 제14조제2항 위반 　가. 검사원을 두지 아니한 경우		경 고	영업정지 10일	영업정지 20일
나. 작업장에 두어야 하는 검사원의 수가 기준에 미달한 경우		경 고	영업정지 7일	영업정지 14일
7. 법 제16조를 위반하여 합격표시를 하지 아니하거나 합격표시가 없는 식육을 반출한 경우		영업정지 7일	영업정지 15일	영업정지 1개월
8. 법 제17조를 위반하여 미검사품을 반출한 경우 　가. 도축업		영업정지 15일	영업정지 1개월	영업정지 3개월

위반사항	1차 위반	2차 위반	3차 위반
나. 집유업	영업정지 7일	영업정지 15일	영업정지 1개월
9. 법 제18조 위반			
가. 검사에 불합격한 가축 또는 축산물을 소각·매몰 등의 방법으로 폐기하는 경우 그 처리방법과 기준에 위반한 경우	영업정지 10일	영업정지 20일	영업정지 1개월
나. 검사에 불합격한 가축 또는 축산물을 식용 외의 다른 용도로 전환하는 경우 그 방법과 기준에 위반한 경우	경 고	영업정지 10일	영업정지 20일
10. 법 제19조제4항을 위반하여 검사관 또는 관계 공무원의 출입·검사·수거를 거부·방해하거나 기피한 경우	영업정지 7일	영업정지 15일	영업정지 1개월
11. 법 제21조제1항, 법 제22조제2항·제4항 및 제5항 위반			
가. 허가 없이 영업장을 이전한 경우	영업허가 취소 또는 영업소 폐쇄		
나. 변경허가를 받지 아니한 경우로서			
1) 영업시설의 전부를 철거한 경우	영업허가 취소 또는 영업소 폐쇄		
2) 영업시설의 일부를 철거한 경우	영업정지 1개월	영업정지 3개월	영업허가 취소 또는 영업소 폐쇄
다. 변경허가를 받지 아니하고 영업시설의 구조 또는 작업장 면적을 변경한 경우	영업정지 1개월	영업정지 2개월	영업정지 3개월
라. 법 제22조제4항에 따른 영업의 허가조건을 위반한 경우	영업정지 1개월	영업정지 3개월	영업허가 취소
마. 급수시설기준을 위반한 경우(수질검사결과 부적합 판정을 받은 경우를 포함한다)	시설개선 명령	영업정지 1개월	영업정지 2개월
바. 허가를 받은 업종의 영업행위가 아닌 다른 업종의 영업행위를 한 경우	영업정지 1개월	영업정지 2개월	영업정지 3개월
사. 그 밖에 가목부터 바목까지를 제외한 허가 또는 신고 사항 중			
1) 시설기준에 위반된 경우	시설개선 명령	영업정지 1개월	영업정지 2개월
2) 그 밖의 사항을 위반한 경우	경고	영업정지 5일	영업정지 15일
12. 법 제30조제5항 또는 제6항 위반	경고	영업정지 5일	영업정지 10일
13. 법 제31조제2항 위반			
가. 별표 12의 도축업·집유업·식용란선별포장업·축산물가공업·식육포장처리업 영업자의 준수사항 중			
1) 제1호 마목을 위반한 경우			
가) 수질검사를 검사기간 내에 하지 아니한 경우	영업정지 15일	영업정지 1개월	영업정지 3개월
나) 부적합 판정한 물을 계속 사용한 경우	영업허가 취소		
2) 제1호자목을 위반한 경우 중 별표 13 제2호다목을 위반한 경우	해당 차량 영업정지 15일	해당 차량 영업정지 1개월	영업정지 1개월

위반행위	근거법령	1차위반	2차위반	3차위반
3) 제1호차목을 위반한 경우		영업정지 7일	영업정지 15일	영업정지 1개월
4) 제2호가목·나목·다목·마목 또는 바목을 위반한 경우		영업정지 15일	영업정지 1개월	영업정지 2개월
5) 제3호가목·나목·다목 또는 라목을 위반한 경우		영업정지 15일	영업정지 1개월	영업정지 2개월
6) 제3호마목을 위반한 경우		영업정지 7일	영업정지 15일	영업정지 1개월
7) 별표 12 제3호의2가목·나목·다목·라목·마목 또는 자목을 위반한 경우		영업정지 7일	영업정지 15일	영업정지 1개월
8) 그 밖에 1)부터 7)까지 외의 준수사항을 위반한 경우		경 고	영업정지 5일	영업정지 10일
14. 법 제32조제1항을 위반				
1) 제52조제1항제13호를 위반한 경우		영업정지 1개월	영업정지 2개월	영업정지 3개월
2) 제52조제1항제8호를 위반한 경우		경 고	영업정지 15일	영업정지 1개월
14의2. 법 제35조 위반	법 제27조제1항 제4호			
가. 시설개선 명령을 받고 이를 이행하지 아니한 경우		영업정지 1개월	영업정지 2개월	영업정지 3개월
나. 시설개선 명령을 이행하지 않았으나 이행한 것으로 속인 경우		영업허가 취소		
15. 축산법 제35조제5항을 위반하여 등급판정을 받지 아니한 축산물을 도축장에서 반출한 경우(도축장 경영자만 해당한다)	법 제27조제1항 제5호	영업정지 5일	영업정지 15일	영업정지 30일
16. 축산법 제38조제3항을 위반하여 등급판정업무를 거부·방해하거나 기피한 경우(도축장의 경영자만 해당한다)	법 제27조제1항 제6호	경 고	영업정지 15일	영업정지 30일
17. 그 밖에 법 제27조제1항 각 호(제3호를 제외한다) 중 이 표 제1호부터 제14호까지를 제외한 사항을 위반한 경우		경 고	영업정지 10일	영업정지 20일

(2) 축산물가공업·식육포장처리업·축산물유통전문판매업

위반행위	근거법령	행정처분기준		
		1차위반	2차위반	3차위반
1. 법 제4조제5항·제6항 위반	법 제27조제1항			
가. 축산물의 한시적 가공기준 및 성분규격을 정하지 아니한 축산물을 제조·가공 등 영업에 사용한 경우		영업정지 15일과 해당 제품 폐기	영업정지 1개월과 해당 제품 폐기	영업정지 3개월과 해당 제품 폐기
나. 비소, 카드뮴, 납, 수은, 중금속, 메탄올, 다이옥신 또는 시안화물의 기준을 위반한 경우		품목류 제조정지 1개월과 해당 제품 폐기	영업정지 1개월과 해당 제품 폐기	영업정지 2개월과 해당 제품 폐기
다. 바륨, 폼알데하이드, 올소톨루엔, 설폰아미드, 방향족탄화수소, 폴리옥시에틸렌, 엠씨피디 또는 세레늄의 기준을 위반한 경우		품목류 제조정지 15일과 해당 제품 폐기	품목류 제조정지 1개월과 해당 제품 폐기	영업정지 1개월과 해당 제품 폐기

라. 방사능잠정허용기준을 위반한 경우	품목류 제조정지 1개월과 해당 제품 및 원료폐기	영업정지 1개월과 해당 제품 및 원료폐기	영업정지 3개월과 해당 제품 및 원료폐기
마. 농약잔류허용기준을 위반한 경우	품목류 제조정지 1개월과 해당 제품 및 원료폐기	영업정지 1개월과 해당 제품 및 원료폐기	영업정지 3개월과 해당 제품 및 원료폐기
바. 곰팡이 독소 기준을 초과한 경우	품목류 제조정지 1개월과 해당 제품 및 원료폐기	영업정지 1개월과 해당 제품 및 원료폐기	영업정지 3개월과 해당 제품 및 원료폐기
사. 동물용의약품의 잔류허용기준을 위반한 경우	품목류 제조정지 1개월과 해당 제품 및 원료폐기	영업정지 1개월과 해당 제품 및 원료폐기	영업정지 3개월과 해당 제품 및 원료폐기
아. 식중독균·엔테로박터 사카자키균 검출기준을 위반한 경우	품목류 제조정지 1개월과 해당 제품폐기	영업정지 1개월과 해당 제품폐기	영업정지 3개월과 해당 제품폐기
자. 산가, 과산화물가, 대장균, 대장균군, 일반세균 또는 세균발육 기준을 위반한 경우	품목 제조정지 15일과 해당 제품 폐기	품목 제조정지 1개월과 해당 제품 폐기	품목 제조정지 3개월과 해당 제품 폐기
차. 주석, 포스파타제, 암모니아성질소, 아질산이온 또는 형광증백제시험에서 부적합하다고 판정된 경우	품목 제조정지 1개월과 해당 제품 폐기	품목 제조정지 2개월과 해당 제품 폐기	품목류 제조정지 2개월과 해당 제품 폐기
카. 식품첨가물의 사용 및 허용기준을 위반한 경우로서 1) 허용한 식품첨가물 외의 식품첨가물을 사용한 경우	영업정지 1개월과 해당 제품 폐기	영업정지 2개월과 해당 제품 폐기	영업허가 취소 또는 영업소 폐쇄
2) 사용 또는 허용량 기준을 초과한 경우로서 가) 30% 이상을 초과한 경우	품목류 제조정지 1개월과 해당 제품 폐기	영업정지 1개월과 해당 제품 폐기	영업정지 2개월과 해당 제품 폐기
나) 10% 이상 30% 미만을 초과한 경우	품목 제조정지 1개월과 해당 제품 폐기	품목 제조정지 2개월과 해당 제품 폐기	품목류 제조정지 2개월과 해당 제품 폐기
다) 10% 미만을 초과한 경우	경 고	품목 제조정지 1개월	품목 제조정지 2개월
타. 나목부터 카목까지의 규정 외의 그 밖의 성분에 관한 규격 또는 법 제25조에 따라 품목제조보고한 성분배합비율을 위반한 경우으로서			

	1차	2차	3차
1) 30% 이상 부족하거나 초과한 경우	품목 제조정지 2개월과 해당 제품폐기	품목류 제조정지 2개월과 해당 제품폐기	품목류 제조정지 3개월과 해당 제품폐기
2) 20% 이상 30% 미만 부족하거나 초과한 경우	품목 제조정지 1개월과 해당 제품폐기	품목 제조정지 2개월과 해당 제품폐기	품목류 제조정지 2개월과 해당 제품폐기
3) 10% 이상 20% 미만 부족하거나 초과한 경우	품목 제조정지 15일	품목 제조정지 1개월	품목 제조정지 2개월
4) 10% 미만 부족하거나 초과한 경우	경고	품목 제조정지 7일	품목 제조정지 15일
파. 이물이 혼입된 경우			
1) 기생충 또는 그 알, 금속, 유리가 혼입된 경우	품목 제조정지 7일과 해당 제품폐기	품목 제조정지 15일과 해당 제품폐기	품목 제조정지 1개월과 해당 제품폐기
2) 칼날이나 동물(쥐 등 설치류 및 바퀴벌레)의 사체가 혼입된 경우	품목 제조정지 15일과 해당 제품폐기	품목 제조정지 1개월과 해당 제품폐기	품목 제조정지 2개월과 해당 제품폐기
3) 1) 및 2) 외의 이물이 혼입된 경우	경 고	품목 제조정지 5일	품목 제조정지 10일
하. 축산물조사처리기준을 위반한 경우	품목류 제조정지 1개월과 해당 제품폐기	품목류 제조정지 3개월과 해당 제품폐기	영업허가 취소 또는 영업소 폐쇄와 해당 제품폐기
거. 축산물의 가공기준 및 성분규격 중 원료의 구비요건이나 가공기준을 위반한 경우(제5호의 어느 하나에 해당하는 경우는 제외한다)로서			
1) 축산물가공품의 원료로 사용하여서는 아니되는 동·식물성 원료를 사용한 경우(4)에 해당되는 경우는 제외한다)	품목 제조정지 15일과 해당 제품폐기	품목 제조정지 1개월과 해당 제품폐기	품목 제조정지 2개월과 해당 제품폐기
2) 식용으로 부적합한 비가식 부분을 원료로 사용하거나 제거하지 아니하여 원료로 혼입된 경우	품목 제조정지 1개월과 해당 제품 폐기	품목 제조정지 2개월과 해당 제품 폐기	품목 제조정지 3개월과 해당 제품 폐기
3) 식용으로 부적합한 식용란을 원료로 사용한 경우	영업정지 1개월과 해당 제품 폐기	영업정지 3개월과 해당 제품 폐기	영업허가 취소 또는 영업소 폐쇄와 해당 제품 폐기
4) 사료용 또는 공업용으로 사용되는 등 식용을 목적으로 수집·처리·가공 또는 관리되지 않은 것을 원료로 사용한 경우	영업허가 취소 또는 영업소 폐쇄와 해당 제품 폐기		
5) 유통기한이 경과된 식품(식품첨가물을 포함한다)을 축산물가공품의 원료로 사용한 경우	영업정지 15일과 해당 제품 폐기	영업정지 1개월과 해당 제품 폐기	영업정지 3개월과 해당 제품 폐기
6) 표시하지 아니한 식품 또는 식품첨가물을 원료로 사용한 경우	영업정지 1개월과 해당 제품 폐기	영업정지 2개월과 해당 제품 폐기	영업정지 3개월과 해당 제품 폐기

위반사항	1차 위반	2차 위반	3차 위반
7) 법 제12조제3항에 따른 검사, 법 제19조제1항에 따른 검사, 그 밖에 영업자가 하는 자체적인 검사의 결과 부적합한 축산물로 확인되거나 통보된 후에도 그 축산물을 원료로 사용한 경우	품목 제조정지 1개월과 해당 제품 폐기	품목 제조정지 2개월과 해당 제품 폐기	품목 제조정지 3개월과 해당 제품 폐기
8) 그 밖의 사항을 위반한 경우	경고	품목 제조정지 7일	품목 제조정지 15일
너. 보존 및 유통기준을 위반한 경우	영업정지 7일	영업정지 15일	영업정지 1개월
더. 그 밖에 가목부터 너목까지 외의 사항을 위반한 경우	경고	품목 제조정지 5일	품목 제조정지 10일
2. 법 제5조제2항을 위반하여 정해진 규격 등에 적합하지 아니한 용기 등을 사용한 경우	경고	품목 제조정지 5일	품목 제조정지 10일
3. 법 제6조제2항·제3항 또는 법 제32조제1항 위반			
가. 축산물에 대한 표시사항의 위반으로서 표시대상 축산물에 표시사항 전부를 표시하지 아니하거나 표시하지 아니한 축산물을 영업에 사용한 경우	영업정지 1개월과 해당 제품 폐기	영업정지 2개월과 해당 제품 폐기	영업정지 3개월과 해당 제품 폐기
나. 주표시면에 표시하여야 할 사항 중 표시하지 아니하거나 기준에 부적합한 경우로서			
1) 주표시면에 표시하여야 하는 제품명, 축산물가공품의 유형 및 내용량을 전부 표시하지 아니한 경우	품목 제조정지 1개월	품목 제조정지 2개월	품목 제조정지 3개월
2) 주표시면에 표시하여야 하는 제품명 또는 축산물가공품의 유형을 표시하지 아니한 경우	품목 제조정지 15일	품목 제조정지 1개월	품목제조정지 2개월
3) 내용량을 표시하지 아니한 경우	경고	품목 제조정지 15일	품목 제조정지 1개월
다. 제품명 표시기준을 위반한 경우로서			
1) 특정 원재료 또는 성분을 제품명에 사용 시 주표시면 또는 원재료명 또는 성분명 표시란에 그 함량을 표시하지 않은 경우	품목 제조정지 15일	품목 제조정지 1개월	품목 제조정지 2개월
2) 제품명을 표시하지 아니하거나 표시기준에 위반한 제품명을 사용한 경우	품목 제조정지 15일	품목 제조정지 1개월	품목 제조정지 2개월
라. 제조연월일 또는 유통기한 표시기준을 위반한 경우로서			
1) 제조연월일, 유통기한 또는 산란일을 표시하지 아니하거나 표시하지 아니한 축산물을 영업에 사용한 경우(제조연월일, 유통기한 표시대상 축산물만 해당한다)	품목 제조정지 15일과 해당 제품 폐기	품목 제조정지 1개월과 해당 제품 폐기	품목 제조정지 2개월과 해당 제품 폐기
2) 유통기한을 품목제조보고한 내용보다 초과하여 표시한 경우	영업정지 1개월과 해당 제품 폐기	영업정지 2개월과 해당 제품 폐기	영업정지 3개월과 해당 제품 폐기
3) 제품에 표시된 제조연월일, 유통기한 또는 산란일을 변조한 경우(가공 없이 포장만을 다시 하여 표시한 경우를 포함한다)	영업허가 취소 또는 영업소 폐쇄와 해당 제품 폐기		
4) 제조연월일 표시기준을 위반하여 유통기한을 연장한 경우	영업정지 1개월과 해당 제품 폐기	영업정지 2개월과 해당 제품 폐기	영업정지 3개월과 해당 제품 폐기
마. 원재료명 및 함량표시기준을 위반한 경우로서			
1) 사용한 원재료를 모두 표시하지 아니한 경우	품목 제조정지 15일	품목 제조정지 1개월	품목 제조정지 2개월

위반사항			
2) 알레르기 유발 식품을 성분·원료로 사용한 제품에 그 사용한 원재료명을 표시하지 아니한 경우	품목 제조정지 15일	품목 제조정지 1개월과 해당 제품 폐기	품목 제조정지 2개월과 해당 제품 폐기
3) 명칭과 용도를 함께 표시하여야 하는 합성감미료, 합성착색료, 합성보존료, 산화방지제 등에 대해 이를 표시하지 아니한 경우	시정명령	품목 제조정지 7일	품목제조정지 15일
바. 내용량을 표시함에 있어 부족량이 허용오차를 위반한 경우로서			
1) 20% 이상 부족한 것	품목 제조정지 2개월	품목 제조정지 3개월	품목류 제조정지 3개월
2) 10% 이상 20% 미만 부족한 것	품목 제조정지 1개월	품목 제조정지 2개월	품목 제조정지 3개월
3) 10% 미만 부족한 것	경 고	품목 제조정지 15일	품목 제조정지 1개월
사. 조사처리축산물의 표시기준을 위반한 사항으로 1) 조사된 축산물임을 표시하지 아니한 경우	품목 제조정지 15일	품목 제조정지 1개월	품목 제조정지 2개월
2) 조사처리축산물을 표시함에 있어 기준을 위반하여 표시한 경우	경 고	품목 제조정지 15일	품목 제조정지 1개월
아. 사용금지한 식품첨가물 등에 "무" 등의 강조표시를 하여 소비자를 오인·혼동하게 한 경우	영업정지 15일과 해당 제품(표시된 제품에 한함) 폐기	영업정지 1개월과 해당 제품(표시된 제품에 한함) 폐기	영업정지 2개월과 해당 제품(표시된 제품에 한함) 폐기
자. 허위표시 또는 과대광고와 관련한 사항으로 1) 질병의 치료에 효능이 있다는 내용의 표시나 광고	영업정지 2개월과 해당 제품(표시된 제품만 해당한다) 폐기	영업허가 취소 또는 영업소 폐쇄와 해당 제품(표시된 제품만 해당한다) 폐기	
2) 의약품으로 혼동할 우려가 있는 내용의 표시나 광고	영업정지 15일	영업정지 1개월	영업정지 2개월
3) 사료·물에 첨가한 성분이나 축산물의 제조 시 혼합한 원재료 또는 성분이 가지는 효능·효과를 표시하여 해당 축산물 자체에는 그러한 효능·효과가 없음에도 불구하고 효능·효과가 있는 것처럼 혼동할 우려가 있는 표시·광고	영업정지 7일	영업정지 15일	영업정지 1개월
4) 체험기 및 체험사례 등 이와 유사한 내용을 표현하는 광고	품목 제조정지 1개월	품목 제조정지 2개월	품목 제조정지 3개월
5) 사행심을 조장하는 내용의 광고를 한 경우	경 고	품목 제조정지 15일	품목 제조정지 1개월
6) 안전관리인증작업장등으로 인증받지 않고 안전관리인증작업장등의 명칭을 사용한 경우	영업정지 1개월	영업정지 2개월	영업정지 3개월
7) 정부기관이 아닌 협회 또는 단체에서 인정한 내용을 표시·광고한 경우(제52조제1항제8호라목에 따른 사실을 표시·광고한 경우는 제외한다)	경 고	품목 제조정지 15일	품목 제조정지 1개월
8) 사실과 다르거나 제품과 관련 없는 수상 또는 상장을 이용한 표시·광고를 한 경우	영업정지 7일	영업정지 15일	영업정지 1개월

	1차	2차	3차
차. 제품의 포장재질·포장방법에 관한 기준 등에 관한 규칙에 위반하여 포장한 경우(카목에 해당하는 경우는 제외한다)	경 고	품목 제조정지 10일	품목 제조정지 1개월
카. 포장한 2개 이상의 제품을 다시 1개로 재포장한 것으로, 그 내용물이 재포장 용량의 2분의 1에 미달되는 경우	경 고	품목 제조정지 2개월	품목 제조정지 3개월
타. 영양성분 표시기준을 위반한 경우	경 고	품목 제조정지 15일	품목 제조정지 1개월
파. 유전자재조합축산물의 표시위반			
1) 유전자재조합축산물에 유전자재조합축산물임을 표시하지 아니한 경우	품목 제조정지 15일	품목 제조정지 1개월	품목 제조정지 2개월
2) 유전자재조합축산물을 유전자재조합축산물이 아닌 것으로 표시·광고한 경우	품목 제조정지 1개월	품목 제조정지 2개월	품목 제조정지 3개월
하. 그 밖에 가목부터 파목까지를 제외한 표시기준 및 허위표시 등 위반사항이			
1) 3개 사항 이상인 경우	품목 제조정지 15일	품목 제조정지 1개월	품목 제조정지 2개월
2) 3개 사항 미만인 경우	경 고	품목 제조정지 15일	품목 제조정지 1개월
4. 법 제8조제2항 및 제9조제2항 위반			
가. 자체위생관리기준을 작성하지 않은 경우	영업정지 1개월	영업정지 2개월	영업정지 3개월
나. 작성된 자체위생관리기준을 운용하지 않은 경우로서			
1) 자체위생관리기준서에 따라 위생점검을 10일 이상 하지 않거나, 위생점검을 하지 아니하고도 점검표를 한 것처럼 거짓으로 작성한 경우	영업정지 15일	영업정지 1개월	영업정지 2개월
2) 자체위생관리기준서에 따라 위생점검을 10일 미만 하지 않은 경우	경 고	영업정지 15일	영업정지 1개월
다. 자체안전관리인증기준을 작성하지 않은 경우			
1) 자체안전관리인증기준의 전부를 작성하지 않은 경우	영업정지 1개월	영업정지 2개월	영업정지 3개월
2) 안전관리인증기준에서 정한 원재료·부재료 입고 시 확인방법, 작업장 세척·소독, 종사자 위생관리, 중요관리점에 대한 모니터링·검증·한계기준 및 개선조치에 관한 사항을 작성하지 않은 경우	영업정지 7일	영업정지 1개월	영업정지 3개월
라. 작성된 자체안전관리인증기준을 운용하지 않은 경우			
1) 원재료·부재료 입고 시 공급업체로부터 자체안전관리인증기준에서 정한 검사성적서를 받지도 않고 자체안전관리인증기준에서 정한 자체검사도 하지 않은 경우	영업정지 7일	영업정지 1개월	영업정지 3개월
2) 작업장 세척 또는 소독을 하지 않고 종사자 위생관리도 하지 않은 경우	영업정지 7일	영업정지 1개월	영업정지 3개월
3) 자체안전관리인증기준에 따른 중요관리점(CCP)에 대한 모니터링 및 검증을 실시하지 아니하고도 거짓으로 그 기록을 작성한 경우	영업정지 15일	영업정지 1개월	영업정지 3개월
4) 중요관리점에 대한 모니터링 및 검증을 10일 이상 실시하지 않은 경우[6)에 해당하는 경우는 제외한다]	영업정지 7일	영업정지 2개월	영업정지 3개월

5) 중요관리점에 대한 모니터링 및 검증을 10일 미만 실시하지 않은 경우[(6)에 해당하는 경우는 제외한다]	경 고	영업정지 1개월	영업정지 2개월
6) 살균 또는 멸균 등 가열이 필요한 공정에서 자체안전관리인증기준에서 정한 중요관리점에 대한 모니터링을 하지 않은 경우	영업정지 7일	영업정지 1개월	영업정지 3개월
7) 축산물의 안전성에 대한 개선사항이 있거나 중요관리점에 대한 한계기준의 위반사실이 있음에도 불구하고 즉시 개선조치를 하지 않은 경우	영업정지 7일	영업정지 1개월	영업정지 3개월
8) 중요관리점에 대한 같은 한계기준을 2회 이상 연속으로 위반한 경우	경 고	영업정지 1개월	영업정지 3개월
9) 계측기구에 대한 검정·교정을 실시하지 않은 경우	경 고	영업정지 15일	영업정지 1개월
10) 1년 이상 자체안전관리인증기준에 대한 재평가를 실시하지 않은 경우	경 고	영업정지 15일	영업정지 1개월
11) 법 제9조의3제2항에 따른 조사·평가 결과가 다음의 어느 하나에 해당하는 경우 가) 선행요건 관리분야에서 부적합 판정을 받은 경우로서 만점의 60% 미만을 받은 경우 나) 안전관리인증기준 관리분야에서 부적합 판정을 받은 경우로서 만점의 60% 미만을 받은 경우	영업정지 7일	영업정지 1개월	영업정지 3개월
12) 법 제9조의3제2항에 따른 조사·평가 결과가 다음의 어느 하나에 해당하는 경우 가) 선행요건 관리분야에서 부적합 판정을 받은 경우로서 만점의 85% 미만 60% 이상을 받은 경우 나) 안전관리인증기준 관리분야에서 부적합 판정을 받은 경우로서 만점의 85% 미만 60% 이상을 받은 경우	경 고	영업정지 7일	영업정지 15일
13) 그 밖에 자체안전관리인증기준을 준수하지 않은 경우	경 고	영업정지 15일	영업정지 1개월
4의2. 법 제9조의3제6항을 위반하여 정당한 사유 없이 관계 공무원의 출입·조사를 거부·방해하거나 기피한 경우(유가공업·알가공업의 경우만 해당한다)	영업정지 7일	영업정지 15일	영업정지 1개월
5. 법 제12조제3항 및 제6항 위반			
가. 검사를 실시하지 아니한 경우로서			
1) 검사항목의 전부에 대하여 실시하지 아니한 경우	품목 제조정지 1개월	품목 제조정지 3개월	품목류 제조정지 3개월
2) 검사항목의 50% 이상에 대하여 실시하지 아니한 경우	품목 제조정지 15일	품목 제조정지 1개월	품목 제조정지 3개월
3) 검사항목의 50% 미만에 대하여 실시하지 아니한 경우	경 고	품목 제조정지 15일	품목 제조정지 3개월
나. 검사에 관한 기록서를 2년간 보관하지 아니한 경우	영업정지 5일	영업정지 15일	영업정지 1개월
다. 법 제12조제3항에 따른 검사결과 부적합한 사실을 확인하였거나, 같은 조 제6항에 따른 위탁검사기관으로부터 부적합한 사실을 통보받았음에도 불구하고, 해당 축산물을 유통·판매한 경우	영업허가 취소 또는 영업소 폐쇄와 해당 제품 폐기		

위반사항	1차	2차	3차
라. 법 제12조제6항을 위반하여 검사결과 위반사항을 보고하지 않은 경우	영업정지 1개월	영업정지 2개월	영업정지 3개월
7. 법 제18조 위반			
가. 검사에 불합격한 축산물을 소각·매몰 등의 방법으로 폐기하려는 경우 그 처리방법과 기준에 위반한 경우	품목 제조정지 15일	품목 제조정지 1개월	품목 제조정지 2개월
나. 검사에 불합격한 축산물을 식용 외의 다른 용도로 전환하는 경우 그 방법과 기준에 위반한 경우	경고	품목 제조정지 15일	품목 제조정지 1개월
8. 법 제19조제4항을 위반하여 검사관 또는 관계 공무원의 출입·검사·수거를 거부·방해하거나 기피한 경우	영업정지 7일	영업정지 15일	영업정지 1개월
9. 법 제21조제1항, 법 제22조제2항·제4항·제5항 및 법 제24조제2항 위반			
가. 허가 또는 신고 없이 영업장을 이전한 경우	영업허가 취소 또는 영업소 폐쇄		
나. 변경허가를 받지 아니하거나 변경신고를 하지 아니한 경우로서			
1) 영업시설의 전부를 철거한 경우(시설 없이 영업신고를 한 경우를 포함한다)	영업허가 취소 또는 영업소 폐쇄		
2) 영업시설의 일부를 철거한 경우	시설개선 명령	영업정지 1개월	영업정지 2개월
다. 영업장의 면적이나 영업시설의 구조를 변경하고 변경 허가 또는 신고를 하지 아니한 경우	영업정지 7일	영업정지 1개월	영업정지 1개월
라. 변경신고를 하지 아니하고 추가로 시설을 설치하여 새로운 제품을 생산한 경우	경고	영업정지 1개월	영업정지 2개월
마. 법 제22조제4항에 따른 조건을 위반한 경우	영업정지 1개월	영업정지 3개월	영업허가 취소
바. 급수시설기준을 위반한 경우(수질검사결과 부적합 판정을 받은 경우를 포함한다)	시설개선 명령	영업정지 1개월	영업정지 3개월
사. 허가를 받거나 신고를 한 업종의 영업행위가 아닌 다른 업종의 영업행위를 한 경우	영업정지 1개월	영업정지 2개월	영업정지 3개월
아. 그 밖에 가목부터 사목까지를 제외한 허가 또는 신고 사항 중			
1) 시설기준에 위반된 경우	시설개선 명령	영업정지 1개월	영업정지 2개월
2) 그 밖의 사항을 위반한 경우(법 제24조제2항을 위반하여 휴업, 재개업 또는 폐업 신고를 하지 않은 경우는 제외한다)	경고	영업정지 5일	영업정지 15일
10. 법 제30조제5항 또는 제6항을 위반한 경우	경고	영업정지 5일	영업정지 10일
11. 법 제31조제2항 위반			
가. 별표 12의 도축업·집유업·축산물가공업·식육포장처리업 영업자의 준수사항 중			
1) 제1호마목을 위반한 경우			
가) 수질검사를 검사기간 내에 하지 아니한 경우	영업정지 15일	영업정지 1개월	영업정지 3개월
나) 부적합 판정한 물을 계속 사용한 경우	영업허가 취소 또는 영업소 폐쇄		

위반사항	1차	2차	3차
2) 제1호자목을 위반한 경우 중 별표 13 제2호다목을 위반한 경우	해당 차량 영업정지 15일	해당 차량 영업정지 1개월	영업정지 1개월
3) 제1호차목을 위반한 경우	영업정지 7일	영업정지 15일	영업정지 1개월
4) 제4호가목 및 마목을 위반한 경우			
가) 생산 및 작업기록에 관한 서류 또는 거래내역서류를 작성하지 아니하거나 허위로 작성한 경우 또는 이를 보관하지 아니한 경우	영업정지 15일	영업정지 1개월	영업정지 3개월
나) 원료의 입고·사용에 관한 원료수불서류를 작성하지 아니하거나 허위로 작성한 경우 또는 이를 보관하지 아니한 경우	영업정지 5일	영업정지 10일	영업정지 20일
5) 제4호 라목·바목·사목·자목·차목·카목 또는 파목을 위반한 경우(바목에 따른 신고를 사실과 다르게 한 경우와 자목과 차목에 따라 영수증 또는 거래명세서에 적어야 할 사항 중 일부를 적지 않은 경우를 포함한다)	영업정지 7일	영업정지 15일	영업정지 1개월
나. 별표 13의 축산물보관업·축산물운반업·축산물판매업(축산물유통전문판매업만 해당한다) 영업자의 준수사항 중 제3호아목·자목·차목·파목·하목·거목 또는 너목을 위반한 경우(차목, 하목, 거목에 따라 작성·보관·발급하여야 할 거래내역서·거래명세서 등에 적어야 할 사항 중 일부를 적지 않은 경우를 포함한다)	영업정지 7일	영업정지 15일	영업정지 1개월
다. 그 밖에 가목 및 나목을 제외한 준수사항을 위반한 경우	경 고	영업정지 5일	영업정지 10일
12. 법 제31조의2제1항에 따른 회수 또는 폐기조치를 하지 아니한 경우	영업정지 2개월	영업정지 3개월	영업허가 취소 또는 영업소 폐쇄
13. 법 제31조의3제1항 단서에 따른 축산물가공품이력추적관리를 등록하지 않은 경우(등록이 취소된 경우를 포함한다)	시정명령	영업정지 7일	영업정지 15일
14. 법 제31조의4 위반			
가. 법 제31조의4제1항을 위반하여 이력추적관리정보를 2년 이상 보관하지 않은 경우	시정명령	영업정지 7일	영업정지 15일
나. 법 제31조의4제2항 단서를 위반하여 축산물가공품이력추적관리의 표시를 하지 않은 경우	시정명령	영업정지 7일	영업정지 15일
15. 법 제33조제1항 위반			
가. 썩었거나 상한 것으로서 인체의 건강을 해칠 우려가 있는 것	영업정지 1개월과 해당 제품폐기	영업정지 3개월과 해당 제품폐기	영업허가 취소 또는 영업소 폐쇄와 해당 제품 폐기
나. 유독·유해물질이 들어 있거나 묻어있는 것이거나 그 우려가 있는 것 또는 병원성미생물에 의하여 오염되었거나 그 우려가 있는 것[법 제4조에 따라 정한 동물용의약품의 잔류허용기준에서 검출되어서는 아니되는 물질 중 국제암연구소(IARC)가 발암물질로 정한 것과 법 제4조에 따라 유독·유해물질로 정한 것을 포함한다]	영업허가 취소 또는 영업소 폐쇄와 해당 제품 폐기		

위반행위	근거법령	1차위반	2차위반	3차위반
다. 불결하거나 다른 물질이 혼입 또는 첨가되었거나 그 밖의 사유로 인체의 건강을 해할 우려가 있는 것 [법 제4조에 따라 정한 동물용의약품의 잔류허용기준에서 검출되어서는 아니 되는 물질 중 국제암연구소(IARC)가 발암물질로 정한 것 외의 것을 포함한다]		영업정지 1개월과 해당 제품폐기	영업정지 2개월과 해당 제품폐기	영업허가 취소 또는 영업소 폐쇄와 해당 제품 폐기
라. 수입이 금지된 것을 수입하거나 수입식품안전관리 특별법 제20조제1항에 따라 수입신고를 하여야 하는 경우에 신고하지 아니하고 수입한 것(식용 외의 용도로 수입된 것을 식용으로 사용한 경우를 포함한다)		영업정지 2개월과 해당 제품폐기	영업정지 3개월과 해당 제품폐기	영업허가 취소 또는 영업소 폐쇄와 해당 제품 폐기
마. 허가를 받지 아니하거나 신고를 하지 아니한 자가 도살·처리·가공 또는 제조한 것		영업정지 2개월과 해당 제품폐기	영업정지 3개월과 해당 제품폐기	영업허가 취소 또는 영업소 폐쇄와 해당 제품 폐기
바. 해당 축산물에 표시된 유통기한이 지난 축산물		영업정지 15일과 해당 제품 폐기	영업정지 1개월과 해당 제품 폐기	영업정지 3개월과 해당 제품 폐기
사. 위해의 우려가 제기되는 축산물로서 위해평가가 끝나기까지 처리·가공·포장·사용·수입·보관·운반·진열· 판매가 금지된 것		영업정지 15일과 해당 제품 폐기	영업정지 1개월과 해당 제품 폐기	영업정지 3개월과 해당 제품 폐기
16. 법 제35조 및 제36조 위반				
가. 시설개선·회수·폐기명령을 받고 이를 이행하지 아니한 경우		영업정지 1개월	영업정지 2개월	영업정지 3개월
나. 시설개선 명령 또는 축산물 회수·폐기 명령을 이행하지 않았으나 이행한 것으로 속인 경우		영업허가 취소 또는 영업소 폐쇄		
다. 유통 중인 축산물의 원료·가공방법·성분 또는 그 배합비율의 변경 명령에 위반한 경우		품목 제조정지 1개월	품목 제조정지 2개월	품목 제조정지 3개월
라. 압류·회수한 축산물을 폐기하는 경우에 그 처리방법과 기준에 위반한 경우		품목 제조정지 7일	품목 제조정지 15일	품목 제조정지 1개월
마. 압류·회수한 축산물을 식용 외의 다른 용도로 전환하는 경우에 그 방법과 기준에 위반한 경우		품목 제조정지 5일	품목 제조정지 10일	품목 제조정지 20일
17. 법 제37조제1항에 따른 위해발생사실의 공표명령을 위반한 경우		영업정지 1개월	영업정지 2개월	영업정지 3개월
18. 영업정지 처분 기간 중에 영업을 한 경우		영업허가취소 또는 영업소 폐쇄		
19. 품목 또는 품목류 제조정지 기간 중에 품목제조를 한 경우		영업정지 2개월	영업허가취소 또는 영업소 폐쇄	
20. 그 밖에 법 제27조제1항 각 호(제3호를 제외한다) 중 이 표 제1호부터 제17호까지를 제외한 사항을 위반한 경우		경 고	영업정지 7일	영업정지 15일

(3) 축산물보관업·축산물운반업·축산물판매업(축산물유통전문판매업은 제외한다)

위반행위	근거법령	행정처분기준		
		1차위반	2차위반	3차위반
1. 법 제4조제5항·제6항 위반	법 제27조제1항			
가. 식중독균·엔테로박터 사카자키균 검출 기준을 위반한 것		영업정지 1개월과 해당 제품폐기	영업정지 2개월과 해당 제품폐기	영업정지 3개월과 해당 제품폐기

위반사항			
나. 산가, 과산화물가, 대장균, 대장균군, 일반세균 또는 세균발육 기준을 위반한 것	영업정지 7일과 해당 제품폐기	영업정지 15일과 해당 제품폐기	영업정지 1개월과 해당 제품폐기
다. 이물이 혼입된 것	경 고	영업정지 7일	영업정지 15일
라. 보존 및 유통기준을 위반한 것	영업정지 7일	영업정지 15일	영업정지 1개월
마. 식용으로 부적합한 식용란을 판매하거나 판매할 목적으로 보관·운반·진열하는 경우	영업정지 1개월과 해당 제품 폐기	영업정지 3개월과 해당 제품 폐기	영업허가 취소 또는 영업소 폐쇄와 해당 제품 폐기
바. 그 밖에 가목부터 마목까지 외의 사항을 위반한 것	경 고	영업정지 5일	영업정지 10일
2. 법 제5조제2항을 위반하여 정해진 규격 등에 적합하지 아니한 용기 등을 사용한 경우	경 고	품목 제조정지 5일	품목 제조정지 10일
3. 법 제6조제2항·제3항 또는 법 제32조제1항 위반 가. 축산물에 대한 표시사항의 위반으로서 1) 표시대상 축산물에 표시사항 전부를 표시하지 아니한 것을 보관·진열·운반·판매한 경우	영업정지 1개월과 해당 제품 폐기	영업정지 2개월과 해당 제품 폐기	영업정지 3개월과 해당 제품 폐기
나. 주표시면에 표시하여야 할 사항을 표시하지 아니한 것을 보관·진열·운반·판매한 경우	경 고	영업정지 7일	영업정지 15일
다. 제조연월일, 유통기한 또는 산란일을 표시하지 아니한 축산물을 보관·진열·운반·판매한 때	영업정지 7일과 해당 제품폐기	영업정지 15일과 해당 제품폐기	영업정지 1개월과 해당 제품폐기
라. 제품에 표시된 제조연월일, 유통기한 또는 산란일을 변조한 경우(가공 없이 포장만을 다시 하여 표시한 경우를 포함한다)	영업허가 취소 또는 영업소 폐쇄와 해당 제품 폐기		
마. 산란일 표시기준을 위반하여 유통기한을 연장한 경우	영업정지 1개월과 해당 제품 폐기	영업정지 2개월과 해당 제품 폐기	영업정지 3개월과 해당 제품 폐기
바. 달걀의 껍데기 표시기준을 위반한 경우로서 다음의 어느 하나에 해당하는 경우 1) 달걀의 껍데기 표시사항을 위조하거나 변조한 경우	영업소 폐쇄와 해당 제품 폐기		
2) 달걀의 껍데기 표시사항 중 산란일 또는 축산법 시행규칙 제27조제5항에 따라 축산업 허가를 받은 자에게 부여한 고유번호를 표시하지 않은 경우	영업정지 15일과 해당제품 폐기	영업정지 1개월과 해당제품 폐기	영업정지 2개월과 해당제품 폐기
사. 허위표시 또는 과대광고와 관련한 사항으로 1) 질병의 치료에 효능이 있다는 내용의 표시나 광고	영업정지 2개월과 해당 제품(표시된 제품만 해당한다) 폐기	영업허가 취소 또는 영업소 폐쇄와 해당 제품(표시된 제품만 해당한다) 폐기	
2) 의약품으로 혼동할 우려가 있는 내용의 표시나 광고	영업정지 15일	영업정지 1개월	영업정지 2개월
3) 사료·물에 첨가한 성분이나 축산물의 제조 시 혼합한 원재료 또는 성분이 가지는 효능·효과를 표시하여 해당 축산물 자체에는 그러한 효능·효	영업정지 7일	영업정지 15일	영업정지 1개월

위반사항	1차	2차	3차
과가 없음에도 불구하고 효능·효과가 있는 것처럼 혼동할 우려가 있는 표시·광고			
4) 체험기 및 체험사례 등 이와 유사한 내용을 표현하는 광고	영업정지 7일	영업정지 15일	영업정지 1개월
5) 사행심을 조장하는 내용의 광고를 한 경우	영업정지 5일	영업정지 10일	영업정지 20일
6) 안전관리인증작업장등으로 인증받지 않고 안전관리인증작업장등의 명칭을 사용한 경우	영업정지 1개월	영업정지 2개월	영업정지 3개월
7) 정부기관이 아닌 협회 또는 단체에서 인정한 내용을 표시·광고한 경우(제52조제1항제8호라목에 따른 사실을 표시·광고한 경우는 제외한다)	경고	품목제조정지 15일	품목제조정지 1개월
8) 사실과 다르거나 제품과 관련 없는 수상 또는 상장을 이용한 표시·광고를 한 경우	영업정지 7일	영업정지 15일	영업정지 1개월
아. 가목부터 사목까지를 제외한 표시기준 및 허위표시 등 위반사항이			
1) 3개 사항 이상인 경우	영업정지 7일	영업정지 15일	영업정지 1개월
2) 3개 사항 미만인 경우	경 고	영업정지 7일	영업정지 15일
4. 법 제8조제2항 위반			
가. 자체위생관리기준을 작성하지 아니한 경우	경 고	영업정지 15일	영업정지 1개월
나. 작성된 자체위생관리기준을 운용하지 아니한 경우로서			
1) 자체위생관리기준서에 따라 위생점검을 10일 이상 하지 아니하거나, 위생점검을 하지 아니하고도 점검표를 한 것처럼 허위로 작성한 경우	영업정지 15일	영업정지 1개월	영업정지 2개월
2) 자체위생관리기준서에 따라 위생점검을 10일 미만 하지 아니한 경우	경 고	영업정지 15일	영업정지 1개월
4의2. 법 제12조제4항 및 제6항 위반			
가. 검사를 실시하지 않은 경우로서 다음의 어느 하나에 해당하는 경우			
1) 검사항목의 전부를 실시하지 않은 경우	영업정지 7일	영업정지 15일	영업정지 1개월
2) 검사항목의 50% 이상을 실시하지 않은 경우	영업정지 5일	영업정지 10일	영업정지 20일
3) 검사항목의 50% 미만을 실시하지 않은 경우	경 고	영업정지 5일	영업정지 10일
나. 검사에 관한 기록서를 2년간 보관하지 않은 경우	영업정지 5일	영업정지 15일	영업정지 1개월
다. 법 제12조제6항을 위반하여 검사결과 위반사항을 보고하지 않은 경우	영업정지 1개월	영업정지 2개월	영업정지 3개월
5. 법 제18조(검사불합격품의 처리)를 위반하여 검사불합격품을 보관·운반·판매한 경우	영업정지 7일	영업정지 15일	영업정지 1개월
6. 법 제19조제4항을 위반하여 검사관 또는 관계 공무원의 출입·검사·수거를 거부·방해하거나 기피한 경우	영업정지 7일	영업정지 15일	영업정지 1개월
7. 법 제21조제1항, 법 제22조제2항·제4항·제5항 및 법 제24조제2항 위반			

가. 허가 또는 신고 없이 영업장을 이전한 경우	영업허가취소 또는 영업소 폐쇄		
나. 변경허가를 받지 아니하거나 변경신고를 하지 아니한 경우로서 1) 영업시설의 전부를 철거한 경우(시설 없이 영업신고를 한 경우를 포함한다)	영업허가취소 또는 영업소 폐쇄		
2) 영업시설의 일부를 철거한 경우	시설개선 명령	영업정지 15일	영업정지 1개월
다. 시설기준에 따른 냉장·냉동시설이 없거나 냉장·냉동시설을 가동하지 아니한 경우 1) 축산물운반업	해당 차량 영업정지 1개월	해당 차량 영업정지 3개월	전체 차량 영업정지 2개월
2) 축산물보관업 또는 축산물판매업	영업정지 1개월	영업정지 3개월	영업허가 취소 또는 영업소 폐쇄
라. 영업장의 면적이나 영업시설의 구조를 변경하고 변경 허가 또는 신고를 하지 아니한 경우	영업정지 7일	영업정지 15일	영업정지 1개월
마. 법 제22조제4항에 따른 영업의 허가조건을 위반한 경우	영업정지 1개월	영업정지 3개월	영업허가 취소
바. 급수시설기준을 위반한 경우(수질검사결과 부적합 판정을 받은 경우를 포함한다)	시설개선명령	영업정지 1개월	영업정지 2개월
사. 허가를 받은 업종 또는 신고한 업종의 영업행위가 아닌 다른 업종의 영업행위를 한 경우	영업정지 1개월	영업정지 2개월	영업정지 3개월
아. 그 밖에 가목부터 사목까지를 제외한 허가 또는 신고 사항 중 1) 시설기준에 위반한 경우	시설개선명령	영업정지 1개월	영업정지 2개월
2) 그 밖의 사항을 위반한 경우(법 제24조제2항을 위반하여 휴업, 재개업 또는 폐업 신고를 하지 않은 경우는 제외한다)	경 고	영업정지 5일	영업정지 15일
8. 법 제30조제5항 또는 제6항을 위반한 경우	경 고	영업정지 5일	영업정지 10일
9. 법 제31조제2항 위반 가. 별표 13의 축산물보관업·축산물운반업·축산물판매업 영업자의 준수사항 중 1) 제1호마목을 위반한 경우 가) 수질검사를 검사기간 내에 하지 아니한 경우	영업정지 15일	영업정지 1개월	영업정지 3개월
나) 부적합 판정한 물을 계속 사용한 경우	영업허가 취소 또는 영업소 폐쇄		
2) 제1호사목을 위반한 경우	영업정지 7일	영업정지 15일	영업정지 1개월
3) 제2호가목을 위반한 경우	영업정지 7일	영업정지 15일	영업정지 1개월

위반사항	1차	2차	3차
4) 제2호다목을 위반한 경우	해당 차량 영업정지 15일	해당 차량 영업정지 1개월	영업정지 1개월
5) 제3호가목・나목・사목을 위반한 경우(가목 및 나목에 따라 표시하여야 할 사항 중 일부를 표시하지 않은 경우를 포함한다)	경 고	영업정지 7일	영업정지 15일
6) 제3호가목을 위반하여 표시하여야 할 사항 중 전부 또는 일부를 허위로 표시한 경우	영업정지 7일	영업정지 15일	영업정지 1개월
7) 제3호아목・자목・차목・하목・거목・너목・더목 또는 머목을 위반한 경우(차목, 하목, 거목 또는 머목에 따라 작성・보관・발급하여야 할 거래내역서・거래명세서 등에 적어야 할 사항 중 일부를 적지 않은 경우를 포함한다)	영업정지 7일	영업정지 15일	영업정지 1개월
8) 제3호러목을 위반한 경우	경 고	영업정지 5일	영업정지 10일
9) 제3호버목을 위반한 경우 중 별표 13 제2호다목을 위반한 경우	해당 차량 영업정지 15일	해당 차량 영업정지 1개월	영업정지 1개월
나. 가목 외의 준수사항을 위반한 경우	경 고	영업정지 3일	영업정지 7일
10. 법 제31조의2제1항에 따른 회수조치를 하지 아니한 경우	영업정지 2개월	영업정지 3개월	영업허가 취소 또는 영업소 폐쇄
11. 법 제33조제1항을 위반하여 축산물을 판매하거나 판매할 목적으로 처리・가공・사용・수입・보관・운반 또는 진열한 경우로서 해당 축산물이			
가. 썩었거나 상한 것으로서 인체의 건강을 해칠 우려가 있는 것	영업정지 15일과 해당 제품폐기	영업정지 1개월과 해당 제품폐기	영업정지 3개월과 해당 제품 폐기
나. 유독・유해물질이 들어 있거나 묻어있는 것이거나 그 우려가 있는 것 또는 병원성미생물에 의하여 오염되었거나 그 우려가 있는 겟[법 제4조에 따라 정한 동물용의약품의 잔류허용기준에서 검출되어서는 아니 되는 물질 중 국제암연구소(IARC)가 발암물질로 정한 것과 법 제4조에 따라 유독・유해물질로 정한 것을 포함한다]	영업허가 취소 또는 영업소 폐쇄와 해당 제품 폐기		
다. 불결하거나 다른 물질이 혼입 또는 첨가되었거나 그 밖의 사유로 인체의 건강을 해할 우려가 있는 것 [법 제4조에 따라 정한 동물용의약품의 잔류허용기준에서 검출되어서는 아니되는 물질 중 국제암연구소(IARC)가 발암물질로 정한 것 외의 것을 포함한다]	영업정지 15일과 해당 제품폐기	영업정지 1개월과 해당 제품폐기	영업정지 3개월과 해당 제품 폐기
라. 수입이 금지된 것 또는 수입식품안전관리 특별법 제20조제1항에 따른 수입신고를 하여야 하는 경우에 신고하지 아니하고 수입한 겟(식용 외의 용도로 수입된 것을 식용으로 사용한 것을 포함한다)	영업정지 1개월과 해당 제품폐기	영업정지 3개월과 해당 제품폐기	영업허가 취소 또는 영업소 폐쇄와 해당 제품 폐기
마. 축산물검사에 합격한 표시가 없는 축산물에 해당되는 것	영업정지 7일	영업정지 15일	영업정지 1개월(축산물운반업은 전체차량 영업정지 15일)

위반행위	1차 위반	2차 위반	3차 이상 위반
바. 허가를 받지 아니하거나 신고를 하지 아니한 자가 처리·가공 또는 제조한 것	영업정지 1개월과 해당 제품폐기	영업정지 3개월과 해당 제품폐기	영업허가 취소 또는 영업소 폐쇄와 해당 제품 폐기
사. 해당 축산물에 표시된 유통기한이 지난 축산물	영업정지 7일과 해당 제품 폐기	영업정지 15일과 해당 제품 폐기	영업정지 1개월과 해당 제품 폐기
아. 위해의 우려가 제기되는 축산물로서 위해평가가 끝나기까지 처리·가공·포장·사용·수입·보관·운반·진열·판매가 금지된 것	영업정지 7일과 해당 제품 폐기	영업정지 15일과 해당 제품 폐기	영업정지 1개월과 해당 제품 폐기
12. 법 제35조 및 제36조 위반			
가. 시설개선·회수·폐기명령을 받고 이를 이행하지 아니한 경우	영업정지 1개월	영업정지 2개월	영업허가 취소 또는 영업소 폐쇄
나. 시설개선 명령 또는 축산물 회수·폐기 명령을 이행하지 않았으나 이행한 것으로 속인 경우	영업허가 취소 또는 영업소 폐쇄		
다. 압류·회수한 축산물을 폐기하는 경우에 그 처리방법과 기준에 위반한 경우	경 고	영업정지 7일	영업정지 15일
라. 압류·회수한 축산물을 식용 외의 다른 용도로 전환하는 경우에 그 방법과 기준에 위반한 경우	경 고	영업정지 5일	영업정지 10일
13. 법 제37조제1항에 따른 위해발생사실의 공표명령을 위반한 경우	영업정지 1개월	영업정지 2개월	영업정지 3개월
14. 영업정지 처분 기간 중에 영업을 한 경우	영업허가 취소 또는 영업소 폐쇄		
15. 그 밖에 법 제27조제1항 각 호(제3호를 제외한다) 중 이 표 제1호부터 제14호까지를 제외한 사항을 위반한 경우	경 고	영업정지 5일	영업정지 10일

(4) 식육즉석판매가공업

위반행위	근거 법조문	행정처분기준		
		1차 위반	2차 위반	3차 이상 위반
1. 법 제4조제5항·제6항 위반	법 제27조제1항			
가. 축산물의 한시적 가공기준 및 성분규격을 정하지 아니한 축산물을 제조·가공 등 영업에 사용한 경우 (식육가공품만 해당한다)		영업정지 15일과 해당 제품 폐기	영업정지 1개월과 해당 제품 폐기	영업정지 3개월과 해당 제품 폐기
나. 비소, 카드뮴, 납, 수은, 중금속, 메탄올, 다이옥신 또는 시안화물의 기준을 위반한 경우(식육가공품만 해당한다)		영업정지 15일과 해당 제품 폐기	영업정지 1개월과 해당 제품 폐기	영업정지 2개월과 해당 제품 폐기
다. 바륨, 폼알데하이드, 올소톨루엔, 설폰아미드, 방향족탄화수소, 폴리옥시에틸렌, 엠씨피디 또는 세레늄의 기준을 위반한 경우(식육가공품만 해당한다)		영업정지 7일과 해당 제품 폐기	영업정지 15일과 해당 제품 폐기	영업정지 1개월과 해당 제품 폐기
라. 방사능 잠정허용기준을 위반한 경우(식육가공품만 해당한다)		영업정지 15일과 해당 제품 및 원료 폐기	영업정지 1개월과 해당 제품 및 원료 폐기	영업정지 3개월과 해당 제품 및 원료 폐기

마. 식육의 농약 잔류허용기준을 위반한 경우	영업정지 15일과 해당 제품 및 원료 폐기	영업정지 1개월과 해당 제품 및 원료 폐기	영업정지 3개월과 해당 제품 및 원료 폐기
바. 곰팡이 독소 기준을 초과한 경우(식육가공품만 해당한다)	영업정지 15일과 해당 제품 및 원료 폐기	영업정지 1개월과 해당 제품 및 원료 폐기	영업정지 3개월과 해당 제품 및 원료 폐기
사. 동물용의약품 잔류허용기준을 위반한 경우(식육가공품만 해당한다)	영업정지 15일과 해당 제품 및 원료 폐기	영업정지 1개월과 해당 제품 및 원료 폐기	영업정지 3개월과 해당 제품 및 원료 폐기
아. 식중독균 또는 엔테로박터 사카자키균 검출기준을 위반한 경우	영업정지 1개월과 해당 제품 폐기	영업정지 2개월과 해당 제품 폐기	영업정지 3개월과 해당 제품 폐기
자. 산가, 과산화물가, 대장균, 대장균군, 일반세균 또는 세균발육 기준을 위반한 경우	영업정지 7일과 해당 제품 폐기	영업정지 15일과 해당 제품 폐기	영업정지 1개월과 해당 제품 폐기
차. 주석, 포스파타제, 암모니아성질소, 아질산이온 또는 형광증백제 시험에서 부적합하다고 판정된 경우(식육가공품만 해당한다)	영업정지 10일과 해당 제품 폐기	영업정지 20일과 해당 제품 폐기	영업정지 1개월과 해당 제품 폐기
카. 식품첨가물의 사용 및 허용 기준을 위반한 경우로서 1) 허용한 식품첨가물 외의 식품첨가물을 사용한 경우	영업정지 1개월과 해당 제품 폐기	영업정지 2개월과 해당 제품 폐기	영업소 폐쇄
2) 사용량 또는 허용량 기준을 초과한 경우로서 가) 30% 이상을 초과한 경우	영업정지 15일과 해당 제품 폐기	영업정지 1개월과 해당 제품 폐기	영업정지 2개월과 해당 제품 폐기
나) 10% 이상 30% 미만을 초과한 경우	영업정지 10일과 해당 제품 폐기	영업정지 20일과 해당 제품 폐기	영업정지 1개월과 해당 제품 폐기
다) 10% 미만을 초과한 경우	경 고	영업정지 10일	영업정지 20일
타. 나목부터 카목까지의 규정 외의 그 밖의 성분에 관한 규격을 위반한 경우(식육가공품만 해당한다)로서 1) 30% 이상 부족하거나 초과한 경우	영업정지 20일과 해당 제품 폐기	영업정지 1개월과 해당 제품 폐기	영업정지 45일과 해당 제품 폐기
2) 20% 이상 30% 미만 부족하거나 초과한 경우	영업정지 10일과 해당 제품 폐기	영업정지 20일과 해당 제품 폐기	영업정지 1개월과 해당 제품 폐기
3) 10% 이상 20% 미만 부족하거나 초과한 경우	영업정지 5일	영업정지 10일	영업정지 20일
4) 10% 미만 부족하거나 초과한 경우	경 고	영업정지 2일	영업정지 5일

위반사항	1차	2차	3차
파. 이물이 혼입된 경우			
1) 식육에 이물이 혼입된 경우	경 고	영업정지 7일	영업정지 15일
2) 식육가공품에 기생충 또는 그 알, 금속, 유리가 혼입된 경우	영업정지 2일과 해당 제품 폐기	영업정지 5일과 해당 제품 폐기	영업정지 10일과 해당 제품 폐기
3) 식육가공품에 칼날이나 동물(쥐 등 설치류 및 바퀴벌레)의 사체가 혼입된 경우	영업정지 5일과 해당제품 폐기	영업정지 10일과 해당제품 폐기	영업정지 20일과 해당제품 폐기
4) 식육가공품에 2) 및 3) 외의 이물이 혼입된 경우	경 고	영업정지 2일	영업정지 3일
하. 축산물조사처리기준을 위반한 경우(식육가공품만 해당한다)	영업정지 15일과 해당제품 폐기	영업정지 45일과 해당제품 폐기	영업소 폐쇄와 해당제품 폐기
거. 축산물의 가공기준 및 성분규격 중 원료의 구비요건이나 가공기준을 위반한 경우(제13호의 어느 하나에 해당하는 경우는 제외한다)로서			
1) 식육가공품의 원료로 사용하여서는 아니되는 동물성·식물성 원료를 사용한 경우(3)에 해당하는 경우는 제외한다)	영업정지 5일과 해당 제품 폐기	영업정지 10일과 해당 제품 폐기	영업정지 20일과 해당 제품 폐기
2) 식용으로 부적합한 부분을 원료로 사용하거나 제거하지 아니하여 원료로 혼입된 경우	영업정지 10일과 해당 제품 폐기	영업정지 20일과 해당 제품 폐기	영업정지 1개월과 해당 제품 폐기
3) 사료용 또는 공업용으로 사용되는 등 식용을 목적으로 수집·처리·가공 또는 관리되지 않은 것을 원료로 사용한 경우	영업소 폐쇄와 해당 제품 폐기		
4) 유통기한이 지난 식품(식품첨가물을 포함한다)을 식육가공품의 원료로 사용한 경우	영업정지 15일과 해당 제품 폐기	영업정지 1개월과 해당 제품 폐기	영업정지 3개월과 해당 제품 폐기
5) 표시하지 아니한 식품 또는 식품첨가물을 원료로 사용한 경우	영업정지 1개월과 해당 제품 폐기	영업정지 2개월과 해당 제품 폐기	영업정지 3개월과 해당 제품 폐기
6) 법 제12조제3항 또는 법 제9조제1항에 따른 검사, 그 밖에 영업자가 하는 자체적인 검사의 결과 부적합한 축산물로 통보되거나 확인된 후에도 그 축산물을 원료로 사용한 경우	영업정지 10일과 해당 제품 폐기	영업정지 20일과 해당 제품 폐기	영업정지 1개월과 해당 제품 폐기
7) 그 밖의 사항을 위반한 경우	경 고	영업정지 2일	영업정지 5일
너. 보존 및 유통 기준을 위반한 경우	영업정지 7일	영업정지 15일	영업정지 1개월
더. 그 밖에 가목부터 너목까지 외의 사항을 위반한 경우	경 고	영업정지 5일	영업정지 10일
2. 법 제15조제2항을 위반하여 정해진 규격 등에 적합하지 아니한 용기 등을 사용한 경우	경 고	영업정지 2일	영업정지 3일
3. 법 제6조제2항·제3항 또는 제32조제1항 위반			
가. 축산물의 표시에 관한 기준을 위반하여 표시대상 식육가공품에 표시사항 전부를 표시하지 아니하거나 표시사항 전부를 표시하지 아니한 축산물을 영업에 사용한 경우	영업정지 1개월과 해당 제품 폐기	영업정지 2개월과 해당 제품 폐기	영업정지 3개월과 해당 제품 폐기

나. 주표시면에 표시하여야 할 사항 중 표시하지 아니하거나 기준에 부적합한 경우로서			
1) 주표시면에 표시하여야 하는 제품명, 식육가공품의 유형 및 내용량을 전부 표시하지 아니한 경우	영업정지 10일	영업정지 20일	영업정지 1개월
2) 주표시면에 표시하여야 하는 제품명 또는 식육가공품의 유형을 표시하지 아니한 경우	영업정지 5일	영업정지 10일	영업정지 20일
3) 내용량을 표시하지 아니한 경우	경 고	영업정지 5일	영업정지 10일
다. 제품명 표시기준을 위반한 경우로서			
1) 특정 원재료 또는 성분을 제품명에 사용 시 주표시면이나 원재료명 또는 성분명 표시란에 그 함량을 표시하지 않은 경우	영업정지 5일	영업정지 10일	영업정지 20일
2) 제품명을 표시하지 아니하거나 표시기준에 위반한 제품명을 사용한 경우	영업정지 5일	영업정지 10일	영업정지 20일
라. 제조연월일 또는 유통기한 표시기준을 위반한 경우로서			
1) 제조연월일 또는 유통기한을 표시하지 아니하거나 표시하지 아니한 축산물을 영업에 사용한 경우	영업정지 7일과 해당 제품 폐기	영업정지 15일과 해당 제품 폐기	영업정지 1개월과 해당 제품 폐기
2) 제품에 표시된 제조연월일 또는 유통기한을 변조한 경우(가공 없이 포장만을 다시 하여 표시한 경우를 포함한다)	영업소 폐쇄와 해당 제품 폐기		
3) 제조연월일 표시기준을 위반하여 유통기한을 연장한 경우	영업정지 1개월과 해당 제품 폐기	영업정지 2개월과 해당 제품 폐기	영업정지 3개월과 해당 제품 폐기
마. 식육가공품의 원재료명 및 함량 표시기준을 위반한 경우로서			
1) 사용한 원재료를 모두 표시하지 아니한 경우	영업정지 5일	영업정지 10일	영업정지 20일
2) 알레르기 유발 식품을 성분·원료로 사용한 제품에 그 사용한 원재료명을 표시하지 아니한 경우	영업정지 5일	영업정지 10일과 해당 제품 폐기	영업정지 20일과 해당 제품 폐기
3) 명칭과 용도를 함께 표시하여야 하는 합성감미료, 합성착색료, 합성보존료, 산화방지제 등에 대하여 이를 표시하지 아니한 경우	시정명령	영업정지 2일	영업정지 5일
바. 표시한 내용량과 실제 내용량 간의 부족량이 허용오차를 위반한 경우로서			
1) 20% 이상 부족한 것	영업정지 20일	영업정지 1개월	영업정지 45일
2) 10% 이상 20% 미만 부족한 것	영업정지 10일	영업정지 20일	영업정지 1개월
3) 10% 미만 부족한 것	경 고	영업정지 5일	영업정지 10일
사. 방사선조사축산물의 표시기준을 위반한 경우로서			
1) 조사된 축산물임을 표시하지 아니한 경우	영업정지 5일	영업정지 10일	영업정지 20일
2) 표시기준을 위반하여 표시한 경우	경 고	영업정지 5일	영업정지 10일

위반사항	1차	2차	3차
아. 사용이 금지된 식품첨가물 등에 "무" 등의 강조 표시를 하여 소비자를 오인·혼동하게 한 경우	영업정지 15일과 해당 제품(표시된 제품만 해당함) 폐기	영업정지 1개월과 해당 제품(표시된 제품만 해당함) 폐기	영업정지 2개월과 해당 제품(표시된 제품만 해당함) 폐기
자. 허위표시 또는 과대광고와 관련된 사항으로 　1) 질병의 치료에 효능이 있다는 내용의 표시나 광고	영업정지 2개월과 해당 제품(표시된 제품만 해당한다) 폐기	영업소 폐쇄와 해당 제품(표시된 제품만 해당한다) 폐기	
2) 의약품으로 혼동할 우려가 있는 내용의 표시나 광고	영업정지 15일	영업정지 1개월	영업정지 2개월
3) 사료·물에 첨가한 성분이나 축산물의 제조 시 혼합한 원재료 또는 성분이 가지는 효능·효과를 표시하여 해당 축산물 자체에는 그러한 효능·효과가 없음에도 불구하고 효능·효과가 있는 것처럼 혼동할 우려가 있는 표시·광고	영업정지 7일	영업정지 15일	영업정지 1개월
4) 체험기, 체험사례 및 그 밖에 이와 유사한 내용을 표현하는 광고	영업정지 7일	영업정지 15일	영업정지 1개월
5) 사행심을 조장하는 내용의 광고를 한 경우	영업정지 5일	영업정지 10일	영업정지 20일
6) 안전관리인증작업장등으로 인증받지 않고 안전관리인증작업장등의 명칭을 사용한 경우	영업정지 1개월	영업정지 2개월	영업정지 3개월
7) 정부기관이 아닌 협회 또는 단체에서 인정한 내용을 표시·광고한 경우	경 고	영업정지 5일	영업정지 10일
8) 사실과 다르거나 제품과 관련 없는 수상 또는 상장의 표시·광고를 한 경우	영업정지 7일	영업정지 15일	영업정지 1개월
차. 제품의 포장재질·포장방법에 관한 기준 등에 관한 규칙을 위반하여 포장한 경우(카목에 해당하는 경우는 제외한다)	경 고	영업정지 3일	영업정지 10일
카. 포장한 2개 이상의 제품을 다시 1개로 재포장한 것으로, 그 내용물이 재포장 용량의 2분의 1에 미달되는 경우	경 고	영업정지 20일	영업정지 1개월
타. 영양성분 표시기준을 위반한 경우	경 고	영업정지 5일	영업정지 10일
파. 유전자재조합축산물의 표시위반 　1) 유전자재조합축산물에 유전자재조합축산물임을 표시하지 아니한 경우	영업정지 5일	영업정지 10일	영업정지 20일
2) 유전자재조합축산물을 유전자재조합축산물이 아닌 것으로 표시·광고한 경우	영업정지 10일	영업정지 20일	영업정지 1개월
하. 그 밖에 가목부터 파목까지를 제외한 표시기준 위반 및 허위표시 등 위반사항이 　1) 3개 사항 이상인 경우	영업정지 7일	영업정지 15일	영업정지 1개월
2) 3개 사항 미만인 경우	경 고	영업정지 7일	영업정지 15일

위반사항	1차	2차	3차
4. 법 제8조제2항 위반			
가. 자체위생관리기준을 작성하지 아니한 경우	경 고	영업정지 15일	영업정지 1개월
나. 작성된 자체위생관리기준을 운용하지 아니한 경우로서			
1) 자체위생관리기준서에 따라 위생점검을 10일 이상 하지 아니하거나, 위생점검을 하지 아니하고도 위생점검을 한 것처럼 거짓으로 점검표를 작성한 경우	영업정지 15일	영업정지 1개월	영업정지 2개월
2) 자체위생관리기준서에 따라 위생점검을 10일 미만 실시·기록하지 아니한 경우	경 고	영업정지 15일	영업정지 1개월
5. 법 제12조제3항 위반			
가. 검사를 실시하지 아니한 경우로서			
1) 검사항목의 전부에 대하여 실시하지 않은 경우	영업정지 10일	영업정지 1개월	영업정지 45일
2) 검사항목의 50% 이상에 대하여 실시하지 않은 경우	영업정지 5일	영업정지 10일	영업정지 1개월
3) 검사항목의 50% 미만에 대하여 실시하지 않은 경우	경 고	영업정지 5일	영업정지 1개월
나. 검사에 관한 기록서를 2년간 보관하지 않은 경우	영업정지 5일	영업정지 15일	영업정지 1개월
다. 법 제12조제3항에 따른 검사결과 부적합한 사실을 확인하였거나, 같은 조 제5항에 따른 위탁검사기관으로부터 부적합한 사실을 통보받았음에도 불구하고, 해당 축산물을 유통·판매한 경우	영업소 폐쇄와 해당 제품 폐기		
6. 법 제12조제6항을 위반하여 검사결과 위반사항을 보고하지 않은 경우	영업정지 1개월	영업정지 2개월	영업정지 3개월
7. 법 제18조 위반			
가. 검사에 불합격한 축산물을 판매한 경우	영업정지 7일	영업정지 15일	영업정지 1개월
나. 검사에 불합격한 축산물을 소각·매몰 등의 방법으로 폐기하려는 경우 그 처리방법과 기준에 위반한 경우	영업정지 5일	영업정지 10일	영업정지 20일
다. 검사에 불합격한 축산물을 식용 외의 다른 용도로 전환하는 경우 그 방법과 기준에 위반한 경우	경 고	영업정지 5일	영업정지 10일
8. 법 제19조제4항을 위반하여 검사관 또는 관계 공무원의 출입·검사·수거를 거부·방해하거나 기피한 경우	영업정지 7일	영업정지 15일	영업정지 1개월
9. 법 제21조제1항 및 제24조제2항 위반			
가. 신고 없이 영업장을 이전한 경우	영업소 폐쇄		
나. 변경신고를 하지 아니한 경우로서			
1) 영업시설의 전부를 철거한 경우(시설 없이 영업신고를 한 경우를 포함한다)	영업소 폐쇄		
2) 영업시설의 일부를 철거한 경우	시설개선 명령	영업정지 1개월	영업정지 2개월
다. 시설기준에 따른 냉장시설·냉동시설이 없거나 냉장시설·냉동시설을 가동하지 아니한 경우	영업정지 1개월	영업정지 3개월	영업소 폐쇄
라. 영업장의 면적이나 영업시설의 구조를 변경하고 변경신고를 하지 아니한 경우	영업정지 7일	영업정지 15일	영업정지 1개월

위반사항	1차	2차	3차
마. 변경신고를 하지 아니하고 추가로 시설을 설치하여 새로운 제품을 생산한 경우	경 고	영업정지 1개월	영업정지 2개월
바. 급수시설기준을 위반한 경우(수질검사 결과 부적합 판정을 받은 경우를 포함한다)	시설개선 명령	영업정지 1개월	영업정지 2개월
사. 신고를 한 업종의 영업행위가 아닌 다른 업종의 영업행위를 한 경우	영업정지 1개월	영업정지 2개월	영업정지 3개월
아. 그 밖에 가목부터 사목까지를 제외한 신고사항 중 　1) 시설기준을 위반한 경우	시설개선 명령	영업정지 1개월	영업정지 2개월
2) 그 밖의 사항을 위반한 경우(법 제24조제2항을 위반하여 휴업, 재개업 또는 폐업 신고를 하지 않은 경우는 제외한다)	경 고	영업정지 5일	영업정지 15일
10. 법 제30조제5항을 위반한 경우	경 고	영업정지 5일	영업정지 10일
11. 법 제31조제2항 위반 　가. 별표 13 제1호마목을 위반한 경우로서 　　1) 수질검사를 검사기간 내에 하지 아니한 경우	영업정지 15일	영업정지 1개월	영업정지 3개월
2) 부적합 판정한 물을 계속 사용한 경우	영업소 폐쇄		
나. 별표 13 제1호사목을 위반한 경우	영업정지 7일	영업정지 15일	영업정지 1개월
다. 별표 13 제4호가목을 위반한 경우로서 　　1) 표시하여야 할 사항 중 전부 또는 일부를 표시하지 않은 경우	경 고	영업정지 7일	영업정지 15일
2) 표시하여야 할 사항 중 전부 또는 일부를 거짓으로 표시한 경우	영업정지 7일	영업정지 15일	영업정지 1개월
라. 삭제 〈2016. 8. 4.〉			
마. 별표 13 제4호사목을 위반한 경우	경 고	영업정지 7일	영업정지 15일
바. 별표 13 제4호아목·자목·카목·타목·파목 또는 하목을 위반한 경우(자목, 카목, 또는 타목에 따라 작성·보관·발급하여야 할 거래내역서·거래명세서 등에 적어야 할 사항 중 일부를 적지 않은 경우를 포함한다)	영업정지 7일	영업정지 15일	영업정지 1개월
사. 별표 13 제4호거목을 위반한 경우 중 같은 표 제2호 다목을 위반한 경우	해당 차량 영업정지 15일	해당 차량 영업정지 1개월	영업정지 1개월
아. 그 밖에 가목부터 사목까지를 제외한 위반사항의 경우	경 고	영업정지 5일	영업정지 10일
12. 법 제31조의2제1항에 따른 회수조치를 하지 아니한 경우	영업정지 2개월	영업정지 3개월	영업소 폐쇄
13. 법 제33조제1항을 위반하여 축산물을 판매하거나 판매할 목적으로 처리·가공·사용·수입·보관·운반 또는 진열한 경우로서 해당 축산물이 　가. 썩었거나 상한 것으로서 인체의 건강을 해칠 우려가 있는 것	영업정지 1개월과 해당 제품 폐기	영업정지 3개월과 해당 제품 폐기	영업소 폐쇄와 해당 제품 폐기
나. 유독·유해물질이 들어 있거나 묻어있는 것이거나 그 우려가 있는 것 또는 병원성미생물에 의하여 오염되었거나 그 우려가 있는 것(법 제4조에 따라 정한	영업소 폐쇄와 해당 제품 폐기		

위반사항	1차 위반	2차 위반	3차 위반
동물용의약품의 잔류허용기준에서 검출되어서는 아니되는 물질 중 국제암연구소(IARC)가 발암물질로 정한 것과 같은 조에 따라 유독·유해물질로 정한 것을 포함한다]			
다. 불결하거나 다른 물질이 혼입 또는 첨가되었거나 그 밖의 사유로 인체의 건강을 해할 우려가 있는 것[법 제4조에 따라 정한 동물용의약품의 잔류허용기준에서 검출되어서는 아니 되는 물질 중 국제암연구소(IARC)가 발암물질로 정한 것 외의 것을 포함한다]	영업정지 1개월과 해당 제품 폐기	영업정지 2개월과 해당 제품 폐기	영업소 폐쇄와 해당 제품 폐기
라. 수입이 금지된 것 또는 수입식품안전관리 특별법 제20조제1항에 따라 수입신고를 하여야 하는 경우에 신고하지 아니하고 수입한 것(식용 외의 용도로 수입된 것을 식용으로 사용한 경우를 포함한다)	영업정지 2개월과 해당 제품 폐기	영업정지 3개월과 해당 제품 폐기	영업소 폐쇄와 해당 제품 폐기
마. 축산물검사에 합격한 표시가 없는 축산물에 해당하는 것	영업정지 7일	영업정지 15일	영업정지 1개월
바. 허가를 받지 아니하거나 신고를 하지 아니한 자가 처리·가공 또는 제조한 것	영업정지 2개월과 해당 제품 폐기	영업정지 3개월과 해당 제품 폐기	영업소 폐쇄와 해당 제품 폐기
사. 해당 축산물에 표시된 유통기한이 지난 축산물	영업정지 15일과 해당 제품 폐기	영업정지 1개월과 해당 제품 폐기	영업정지 3개월과 해당 제품 폐기
아. 위해의 우려가 제기되는 축산물로서 위해평가가 끝나기까지 처리·가공·포장·사용·수입·보관·운반·진열·판매가 금지된 것	영업정지 15일과 해당 제품 폐기	영업정지 1개월과 해당 제품 폐기	영업정지 3개월과 해당 제품 폐기
14. 법 제35조 및 제36조 위반			
가. 시설 개선명령 또는 축산물 회수·폐기 명령을 받고 이를 이행하지 아니한 경우	영업정지 1개월	영업정지 2개월	영업정지 3개월
나. 시설개선 명령 또는 축산물 회수·폐기 명령을 이행하지 않았으나 이행한 것으로 속인 경우	영업소 폐쇄		
다. 식육가공품의 원료·제조방법·성분 또는 그 배합 비율의 변경 명령을 위반한 경우	영업정지 10일	영업정지 20일	영업정지 1개월
라. 압류·회수한 축산물을 폐기하는 경우에 그 처리방법과 기준을 위반한 경우	영업정지 2일	영업정지 7일	영업정지 15일
마. 압류·회수한 축산물을 식용 외의 다른 용도로 전환하는 경우에 그 방법과 기준을 위반한 경우	영업정지 2일	영업정지 5일	영업정지 10일
15. 법 제37조제1항에 따른 위해발생사실의 공표명령을 위반한 경우	영업정지 1개월	영업정지 2개월	영업정지 3개월
16. 영업정지 처분 기간 중에 영업을 한 경우	영업소 폐쇄		
17. 그 밖에 법 제27조제1항 각 호(제3호를 제외한다) 중 이 표 제1호부터 제14호까지를 제외한 사항을 위반한 경우	경 고	영업정지 7일	영업정지 15일

3. 과징금 제외대상

다음 (1)부터 (4)까지의 어느 하나에 해당하는 경우에는 영업정지, 품목류 또는 품목제조정지에 갈음하는 과징금을 부과하여서는 아니 된다. 다만, 위반사항이 고의성이 없는 사소한 부주의로 인한 경우 또는 축산물 수급 등에 중대한 영향을 미칠 우려가 있다고 인정되는 경우에는 그러하지 아니하다.

(1) 도축업·집유업 : 2. 개별기준 가목의 표의

  1) 제1호에 해당하는 경우

  2) 제1호의2가목 및 바목에 해당하는 경우

  3) 제2호에 해당하는 경우

  4) 제8호에 해당하는 경우

  5) 제14호에 해당하는 경우

  6) 1차 위반행위가 영업정지 1개월 이상에 해당하는 경우로서 2차 위반사항에 해당하는 경우

  7) 3차 위반사항에 해당하는 경우

  8) 과징금을 체납 중인 경우

(2) 축산물가공업·식육포장처리업 및 축산물유통전문판매업 : 2. 개별기준 나목의 표의

  1) 제1호나목·다목·라목·마목·바목·사목·아목·차목·카목1)·카목2)가)·타목1)·거목1) 또는 거목2)에 해당하는 경우

  2) 제3호가목·라목3) 또는 자목에 해당하는 경우

  3) 제4호에 해당하는 경우

  4) 제15호 각 목의 어느 하나에 해당하는 경우

  5) 1차 위반행위가 영업정지 1개월 이상에 해당하는 경우로서 2차 위반사항에 해당하는 경우

  6) 3차 위반사항에 해당하는 경우

  7) 과징금을 체납 중인 경우

(3) 축산물보관업·축산물운반업 및 축산물판매업(축산물유통전문판매업은 제외한다): 2. 개별기준 다목의 표의

  1) 제1호가목에 해당하는 경우

  2) 제3호가목1) 또는 마목에 해당하는 경우

  3) 제4호에 해당하는 경우

  4) 제11호가목·라목·바목에 해당하는 경우

  5) 1차 위반행위가 영업정지 1개월 이상에 해당하는 경우로서 2차 위반사항에 해당하는 경우

  6) 3차 위반사항에 해당하는 경우

(4) 식육즉석판매가공업 : 2. 개별기준 라목의 표의

  1) 제1호나목부터 아목까지, 차목, 카목1), 카목2)가), 타목1), 거목1) 또는 거목2)에 해당하는 경우

  2) 제3호가목, 라목2) 또는 자목에 해당하는 경우

  3) 제4호에 해당하는 경우

  4) 제13호 각 목의 어느 하나에 해당하는 경우

  5) 1차 위반행위가 영업정지 1개월 이상에 해당하는 경우로서 2차 위반사항에 해당하는 경우

  6) 3차 위반사항에 해당하는 경우

  7) 과징금을 체납 중인 경우

(5) 위 (1)부터 (2)까지의 규정에도 불구하고 1. 일반기준의 너목에 따른 경감대상에 해당하는 경우에는 과징금 처분을 할 수 있다.

(14) 영업정지 등의 처분을 갈음하여 부과하는 과징금 처분(법 제28조)

① 시·도지사 또는 시장·군수·구청장은 제27조제1항 각 호의 어느 하나에 해당하는 경우로서 그 영업정지가 그 이용자에게 심한 불편을 주거나 그 밖에 공익을 해칠 우려가 있을 때에는 영업정지처분을 갈음하여 10억원 이하의 과징금을 부과할 수 있다. 다만, 제4조제5항·제6항, 제8조제2항, 제9조제2항, 제17조 또는 제33조제1항을 위반하는 경우로서 총리령으로 정하는 경우에는 그러하지 아니하다.

② 제①항에 따른 과징금을 부과하는 위반행위의 종류·정도 등에 따른 과징금의 금액과 그 밖에 필요한 사항은 대통령령으로 정한다.

③ 시·도지사 또는 시장·군수·구청장은 과징금을 부과하기 위하여 필요한 경우에는 다음 각 호의 사항을 적은 문서로 관할 세무관서의 장에게 과세 정보 제공을 요청할 수 있다.
　　㉠ 납세자의 인적 사항
　　㉡ 과세 정보의 사용 목적
　　㉢ 과징금 부과기준이 되는 매출금액

④ 시·도지사 또는 시장·군수·구청장은 제①항에 따른 과징금을 내야 할 자가 과징금을 납부기한 까지 내지 아니하면 대통령령으로 정하는 바에 따라 제①항에 따른 과징금 부과처분을 취소하고 제27조제1항에 따른 영업의 전부 또는 일부 정지처분을 하거나 국세 체납처분의 예 또는 지방세외수입금의 징수 등에 관한 법률에 따라 징수한다. 다만, 제22조제5항, 제24조제2항에 따른 폐업 등으로 제27조제1항에 따른 영업의 전부 또는 일부 정지처분을 할 수 없는 경우에는 국세 체납처분의 예 또는 지방세외수입금의 징수 등에 관한 법률에 따라 징수한다.

⑤ 시·도지사 또는 시장·군수·구청장은 제④항에 따라 체납된 과징금의 징수를 위하여 다음 각 호의 어느 하나에 해당하는 자료 또는 정보를 해당 각 호의 자에게 각각 요청할 수 있다. 이 경우 요청을 받은 자는 정당한 사유가 없으면 요청에 따라야 한다.
　　㉠ 건축법 제38조에 따른 건축물대장 등본 : 국토교통부장관
　　㉡ 공간정보의 구축 및 관리 등에 관한 법률 제71조에 따른 토지대장 등본 : 국토교통부장관
　　㉢ 자동차관리법 제7조에 따른 자동차등록원부 등본 : 시·도지사

[영 별표 3] 과징금의 금액기준(영 제25조 관련)

1. 일반기준
　(1) 영업의 전부정지 또는 일부정지 1개월은 30일을 기준으로 한다.
　(2) 영업의 전부정지에 갈음한 과징금부과의 기준이 되는 매출금액(도축업과 집유업의 경우에는 도축 및 집유 시 영업자가 받는 수수료를 말한다. 이하 같다)은 처분 전년도의 1년간의 총매출금액을 기준으로 한다. 다만, 신규사업·휴업 등으로 전년도의 1년간의 총매출금액을 산출할 수 없을 경우에는 분기별·월별 또는 일별 매출금액을 기준으로 1년간의 총매출금액으로 환산하여 산출한다.
　(3) 영업의 일부정지인 품목류(법 제4조제2항에 따른 가공기준 및 성분규격 중 동일한 기준 및 규격을 적용받아 제조·가공되는 모든 품목을 말한다) 제조정지를 갈음하는 과징금부과의 기준이 되는 매출금액은 품목류에 해당하는 품목들에 대한 처분일이 속한 연도의 전년도의 1년간 총매출금액을 기준으로 한다. 다만, 신규사업·휴업 등으로 처분 전년도의 1년간의 총매출금액을 산출할 수 없을 경우에는 분기별·월

별 또는 일별 매출금액을 기준으로 1년간의 총매출금액으로 환산하여 산출한다.

(4) 영업의 일부정지인 품목 제조정지를 갈음하는 과징금부과의 기준이 되는 매출금액은 품목에 대한 처분일이 속하는 달의 직전 3개월간의 해당 품목의 총매출금액에 4를 곱하여 산출한다. 다만, 신규제조·휴업 등으로 3개월간의 총매출금액을 산출할 수 없을 경우에는 전월(전월의 실적을 알 수 없는 경우에는 당월을 말한다)의 1일 평균매출액에 365를 곱하여 산출한다.

(5) (2)부터 (4)까지의 규정에도 불구하고 과징금의 산정금액이 10억원을 초과하는 경우에는 10억원으로 한다.

2. 과징금 기준

(1) 도축업·집유업·축산물가공업·식용란선별포장업 또는 식육포장처리업의 영업 전부정지를 갈음하여 과징금을 부과하는 경우

등 급	연간매출액(단위 : 백만원)	영업의 전부정지 1일에 해당하는 과징금의 금액(단위 : 만원)
1	100 이하	12
2	100 초과 200 이하	14
3	200 초과 310 이하	17
4	310 초과 430 이하	20
5	430 초과 560 이하	27
6	560 초과 700 이하	34
7	700 초과 860 이하	42
8	860 초과 1,040 이하	51
9	1,040 초과 1,240 이하	62
10	1,240 초과 1,460 이하	73
11	1,460 초과 1,710 이하	86
12	1,710 초과 2,000 이하	94
13	2,000 초과 2,300 이하	100
14	2,300 초과 2,600 이하	106
15	2,600 초과 3,000 이하	112
16	3,000 초과 3,400 이하	118
17	3,400 초과 3,800 이하	124
18	3,800 초과 4,300 이하	140
19	4,300 초과 4,800 이하	157
20	4,800 초과 5,400 이하	176
21	5,400 초과 6,000 이하	197
22	6,000 초과 6,700 이하	219
23	6,700 초과 7,500 이하	245
24	7,500 초과 8,600 이하	278
25	8,600 초과 10,000 이하	321
26	10,000 초과 12,000 이하	380
27	12,000 초과 15,000 이하	466
28	15,000 초과 20,000 이하	604
29	20,000 초과 25,000 이하	777
30	25,000 초과 30,000 이하	949
31	30,000 초과 35,000 이하	1,122
32	35,000 초과 40,000 이하	1,295
33	40,000 초과	1,381

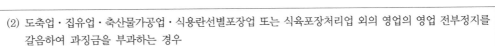

(2) 도축업·집유업·축산물가공업·식용란선별포장업 또는 식육포장처리업 외의 영업의 영업 전부정지를 갈음하여 과징금을 부과하는 경우

등 급	연간매출액(단위 : 백만원)	영업의 전부정지 1일에 해당하는 과징금의 금액(단위 : 만원)
1	20 이하	5
2	20 초과 30 이하	8
3	30 초과 50 이하	10
4	50 초과 100 이하	13
5	100 초과 150 이하	16
6	150 초과 210 이하	23
7	210 초과 270 이하	31
8	270 초과 330 이하	39
9	330 초과 400 이하	47
10	400 초과 470 이하	56
11	470 초과 550 이하	66
12	550 초과 650 이하	78
13	650 초과 750 이하	88
14	750 초과 850 이하	94
15	850 초과 1,000 이하	100
16	1,000 초과 1,200 이하	106
17	1,200 초과 1,500 이하	112
18	1,500 초과 2,000 이하	118
19	2,000 초과 2,500 이하	124
20	2,500 초과 3,000 이하	130
21	3,000 초과 4,000 이하	136
22	4,000 초과 5,000 이하	165
23	5,000 초과 6,500 이하	211
24	6,500 초과 8,000 이하	266
25	8,000 초과 10,000 이하	330
26	10,000 초과	367

(3) 품목류·품목 제조정지를 갈음하여 과징금을 부과하는 경우

등 급	연간매출액(단위 : 백만원)	품목류·품목 제조정지 1일에 해당하는 과징금의 금액(단위 : 만원)
1	100 이하	12
2	100 초과 200 이하	14
3	200 초과 300 이하	16
4	300 초과 400 이하	19
5	400 초과 500 이하	24
6	500 초과 650 이하	31
7	650 초과 800 이하	39
8	800 초과 950 이하	47
9	950 초과 1,100 이하	55
10	1,100 초과 1,300 이하	65
11	1,300 초과 1,500 이하	76
12	1,500 초과 1,700 이하	86
13	1,700 초과 2,000 이하	100
14	2,000 초과 2,300 이하	106
15	2,300 초과 2,700 이하	112

등 급	연간매출액(단위 : 백만원)	품목류 · 품목 제조정지 1일에 해당하는 과징금의 금액(단위 : 만원)
16	2,700 초과 3,100 이하	118
17	3,100 초과 3,600 이하	124
18	3,600 초과 4,100 이하	142
19	4,100 초과 4,700 이하	163
20	4,700 초과 5,300 이하	185
21	5,300 초과 6,000 이하	209
22	6,000 초과 6,700 이하	235
23	6,700 초과 7,400 이하	261
24	7,400 초과 8,200 이하	289
25	8,200 초과 9,000 이하	318
26	9,000 초과 10,000 이하	351
27	10,000 초과 11,000 이하	388
28	11,000 초과 12,000 이하	425
29	12,000 초과 13,000 이하	462
30	13,000 초과 15,000 이하	518
31	15,000 초과 17,000 이하	592
32	17,000 초과 20,000 이하	684
33	20,000 초과	740

(15) 위해 축산물 판매 등에 따른 과징금 부과 등(법 제28조의2)

① 시 · 도지사 또는 시장 · 군수 · 구청장은 다음 각 호의 어느 하나에 해당하는 자에 대하여 그가 판매한 해당 축산물의 소매가격에 상당하는 금액을 과징금으로 부과한다.

㉠ 제33조제1항제2호 · 제3호 · 제5호 · 제7호 · 제9호를 위반하여 제27조에 따라 영업정지 2개월 이상의 처분, 영업허가의 취소처분 또는 영업소의 폐쇄명령을 받은 자

② 제①항에 따른 과징금의 산출금액은 대통령령으로 정하는 바에 따라 결정하여 부과한다.

③ 제②항에 따라 부과된 과징금을 기한 내에 납부하지 아니하는 경우 또는 제22조제5항, 제24조제2항에 따라 폐업한 경우에는 국세 체납처분의 예 또는 지방세외수입금의 징수 등에 관한 법률에 따라 징수한다.

④ 제①항에 따른 과징금의 부과 · 징수를 위하여 필요한 정보 · 자료의 제공 요청에 관하여는 제28조 제3항 및 제5항을 준용한다.

(16) 건강진단(법 제29조)

① 총리령으로 정하는 영업자 및 종업원은 건강진단을 받아야 한다. 다만, 다른 법령에 따라 같은 내용의 건강진단을 받은 경우에는 이 법에 따른 건강진단을 받은 것으로 본다.

② 제①항에 따라 건강진단을 받아야 하는 영업자로서 건강진단을 받지 아니하였거나 건강진단 결과 다른 사람에게 위해를 끼칠 우려가 있는 질병이 있는 사람은 그 영업을 하여서는 아니 된다.

③ 영업자는 제①항에 따라 건강진단을 받아야 하는 종업원으로서 건강진단을 받지 아니하였거나 건강진단 결과 다른 사람에게 위해를 끼칠 우려가 있는 질병이 있는 사람을 그 영업에 종사하게

하여서는 아니 된다.

④ 제①항에 따른 건강진단의 실시방법과 제②항 또는 제③항에 따른 질병의 종류, 그 밖에 필요한 사항은 총리령으로 정한다.

(17) 건강진단 대상자 등(규칙 제44조)

① 법 제29조제1항 본문에 따라 건강진단을 받아야 하는 사람은 가축의 도살·처리, 원유의 수집·여과·냉각·저장 또는 축산물의 채취·가공·포장·보관·운반·판매에 직접 종사하는 사람으로 한다. 다만, 영업자 또는 종업원 중에서 완전 포장된 축산물을 보관·운반 또는 판매하는 사람은 제외한다.

② 제①항에 따라 건강진단을 받아야 하는 영업자 및 종업원은 영업 시작 전 또는 영업에 종사하기 전에 미리 건강진단을 받아야 하며, 건강진단을 받은 날을 기준으로 매년 건강진단을 받아야 한다.

③ 제①항에 따른 건강진단은 식품위생 분야 종사자의 건강진단 규칙 제2조, 제3조 및 제5조를 준용한다.

(18) 위생교육 등(법 제30조)

① 다음 각 호의 검사관은 총리령으로 정하는 바에 따라 매년 도축검사에 관한 교육을 받아야 한다.
　㉠ 제7조제8항에 따라 자가소비 또는 자가 조리·판매를 위한 검사를 하는 검사관
　㉡ 제11조제1항 또는 제12조제1항에 따라 도축장에서 검사를 하는 검사관

② 제21조제1항 각 호에 따른 영업을 하려는 자와 제27조·제28조 또는 식품 등의 표시·광고에 관한 법률 제16조·제19조에 따른 처분을 받은 영업자(영업허가가 취소되거나 영업소 폐쇄 명령을 받은 영업자는 제외한다)는 축산물 위생에 관한 교육을 받아야 한다.

③ 제12조제2항에 따라 검사를 하는 책임수의사와 총리령으로 정하는 영업자·종업원은 매년 축산물 위생에 관한 교육을 받아야 한다.

④ 제②항 또는 제③항에 따라 교육을 받아야 하는 자가 영업에 직접 종사하지 아니하거나 두 곳 이상의 장소에서 영업을 하는 경우에는 종업원 중에서 위생에 관한 책임자를 지정하여 영업자 대신 교육을 받게 할 수 있다.

⑤ 제②항 또는 제③항에 따라 교육을 받아야 하는 영업자로서 교육을 받지 아니한 영업자는 그 영업을 하여서는 아니 된다.

⑥ 영업자는 제3항에 따라 교육을 받아야 하는 책임수의사 또는 종업원으로서 교육을 받지 아니한 자를 그 검사 업무 또는 영업에 종사하게 하여서는 아니 된다.

⑦ 부득이한 사유로 제①항부터 제③항까지의 규정에 따라 교육을 받을 수 없는 경우에는 제⑤항 또는 제⑥항에도 불구하고 총리령으로 정하는 바에 따라 영업을 한 후 또는 검사 업무나 영업에 종사한 후 그 교육을 받을 수 있다.

⑧ 제①항부터 제③항까지의 규정에 따른 교육의 실시기관, 실시 비용, 내용, 시기 및 방법(교육의 생략, 교육시간의 단축 등을 포함한다) 등은 총리령으로 정한다.

(19) 교육의 시기 및 방법 등(규칙 제49조)

① 법 제30조제1항에 따라 검사관이 받아야 하는 도축검사에 관한 교육은 매년 24시간으로 하되, 도축검사 업무를 처음하는 검사관은 도축검사 업무를 시작하기 전에 교육을 받아야 한다.

② 법 제30조제2항에 따른 축산물 위생에 관한 교육의 시간은 다음 각 호의 구분에 따른다.

   ㉠ 법 제21조제1항 각 호에 따른 영업을 하려는 자 : 6시간

   ㉡ 법 제27조 및 제28조에 따른 처분을 받은 영업자 : 처분을 받은 날부터 6개월 이내에 4시간

③ 법 제30조제3항에 따른 축산물 위생에 관한 교육의 시간은 다음 각 호의 구분에 따른다.

   ㉠ 법 제12조제2항에 따라 검사를 하는 책임수의사 : 매년 4시간. 다만, 책임수의사가 되려는 자는 24시간의 교육을 받아야 한다.

   ㉡ 제46조제1호부터 제7호까지의 규정에 따른 영업자 : 매년 3시간

   ㉢ 제46조제8호에 따른 종업원 : 매년 4시간

④ 법 제30조제2항 및 제3항에 따른 축산물 위생에 관한 교육의 방법 및 시기는 다음 각 호와 같이 조정할 수 있다.

   ㉠ 법 제30조제2항 및 제3항에 따른 교육대상자 중 허가관청 또는 신고관청이 교육 참석이 어렵다고 인정하는 도서·벽지에 있는 영업장의 영업자 및 종업원에 대해서는 제48조제3항에 따른 교육교재를 배부하여 이를 숙지·활용하도록 함으로써 교육을 갈음할 수 있다.

   ㉡ 법 제30조제3항에 따라 교육을 받아야 하는 영업자가 식품의약품안전처장이 인정하는 원격교육 프로그램을 통하여 교육을 받은 경우에는 교육을 받은 것으로 볼 수 있다.

   ㉢ 법 제30조제3항에 따라 교육을 받아야 하는 종업원이 다수인 경우에는 1명이 교육을 받은 후 전달교육을 하면 그 전달교육을 받은 종업원도 교육을 받은 것으로 볼 수 있다.

⑤ 법 제30조제7항에 따라 허가관청 또는 신고관청은 교육 대상자가 천재지변 등 부득이한 사유로 법 제30조제1항부터 제3항까지의 규정에 따른 교육을 받을 수 없게 되었다고 인정하면 허가관청 또는 신고관청이 정하는 바에 따라 영업을 한 후 또는 검사 업무나 영업에 종사한 후 그 교육을 받게 할 수 있다.

(20) 위생교육 대상자(규칙 제46조)

법 제30조제3항에 따라 축산물 위생에 관한 교육을 받아야 하는 영업자 및 종업원은 다음 각 호와 같다.

① 법 제21조제1항제1호에 따른 도축업의 영업자

② 법 제21조제1항제2호에 따른 집유업의 영업자

③ 법 제21조제1항제3호에 따른 축산물가공업의 영업자

④ 법 제21조제1항제3호의2에 따른 식용란선별포장업의 영업자

⑤ 법 제21조제1항제4호에 따른 식육포장처리업의 영업자

⑥ 법 제21조제1항제7호에 따른 축산물판매업 중 영 제21조제7호에 따른 식육판매업·식육부산물전문판매업 및 식용란수집판매업의 영업자

⑦ 영 제21조제8호에 따른 식육즉석판매가공업의 영업자

⑧ 제14조제1항 후단에 따라 검사를 하는 종업원

(21) 교육의 생략 등(규칙 제50조)

① 다음 각 호의 어느 하나에 해당하면 법 제30조제2항에 따라 교육을 받아야 하는 법 제21조제1항 각 호에 따른 영업을 하려는 자의 교육을 생략할 수 있다. 다만, 제2호, 제3호 및 제5호의 경우에는 추가되는 영업장소는 종전의 영업장소와 유기적으로 연결되어 하나의 관리체계로 운영되는 경우로 한정한다.

㉠ 제49조제2항제1호에 따른 교육(이하 이 항에서 "신규위생교육"이라 한다)을 받은 날부터 2년 이내에 해당 영업을 폐업하거나 해당 영업자로부터 퇴직한 후 신규위생교육을 받았던 영업이 속하는 업종의 영업을 하려는 경우

㉡ 신규위생교육을 받은 날부터 2년 이내에 신규위생교육을 받았던 영업이 속하는 업종의 영업을 하려는 경우

㉢ 제49조제3항제2호에 따른 교육을 받은 영업자가 해당 연도에 교육을 받았던 영업이 속하는 업종의 영업을 하려는 경우

㉣ 축산물가공업의 영업자가 신규위생교육을 받은 날부터 2년 이내에 영업을 하고 있는 장소 또는 같은 건물에서 식육포장처리업의 영업을 추가로 개설하려는 경우

㉤ 축산물가공업 또는 식육포장처리업의 영업자가 신규위생교육을 받은 날부터 2년 이내에 그 영업을 하고 있는 장소 또는 같은 건물에서 축산물판매업 또는 식육즉석판매가공업의 영업을 추가로 개설하려는 경우

㉥ 식용란선별포장업의 영업자가 신규위생교육을 받은 날부터 2년 이내에 영업을 하고 있는 장소 또는 같은 건물에서 식용란수집판매업 영업을 추가로 개설하려는 경우

㉦ 축산물가공업 또는 식육포장처리업의 영업자가 제49조제3항제2호에 따른 교육을 받은 날부터 1년 이내에 해당 영업을 폐업하거나 해당 영업자로부터 퇴직한 후 축산물판매업 또는 식육즉석판매가공업의 영업을 하려는 경우

㉧ 축산물가공업 또는 식육포장처리업의 영업자가 제49조제3항제2호에 따른 교육을 받은 날부터 1년 이내에 그 영업을 하고 있는 장소 또는 같은 건물에서 축산물판매업 또는 식육즉석판매가공업의 영업을 추가로 개설하려는 경우

㉨ 식용란선별포장업의 영업자가 제49조제3항제2호에 따른 교육을 받은 날부터 1년 이내에 그 영업을 하고 있는 장소 또는 같은 건물에서 식용란수집판매업 영업을 추가로 개설하려는 경우

      ⓧ 식육판매업의 영업자가 신규위생교육을 받은 날부터 2년 이내 또는 제49조제3항제2호에 따른 교육을 받은 날부터 1년 이내에 해당 영업을 폐업하거나 해당 영업자로부터 퇴직한 후 식육즉석판매가공업의 영업을 하려는 경우

      ⓥ 식육즉석판매가공업의 영업자가 신규위생교육을 받은 날부터 2년 이내 또는 제49조제3항제2호에 따른 교육을 받은 날부터 1년 이내에 해당 영업을 폐업하거나 해당 영업자로부터 퇴직한 후 식육판매업의 영업을 하려는 경우

② 법 제30조제3항에 따라 교육을 받아야 하는 영업자의 교육은 다음 각 호의 구분에 따라 생략할 수 있다. 다만, 제1호 및 제2호의 경우에는 추가되는 영업장소가 종전의 영업장소와 유기적으로 연결되어 하나의 관리체계로 운영되는 경우로 한정한다.

      ㉠ 축산물가공업의 영업자가 영업을 하고 있는 장소 또는 같은 건물에서 식육포장처리업, 축산물판매업 또는 식육즉석판매가공업의 영업을 추가로 개설한 경우 : 법 제30조제3항에 따라 식육포장처리업, 축산물판매업 또는 식육즉석판매가공업 영업자가 매년 받아야 하는 교육 생략(법 제30조제3항에 따라 축산물가공업의 영업자가 매년 받아야 하는 교육을 받은 경우만 해당한다)

      ㉡ 식용란선별포장업의 영업자가 영업을 하고 있는 장소 또는 같은 건물에서 식용란수집판매업의 영업을 추가로 개설한 경우 : 법 제30조제3항에 따라 식용란수집판매업 영업자가 매년 받아야 하는 교육의 생략(법 제30조제3항에 따라 식용란선별포장업 영업자가 매년 받아야 하는 교육을 받은 경우만 해당한다)

      ㉢ 식육포장처리업의 영업자가 영업을 하고 있는 장소 또는 같은 건물에서 축산물판매업 또는 식육즉석판매가공업의 영업을 추가로 개설한 경우 : 법 제30조제3항에 따라 축산물판매업 또는 식육즉석판매가공업 영업자가 매년 받아야 하는 교육 생략(법 제30조제3항에 따라 식육포장처리업 영업자가 매년 받아야 하는 교육을 받은 경우만 해당한다)

      ㉣ 제46조제1호부터 제7호까지의 규정에 따른 영업자가 제7조의4제1항제1호에 따른 정기 교육훈련을 받은 경우 : 그 정기 교육훈련을 받은 해에 해당 영업자가 받아야 하는 교육 생략

③ 제46조에 따라 위생교육을 받아야 하는 영업자 및 종업원은 위생교육을 받아야 하는 해당 연도 전체 기간 동안 휴업한 경우 법 제30조제3항에 따른 해당 연도의 교육을 받지 아니할 수 있다.

(22) 영업자 등의 준수사항(법 제31조)

① 제21조제1항제1호 또는 제2호에 따른 도축업 또는 집유업의 영업자는 정당한 사유 없이 가축의 도살·처리 또는 집유의 요구를 거부하여서는 아니 된다.

② 영업자 및 그 종업원은 영업을 할 때 위생적 관리와 거래질서 유지를 위하여 다음 각 호에 관하여 총리령으로 정하는 사항을 준수하여야 한다.

      ㉠ 가축의 도살·처리 및 집유에 관한 사항

      ㉡ 가축과 축산물의 검사 및 위생관리에 관한 사항

      ㉢ 작업장의 시설 및 위생관리에 관한 사항

② 축산물의 위생적인 가공·포장·보관·운반·유통·진열·판매 등에 관한 사항

⑩ 축산물에 대한 거래명세서의 발급(식용란의 경우 제12조의2제2항에 따라 발급된 거래명세서의 수취·보관에 관한 사항을 포함한다)과 거래내역서의 작성·보관에 관한 사항

⑪ 냉장축산물의 냉동전환 및 그 보고 등에 관한 사항

⑫ 식용란의 용도에 따른 유통·판매의 구분에 관한 사항

⑬ 그 밖에 영업자 및 그 종업원이 가축 및 축산물의 위생적 관리와 거래질서 유지를 위하여 준수하여야 할 사항

[별표 12] 도축업·집유업·축산물가공업·식용란선별포장업·식육포장처리업의 영업자 및 종업원 준수사항(규칙 제51조제1항 관련)

1. 공통사항

(1) 작업장의 시설 및 축산물을 위생적으로 관리하여야 한다.

(2) 작업장 안에서 종업원의 위생복·위생모(도축장의 경우 안전모) 및 위생화의 착용 여부 및 개인의 위생상태를 점검하여 작업에 종사하도록 하여야 한다. 다만, 도축장의 경우 낙하물의 충격 등 안전사고의 우려가 없는 구역에서는 안전모를 착용하지 아니할 수 있다.

(3) 검사관·책임수의사 또는 영업자가 지정하지 않은 사람을 작업장 안에 출입시켜서는 아니 된다.

(4) 행정관청이 시정명령·폐기처분·시설개선명령 등 사후조치가 필요한 행정처분을 한 경우와 검사관이 개선을 지시한 경우 영업자는 그 명령 및 지시에 따른 사후조치를 이행한 후 그 이행결과를 지체 없이 처분청 또는 검사관에게 보고하여야 한다.

(5) 수돗물이 아닌 물(지하수 등)을 축산물의 도살·처리·집유·가공 등(축산물이 직접 닿지 아니하는 시설의 청소에 사용하는 경우는 제외한다)에 사용하는 경우에는 먹는물관리법 제43조에 따른 먹는물 수질검사기관에서 1년마다(수질검사를 받은 날의 다음 날부터 기산한다) 먹는물 수질기준 및 검사 등에 관한 규칙 제2조에 따른 먹는물의 수질기준에 따라 검사를 받아 마시기에 적합하다고 인정된 물을 사용하여야 한다.

(6) 작업장 안에서는 법 제5조에 따른 용기등의 규격 등에 적합한 용기·기구·포장 또는 검인용 색소를 사용하여야 한다.

(7) 영업자는 자체적인 위생교육계획을 수립하여 영업에 종사하는 종업원에 대하여 법 제30조 및 이 규칙 제46조에 따라 위생교육을 받은 영업자·책임수의사 또는 종업원이 매월 1시간 이상 위생교육을 실시하여야 하고, 그 결과를 기록하여 이를 1년간 보관하여야 한다. 다만, 기록의 형태는 업체가 자율적으로 정하여 사용할 수 있다.

(8) 영업자 자신이 도살·처리·가공 또는 포장한 축산물을 직접 운반하는 경우에는 별표 13 제2호를 준수하여야 한다.

(9) 영업자는 유통기한이 경과한 축산물을 '폐기용'으로 표시한 후 냉장·냉동 창고 또는 시설 안의 일정구역에 구분하여 보관하여야 한다.

2. 도축업 영업자의 준수사항

(1) 다른 작업장 또는 다른 법령에 따른 영업장 등에서 종사하고 있는 사람 또는 직접 검사업무에 종사하고 있지 않은 사람을 검사원으로 임명하여서는 아니 된다.

(2) 제8조에 따라 정보시스템을 이용하여 도축검사가 신청된(정보시스템이 운영되지 않는 경우에 별지 제2호 서식에 따라 도축검사 신청된 경우를 포함한다) 가축에 대한 도축 의뢰자 및 가축의 출하농가의 사실 여부를 확인하여야 한다.

(3) 검사를 받으려는 가축을 도축장 안의 계류장에서 계류하는 경우에는 제8조에 따른 계류기간을 지켜야 한다.

(4) 도축장의 계류시설·냉장시설 등 도축처리능력을 초과하여 검사관에게 도축검사신청을 하여서는 아니 된다.

(5) 검사관의 작업지시가 있기 전까지는 작업을 시작하여서는 아니 된다.

(6) 도살·처리의 명목으로 받는 수수료 외에 금품을 받거나 작업인의 동원을 요구하여서는 아니 된다.

(7) 도축하려는 가축을 운송차량에서 내리거나 도축장 내의 다른 시설 등으로 이동하게 하기 위해 전기봉(전기를 이용하여 가축에 충격을 가하는 장치를 말한다) 또는 가축에 상해를 입힐 수 있는 도구를 사용하여서는 아니 된다.

3. 집유업 영업자의 준수사항

(1) 다른 작업장 또는 다른 법령에 따른 영업장 등에 종사하고 있는 사람 또는 직접 검사업무에 종사하고 있지 아니한 사람을 책임수의사로 지정하거나 검사원으로 임명하여서는 아니 된다.

(2) 책임수의사의 검사업무의 독립성을 보장하여 주어야 하며, 책임수의사가 시험실검사를 위한 장비나 재료 등의 확보요구를 하는 경우에 정당한 이유없이 이를 거부하여서는 아니 된다.

(3) 집유의 명목으로 받는 수수료 외에 금품을 받거나 작업인의 동원을 요구하여서는 아니 된다.

(4) 집유의 명목으로 원유대금 이외의 별도의 보조성 경비 등을 지급하여서는 아니 된다.

(5) 집유가 금지된 원유 및 법 제11조제2항에 따른 착유가축검사를 받지 아니한 농가에서 착유된 원유를 집유하여서는 아니 된다.

4. 식용란선별포장업 영업자의 준수사항

(1) 식용란은 직사광선에 노출되지 않도록 하고 축산물의 가공기준 및 성분규격에서 정한 적합한 온도로 검란·선별·세척·건조·보관·운반 하여야 한다. 다만, 냉장보관된 식용란을 선별하거나 등급판정 등의 처리를 하기 위하여 일시적으로 상온에 두는 경우는 제외한다.

(2) 식용란수집판매업자가 제출한 별지 제41호서식의 식용란 선별·포장 의뢰서를 최종 제출일부터 2년간 보관하여야 한다.

(3) 식용으로 부적합한 식용란을 폐기하는 때에는 다른 식용란이 오염되지 않도록 안전조치를 취하여야 한다. 이 경우 식용으로 부적합한 식용란은 색소와 섞은 후 "폐기용"으로 표시한 폐기용기에 담아 식용으로 사용할 수 없도록 하여야 한다.

(4) 세척한 식용란의 경우 축산물의 가공기준 및 성분규격에서 정한 식용란의 보존 및 유통기준에 적합하게 관리하여야 한다.

(5) 식용란을 영업장 외의 장소에서 선별·포장·보관해서는 안 된다.

(6) 선별·포장 처리한 식용란을 직접 운반하는 경우에는 별표 13 제2호에 따른 준수사항을 준수하여야 한다.

(7) 식용란의 선별·포장 처리에 사용하는 기계·기구류 등을 수시로 세척·소독하여야 한다.

(8) 정당한 사유 없이 식용란수집판매업 영업자가 의뢰하는 식용란의 선별·포장 등 처리 요구를 거부하거나 지연처리해서는 안 된다.

(9) 식용란을 선별·포장 처리한 이력을 파악할 수 있도록 별지 제42호서식의 식용란 선별·포장 처리대장을 작성하고 이를 최종 작성일부터 2년간 보관하여야 한다. 이 경우 식용란 선별·포장 처리대장을 거짓으로 작성해서는 안 된다.

(10) 식용란을 중량규격별로 선별하고, 부패된 알, 곰팡이가 생긴 알, 이물이 혼입된 알, 혈액이 함유된 알, 내용물이 누출된 알, 난황이 파괴된 알 등 식용에 부적합한 알이 있는지 검란하여야 한다.

5. 축산물가공업 및 식육포장처리업 영업자의 준수사항

(1) 영업자는 원료를 사용하여 제품을 생산하고 이를 판매한 내용을 기록하여 생산·판매이력을 파악할 수 있도록 다음의 서류를 작성하고 이를 최종 기재일부터 2년간 보관하여야 하며, 이를 허위로 작성하여서는 아니 된다. 이 경우 가축 및 축산물 이력관리에 관한 법률 제26조제1항에 따른 장부나 같은 법 제27조제2항에 따른 이력관리시스템으로 기록·관리한 것은 전단에 따라 작성·보관한 것으로 본다.

1) 원료의 입고·사용에 관한 원료수불서류

2) 생산·작업기록에 관한 서류

3) 제품의 생산단위(로트)별로 생산일, 생산량, 판매처 및 판매량 등에 관한 거래내역서류

(2) 축산물을 텔레비전·인쇄물 등을 통하여 광고하는 경우에는 제품명 및 업소명을 그 광고에 포함시켜야 한다.

(3) 장난감·그릇 등과 가공품을 함께 포장하여 판매하는 경우 장난감·그릇 등이 가공품의 보관·섭취에 사용되는 경우를 제외하고는 가공품과 구분하여 포장하여야 한다.

(4) 조제유류에 관하여 다음에 해당하는 광고 또는 판매촉진 행위를 하여서는 아니 된다.

1) 신문·잡지·라디오·텔레비전·음악·영상·인쇄물·간판·인터넷, 그 밖의 방법으로 광고하는 행위. 다만, 법 제6조에 따른 표시기준에 따라 표시하여야 할 사항을 인터넷에 게시하는 경우는 제외한다.

2) 조제유류의 용기 또는 포장에 유아·여성의 사진 또는 그림 등의 표시

3) "모유와 같은", "모유처럼" 또는 이와 유사한 글을 사용하여 소비자가 조제유류의 사용이 모유와 같거나 모유보다 좋은 것으로 오도 또는 오인할 수 있는 표현의 사용

4) 조제유류를 의료기관·모자보건시설·소비자 등에게 무료 또는 저가로 공급하는 판매촉진행위

5) 홍보단, 시음단, 평가단 등 모집을 통해 사용후기 등을 작성하게 하여 이를 홈페이지 등에 게시하거나 소비자가 스스로 작성한 사용후기 등을 제조사 홈페이지 등에 연결하거나 직접 게시하는 행위

6) 그 밖에 조제유류의 판매 증가를 목적으로 한 광고나 판매촉진행위로서 식품의약품안전처장이 인정하는 행위

(5) 식육가공업 영업자가 카목에 따라 원료로 사용하려는 목적으로 냉동포장육 제품을 해동 상태로 공급받은 경우에는 가목에 따라 작성하여야 하는 원료수불서류에 해당 제품을 해동 상태로 공급받은 사실을 기록하여야 한다.

(6) 축산물가공업 또는 식육포장처리업의 영업자는 냉장제품을 냉동제품으로 전환하려는 경우에는 사전에 영업허가를 한 시·도지사 또는 시장·군수·구청장에게 전환 품목명, 중량, 보관방법, 유통기한(냉장제품 및 냉동 전환 제품의 유통기한을 말한다), 냉동으로 전환하는 시설의 소재지 및 냉동 전환을 실시하는 날짜와 냉동 전환이 완료되는 날짜를 신고(전자문서로 하는 신고를 포함한다)하여야 하며, 다음의 사항을 준수하여야 한다.

1) 신고일부터 10일 이내에 냉동 전환을 실시하고, 냉동 전환 완료일이 냉장제품의 유통기한을 초과하지 아니하도록 할 것

2) 냉동 전환 대상 축산물에 법 제6조제1항에 따른 축산물의 표시기준을 준수하여 표시할 것

3) 신고사항 변경 시 해당 변경 내역을 지체 없이 신고할 것

(7) 식육포장처리업의 영업자는 냉동식육 또는 냉동포장육을 해동하여 냉장포장육으로 유통·판매하여서는 아니 된다.

(8) 자신이 직접 생산한 원유를 원료로 하여 가공하는 경우로서 법 제22조에 따른 집유업의 허가를 받지 아니한 유가공업의 영업자는 별표 4 제1호에 따른 검사를 자체적으로 실시하기 어려운 경우에는 축산물 시험·검사기관 등에 검사를 위탁하여야 한다.

(9) 식육가공업의 영업자는 식육가공품(양념육류·분쇄가공육제품·갈비가공품·식육추출가공품만 해당한다)을 만드는데 사용한 식육의 종류(소고기, 돼지고기, 닭고기, 오리고기 등으로 구분하되, 소고기 중 국내산의 경우에는 한우고기, 젖소고기, 육우고기로 구분한다. 이하 같다)·원산지를 적은 영수증

또는 거래명세서 등을 축산물유통전문판매업의 영업자, 식품위생법 시행령 제21조에 따른 식품접객업의 영업자 또는 식품위생법 제88조에 따른 집단급식소 설치·운영자에게 발급하여야 하며, 이를 거짓으로 해서는 아니 된다.

(10) 식육포장처리업의 영업자는 포장육을 만드는데 사용한 식육에 대한 다음 사항을 적은 영수증 또는 거래명세서 등을 식육판매업, 식육즉석판매가공업, 축산물유통전문판매업, 식품위생법 시행령 제21조 제8호에 따른 식품접객업의 영업자 또는 식품위생법 제88조에 따른 집단급식소 설치·운영자에게 발급 하여야 하며, 이를 거짓으로 해서는 아니 된다.

　1) 식육의 종류

　2) 식육의 원산지

　3) 식육의 등급(축산법 제35조에 따라 판정받은 등급을 말하며, 등급을 적어야 하는 부위는 소고기의 대분할 부위 중 안심, 등심, 채끝, 양지, 갈비와 이에 해당하는 소분할 부위에만 해당한다. 이하 같다)

　4) 가축 및 축산물 이력관리에 관한 법률 제2조제1항제9호에 따른 이력번호

(11) 식육포장처리업의 영업자가 냉동포장육을 집단급식소에 공급할 때에는 해당 집단급식소의 영양사 및 조리사가 해동을 요청할 경우 해동을 위한 별도의 보관 장치를 이용하거나 냉장운반을 할 수 있다. 이 경우 해당 제품이 해동 중이라는 표시, 해동을 요청한 자, 해동 시작시간, 해동한 자 등 해동에 관한 내용을 표시하여야 한다.

(12) 축산물가공업 영업자 및 식육포장처리업 영업자는 이물이 검출되지 아니하도록 필요한 조치를 하여야 하고, 소비자로부터 이물 검출 등 불만사례 등을 신고 받은 경우 그 내용을 기록하여 2년간 보관하여야 하며 이 경우 소비자가 제시한 이물 등의 증거품은 6개월간 보관하여야 한다. 다만, 부패·변질의 우려가 있는 경우에는 2개월간 보관할 수 있으며 남은 4개월간은 사진으로 보관하여야 한다.

(13) 축산물가공업 및 식육포장처리업의 자가운반차량을 이용하여 살아있는 가축을 운반하여서는 아니 된다.

(14) 법 제12조제3항에 따른 검사를 직접 하는 축산물가공업의 영업자는 검사결과의 위조·변조를 방지할 수 있는 기록관리시스템을 설치·운영하여야 한다.

5. 도축업·집유업·식용란선별포장업·축산물가공업·식육포장처리업의 종업원 준수사항

　검사관·책임수의사 또는 영업자의 축산물위생업무와 관련된 지시사항을 이행하여야 한다.

[별표 13] 축산물보관업·축산물운반업·축산물판매업·식육즉석판매가공업의 영업자 및 종업원 준수사항(규칙 제51조제2항 관련)

1. 공통사항

(1) 축산물은 위생적으로 보관·운반·판매·가공하여야 한다.

(2) 축산물의 포장·용기가 파손된 축산물을 판매하거나 판매할 목적으로 운반·진열하여서는 아니 된다.

(3) 허가관청 또는 신고관청으로부터 시정명령·폐기처분·시설개수명령 등 사후조치가 필요한 행정처분을 받은 영업자는 그 명령에 따른 사후조치를 이행한 후 그 이행결과를 지체 없이 처분청에 보고하여야 한다.

(4) 영업자는 제13조에 따른 도축검사증명서(이하 이 목에서 "도축검사증명서"라 한다)를 최종발급일부터 1년간 보관하여야 하고, 축산물운반업 영업자의 경우에는 식육·포장육을 운반하는 운전자(자가운반차 량 운전자를 포함한다) 등으로 하여금 도축검사증명서의 원본 또는 사본을 휴대하도록 하여야 한다. 다만, 다음 어느 하나에 해당하는 경우에는 도축검사증명서를 보관하거나 휴대하지 아니할 수 있다.

　1) 축산물판매업·식육즉석판매가공업 영업자가 식육포장처리업 영업자가 생산한 포장육이나 법 제10 조의2제1항에 따라 도축장에서 포장한 닭·오리 식육의 포장을 뜯지 않은 상태 그대로 판매하는 경우

　2) 영업자가 가축 및 축산물 이력관리에 관한 법률 제2조제8호가목에 따른 국내산이력관리대상축산물을

보관·운반·판매하는 경우로서 해당 이력번호를 통해 이력관리시스템 등 전자적인 방법으로 도축검사증명서를 확인할 수 있는 경우

(5) 수돗물이 아닌 지하수를 사용하는 경우에는 먹는물관리법 제43조에 따른 먹는물 수질검사기관으로부터 다음의 구분에 따른 검사를 받아 그 결과 마시기에 적합하다고 인정된 물을 사용하여야 한다. 다만, 동일한 건물에서 같은 수원을 사용하는 경우에는 하나의 업소에 대한 시험결과로 다른 업소에 대한 검사를 갈음할 수 있으며, 시·도지사가 오염의 우려가 있다고 판단하여 지정한 지역에서는 먹는물 수질기준 및 검사 등에 관한 규칙 제2조에 따른 먹는물의 수질기준에 따른 검사를 하게 할 수 있다.

1) 일부항목 검사 : 1년마다(수질검사를 받은 날의 다음 날부터 기산한다) 먹는물 수질기준 및 검사 등에 관한 규칙 제4조에 따른 마을상수도의 검사기준에 따른 검사. 다만, 전항목 검사를 실시하는 연도의 경우는 제외한다.

2) 모든 항목 검사 : 3년마다(수질검사를 받은 날의 다음 날부터 기산한다) 먹는물 수질기준 및 검사 등에 관한 규칙 제2조에 따른 먹는물의 수질기준에 따른 검사

(6) 영업자는 자체적인 위생교육계획을 수립하여 영업에 종사하는 종업원에 대하여 법 제30조제2항·제3항 및 이 규칙 제46조에 따라 위생교육을 받은 영업자 또는 종업원이 매월 1시간 이상 위생교육을 실시하여야 하고, 그 결과를 기록하여 이를 1년간 보관하여야 한다. 다만, 기록의 형태는 업체가 자율적으로 정하여 사용할 수 있다.

(7) 영업자는 유통기한이 경과한 축산물을 '폐기용'으로 표시한 후 냉장·냉동 창고 또는 시설 안의 일정구역에 구분하여 보관하여야 한다.

2. 축산물운반업 영업자의 준수사항

(1) 운반차량(식육판매업소·식육즉석판매가공업소의 자가운반차량을 포함한다)을 이용하여 살아있는 가축을 운반하여서는 아니 된다.

(2) 운반차량은 수시로 세척·소독하여 청결하게 관리하여야 한다.

(3) 도축장에서 반출되는 소·돼지 등 가축의 식육은 다음의 어느 하나에 해당하는 방법으로 위생적으로 운반하여야 한다. 다만, 별표 12 제2호사목에 따라 10℃ 이하로 냉각시켜 반출되어야 하는 지육에서 제외되는 지육은 1)에 해당하는 방법으로 위생적으로 운반하여야 한다.

1) 매단 상태로 운반. 이 경우 식육이 차량 적재고 바닥에 직접 닿지 아니하도록 하여야 한다.

2) 포장한 상태로 운반

3) 위생용기에 넣은 상태로 운반

(4) 축산물은 식품(식품위생법에 따른 식품을 말한다)과 같이 적재하지 아니한다. 다만, 축산물 및 식품(식품위생법 시행령 제25조제1항에 따라 식품운반업의 신고를 하고 운반하여야 하는 품목은 제외한다)이 각각 밀봉 포장된 경우에는 같이 적재할 수 있다.

3. 축산물판매업 영업자의 준수사항

(1) 식육판매업의 영업자가 식육을 보관·판매하는 때 다음과 같은 내용의 표시를 하여야 하며, 이 경우 그 표시를 허위로 하여서는 아니 되고, 식육의 부위명칭 및 등급의 결정과 그 구별방법, 식육의 종류 표시 등에 관한 세부사항은 식품의약품안전처장이 정하는 바에 따른다.

1) 식육을 보관하는 경우 : 식육의 종류·부위명칭·등급·도축장명·유통기한·보관방법

2) 식육을 비닐 등으로 포장하지 않은 상태로 진열상자에 놓고 판매하는 경우(식육판매표지판을 식육의 전면에 설치하여 표시를 대신 할 수 있다) : 식육의 종류·부위명칭·등급·도축장명·판매가격

3) 식육을 비닐 등으로 포장하여 판매하는 경우 : 식육의 종류·부위명칭·등급·도축장명·포장일자·유통기한·보관방법

4) 사물인터넷 자동판매기에서 판매하는 경우 : 포장에 사용된 식육의 종류·부위명칭·등급·유통기한·100그램당 가격 및 고장 시 연락가능한 전화번호

(2) 식육부산물전문판매업의 영업자는 식육부산물을 보관·판매할 때에는 다음의 구분에 따른 방법으로 표시하여야 하고, 그 표시를 허위로 하여서는 아니 된다. 다만, 식육부산물을 도축 당일에 도축장에서 위생용기에 넣어 운반·판매하는 경우에는 도축검사증명서로 그 표시를 대신할 수 있다.

    1) 식육부산물을 비닐 등으로 포장하여 보관·판매하는 경우: 식육부산물의 종류, 유통기한 및 보관방법을 식육부산물의 포장에 표시할 것

    2) 식육부산물을 비닐 등으로 포장하지 아니한 상태로 진열상자에 놓고 판매하는 경우 : 식육부산물의 종류 및 판매가격을 식육판매표지판에 표시하여 해당 식육부산물의 전면에 설치할 것

(3) 별표 12 제4호다목을 위반한 축산물을 판매하여서는 아니 된다.

(4) 식육판매업 및 식육부산물전문판매업의 영업자는 식육의 처리에 사용한 기계·기구류 등을 수시로 세척·소독하여야 한다.

(5) 식육판매업의 영업자는 식육을 냉장·냉동실에 보관하여야 하며, 지육상태로 판매장 안에 걸어 놓아서는 아니 된다. 다만, 지육의 가공(이 목에서는 절단·분쇄 및 포장을 말한다)을 위하여 판매장에 일시적으로 걸어놓을 때에는 먼지나 파리 등이 지육에 직접 붙지 아니하도록 포장을 벗기지 아니한 상태를 유지하는 등 필요한 조치를 하여야 한다.

(6) 식육판매업의 영업자는 냉동식육을 해동하여 냉장식육으로 보관하거나 판매하여서는 아니 된다.

(7) 조제유류에 관하여 다음에 해당하는 광고 또는 판매촉진 행위를 하여서는 아니 된다.

    1) 신문·잡지·라디오·텔레비전·음악·영상·인쇄물·간판·인터넷, 그 밖의 방법으로 광고하는 행위. 다만, 법 제6조에 따른 표시기준에 따라 표시하여야 할 사항을 인터넷에 게시하는 경우는 제외한다.

    2) 조제유류의 용기 또는 포장에 유아·여성의 사진 또는 그림 등의 표시

    3) "모유와 같은", "모유처럼" 또는 이와 유사한 글을 사용하여 소비자가 조제유류의 사용이 모유와 같거나 모유보다 좋은 것으로 오도 또는 오인할 수 있는 표현의 사용

    4) 조제유류를 의료기관·모자보건시설·소비자 등에게 무료 또는 저가로 공급하는 판매촉진행위

    5) 홍보단, 시음단, 평가단 등 모집을 통해 사용후기 등을 작성하게 하여 이를 홈페이지 등에 게시하거나 소비자가 스스로 작성한 사용후기 등을 판매사 홈페이지 등에 연결하거나 직접 게시하는 행위

    6) 그 밖에 조제유류의 판매 증가를 목적으로한 광고나 판매촉진행위로서 식품의약품안전처장이 인정하는 행위

(8) 식육판매업·식육부산물전문판매업 및 축산물유통전문판매업의 영업자는 별지 제38호서식의 거래내역서에 식육 또는 포장육의 매입에 관하여 그 식육 또는 포장육의 종류·물량·원산지·이력번호 및 매입처 등을 기록하고, 그 기록을 매입일부터 1년간 보관하여야 하며, 그 기록을 허위로 하여서는 아니 된다. 다만, 가축 및 축산물 이력관리에 관한 법률 제27조제2항에 따른 이력관리시스템을 이용하여 기록·관리한 경우에는 거래내역서를 본문에 따라 기록·보관한 것으로 본다.

(9) 축산물을 텔레비전·인쇄물 등을 통하여 광고하는 경우에는 제품명, 제조업소명 및 판매업소명을 그 광고에 포함시켜야 한다.

(10) 식육판매업의 영업자는 식육 또는 포장육을 판매할 때 식육의 종류·원산지 및 이력번호를 적은 영수증 또는 거래명세서 등을 식품위생법 시행령 제21조에 따른 식품접객업의 영업자 또는 식품위생법 제88조에 따른 집단급식소 설치·운영자에게 발급하여야 하며, 이를 거짓으로 작성해서는 안 된다.

(11) 축산물판매업(식용란수집판매업은 제외한다)의 영업자는 영업자(식품위생법 제36조에 따른 영업자 및 같은 법 제88조에 따른 집단급식소 설치·운영자를 포함한다) 간의 거래에 관하여 판매일·판매처·판매량 등을 기록한 거래내역서류를 작성하고, 이를 최종 기재일부터 2년간 보관하여야 하며, 관계서류를 허위로 작성·보관하여서는 아니 된다. 다만, 가축 및 축산물 이력관리에 관한 법률 제27조제2항에 따른 이력관리시스템을 이용하여 기록·관리한 경우에는 거래내역서를 작성·보관한 것으로 본다.

(12) 축산물판매업의 영업자가 냉동식육 또는 냉동포장육을 집단급식소에 공급할 때에는 해당 집단급식소의 영양사 및 조리사가 해동을 요청할 경우 해동을 위한 별도의 보관 장치를 이용하거나 냉장운반을 할 수 있다. 이 경우 해당 제품이 해동 중이라는 표시, 해동을 요청한 자, 해동 시작시간, 해동한 자 등 해동에 관한 내용을 표시하여야 한다.

(13) 식육판매업 영업자는 식육 또는 포장육을 영업장(식육판매시설을 갖춘 차량의 경우 시·도지사가 인정하는 장소 또는 밀봉한 포장육을 판매하는 사물인터넷 자동판매기의 경우 설치신고한 장소를 포함한다) 외의 장소에서 가공(이 목에서는 식육의 절단·분쇄 및 포장을 말한다)·보관·판매하여서는 아니 되며, 식육 판매를 목적으로 하는 영업자(식품접객업·집단급식소 등과 같이 해당 영업소에서 최종소비가 이루어지는 경우는 제외한다)에게 식육을 판매하여서는 아니 된다. 다만, 다음의 어느 하나에 해당하는 경우는 식육 판매를 목적으로 하는 영업자에게 판매할 수 있다

1) 도축장에서 도축된 지육상태 그대로 다른 식육판매업 영업자에게 판매하려는 경우
2) 수입한 식육을 더 이상의 가공 없이 수입된 상태 그대로 판매하는 경우
3) 개체별로 포장한 닭·오리의 식육을 포장한 상태 그대로 판매하는 경우

(14) 축산물유통전문판매업 영업자는 소비자로부터 이물 검출 등 불만사례 등을 신고 받은 경우에는 그 내용을 2년간 기록·보관하여야 하며, 소비자가 제시한 이물 등 증거품은 6개월간 보관하여야 한다. 다만, 부패·변질의 우려가 있는 경우에는 2개월간 보관할 수 있으며 남은 4개월은 사진으로 보관하여야 한다.

(15) 식용란수집판매업 영업자는 다음 각 호의 사항을 준수하여야 한다.

1) 식용란은 직사광선에 노출되지 않도록 하고 식용란의 보존 및 유통기준에 적합한 온도에서 수집·처리·보관·운반·판매하여야 한다. 다만, 냉장보관된 식용란을 선별하거나 등급판정 등의 처리를 하기 위하여 일시적으로 상온에 두는 것은 예외로 한다.
2) 식용에 제공할 수 없는 알을 폐기하는 때에는 다른 식용란에 오염이 이루어지지 않도록 안전조치를 취하여야 한다.
3) 식용란수집판매업의 영업자는 별지 제40호서식의 식용란 거래·폐기내역서에 식용란의 수집·포장 및 판매내역을 기록하고 그 기록을 식용란 수집일로부터 6개월 이상 보관하여야 한다. 이 경우 그 기록을 거짓으로 작성하여서는 아니 된다.
4) 세척한 식용란의 경우 건조처리를 거치지 아니한 상태로 보관하여서는 아니 된다.
5) 식용란수집판매업 영업자는 식용란을 영업장 외의 장소에서 보관·판매하여서는 아니 되며, 소비자에게 배달하는 경우 외에 차량을 이용하여 식용란을 불특정다수인에게 판매하여서는 아니 된다.
6) 축산물의 가공기준 및 성분규격에 따라 식용으로 부적합한 식용란은 "폐기용"으로 표시한 폐기용기에 담고, 해당 식용란을 색소와 섞어 판매할 수 없도록 하여야 한다. 이 경우 별지 제40호서식의 식용란 거래·폐기내역서에 폐기내역을 기록하고 식용란의 폐기일부터 6개월 이상 보관하여야 하며, 그 기록을 거짓으로 작성하여서는 아니 된다.
7) 법 제12조의2제2항에 따라 가축사육업을 경영하는 자가 발급하는 거래명세서를 최종 발급일부터 1년간 보관하여야 한다.
8) 식용란수집판매업 영업자가 법 제12조제4항에 따른 검사를 하는 경우에는 그 검사 결과의 위조·변조를 방지할 수 있는 기록관리시스템을 설치·운영하여야 한다.
9) 식용란수집판매업 영업자는 축산법 제22조에 따른 가축사육업 허가를 받거나 등록한 가축 사육시설에서 생산된 식용란만을 수집하여야 한다. 다만, 축산법 시행령 제14조의3에 따른 등록 제외대상 가축 사육시설에서는 식용란을 수집할 수 있다.

(16) 영업자가 자신이 유통·판매하는 축산물을 직접 운반하는 경우에는 제2호(식용란의 경우 제2호라목은 제외한다)를 준수하여야 한다.

4. 식육즉석판매가공업 영업자의 준수사항

(1) 식육을 보관·판매하는 경우에는 다음과 같은 내용의 표시를 하여야 하며, 이 경우 그 표시를 거짓으로 해서는 아니 되고, 식육의 부위명칭 및 등급의 결정과 그 구별방법, 식육의 종류 표시 등에 관한 세부사항은 식품의약품안전처장이 정하는 바에 따른다.

  1) 식육을 보관하는 경우 : 식육의 종류·부위명칭·등급·도축장명·유통기한·보관방법

  2) 식육을 비닐 등으로 포장하지 않은 상태로 진열상자에 놓고 판매하는 경우(식육판매표지판을 식육 바로 앞에 설치하여 표시를 대신할 수 있다) : 식육의 종류·부위명칭·등급·도축장명·판매가격

  3) 식육을 비닐 등으로 포장하여 판매하는 경우 : 식육의 종류·부위명칭·등급·도축장명·포장일자·유통기한·보관방법

(2) 식육가공품의 가격을 제품별로 표시하여야 한다. 다만, 제품별 가격을 별도의 가격표에 표시하여 손님이 보기 쉬운 곳에 게시한 경우에는 제품별 표시를 생략할 수 있다.

(3) 식육·식육가공품의 처리·가공에 사용하는 기계·기구류 등을 수시로 세척·소독하여야 한다.

(4) 식육은 냉장실·냉동실에 보관하되, 지육상태로 판매장 안에 걸어 놓아서는 아니 된다. 다만, 지육의 절단·분쇄 및 포장을 위하여 판매장에 일시적으로 걸어놓을 수 있으며, 이 경우 먼지나 파리 등이 지육에 직접 붙지 아니하도록 포장을 벗기지 아니한 상태를 유지하는 등 필요한 조치를 하여야 한다.

(5) 냉동식육·냉동식육가공품을 해동하여 냉장식육·냉장식육가공품으로 보관하거나 판매해서는 아니 된다.

(6) 별지 제38호서식의 거래내역서에 식육 또는 포장육의 매입에 관하여 그 식육 또는 포장육의 종류·물량·원산지·이력번호 및 매입처 등을 기록하고 그 기록을 매입일부터 1년간 보관하여야 하며, 그 기록을 거짓으로 하여서는 아니 된다. 다만, 가축 및 축산물 이력관리에 관한 법률 제27조제2항에 따른 이력관리시스템을 이용하여 기록·관리한 경우에는 본문에 따라 거래내역서를 기록·보관한 것으로 본다.

(7) 식육·포장육·식육가공품을 텔레비전·인쇄물 등을 통하여 광고하는 경우에는 제품명, 제조업소명 및 판매업소명을 그 광고에 포함시켜야 한다.

(8) 식육·포장육을 판매할 때에는 식육의 종류·원산지 및 이력번호를 적은 영수증 또는 거래명세서 등을 식품위생법 시행령 제21조에 따른 식품접객업의 영업자 또는 식품위생법 제88조에 따른 집단급식소 설치·운영자에게 발급하여야 하며, 이를 거짓으로 해서는 아니 된다.

(9) 식육 및 포장육에 대한 영업자(식품위생법 제36조에 따른 영업자 및 같은 법 제88조에 따른 집단급식소 설치·운영자를 포함한다) 간의 거래에 관하여 판매일·판매처·판매량 등을 기록한 거래내역서류를 작성하고, 이를 최종 기재일부터 2년간 보관하여야 하며, 관계서류를 거짓으로 작성·보관해서는 아니 된다.

(10) 냉동식육 또는 냉동포장육을 집단급식소에 공급할 때에는 해당 집단급식소의 영양사 및 조리사가 해동을 요청할 경우 해동을 위한 별도의 보관 장치를 이용하거나 냉장운반을 할 수 있다. 이 경우 해당 제품이 해동 중이라는 표시, 해동을 요청한 자, 해동 시작시간, 해동한 자 등 해동에 관한 내용을 표시하여야 한다.

(11) 식육·포장육 및 식육가공품을 영업장 외의 장소에서 절단·분쇄·포장·보관·가공·판매하여서는 아니되며, 식육 및 식육가공품을 판매를 목적으로 하는 영업자(식육의 경우에는 식품접객업·집단급식소 등과 같이 해당 영업소에서 최종소비가 이루어지는 경우는 제외한다)에게 판매하여서는 아니 된다. 다만, 도축장에서 도축된 지육상태 그대로를 다른 식육판매업자에게 판매하려는 경우와 수입육을 더 이상의 가공 없이 수입된 상태 그대로 판매를 목적으로 하는 영업자에게 판매하는 경우는 제외한다.

(12) 자신이 판매하는 축산물을 직접 운반하는 경우에는 제2호를 준수하여야 한다.

5. 축산물보관업·축산물운반법·축산물판매업 및 식육즉석판매가공업의 종업원 준수사항

검사관 또는 영업자의 축산물위생업무와 관련한 지시사항을 이행하여야 한다.

(23) 위해 축산물의 회수 및 폐기 등(법 제31조의2)

① 영업자(수입식품안전관리 특별법 제15조에 따라 등록한 수입식품등 수입·판매업자를 포함한다) 또는 영업에 사용할 목적으로 축산물을 수입하는 자는 해당 축산물이 제4조·제5조 또는 제33조에 위반된 사실(축산물의 위해와 관련이 없는 위반사항은 제외한다)을 알게 된 경우에는 지체 없이 유통 중인 해당 축산물을 회수하여 폐기(회수한 축산물을 총리령으로 정하는 바에 따라 다른 용도로 활용하는 경우에는 폐기하지 아니할 수 있다)하는 등 필요한 조치를 하여야 한다.

② 제①항에 따라 축산물을 회수하여 폐기하는 등 필요한 조치를 하여야 하는 자는 회수·폐기 계획을 식품의약품안전처장, 시·도지사 또는 시장·군수·구청장에게 미리 보고하여야 하며, 그 회수·폐기 계획에 따른 회수·폐기 결과를 보고받은 시·도지사 또는 시장·군수·구청장은 이를 지체 없이 식품의약품안전처장에게 보고하여야 한다. 다만, 해당 축산물이 수입식품안전관리 특별법에 따라 수입한 축산물이고, 보고의무자가 해당 축산물을 수입한 자인 경우에는 식품의약품 안전처장에게 보고하여야 한다.

③ 식품의약품안전처장, 시·도지사 또는 시장·군수·구청장은 제①항에 따른 회수 또는 폐기 등에 필요한 조치를 성실히 이행한 영업자에 대하여 해당 축산물 등으로 인하여 받게 되는 제27조에 따른 행정처분을 대통령령으로 정하는 바에 따라 감면할 수 있다.

④ 제①항 및 제②항에 따른 회수·폐기의 대상 축산물, 회수·폐기의 계획, 회수·폐기의 절차 및 회수·폐기의 결과 보고 등은 총리령으로 정한다.

(24) 축산물가공품이력추적관리의 등록 등(법 제31조의3)

① 축산물가공품을 가공 또는 판매하는 자 중 축산물가공품이력추적관리를 하려는 자는 총리령으로 정하는 등록기준을 갖추고 해당 축산물가공품을 축산물가공품이력추적관리 대상으로 식품의약품 안전처장에게 등록할 수 있다. 다만, 다음 각 호의 어느 하나에 해당하는 자는 해당 조제유류를 축산물가공품이력추적관리 대상으로 식품의약품안전처장에게 등록하여야 한다.

  ㉠ 조제유류를 가공하는 자로서 매출액이 총리령으로 정하는 기준에 해당하는 자

  ㉡ 조제유류를 판매하는 자로서 매장면적이 총리령으로 정하는 기준에 해당하는 자

② 제①항에 따라 등록을 한 자(이하 "등록자"라 한다)는 등록사항이 변경된 경우 변경사유가 발생한 날부터 1개월 이내에 식품의약품안전처장에게 신고하여야 한다.

③ 식품의약품안전처장은 등록자에게 예산의 범위에서 축산물가공품이력추적관리에 필요한 자금을 지원할 수 있다. 이 경우 식품의약품안전처장은 등록자가 지원금을 지원 목적 외의 용도로 사용하 였을 때에는 그 지원금을 회수할 수 있다.

④ 식품의약품안전처장은 등록자가 제31조의4제1항 후단의 보관의무를 위반하거나 같은 조 제5항에 따른 기준을 준수하지 아니한 경우에는 등록을 취소하거나 시정을 명할 수 있다.

⑤ 축산물가공품이력추적관리의 등록절차, 등록사항, 변경신고절차, 지원기준, 지원금 회수절차· 방법, 등록취소 등의 기준 및 그 밖에 필요한 사항은 총리령으로 정한다.

(25) 축산물가공품이력추적관리의 등록 대상(규칙 제51조의5)

① 법 제31조의3제1항제1호에서 "총리령으로 정하는 기준에 해당하는 자"란 다음 각 호의 자를 말하며, 이에 해당하는 자는 다음 각 호의 구분에 따른 날부터 축산물가공품이력추적관리를 등록하여야 한다.

㉠ 조제유류의 2015년 매출액이 50억 이상인 축산물가공업자 : 2016년 12월 1일

㉡ 조제유류의 2015년 매출액이 10억 이상 50억 미만인 축산물가공업자 : 2017년 6월 1일

㉢ 조제유류의 2015년 매출액이 1억 이상 10억 미만인 축산물가공업자 : 2017년 12월 1일

㉣ 조제유류의 2015년 매출액이 1억 미만인 축산물가공업자 및 2016년 1월 1일 이후 영업허가를 받은 축산물가공업자 : 2018년 6월 1일

② 법 제31조의3제1항제2호에서 "총리령으로 정하는 기준에 해당하는 자"란 다음 각 호의 자를 말하며, 이에 해당하는 자는 다음 각 호의 구분에 따른 날부터 축산물가공품이력추적관리를 등록하여야 한다.

㉠ 2015년 12월 31일을 기준으로 영업장 면적이 1,000m^2 이상인 기타 식품판매업자(식품위생법 시행령 제21조제5호나목6)에 따른 기타 식품판매업자를 말한다. 이하 이 항에서 같다) : 2017년 6월 1일

㉡ 2015년 12월 31일을 기준으로 영업장 면적이 500m^2 이상 1,000m^2 미만인 기타 식품판매업자 : 2017년 12월 1일

㉢ 2015년 12월 31일을 기준으로 영업장 면적이 300m^2 이상 500m^2 미만인 기타 식품판매업자 및 2016년 1월 1일 이후 영업신고를 한 기타 식품판매업자 : 2018년 6월 1일

(26) 등록사항(규칙 제51조의6)

법 제31조의3조제5항에 따른 축산물가공품이력추적관리의 등록사항은 다음 각 호와 같다.

① 국내 축산물가공품의 경우

㉠ 영업소의 명칭 및 소재지

㉡ 제품명 및 축산물가공품의 유형

㉢ 유통기간

㉣ 보존 및 보관방법

② 수입 축산물가공품의 경우

㉠ 영업소의 명칭 및 소재지

㉡ 제품명

㉢ 원산지(국가명)

㉣ 제조회사 또는 수출회사

(27) 축산물가공품이력추적관리시스템에 연계된 정보의 공개(규칙 제51조의13)

① 법 제31조의5제3항에 따라 식품의약품안전처장이 인터넷홈페이지에 게시하여야 하는 정보는 다음 각 호와 같다.

  ㉠ 국내 축산물가공품의 경우는 제51조의11제1항제1호가목부터 자목까지의 정보

  ㉡ 수입 축산물가공품의 경우 다음 각 목의 정보
  - 제51조의11제3항의 이력추적관리번호
  - 수입업소의 명칭 및 소재지
  - 제조국
  - 제조업소의 명칭 및 소재지
  - 제조일
  - 원재료가 유전자변형식품인지 여부
  - 수입일
  - 유통기한
  - 원재료명 또는 성분명
  - 법 제31조의2제1항 및 제36조제2항에 따른 회수대상 여부 및 회수사유

② 법 제31조의5제3항에서 "총리령으로 정하는 날"이란 법 제6조에 따라 유통기한을 표시하여야 하는 품목의 경우에는 유통기한을, 제조일을 표시하여야 하는 품목의 경우에는 제조일을 말한다.

(28) 축산물가공품이력추적관리 정보의 기록 등(법 제31조의4)

① 등록자는 축산물가공품이력추적관리에 필요한 정보로서 총리령으로 정하는 정보(이하 "이력추적관리정보"라 한다)를 전산기록장치에 기록·보관 및 관리하여야 한다. 이 경우 보관기간은 해당 축산물가공품의 유통기한 등 총리령으로 정하는 날이 경과한 날부터 2년 이상으로 한다.

② 등록자는 식품의약품안전처장이 정하여 고시하는 바에 따라 축산물가공품에 축산물가공품이력추적관리의 표시를 할 수 있다. 다만, 제31조의3제1항 각 호 외의 부분 단서에 따른 조제유류 등록자는 축산물가공품이력추적관리의 표시를 하여야 한다.

③ 누구든지 제2항에 따른 축산물가공품이력추적관리의 표시를 고의로 제거하거나 훼손하여 총리령으로 정하는 이력추적관리번호를 알아볼 수 없게 하여서는 아니 된다.

④ 등록자는 이력추적관리정보가 제31조의5제1항에 따른 축산물가공품이력추적관리시스템에 연계되도록 협조하여야 한다.

⑤ 등록자는 이력추적관리정보의 기록·보관 및 관리 방법 등에 관하여 식품의약품안전처장이 정하여 고시하는 기준을 준수하여야 한다.

⑥ 식품의약품안전처장은 총리령으로 정하는 바에 따라 등록자에 대하여 제⑤항에 따른 기준의 준수 여부 등을 3년마다 조사·평가하여야 한다. 다만, 제31조의3제1항 각 호 외의 부분 단서에 따른 조제유류 등록자에 대하여는 2년마다 조사·평가하여야 한다.

(29) 축산물가공품이력추적관리시스템의 운영 등(법 제31조의5)

① 식품의약품안전처장은 식품위생법 제49조의3에 따른 식품이력추적관리시스템을 이용하여 축산물가공품이력추적관리를 위한 정보시스템(이하 "축산물가공품이력추적관리시스템"이라 한다)을 운영하여야 한다.

② 식품의약품안전처장은 이력추적관리정보가 축산물가공품이력추적관리시스템에 연계되도록 하여야 한다.

③ 식품의약품안전처장은 제②항에 따라 연계된 이력추적관리정보 중 총리령으로 정하는 정보를 소비자 등이 쉽게 확인할 수 있도록 해당 축산물가공품의 유통기한 등 총리령으로 정하는 날이 경과한 날부터 1년 이상 인터넷 홈페이지에 게시하여야 한다.

④ 누구든지 제②항에 따라 연계된 이력추적관리정보를 축산물가공품이력추적관리 목적 외의 용도로 사용하여서는 아니 된다.

(30) 허위표시 등의 금지(법 제32조)

① 누구든지 축산물의 명칭, 제조방법, 성분, 영양가, 원재료, 용도 및 품질, 축산물의 포장과 축산물가공품이력추적관리에 있어서 다음 각 호의 어느 하나에 해당하는 허위·과대·비방의 표시·광고 또는 과대포장을 하여서는 아니 된다.

   ㉠ 질병의 예방 및 치료에 효능·효과가 있거나 의약품 또는 건강기능식품으로 오인·혼동할 우려가 있는 내용의 표시·광고

   ㉡ 사실과 다르거나 과장된 표시·광고

   ㉢ 소비자를 기만하거나 오인·혼동시킬 우려가 있는 표시·광고

   ㉣ 다른 업체 또는 그 제품을 비방하는 광고

② 제①항에 따른 허위표시, 과대광고, 비방광고 또는 과대포장의 범위와 그 밖에 필요한 사항은 총리령으로 정한다.

(31) 허위표시 등의 범위와 적용(규칙 제52조)

① 법 제32조에 따른 허위·과대·비방의 표시·광고 및 과대포장의 범위는 용기·포장 및 라디오·텔레비전·신문·잡지·음악·영상·인쇄물·간판·인터넷, 그 밖의 방법으로 축산물의 명칭·제조방법·성분·영양가·원재료·품질·용도·사용 또는 축산물가공품이력추적관리에 대한 정보를 나타내거나 알리는 행위 중 다음 각 호의 어느 하나에 해당하는 것으로 한다.

   ㉠ 수입식품안전관리 특별법 제20조제1항에 따라 수입신고한 사항 또는 법 제22조, 제24조 및 제25조 또는 수입식품안전관리 특별법 제5조에 따라 허가받은 사항이나 등록·신고 또는 보고한 사항과 다른 내용의 표시·광고

   ㉡ 질병의 치료에 효능이 있다는 내용의 표시·광고

   ㉢ 의약품으로 오인할 우려가 있는 내용의 표시·광고

ⓔ 축산물의 명칭·제조방법, 품질·영양표시, 축산물가공품이력추적표시, 영양가·원재료·성분·용도와 그 밖에 해당 제품의 사실과 다른 내용의 표시·광고(축산물가공품에 화학적 합성품을 사용한 경우로서 화학적 합성품의 명칭이 아닌 그 원료의 명칭 등을 축산물가공품의 광고에 사용하여 해당 축산물가공품에 화학적 합성품이 사용되지 아니한 것으로 혼동할 우려가 있게 한 경우를 포함한다)

ⓜ 가축이 먹는 사료·물에 첨가한 성분의 효능·효과나 축산물을 가공할 때 사용한 원재료 또는 성분의 효능·효과를 해당 축산물의 효능·효과로 오인 또는 혼동하게 할 우려가 있는 표시·광고

ⓗ 제조연월일, 유통기한, 산란일, 그 밖에 제조나 유통에 관한 날짜를 표시함에 있어서 사실과 다른 내용의 표시·광고

ⓢ 제조방법에 관하여 연구 또는 발견한 사실로서 축산가공학·영양학·수의공중보건학 등의 분야에서 공인된 사항 외의 표시·광고. 다만, 제조방법에 관하여 연구 또는 발견한 사실로서 축산가공학·영양학·수의공중보건학 등에 관한 문헌을 인용하여 문헌의 내용을 정확히 표시하고 연구자의 성명·문헌명·발표연월일을 명시하는 표시·광고는 제외한다.

ⓞ 각종 감사장 또는 상장 등을 이용하거나 "인증"·"보증" 또는 "추천"을 받았다는 내용을 사용하거나 이와 유사한 내용을 표현하는 표시·광고. 다만, 다음 각 목의 어느 하나에 해당하는 사실을 이용하는 표시·광고는 제외한다.
 • 제품과 직접 관련하여 상장을 받은 사실
 • 정부조직법 제2조부터 제4조까지의 규정에 따른 중앙행정기관·특별지방행정기관 및 그 부속기관, 지방자치법 제2조에 따른 지방자치단체 또는 공공기관의 운영에 관한 법률 제4조에 따른 공공기관으로부터 인증·보증을 받은 사실
 • 식품산업진흥법 제22조에 따른 전통식품 품질인증 등 다른 법에 따라 인증·보증을 받은 사실
 • 식품의약품안전처장이 정하여 고시하는 절차와 방법에 따라 축산물에 대한 인증·보증의 신뢰성을 인정받은 기관으로부터 인증·보증을 받은 사실

ⓩ 외국어의 사용 등으로 외국제품으로 혼동할 우려가 있는 표시·광고 또는 외국과 기술제휴한 것으로 혼동할 우려가 있는 내용의 표시·광고. 다만, 법령에 따라 외국상표를 사용하였거나 기술제휴한 것은 제외한다.

ⓩ 다른 업소의 제품을 비방하거나 비방하는 것으로 의심되는 표시·광고이거나 제품의 제조방법·품질·영양가·원재료·성분 또는 효과와 직접 관련이 적은 내용 또는 사용하지 않은 성분을 강조함으로써 다른 업소의 제품을 간접적으로 다르게 인식되게 하는 표시·광고

ⓚ "한방(韓方)"·"특수제법"·"주문쇄도" 등의 모호한 표현으로 소비자를 현혹시키거나 현혹시킬 우려가 있는 표시·광고

ⓣ 미풍양속을 해치거나 해칠 우려가 있는 저속한 도안·사진 등을 사용하는 표시·광고나 미풍양속을 해치거나 해칠 우려가 있는 음향을 사용하는 광고

ⓔ 법 제9조제2항에 따라 작성·운용하고 있는 자체안전관리인증기준과 다른 내용의 표시·광고 또는 자체안전관리인증기준을 작성·운용하고 있지 아니하면서 이를 작성·운용하고 있다는 내용의 표시·광고

ⓗ 법 제9조제3항에 따른 안전관리인증작업장 등 또는 같은 조 제4항에 따른 통합인증업체의 인증을 받지 아니하였음에도 인증을 받은 것으로 오인할 우려가 있는 내용의 표시·광고

㉮ 판매사례품 또는 경품 제공·판매 등 사행심을 조장하는 내용의 광고. 다만, 독점규제 및 공정거래에 관한 법률에 따라 허용되는 경우는 제외한다.

㉯ 체험기를 이용하는 광고

② 제①항에 따른 허위표시·과대광고로 보지 아니하는 표시 및 광고의 범위는 [별표 14]와 같다.

③ 법 제32조에 따른 과대포장의 범위는 자원의 절약과 재활용촉진에 관한 법률 제9조에 따른 제품의 포장재질·포장방법에 관한 기준 등에 관한 규칙에서 정하는 바에 따른다.

(32) 판매 등의 금지(법 제33조)

① 다음 각 호의 어느 하나에 해당하는 축산물은 판매하거나 판매할 목적으로 처리·가공·포장·사용·수입·보관·운반 또는 진열하지 못한다. 다만, 식품의약품안전처장이 정하는 기준에 적합한 경우에는 그러하지 아니하다.

㉠ 썩었거나 상한 것으로서 인체의 건강을 해칠 우려가 있는 것

㉡ 유독·유해물질이 들어 있거나 묻어 있는 것 또는 그 우려가 있는 것

㉢ 병원성미생물에 의하여 오염되었거나 그 우려가 있는 것

㉣ 불결하거나 다른 물질이 혼입 또는 첨가되었거나 그 밖의 사유로 인체의 건강을 해칠 우려가 있는 것

㉤ 수입이 금지된 것을 수입하거나 수입식품안전관리 특별법 제20조제1항에 따라 수입신고를 하여야 하는 경우에 신고하지 아니하고 수입한 것

㉥ 제16조에 따른 합격표시가 되어 있지 아니한 것

㉦ 제22조제1항 및 제2항에 따라 허가를 받아야 하는 경우 또는 제24조제1항에 따라 신고를 하여야 하는 경우에 허가를 받지 아니하거나 신고하지 아니한 자가 처리·가공 또는 제조한 것

㉧ 해당 축산물에 표시된 유통기한이 지난 축산물

㉨ 제33조의2제2항에 따라 판매 등이 금지된 것

② 식품의약품안전처장, 시·도지사 또는 시장·군수·구청장은 식품위생법에 따른 식품제조·가공업, 식품접객업 또는 집단급식소의 영업자가 제12조제1항에 따른 검사를 받지 아니한 식육 또는 제4조제5항·제6항 또는 이 조 제①항에 위반된 축산물을 판매하거나 판매할 목적으로 가공·사용·보관·운반 또는 진열한 경우에는 해당 영업의 허가관청 또는 신고관청에 그 영업허가의 취소, 영업정지나 그 밖에 필요한 시정조치를 할 것을 요청할 수 있으며, 허가관청 또는 신고관청은 정당한 사유가 없으면 그 요청을 거부하여서는 아니 된다.

(33) 위해 평가(법 제33조의2)

① 식품의약품안전처장은 국내외에서 위해성이 확실히 판명되지 않았으나 위해성이 의심될 수 있는 물질이 함유된 것으로 알려지는 등 위해의 우려가 제기되는 축산물이 제33조제1항 각 호의 어느 하나에 해당하는 축산물로 의심되는 경우에는 해당 축산물의 위해요소를 신속히 평가하여 그 위해 여부를 결정하여야 한다.

② 식품의약품안전처장은 제①항에 따른 위해 평가가 끝나기 전까지 국민건강을 위하여 신속한 예방 조치가 필요한 축산물에 대하여는 그 축산물을 판매하거나, 그 축산물을 판매하기 위하여 처리·가공·포장·사용·수입·보관·운반 또는 진열하는 것을 일시적으로 금지할 수 있다.

③ 식품의약품안전처장은 제②항에 따른 일시금지 조치를 하려는 경우에는 미리 위원회의 심의를 거쳐야 한다. 다만, 국민건강에 중대한 위해가 발생할 우려가 있어 신속한 금지조치가 필요한 경우에는 사후에 위원회의 심의를 거칠 수 있다.

④ 위원회는 제③항에 따라 심의를 하는 경우 대통령령으로 정하는 이해관계인의 의견을 들어야 한다.

⑤ 식품의약품안전처장은 제②항에 따라 일시금지 조치를 한 때에는 제22조제1항에 따른 허가권자에게 도축업, 집유업, 축산물가공업, 식육포장처리업 또는 축산물보관업의 허가를 해당 금지조치가 해제될 때까지 보류하도록 요청할 수 있다.

⑥ 식품의약품안전처장은 제①항에 따른 위해 평가 결과 위해가 없는 것으로 인정되거나, 제③항 단서에 따른 심의 결과 일시금지 조치가 필요 없는 것으로 판단된 축산물에 대하여는 지체 없이 제②항에 따른 일시금지 조치를 해제하여야 한다. 이 경우 식품의약품안전처장은 제⑤항에 따른 허가 보류 요청을 한 때에는 일시금지 조치 해제사실을 제22조제①항에 따른 허가권자에게 알려주어야 한다.

⑦ 제①항에 따른 위해 평가의 대상, 방법 및 절차 등에 관하여 필요한 사항은 대통령령으로 정한다.

2. 감독 등

(1) 생산실적 등의 보고(법 제34조)

제22조제1항에 따라 도축업, 집유업, 축산물가공업 또는 식육포장처리업의 영업허가를 받은 자는 총리령으로 정하는 바에 따라 도축실적, 집유실적, 축산물가공품 또는 포장육의 생산실적을 시·도지사 또는 시장·군수·구청장에게 보고하여야 하고, 시·도지사 또는 시장·군수·구청장은 이를 식품의약품안전처장에게 보고하여야 한다. 이 경우 시장·군수·구청장은 시·도지사를 거쳐야 한다.

(2) 시설 개선(법 제35조)

식품의약품안전처장, 시·도지사 또는 시장·군수·구청장은 영업시설이 제21조제1항에 따른 기준에 적합하지 아니한 경우에는 영업자에게 기간을 정하여 시설의 개선을 명할 수 있다.

(3) 압류·폐기 또는 회수(법 제36조)

① 식품의약품안전처장, 시·도지사 또는 시장·군수·구청장은 다음 각 호의 어느 하나에 해당하는 경우에는 검사관 또는 제20조의2에 따라 임명된 축산물위생감시원(이하 "축산물위생감시원"이라 한다)에게 이를 압류 또는 폐기하게 하거나 그 축산물의 소유자 또는 관리자에게 공중위생상 위해가 발생하지 아니하도록 용도, 처리방법 등을 정하여 필요한 조치를 할 것을 명할 수 있다.

⊙ 제4조제5항 또는 제6항을 위반한 축산물

ⓛ 제5조제2항을 위반한 축산물

ⓒ 제22조제1항 및 제2항에 따른 허가를 받지 아니하고 도살·처리, 집유, 가공·포장 또는 보관한 축산물

ⓓ 제24조에 따른 신고를 하지 아니하고 운반하거나 판매한 축산물

ⓜ 제33조제1항 각 호의 어느 하나에 해당하는 축산물

② 식품의약품안전처장, 시·도지사 또는 시장·군수·구청장은 공중위생상 위해가 발생하였거나 발생할 우려가 있다고 인정되는 경우에는 영업자(수입식품안전관리 특별법 제15조에 따라 등록한 수입식품등 수입·판매업자를 포함한다)에게 유통 중인 해당 축산물을 회수 또는 폐기하게 하거나 해당 축산물의 원료, 제조방법, 성분 또는 그 배합비율을 변경할 것을 명할 수 있다.

③ 제①항에 따라 압류 또는 폐기를 하는 검사관 또는 축산물위생감시원은 그 권한을 표시하는 증표를 관계인에게 보여 주어야 한다.

④ 식품의약품안전처장, 시·도지사 또는 시장·군수·구청장은 제①항에 해당하여 폐기처분 명령을 받은 축산물의 소유자 또는 관리자가 그 명령을 이행하지 아니하는 경우에는 행정대집행법에 따라 대집행을 하고 그 비용을 명령위반자로부터 징수할 수 있다.

⑤ 제①항 또는 제②항에 따른 압류·회수·폐기에 필요한 사항은 총리령으로 정한다.

[별표 14조의3] 회수대상 축산물의 기준(규칙 제51조의2 관련)
1. 축산물의 가공기준 및 성분규격의 위반사항 중 다음 각 목의 어느 하나에 해당하는 경우
   (1) 비소·카드뮴·납·수은·중금속·메탄올 및 시안화물의 기준을 위반한 경우
   (2) 바륨, 포름알데히드, o-톨루엔설폰아미드, 다이옥신 또는 폴리옥시에틸렌의 기준을 위반한 경우
   (3) 방사능기준을 위반한 경우
   (4) 축산물의 농약잔류허용기준을 초과한 경우
   (5) 곰팡이 독소기준을 초과한 경우
   (6) 패류 독소기준을 위반한 경우
   (7) 항생물질 등의 잔류허용기준(항생물질·합성항균제, 합성호르몬제)을 초과한 것을 원료로 사용한 경우
   (8) 법 제4조제2항에 따라 식품의약품안전처장이 정하여 고시한 축산물의 가공기준 및 성분규격에 따른 식중독균 검출기준을 위반한 경우
   (9) 허용한 식품첨가물 외의 인체에 위해한 공업용 첨가물을 사용한 경우
   (10) 주석·포스파타제·암모니아성질소·아질산이온 또는 형광증백제시험에서 부적합하다고 판정된 경우
   (11) 축산물조사처리기준을 위반한 경우
   (12) 축산물에서 유리·금속 등 섭취과정에서 인체에 직접적인 위해나 손상을 줄 수 있는 재질이나 크기의 이물 또는 심한 혐오감을 줄 수 있는 이물이 발견된 경우. 다만, 이물 혼입의 원인이 객관적으로 규명되어

다른 제품에서 더 이상 동일한 이물이 발견될 가능성이 없는 경우에는 제외할 수 있다.

(13) 그 밖에 축산물을 제조·가공·조리·소분·유통 또는 판매하는 과정에서 혼입되어 인체의 건강을 해칠 우려가 있거나 섭취하기에 부적합한 물질로서 식품의약품안전처장이 인정하는 경우

2. 법 제5조에 따른 용기·기구·포장에 관한 규격에 위반한 것

3. 국제기구 및 외국의 정부 등에서 위생상 위해우려를 제기하여 식품의약품안전처장이 사용금지한 원료나 성분이 검출된 경우

4. 그 밖에 영업자가 스스로 제품의 안전한 공급을 위하여 필요하다고 판단한 경우로서 다음 각 목의 어느 하나에 해당하는 경우

(1) 법 제12조제3항에 따른 검사결과 허용된 첨가물 외의 첨가물이 검출된 경우

(2) 대장균검출기준을 위반한 사실이 확인된 경우

(3) 그 밖에 제품의 안전성이 의심되는 경우

5. 그 밖에 섭취하면 인체의 건강을 해치거나 해칠 우려가 있다고 인정하는 경우로서 식품의약품안전처장이 정하여 고시하는 기준에 해당하는 경우

(4) 공표(법 제37조)

① 식품의약품안전처장, 시·도지사 또는 시장·군수·구청장은 다음 각 호의 어느 하나에 해당하는 경우에 해당 영업자(수입식품안전관리 특별법 제15조에 따라 등록한 수입식품 등 수입·판매업자를 포함한다) 등에게 그 사실의 공표를 명할 수 있다.

㉠ 제31조의2제2항에 따라 회수 및 폐기 계획을 보고받은 경우

㉡ 제36조제2항에 따라 회수를 명령한 경우

② 식품의약품안전처장, 시·도지사 또는 시장·군수·구청장은 영업자가 제4조제5항·제6항, 제5조제2항 또는 제33조제1항을 위반한 것으로 판명된 경우에 해당 축산물 및 영업자에 대한 정보를 공표할 수 있다. 다만, 축산물 위생에 관한 위해가 발생한 경우에는 공표하여야 한다.

③ 식품의약품안전처장은 제33조의2제1항의 위해 평가에 따라 해당 축산물이 위해하다고 결정되는 경우에는 해당 축산물 및 영업자에 대한 정보를 공표하여야 한다.

④ 식품의약품안전처장, 시·도지사 또는 시장·군수·구청장은 제27조·제28조·제36조 또는 제38조에 따라 행정처분이 확정된 영업자에 대한 처분내용, 해당 영업소와 축산물의 명칭 등 처분과 관련한 세부 정보를 공표하여야 한다.

⑤ 제①항부터 제④항까지에서 규정한 사항 외에 공표방법·절차 등은 대통령령으로 정한다.

(5) 정보시스템의 구축·운영(법 제37조의2)

① 식품의약품안전처장은 축산물의 검사·조사, 폐기·회수 및 공표 등에 관련된 정보의 효율적인 관리를 위하여 정보시스템을 구축·운영하여야 한다.

② 식품의약품안전처장은 제①항의 정보시스템의 구축·운영을 위하여 필요한 경우에는 시·도지사 및 시장·군수·구청장에게 필요한 자료의 입력 또는 제출을 요청할 수 있으며, 시·도지사 및

시장·군수·구청장은 특별한 사유가 없는 한 이에 협조하여야 한다.

③ 제①항 및 제②항에 따른 정보시스템의 구축·운영 및 자료의 제출 등은 총리령으로 정한다.

(6) 폐쇄조치(법 제38조)

① 식품의약품안전처장, 시·도지사 또는 시장·군수·구청장은 다음 각 호의 어느 하나에 해당하는 자에 대하여 관계 공무원에게 해당 영업소를 폐쇄하도록 할 수 있다.

㉠ 제22조제1항 및 제2항을 위반하여 허가를 받지 아니하거나 제24조제1항을 위반하여 신고를 하지 아니하고 영업을 하는 자

㉡ 제27조제1항부터 제3항까지의 규정에 따라 허가가 취소되거나 영업소 폐쇄명령을 받은 후에도 계속하여 영업을 하는 자

② 식품의약품안전처장, 시·도지사 또는 시장·군수·구청장은 제①항의 폐쇄조치를 위하여 관계 공무원에게 다음 각 호의 조치를 하게 할 수 있다.

㉠ 해당 영업소의 간판 등 영업 표지물의 제거나 삭제

㉡ 해당 영업소가 적법한 영업소가 아님을 알리는 게시문 등의 부착

㉢ 해당 영업소의 시설물과 영업에 사용하는 기구 등을 사용할 수 없게 하는 봉인(封印)

③ 식품의약품안전처장, 시·도지사 또는 시장·군수·구청장은 제②항㉢에 따라 봉인한 후 봉인을 계속할 필요가 없거나 해당 영업자 또는 그 대리인이 해당 영업소 폐쇄를 약속하거나 그 밖의 정당한 사유를 들어 봉인의 해제를 요청하는 경우에는 봉인을 해제할 수 있다. 제②항㉡에 따른 게시문 등의 경우에도 같다.

④ 식품의약품안전처장, 시·도지사 또는 시장·군수·구청장은 제①항에 따라 영업소를 폐쇄하려면 미리 이를 해당 영업자 또는 그 대리인에게 서면으로 알려 주어야 한다. 다만, 대통령령으로 정하는 급박한 사유가 있는 경우에는 그러하지 아니하다.

⑤ 제②항에 따른 조치는 그 영업을 할 수 없게 하는 데에 필요한 최소한의 범위에 그쳐야 한다.

⑥ 제①항 및 제②항에 따라 영업소를 폐쇄하는 관계 공무원은 그 권한을 표시하는 증표를 관계인에게 보여 주어야 한다.

3. 보칙, 벌칙 및 부칙

(1) 포상금(법 제39조)

① 식품의약품안전처장은 제4조제5항·제6항, 제7조제1항·제5항, 제10조, 제22조제1항, 제24조제1항 또는 제33조제1항을 위반하거나 제12조제1항에 따른 검사를 받지 아니한 식육을 가공, 포장, 사용, 보관, 운반, 진열 또는 판매한 자를 관계 행정기관 또는 수사기관에 신고 또는 고발하거나 검거에 협조한 사람에게 포상금을 지급할 수 있다. 다만, 공무원이 그 직무와 관련하여 신고 또는 고발하거나 검거에 협조한 경우에는 포상금을 지급하지 아니한다.

② 제①항에 따른 포상금의 지급 대상·기준·방법 및 절차 등에 필요한 사항은 대통령령으로 정한다.

(2) 보조금(법 제40조)

① 국가 또는 지방자치단체는 예산의 범위에서 축산물의 위생적인 처리, 가공, 포장 및 유통을 위하여 필요한 비용의 전부 또는 일부를 영업자에게 보조할 수 있다.

② 국가는 예산의 범위에서 지방자치단체 또는 위생교육 실시기관에 대하여 다음 각 호의 비용의 전부 또는 일부를 보조할 수 있다.

　　㉠ 축산물의 수거에 드는 비용

　　㉡ 축산물위생감시원 및 명예감시원의 운영에 드는 비용

　　㉢ 제30조에 따른 교육에 드는 비용

　　㉣ 제36조에 따른 압류, 폐기 또는 회수에 드는 비용

(3) 가축 외의 동물 등의 검사(법 제40조의2)

① 가축 외의 동물 중 총리령으로 정하는 동물을 식용의 목적으로 도축·처리하는 자는 해당 동물과 그 지육, 정육, 내장, 그 밖의 부분에 대하여 검사관에게 검사를 의뢰할 수 있다.

② 검사관은 제①항의 검사를 하였을 때에는 그 의뢰인에게 총리령으로 정하는 바에 따라 검사증명서를 발급하여야 한다.

③ 검사관은 제②항에 따른 검사에 불합격한 동물 또는 그 지육, 정육, 내장, 그 밖의 부분에 대하여 의뢰자에게 소각·매몰 등의 방법에 의한 폐기 등 총리령으로 정하는 방법으로 처리하도록 하여야 한다.

④ 의뢰자는 제②항에 따른 검사에 불합격한 동물 또는 그 지육, 정육, 내장, 그 밖의 부분에 대하여는 제③항에 따라 검사관이 지시하는 바에 따라 처리하여야 한다.

⑤ 제①항에 따른 검사의 신청절차, 신청요건, 검사의 방법·기준 및 검사 결과의 표시방법 등에 관하여 필요한 사항은 총리령으로 정한다.

(4) 국제협력(법 제40조의3)

식품의약품안전처장은 축산물의 안전과 위생관리 등을 위하여 국제적인 동향을 파악하고 국제협력에 노력하여야 한다.

(5) 수수료(법 제41조)

다음 각 호의 어느 하나에 해당하는 자는 총리령으로 정하는 바에 따라 수수료를 내야 한다.

① 제7조제8항에 따라 검사를 받는 자

② 제9조제3항 및 같은 조 제4항 전단에 따른 인증 또는 제9조제5항에 따른 변경 인증을 신청하는 자

③ 제9조제8항에 따라 기술·정보를 제공받거나 교육훈련을 받는 자

④ 제9조의2에 따른 인증의 유효기간 연장을 신청하는 자

⑤ 제11조제1항 및 제12조제1항에 따른 검사를 받는 자

⑥ 제11조제2항에 따른 검사를 받는 자

⑦ 제12조제2항에 따라 검사관의 검사를 받는 자

⑧ 제12조제5항에 따른 검사를 받는 자

⑨ 제12조의3제4항에 따른 재검사를 받는 자

⑩ 제22조제1항 및 제2항에 따른 허가를 받는 자

⑪ 제22조제5항에 따른 변경신고를 하는 자

⑫ 제24조에 따른 신고를 하는 자

⑬ 제26조에 따른 영업승계 신고를 하는 자

⑭ 제31조의3제1항에 따라 축산물가공품을 축산물가공품이력추적관리 대상으로 등록하는 자

⑮ 제40조의2에 따른 검사를 받는 자

(6) 공중위생상 위해 시의 조치(법 제42조)

식품의약품안전처장은 공중위생상 위해가 발생할 우려가 있다고 인정하는 경우에는 영업자에게 위해방지에 필요한 조치를 할 것을 명할 수 있다.

(7) 청문(법 제43조)

식품의약품안전처장, 시·도지사 또는 시장·군수·구청장은 다음 각 호의 어느 하나에 해당하는 처분을 하려면 청문을 하여야 한다.

① 제9조의4에 따른 안전관리인증작업장등의 인증취소

② 제27조제1항부터 제3항까지의 규정에 따른 영업허가의 취소나 영업소의 폐쇄명령

(8) 권한의 위임 및 위탁(법 제44조)

① 이 법에 따른 식품의약품안전처장의 권한은 대통령령으로 정하는 바에 따라 그 일부를 그 소속 기관의 장 또는 시·도지사에게 위임할 수 있다.

② 식품의약품안전처장은 제9조, 제9조의2 및 제9조의3에 따른 안전관리인증작업장등의 인증 등에 관한 업무와 제31조의3, 제31조의4 및 제31조의5에 따른 축산물가공품이력추적관리를 위한 정보시스템의 운영 등에 관한 업무를 대통령령으로 정하는 법인 또는 단체에 위탁할 수 있다. 다만, 농장, 도축장 및 집유장의 위생, 질병, 품질관리, 검사 및 안전관리인증기준 운영에 관한 사항은 대통령령으로 정하는 바에 따라 농림축산식품부장관에게 위탁한다.

③ 이 법에 따른 시·도지사의 권한은 대통령령으로 정하는 바에 따라 그 일부를 시장·군수·구청장에게 위임할 수 있으며, 이 법에 따른 업무는 그 일부를 대통령령으로 정하는 법인 또는 단체에 위탁할 수 있다.

(9) 벌칙 적용 시의 공무원 의제(법 제44조의2)

다음 각 호의 어느 하나에 해당하는 사람은 형법 제129조부터 제132조까지의 규정에 따른 벌칙을 적용할 때에는 공무원으로 본다.

① 책임수의사
② 제44조제2항 본문에 따라 위탁받은 업무에 종사하는 법인 또는 단체의 임직원

(10) 벌칙(법 제45조)

① 다음 각 호의 어느 하나에 해당하는 자는 10년 이하의 징역 또는 1억원 이하의 벌금에 처한다.
  ㉠ 제7조제1항을 위반하여 허가받은 작업장이 아닌 곳에서 가축을 도살·처리한 자
  ㉡ 제7조제5항을 위반하여 가축을 도살·처리하여 식용으로 사용하거나 판매한 자
  ㉢ 제10조를 위반하여 가축 또는 식육에 대한 부정행위를 한 자
  ㉣ 제11조제1항을 위반하여 가축에 대한 검사관의 검사를 받지 아니한 자
  ㉤ 제15조의2제1항에 따른 금지 조치를 위반하여 축산물을 수입·판매하거나 판매할 목적으로 가공·포장·보관·운반 또는 진열한 자
  ㉥ 제22조제1항을 위반하여 영업허가를 받지 아니하거나 제22조제2항을 위반하여 변경허가를 받지 아니하고 영업을 한 자
  ㉦ 제33조제1항을 위반하여 축산물을 판매하거나 판매할 목적으로 처리·가공·포장·사용·수입·보관·운반 또는 진열한 자

② 제①항㉦의 죄로 금고 이상의 형을 선고받고 그 형이 확정된 후 5년 이내에 다시 제①항㉦의 죄를 범한 자는 1년 이상 10년 이하의 징역에 처한다. 이 경우 그 해당 축산물을 판매한 때에는 그 소매가격의 4배 이상 10배 이하에 해당하는 벌금을 병과한다.

③ 다음 각 호의 어느 하나에 해당하는 자는 5년 이하의 징역 또는 5천만원 이하의 벌금에 처한다.
  ㉠ 제31조의2제1항을 위반하여 회수 또는 회수에 필요한 조치를 하지 아니한 자

④ 다음 각 호의 어느 하나에 해당하는 자는 3년 이하의 징역 또는 5천만원 이하의 벌금에 처한다.
  ㉠ 제4조제5항을 위반하여 가축의 도살·처리, 집유, 축산물의 가공·포장·보존 또는 유통을 한 자
  ㉡ 제4조제6항을 위반하여 축산물을 판매하거나 판매할 목적으로 보관·운반 또는 진열한 자
  ㉢ 제5조제2항을 위반하여 그 규격 등에 적합하지 아니한 용기 등을 사용한 자
  ㉣ 제7조제1항을 위반하여 허가받은 작업장이 아닌 곳에서 집유하거나 축산물을 가공, 포장 또는 보관한 자

ⓜ 제12조제1항 또는 제2항을 위반하여 식육에 대한 검사관의 검사를 받지 아니하거나 집유하는 원유에 대하여 검사관 또는 책임수의사의 검사를 받지 아니한 자

ⓗ 제12조제6항을 위반하여 보고를 하지 아니한 자

ⓢ 제17조를 위반하여 미검사품을 작업장 밖으로 반출한 자

ⓞ 제18조를 위반하여 검사에 불합격한 가축 또는 축산물을 처리한 자

ⓩ 제27조제1항부터 제3항까지의 규정에 따른 명령을 위반한 자

ⓒ 제31조제2항제1호부터 제4호까지, 제5호의2, 제5호의3 또는 제6호를 위반하여 영업자 및 그 종업원이 준수하여야 할 사항을 준수하지 아니한 자. 다만, 총리령으로 정하는 경미한 사항을 준수하지 아니한 자는 제외한다.

ⓚ 제31조제2항제5호를 위반하여 거래명세서를 발급하지 아니하거나 거짓으로 발급한 자

ⓣ 제31조제2항제5호를 위반하여 거래내역서를 작성·보관하지 아니하거나 거짓으로 작성한 자

ⓟ 제31조의3제1항 각 호 외의 부분 단서를 위반하여 등록하지 아니한 자

ⓗ 제36조제1항·제2항 또는 제37조제1항에 따른 명령을 위반한 자

ⓖ 제40조의2제4항을 위반하여 검사에 불합격한 동물 등을 처리한 자

⑤ 다음 각 호의 어느 하나에 해당하는 자는 2년 이하의 징역 또는 3천만원 이하의 벌금에 처한다.

㉠ 제7조제9항을 위반하여 거짓으로 합격표시를 한 자

㉡ 제13조제3항을 위반하여 책임수의사를 지정하지 아니한 자

㉢ 제13조제4항을 위반하여 책임수의사의 업무를 방해하거나 정당한 사유 없이 책임수의사의 요청을 거부한 자

㉣ 제16조를 위반하여 축산물의 합격표시를 하지 아니하거나 거짓으로 합격표시를 한 자

㉤ 제38조제2항에 따른 게시문 또는 봉인을 제거하거나 손상한 자

⑥ 다음 각 호의 어느 하나에 해당하는 자는 1년 이하의 징역 또는 1천만원 이하의 벌금에 처한다.

㉠ 제11조제3항을 위반하여 검사를 거부·방해하거나 기피한 자

㉡ 제12조제3항 또는 제4항을 위반하여 검사를 하지 아니하거나 거짓으로 검사를 한 자

㉢ 제12조의2제2항을 위반하여 거래명세서를 발급하지 아니하거나 거짓으로 발급한 자

㉣ 제19조제1항·제2항 또는 제36조제1항에 따른 검사·출입·수거·압류·폐기 조치를 거부·방해하거나 기피한 자

㉤ 제19조제1항을 위반하여 보고를 하지 아니하거나 거짓으로 보고를 한 자

㉥ 제21조제1항에 따른 기준 또는 제22조제4항에 따른 조건을 위반한 자

㉦ 제22조제5항을 위반하여 신고를 하지 아니한 자

㉧ 제24조제1항을 위반하여 신고를 하지 아니한 자

㉨ 제26조제3항을 위반하여 신고를 하지 아니한 자

㉩ 제38조제1항에 따른 영업소의 폐쇄조치를 거부·방해하거나 기피한 자

⑦ 제①항부터 제⑤항까지의 경우 징역과 벌금을 병과(倂科)할 수 있다.

(11) 양벌규정(법 제46조)

법인의 대표자나 법인 또는 개인의 대리인, 사용인, 그 밖의 종업원이 그 법인 또는 개인의 업무에 관하여 제45조의 위반행위를 하면 그 행위자를 벌하는 외에 그 법인 또는 개인에게도 해당 조문의 벌금형을 과(科)한다. 다만, 법인 또는 개인이 그 위반행위를 방지하기 위하여 해당 업무에 관하여 상당한 주의와 감독을 게을리하지 아니한 경우에는 그러하지 아니하다.

(12) 과태료(법 제47조)

① 다음 각 호의 어느 하나에 해당하는 자에게는 1천만원 이하의 과태료를 부과한다.
　　㉠ 제7조제2항을 위반하여 신고를 하지 아니한 자
　　㉡ 제7조제4항을 위반하여 도살·처리한 자
　　㉢ 제8조제2항을 위반하여 자체위생관리기준을 작성 또는 운용하지 아니한 자
　　㉣ 제9조제2항을 위반하여 자체안전관리인증기준을 작성 또는 운용하지 아니한 자

② 다음 각 호의 어느 하나에 해당하는 자에게는 500만원 이하의 과태료를 부과한다.
　　㉠ 제10조의2를 위반하여 포장을 하지 아니하고 보관·운반·진열 또는 판매한 자
　　㉡ 제24조제2항을 위반하여 신고를 하지 아니한 자
　　㉢ 제25조 또는 제34조를 위반하여 보고를 하지 아니하거나 거짓으로 보고를 한 자
　　㉣ 제29조제1항 및 제2항을 위반하여 건강진단을 받지 아니하였거나 건강진단 결과 다른 사람에게 위해를 끼칠 우려가 있는 질병이 있는 영업자로서 그 영업을 한 자
　　㉤ 제29조제1항 및 제3항을 위반하여 건강진단을 받지 아니하였거나 건강진단 결과 다른 사람에게 위해를 끼칠 우려가 있는 종업원을 영업에 종사하게 한 자
　　㉥ 제30조제1항·제3항 및 제6항을 위반하여 교육을 받지 아니한 책임수의사 또는 종업원을 그 검사 업무 또는 영업에 종사하게 한 자
　　㉦ 제30조제2항·제3항 및 제5항을 위반하여 위생교육을 받지 아니한 영업자로서 그 영업을 한 자
　　㉧ 제31조제1항을 위반하여 가축의 도살·처리 또는 집유의 요구를 거부한 자
　　㉨ 제31조의2제2항을 위반하여 보고를 하지 아니하거나 거짓으로 보고를 한 자
　　㉩ 제31조의4제2항 단서를 위반하여 축산물가공품이력추적관리의 표시를 하지 아니한 자
　　㉪ 제31조의4제3항을 위반하여 축산물가공품이력추적관리의 표시를 고의로 제거하거나 훼손하여 이력추적관리번호를 알아볼 수 없게 한 자
　　㉫ 제35조에 따른 시설 개선명령을 위반한 자

③ 다음 각 호의 어느 하나에 해당하는 자에게는 300만원 이하의 과태료를 부과한다.
　　㉠ 제12조의2제3항에 따른 시정명령을 이행하지 아니한 자
　　㉡ 제31조제2항제1호부터 제4호까지 또는 제6호에 따라 영업자 및 그 종업원이 준수해야 할 사항 중 총리령으로 정하는 경미한 사항을 준수하지 아니한 자

ⓒ 제31조의3제2항을 위반하여 축산물가공품이력추적관리 등록사항이 변경된 경우 변경사유가 발생한 날부터 1개월 이내에 변경신고를 하지 아니한 자

ⓔ 제31조의5제4항을 위반하여 이력추적관리정보를 축산물가공품이력추적관리 목적 외의 용도로 사용한 자

ⓜ 제41조를 위반하여 수수료를 받은 자

④ 제①항부터 제③항까지의 규정에 따른 과태료는 대통령령으로 정하는 바에 따라 식품의약품안전처장, 시·도지사 또는 시장·군수·구청장이 부과·징수한다.

(13) 부칙(법)

① 식용란선별포장업의 자체안전관리인증기준 작성·운용에 관한 경과조치 : 이 법 시행 당시 식용란선별포장 영업을 하고 있는 자는 제9조제2항의 개정규정에 따른 자체안전관리인증기준을 작성·운용하고 있는 것으로 본다. 다만, 이 법 시행 후 6개월 이내에 제9조제2항의 개정규정에 따라 자체안전관리인증기준을 작성·운용하여야 한다.

② 식용란선별포장업 허가에 관한 경과조치 : 이 법 시행 당시 식용란선별포장 영업을 하고 있는 자는 제22조의 개정규정에 따른 허가를 받은 것으로 본다. 다만, 이 법 시행 후 6개월 이내에 제22조의 개정규정에 따라 허가를 받아야 한다.

01 다음은 축산물위생심의위원회의 설치에 관한 내용이다. 맞지 않은 것은?

① 축산물 위생에 관한 주요 사항 등을 조사·심의하기 위하여 식품의약품안전처장 소속으로 축산물 위생심의위원회를 설치한다.

② 축산물위생심의위원회는 위원장과 부위원장 각 1명을 포함한 30명 이상 50명 이하의 위원으로 구성한다.

③ 위원회는 축산물의 가공·포장·보존·유통의 기준 및 성분의 규격에 관한 사항을 심의한다.

④ 축산물의 국제기준 및 규격 등을 조사·연구하게 하기 위하여 위원회에 연구위원을 5명 이내로 둘 수 있으나 위원회의 회의에 출석하여 발언할 수 없다.

해설 연구위원은 위원회의 회의에 출석하여 발언할 수 있다.

02 다음은 소, 말, 양, 돼지 등 포유류(토끼는 제외한다)의 도살방법에 대한 설명이다. 올바르지 아니한 것은?

① 소·말의 도살은 타격법, 전살법, 총격법, 자격법 또는 CO_2가스법을 이용하여야 한다.

② 식육포장처리업의 영업자가 포장육의 원료로 사용하기 위하여 돼지의 식육을 자신의 영업장 냉장시설에 보관할 목적으로 반출하려는 경우에는 냉각하지 않을 수 있다.

③ 도축장에서 반출되는 식육은 5℃ 이하로 냉각하여야 한다.

④ 앞발목뼈와 앞발허리뼈 사이를 절단한다. 다만, 탕박을 하는 돼지의 경우에는 절단하지 아니할 수 있다.

해설 도축장에서 반출되는 식육은 10℃ 이하로 냉각하여야 한다.

03 닭, 오리, 칠면조 등 가금류의 도살방법 중 맞지 않는 것은?

① 도살은 전살법, 자격법 또는 CO_2가스법을 이용한다.

② 도축장에서 반출되는 식육의 심부온도는 2℃ 이하로 유지되어야 한다.

③ 식육가공품 또는 포장육의 원료로 사용하는 식육은 5℃ 이하의 온도를 유지할 수 있는 냉각탱크에 24시간까지 보관할 수 있다.

④ 세척·냉각수는 포장 시의 습기흡수율 및 수분함유율을 최대한으로 하도록 하여야 한다.

해설 세척·냉각수는 포장 시의 습기흡수율 및 수분함유율을 최소한으로 하도록 하여야 한다.

04 가축의 도살·처리, 집유, 축산물의 가공·포장 및 보관은 관련법에 따라 허가를 받은 작업장에서 하여야 한다. 다만, 그러하지 아니할 수 있는데 예외사항에 해당되는 것은?

① 학술연구용으로 사용하기 위하여 도살·처리하는 경우
② 시·도지사가 소·말 및 돼지를 제외한 가축의 종류별로 정하여 고시하는 지역에서 그 가축을 자가소비(自家消費)하기 위하여 도살·처리하는 경우
③ 시·도지사가 소·말 및 돼지를 제외한(양은 포함) 가축의 종류별로 정하여 고시하는 지역에서 그 가축을 소유자가 해당 장소에서 소비자에게 직접 조리하여 판매하기 위하여 도살·처리하는 경우
④ 등급판정을 받고자 하는 경우

 ② 시·도지사가 소·말을 제외한 가축의 종류별로 정하여 고시하는 지역에서 그 가축을 자가소비(自家消費)하기 위하여 도살·처리하는 경우
③ 시·도지사가 소·말·돼지 및 양을 제외한 가축의 종류별로 정하여 고시하는 지역에서 그 가축을 소유자가 해당 장소에서 소비자에게 직접 조리하여 판매하기 위하여 도살·처리하는 경우

05 기립불능 가축 중 도축금지 대상이 아닌 것은?

① 부상(負傷)
② 난산(難産)
③ 산욕마비(産褥痲痺)
④ 만성고창증(慢性鼓脹症)

 급성고창증(急性鼓脹症)

06 영업소 또는 업소의 위생관리에 관한 설명 중 틀린 것은?

① 작업실, 작업실의 출입구, 화장실 등은 청결한 상태를 유지하여야 한다.
② 축산물과 직접 접촉되는 장비·도구 등의 표면은 흙·고기찌꺼기·털·쇠붙이 등 이물질이나 세척제 등 유해성 물질이 제거된 상태이어야 한다.
③ 작업실은 축산물의 오염을 최소화하기 위하여 가급적 바깥쪽부터 처리·가공·유통공정의 순서대로 설치한다.
④ 작업 중 화장실에 갈 때에는 앞치마와 장갑을 벗어야 한다.

작업실은 축산물의 오염을 최소화하기 위하여 가급적 안쪽부터 처리·가공·유통공정의 순서대로 설치하고, 출입구는 맨 바깥쪽에 설치하여 출입 시 발생할 수 있는 축산물의 오염을 최소화하여야 한다.

07 도축업의 위생관리기준에 대한 설명이다. 틀린 것은?

① 도살작업은 가축을 매단 상태 또는 가축이 바닥과 닿지 아니하는 상태에서 하여야 한다.

② 종업원은 지육의 오염을 방지하기 위하여 작업 중에 수시로 작업칼·기구·톱 등 작업에 사용하는 도구를 적어도 83℃ 이상의 뜨거운 물로 세척·소독하여야 한다.

③ 가축도살·지육처리 및 내장처리에 종사하는 종업원은 각 작업장별로 구분하여 작업에 임하여야 한다.

④ 식용에 적합하지 않거나 폐기처리 대상인 것은 식육과 별도로 관리하지 않아도 된다.

해설 식용에 적합하지 않거나 폐기처리 대상인 것은 식육과 별도로 구분하여 관리하여야 한다.

08 축산물가공업 및 식육포장처리업의 위생관리기준에 대한 설명이다. 틀린 것은?

① 종업원은 축산물의 오염을 방지하기 위하여 작업 중 수시로 손·장갑·칼·가공작업대 등을 세척·소독하여야 한다.

② 모든 장비·컨베이어벨트 및 작업대 그 밖에 축산물과 직접 접촉되는 시설 등의 표면은 깨끗하게 유지되어야 한다.

③ 종업원이 원료작업실에서 가공품작업실로 이동하는 때에는 교차오염을 예방하기 위하여 위생복 또는 앞치마를 갈아입거나 위생화 또는 손을 세척·소독하는 등 예방조치를 하여야 한다.

④ 가축의 도살처리에 종사하는 종업원은 각 작업장별로 구분하여 작업에 임하여야 한다.

해설 도살처리는 도축업 종사자에 대한 위생관리 내용이다.

09 식육즉석판매가공업의 위생관리기준에 대한 설명이다. 틀린 것은?

① 종업원은 위생복·위생모·위생화 및 위생장갑 등을 깨끗한 상태로 착용하여야 하며, 항상 손을 청결히 유지하여야 한다.

② 진열상자 및 전기냉장시설·전기냉동시설 등의 내부는 축산물의 가공기준 및 성분규격 중 축산물의 보존 및 유통 기준에 적합한 온도로 항상 청결히 유지되어야 한다.

③ 작업을 할 때에는 오염을 방지하기 위하여 수시로 칼·칼갈이·도마 및 기구 등을 100% 알코올 또는 동등한 소독효과가 있는 방법으로 세척·소독하여야 한다.

④ 영업자는 매일 자체위생관리기준의 준수 여부를 점검하여 이를 점검일지에 기록하여야 하고, 점검일지는 최종 기재일부터 3개월간 보관하여야 한다.

해설 작업을 할 때에는 오염을 방지하기 위하여 수시로 칼·칼갈이·도마 및 기구 등을 70% 알코올 또는 동등한 소독효과가 있는 방법으로 세척·소독하여야 한다.

10 식품의약품안전처장은 가축의 사육부터 축산물의 원료관리·처리·가공·포장·유통 및 판매까지의 모든 과정에서 인체에 위해(危害)를 끼치는 물질이 축산물에 혼입되거나 그 물질로부터 축산물이 오염되는 것을 방지하기 위하여 총리령으로 정하는 바에 따라 각 과정별로 안전관리인증기준 및 그 적용에 관한 사항을 정하여 고시한다. 2016년 매출액이 5억원 이상인 식육가공업의 영업자는 언제 적용받는가?

① 2018년 12월 1일
② 2020년 12월 1일
③ 2022년 12월 1일
④ 2024년 12월 1일

 식육가공업의 영업자에 대한 개정규정은 다음과 같은 날에 시행한다.
- 2016년 매출액이 20억원 이상인 영업소 : 2018년 12월 1일
- 2016년 매출액이 5억원 이상인 영업소 : 2020년 12월 1일
- 2016년 매출액이 1억원 이상인 영업소 : 2022년 12월 1일
- 제1호부터 제3호까지 중 어느 하나에 해당하지 아니하는 영업소: 2024년 12월 1일

11 축산물 위생관리법 제9조제8항에 따라 자체안전관리인증기준을 작성·운용하여야 하는 영업자 및 안전관리인증작업장등의 인증을 받은 자에게 실시하는 교육훈련의 종류 및 시간에 대한 설명 중 틀린 것은?

① 정기 교육훈련은 매년 1회 이상 4시간 이상
② 영업 개시일 또는 인증받은 날부터 기산한다.
③ 2년 이상의 기간 동안 정기 교육훈련을 이수하고 이 법을 위반한 사실이 없는 경우에는 다음 1년간의 정기 교육훈련을 받지 아니할 수 있다.
④ 수시 교육훈련은 축산물 위해사고의 발생 및 확산이 우려되는 경우에 실시하는 교육훈련으로서 1회 4시간 이내로 실시한다.

해설 수시 교육훈련은 축산물 위해사고의 발생 및 확산이 우려되는 경우에 실시하는 교육훈련으로서 1회 8시간 이내로 실시한다.

12 축산물위생관리법에 따른 안전관리인증작업장 유효기간에 대한 설명이다. 틀린 것은?

① 인증의 유효기간은 인증을 받은 날부터 3년으로 한다.
② 변경 인증의 유효기간은 해당 연도 말까지로 한다.
③ 인증원장은 안전관리인증작업장 등으로 인증을 받은 자에게 인증 유효기간이 끝나는 날의 130일 전까지 연장절차와 해당 기간까지 연장하지 아니하면 연장을 받을 수 없다는 사실을 미리 알려야 한다.
④ 식품의약품안전처장은 연장신청을 받았을 때에는 안전관리인증기준에 적합하다고 인정하는 경우 그 기간을 연장할 수 있다. 이 경우 1회의 연장기간은 3년을 초과할 수 없다.

해설 변경 인증의 유효기간은 당초 인증 유효기간의 남은 기간으로 한다.

13 축산물의 오염을 방지하고 품질을 유지하기 위하여 용기 또는 적합한 재료를 사용하여 포장해야 하는데, 설명 중 틀린 것은?

① 닭·오리 식육은 소매단위(1~5마리 단위를 권장), 부위별(20kg 이하 단위를 권장) 또는 벌크(25마리 이하 단위를 권장)로 포장한다.

② 식용란은 소매단위(1~30개 단위를 권장) 또는 벌크(300개 이하 단위를 권장)로 포장한다.

③ 닭·오리 식육을 소비자에게 직접 판매하는 식육판매업·식육즉석판매가공업 영업자는 포장된 닭·오리 식육을 포장된 상태 그대로 판매하여야 하며, 포장을 뜯어 진열하거나 판매하여서는 아니 된다.

④ 수입된 닭·오리 식육을 판매하는 영업자는 수입한 직후 다시 알맞게 포장하여 유통·판매하여야 하며, 소매단위 포장이나 부위별 포장을 하려는 경우에는 식육포장처리업 영업장에서 하여야 한다.

해설 수입된 닭·오리 식육을 판매하는 영업자는 수입 당시에 포장된 상태 그대로 유통·판매하여야 하며, 소매단위 포장이나 부위별 포장을 하려는 경우에는 식육포장처리업 영업장에서 하여야 한다.

14 도축하는 소·말(당나귀 포함)·양·돼지 등 포유류의 검사기준에 대한 설명이다. 틀린 것은?

① 검사는 도축장 안의 계류장에서 가축을 일정기간 계류한 후에 생체검사장에서 실시한다.

② 검사대상가축이 정보시스템을 통하여 도축검사가 신청된(정보시스템이 정상적으로 운영되지 않을 경우에는 서면으로 신청된) 가축인지의 여부를 확인한다.

③ 반드시 눈꺼풀·비강·구강·항문·생식기·직장검사를 실시한다.

④ 검사관은 생체검사결과 분변 등으로 체표면 오염이 심하여 교차오염이 우려된다고 판단되는 가축은 그 오염원이 적절하게 제거될 때까지 도축을 보류하거나 도축 공정 중 그 오염원이 제거될 수 있도록 조치를 취할 수 있다.

해설 필요한 경우 눈꺼풀·비강·구강·항문·생식기·직장검사를 실시한다.

15 검사관은 가축의 검사 결과 다음에 해당되는 가축에 대해서는 도축을 금지하도록 하여야 한다. 해당하지 않는 것은?

① 우역(牛疫)·우폐역(牛肺疫)·구제역(口蹄疫)

② 결핵병(結核病)·브루셀라병·요네병(전신증상을 나타낸 것만 해당한다)

③ 부분적인 증상을 나타내는 파상풍·농독증·패혈증

④ 강제로 물을 먹였거나 먹였다고 믿을 만한 역학조사·정밀검사 결과나 임상증상이 있는 가축

해설 현저한 증상을 나타내거나 인체에 위해를 끼칠 우려가 있다고 판단되는 파상풍·농독증·패혈증

16 식육 중 위장관의 검사기준 및 폐기범위에 대한 설명이다. 바르지 않은 것은?

	대상질병	폐기범위			가축별
		일 부	전 체	폐기 세부내용	
①	농 양	○			포유류
②	복막염	○		위장관 일부 폐기	포유류
③	직장협착			살모넬라감염이 의심되는 경우 식육 전체 폐기	돼 지
④	제2위염	○		제2위-횡경막-심장막 누관형성시 식육 전체 폐기	반추류

해설 복막염인 경우 위장관 전체 폐기를 한다.

17 축산물가공업 및 식육즉석판매가공업의 영업자는 총리령으로 정하는 바에 따라 그가 가공한 축산물이 가공기준 및 성분규격에 적합한지 여부를 검사하여야 한다. 다음 내용 중 틀린 것은?

① 검사주기의 적용시점은 제품유통 개시일을 기준으로 한다.
② 축산물가공업 및 식육즉석판매가공업 영업자는 식품의약품안전처장이 정하여 고시하는 검사항목을 검사한다. 다만, 축산물의 가공과정 중 특정 식품첨가물을 사용하지 아니한 경우에는 그 항목을 생략할 수 있다.
③ 식육즉석판매가공업 영업자가 생산하는 식육가공품은 9개월마다 1회 이상 검사한다.
④ 동일 생산단위별로 1회 이상 성상·이물에 대한 검사를 실시하여야 한다.

해설 검사주기의 적용시점은 제품제조일을 기준으로 한다.

18 식육가공품의 검사시료 채취(수거)량은?

① 200(g, mL)
② 500(g, mL)
③ 800(g, mL)
④ 1,000(g, mL)

19 검사시료의 채취 및 축산물의 수거기준에 대한 설명이다. 틀린 것은?

① 식육·포장육의 채취·수거량은 500g이다.

② 수거량은 검체의 개수별 무게 또는 용량을 모두 합한 것을 말한다.

③ 검사에 필요한 시험재료는 수거량의 범위 안에서 채취하되, 검사시료의 최소포장단위가 기준량을 초과하더라도 검사시료 채취로 인한 오염 등으로 검사결과에 영향을 줄 우려가 있다고 판단될 경우에는 최소 포장단위 그대로 채취할 수 있다.

④ 검사항목의 수가 많을 경우에는 채취·수거량을 초과할 수 없다.

해설 검사항목의 수가 많을 경우에는 채취·수거량을 초과할 수 있으며, 검사 중 최종 확인 등을 위하여 추가로 검체가 필요한 경우에는 추가로 검체를 수거할 수 있다.

20 다음 중 가축 등의 출하 전 절식(絶食), 약물 투여 금지기간 등 총리령으로 정하는 사항을 준수하여야 하는 대상자에 해당되지 않는 것은?

① 가축을 사육하는 자

② 도축장을 경영하는 자

③ 원유, 식용란 등 총리령으로 정하는 축산물을 작업장

④ 원유, 식용란 등 축산물판매업의 영업장으로 출하하려는 자

해설 가축을 도축장에 출하하려는 자가 해당된다.

21 가축 등의 출하 전 준수사항에 대한 설명이다. 맞는 것은?

① 가축을 도축장에 출하하기 전 6시간 이상 절식(絶食)할 것. 다만, 가금류는 3시간 이상으로 하며, 물은 제외한다.

② 동물용 의약품등 취급규칙 제46조에 따라 농림축산검역본부장이 고시한 동물용의약품 안전사용기준 중 휴약기간 및 출하제한기간을 준수할 것

③ 거래명세서에 냉장보관으로 표시한 경우 냉동차량 등을 이용하여 냉동상태로 출하할 것

④ 거래명세서에는 식용란의 산란일·세척방법, 냉장보관 여부, 사육환경, 산란주령(産卵週齡) 등에 대한 정보를 포함하여야 한다. 이 경우 산란일은 알을 낳은 날을 적되, 산란시점으로부터 24시간 이내 채집한 경우에는 채집한 날을 산란일로 본다.

해설 ① 가축을 도축장에 출하하기 전 12시간 이상 절식(絶食)할 것. 다만, 가금류는 3시간 이상으로 하며, 물은 제외한다.
③ 제2항의 거래명세서에 냉장보관으로 표시한 경우 냉장차량 등을 이용하여 냉장상태로 출하할 것
④ 법 제12조의2제2항에 따라 발급하는 거래명세서에는 식용란의 산란일·세척방법, 냉장보관 여부, 사육환경, 산란주령(産卵週齡) 등에 대한 정보를 포함하여야 한다. 이 경우 산란일은 알을 낳은 날을 적되, 산란시점으로부터 36시간 이내 채집한 경우에는 채집한 날을 산란일로 본다.

22 식품의약품안전처장 또는 시·도지사는 제12조, 제19조, 수입식품안전관리 특별법 제21조 또는 제25조에 따라 축산물을 검사한 결과 가공기준 및 성분규격에 적합하지 아니한 경우로서 적절한 검사를 위하여 필요한 경우에는 미리 해당 영업자에게 그 검사 결과를 통보하여야 한다. 통보기한은 해당 검사성적서 또는 검사증명서가 작성된 날부터 며칠 이내인가?

① 5일 이내

② 7일 이내

③ 10일 이내

④ 14일 이내

23 다음은 축산물의 수입·판매 금지 등에 대한 설명이다. 틀린 것은?

① 식품의약품안전처장은 특정 국가 또는 지역에서 도축·처리·가공·포장·유통·판매된 축산물이 위해한 것으로 밝혀졌거나 위해의 우려가 있다고 인정되는 경우에는 그 축산물을 수입·판매하거나 판매할 목적으로 가공·포장·보관·운반 또는 진열하는 것을 금지할 수 있다.

② 식품의약품안전처장은 국민건강을 급박하게 위해할 우려가 있어 신속히 금지하여야 할 필요가 있는 경우에는 위원회의 심의·의결을 거쳐야 한다.

③ 위원회가 심의하는 경우 대통령령으로 정하는 이해관계인은 위원회에 출석하여 의견을 진술하거나 문서로 의견을 제출할 수 있다.

④ 식품의약품안전처장은 규정에 따른 금지나 해제 여부를 결정하기 위하여 필요한 때에는 관계 공무원 등에게 현지조사를 하게 할 수 있다.

 식품의약품안전처장은 금지를 하려면 미리 관계 중앙행정기관의 장의 의견을 듣고 위원회의 심의·의결을 거쳐야 한다. 다만, 국민건강을 급박하게 위해할 우려가 있어 신속히 금지하여야 할 필요가 있는 경우에는 먼저 금지할 수 있다. 이 경우 사후에 위원회의 심의·의결을 거쳐야 한다.

24 한우고기의 합격 표시를 하는 검인용 색소는 다음 중 어느 것인가?

① 식용색소 적색3호

② 식용색소 황색4호와 식용색소 청색1호를 4 : 1로 배합한 색소(녹색을 나타낸다)

③ 식용색소 적색3호와 식용색소 청색1호를 4 : 1로 배합한 색소(청색을 나타낸다)

④ 식용색소 황색4호

 검인용 색소는 식육의 종류별로 다음과 같이 구분하여 사용한다.
① 한우고기 : 식용색소 적색3호
② 육우고기(새끼를 낳지 아니한 젖소고기 및 국내에서 사육한 수입소의 고기를 포함한다) : 식용색소 황색4호와 식용색소 청색1호를 4 : 1로 배합한 색소(녹색을 나타낸다)
③ 젖소·돼지 등 그 밖의 가축의 고기 : 식용색소 적색3호와 식용색소 청색1호를 4 : 1로 배합한 색소(청색을 나타낸다)

25 영업자는 검사에 불합격한 가축 또는 축산물을 소각·매몰 등의 방법에 의한 폐기나 식용 외의 다른 용도로의 전환하는 방법으로 처리하여야 한다. 용도전환대상 축산물에 해당하지 않는 것은?

① 항생물질·농약 등 유해성물질의 잔류허용기준 및 병원성미생물의 검출기준을 초과한 축산물
② 부정행위로 중량이 늘어난 식육
③ 회수하는 축산물
④ 가축의 도살·처리과정에서 발생되는 것으로서 식용용 지방

해설 가축의 도살·처리과정에서 발생되는 것으로서 식용에 제공되지 아니하는 가축의 털·내장·피·가죽·발굽·머리·유방 등은 용도전환대상 축산물이다. 식용용 지방은 용도전환 축산물이 아니다.

26 검사불합격품의 용도전환의 방법에 대한 설명 중 틀린 것은?

① 농장·동물원 등에서 동물의 사료로 직접 사용하지 아니한다.
② 사료 또는 비료 제조업체나 렌더링시설에서 골분·육분·육골분·우모분 등 사료 등의 원료로 사용한다.
③ 검사에 불합격한 축산물을 동물원·농장 및 사료등제조업체 등에 사료 또는 사료 등의 원료로 제공한 축산물 시험·검사기관의 장 또는 도축업·집유업·축산물가공업·식육포장처리업의 영업자는 그 사실을 검사불합격품등재활용대장에 기록하고 이를 최종기재일부터 2년간 보관하여야 한다.
④ 검사불합격품 등의 물량이 적거나 사료 등으로 재활용하고자 하는 자를 찾지 못하여 사료 등으로 활용하기가 어렵다고 판단되는 경우의 해당 축산물은 폐기물관리법 또는 수질 및 수생태계 보전에 관한 법률에 따라 처리하여야 한다.

해설 농장·동물원 등에서 동물의 사료로 직접 사용한다.

27 축산물위생감시원의 자격대상자가 아닌 것은?

① 영양사
② 발효공학 분야의 학과 또는 학부를 이수하여 졸업한 사람
③ 식품산업기사
④ 2년 이상 축산물 위생행정에 관한 사무에 종사한 경험이 있는 사람

해설 1년 이상 축산물 위생행정에 관한 사무에 종사한 경험이 있는 사람

28 포유류 가축의 도축업 공통시설기준에 대한 설명이다. 틀린 것은?

① 계류장·생체검사장·격리장·작업실의 바닥은 콘크리트·돌 등 내수성이 있고 견고한 재료를 사용하여 미끄럼을 방지하여야 하며, 배수가 잘 되도록 100분의 1 정도의 경사를 유지하여야 한다.

② 계류장은 가축의 종류별로 구획하여 개방식으로 설치하되, 가축을 하역할 수 있는 시설과 사람 및 가축의 출입통제가 가능한 출입문이 있어야 한다.

③ 생체검사장은 작업실과 인접한 곳에 설치하여야 하며, 생체검사에 편리한 보정틀·조명장치(밝기가 220럭스 이상이어야 한다) 등 필요한 설비를 하여야 한다.

④ 작업실 안의 바닥과 벽, 바닥으로부터 1.5미터 이하의 벽과 벽 사이의 모서리는 직선으로 처리하여야 하며, 타일·콘크리트 또는 이와 유사한 재료로 시공하여 작업과 청소가 쉽도록 하여야 한다.

 작업실 안의 바닥과 벽, 바닥으로부터 1.5미터 이하의 벽과 벽 사이의 모서리는 곡선으로 처리하여야 하며, 타일·콘크리트 또는 이와 유사한 재료로 시공하여 작업과 청소가 쉽도록 하여야 한다.

29 작업실 안은 작업과 검사가 용이하도록 자연채광 또는 인공조명장치를 하고 환기장치를 하여야 한다. 검사장소의 경우 밝기의 권장기준은?

① 220럭스 이상
② 320럭스 이상
③ 540럭스 이상
④ 640럭스 이상

 검사장소의 경우에는 540럭스 이상을 권장한다.

30 포유류 가축의 도축업 공통시설기준에 대한 설명이다. 틀린 것은?

① 배수구는 암거를 원칙으로 하며, 실내에서 실외로 통하는 배수구는 트랩을 설치하여 냄새의 역류를 방지할 수 있도록 하여야 한다.

② 화장실은 작업실에 영향을 주지 아니하는 곳에 위치하고 수세설비와 방충·방서설비를 하여야 한다.

③ 도축장의 진입로·주차장 및 건물과 건물 사이는 포장을 하여야 한다.

④ 도축장의 주위는 위생감시를 위해 외부에서 도축장의 내부가 잘 보이도록 한다.

 도축장의 주위는 외부에서 도축장의 내부가 보이지 아니하도록 담장 등 차단시설을 하여야 한다.

31 식육즉석판매가공업 영업장에 대한 설명이다. 틀린 것은?

① 영업장은 독립된 건물이거나 다른 용도로 사용되는 시설과 분리 또는 구획되어야 한다.

② 일반음식점영업을 하는 자가 식육즉석판매가공업을 하려는 경우에는 시설과 분리 또는 구획하지 아니한다.

③ 영업장의 면적은 26.4제곱미터 이상이어야 한다.

④ 식육가공품 중 양념육류나 분쇄가공육제품만을 만들어 판매하는 경우 영업장의 면적은 26.4제곱미터 이상이어야 한다.

> **해설** 영업장의 면적은 26.4제곱미터 이상이어야 한다. 다만, 다음의 어느 하나에 해당하는 경우에는 그러하지 아니하다.
> • 식육가공품 중 양념육류나 분쇄가공육제품만을 만들어 판매하는 경우
> • 식육가공품을 직접 만들지 아니하고, 기성 식육가공품을 소분·분할하여 판매하는 영업만 하는 경우

32 식육즉석판매가공업 영업장에 대한 설명이다. 틀린 것은?

① 식육 및 식육가공품을 처리·가공할 수 있는 기계·기구류 등이 설치된 작업장을 두어야 한다.

② 양념육류 및 분쇄가공육제품만을 만들어 판매하는 경우에는 작업장을 따로 두지 아니할 수 있다.

③ 전기냉동시설·전기냉장시설 및 진열상자는 축산물의 가공기준 및 성분규격 중 축산물의 보존 및 유통기준에 적합한 온도로 유지될 수 있는 것이어야 하고, 그 외부의 온도를 알 수 있는 온도계를 비치하거나 설치하여야 한다.

④ 신고관청은 식육즉석판매가공업의 영업자가 식육가공업 또는 식육포장처리업을 함께 영위하면서 시설을 공동으로 사용하는 경우에는 그 시설의 전부 또는 일부의 설치를 생략하게 할 수 있다.

> **해설** 전기냉동시설·전기냉장시설 및 진열상자는 축산물의 가공기준 및 성분규격 중 축산물의 보존 및 유통기준에 적합한 온도로 유지될 수 있는 것이어야 하고, 그 내부의 온도를 알 수 있는 온도계를 비치하거나 설치하여야 한다.

33 축산물(포장육·식육가공품·유가공품·알가공품을 말한다)의 가공 또는 포장처리를 축산물가공업의 영업자 또는 식육포장처리업의 영업자에게 의뢰하여 가공 또는 포장처리된 축산물을 자신의 상표로 유통·판매하는 영업은 무엇인가?

① 도축업
② 식육포장처리업
③ 식육판매업
④ 축산물유통전문판매업

34 축산물 위생관리법 제22조제2항제3호에서 "대통령령으로 정하는 중요한 사항을 변경하는 경우"에 해당하지 않는 것은?

① 도축업의 경우: 계류장·작업실 또는 냉장·냉동실
② 축산물가공업의 경우: 원료처리실·제조가공실 또는 포장실
③ 식육포장처리업의 경우: 원료보관실·식육처리실·포장실 또는 냉동·냉장실
④ 축산물운반업의 경우: 냉동·냉장실

해설 축산물보관업의 경우: 냉동·냉장실

35 다음 영업 신고에 대한 설명 중 맞지 않는 것은?

① 영업의 신고를 할 때 식육판매업의 경우 사물인터넷을 적용하여 밀봉한 포장육의 보관온도, 유통기한 등의 정보를 실시간으로 확인·관리할 수 있는 자동판매기를 영업장 외의 장소에 설치하려는 경우에는 사물인터넷 자동판매기의 설치대수 및 설치장소를 함께 신고하여야 한다.
② 2대 이상의 사물인터넷 자동판매기의 설치신고를 하려면 사물인터넷 자동판매기의 설치대수 및 각각의 설치된 장소가 기재된 서류를 첨부하여 제출하여야 한다.
③ 영업의 신고를 할 때 식육즉석판매가공업의 영업자가 같은 시설에서 식육부산물을 판매하는 경우에는 식육부산물전문판매업 영업신고를 하지 아니할 수 있다.
④ 영업신고 관리대장은 수기로 작성·관리하여야 한다.

해설 영업신고 관리대장은 전자적 처리가 불가능한 특별한 사유가 없으면 전자적 방법으로 작성·관리하여야 한다.

36 시·도지사 또는 시장·군수·구청장은 영업자가 정당한 사유 없이 몇 개월 이상 계속 휴업하는 경우 영업허가를 취소하거나 영업소 폐쇄를 명할 수 있는가?

① 3개월 이상
② 6개월 이상
③ 12개월 이상
④ 24개월 이상

해설 영업자가 정당한 사유 없이 6개월 이상 계속 휴업하는 경우

37 둘 이상의 위반행위가 적발된 경우로서 그 위반행위가 영업정지와 품목 또는 품목류 제조정지에 해당하는 경우에는 각각의 영업정지와 품목 또는 품목류 제조정지 처분기간을 산정한 후 다음에 따라 처분한다. 틀린 내용은?

① 영업정지 기간이 품목 또는 품목류 제조정지 기간보다 길거나 같으면 영업정지 처분만 할 것
② 영업정지 기간이 품목 또는 품목류 제조정지 기간보다 짧으면 그 영업정지 처분과 그 초과기간에 대한 품목 또는 품목류 제조정지 처분을 병과할 것
③ 품목류 제조정지 기간이 품목 제조정지 기간보다 길거나 같으면 품목류 제조정지 처분만 할 것
④ 품목류 제조정지 기간이 품목 제조정지 기간보다 짧으면 품목류 제조정지 처분만 할 것

 품목류 제조정지 기간이 품목 제조정지 기간보다 짧으면 그 품목류 제조정지 처분과 그 초과기간에 대한 품목 제조정지 처분을 병과할 것

38 식육즉석판매가공업 시 허용한 식품첨가물 외의 식품첨가물을 사용한 경우 1차 위반 행정처분기준은?

① 경 고
② 품목류 제조정지
③ 영업정지 1개월과 해당 제품 폐기
④ 영업정지 3개월

위반행위	행정처분기준		
	1차 위반	2차 위반	3차 위반
식품첨가물의 사용 및 허용기준을 위반한 경우로서			
• 허용한 식품첨가물 외의 식품첨가물을 사용한 경우	영업정지 1개월과 해당 제품 폐기	영업정지 2개월과 해당 제품 폐기	영업소 폐쇄

39 축산가공업·식육포장처리업 시 사용 또는 허용량 기준을 초과한 경우로서 30% 이상을 초과한 경우 1차 위반 행정처분기준은?

① 경 고
② 품목류 제조정지 1개월과 해당 제품 폐기
③ 영업정지 1개월과 해당 제품 폐기
④ 영업정지 2개월과 해당 제품 폐기

위반행위	행정처분기준		
	1차 위반	2차 위반	3차 위반
• 사용 또는 허용량 기준을 초과한 경우로서 　- 30% 이상을 초과한 경우	품목류 제조정지 1개월과 해당 제품 폐기	영업정지 1개월과 해당 제품 폐기	영업정지 2개월과 해당 제품 폐기

40 식육에 이물이 혼입된 경우 1차 위반 시 행정처분기준은?

① 경 고
② 영업정지 7일
③ 영업정지 15일
④ 영업정지 30일

위반행위	행정처분기준		
	1차 위반	2차 위반	3차 위반
이물이 혼입된 경우			
• 식육에 이물이 혼입된 경우	경 고	영업정지 7일	영업정지 15일
• 식육가공품에 기생충 또는 그 알, 금속, 유리가 혼입된 경우	영업정지 2일과 해당 제품 폐기	영업정지 5일과 해당 제품 폐기	영업정지 10일과 해당 제품 폐기
• 식육가공품에 칼날이나 동물(쥐 등 설치류 및 바퀴벌레)의 사체가 혼입된 경우	영업정지 5일과 해당제품 폐기	영업정지 10일과 해당제품 폐기	영업정지 20일과 해당제품 폐기

41 식육즉석판매가공업 시 보존 및 유통 기준을 위반한 경우 3차위반 시 행정처분기준은?

① 영업정지 7일
② 영업정지 15일
③ 영업정지 1개월
④ 영업정지 2개월

위반행위	행정처분기준		
	1차 위반	2차 위반	3차 위반
보존 및 유통 기준을 위반한 경우	영업정지 7일	영업정지 15일	영업정지 1개월

42 식육즉석판매가공업 시 특정 원재료 또는 성분을 제품명에 사용 시 주표시면이나 원재료명 또는 성분명 표시란에 그 함량을 표시하지 않은 경우 1차 위반 시 행정처분기준은?

① 영업정지 2일
② 영업정지 5일
③ 영업정지 10일
④ 영업정지 20일

위반행위	행정처분기준		
	1차 위반	2차 위반	3차 위반
제품명 표시기준을 위반한 경우로서			
• 특정 원재료 또는 성분을 제품명에 사용 시 주표시면이나 원재료명 또는 성분명 표시란에 그 함량을 표시하지 않은 경우	영업정지 5일	영업정지 10일	영업정지 20일
• 제품명을 표시하지 아니하거나 표시기준에 위반한 제품명을 사용한 경우	영업정지 5일	영업정지 10일	영업정지 20일

43 식육즉석판매가공업 시 식육가공품의 원재료명 및 함량 표시기준을 위반한 경우로서 명칭과 용도를 함께 표시하여야 하는 합성감미료, 합성착색료, 합성보존료, 산화방지제 등에 대하여 이를 표시하지 아니한 경우 1차 위반 시 행정처분기준은?

① 시정명령
② 영업정지 2일
③ 영업정지 5일
④ 영업정지 7일

위반행위	행정처분기준		
	1차 위반	2차 위반	3차 위반
식육가공품의 원재료명 및 함량 표시기준을 위반한 경우로서			
• 사용한 원재료를 모두 표시하지 아니한 경우	영업정지 5일	영업정지 10일	영업정지 20일
• 알레르기 유발 식품을 성분·원료로 사용한 제품에 그 사용한 원재료명을 표시하지 아니한 경우	영업정지 5일	영업정지 10일과 해당 제품 폐기	영업정지 20일과 해당 제품 폐기
• 명칭과 용도를 함께 표시하여야 하는 합성감미료, 합성착색료, 합성보존료, 산화방지제 등에 대하여 이를 표시하지 아니한 경우	시정명령	영업정지 2일	영업정지 5일

42 ② 43 ① **Answer**

44 식육즉석판매가공업 시 표시한 내용량과 실제 내용량 간의 부족량이 허용오차를 위반한 경우로서
1차 위반 행정처분이 경고로 나오는 경우는?

① 20% 이상 부족한 것   ② 10% 이상 20% 미만 부족한 것

③ 10% 미만 부족한 것   ④ 5% 미만 부족한 것

위반행위	행정처분기준		
	1차 위반	2차 위반	3차 위반
표시한 내용량과 실제 내용량 간의 부족량이 허용오차를 위반한 경우로서			
• 20% 이상 부족한 것	영업정지 20일	영업정지 1개월	영업정지 45일
• 10% 이상 20% 미만 부족한 것	영업정지 10일	영업정지 20일	영업정지 1개월
• 10% 미만 부족한 것	경 고	영업정지 5일	영업정지 10일

45 다음은 위생교육에 대한 내용이다. 틀린 것은?

① 자가소비 또는 자가 조리·판매를 위한 검사를 하는 검사관은 매년 도축검사에 관한 교육을
받아야 한다.

② 검사를 하는 책임수의사는 매년 4시간. 다만, 책임수의사가 되려는 자는 24시간의 교육을 받아야
한다.

③ 식육즉석판매가공업의 영업자는 매년 4시간의 교육을 받아야 한다.

④ 검사능력이 있는 종업원은 매년 4시간의 교육을 받아야 한다.

해설 식육즉석판매가공업 등의 영업자는 매년 3시간의 교육을 받아야 한다.

46 축산물가공업 및 식육포장처리업 영업자의 준수사항 중 틀린 것은?

① 영업자는 원료를 사용하여 제품을 생산하고 이를 판매한 내용을 기록하여 생산·판매이력을
파악할 수 있도록 서류를 작성하고 이를 최종 기재일부터 2년간 보관하여야 하며, 이를 허위로
작성하여서는 아니 된다.

② 축산물을 텔레비전·인쇄물 등을 통하여 광고하는 경우에는 제품명 및 업소명을 그 광고에
포함시켜야 한다.

③ 장난감·그릇 등과 가공품을 함께 포장하여 판매하는 경우 장난감·그릇 등이 가공품의 보관·섭
취에 사용되는 경우를 제외하고는 가공품과 구분하여 포장하여야 한다.

④ 식육포장처리업의 영업자는 냉동식육 또는 냉동포장육을 해동하여 냉장포장육으로 유통·판매
할 수 있다.

해설 식육포장처리업의 영업자는 냉동식육 또는 냉동포장육을 해동하여 냉장포장육으로 유통·판매하여서는 아니
된다.

47 축산물가공업 또는 식육포장처리업의 영업자는 냉장제품을 냉동제품으로 전환하려는 경우에는 사전에 영업허가를 한 시·도지사 또는 시장·군수·구청장에게 전환 품목명, 중량, 보관방법, 유통기한, 냉동으로 전환하는 시설의 소재지 및 냉동 전환을 실시하는 날짜와 냉동 전환이 완료되는 날짜를 신고하여야 한다. 다음의 준수사항 중 틀린 것은?

① 신고일부터 30일 이내에 냉동 전환을 실시
② 냉동 전환 완료일이 냉장제품의 유통기한을 초과하지 아니하도록 할 것
③ 냉동 전환 대상 축산물에 축산물의 표시기준을 준수하여 표시할 것
④ 신고사항 변경 시 해당 변경 내역을 지체 없이 신고할 것

해설 신고일부터 10일 이내에 냉동 전환을 실시

48 식육포장처리업의 영업자는 포장육을 만드는데 사용한 식육에 대한 다음 사항을 적은 영수증 또는 거래명세서 등을 식육판매업, 식육즉석판매가공업, 축산물유통전문판매업, 식품위생법 시행령 제21조제8호에 따른 식품접객업의 영업자 또는 식품위생법 제88조에 따른 집단급식소 설치·운영자에게 발급하여야 하며, 이를 거짓으로 해서는 아니 된다. 해당하지 않은 것은?

① 식육의 종류
② 식육의 원산지
③ 식육의 등급(돼지고기의 대분할 부위)
④ 이력번호

해설 축산법 제35조에 따라 판정받은 등급을 말하며, 등급을 적어야 하는 부위는 소고기의 대분할 부위 중 안심, 등심, 채끝, 양지, 갈비와 이에 해당하는 소분할 부위에만 해당한다.

49 축산물가공업 영업자 및 식육포장처리업 영업자는 이물이 검출되지 아니하도록 필요한 조치를 하여야 하고, 소비자로부터 이물 검출 등 불만사례 등을 신고 받은 경우 행동요령에 대해 잘못된 것은?

① 소비자로부터 이물 검출 등 불만사례 등을 신고 받은 경우 그 내용을 기록하여 1년간 보관하여야 한다.
② 소비자가 제시한 이물 등의 증거품은 6개월간 보관하여야 한다.
③ 부패·변질의 우려가 있는 경우에는 2개월간 보관할 수 있다.
④ 부패·변질의 우려가 있는 경우에는 남은 4개월간은 사진으로 보관하여야 한다.

해설 소비자로부터 이물 검출 등 불만사례 등을 신고 받은 경우 그 내용을 기록하여 2년간 보관하여야 한다.

50 축산물 위생관리법 제31조의3조제5항에 따른 축산물가공품이력추적관리의 등록사항 중 국내 축산물가 공품의 경우가 아닌 것은?

① 영업소의 명칭 및 소재지

② 제품명 및 축산물가공품의 유형

③ 유통기간

④ 원산지

해설 법 제31조의3조제5항에 따른 축산물가공품이력추적관리의 등록사항은 다음 각 호와 같다.
국내 축산물가공품의 경우
• 영업소의 명칭 및 소재지
• 제품명 및 축산물가공품의 유형
• 유통기간
• 보존 및 보관방법
수입 축산물가공품의 경우
• 영업소의 명칭 및 소재지
• 제품명
• 원산지(국가명)
• 제조회사 또는 수출회사

51 축산물 위생관리법 제32조에 따른 허위 · 과대 · 비방의 표시 · 광고 및 과대포장의 범위는 용기 · 포장 및 라디오 · 텔레비전 · 신문 · 잡지 · 음악 · 영상 · 인쇄물 · 간판 · 인터넷, 그 밖의 방법으로 축산물의 명칭 · 제조방법 · 성분 · 영양가 · 원재료 · 품질 · 용도 · 사용 또는 축산물가공품이력추적관리에 대 한 정보를 나타내거나 알리는 행위 중 다음의 어느 하나에 해당하는 것이다. 사실과 다른 것은?

① 수입신고한 사항과 같은 내용의 표시 · 광고

② 질병의 치료에 효능이 있다는 내용의 표시 · 광고

③ 의약품으로 오인할 우려가 있는 내용의 표시 · 광고

④ 제조나 유통에 관한 날짜를 표시함에 있어서 사실과 다른 내용의 표시 · 광고

해설 수입신고한 사항과 다른 내용의 표시 · 광고에 해당된다.

52 다음의 어느 하나에 해당하는 축산물은 판매하거나 판매할 목적으로 처리 · 가공 · 포장 · 사용 · 수입 · 보관 · 운반 또는 진열하지 못한다. 다만, 식품의약품안전처장이 정하는 기준에 적합한 경우에는 그러하지 아니하는데 사실과 다른 것은?

① 썩었거나 상한 것으로서 인체의 건강을 해칠 우려가 있는 것

② 수입신고를 하여야 하는 경우에 신고하지 아니하고 수입한 것

③ 합격표시가 되어 있지 아니한 것

④ 해당 축산물에 표시된 유통기한이 남은 축산물

해설 해당 축산물에 표시된 유통기한이 지난 축산물에 해당된다.

53 회수대상 축산물의 기준에 대한 설명이다. 맞지 않은 것은?

① 곰팡이 독소기준을 초과한 경우
② 축산물조사처리기준을 위반한 경우
③ 용기·기구·포장에 관한 규격에 위반한 것
④ 검사결과 허용된 첨가물이 검출된 경우

해설 검사결과 허용된 첨가물 외의 첨가물이 검출된 경우에 해당된다.

54 가축을 매달지 아니한 상태로 방혈을 한 때 2차 위반시 받는 행정처분은?

① 경 고
② 영업정지 1개월
③ 영업정지 2월
④ 영업허가 취소

해설 행정처분기준(축산물 위생관리법 시행규칙 제41조 및 제43조 [별표 11])
가축을 매달지 아니한 상태로 방혈을 한 경우
• 1차 위반 : 영업정지 15일
• 2차 위반 : 영업정지 1개월
• 3차 위반 : 영업정지 2개월

55 소 도축장의 개별시설기준으로 올바르지 않은 것은?

① 도축장 부지 - 2,000m^2 이상
② 계류장 - 150m^2 이상
③ 검사시험실 - 20m^2 이상
④ 생체검사실 - 20m^2 이상

해설 영업의 종류별 시설기준(축산물 위생관리법 시행규칙 제29조 [별표 10])
생체검사실 - 15m^2 이상

53 ④ 54 ② 55 ④ **Answer**

56 육 · 내장과 골, 기타 폐기물의 처리로 부적당한 방법은?

① 세분절단하여 완전 소각한다.

② 100℃에서 30분 이상 자비한다.

③ 소독할 때는 도체는 3% 크레졸수 또는 3% 석탄수를 충분히 살포한다.

④ 세분 절단하여 매립한다.

해설 육 · 내장과 골, 기타 폐기물은 세분 절단하여 완전소각 또는 100℃에서 30분 이상 자비함을 원칙으로 한다.

57 돼지의 도살방법으로 소음없이 실신시키는 방법은?

① 충격법

② 자격법

③ 가스마취법

④ 타격법

58 판매를 목적으로 식육을 절단하여 포장한 상태로 냉장 · 냉동한 것으로서 화학적 합성품 등의 첨가물이나 다른 식품을 첨가하지 아니한 것은?

① 정 육

② 포장육

③ 양념육

④ 지 육

59 생체검사에 대한 설명 중 틀린 것은?

① 개체별로 망진, 촉진, 타진, 직장검사 등을 실시한다.

② 방혈 및 박피상태를 작업장 내에서 실시한다.

③ 검사는 도살 직전에 실시한다.

④ 도살 전에 생체중량을 계량한다.

해설 ②는 해체검사에 대한 설명이다.

60

국내 도축장에서 가축 기절에 사용되지 않는 방법은?

① 전살법
② 가스마취법
③ 타격법
④ 목 절단법

 ④ 목 절단은 포유류와 가금류의 도살 시 방혈을 시키기 위한 방법이다.
가축의 도살·처리 및 집유의 기준(축산물 위생관리법 시행규칙 제2조 [별표 1])
소·말·양·돼지 등 포유류(토끼는 제외한다)의 도살은 타격법, 전살법, 총격법, 자격법, 또는 CO_2 가스법을 이용하여야 하며 닭·오리·칠면조 등 가금류는 전살법, 자격법, CO_2가스법을 이용하여야 한다.

61

축산물 위생관리법상 설명하는 용어의 뜻이 틀린 것은?

① 집유란 원유를 수집, 여과, 냉각 또는 저장하는 것을 말한다.
② 식용란이란 식용을 목적으로 하는 가축의 알로서 총리령으로 정하는 것을 말한다.
③ 원유란 판매 또는 판매를 위한 처리·가공을 목적으로 하는 착유 상태의 우유와 양유를 말한다.
④ 축산물이란 식용을 목적으로 하는 가축의 지육, 정육, 내장, 그 밖의 부분을 말한다.

 정의(축산물 위생관리법 제2조제2호)
"축산물"이란 육·포장육·원유(原乳)·식용란(食用卵)·식육가공품·유가공품·알가공품을 말한다.

62

축산물 위생관리법상 축산물판매업에 관한 위생관리기준 내용 중 (   ) 안에 알맞은 것은?

> 작업을 할 때에는 오염을 방지하기 위하여 수시로 칼·칼갈이·도마 및 기구 등을 (   ) 또는 동등한 소독효과가 있는 방법으로 세척·소독하여야 한다.

① 100% 알코올
② 70% 알코올
③ 3% 승홍수
④ 5% 석탄산수

63 **축산물 위생관리법규상 소·말·양·돼지 등 포유류(토끼 제외)의 도살방법으로 틀린 것은?**

① 도살 전에 가축의 몸의 표면에 묻어 있는 오물을 제거한 후 깨끗하게 물로 씻어야 한다.

② 방혈 시에는 앞다리를 매달아 방혈함을 원칙으로 한다.

③ 도살은 타격법, 전살법, 총격법, 자격법 또는 CO_2 가스법을 이용한다.

④ 방혈은 목동맥을 절단하여 실시한다.

64 **식육을 다루는 기계, 기구 및 도구에 대한 관리사항으로 적절하지 않은 것은?**

① 세척 및 소독이 용이한 재질로 되어 있어야 한다.

② 물리적 위해요인으로 작용하지 않도록 손상 부위가 없는지 평소에 규칙적으로 관리를 해야 한다.

③ 규칙적으로 새 제품으로 사용하면 특별한 관리를 하지 않아도 된다.

④ 작업 후에는 세척, 소독 및 건조를 하여야 한다.

65 **가축을 도살 전에 물로 깨끗이 해주는 주된 이유는?**

① 도축장 바닥을 미끄럽게 하기 위해서

② 미생물의 오염을 방지하기 위해서

③ 스트레스를 풀어주기 위해서

④ 육색을 선명하게 하기 위해서

66 **식육생산시설 내부의 바닥관리에 대한 설명 중 틀린 것은?**

① 공장 내의 바닥은 흡수력이 매우 뛰어난 재질을 사용하여야 한다.

② 공장 내의 바닥은 적절한 구배를 갖게 하여 배수가 잘되도록 한다.

③ 공장 내의 바닥은 부식과 균열이 없어야 한다.

④ 공장 내의 구석은 둥글게 마감하여야 한다.

 제 1 절 축산물에 대한 공통기준 및 규격

(1) 용어의 풀이

① '정의'는 해당 개별식품을 규정하는 것으로 '식품유형'에 분류되지 않은 식품도 '정의'에 적합한 경우는 해당 개별식품의 기준 및 규격을 적용할 수 있다. 다만, 별도의 개별기준 및 규격이 정하여져 있는 경우는 그 기준 및 규격을 우선적으로 적용하여야 한다.

② 'A, B, C, ……등'은 예시 개념으로 일반적으로 많이 사용하는 것을 기재하고 그 외에 관련된 것을 포괄하는 개념이다.

③ 'A 또는 B'는 'A와 B', 'A나 B', 'A 단독' 또는 'B 단독'으로 해석할 수 있으며, 'A, B, C 또는 D' 역시 그러하다.

④ 'A 및 B'는 A와 B를 동시에 만족하여야 한다.

⑤ '적절한 ○○과정(공정)'은 식품의 제조·가공에 필요한 과정(공정)을 말하며 식품의 안전성, 건전성을 얻으며 일반적으로 널리 통용되는 방법이나 과학적으로 충분히 입증된 방법을 말한다.

⑥ '식품 및 식품첨가물은 그 기준 및 규격에 적합하여야 한다'는 해당되는 기준 및 규격에 적합하여야 함을 말한다.

⑦ '보관하여야 한다'는 원료 및 제품의 특성을 고려하여 그 품질이 최대로 유지될 수 있는 방법으로 보관하여야 함을 말한다.

⑧ '가능한 한', '권장한다'와 '할 수 있다'는 위생수준과 품질향상을 유도하기 위하여 설정하는 것으로 권고사항을 뜻한다.

⑨ '이와 동등 이상의 효력을 가지는 방법'은 기술된 방법 이외에 일반적으로 널리 통용되는 방법이나 과학적으로 충분히 입증된 것으로 위생학적, 영양학적, 관능적 품질의 유지가 가능한 방법을 말한다.

⑩ 정의 또는 식품유형에서 '○○%, ○○% 이상, 이하, 미만' 등으로 명시되어 있는 것은 원료 또는 성분배합 시의 기준을 말한다.

⑪ '특정성분'은 가공식품에 사용되는 원료로서 제1. 4. 식품원료 분류 등에 의한 단일식품의 가식부분을 말한다.

⑫ '건조물(고형물)'은 원료를 건조하여 남은 고형물로서 별도의 규격이 정하여 지지 않은 한, 수분함량이 15% 이하인 것을 말한다.

⑬ '고체식품'이라 함은 외형이 일정한 모양과 부피를 가진 식품을 말한다.

⑭ '액체 또는 액상식품'이라 함은 유동성이 있는 상태의 것 또는 액체상태의 것을 그대로 농축한 것을 말한다.

⑮ '환(Pill)'이라 함은 식품을 작고 둥글게 만든 것을 말한다.

⑯ '과립(Granule)'이라 함은 식품을 잔 알갱이 형태로 만든 것을 말한다.

⑰ '분말(Powder)'이라 함은 입자의 크기가 과립형태보다 작은 것을 말한다.

⑱ '유탕 또는 유처리'라 함은 식품의 제조 공정상 식용유지로 튀기거나 제품을 성형한 후 식용유지를 분사하는 등의 방법으로 제조·가공하는 것을 말한다.

⑲ '주정처리'라 함은 살균을 목적으로 식품의 제조공정 상 주정을 사용하여 제품을 침지하거나 분사하는 등의 방법을 말한다.

⑳ '유통기간'이라 함은 소비자에게 판매가 가능한 기간을 말한다.

㉑ '최종제품'이란 가공 및 포장이 완료되어 유통 판매가 가능한 제품을 말한다.

㉒ '규격'은 최종제품에 대한 규격을 말한다.

㉓ '검출되어서는 아니 된다'라 함은 이 고시에 규정하고 있는 방법으로 시험하여 검출되지 않는 것을 말한다.

㉔ '원료'는 식품제조에 투입되는 물질로서 식용이 가능한 동물, 식물 등이나 이를 가공 처리한 것, 식품첨가물의 기준 및 규격에 허용된 식품첨가물, 그리고 또 다른 식품의 제조에 사용되는 가공식품 등을 말한다.

㉕ '주원료'는 해당 개별식품의 주용도, 제품의 특성 등을 고려하여 다른 식품과 구별, 특정짓게 하기 위하여 사용되는 원료를 말한다.

㉖ '단순추출물'이라 함은 원료를 물리적으로 또는 용매(물, 주정, 이산화탄소)를 사용하여 추출한 것으로 특정한 성분이 제거되거나 분리되지 않은 추출물(착즙포함)을 말한다.

㉗ '식품에 제한적으로 사용할 수 있는 원료'란 식품 사용에 조건이 있는 식품의 원료를 말한다.

㉘ '식품에 사용할 수 없는 원료'란 식품의 제조·가공·조리에 사용할 수 없는 것으로, 식품공전에서 정한 "식품에 사용할 수 있는 원료"와 "식품에 제한적으로 사용할 수 있는 원료"에서 정한 것 이외의 원료를 말한다.

㉙ '원료에서 유래되는'은 해당 기준 및 규격에 적합하거나 품질이 양호한 원료에서 불가피하게 유래된 것을 말하는 것으로, 공인된 자료나 문헌으로 입증할 경우 인정할 수 있다.

㉚ 원료의 '품질과 선도가 양호'라 함은 농·임산물의 경우, 멍들거나 손상된 부위를 제거하여 식용에 적합하도록 한 것을 말하며, 수산물의 경우는 식품공전 상 '수산물에 대한 규격'에 적합한 것, 해조류의 경우는 외형상 그 종류를 알아 볼 수 있을 정도로 모양과 색깔이 손상되지 않은 것, 농·임·축·수산물 및 가공식품의 경우 이 고시에서 규정하고 있는 기준과 규격에 적합한 것을 말한다.

㉛ '비가식부분'이라 함은 통상적으로 식용으로 섭취하지 않는 원료의 특정부위를 말하며, 가식부분 중에 손상되거나 병충해를 입은 부분 등 고유의 품질이 변질되었거나 제조 공정 중 부적절한 가공처리로 손상된 부분을 포함한다.

㉜ '이물'이라 함은 정상식품의 성분이 아닌 물질을 말하며 동물성으로 절지동물 및 그 알, 유충과 배설물, 설치류 및 곤충의 흔적물, 동물의 털, 배설물, 기생충 및 그 알 등이 있고, 식물성으로 종류가 다른 식물 및 그 종자, 곰팡이, 짚, 겨 등이 있으며, 광물성으로 흙, 모래, 유리, 금속, 도자기파편 등이 있다.

㉝ '이매패류'라 함은 두 장의 껍데기를 가진 조개류로 대합, 굴, 진주담치, 가리비, 홍합, 피조개, 키조개, 새조개, 개량조개, 동죽, 맛조개, 재첩류, 바지락, 개조개 등을 말한다.

㉞ '냉장' 또는 '냉동'이라 함은 이 고시에서 따로 정하여진 것을 제외하고는 냉장은 0~10℃, 냉동은 -18℃ 이하를 말한다.

㉟ '차고 어두운 곳' 또는 '냉암소'라 함은 따로 규정이 없는 한 0~15℃의 빛이 차단된 장소를 말한다.

㊱ '냉장·냉동 온도측정값'이라 함은 냉장·냉동고 또는 냉장·냉동설비 등의 내부온도를 측정한 값 중 가장 높은 값을 말한다.

㊲ '살균'이라 함은 따로 규정이 없는 한 세균, 효모, 곰팡이 등 미생물의 영양 세포를 불활성화시켜 감소시키는 것을 말한다.

㊳ '멸균'이라 함은 따로 규정이 없는 한 미생물의 영양세포 및 포자를 사멸시키는 것을 말한다.

㊴ '밀봉'이라 함은 용기 또는 포장 내외부의 공기유통을 막는 것을 말한다.

㊵ '초임계추출'이라 함은 임계온도와 임계압력 이상의 상태에 있는 이산화탄소를 이용하여 식품원료 또는 식품으로부터 식용성분을 추출하는 것을 말한다.

㊶ '심해'란 태양광선이 도달하지 않는 수심이 200m 이상되는 바다를 말한다.

㊷ '가공식품'이라 함은 식품원료(농, 임, 축, 수산물 등)에 식품 또는 식품첨가물을 가하거나, 그 원형을 알아볼 수 없을 정도로 변형(분쇄, 절단 등) 시키거나 이와 같이 변형시킨 것을 서로 혼합 또는 이 혼합물에 식품 또는 식품첨가물을 사용하여 제조·가공·포장한 식품을 말한다. 다만, 식품첨가물이나 다른 원료를 사용하지 아니하고 원형을 알아볼 수 있는 정도로 농·임·축·수산물을 단순히 자르거나 껍질을 벗기거나 소금에 절이거나 숙성하거나 가열(살균의 목적 또는 성분의 현격한 변화를 유발하는 경우를 제외한다) 등의 처리과정 중 위생상 위해 발생의 우려가 없고 식품의 상태를 관능으로 확인할 수 있도록 단순처리한 것은 제외한다.

㊸ '식품조사(Food Irradiation)처리'란 식품 등의 발아억제, 살균, 살충 또는 숙도조절을 목적으로 감마선 또는 전자선가속기에서 방출되는 에너지를 복사(Radiation)의 방식으로 식품에 조사하는 것으로, 선종과 사용목적 또는 처리방식(조사)에 따라 감마선 살균, 전자선 살균, 감마선 살충, 전자선 살충, 감마선 조사, 전자선 조사 등으로 구분하거나, 통칭하여 방사선 살균, 방사선 살충, 방사선 조사 등으로 구분할 수 있다.

㊹ '식육'이라 함은 식용을 목적으로 하는 동물성원료의 지육, 정육, 내장, 그 밖의 부분을 말하며, '지육'은 머리, 꼬리, 발 및 내장 등을 제거한 도체(Carcass)를, '정육'은 지육으로부터 뼈를 분리한 고기를, '내장'은 식용을 목적으로 처리된 간, 폐, 심장, 위, 췌장, 비장, 신장, 소장 및 대장 등을, '그 밖의 부분'은 식용을 목적으로 도축된 동물성원료로부터 채취, 생산된 동물의 머리, 꼬리, 발, 껍질, 혈액 등 식용이 가능한 부위를 말한다.

㊺ '장기보존식품'이라 함은 장기간 유통 또는 보존이 가능하도록 제조・가공된 통・병조림식품, 레토르트식품, 냉동식품을 말한다.

㊻ '식품용수'라 함은 식품의 제조, 가공 및 조리 시에 사용하는 물을 말한다.

㊼ '유고형분'이라 함은 유지방분과 무지유고형분을 합한 것이다.

㊽ '유지방'은 우유로부터 얻은 지방을 말한다.

㊾ '혈액이 함유된 알'이라 함은 알 내용물에 혈액이 퍼져 있는 알을 말한다.

㊿ '혈반'이란 난황이 방출될 때 파열된 난소의 작은 혈관에 의해 발생된 혈액 반점을 말한다.

(51) '육반'이란 혈반이 특징적인 붉은 색을 잃어버렸거나 산란기관의 작은 체조직 조각을 말한다.

(52) '실금란'이란 난각이 깨어지거나 금이 갔지만 난각막은 손상되지 않아 내용물이 누출되지 않은 알을 말한다.

(53) '오염란'이란 난각의 손상은 없으나 표면에 분변・혈액・알 내용물・깃털 등 이물질이나 현저한 얼룩이 묻어 있는 알을 말한다.

(54) '연각란'이란 난각막은 파손되지 않았지만 난각이 얇게 축적되어 형태를 견고하게 유지될 수 없는 알을 말한다.

(55) '냉동식용어류머리'란 대구(Gadus morhua, Gadus ogac, Gadus macrocephalus), 은민대구(Merluccius australis), 다랑어류 및 이빨고기(Dissostichus eleginoides, Dissostichus mawsoni)의 머리를 가슴지느러미와 배지느러미 부위가 붙어 있는 상태로 절단한 것과 식용 가능한 모든 어종(복어류 제외)의 머리 중 가식부를 분리해 낸 것을 중심부 온도가 −18℃ 이하가 되도록 급속냉동한 것으로서 식용에 적합하게 처리된 것을 말한다.

(56) '냉동식용어류내장'이란 식용 가능한 어류의 알(복어알은 제외), 창난, 이리(곤이), 오징어 난포선 등을 분리하여 중심부 온도가 −18℃ 이하가 되도록 급속냉동한 것으로서 식용에 적합하게 처리된 것을 말한다.

(57) '생식용 굴'이란 소비자가 날로 섭취할 수 있는 전각굴, 반각굴, 탈각굴로서 포장한 것을 말한다(냉동굴을 포함한다).

(58) 미생물 규격에서 사용하는 용어(n, c, m, M)는 다음과 같다.

㉠ n : 검사하기 위한 시료의 수

㉡ c : 최대허용시료수, 허용기준치(m)를 초과하고 최대허용한계치(M) 이하인 시료의 수로서 결과가 m을 초과하고 M 이하인 시료의 수가 c 이하일 경우에는 적합으로 판정

㉢ m : 미생물 허용기준치로서 결과가 모두 m 이하인 경우 적합으로 판정

㉣ M : 미생물 최대허용한계치로서 결과가 하나라도 M을 초과하는 경우는 부적합으로 판정

※ m, M에 특별한 언급이 없는 한 1g 또는 1mL 당의 집락수(Colony Forming Unit, CFU)이다.

(59) '영아'라 함은 생후 12개월 미만인 사람을 말한다.

(60) '유아'라 함은 생후 12개월부터 36개월까지인 사람을 말한다.

(2) 원료 등의 구비요건

① 식품의 제조에 사용되는 원료는 식용을 목적으로 채취, 취급, 가공, 제조 또는 관리된 것이어야 한다.

② 원료는 품질과 선도가 양호하고 부패·변질되었거나, 유독 유해물질 등에 오염되지 아니한 것으로 안전성을 가지고 있어야 한다.

③ 식품제조·가공영업등록대상이 아닌 천연성 원료를 직접처리하여 가공식품의 원료로 사용하는 때에는 흙, 모래, 티끌 등과 같은 이물을 충분히 제거하고 필요한 때에는 식품용수로 깨끗이 씻어야 하며 비가식부분은 충분히 제거하여야 한다.

④ 허가, 등록 또는 신고 대상인 업체에서 식품원료를 구입 사용할 때에는 제조영업등록을 하였거나 수입신고를 마친 것으로서 해당 식품의 기준 및 규격에 적합한 것이어야 하며 유통기한 경과제품 등 관련 법 위반식품을 원료로 사용하여서는 아니 된다.

⑤ 기준 및 규격이 정하여져 있는 식품, 식품첨가물은 그 기준 및 규격에, 인삼·홍삼·흑삼은 인삼산업법에, 산양삼은 임업 및 산촌 진흥촉진에 관한 법률에, 축산물은 축산물 위생관리법에 적합한 것이어야 한다. 다만, 최종제품의 중금속 등 유해오염물질 기준 및 규격이 사용 원료보다 더 엄격하게 정해져 있는 경우, 최종제품의 기준 및 규격에 적합하도록 적절한 원료를 사용하여야 한다.

⑥ 원료로 파쇄분을 사용할 경우에는 선도가 양호하고 부패·변질되었거나 이물 등에 오염되지 아니한 것을 사용하여야 한다.

⑦ 식품용수는 먹는물관리법의 먹는물 수질기준에 적합한 것이거나, 해양심층수의 개발 및 관리에 관한 법률의 기준·규격에 적합한 원수, 농축수, 미네랄탈염수, 미네랄농축수이어야 한다.

⑧ 생물의 유전자 중 유용한 유전자만을 취하여 다른 생물체의 유전자와 결합시키는 등의 유전자변형 기술을 활용하여 재배·육성된 농·축·수산물 등을 원료 등으로 사용하고자 할 경우는 식품위생법 제18조에 의한 '유전자변형식품 등의 안전성 심사 등에 관한 규정'에 따라 안전성 심사 결과 적합한 것이어야 한다.

⑨ 식품에 사용되는 유산균 등은 식용가능하고 식품위생상 안전한 것이어야 한다.

⑩ 옻나무는 옻닭 또는 옻오리 조리에 사용되는 제품의 원료로만 물추출물 또는 물추출물 제조용 티백(Tea Bag) 형태로 사용할 수 있다. 이때 옻나무를 사용한 제품은 우루시올 성분이 검출되어서는 아니 된다. 또한 아까시재목버섯(장수버섯, Fomitella fraxinea)을 이용하여 우루시올 성분을 제거한 옻나무 물추출물은 장류, 발효식초, 탁주, 약주, 청주, 과실주에 한하여 발효공정 전에만 사용할 수 있으며 이때 사용량은 다음과 같다.

　㉠ 장류 및 발효식초 : 추출물 제조에 사용된 옻나무 중량을 기준으로 최종제품 중량의 10.0% 이하

　㉡ 탁주, 약주, 청주 및 과실주 : 추출물 제조에 사용된 옻나무 중량을 기준으로 최종제품 중량의 2.0% 이하

⑪ 인삼 또는 홍삼 함유 제품류

    ㉠ 인삼을 원료로 사용하는 경우 춘미삼, 묘삼, 삼피, 인삼박은 사용할 수 없으며 병삼인 경우에는 병든 부분을 제거하고 사용할 수 있다.

    ㉡ 인삼엽은 다른 식물 등 이물이 함유되지 아니한 것으로서 병든 인삼의 잎이나 줄기 또는 꽃이어서는 아니 된다.

    ㉢ 원형 그대로 넣는 수삼근은 3년근 이상(다만, 인삼산업법의 수경재배인삼은 제외한다)이어야 하며, 병삼이나 파삼은 사용할 수 없다.

⑫ 식품 제조·가공 등에 사용하는 식용란은 부패된 알, 산패취가 있는 알, 곰팡이가 생긴 알, 이물이 혼입된 알, 혈액이 함유된 알, 내용물이 누출된 알, 난황이 파괴된 알(단, 물리적 원인에 의한 것은 제외한다), 부화를 중지한 알, 부화에 실패한 알 등 식용에 부적합한 알이 아니어야 하며, 알의 잔류허용기준에 적합하여야 한다.

⑬ 원유에는 중화·살균·균증식 억제 및 보관을 위한 약제가 첨가되어서는 아니 되며, 우유와 양유는 동일 작업시설에서 수유하여서는 아니 되고 혼입하여서도 아니 된다.

⑭ 냉동식용어류머리의 원료는 세계관세기구(World Customs Organzation, WCO)의 통일상품명 및 부호체계에 관한 국제 협약상 식용(HS 0303호)으로 분류되어 위생적으로 처리된 것이 관련기관에 의해 확인된 것으로, 원료의 절단 시 내장, 아가미가 제거되고 위생적으로 처리된 것이어야 하며, 식품첨가물 등 다른 물질을 사용하지 않은 것이어야 한다.

⑮ 냉동식용어류내장의 원료는 세계관세기구(World Customs Organzation, WCO)의 통일상품명 및 부호체계에 관한 국제 협약상 식용(HS 0303호, 0306호 또는 0307호)으로 분류되어 위생적으로 처리된 것이 관련기관에 의해 확인된 것으로, 원료의 분리 시 다른 내장은 제거된 것이어야 하며, 식품첨가물 등 다른 물질을 사용하지 않은 것이어야 한다.

⑯ 생식용 굴은 정착성 수산동식물 생산해역의 등급설정 기준(해양수산부 고시)에 따라 청정해역의 수질기준에 적합한 해역에서 생산된 것이거나 자연정화 또는 인공정화 작업을 통해 청정해역의 기준에 적합하도록 처리된 것이어야 한다.

    ㉠ 자연정화 : 굴 내에 존재하는 미생물 수치를 줄이기 위해 굴을 수질기준에 적합한 지역으로 옮겨서 자연 정화 능력을 이용하여 처리하는 과정

    ㉡ 인공정화 : 굴 내부의 병원체를 줄이기 위하여 육상 시설 등의 제한된 수중 환경으로 처리하는 과정

⑰ 수산물 등의 저장 및 보존을 위하여 사용되는 어업용 얼음은 위생적으로 취급되어야 한다.

⑱ 프로폴리스추출물 함유식품에 사용되는 원료는 꿀벌이 채집한 오염되지 아니한 원료를 사용하여야 한다.

⑲ 클로렐라 함유식품의 클로렐라와 스피루리나 함유식품의 스피루리나는 순수배양한 것이어야 한다.

⑳ 키토산 함유식품에 사용되는 원료는 오염되지 않은 키토산 추출이 가능한 갑각류(게, 새우 등) 껍질을 사용하여야 하며, 키토산 사용식품 제조에 사용된 제조용제는 식품에 잔류하지 않아야 한다.

㉑ 식용곤충은 곤충산업의 육성 및 지원에 관한 법률의 식용곤충 사육기준에 적합한 것이어야 한다.

㉒ 고추는 병든 것, 곰팡이가 핀 것, 썩은 것, 상한채로 건조되어 희끗희끗하게 얼룩진 것을 사용하여서는 아니 된다.

㉓ 식품의 제조·가공 중에 발생하는 식용가능한 부산물을 다른 식품의 원료로 이용하고자 할 경우 식품의 취급기준에 맞게 위생적으로 채취, 취급, 관리된 것이어야 한다.

(3) 사용할 수 있는 식품 또는 식품첨가물

① 다음의 어느 하나에 해당하는 것은 식품의 제조·가공 또는 조리 시 식품원료로 사용하여서는 아니 된다. 다만, 이미 식품의약품안전처장이 인정한 것과 식품 등의 한시적 기준 및 규격 인정기준에 따라 인정된 것은 식품의 원료로 사용할 수 있다.

　㉠ 식용을 목적으로 채취, 취급, 가공, 제조 또는 관리되지 아니한 것

　㉡ 식품원료로서 안전성 및 건전성이 입증되지 아니한 것

　㉢ 기타 식품의약품안전처장이 식용으로 부적절하다고 인정한 것

② 위의 ①에 해당되지 않는 것은 식품원료로서 사용가능 여부를 식품의약품안전처장이 판단한다. 다만, 식품의약품안전처장은 식품원료의 안전성과 관련된 새로운 사실이 발견되거나 제시될 경우 식품의 원료로서 사용가능 여부를 재검토하여 판단할 수 있다.

③ 원료에 독성이나 부작용이 없고 식욕억제, 약리효과 등을 목적으로 섭취한 것 외에 국내에서 식용근거가 있는 경우 '식품에 사용할 수 있는 원료' 또는 '식품에 제한적으로 사용할 수 있는 원료'로 사용가능한 것으로 판단할 수 있다.

④ 다음에 해당하는 것들은 '식품에 제한적으로 사용할 수 있는 원료'로 판단할 수 있으며, 사용용도를 특정식품에 제한할 수 있다.

　㉠ 향신료, 침출차, 주류 등 특정 식품에만 제한적 사용근거가 있는 것

　㉡ 독성이나 부작용 원인 물질을 완전 제거하고 사용해야 하는 것

　㉢ 독성이나 부작용 원인 물질의 잔류기준이 필요한 것

⑤ **식품원료 승인을 위한 제출자료** : 승인을 위해 자료를 제출하고자 할 경우에는 다음의 '식품원료 사용을 위한 의사결정도'를 참고할 수 있으며, 제출자료는 다음과 같다.

　㉠ 원료의 기본특성자료

　　• 원료명 또는 이명

　　• 원료의 학명, 사용부위

　　• 성분 및 함량, 사진, 자생지 등 원료의 특성을 알 수 있는 자료

　　• 식품에 사용하고자 하는 용도

　㉡ 식용근거자료 : 국내에서 전래적으로 식품으로 섭취하였음을 입증할 수 있는 자료

　㉢ 독성이나 부작용이 있는 경우 제출자료

　　• 독성이나 부작용의 원인물질의 명칭, 분자구조, 특성 등에 관한 자료

- 원인물질의 독성작용이나 부작용에 대한 자료
- 독성물질의 분석방법 등에 관한 자료
- 독성이나 부작용의 원인물질이 완전히 제거되는 경우 이를 입증할 수 있는 자료
- 독성이나 부작용의 원인물질에 대한 잔류기준이 설정되어 있는 경우, 규정 및 설정 사유, 최종 제품에 대한 함유량 등에 관한 자료

▼ 식품원료 사용을 위한 의사결정도

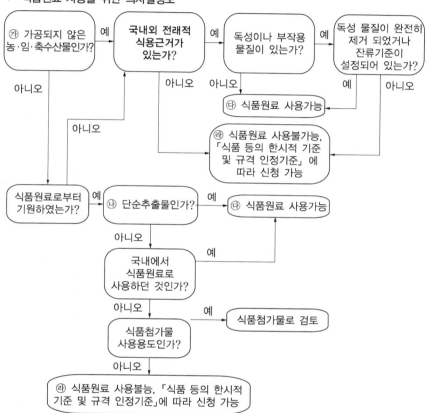

식품원료 사용가능	'식품에 사용할 수 있는 원료' 또는 '식품에 제한적으로 사용할 수 있는 원료'로 사용 가능함
식품원료 사용불가	식품원료로 사용이 불가능하나, 식품 등의 한시적 기준 및 규격 인정기준(식품위생법 시행규칙 제5조 관련)에 따라 식품원료의 한시적 기준 및 규격으로 신청 가능함

⑥ 식품에 사용할 수 있는 원료

식품공전의 [별표 1](식품에 사용할 수 있는 원료)과 식품공전상 제1. 총칙 4. 식품원료 분류에 등재되어 있는 원료를 말한다.

⑦ 식품에 제한적으로 사용할 수 있는 원료

㉠ '식품에 제한적으로 사용할 수 있는 원료'의 목록은 식품공전 [별표 2]와 같다.

▼ 미생물

고유번호	명칭	기타명칭 또는 시장명칭	학명 또는 특성	사용조건
B다 000600	*Carnobacterium maltaromaticum*	*Carnobacterium piscicola*, *Lactobacillus maltaromicus*	*Carnobacterium maltaromaticum*	소시지 발효(발효육 제조)에 한함
B다 000900	*Debaryomyces hansenii*	–	*Debaryomyces hansenii*	유가공품 제조에 한함
B다 001100	*Geotrichum candidum*	*Dipodascus geotrichum*	*Geotrichum candidum*	치즈 제조에 한함
B다 001500	*Leuconostoc pseudomesenteroides*	–	*Leuconostoc pseudomesenteroides*	유가공품 제조에 한함
B다 001600	*Micrococcus luteus*	*Bacteridium luteum*, *Micrococcus flavus*, *Micrococcus lysodeikticus*, *Sarcina lutea*	*Micrococcus luteus*	치즈 제조에 한함
B다 002100	*Penicillium camemberti*	*Penicillium candidum*	*Penicillium camemberti*	치즈 제조에 한함
B다 002200	*Penicillium multicolor*	*Penicillium sclerotiorum*, *Penicillium adametzioides*	*Penicillium multicolor*	치즈 제조에 한함
B다 002300	*Penicillium roqueforti*	*Penicillium weidemannii*	*Penicillium roqueforti*	치즈 제조에 한함
B다 002400	*Propionibacterium acidipropionici*	–	*Propionibacterium acidipropionici*	유가공품 제조에 한함
B다 002700	*Staphylococcus carnosus*	–	*Staphylococcus carnosus*	발효육류 제조에 한함
B다 002800	*Staphylococcus vitulinus*	–	*Staphylococcus vitulinus*	발효육류에 한함
B다 002900	*Staphylococcus xylosus*	–	*Staphylococcus xylosus*	발효육류 및 치즈제조에 한함

상기 미생물 원료 이외에 국제적으로 공인된 기관[국제낙농연맹(International Dairy Federation), 미국식품의약국(U.S. Food and Drug Administration), 유럽식품안전청(European Food Safety authority) 등]에서 제시하고 있는 미생물 원료는 그 기관에서 등재된 사용목적에 대해서만 식품원료로 사용 가능하다.

ⓛ '식품에 제한적으로 사용할 수 있는 원료'로 분류된 원료는 명시된 사용 조건을 준수하여야 하며, 별도의 사용 조건이 정하여지지 않은 원료는 다음의 사용기준에 따른다.
 • '식품에 제한적으로 사용할 수 있는 원료'로 명시되어 있는 동·식물 등은 가공 전 원료의 중량을 기준으로 원료배합 시 50% 미만(배합수는 제외한다) 사용하여야 한다.
 • '식품에 제한적으로 사용할 수 있는 원료'에 속하는 원료를 혼합할 경우, 혼합 원료의 가공 전 중량을 기준으로 총량이 제품의 50% 미만(배합수는 제외한다)이어야 한다.
 • 다만, 다류, 음료류, 주류 및 향신료 제조 시에는 제품의 구성원료 중 '식품에 제한적으로 사용할 수 있는 원료'에 속하는 식물성원료가 1가지인 경우에는 '식품에 사용할 수 있는 원료'로 사용할 수 있다.

⑧ 한시적 기준·규격에서 전환된 원료
 ㉠ 식품등의 한시적 기준 및 규격 인정 기준에 따라 식품원료로 인정된 후 식품공전에 등재되는 '한시적 기준·규격에서 전환된 원료'의 목록은 [별표 3]과 같다.

ⓛ '한시적 기준·규격에서 전환된 원료'로 분류된 원료는 명시된 제조(또는 사용) 조건을 준수하여야 한다.

⑨ **한시적 인정 식품원료의 식품공전 등재 요건** : 식품등의 한시적 기준 및 규격 인정 기준에 따라 인정된 식품원료는 다음의 어느 하나를 충족하면 식품의 기준 및 규격[별표 3] '한시적 기준·규격에서 전환된 원료'의 목록에 추가로 등재 할 수 있다.

ⓐ 한시적 기준 및 규격을 인정받은 날로부터 3년이 경과한 경우

ⓛ 한시적 기준 및 규격을 인정받은 자가 3인 이상인 경우

ⓒ 한시적 기준 및 규격을 인정받은 자가 등재를 요청하는 경우(다만, 인정받은 자가 2명인 경우 모두 등재를 요청하는 경우)

(4) 축산물의 주원료

① 주원료는 해당 개별식품의 주용도, 제품의 특성 등을 고려하여 다른 식품과 구별, 특정짓게 하기 위하여 사용되는 원료를 말한다.

② 식육가공품 및 포장육이라 함은 식육 또는 식육가공품을 주원료로 하여 가공한 햄류, 소시지류, 베이컨류, 건조저장육류, 양념육류, 식육추출가공품, 식육함유가공품, 포장육을 말한다.

③ 식육추출가공품이라 함은 식육을 주원료로 하여 물로 추출한 것이거나 이에 식품 또는 식품첨가물을 가하여 가공한 것을 말한다.

④ 식육함유가공품이라 함은 식육을 주원료로 하여 제조·가공한 것으로 제2절 식육가공품의 기준 및 규격의 식품유형 1~6에 해당되지 않는 것을 말한다.

⑤ 알함유가공품이라 함은 알을 주원료로 하여 제조·가공한 것으로 식품공전 제4. 식품별 기준 및 규격의 식품유형 17-1에 해당되지 않는 것을 말한다.

⑥ 유가공품이라 함은 원유를 주원료로 하여 가공한 우유류, 가공유류, 산양유, 발효유류, 버터유, 농축유류, 유크림류, 버터류, 치즈류, 분유류, 유청류, 유당, 유단백가수분해식품을 말한다. 다만, 커피고형분 0.5% 이상 함유된 음용을 목적으로 하는 제품은 제외한다.

(5) 제조·가공기준

① 식품 제조·가공에 사용되는 원료, 기계·기구류와 부대시설물은 항상 위생적으로 유지·관리하여야 한다.

② 식품용수는 먹는물관리법의 먹는물 수질기준에 적합한 것이거나, 해양심층수의 개발 및 관리에 관한 법률의 기준·규격에 적합한 원수, 농축수, 미네랄탈염수, 미네랄농축수이어야 한다.

③ 식품용수는 먹는물관리법에서 규정하고 있는 수처리제를 사용하거나, 각 제품의 용도에 맞게 물을 응집침전, 여과[활성탄, 모래, 세라믹, 맥반석, 규조토, 마이크로필터, 한외여과(Ultra Filter), 역삼투막, 이온교환수지], 오존살균, 자외선살균, 전기분해, 염소소독 등의 방법으로 수처리하여 사용할 수 있다.

④ 식품공전 제4. 식품별 기준 및 규격에서 원료배합 시의 기준이 정하여진 식품은 그 기준에 의하며, 물을 첨가하여 복원되는 건조 또는 농축된 식품의 경우는 복원상태의 성분 및 함량비(%)로 환산 적용한다. 다만, 식육가공품 및 알가공품의 경우 원료배합 시 제품의 특성에 따라 첨가되는 배합수 는 제외할 수 있다.

⑤ 어떤 원료의 배합기준이 100%인 경우에는 식품첨가물의 함량을 제외하되, 첨가물을 함유한 해당 제품은 식품공전 제4. 식품별 기준 및 규격의 해당제품 규격에 적합하여야 한다.

⑥ 식품 제조·가공 및 조리 중에는 이물의 혼입이나 병원성 미생물 등이 오염되지 않도록 하여야 하며, 제조 과정 중 다른 제조 공정에 들어가기 위해 일시적으로 보관되는 경우 위생적으로 취급 및 보관되어야 한다.

⑦ 식품은 물, 주정 또는 물과 주정의 혼합액, 이산화탄소만을 사용하여 추출할 수 있다. 다만, 식품첨가물의 기준 및 규격에서 개별기준이 정해진 경우는 그 사용기준을 따른다.

⑧ 냉동된 원료의 해동은 별도의 청결한 해동공간에서 위생적으로 실시하여야 한다.

⑨ 식품의 제조, 가공, 조리, 보존 및 유통 중에는 동물용의약품을 사용할 수 없다.

⑩ 가공식품은 미생물 등에 오염되지 않도록 위생적으로 포장하여야 한다.

⑪ 식품은 캡슐 또는 정제 형태로 제조할 수 없다. 다만, 과자, 캔디류, 추잉껌, 초콜릿류, 식염, 장류, 복합조미식품, 당류가공품은 정제형태로, 식용유지류는 캡슐형태로 제조할 수 있으나 이 경우 의약품 또는 건강기능식품으로 오인·혼동할 우려가 없도록 제조하여야 한다.

⑫ 식품의 처리·가공 중 건조, 농축, 열처리, 냉각 또는 냉동 등의 공정은 제품의 영양성, 안전성을 고려하여 적절한 방법으로 실시하여야 한다.

⑬ 원유는 이물을 제거하기 위한 청정공정과 필요한 경우 유지방구의 입자를 미세화 하기 위한 균질공 정을 거쳐야 한다.

⑭ 유가공품의 살균 또는 멸균 공정은 따로 정하여진 경우를 제외하고 저온장시간 살균법(63~65℃에 서 30분간), 고온단시간 살균법(72~75℃에서 15초 내지 20초간), 초고온순간처리법(130~15 0℃에서 0.5초 내지 5초간) 또는 이와 동등 이상의 효력을 가지는 방법으로 실시하여야 한다. 그리고 살균제품에 있어서는 살균 후 즉시 10℃ 이하로 냉각하여야 하고, 멸균제품은 멸균한 용기 또는 포장에 무균공정으로 충전·포장하여야 한다.

⑮ 식품 중 살균제품은 그 중심부 온도를 63℃ 이상에서 30분간 가열살균 하거나 또는 이와 동등 이상의 효력이 있는 방법으로 가열 살균하여야 하며, 오염되지 않도록 위생적으로 포장 또는 취급하여야 한다. 또한, 식품 중 멸균제품은 기밀성이 있는 용기·포장에 넣은 후 밀봉한 제품의 중심부 온도를 120℃ 이상에서 4분 이상 멸균처리하거나 또는 이와 동등이상의 멸균 처리를 하여야 한다. 다만, 식품별 기준 및 규격에서 정하여진 것은 그 기준에 따른다.

⑯ 식품 중 비살균제품은 다음의 기준에 적합한 방법이나 이와 동등 이상의 효력이 있는 방법으로 관리하여야 한다.

ⓐ 원료육으로 사용하는 돼지고기는 도살 후 24시간 이내에 5℃ 이하로 냉각·유지하여야 한다.

ⓑ 원료육의 정형이나 냉동 원료육의 해동은 고기의 중심부 온도가 10℃를 넘지 않도록 하여야 한다.

⑰ 식육가공품 및 포장육의 작업장의 실내온도는 15℃ 이하로 유지 관리하여야 한다(다만, 가열처리 작업장은 제외).

⑱ 식육가공품 및 포장육의 공정상 특별한 경우를 제외하고는 가능한 한 신속히 가공하여야 한다.

⑲ 어류의 육질 이외의 부분은 비가식부분을 충분히 제거한 후 중심부온도를 −18℃ 이하에서 보관하여야 한다.

⑳ 생식용 굴은 채취 후 신속하게 위생적인 물로써 충분히 세척하여야 하며, 식품첨가물(차아염소산나트륨 제외)을 사용하여서는 안 된다.

㉑ 기구 및 용기·포장류는 식품위생법 제9조의 규정에 의한 기구 및 용기·포장의 기준 및 규격에 적합한 것이어야 한다.

㉒ 식품포장 내부의 습기, 냄새, 산소 등을 제거하여 제품의 신선도를 유지시킬 목적으로 사용되는 물질은 기구 및 용기·포장의 기준·규격에 적합한 재질로 포장하여야 하고 식품에 이행되지 않도록 포장하여야 한다.

㉓ 식품의 용기·포장은 용기·포장류 제조업 신고를 필한 업소에서 제조한 것이어야 한다. 다만, 그 자신의 제품을 포장하기 위하여 용기·포장류를 직접 제조하는 경우는 제외한다.

㉔ 식품 제조·가공에 원료로 사용하는 톳과 모자반의 경우, 생물은 끓는 물에 충분히 삶고, 건조된 것은 물에 불린 후 충분히 삶는 등 무기비소 저감 공정을 거친 후 사용하여야 한다.

(6) 식품일반의 기준 및 규격 중 축산물 부문

① **성상** : 제품은 고유의 형태, 색택을 가지고 이미·이취가 없어야 한다.

② **이 물**

ⓐ 식품은 원료의 처리과정에서 1. 그 이상 제거되지 아니하는 정도 이상의 이물, 2. 오염된 비위생적인 이물, 3. 인체에 위해를 끼치는 단단하거나 날카로운 이물을 함유하여서는 아니 된다. 다만, 다른 식물이나 원료식물의 표피 또는 토사, 원료육의 털, 뼈 등과 같이 실제에 있어 정상적인 제조·가공상 완전히 제거되지 아니하고 잔존하는 경우의 이물로서 그 양이 적고 위해 가능성이 낮은 경우는 제외한다.

ⓑ 금속성 이물로서 쇳가루는 식품공전 제7. 1.2.1 마. 금속성이물(쇳가루)에 따라 시험하였을 때 식품 중 10.0mg/kg 이상 검출되어서는 아니 되며, 또한 금속이물은 2mm 이상인 금속성 이물이 검출되어서는 아니 된다.

③ **식품첨가물**

ⓐ 식품 중 식품첨가물의 사용은 식품첨가물의 기준 및 규격에 따른다.

ⓒ 어떤 식품에 사용할 수 없는 식품첨가물이 그 식품첨가물을 사용할 수 있는 원료로부터 유래된 것이라면 원료로부터 이행된 범위 안에서 식품첨가물 사용기준의 제한을 받지 아니할 수 있다.

④ 위생지표균 및 식중독균

㉠ 위생지표균

• 식품일반 : 세균수, 대장균군

규격 항목	제품 특성		n	c	m	M
세균수	6개월 미만의 영아를 대상으로 하는 가공식품	액상제품	5	1	10	100
		액상제품제외	5	2	1,000	10,000
대장균군	6개월 미만의 영아를 대상으로 하는 가공식품		5	0	0	–

㉡ 식중독균

• 식육(제조, 가공용원료는 제외한다), 살균 또는 멸균처리하였거나 더 이상의 가공, 가열조리를 하지 않고 그대로 섭취하는 가공식품에서는 특성에 따라 살모넬라(*Salmonella spp.*), 장염 비브리오(*Vibrio parahaemolyticus*), 리스테리아 모노사이토제네스(*Listeria monocytogenes*), 장출혈성 대장균(Enterohemorrhagic *Escherichia coli*), 캠필로박터 제주니/콜리 (*Campylobacter jejuni/coli*), 여시니아 엔테로콜리티카(*Yersinia enterocolitica*) 등 식중독균이 n = 5, c = 0, m = 0/25g이어야 하며, 또한 식육 및 식육제품에 있어서는 결핵균, 탄저균, 브루셀라균이 음성이어야 한다.

다만, 식품공전 제4. 식품별 기준 및 규격에서 식중독균에 대한 규격이 정하여진 식품에는 해당 식품의 규격을 적용하며, 그 외의 가공식품 중 바실러스 세레우스(*Bacillus cereus*), 클로스트리디움 퍼프린젠스(*Clostridium perfringens*), 황색포도상구균(*Staphylococcus aureus*)은 다음과 같이 적용한다.

바실러스 세레우스	① 장류(메주 제외) 및 소스, 복합조미식품, 김치류, 젓갈류, 절임류, 조림류 : g당 10,000 이하(멸균제품은 음성이어야 한다) ② 위 ① 이외의 식육(제조, 가공용 원료 제외), 살균하였거나 더 이상의 가공, 가열조리를 하지 않고 그대로 섭취하는 가공식품 : g당 1,000 이하(멸균제품은 음성이어야 한다)
클로스트리디움 퍼프린젠스	① 장류(메주 제외), 고춧가루 또는 실고추, 김치류, 젓갈류, 절임류, 조림류, 복합조미식품, 향신료가공품, 식초, 카레분 및 카레(액상제품 제외) : g당 100 이하(멸균제품은 음성이어야 한다) ② 햄류, 소시지류, 식육추출가공품, 알가공품 : n = 5, c = 1, m = 10, M = 100 ③ 생햄, 발효소시지, 자연치즈, 가공치즈 : n = 5, c = 2, m = 10, M = 100 ④ 위 ①, ②, ③ 이외의 식육(제조, 가공용 원료 제외), 살균 또는 멸균처리하였거나 더 이상의 가공, 가열조리를 하지 않고 그대로 섭취하는 가공식품 : n = 5, c = 0, m = 0/25g
황색포도상구균	① 햄류, 소시지류, 식육추출가공품, 건포류 : n = 5, c = 1, m = 10, M = 100 ② 생햄, 발효소시지, 자연치즈, 가공치즈 : n = 5, c = 2, m = 10, M = 100 ③ 위 ①, ② 이외의 식육(제조, 가공용 원료 제외), 살균 또는 멸균처리하였거나 더 이상의 가공, 가열조리를 하지 않고 그대로 섭취하는 가공식품 : n = 5, c = 0, m = 0/25g

- 더 이상의 가열조리를 하지 않고 섭취할 수 있도록 비가식부위(비늘, 아가미, 내장 등) 제거, 세척 등 위생처리한 수산물은 살모넬라(*Salmonella* spp.) 및 리스테리아 모노사이토제네스 (*Listeria monocytogenes*)가 n = 5, c = 0, m = 0/25g, 장염비브리오(*Vibrio parahaemolyticus*) 및 황색포도상구균(*Staphylococcus aureus*)은 g당 100 이하이어야 한다.
- 가공·가열처리하지 아니하고 그대로 사람이 섭취하는 용도의 식용란에서는 살모넬라균 (*Salmonella* Enteritidis)이 검출되어서는 아니 된다.
- 식육(분쇄육에 한함) 및 판매를 목적으로 식육을 절단(세절 또는 분쇄를 포함)하여 포장한 상태로 냉장 또는 냉동한 것으로서 화학적 합성품 등 첨가물 또는 다른 식품을 첨가하지 아니한 포장육(육함량 100%, 다만, 분쇄에 한함)에서는 장출혈성 대장균이 n = 5, c = 0, m = 0/25g 이어야 한다.
- 6개월 미만의 영아가 섭취할 수 있도록 제조·판매하는 식품 크로노박터(*Cronobacter* *spp.*) : n = 5, c = 0, m = 0
- 식품접객업소 등의 노로바이러스 기준
  식품접객업소, 집단급식소, 식품제조·가공업소 등에서 식재료 및 식기 등의 세척, 식품의 조리 및 제조·가공, 먹는 물 등으로 사용하는 물 : 불검출(다만, 식품접객업소, 집단급식소 등에서 먹는 물로 제공되는 수돗물은 먹는물관리법에서 규정하고 있는 먹는물 수질기준에 의한다)

⑤ 오염물질

㉠ 오염물질 기준 적용

- 건조 과정으로 인하여 수분함량이 변화된 건조 농·임·축·수산물의 중금속, 패독소, 폴리염화비페닐(PCBs) 기준은 수분함량의 변화를 고려하여 생물 기준으로 환산·적용한다.
- 그대로 섭취하지 않는 건조 농·임·축·수산물의 방사능 기준은 수분함량의 변화를 고려하여 생물 기준으로 환산·적용한다.
- 기준이 별도로 설정되어 있지 않은 가공식품의 중금속, 곰팡이독소, 패독소 등 오염물질 기준은 원료의 함량에 따라 해당 농·임·축·수산물의 기준을 적용하고, 건조 등의 과정으로 인하여 수분 함량이 변화된 경우는 수분 함량을 고려하여 적용한다.
- 기준이 설정되어 있는 가공식품 중 희석하여 섭취하는 식품의 중금속, 방사능, 다이옥신, 폴리염화비페닐(PCBs) 기준은 섭취시의 상태(제조사가 제시한 섭취방법)를 반영하여 적용한다.

ⓛ 중금속 기준

• 축산물

대상식품	납(mg/kg)	카드뮴(mg/kg)
가금류고기	0.1 이하	–
돼지간	0.5 이하	0.5 이하
돼지고기	0.1 이하	0.05 이하
돼지신장	0.5 이하	1.0 이하
소 간	0.5 이하	0.5 이하
소고기	0.1 이하	0.05 이하
소신장	0.5 이하	1.0 이하
원유 및 우유류	0.02 이하	–

– 가금류고기 : 부착된 지방 및 표피를 포함하는 가금류 도체의 근육조직으로 닭, 오리, 꿩, 거위, 칠면조, 메추리 등의 고기를 말한다.

– 소고기, 돼지고기 : 근육 내 지방 및 피하지방과 같이 부착된 지방조직을 포함하는 도체(혹은 이를 자른 덩어리)의 근육조직을 말한다.

ⓒ 곰팡이독소 기준

• 아플라톡신 M_1

대상식품	기준(μg/kg)
제조·가공 직전의 원유 및 우유류	0.50 이하
조제유류(영아용 조제유, 성장기용 조제유), 특수용도식품(영아용 조제식, 성장기용 조제식, 영·유아용 곡류조제식, 기타 영·유아식, 영·유아용 특수조제식품) 중 유성분 함유제품	0.025 이하 [분말제품의 경우 희석하여 섭취하는 형태(제조사가 제시한 섭취방법)를 반영하여 기준적용]

ⓔ 다이옥신

• 소고기 : 4.0pg TEQ/g fat 이하

• 돼지고기 : 2.0pg TEQ/g fat 이하

• 닭고기 : 3.0pg TEQ/g fat 이하

ⓜ 벤조피렌[Benzo(a)pyrene]

훈제식육제품 및 그 가공품 : 5.0μg/kg 이하

ⓗ 멜라민(Melamine) 기준

대상식품	기 준
특수용도식품 중 영아용 조제유, 성장기용 조제유, 영아용 조제식, 성장기용 조제식, 영·유아용 곡류조제식, 기타 영·유아식, 특수의료용도 등 식품	불검출
상기 이외의 모든 식품 및 식품첨가물	2.5mg/kg 이하

⑥ 식품조사처리 기준

㉠ 식품조사처리에 이용할 수 있는 선종은 감마선 또는 전자선으로 한다.

㉡ 감마선을 방출하는 선원으로는 ^{60}Co을 사용할 수 있고, 전자선을 방출하는 선원으로는 전자선 가속기를 이용할 수 있다.

㉢ ^{60}Co에서 방출되는 감마선 에너지를 사용할 경우 식품조사처리가 허용된 품목별 흡수선량을 초과하지 않도록 하여야 한다.

㉣ 전자선가속기를 이용하여 식품조사처리를 할 경우 10MeV 이하에서 조사처리하여야 하며, 식품조사처리가 허용된 품목별 흡수선량을 초과하지 않도록 하여야 한다.

㉤ 식품조사처리는 승인된 원료나 품목 등에 한하여 위생적으로 취급·보관된 경우에만 실시할 수 있으며, 발아억제제, 살균, 살충 또는 숙도조절이외의 목적으로는 식품조사처리 기술을 사용하여서는 아니 된다.

㉥ 식품별 조사처리기준은 다음과 같다.

▼ 허용대상 식품별 흡수선량

품 목	조사목적	선량(kGy)
건조식육	살 균	7 이하

㉦ 한번 조사처리한 식품은 다시 조사하여서는 아니 되며 조사식품(Irradiated Food)을 원료로 사용하여 제조·가공한 식품도 다시 조사하여서는 아니 된다.

⑦ 농약의 잔류허용기준

㉠ 농산물의 농약 잔류허용기준

• 농산물의 농약 잔류허용기준은 식품공전 [별표 4]와 같다. 단, 개별 기준과 그룹 기준이 있을 경우에는 개별 기준을 우선 적용한다.

• 농산물에 잔류한 농약에 대하여 식품공전 [별표 4]에 별도로 잔류허용기준을 정하지 않는 경우 0.01mg/kg 이하를 적용한다.

• 농약관리법상 사용·등록된 농약 및 외국에서 해당 국가의 법률에 따라 합법적으로 사용되는 농약에 함유된 유효성분 중 다음의 사유에 해당되는 경우 잔류허용기준을 면제할 수 있으며, 면제 대상성분은 아래 표와 같다.

　– 독성이 현저히 낮아 인체 위해가능성이 없는 성분

　– 식품에 전혀 잔류되지 않는 성분

　– 자연계에 존재하여 해당 식품에 포함되어 있으므로 구분이 어려운 성분

　– 안전성이 확보된 천연식물보호제(미생물 등 포함) 성분

번 호	유효성분
1	1-메틸사이클로프로펜(1-Methylcyclopropene)
2	기계유(Machine Oil)
3	데실알코올(Decylalcohol)
4	모나크로스포륨타우마슘케이비시3017(*Monacrosporium thaumasium* KBC3017)

번호	유효성분
5	바실루스서브틸리스디비비I501(*Bacillus subtilis* DBB1501)
6	바실루스서브틸리스시제이-9(*Bacillus subtilis* CJ-9)
7	바실루스서브틸리스엠 27(*Bacillus subtilis* M 27)
8	바실루스서브틸리스엠비아이600(*Bacillus subtilis* MBI600)
9	바실루스서브틸리스와이1336(*Bacillus subtilis* Y1336)
10	바실루스서브틸리스이더블유42-1(*Bacillus subtilis* EW42-1)
11	바실루스서브틸리스제이케이케이238(*Bacillus subtilis* JKK238)
12	바실루스서브틸리스지비365(*Bacillus subtilis* GB0365)
13	바실루스서브틸리스케이비401(*Bacillus subtilis* KB401)
14	바실루스서브틸리스케이비시1010(*Bacillus subtilis* KBC1010)
15	바실루스서브틸리스큐에스티713(*Bacillus subtilis* QST713)
16	바실루스아밀로리퀴파시엔스케이비시1121(*Bacillus amyloliquefaciens* KBC1121)
17	바실루스푸밀루스큐에스티2808(*Bacillus pumilus* QST2808)
18	보르도혼합액(Bordeaux Mixture)
19	뷰베리아바시아나지에이치에이(*Beauveria bassiana* GHA)
20	뷰베리아바시아나티비아이-1(*Beauveria bassiana* TBI-1)
21	비티아이자와이(*Bacillus thuringiensis* subsp. aizawai)
22	비티아이자와이엔티423(*Bacillus thuringiensis* subsp. aizawai NT0423)
23	비티아이자와이지비413(*Bacillus thuringiensis* subsp. aizawai GB413)
24	비티쿠르스타키(*Bacillus thuringiensis* subsp. kurstaki)
25	비티쿠르스타키(*Bacillus thuringiensis* var. kurstaki)
26	석회황(Calcium Polysulfide, Lime Sulfur)
27	스트렙토마이세스고시키엔시스더블유와이아이324(*Streptomyces goshikiensis* WYE324)
28	스트렙토마이세스콜롬비엔시스더블유와이아이20(*Streptomyces colombiensis* WYE20)
29	스프레더스티커(Spreader Sticker)
30	폴리에틸렌메틸실록세인(Polyethylene Methyl Siloxane)
31	아이비에이(IBA, 4-indol-3-ylbutyric Acid)
32	아이에이에이(IAA, Indol-3-ylacetic Acid)
33	알킬설폰화알킬레이트의나트륨염(Sodium Salt Of Alkylsulfonated Alkylate)
34	알킬아릴폴리에톡시레이트(Alkyl Aryl Polyethoxylate)
35	암펠로마이세스퀴스콸리스에이큐94013(*Ampelomyces quisqualis* AQ94013)
36	옥시에틸렌메틸실록세인(Oxyethylene Methyl Siloxane)
37	지베렐린류(Gibberellin A_3, Gibberellin A_{4+7})
38	칼슘카보네이트(Calcium Carbonate)
39	코퍼설페이트베이식(Copper Sulfate Basic)
40	코퍼설페이트트라이베이식(Copper Sulfate Tribasic)

번 호	유효성분
41	코퍼옥시클로라이드(Copper Oxychloride)
42	코퍼하이드록사이드(Copper Hydroxide)
43	트라이리코델마하지아눔와이씨 459(Trichoderma Harzianum YC 459)
44	패니바실루스폴리믹사에이사-1(*Paenibacillus Polymyxa* AC-1)
45	패실로마이세스퓨모소로세우스디비비-2032(*Paecilomyces Fumosoroseus* DBB-2032)
46	폴리나프틸메탄설폰산디알킬다이메틸암모니움염(Polynaphthyl Methane Sulfonic Acid Dialkyl Dimethyl Ammonium(PMSAADA))
47	폴리에테르폴리실록세인(Polyether Modified Polysiloxane)
48	폴리옥시에틸렌메틸폴리실록세인(Polyoxyethylene Methyl Polysiloxane)
49	폴리옥시에틸렌알킬아릴에테르(Polyoxyethylene Alkylarylether)
50	폴리옥시에틸렌지방산에스테르(Polyoxyethylene Fatty Acid Ester(PFAE))
51	황(Sulfur)
52	니즈(Polynaphtyl Methane Sulfonic + Polyoxyethylene Fatty Acid Ester)
53	소듐리그노설포네이트(Sodium Ligno Sulfonate)
54	심플리실리움라멜리콜라비씨피(*Simplicillium Lamellicola* BCP)
55	트라이코더마아트로비라이드에스케이티-1(*Trichoderma Atroviride* SKT-1)
56	파라핀, 파라핀오일(Paraffin, Paraffinic oil)
57	펠라르곤산(Pelargonic Acid)
58	에틸포메이트(Ethyl Formate)
59	차나무오일(Tea Tree Oil)
60	코퍼설페이트펜타하이드레이트(Copper Sulfate Pentahydrate)
61	폴리옥신디(Polyoxin D)

ⓛ 가공식품의 잔류농약 잠정기준적용 : 가공식품에 잔류한 농약에 대하여 식품공전 [별표 4]에 별도로 잔류허용기준을 정하지 않은 경우 다음을 적용한다.

• 원료식품의 잔류허용기준 범위 이내에서 잔류를 허용할 수 있다. 즉, 원료의 함량에 따라 원료 농산물 및 축산물의 기준을 적용하고, 건조 등의 과정으로 인하여 수분 함량이 변화된 경우는 수분 함량을 고려하여 적용한다. 단, 건고추(고춧가루 및 실고추 포함)는 고추의 7배, 녹차 추출물은 차의 6배, 건삼 및 홍삼은 수삼의 4배, 인삼농축액 및 홍삼농축액은 수삼의 8배 농약잔류허용기준을 적용한다.

⑧ 동물용의약품의 잔류허용기준

㉠ 식품 중 잔류동물용의약품 기준적용

• 관련법령에서 안전성 및 유효성에 문제가 있는 것으로 확인되어 제조 또는 수입 품목허가를 하지 아니하는 동물용의약품(대사물질 포함)은 검출되어서는 아니 된다. 이에 해당되는 주요 물질은 다음과 같으며, 다음에 명시하지 않은 물질에 대해서도 관련법령에 근거하여 본 항을 적용할 수 있다.

번 호	식품[*1] 중 검출되어서는 아니 되는 물질
1	나이트로푸란{푸라졸리돈(Furazolidone), 푸랄타돈(Furaltadone), 나이트로푸라존(Nitrofurazone), 나이트로푸란토인(Nitrofurantoine), 나이트로빈(Nitrovin) 등} 제제 및 대사물질 ※ 잔류물의 정의 : 3-amino-2-oxazolidinone(AOZ), 3-amino-5-morpholinomethyl-2-oxazolidinone (AMOZ), Semicarbazide(SEM)[*2], Nitrofurazone[*3], 1-aminohydantoin(AHD), Nitrovin
2	클로람페니콜(Chloramphenicol) ※ 잔류물의 정의 : Chloramphenicol
3	말라카이트 그린(Malachite Green) 및 대사물질 ※ 잔류물의 정의 : Malachite Green과 Leucomalachite Green의 합을 Malachite Green으로 함
4	다이에틸스틸베스트롤(Diethylstilbestrol, DES) ※ 잔류물의 정의 : Diethylstilbestrol
5	다이메트리다졸(Dimetridazole) ※ 잔류물의 정의 : Dimetridazole과 2-hydroxymethyl-1-methyl-5-nitroimidazole(HMMNI)의 합을 Dimetridazole로 함
6	클렌부테롤(Clenbuterol) ※ 잔류물의 정의 : Clenbuterol
7	반코마이신(Vancomycin) ※ 잔류물의 정의 : Vancomycin
8	클로르프로마진(Chlorpromazine) ※ 잔류물의 정의 : Chlorpromazine
9	티오우라실(Thiouracil) ※ 잔류물의 정의 : 2-thiouracil, 6-methyl-2-thiouracil, 6-propyl-2-thiouracil 및 6-phenyl-2-thiouracil의 합을 Thiouracil로 함
10	콜치신(Colchicine) ※ 잔류물의 정의 : Colchicine
11	피리메타민(Pyrimethamine) ※ 잔류물의 정의 : Pyrimethamine
12	메드록시프로게스테론 아세테이트(Medroxyprogesterone Acetate, MPA) ※ 잔류물의 정의 : Medroxyprogesterone Acetate
13	카바독스(Carbadox) ※ 잔류물의 정의 : Quinoxaline-2-carboxylic Acid (QCA)
14	답손(Dapsone) ※ 잔류물의 정의 : Dapsone, Monoacetyl Dapson의 합을 Dapsone으로 함
15	올라퀸독스(Olaquindox) ※ 잔류물의 정의 : 3-methyl Quinoxaline-2-carboxylic Acid (MQCA)
16	로니다졸(Ronidazole) ※ 잔류물의 정의 : Ronidazole과 2-hydroxymethyl-1-methyl-5-nitroimidazole(HMMNI)의 합을 Ronidazole로 함
17	메트로니다졸(Metronidazole) ※ 잔류물의 정의 : Metronidazole과 1-(2-hydroxyethyl)-2-hydroxymethyl -5-nitroimidazole(Metronidazole-OH)의 합을 Metronidazole로 함
18	아이프로니다졸(Ipronidazole) ※ 잔류물의 정의 : Ipronidazole과 1-methyl-2-(2'-hydroxyisopropyl) -5-nitroimidazole(Ipronidazole-OH)의 합을 Ipronidazole로 함

*주 1. 축산물 및 동물성 수산물과 그 가공식품에 한한다.

*주 2. 나이트로푸라존의 대사물질인 세미카바자이드(Semicarbazide, SEM)는 비가열 축산물 및 동물성 수산물(단순절단 포함, 갑각류 제외)의 가식부위에 한하여 적용한다.

*주 3. 갑각류에 한해 적용한다.

- 식품공전 [별표 5] 식품 중 동물용의약품의 잔류허용기준에서 따로 식품명이 정해져 있지 않은 식용동물의 부산물(내장, 뼈, 머리, 꼬리, 발, 껍질, 혈액 등 식용이 가능한 부위)은 축산물의 경우 해당동물의 "근육(고기)", 수산물의 경우 "어류"에 준하여 기준을 적용한다.
- 잔류허용기준이 정하여진 식품을 원료로 하여 제조·가공된 식품은 원료 식품의 잔류허용기준 범위 이내에서 잔류를 허용할 수 있다. 즉, 원료의 함량에 따라 원료의 기준을 적용하고, 건조 등의 과정으로 인하여 수분 함량이 변화된 경우는 수분 함량을 고려하여 적용한다.
- 로열젤리 및 프로폴리스는 벌꿀의 기준을 적용한다.
- 식용동물 등에 대해 이 고시에 별도로 잔류허용기준이 정해지지 아니한 경우 다음 각 항의 기준을 순차적으로 적용한다.
  - CODEX 기준
  - 유사 식용동물의 잔류허용기준 중 해당 부위의 최저기준. 즉, 기준이 정하여지지 아니한 포유류 중 반추동물, 포유류 중 비반추동물, 가금류, 어류 및 갑각류는 각각 기준이 정하여진 반추동물, 비반추동물, 가금류, 어류, 갑각류 해당 부위의 기준 중 최저기준 (단, 비반추동물 중 말은 기준이 있는 반추동물에 해당하는 기준 적용)
  - 항균제에 대하여 축·수산물(유, 알 포함) 및 벌꿀(로열젤리, 프로폴리스 포함)의 잔류기준을 0.03mg/kg으로 적용
- ⓛ 식품 중 동물용의약품의 잔류허용기준은 식품공전 [별표 5]와 같다.
- ⓒ 식품 중 동물용의약품의 잔류허용기준 면제 : 인체에 위해를 미치지 않는 것이 명확한 물질 및 동물용의약품 등 안전성·유효성 심사에 관한 규정(농림축산검역본부 고시)에서 잔류에 관한 자료를 면제하는 물질에 대해서는 잔류허용기준 설정을 면제한다. 단, 식약처장이 필요 하다고 인정하는 경우 잔류허용기준을 설정할 수 있다.

⑨ 축·수산물의 잔류물질 잔류허용기준

- ⓐ 해당 축수산물에 직접 사용이 허가되지 않았으나 비의도적 오염(사료, 환경오염 등)에 의한 살충제, 살균제 등 농약성분의 잔류관리를 위해 설정된 기준을 말하며 식품공전 [별표 6]과 같다.
- ⓑ 축산물의 농약 잔류허용기준 적용범위
  - 포유류고기 : 근육내지방 및 피하지방과 같이 부착된 지방조직을 포함하는 동물의 도체(혹은 이를 자른 덩어리)의 근육조직으로 소, 돼지, 양, 염소, 토끼, 말, 사슴 등의 고기를 말한다(해양동물의 고기는 제외).
  - 포유류지방 : 동물의 지방조직에서 얻어진 가공되지 않은 지방으로 소, 돼지, 양, 염소, 토끼, 말, 사슴 등의 지방을 말하며, 유지방은 포함하지 않는다.
  - 포유류부산물 : 도살된 동물의 고기 및 지방을 제외한 식용조직 및 기관으로 소, 돼지, 양, 말, 염소, 토끼, 말, 사슴 등의 간, 폐, 심장, 위장, 췌장, 비장, 콩팥, 머리, 꼬리, 발, 껍질, 혈액, 뼈(건, 조직이 포함된 뼈) 등 식용 가능한 부위를 말한다.
  - 가금류고기 : 부착된 지방 및 표피를 포함하는 가금류 도체의 근육조직으로 닭, 꿩, 오리,

거위, 칠면조, 메추리 등의 고기를 말한다.

- 가금류지방 : 가금류의 지방조직에서 얻어진 가공되지 않은 지방으로 닭, 꿩, 오리, 거위, 칠면조, 메추리 등의 지방을 말한다.
- 가금류부산물 : 고기 및 지방을 제외한 도살된 가금류의 식용조직 및 기관으로 닭, 꿩, 오리, 거위, 칠면조, 메추리 등의 간, 심장, 모래주머니, 표피, 발 등 식용 가능한 부위를 말한다.
- 유 : 포유류로부터 생산된 우유, 양유, 염소유 등의 원유를 말한다.
- 유가공품 : 원유 또는 유가공품을 주원료로 하여 제조·가공한 우유류, 가공유류, 산양유, 발효유류, 버터유류, 농축유류, 유크림류, 버터류, 치즈류, 분유류, 유청류, 유당, 유단백가수분해식품 등을 말한다.
- 알 : 가금류로부터 생산된 계란, 오리알, 메추리알 등으로 껍질을 제거한 부위를 말한다.

⑩ 식육에 대한 규격

휘발성염기질소(mg%) : 20 이하

⑪ 원유에 대한 규격

구 분	우유(착유된 그대로의 것)	양유(착유된 그대로의 것)
세균수 및 체세포수	축산물 위생관리법 제4조2항의 규정에 의한 축산물의 위생등급에 관한 기준에 의함	1mL당 500,000 이하 (표준한천평판배양법)
비 중	1.028~1.034(15℃)	1.028~1.034(15℃)
산 도	• 홀스타인종유 : 0.18% 이하 • 기타 품종우유 : 0.20% 이하	0.2% 이하
알코올시험	적 합	–
진애검사	2.0mg 이하	–
관능검사	적 합	–
가수검사	가수하여서는 아니 된다.	–

(7) 보존 및 유통기준

① 모든 식품은 위생적으로 취급 판매하여야 하며, 그 보관 및 판매장소가 불결한 곳에 위치하여서는 아니 된다. 또한 방서 및 방충관리를 철저히 하여야 한다.

② 식품(식품제조에 사용되는 원료 포함)은 직사광선이나 비·눈 등으로부터 보호될 수 있고, 외부로부터의 오염을 방지할 수 있는 취급장소에서 유해물질, 협잡물, 이물(곰팡이 등 포함) 등이 오염되지 않도록 적절한 관리를 하여야 하며, 인체에 유해한 화공약품, 농약, 독극물 등과 같은 것을 함께 보관하지 말아야 한다.

③ 이물이 혼입되지 않도록 주의하여야 하며 제품의 풍미에 영향을 줄 수 있는 다른 식품 및 식품첨가물 및 식품을 오염시키거나 품질에 영향을 미칠 수 있는 물품 등과는 분리 보관하여야 한다.

④ 따로 보관방법을 명시하지 않은 제품은 직사광선을 피한 실온에서 보관 유통하여야 하며 상온에서

7일 이상 보존성이 없는 식품은 가능한 한 냉장 또는 냉동시설에서 보관 유통하여야 한다.

⑤ 냉장제품은 0~10℃에서 냉동제품은 −18℃ 이하에서 보관 및 유통하여야 한다.

⑥ 즉석섭취편의식품류는 제조된 식품을 가장 짧은 시간 내에 소비자에게 공급하도록 하고 운반 및 유통 시에는 냉장, 온장, 실온 및 일정한 온도 관리를 위하여 온도 조절이 가능한 설비 등을 이용하여야 하며 이때 냉장은 0~10℃, 온장은 60℃ 이상을 유지할 수 있어야 한다.

⑦ 다음의 제품은 10℃ 이하에서 보존하여야 한다.

　㉠ 어육가공품류(멸균제품 또는 기타 어육가공품 중 굽거나 튀겨 수분함량이 15% 이하인 제품은 제외)

　㉡ 두유류 중 살균제품(pH 4.6 이하의 살균제품 제외)

　㉢ 양념젓갈류 및 가공두부(멸균제품 제외)

⑧ 신선편의식품 및 훈제연어는 5℃ 이하에서 보존하여야 한다. 또한 두부, 묵류(밀봉 포장한 두부, 묵류는 제외)는 냉장하거나 먹는물 수질기준에 적합한 물로 가능한 한 환수하면서 보존하여야 한다.

⑨ 우유류, 가공유류, 산양유, 버터유, 농축유류 및 유청류의 살균제품은 냉장에서 보관하여야 하며 발효유류, 치즈류, 버터류는 냉장 또는 냉동에서 보관하여야 한다. 다만, 수분제거, 당분첨가 등 부패를 막을 수 있도록 가공된 제품은 냉장 또는 냉동하지 않을 수 있다.

⑩ 식육, 포장육 및 식육가공품의 냉장 제품은 −2~10℃(다만, 가금육 및 가금육 포장육 제품은 −2~5℃)에서 보존 및 유통하여야 한다. 다만, 멸균 또는 건조 식육가공품 등은 실온에서 보관할 수 있다.

⑪ 제품 원료로 사용되는 동물성 수산물은 냉장 또는 냉동 보존하여야 하며, 압착올리브유용 올리브과육 등 변질되기 쉬운 원료는 −10℃ 이하, 원유는 냉장에, 원료육은 냉장 또는 냉동에서 보존하여야 한다.

⑫ 식용란은 가능한 한 0~15℃에, 알가공품은 10℃ 이하(다만, 액란제품은 5℃ 이하)에서 냉장 또는 냉동 보존·유통하여야 한다. 다만, 건조, 당장, 염장 등 부패를 막을 수 있도록 가공된 제품은 냉장 또는 냉동하지 않을 수 있으며, 냉장보관 중인 달걀은 냉장으로 보관·유통하여야 한다.

⑬ 달걀을 세척하는 경우 30℃ 이상이면서 품온보다 5℃ 이상의 깨끗한 물(100~200ppm 차아염소산나트륨 함유 또는 이와 동등 이상의 살균효력이 있는 방법)로 세척하여야 하고, 세척한 달걀은 냉장으로 보존·유통하여야 한다.

⑭ 생식용 굴은 덮개가 있는 용기(합성수지, 알루미늄 상자 또는 내수성의 가공용기) 등으로 포장해서 10℃ 이하로 보존·유통하여야 한다.

⑮ 냉장제품을 실온에서 유통시켜서는 아니 된다(단, 과일·채소류 제외).

⑯ 냉동제품을 해동시켜 실온 또는 냉장제품으로 유통할 수 없다. 다만, 식품제조·가공업 영업자가 냉동제품인 빵류, 떡류, 초콜릿류, 젓갈류, 과·채주스, 또는 기타 수산물가공품(살균 또는 멸균하여 진공 포장된 제품에 한함)에, 축산물가공업 중 유가공업 영업자가 냉동된 치즈류 또는 버터류에

냉동포장완료일자, 해동일자, 해동일로부터 유통조건에서의 유통기한(냉동제품으로서의 유통기한 이내)을 별도로 표시하여 해동시키는 경우는 제외한다.

⑰ 실온 또는 냉장제품을 냉동제품으로 유통하여서는 아니 된다. 다만, 아래에 해당되는 경우 그러하지 아니할 수 있다.

  ㉠ 냉동식품을 보조하기 위해 함께 포장되는 소스류, 장류, 식용유지류, 향신료가공품의 실온 또는 냉장제품은 냉동으로 유통할 수 있다. 이때 냉동제품과 함께 포장되는 소스류, 장류, 식용유지류, 향신료가공품의 포장단위는 20g을 초과하여서는 아니 되며, 합포장된 최종제품의 유통기한은 실온 또는 냉장제품의 유통기한을 초과할 수 없다.

  ㉡ 살균 또는 멸균처리된 음료류와 발효유류(유리병 용기 제품과 탄산음료류 제외)는 해당 제품의 제조·가공업자가 제품에 냉동하여 판매가 가능하도록 표시한 경우에 한하여 판매업자가 실온 또는 냉장제품을 냉동하여 판매할 수 있다. 이 경우 한 번 냉동한 경우 해동하여 판매할 수 없다.

⑱ 실온 또는 냉장제품인 건포류나 건조수산물은 품질의 유지를 위해 냉동으로 보관 및 유통할 수 있다. 이 경우 유통기한은 종전의 제품의 유통기한을 초과할 수 없다.

⑲ 냉동수산물은 해동 후, 24시간 이내에 한하여 냉장으로 유통할 수 있다. 다만, 냉동수산물을 해동하여 미생물의 번식을 억제하고 품질이 유지되도록 기체치환포장(Modified Atmosphere Packaging, MAP)한 경우로써, 냉동포장완료일자, 해동일자, 해동일로부터 유통조건에서의 유통기한(냉동제품으로서의 유통기한 이내)을 별도로 표시한 경우는 정해진 유통기한 이내에 유통할 수 있다. 이때 해동된 수산물을 재냉동하여서는 아니 된다.

⑳ 해동된 냉동제품을 재냉동하여서는 아니 된다. 다만, 냉동수산물의 내장 등 비가식부위를 제거하거나 냉동식육의 절단 또는 뼈 등의 제거를 위해 해동하는 것은 그러지 아니할 수 있으며 작업 후 즉시 냉동하여야 한다.

㉑ 냉동 또는 냉장제품의 운반은 적절한 온도를 유지할 수 있는 냉동 또는 냉장차량이거나 이와 동등 이상의 효력이 있는 방법으로 하여야 한다. 다만, 냉동제품을 소비자(영업을 목적으로 해당 제품을 사용하기 위한 경우는 제외한다)에게 운반하는 경우는 그러지 않을 수 있으나, 이 경우 냉동제품은 어느 일부라도 녹아 있는 부분이 없어야 한다.

㉒ 냉장으로 보존하여야 하는 두부, 묵류는 제품운반 소요시간이 4시간 이상의 장거리 이동판매를 할 경우에는 제품의 품질유지가 가능하도록 냉장차량을 이용하여야 하며 가공두부도 운반 시에는 품질유지가 가능하도록 냉장차량을 이용하여야 한다.

㉓ 흡습의 우려가 있는 제품은 흡습되지 않도록 주의하여야 한다.

㉔ 제품의 운반 및 포장과정에서 용기·포장이 파손되지 않도록 주의하여야 하며 가능한 한 심한 충격을 주지 않도록 하여야 한다. 또한 관제품은 외부에 녹이 발생하지 않도록 보관하여야 한다.

㉕ 제품의 유통기간 설정은 해당 제품의 제조가공업자, 식육포장처리업영업자, 식육판매업영업자, 식용란수집판매업영업자, 식육즉석판매가공업영업자, 수입업자(수입 냉장식품 중 보존 및 유통온도가 국내와 상이하여 국내의 보존 및 유통온도 조건에서 유통하기 위한 경우 또는 수입식품

중 제조자가 정한 유통기한 내에서 별도로 유통기한을 설정하는 경우에 한함)가 포장재질, 보존조건, 제조방법, 원료배합비율 등 제품의 특성과 냉장 또는 냉동보존 등 기타 유통실정을 고려하여 위해방지와 품질을 보장할 수 있도록 정하여야 한다.

㉖ "유통기간"의 산출은 포장완료(다만, 포장 후 제조공정을 거치는 제품은 최종공정 종료)시점으로 하고 캡슐제품은 충전·성형완료시점으로 한다. 선물세트와 같이 유통기한이 상이한 제품이 혼합된 경우와 단순 절단, 식품 등을 이용한 단순 결착 등 원료 제품의 저장성이 변하지 않는 단순가공처리만을 하는 제품은 유통기한이 먼저 도래하는 원료 제품의 유통기한을 최종제품의 유통기한으로 정하여야 한다. 다만, 달걀은 '산란일자'를 유통기간 산출시점으로 하며, 소분 판매하는 제품은 소분하는 원료 제품의 유통기한을 따르고, 해동하여 출고하는 냉동제품(빵류, 떡류, 초콜릿류, 젓갈류, 과·채주스, 치즈류, 버터류, 수산물가공품(살균 또는 멸균하여 진공 포장된 제품에 한함))은 해동시점을 유통기간 산출시점으로 본다.

㉗ 과일농축액 등을 선박을 이용하여 수입·저장·보관·운송 등을 하고자할 때에는 저장탱크(−5℃ 이하), 자사 보관탱크(0℃ 이하), 운송용 탱크로리(0℃ 이하)의 온도를 준수하고 이송라인 세척 등을 반드시 실시하여야 하며, 식품의 저장·보관·운송 및 이송라인 세척에 사용되는 재질 및 세척제는 식품첨가물이나 기구 또는 용기·포장의 기준 및 규격에 적합한 것을 사용하여야 한다.

㉘ 염수로 냉동된 통조림제조용 어류에 한해서는 −9℃ 이하에서 운송할 수 있으나 운송 시에는 위생적인 운반용기, 운반덮개 등을 사용하여 −9℃ 이하의 온도를 유지하여야만 한다.

㉚ 포장축산물은 다음의 경우를 제외하고는 재분할 판매하지 말아야 하며, 표시대상 축산물인 경우 표시가 없는 것을 구입하거나 판매하지 말아야 한다.

  ㉠ 식육판매업 또는 식육즉석판매가공업의 영업자가 포장육을 다시 절단하거나 나누어 판매하는 경우

  ㉡ 식육즉석판매가공업 영업자가 식육가공품(통조림·병조림은 제외)을 만들거나 다시 나누어 판매하는 경우

제 2 절 식육가공품의 기준 및 규격

다음의 항목 중 본문내용이 생략된 경우에는 공통사항으로서 제1절 내용이 준용된다.

1. 햄 류

(1) 정 의

식육 또는 식육가공품을 부위에 따라 분류하여 정형 염지한 후 숙성, 건조한 것, 훈연, 가열처리한 것이거나 식육의 고깃덩어리에 식품 또는 식품첨가물을 가한 후 숙성, 건조한 것이거나 훈연 또는 가열처리하여 가공한 것을 말한다.

(2) 원료 등의 구비요건

어육을 혼합하여 프레스햄을 제조하는 경우 어육은 전체 육함량의 10% 미만이어야 한다.

(3) 제조 · 가공기준

(4) 식품유형

① **햄** : 식육을 부위에 따라 분류하여 정형 염지한 후 숙성 · 건조하거나 훈연 또는 가열처리하여 가공한 것을 말한다(뼈나 껍질이 있는 것도 포함한다).

② **생햄** : 식육의 부위를 염지한 것이나 이에 식품첨가물을 가하여 저온에서 훈연 또는 숙성 · 건조한 것을 말한다(뼈나 껍질이 있는 것도 포함한다).

③ **프레스햄** : 식육의 고깃덩어리를 염지한 것이나 이에 식품 또는 식품첨가물을 가한 후 숙성 · 건조하거나 훈연 또는 가열처리한 것으로 육함량 75% 이상, 전분 8% 이하의 것을 말한다.

(5) 규 격

① 아질산 이온(g/kg) : 0.07 미만

② 타르색소 : 검출되어서는 아니 된다.

③ 보존료(g/kg) : 다음에서 정하는 이외의 보존료가 검출되어서는 아니 된다.

소브산 소브산칼륨 소브산칼슘	2.0 이하(소브산으로서)

④ 세균수 : n = 5, c = 0, m = 0(멸균제품에 한한다)

⑤ 대장균 : n = 5, c = 2, m = 10, M = 100(생햄에 한한다)

⑥ 대장균군 : n = 5, c = 2, m = 10, M = 100(살균제품에 한한다)

⑦ 살모넬라 : n = 5, c = 0, m = 0/25g(살균제품 또는 그대로 섭취하는 제품에 한한다)

⑧ 리스테리아 모노사이토제네스 : n = 5, c = 0, m = 0/25g(살균제품 또는 그대로 섭취하는 제품에 한한다)

⑨ 황색포도상구균 : n = 5, c = 1, m = 10, M = 100(살균제품 또는 그대로 섭취하는 제품에 한한다. 다만, 생햄의 경우 n = 5, c = 2, m = 10, M = 100이어야 한다)

(6) 시험방법

식품공전 제7. 일반시험법에 따라 시험한다.

2. 소시지류

(1) 정 의

식육이나 식육가공품을 그대로 또는 염지하여 분쇄 세절한 것에 식품 또는 식품첨가물을 가한 후 훈연 또는 가열처리한 것이거나, 저온에서 발효시켜 숙성 또는 건조처리한 것이거나, 또는 케이싱에 충전하여 냉장·냉동한 것을 말한다(육함량 70% 이상, 전분 10% 이하의 것).

(2) 원료 등의 구비요건

(3) 제조·가공기준

① 건조 소시지류는 수분을 35% 이하로, 반건조 소시지류는 수분을 55% 이하로 가공하여야 한다.
② 식육을 분쇄하여 케이싱에 충전 후 냉장 또는 냉동한 제품에는 충전용 내용물에 내장을 사용하여서는 아니 된다.

(4) 식품유형

① **소시지** : 식육(육함량 중 10% 미만의 알류를 혼합한 것도 포함)에 다른 식품 또는 식품첨가물을 가한 후 숙성·건조시킨 것, 훈연 또는 가열처리한 것 또는 케이싱에 충전 후 냉장·냉동한 것을 말한다.
② **발효소시지** : 식육에 다른 식품 또는 식품첨가물을 가하여 저온에서 훈연 또는 훈연하지 않고 발효시켜 숙성 또는 건조처리한 것을 말한다.
③ **혼합소시지** : 식육(전체 육함량 중 20% 미만의 어육 또는 알류를 혼합한 것도 포함)에 다른 식품 또는 식품첨가물을 가한 후 숙성·건조시킨 것, 훈연 또는 가열처리한 것을 말한다.

(5) 규 격

① 아질산 이온(g/kg) : 0.07 미만
② 보존료(g/kg) : 다음에서 정하는 이외의 보존료가 검출되어서는 아니 된다.

소브산 소브산칼륨 소브산칼슘	2.0 이하(소브산으로서)

③ 세균수 : n = 5, c = 0, m = 0(멸균제품에 한한다)
④ 대장균 : n = 5, c = 2, m = 10, M = 100(발효소시지에 한한다)
⑤ 대장균군 : n = 5, c = 2, m = 10, M = 100(살균제품에 한한다)
⑥ 장출혈성 대장균 : n = 5, c = 0, m = 0/25g(식육을 분쇄하여 케이싱에 충전 후 냉장·냉동한 제품에 한한다)

⑦ 살모넬라 : n = 5, c = 0, m = 0/25g(살균제품 또는 그대로 섭취하는 제품에 한한다)

⑧ 리스테리아 모노사이토제네스 : n = 5, c = 0, m = 0/25g(살균제품 또는 그대로 섭취하는 제품에 한한다)

⑨ 황색포도상구균 : n = 5, c = 1, m = 10, M = 100(살균제품 또는 그대로 섭취하는 제품에 한한다. 다만, 발효소시지의 경우 n = 5, c = 2, m = 10, M = 100이어야 한다)

(6) 시험방법

식품공전 제7. 일반시험법에 따라 시험한다.

③. 베이컨류

(1) 정 의

돼지의 복부육(삼겹살) 또는 특정부위육(등심육, 어깨부위육)을 정형한 것을 염지한 후 그대로 또는 식품 또는 식품첨가물을 가하여 훈연하거나 가열처리한 것을 말한다.

(2) 원료 등의 구비요건

(3) 제조 · 가공기준

(4) 식품유형

(5) 규 격

① 아질산 이온(g/kg) : 0.07 미만

② 타르색소 : 검출되어서는 아니 된다.

③ 보존료(g/kg) : 다음에서 정하는 이외의 보존료가 검출되어서는 아니 된다.

소브산 소브산칼륨 소브산칼슘	2.0 이하(소브산으로서)

④ 세균수 : n = 5, c = 0, m = 0(멸균제품에 한한다)

⑤ 대장균군 : n = 5, c = 2, m = 10, M = 100(살균제품에 한한다)

⑥ 살모넬라 : n = 5, c = 0, m = 0/25g(살균제품 또는 그대로 섭취하는 제품에 한한다)

⑦ 리스테리아 모노사이토제네스 : n = 5, c = 0, m = 0/25g(살균제품 또는 그대로 섭취하는 제품에 한한다)

(6) 시험방법

식품공전 제7. 일반시험법에 따라 시험한다.

4. 건조저장육류

(1) 정 의

식육을 그대로 또는 이에 식품 또는 식품첨가물을 가하여 건조하거나 열처리하여 건조한 것을 말한다 (육함량 85% 이상의 것).

(2) 원료 등의 구비요건

(3) 제조·가공기준

건조저장육류는 수분을 55% 이하로 건조하여야 한다.

(4) 식품유형

(5) 규 격

① 아질산 이온(g/kg) : 0.07 미만
② 타르색소 : 검출되어서는 아니 된다.
③ 보존료(g/kg) : 다음에서 정하는 이외의 보존료가 검출되어서는 아니 된다.

소브산 소브산칼륨 소브산칼슘	2.0 이하(소브산으로서)

④ 세균수 : n = 5, c = 0, m = 0(멸균제품에 한한다)
⑤ 대장균군 : n = 5, c = 2, m = 10, M = 100(살균제품에 한한다)
⑥ 살모넬라 : n = 5, c = 0, m = 0/25g(살균제품 또는 그대로 섭취하는 제품에 한한다)
⑦ 리스테리아 모노사이토제네스 : n = 5, c = 0, m = 0/25g(살균제품 또는 그대로 섭취하는 제품에 한한다)

(6) 시험방법

식품공전 제7. 일반시험법에 따라 시험한다.

5. 양념육류

(1) 정 의
식육 또는 식육가공품에 식품 또는 식품첨가물을 가하여 양념하거나 이를 가열 등 가공한 것을 말한다.

(2) 원료 등의 구비요건

(3) 제조 · 가공기준

(4) 식품유형
① **양념육** : 식육이나 식육가공품에 식품 또는 식품첨가물을 가하여 양념한 것이거나 식육을 그대로 또는 양념하여 가열처리한 것으로 편육, 수육 등을 포함한다(육함량 60% 이상).
② **분쇄가공육제품** : 식육(내장은 제외한다)을 세절 또는 분쇄하여 이에 식품 또는 식품첨가물을 가한 후 냉장, 냉동한 것이거나 이를 훈연 또는 열처리한 것으로서 햄버거패티 · 미트볼 · 돈가스 등을 말한다(육함량 50% 이상의 것).
③ **갈비가공품** : 식육의 갈비부위(뼈가 붙어 있는 것에 한한다)를 정형하여 식품 또는 식품첨가물을 가하여 양념하고 훈연하거나 열처리한 것을 말한다.
④ **천연케이싱** : 돈장, 양장 등 가축의 내장을 소금 또는 소금용액으로 염(수)장 하여 식육이나 식육가공품을 담을 수 있도록 가공 처리한 것을 말한다.

(5) 규 격
① 아질산 이온(g/kg) : 0.07 미만(다만, 천연케이싱은 제외한다)
② 타르색소 : 검출되어서는 아니 된다.
③ 보존료(g/kg) : 검출되어서는 아니 된다.
④ 세균수 : $n = 5$, $c = 0$, $m = 0$(멸균제품에 한한다)
⑤ 대장균군 : $n = 5$, $c = 2$, $m = 10$, $M = 100$(살균제품에 한한다)
⑥ 살모넬라 : $n = 5$, $c = 0$, $m = 0/25g$(살균제품 또는 그대로 섭취하는 제품에 한한다)
⑦ 리스테리아 모노사이토제네스 : $n = 5$, $c = 0$, $m = 0/25g$(살균제품 또는 그대로 섭취하는 제품에 한한다)
⑧ 장출혈성 대장균 : $n = 5$, $c = 0$, $m = 0/25g$(분쇄가공육제품에 한한다)

(6) 시험방법

식품공전 제7. 일반시험법에 따라 시험한다.

6. 식육추출가공품

(1) 정 의

식육을 주원료로 하여 물로 추출한 것이거나 이에 식품 또는 식품첨가물을 가하여 가공한 것을 말한다.

(2) 원료 등의 구비요건

(3) 제조 · 가공기준

(4) 식품유형

(5) 규 격

① 수분(%) : 10.0 이하(건조제품에 한한다)

② 타르색소 : 검출되어서는 아니 된다.

③ 세균수 : n = 5, c = 1, m = 100, M = 1,000(그대로 섭취하는 액상제품에 한한다)

④ 대장균군 : n = 5, c = 1, m = 0, M = 10(살균제품 또는 그대로 섭취하는 액상제품에 한한다)

⑤ 대장균 : n = 5, c = 1, m = 0, M = 10(살균제품 또는 그대로 섭취하는 액상제품은 제외한다)

⑥ 살모넬라 : n = 5, c = 0, m = 0/25g(살균제품 또는 그대로 섭취하는 제품에 한한다)

⑦ 리스테리아 모노사이토제네스 : n = 5, c = 0, m = 0/25g(살균제품 또는 그대로 섭취하는 제품에 한한다)

(6) 시험방법

식품공전 제7. 일반시험법에 따라 시험한다.

7. 식육함유가공품

(1) 정 의

식육을 주원료로 하여 제조·가공한 것으로 제2절 식육가공품의 기준 및 규격의 식품유형 1~6에 해당되지 않는 것을 말한다.

(2) 원료 등의 구비요건

(3) 제조·가공기준

(4) 식품유형

(5) 규 격

① 아질산이온(g/kg) : 0.07 미만

② 타르색소 : 검출되어서는 아니 된다.

③ 대장균군 : n = 5, c = 2, m = 10, M = 100(살균제품에 한한다)

④ 세균수 : n = 5, c = 0, m = 0(멸균제품에 한한다)

⑤ 살모넬라 : n = 5, c = 0, m = 0/25g(살균제품에 해당된다)

⑥ 보존료(g/kg) : 다음에서 정하는 것 이외의 보존료가 검출되어서는 아니 된다.

소브산 소브산칼륨 소브산칼슘	2.0 이하(소브산으로서)

(6) 시험방법

식품공전 제7. 일반시험법에 따라 시험한다.

8. 포장육

(1) 정 의

판매를 목적으로 식육을 절단(세절 또는 분쇄를 포함한다)하여 포장한 상태로 냉장 또는 냉동한 것으로서 화학적 합성품 등 첨가물 또는 다른 식품을 첨가하지 아니한 것을 말한다(육함량 100%).

(2) 원료 등의 구비요건

(3) 제조 · 가공기준

(4) 식품유형

(5) 규 격

① 성상 : 고유의 색택을 가지고 이미 · 이취가 없어야 한다.

② 타르색소 : 검출되어서는 아니 된다.

③ 휘발성염기질소(mg%) : 20 이하

④ 보존료(g/kg) : 검출되어서는 아니 된다.

⑤ 장출혈성 대장균 : n = 5, c = 0, m = 0/25g(다만, 분쇄에 한한다)

(6) 시험방법

식품공전 제7. 일반시험법에 따라 시험한다.

제 **3** 절 　축산물 시험방법

(1) 검체채취의 의의

검체의 채취는 검사대상으로부터 일부의 검체를 채취하는 것을 의미하며, 채취된 검체의 기준·규격 적합여부, 오염물질 등에 대한 안전성 검사를 실시하여 그 검사결과에 따라 행정조치 등이 이루어지게 되므로, 검사대상 선정, 검체채취·취급·운반·시험검사 등은 효율성을 확보하면서 과학적인 방법 으로 수행하여야 한다. 따라서 검체를 채취하여 식품 등 시험·검사기관 또는 축산물 시험·검사기관 에 검사의뢰하는 것은 중요한 의의를 가지므로 검체채취는 검체채취 및 취급방법 등에 대한 충분한 지식을 가지고 있는 자가 그 직무를 수행하여야 한다.

(2) 용어의 정의

① **검체** : 검사대상으로부터 채취된 시료를 말한다.
② **검사대상** : 같은 조건에서 생산·제조·가공·포장되어 그 유형이 같은 식품 등으로 검체가 채취되 는 하나의 대상을 말한다. 다만, 농·임·축·수산물에 있어서는 같은 품목으로 동시에 생산·도 착·운송된 것은 하나의 검사대상으로 볼 수 있으나, 내용량 검사가 필요한 경우에는 하나의 검사대상으로 볼 수 없다.
③ **벌크(Bulk)** : 최종소비자에게 그대로 유통 판매하도록 포장되지 아니한 검사대상을 말한다.

(3) 검체채취의 일반원칙

① 검체의 채취는 식품위생법 제32조 및 같은 법 시행령 제16조 또는 축산물 위생관리법 제13조 및 제20조의2, 같은 법 시행령 제14조 및 제20조의2에서 규정하는 자(이하 "검체채취자"라 한다)가 수행하여야 한다.
② 검체를 채취하는 때에는 검사대상으로부터 식품공전 제7. 일반시험법 13. 부표 중의 13.9 난수표를 사용하여 대표성을 가지도록 하여야 한다. 다만, 난수표법을 사용할 수 없는 사유가 있을 때에는 채취자가 검사대상을 선정·채취할 수 있다.
③ 검체는 검사목적, 검사항목 등을 참작하여 검사대상 전체를 대표할 수 있는 최소한도의 양을 수거하여야 한다.
④ 검체채취 시에는 검체채취결정표에 따라 검체를 채취하며, 식품공전 제6. 개별 검체채취 및 취급 방법에서 정한 검체채취지점수 또는 시험검체수와 중복될 경우에는 강화된 검체채취지점수 또는 시험검체수를 적용하여 채취하여야 한다. 다만, 기구 및 용기·포장의 경우에는 검체채취결정표에 따르지 아니하고 식품 등의 기준 및 규격 검사에 필요한 양만큼 채취한다.

▼ 검체채취결정표

검사대상 크기(kg)	검체채취 지점수(이상)	시험검체수
~ 5,000 미만	2	1
5,000 이상 ~ 15,000 미만	3	1
15,000 이상 ~ 25,000 미만	5	1
25,000 이상 ~ 100,000 미만	8(4×2)	2
100,000 이상 ~ 1,000,000 미만	10(5×2)	2
1,000,000 이상 ~	12(4×3)	3

※ 25,000kg 이상 100,000kg 미만인 검사대상의 경우에는 4곳 이상에서 채취·혼합하여 1개로 하는 방법으로 총 2개의 검체를 채취하여 검사 의뢰하고, 100,000kg 이상 1,000,000kg 미만인 검사대상은 5곳 이상에서 채취·혼합하여 1개로 하는 방법으로 총 2개의 검체를 채취하여 검사를 의뢰한다. 1,000,000kg 이상인 검사대상은 4곳 이상에서 채취·혼합하여 1개로 하는 방법으로 총 3개의 검체를 채취하여 검사 의뢰한다.

⑤ 냉동검체, 대포장검체 및 유통 중인 식품 등 검체채취결정표에 따라 채취하기 어려운 경우에는 검체채취자가 판단하여 수거량 안에서 대표성 있게 검체를 채취할 수 있다.

⑥ 일반적으로 검체는 제조번호, 제조연월일, 유통기한이 동일한 것을 하나의 검사대상으로 하고 이와 같은 표시가 없는 것은 품종, 식품유형, 제조회사, 기호, 수출국, 수출연월일, 도착연월일, 적재선, 수송차량, 화차, 포장형태 및 외관 등의 상태를 잘 파악하여 그 식품의 특성 및 검사목적을 고려하여 채취하도록 한다.

⑦ 채취된 검체가 검사대상이 손상되지 않도록 주의하여야 하고, 식품을 포장하기 전 또는 포장된 것을 개봉하여 검체로 채취하는 경우에는 이물질의 혼입, 미생물의 오염 등이 되지 않도록 주의하여야 한다.

⑧ 채취한 검체는 봉인하여야 하며 파손하지 않고는 봉인을 열 수 없도록 하여야 한다.

⑨ 기구 또는 용기·포장으로서 재질 및 바탕색상이 같으나 단순히 용도·모양·크기 또는 제품명 등이 서로 다른 경우에는 그 중 대표성이 있는 것을 검체로 할 수 있다. 다만, 재질 및 바탕색이 같지 않은 세트의 경우에는 판매단위인 세트별로 검체를 채취할 수 있다.

⑩ 검체채취자는 검사대상식품 중 곰팡이독소, 방사능오염 등이 의심되는 부분을 우선 채취할 수 있으며, 추가적으로 의심되는 물질이 있을 경우 검사항목을 추가하여 검사를 의뢰할 수 있다.

⑪ 미생물 검사를 위한 시료채취는 검체채취결정표에 따르지 아니하고 식품공전 제2. 식품일반에 대한 공통기준 및 규격과 제4. 식품별 기준 및 규격에서 정하여진 시료수(n)에 해당하는 검체를 채취한다.

(4) 검체의 채취 및 취급요령

검체채취 시에는 검사 목적, 대상 식품의 종류와 물량, 오염 가능성, 균질 여부 등 검체의 물리·화학·생물학적 상태를 고려하여야 한다.

① 검체의 채취 요령
  ㉠ 검사대상식품 등이 불균질할 때

- 검체가 불균질할 때에는 일반적으로 다량의 검체가 필요하나 검사의 효율성, 경제성 등으로 부득이 소량의 검체를 채취할 수밖에 없는 경우에는 외관, 보관상태 등을 종합적으로 판단하여 의심스러운 것을 대상으로 검체를 채취할 수 있다.
- 식품 등의 특성상 침전·부유 등으로 균질하지 않은 제품(예 식품첨가물 중 향신료 올레오레진류 등)은 전체를 가능한 한 균일 하게 처리한 후 대표성이 있도록 채취하여야 한다.

ⓛ 검사항목에 따른 균질 여부 판단 : 검체의 균질 여부는 검사항목에 따라 달라질 수 있다. 어떤 검사대상식품의 선도판정에 있어서는 그 식품이 불균질하더라도 이에 함유된 중금속, 식품첨가물 등의 성분은 균질한 것으로 보아 검체를 채취할 수 있다.

ⓒ 포장된 검체의 채취
- 깡통, 병, 상자 등 용기·포장에 넣어 유통되는 식품 등은 가능한 한 개봉하지 않고 그대로 채취한다.
- 대형 용기·포장에 넣은 식품 등은 검사대상 전체를 대표할 수 있는 일부를 채취할 수 있다.

ⓔ 선박의 벌크검체 채취
- 검체채취는 선상에서 하거나 보세장치장의 사일로(Silo)에 투입하기 전에 하여야 한다. 다만, 부득이한 사유가 있는 경우에는 그러하지 아니할 수 있다.
- 같은 선박에 선적된 같은 품명의 농·임·축·수산물이 여러 장소에 분산되어 선적된 경우에는 전체를 하나의 검사대상으로 간주하여 난수표를 이용하여 무작위로 장소를 선정하여 검체를 채취한다.
- 같은 선박 벌크 제품의 대표성이 있도록 5곳 이상에서 채취 혼합하여 1개로 하는 방법으로 총 5개의 검체를 채취하여 검사의뢰한다.

ⓜ 냉장, 냉동 검체의 채취 : 냉장 또는 냉동 식품을 검체로 채취하는 경우에는 그 상태를 유지하면서 채취하여야 한다.

ⓗ 미생물 검사를 하는 검체의 채취
- 검체를 채취·운송·보관하는 때에는 채취당시의 상태를 유지할 수 있도록 밀폐되는 용기·포장 등을 사용하여야 한다.
- 미생물학적 검사를 위한 검체는 가능한 미생물에 오염되지 않도록 단위포장상태 그대로 수거하도록 하며, 검체를 소분채취할 경우에는 멸균된 기구·용기 등을 사용하여 무균적으로 행하여야 한다.
- 검체는 부득이한 경우를 제외하고는 정상적인 방법으로 보관·유통 중에 있는 것을 채취하여야 한다.
- 검체는 관련정보 및 특별수거계획에 따른 경우와 식품접객업소의 조리식품 등을 제외하고는 완전 포장된 것에서 채취하여야 한다.

ⓢ 기체를 발생하는 검체의 채취
- 검체가 상온에서 쉽게 기체를 발산하여 검사결과에 영향을 미치는 경우는 포장을 개봉하지 않고 하나의 포장을 그대로 검체단위로 채취하여야 한다.

- 다만, 소분 채취하여야 하는 경우에는 가능한 한 채취된 검체를 즉시 밀봉·냉각시키는 등 검사결과에 영향을 미치지 않는 방법으로 채취하여야 한다.

◎ 페이스트상 또는 시럽상 식품 등

- 검체의 점도가 높아 채취하기 어려운 경우에는 검사결과에 영향을 미치지 않는 범위 내에서 가온 등 적절한 방법으로 점도를 낮추어 채취할 수 있다.
- 검체의 점도가 높고 불균질하여 일상적인 방법으로 균질하게 만들 수 없을 경우에는 검사결과에 영향을 주지 아니하는 방법으로 균질하게 처리할 수 있는 기구 등을 이용하여 처리한 후 검체를 채취할 수 있다.

ⓩ 검사 항목에 따른 검체채취 주의점

- 수분 : 증발 또는 흡습 등에 의한 수분 함량 변화를 방지하기 위하여 검체를 밀폐 용기에 넣고 가능한 한 온도 변화를 최소화하여야 한다.
- 산가 및 과산화물가 : 빛 또는 온도 등에 의한 지방 산화의 촉진을 방지하기 위하여 검체를 빛이 차단되는 밀폐 용기에 넣고 채취 용기내의 공간 체적과 가능한 한 온도 변화를 최소화하여야 한다.

② **검체채취내역서의 기재** : 검체채취자는 검체채취시 해당 검체와 함께 식품공전 제7. 일반시험법 13. 부표 13.11 검체채취내역서를 첨부하여야 한다. 다만, 검체채취내역서를 생략하여도 기준·규격검사에 지장이 없다고 인정되는 때에는 그러하지 아니할 수 있다.

③ **식별표의 부착** : 수입식품검사(유통수거 검사는 제외한다)의 경우 검체채취 후 검체를 수거하였음을 나타내는 식품공전 제7. 일반시험법 13. 부표 13.12 식별표를 보세창고 등의 해당 식품에 부착한다.

④ **검체의 운반 요령**

㉠ 채취된 검체는 오염, 파손, 손상, 해동, 변형 등이 되지 않도록 주의하여 검사실로 운반하여야 한다.

㉡ 검체가 장거리로 운송되거나 대중교통으로 운송되는 경우에는 손상되지 않도록 특히 주의하여 포장한다.

㉢ 냉동 검체의 운반

- 냉동 검체는 냉동 상태에서 운반하여야 한다.
- 냉동 장비를 이용할 수 없는 경우에는 드라이아이스 등으로 냉동상태를 유지하여 운반할 수 있다.

㉣ 냉장 검체의 운반 : 냉장 검체는 온도를 유지하면서 운반하여야 한다. 얼음 등을 사용하여 냉장온도를 유지하는 때에는 얼음 녹은 물이 검체에 오염되지 않도록 주의하여야 하며 드라이아이스 사용 시 검체가 냉동되지 않도록 주의하여야 한다.

㉤ 미생물 검사용 검체의 운반

- 부패·변질 우려가 있는 검체 : 미생물학적인 검사를 하는 검체는 멸균용기에 무균적으로 채취하여 저온(5℃±3 이하)을 유지시키면서 24시간 이내에 검사기관에 운반하여야 한다.

부득이한 사정으로 이 규정에 따라 검체를 운반하지 못한 경우에는 재수거하거나 채취일시 및 그 상태를 기록하여 식품 등 시험·검사기관 또는 축산물 시험·검사기관에 검사 의뢰한다.

- 부패·변질의 우려가 없는 검체 : 미생물 검사용 검체일지라도 운반과정 중 부패·변질우려가 없는 검체는 반드시 냉장온도에서 운반할 필요는 없으나 오염, 검체 및 포장의 파손 등에 주의하여야 한다.
- 얼음 등을 사용할 때의 주의사항 : 얼음 등을 사용할 때에는 얼음 녹은 물이 검체에 오염되지 않도록 주의하여야 한다.

ⓑ 기체를 발생하는 검체의 운반 : 소분 채취한 검체의 경우에는 적절하게 냉장 또는 냉동한 상태로 운반하여야 한다.

(5) 검체채취 기구 및 용기

① 검체채취 기구 및 용기는 검체의 종류, 형상, 용기·포장 등이 다양하므로 검체의 수거 목적에 적절한 기구 및 용기를 준비하여야 한다.

② 기구 및 용기·포장의 기준·규격에 적합한 것이어야 한다.

③ 기구 및 용기는 운반, 세척, 멸균에 편리한 것이어야 하며 미생물 검사를 위한 검체 채취의 기구·용기 중 검체와 직접 접촉하는 부분은 반드시 멸균 처리하여야 한다.

④ 검체와 직접 접촉하는 기구 및 용기는 검사결과에 영향을 미치지 않는 것이어야 한다.

⑤ 검체채취 및 기구·용기의 종류

ㄱ 채취용 기구 : 저울, 핀셋, 가위, 칼, 캔따개, 망치, 전기톱 또는 톱, 곡물검체채취기(색대), 드라이어, 피펫, 커터, 액체검체채취용 펌프 또는 튜브, 국자, 깔때기 등

ㄴ 채취용 용기·포장 : 검체봉투(대, 중, 소), 검체채취병(광구병) 등

ㄷ 미생물검사용 검체채취 기구 : 멸균백, 멸균병, 일회용 멸균플라스틱 피펫, 멸균피펫 Inspirator, 일회용 멸균 장갑, 70% 에틸알코올, 멸균스테인리스 국자, 멸균스테인리스 집게 등

ㄹ 냉장·냉동 검체 운반기구 : 아이스박스, 아이스팩, 실시간온도기록계 등

ㅁ 기타 : 안전모, 간이사다리, 위생장화, 테이프, 아이스박스, 사진기, 필기구 등

적중예상문제

01 축산물에 대한 공통기준 및 규격의 용어에 대한 설명이다. 적합하지 않은 것은?

① '보관하여야 한다'는 원료 및 제품의 특성을 고려하여 그 품질이 최대로 유지될 수 있는 방법으로 보관하여야 함을 말한다.

② 정의 또는 식품유형에서 '○○%, ○○% 이상, 이하, 미만' 등으로 명시되어 있는 것은 원료 또는 성분배합시의 기준을 말한다.

③ '건조물(고형물)'은 원료를 건조하여 남은 고형물로서 별도의 규격이 정하여 지지 않은 한, 수분함량이 15% 이하인 것을 말한다.

④ '유통기간'이라 함은 유통업자가 판매하는데 걸리는 기간을 말한다.

해설 '유통기간'이라 함은 소비자에게 판매가 가능한 기간을 말한다.

02 식품제조에 투입되는 물질로서 식용이 가능한 동물, 식물 등이나 이를 가공 처리한 것, 식품첨가물의 기준 및 규격에 허용된 식품첨가물, 그리고 또 다른 식품의 제조에 사용되는 가공식품 등을 무엇이라고 말하는가?

① 원 료　　　　　　　　　　　　② 주원료
③ 단순추출물　　　　　　　　　　④ 첨가물

해설
② '주원료'는 해당 개별식품의 주용도, 제품의 특성 등을 고려하여 다른 식품과 구별, 특정짓게 하기 위하여 사용되는 원료를 말한다.
③ '단순추출물'이라 함은 원료를 물리적으로 또는 용매(물, 주정, 이산화탄소)를 사용하여 추출한 것으로 특정한 성분이 제거되거나 분리되지 않은 추출물(착즙포함)을 말한다.

03 이물에 속하지 않는 것은?

① 절지동물 및 그 알　　　　　　　② 유충과 배설물
③ 동물의 털　　　　　　　　　　　④ 비가식부분

해설 '이물'이라 함은 정상식품의 성분이 아닌 물질을 말하며 동물성으로 절지동물 및 그 알, 유충과 배설물, 설치류 및 곤충의 흔적물, 동물의 털, 배설물, 기생충 및 그 알 등이 있고, 식물성으로 종류가 다른 식물 및 그 종자, 곰팡이, 짚, 겨 등이 있으며, 광물성으로 흙, 모래, 유리, 금속, 도자기파편 등이 있다.
※'비가식부분'이라 함은 통상적으로 식용으로 섭취하지 않는 원료의 특정부위를 말하며, 가식부분 중에 손상되거나 병충해를 입은 부분 등 고유의 품질이 변질되었거나 제조 공정 중 부적절한 가공처리로 손상된 부분을 포함한다.

04 '차고 어두운 곳' 또는 '냉암소'라 함은 따로 규정이 없는 한 몇 ℃의 빛이 차단된 장소를 말하는가?

① −5~5℃

② 0~15℃

③ 5~20℃

④ 10~25℃

05 '냉장' 또는 '냉동'이라 함은 식품공전에서 따로 정하여진 것을 제외하고는 각각 몇 ℃를 말하는가?

① 냉장 0~10℃, 냉동 −18℃ 이하

② 냉장 5~15℃, 냉동 −24℃ 이하

③ 냉장 20~25℃, 냉동 −18℃ 이하

④ 냉장− 5~5℃, 냉동 −24℃ 이하

06 식용을 목적으로 처리된 내장에 속하지 않는 것은?

① 간

② 폐

③ 위

④ 머 리

 '식육'이라 함은 식용을 목적으로 하는 동물성원료의 지육, 정육, 내장, 그 밖의 부분을 말하며, '지육'은 머리, 꼬리, 발 및 내장 등을 제거한 도체(Carcass)를, '정육'은 지육으로부터 뼈를 분리한 고기를, '내장'은 식용을 목적으로 처리된 간, 폐, 심장, 위, 췌장, 비장, 신장, 소장 및 대장 등을, '그 밖의 부분'은 식용을 목적으로 도축된 동물성원료로부터 채취, 생산된 동물의 머리, 꼬리, 발, 껍질, 혈액 등 식용이 가능한 부위를 말한다.

07 원료 등의 구비요건에 대한 설명이다. 맞지 않는 것은?

① 식품의 제조에 사용되는 원료는 식용을 목적으로 채취, 취급, 가공, 제조 또는 관리된 것이어야 한다.

② 식품제조·가공영업등록대상이 아닌 천연성 원료를 직접처리하여 가공식품의 원료로 사용하는 때에는 흙, 모래, 티끌 등과 같은 이물을 충분히 제거하고 필요한 때에는 식품용수로 깨끗이 씻어야 하며 비가식부분도 충분히 씻어주어야 한다.

③ 식품용수는 먹는물관리법의 먹는물 수질기준에 적합한 것이거나, 해양심층수의 개발 및 관리에 관한 법률의 기준·규격에 적합한 원수, 농축수, 미네랄탈염수, 미네랄농축수이어야 한다.

④ 식품의 제조·가공 중에 발생하는 식용가능한 부산물을 다른 식품의 원료로 이용하고자 할 경우 식품의 취급기준에 맞게 위생적으로 채취, 취급, 관리된 것이어야 한다.

 식품제조·가공영업등록대상이 아닌 천연성 원료를 직접처리하여 가공식품의 원료로 사용하는 때에는 흙, 모래, 티끌 등과 같은 이물을 충분히 제거하고 필요한 때에는 식품용수로 깨끗이 씻어야 하며 비가식부분은 충분히 제거하여야 한다.

08 다음은 식품의 제조·가공 또는 조리 시 식품원료로 사용하여서는 아니 되는 내용이다. 잘못된 것은?

① 식용을 목적으로 채취, 취급, 가공, 제조 또는 관리되지 아니한 것은 식품원료로 사용하여서는 아니 된다.

② 식품원료로서 안전성 및 건전성이 입증되지 아니한 것은 식품원료로 사용하여서는 아니 된다.

③ 기타 식품의약품안전처장이 식용으로 부적절하다고 인정한 것은 식품원료로 사용하여서는 아니 된다.

④ 농림축산식품부장관은 식품원료의 안전성과 관련된 새로운 사실이 발견되거나 제시될 경우 식품의 원료로서 사용가능 여부를 재검토하여 판단할 수 있다.

해설 식품의약품안전처장은 식품원료의 안전성과 관련된 새로운 사실이 발견되거나 제시될 경우 식품의 원료로서 사용가능 여부를 재검토하여 판단할 수 있다.

09 식품에 제한적으로 사용할 수 있는 원료로 소시지 발효(발효육 제조)에 한하여 사용가능한 미생물은?

① *Carnobacterium maltaromaticum*
② *Debaryomyces hansenii*
③ *Geotrichum candidum*
④ *Leuconostoc pseudomesenteroides*

해설 '식품에 제한적으로 사용할 수 있는 원료'의 미생물 목록은 다음과 같다.

고유번호	명칭	기타명칭 또는 시장명칭	학명 또는 특성	사용조건
B다 000600	Carnobacterium maltaromaticum	Carnobacterium piscicola, Lactobacillus maltaromicus	Carnobacterium maltaromaticum	소시지 발효(발효육 제조)에 한함
B다 000900	Debaryomyces hansenii	–	Debaryomyces hansenii	유가공품 제조에 한함
B다 001100	Geotrichum candidum	Dipodascus geotrichum	Geotrichum candidum	치즈 제조에 한함
B다 001500	Leuconostoc pseudomesenteroides	–	Leuconostoc pseudomesenteroides	유가공품 제조에 한함
B다 001600	Micrococcus luteus	Bacteridium luteum, Micrococcus flavus, Micrococcus lysodeikticus, Sarcina lutea	Micrococcus luteus	치즈 제조에 한함
B다 002100	Penicillium camemberti	Penicillium candidum	Penicillium camemberti	치즈 제조에 한함

고유 번호	명 칭	기타명칭 또는 시장명칭	학명 또는 특성	사용조건
B다 002200	Penicillium multicolor	Penicillium sclerotiorum, Penicillium adametzioides	Penicillium multicolor	치즈 제조에 한함
B다 002300	Penicillium roqueforti	Penicillium weidemannii	Penicillium roqueforti	치즈 제조에 한함
B다 002400	Propionibacterium acidipropionici	–	Propionibacterium acidipropionici	유가공품 제조에 한함
B다 002700	Staphylococcus carnosus	–	Staphylococcus carnosus	발효육류 제조에 한함
B다 002800	Staphylococcus vitulinus	–	Staphylococcus vitulinus	발효육류에 한함
B다 002900	Staphylococcus xylosus	–	Staphylococcus xylosus	발효육류 및 치즈 제조에 한함

상기 미생물 원료 이외에 국제적으로 공인된 기관[국제낙농연맹(International Dairy Federation), 미국식품의약국(U.S. Food and Drug Administration), 유럽식품안전청(European Food Safety authority) 등]에서 제시하고 있는 미생물 원료는 그 기관에서 등재된 사용목적에 대해서만 식품원료로 사용 가능하다.

10 식품에 제한적으로 사용할 수 있는 원료로 발효육류에 한하여 사용이 불가능한 미생물은?

① Staphylococcus carnosus

② Staphylococcus vitulinus

③ Staphylococcus xylosus

④ Carnobacterium maltaromaticum

11 '식품에 제한적으로 사용할 수 있는 원료'로 분류된 원료는 명시된 사용 조건을 준수하여야 하며, 별도의 사용 조건이 정하여지지 않은 원료는 다음의 사용기준에 따른다. 다음 (   ) 안에 들어갈 수치는?

> ㄱ. '식품에 제한적으로 사용할 수 있는 원료'로 명시되어 있는 동·식물 등은 가공 전 원료의 중량을 기준으로 원료배합 시 (   )% 미만(배합수는 제외한다) 사용하여야 한다.
> ㄴ. '식품에 제한적으로 사용할 수 있는 원료'에 속하는 원료를 혼합할 경우, 혼합 원료의 가공 전 중량을 기준으로 총량이 제품의 (   )% 미만(배합수는 제외한다)이어야 한다.

① 20

② 30

③ 40

④ 50

10 ④ 11 ④ **Answer**

12 식품등의 한시적 기준 및 규격 인정 기준에 따라 인정된 식품원료는 다음의 어느 하나를 충족하면 식품의 기준 및 규격[별표 3] '한시적 기준·규격에서 전환된 원료'의 목록에 추가로 등재 할 수 있다. 다음 (   ) 안에 알맞은 수치는?

> ㄱ. 한시적 기준 및 규격을 인정받은 날로부터 (   )년이 경과한 경우
> ㄴ. 한시적 기준 및 규격을 인정받은 자가 (   )인 이상인 경우
> ㄷ. 한시적 기준 및 규격을 인정받은 자가 등재를 요청하는 경우(다만, 인정받은 자가 2명인 경우 모두 등재를 요청하는 경우)

① 1
② 2
③ 3
④ 4

13 식품공전 상 식육을 주원료로 하여 제조·가공한 것으로 제4. 식품별 기준 및 규격의 식품유형 16-1~16-6에 해당되지 않는 것을 말하는 용어는?

① 식육가공품 및 포장육
② 유가공품
③ 식육추출가공품
④ 식육함유가공품

> **해설** 식육함유가공품이라 함은 식육을 주원료로 하여 제조·가공한 것으로 이 책의 제2절 식육가공품의 기준 및 규격의 식품유형 1~6에 해당되지 않는 것을 말한다.
> ③ 식육추출가공품이라 함은 식육을 주원료로 하여 물로 추출한 것이거나 이에 식품 또는 식품첨가물을 가하여 가공한 것을 말한다.

14 축산물의 제조·가공기준에 대한 설명이다. 틀린 것은?

① 식품 제조·가공에 사용되는 원료, 기계·기구류와 부대시설물은 항상 위생적으로 유지·관리하여야 한다.
② 어떤 원료의 배합기준이 100%인 경우에는 식품첨가물의 함량을 제외하되, 첨가물을 함유한 해당제품은 식품공전 제4. 식품별 기준 및 규격의 해당 제품 규격에 적합하여야 한다.
③ 식품은 물, 주정 또는 물과 주정의 혼합액, 이산화탄소 및 그 외의 물질을 사용하여 추출할 수 있다.
④ 식품의 제조, 가공, 조리, 보존 및 유통 중에는 동물용의약품을 사용할 수 없다.

> **해설** 식품은 물, 주정 또는 물과 주정의 혼합액, 이산화탄소만을 사용하여 추출할 수 있다.

15 축산물의 제조·가공기준에 대한 설명이다. 틀린 것은?

① 식품은 캡슐 또는 정제 형태로 제조할 수 없다.

② 식용유지류는 캡슐형태로 제조할 수 있으나 이 경우 의약품 또는 건강기능식품으로 오인·혼동할 우려가 없도록 제조하여야 한다.

③ 원유는 이물을 제거하기 위한 청정공정과 필요한 경우 유지방구의 입자를 미세화하기 위한 균질공정을 거쳐야 한다.

④ 식육가공품 및 포장육의 작업장의 실내온도는 가열처리작업장을 포함하여 15℃ 이하로 유지 관리하여야 한다.

 식육가공품 및 포장육의 작업장의 실내온도는 15℃ 이하로 유지 관리하여야 한다(다만, 가열처리작업장은 제외).

16 유가공품의 살균 또는 멸균 공정은 따로 정하여진 경우를 제외하고 저온 장시간 살균법, 고온단시간 살균법, 초고온순간처리법 또는 이와 동등 이상의 효력을 가지는 방법으로 실시하여야 한다. 각각의 살균법에 대한 온도와 시간이 맞게 연결된 것은?

① 저온 장시간 살균법, 63~65℃에서 30분간

② 고온단시간 살균법, 63~65℃에서 30분간

③ 초고온순간처리법, 72~75℃에서 15초 내지 20초간

④ 저온 장시간 살균법, 72~75℃에서 15초 내지 20초간

해설 유가공품의 살균 또는 멸균 공정은 따로 정하여진 경우를 제외하고 저온 장시간 살균법(63~65℃에서 30분간), 고온단시간 살균법(72~75℃에서 15초 내지 20초간), 초고온순간처리법(130~150℃에서 0.5초 내지 5초간) 또는 이와 동등 이상의 효력을 가지는 방법으로 실시하여야 한다. 또한, 살균제품에 있어서는 살균 후 즉시 10℃ 이하로 냉각하여야 하고, 멸균제품은 멸균한 용기 또는 포장에 무균공정으로 충전·포장하여야 한다.

17 식품 중 살균제품은 그 중심부 온도를 (   )℃ 이상에서 (   )분간 가열살균 하거나 또는 이와 동등 이상의 효력이 있는 방법으로 가열 살균하여야 하며, 오염되지 않도록 위생적으로 포장 또는 취급하여야 한다. 또한, 식품 중 멸균제품은 기밀성이 있는 용기·포장에 넣은 후 밀봉한 제품의 중심부 온도를 (   )℃ 이상에서 (   )분 이상 멸균처리하거나 또는 이와 동등 이상의 멸균 처리를 하여야 한다. 다음 (   ) 안에 알맞은 수치로 순서대로 연결된 것은?

① 60℃, 60, 100℃, 8분

② 60℃, 30, 120℃, 8분

③ 63℃, 30, 120℃, 4분

④ 63℃, 90, 100℃, 4분

18 식품 중 비살균제품은 다음의 기준에 적합한 방법이나 이와 동등 이상의 효력이 있는 방법으로 관리하여 야 한다. 다음 ( ) 안에 알맞은 수치로 순서대로 연결된 것은?

> 원료육으로 사용하는 돼지고기는 도살 후 (   )시간 이내에 (   )℃ 이하로 냉각 · 유지하여야 한다.

① 24, 3℃

② 24, 5℃

③ 48, 7℃

④ 48, 10℃

19 식품 중 비살균제품의 원료육의 정형이나 냉동 원료육의 해동은 고기의 중심부 온도가 몇 ℃를 넘지 않도록 하여야 하는가?

① 5℃

② 7℃

③ 10℃

④ 15℃

20 식품은 원료의 처리과정에서 함유되어서는 아니 되는 이물로 맞지 않은 것은?

① 그 이상 제거되지 아니하는 정도 이상의 이물

② 오염된 비위생적인 이물

③ 인체에 위해를 끼치는 단단하거나 날카로운 이물

④ 다른 식물이나 원료식물의 표피 또는 토사로 완전히 제거되지 아니하고 잔존하는 경우의 이물

해설 그 이상 제거되지 아니하는 정도 이상의 이물, 오염된 비위생적인 이물, 인체에 위해를 끼치는 단단하거나 날카로 운 이물을 함유하여서는 아니 된다. 다만, 다른 식물이나 원료식물의 표피 또는 토사, 원료육의 털, 뼈 등과 같이 실제에 있어 정상적인 제조 · 가공상 완전히 제거되지 아니하고 잔존하는 경우의 이물로서 그 양이 적고 위해 가능성이 낮은 경우는 제외한다.

21 금속성 이물로서 쇳가루는 식품공전 제7. 1.2.1 마. 금속성이물(쇳가루)에 따라 시험하였을 때 식품 중 (   )mg/kg 이상 검출되어서는 아니 되며, 또한 금속이물은 (   )mm 이상인 금속성 이물이 검출되어서는 아니 된다. 다음 (   ) 안에 알맞은 수치로 순서대로 연결된 것은?

① 5.0, 1

② 10.0, 2

③ 15.0, 3

④ 20.0, 4

22 식육(제조, 가공용원료는 제외한다), 살균 또는 멸균처리하였거나 더 이상의 가공, 가열조리를 하지 않고 그대로 섭취하는 가공식품에서는 특성에 따라 식중독균이 n=5, c=0, m=0/25g이어야 한다. 이에 해당되지 않는 식중독균은?

① 살모넬라(*Salmonella* spp.)

② 장염비브리오(*Vibrio parahaemolyticus*)

③ 리스테리아 모노사이토제네스(*Listeria monocytogenes*)

④ 브루셀라균

 식육(제조, 가공용원료는 제외한다), 살균 또는 멸균처리하였거나 더 이상의 가공, 가열조리를 하지 않고 그대로 섭취하는 가공식품에서는 특성에 따라 살모넬라(*Salmonella* spp.), 장염비브리오(*Vibrio parahaemolyticus*), 리스테리아 모노사이토제네스(*Listeria monocytogenes*), 장출혈성 대장균(Enterohemorrhagic *Escherichia coli*), 캠필로박터 제주니/콜리(*Campylobacter jejuni/coli*), 여시니아 엔테로콜리티카(*Yersinia enterocolitica*) 등 식중독균이 n=5, c=0, m=0/25g이어야 하며, 또한 식육 및 식육제품에 있어서는 결핵균, 탄저균, 브루셀라균이 음성이어야 한다.

23 식품공전 제4. 식품별 기준 및 규격에서 식중독균에 대한 규격이 정하여진 식품에는 해당 식품의 규격을 적용하며, 그 외의 가공식품은 기준을 두어 적용한다. 햄류에서 황색포도상구균(*Staphylococcus aureus*)의 n, c, m, M으로 알맞은 것은?

① n = 5, c = 1, m = 10, M = 100

② n = 5, c = 2, m = 5, M = 100

③ n = 5, c = 1, m = 10, M = 10

④ n = 5, c = 2, m = 5, M = 10

 식품공전 제4. 식품별 기준 및 규격에서 식중독균에 대한 규격이 정하여진 식품에는 해당 식품의 규격을 적용하며, 그 외의 가공식품 중 바실러스 세레우스(*Bacillus cereus*), 클로스트리디움 퍼프린젠스(*Clostridium perfringens*), 황색포도상구균(*Staphylococcus aureus*)은 다음과 같이 적용한다.

바실러스세레우스	① 장류(메주 제외) 및 소스, 복합조미식품, 김치류, 젓갈류, 절임류, 조림류 : g당 10,000 이하(멸균제품은 음성이어야 한다) ② 위 ① 이외의 식육(제조, 가공용 원료 제외), 살균하였거나 더 이상의 가공, 가열조리를 하지 않고 그대로 섭취하는 가공식품 : g당 1,000 이하(멸균제품은 음성이어야 한다)
클로스트리디움 퍼프린젠스	① 장류(메주 제외), 고춧가루 또는 실고추, 김치류, 젓갈류, 절임류, 조림류, 복합조미식품, 향신료가공품, 식초, 카레분 및 카레(액상제품 제외) : g당 100 이하(멸균제품은 음성이어야 한다) ② 햄류, 소시지류, 식육추출가공품, 알가공품 : n=5, c=1, m=10, M=100 ③ 생햄, 발효소시지, 자연치즈, 가공치즈 : n=5, c=2, m=10, M=100 ④ 위 ①, ②, ③ 이외의 식육(제조, 가공용 원료 제외), 살균 또는 멸균처리하였거나 더 이상의 가공, 가열조리를 하지 않고 그대로 섭취하는 가공식품 : n=5, c=0, m=0/25g
황색포도상구균	① 햄류, 소시지류, 식육추출가공품, 건포류 : n=5, c=1, m=10, M=100 ② 생햄, 발효소시지, 자연치즈, 가공치즈 : n=5, c=2, m=10, M=100 ③ 위 ①, ② 이외의 식육(제조, 가공용 원료 제외), 살균 또는 멸균처리하였거나 더 이상의 가공, 가열조리를 하지 않고 그대로 섭취하는 가공식품 : n=5, c=0, m=0/25g

미생물 규격에서 사용하는 용어(n, c, m, M)는 다음과 같다.
- n : 검사하기 위한 시료의 수
- c : 최대허용시료수, 허용기준치(m)를 초과하고 최대허용한계치(M) 이하인 시료의 수로서 결과가 m을 초과하고
  M 이하인 시료의 수가 c 이하일 경우에는 적합으로 판정
- m : 미생물 허용기준치로서 결과가 모두 m 이하인 경우 적합으로 판정
- M : 미생물 최대허용한계치로서 결과가 하나라도 M을 초과하는 경우는 부적합으로 판정
  ※ m, M에 특별한 언급이 없는 한 1g 또는 1mL 당의 집락수(Colony Forming Unit, CFU)이다.

24 가공식품 중 바실러스 세레우스(*Bacillus cereus*)는 장류(메주 제외) 및 소스, 복합조미식품, 김치류, 젓갈류, 절임류, 조림류 이외의 식육(제조, 가공용 원료 제외), 살균하였거나 더 이상의 가공, 가열조리를 하지 않고 그대로 섭취하는 가공식품에서 g당 얼마 이하여야 하는가?

① g당 10 이하

② g당 100 이하

③ g당 1,000 이하

④ g당 10,000 이하

25 식육추출가공품에서 클로스트리디움퍼프린젠스의 n, c, m, M로 알맞은 것은?

① n = 5, c = 1, m = 10, M = 10

② n = 5, c = 1, m = 10, M = 100

③ n = 10, c = 2, m = 5, M = 100

④ n = 10, c = 2, m = 5, M = 10

 클로스트리디움 퍼프린젠스
- 장류(메주 제외), 고춧가루 또는 실고추, 김치류, 젓갈류, 절임류, 조림류, 복합조미식품, 향신료가공품, 식초, 카레분 및 카레(액상제품 제외) : g당 100 이하(멸균제품은 음성이어야 한다)
- 햄류, 소시지류, 식육추출가공품, 알가공품 : n = 5, c = 1, m = 10, M = 100
- 생햄, 발효소시지, 자연치즈, 가공치즈 : n = 5, c = 2, m = 10, M = 100
- 위 세 가지 사항 이외의 식육(제조, 가공용 원료 제외), 살균 또는 멸균처리하였거나 더 이상의 가공, 가열조리를 하지 않고 그대로 섭취하는 가공식품 : n = 5, c = 0, m = 0/25g

26 돼지도체의 중금속 기준으로 알맞은 것은?

① 납(mg/kg) 0.1 이하, 카드뮴(mg/kg) 0.1 이하

② 납(mg/kg) 0.1 이하, 카드뮴(mg/kg) 0.05 이하

③ 납(mg/kg) 0.2 이하, 카드뮴(mg/kg) 0.1 이하

④ 납(mg/kg) 0.2 이하, 카드뮴(mg/kg) 0.05 이하

해설 중금속 기준(축산물)

대상식품	납(mg/kg)	카드뮴(mg/kg)
가금류고기	0.1 이하	–
돼지간	0.5 이하	0.5 이하
돼지고기	0.1 이하	0.05 이하
돼지신장	0.5 이하	1.0 이하
소간	0.5 이하	0.5 이하
소고기	0.1 이하	0.05 이하
소신장	0.5 이하	1.0 이하
원유 및 우유류	0.02 이하	–

※ 가금류고기 : 부착된 지방 및 표피를 포함하는 가금류 도체의 근육조직으로 닭, 오리, 꿩, 거위, 칠면조, 메추리 등의 고기를 말한다.

※ 소고기, 돼지고기 : 근육 내 지방 및 피하지방과 같이 부착된 지방조직을 포함하는 도체(혹은 이를 자른 덩어리)의 근육조직을 말한다.

27 소고기의 다이옥신 기준은?

① 4.0pg TEQ/g fat 이하

② 3.0pg TEQ/g fat 이하

③ 2.0pg TEQ/g fat 이하

④ 1.0pg TEQ/g fat 이하

해설 다이옥신 기준
- 소고기 : 4.0pg TEQ/g fat 이하
- 돼지고기 : 2.0pg TEQ/g fat 이하
- 닭고기 : 3.0pg TEQ/g fat 이하

28 훈제식육제품 및 그 가공품에서 벤조피렌[Benzo(a)pyrene]의 기준치는?

① 1.0μg/kg 이하

② 5.0μg/kg 이하

③ 10.0μg/kg 이하

④ 15.0μg/kg 이하

27 ① 28 ② **Answer**

29 식육에 대한 휘발성염기질소(mg%)의 규격은?

① 10 이하

② 20 이하

③ 30 이하

④ 40 이하

30 보존 및 유통기준에 대한 설명이다. 틀린 것은?

① 모든 식품은 위생적으로 취급 판매하여야 하며, 그 보관 및 판매장소가 불결한 곳에 위치하여서는 아니 된다. 또한 방서 및 방충관리를 철저히 하여야 한다.

② 이물이 혼입되지 않도록 주의하여야 하며 제품의 풍미에 영향을 줄 수 있는 다른 식품 및 식품첨가물 및 식품을 오염시키거나 품질에 영향을 미칠 수 있는 물품 등과는 분리 보관하여야 한다.

③ 따로 보관방법을 명시하지 않은 제품은 직사광선을 피한 실온에서 보관 유통하여야 하며 상온에서 10일 이상 보존성이 없는 식품은 가능한 한 냉장 또는 냉동시설에서 보관 유통하여야 한다.

④ 냉장제품은 0~10℃에서 냉동제품은 −18℃ 이하에서 보관 및 유통하여야 한다.

> **해설** 따로 보관방법을 명시하지 않은 제품은 직사광선을 피한 실온에서 보관 유통하여야 하며 상온에서 7일 이상 보존성이 없는 식품은 가능한 한 냉장 또는 냉동시설에서 보관 유통하여야 한다.

31 즉석섭취편의식품류는 제조된 식품을 가장 짧은 시간 내에 소비자에게 공급하도록 하고 운반 및 유통 시에는 냉장, 온장, 실온 및 일정한 온도 관리를 위하여 온도 조절이 가능한 설비 등을 이용하여야 한다. 이때 냉장과 온장은 몇 ℃ 이상을 유지할 수 있어야 하는가?

① 냉장 −5~5℃, 온장 20℃ 이상

② 냉장 −5~5℃, 온장 40℃ 이상

③ 냉장 0~10℃, 온장 60℃ 이상

④ 냉장 0~10℃, 온장 80℃ 이상

32 식육, 포장육 및 식육가공품의 냉장 제품은 몇 ℃에서 보존 및 유통하여야 하는가?(단, 가금육 및 가금육 포장육 제품은 제외한다.)

① −2~5℃

② −2~7℃

③ −2~10℃

④ −2~12℃

해설 식육, 포장육 및 식육가공품의 냉장 제품은 -2~10℃(다만, 가금육 및 가금육 포장육 제품은 -2~5℃)에서 보존 및 유통하여야 한다. 멸균 또는 건조 식육가공품 등은 실온에서 보관할 수 있다.

33 "유통기간"의 산출에 대한 설명이다. 틀린 것은?

① "유통기간"의 산출은 포장완료 시점으로 한다. 다만, 포장 후 제조공정을 거치는 제품은 최종공정 종료시점으로 한다.

② 캡슐제품은 충전·성형완료시점으로 한다.

③ 선물세트와 같이 유통기한이 상이한 제품이 혼합된 경우와 단순 절단, 식품 등을 이용한 단순 결착 등 원료 제품의 저장성이 변하지 않는 단순가공처리만을 하는 제품은 유통기한이 먼저 도래하는 원료 제품의 유통기한을 최종제품의 유통기한으로 정하여야 한다.

④ 달걀은 '포장일자'를 유통기간 산출시점으로 한다.

해설 달걀은 '산란일자'를 유통기간 산출시점으로 한다.

34 식육을 부위에 따라 분류하여 정형 염지한 후 숙성·건조하거나 훈연 또는 가열처리하여 가공한 것은?(뼈나 껍질이 있는 것도 포함한다)

① 햄
② 생 햄
③ 프레스햄
④ 베이컨

해설 식품유형(햄류)
• 햄 : 식육을 부위에 따라 분류하여 정형 염지한 후 숙성·건조하거나 훈연 또는 가열처리하여 가공한 것을 말한다(뼈나 껍질이 있는 것도 포함한다).
• 생햄 : 식육의 부위를 염지한 것이나 이에 식품첨가물을 가하여 저온에서 훈연 또는 숙성·건조한 것을 말한다 (뼈나 껍질이 있는 것도 포함한다).
• 프레스햄 : 식육의 고깃덩어리를 염지한 것이나 이에 식품 또는 식품첨가물을 가한 후 숙성·건조하거나 훈연 또는 가열처리한 것으로 육함량 75% 이상, 전분 8% 이하의 것을 말한다.

35 식육의 고깃덩어리를 염지한 것이나 이에 식품 또는 식품첨가물을 가한 후 숙성·건조하거나 훈연 또는 가열처리한 것을 프레스햄이라고 한다. 이때 해당하는 육함량과 전분 함량이 알맞게 연결된 것은?

① 육함량 75% 이상, 전분 8% 이하
② 육함량 65% 이상, 전분 6% 이하
③ 육함량 55% 이상, 전분 4% 이하
④ 육함량 50% 이상, 전분 2% 이하

36 햄류의 규격에 대한 설명이다. 틀린 것은?

① 아질산 이온(g/kg) : 0.07 미만
② 타르색소 : 검출되어서는 아니 된다.
③ 대장균군 : n = 5, c = 2, m = 10, M = 100(살균제품에 한한다)
④ 황색포도상구균 : n = 5, c = 1, m = 10, M = 100(생햄의 경우)

 햄류의 규격
• 아질산 이온(g/kg) : 0.07 미만
• 타르색소 : 검출되어서는 아니 된다.
• 보존료(g/kg) : 다음에서 정하는 이외의 보존료가 검출되어서는 아니 된다.

소브산 소브산칼륨 소브산칼슘	2.0 이하(소브산으로서)

• 세균수 : n = 5, c = 0, m = 0(멸균제품에 한한다)
• 대장균 : n = 5, c = 2, m = 10, M = 100(생햄에 한한다)
• 대장균군 : n = 5, c = 2, m = 10, M = 100(살균제품에 한한다)
• 살모넬라 : n = 5, c = 0, m = 0/25g(살균제품 또는 그대로 섭취하는 제품에 한한다)
• 리스테리아 모노사이토제네스 : n = 5, c = 0, m = 0/25g(살균제품 또는 그대로 섭취하는 제품에 한한다)
• 황색포도상구균 : n = 5, c = 1, m = 10, M = 100(살균제품 또는 그대로 섭취하는 제품에 한한다. 다만, 생햄의 경우 n = 5, c = 2, m = 10, M = 100이어야 한다)

37 돼지의 복부육(삼겹살) 또는 특정부위육(등심육, 어깨부위육)을 정형한 것을 염지한 후 그대로 또는 식품 또는 식품첨가물을 가하여 훈연하거나 가열처리한 것은?

① 햄 류
② 식육추출가공품
③ 건조저장육류
④ 베이컨류

 ④ 베이컨류라 함은 돼지의 복부육(삼겹살) 또는 특정부위육(등심육, 어깨부위육)을 정형한 것을 염지한 후 그대로 또는 식품 또는 식품첨가물을 가하여 훈연하거나 가열처리한 것을 말한다.
① 햄류라 함은 식육 또는 식육가공품을 부위에 따라 분류하여 정형 염지한 후 숙성, 건조한 것이거나 훈연, 가열처리한 것이거나 식육의 고깃덩어리에 식품 또는 식품첨가물을 가한 후 숙성, 건조한 것이거나 훈연 또는 가열처리하여 가공한 것을 말한다.
② 식육추출가공품이라 함은 식육을 주원료로 하여 물로 추출한 것이거나 이에 식품 또는 식품첨가물을 가하여 가공한 것을 말한다.
③ 건조저장육류라 함은 식육을 그대로 또는 이에 식품 또는 식품첨가물을 가하여 건조하거나 열처리하여 건조한 것을 말한다(육함량 85% 이상의 것).

38 건조 소시지류는 수분을 (   )% 이하로, 반건조 소시지류는 수분을 (   )% 이하로 가공하여야 한다. 다음 (   ) 안에 알맞은 말이 순서대로 나열된 것은?

① 65, 25

② 55, 35

③ 45, 45

④ 35, 55

39 식육가공품의 기준 및 규격에 대한 설명이다. 틀린 것은?

① 햄류, 베이컨류, 건조저장육류, 양념육류, 식육추출가공품, 식육함유가공품, 포장육에서 타르색소는 검출되어서는 아니 된다.

② 혼합소시지는 식육(전체 육함량 중 20% 미만의 어육 또는 알류를 혼합한 것도 포함)에 다른 식품 또는 식품첨가물을 가한 후 숙성·건조시킨 것, 훈연 또는 가열처리한 것을 말한다.

③ 햄류, 소시지류, 베이컨류, 건조저장육류, 양념육류(천연케이싱은 제외), 식육함유가공품, 식육추출가공품, 포장육에서 아질산 이온(g/kg)의 적용기준은 0.07 미만이다.

④ 식육함유가공품은 소브산, 소브산칼륨, 소브산칼슘 이외의 보존료가 검출되어서는 아니 된다.

해설 식육추출가공품은 수분(%) 10.0 이하(건조제품에 한한다)를, 포장육은 휘발성염기질소(mg%) 20 이하의 기준을 적용하며 아질산 이온(g/kg)의 적용기준은 없다.

40 검체채취의 일반원칙에 대한 설명이다. 틀린 것은?

① 난수표법을 사용할 수 없는 사유가 있을 때에는 채취자가 검사대상을 선정·채취할 수 있다.

② 검체는 검사목적, 검사항목 등을 참작하여 검사대상 전체를 대표할 수 있는 최소한도의 양을 수거하여야 한다.

③ 25,000kg 이상 100,000kg 미만인 검사대상의 경우에는 4곳 이상에서 채취·혼합하여 1개로 하는 방법으로 총 2개의 검체를 채취하여 검사 의뢰한다.

④ 미생물 검사를 위한 시료채취는 검체채취결정표에 따른다.

해설 미생물 검사를 위한 시료채취는 검체채취결정표에 따르지 아니하고 식품공전 제2. 식품일반에 대한 공통기준 및 규격과 제4. 식품별 기준 및 규격에서 정하여진 시료수(n)에 해당하는 검체를 채취한다.

41 검체의 채취 및 취급요령에 대한 설명이다. 틀린 것은?

① 검체가 불균질할 때에는 일반적으로 다량의 검체가 필요하나 검사의 효율성, 경제성 등으로 부득이 소량의 검체를 채취할 수밖에 없는 경우에는 외관, 보관상태 등을 종합적으로 판단하여 의심스러운 것을 대상으로 검체를 채취할 수 있다.

② 식품첨가물 중 향신료 올레오레진류 등은 전체를 가능한 한 균일 하게 처리한 후 대표성이 있도록 채취하여야 한다.

③ 깡통, 병, 상자 등 용기 · 포장에 넣어 유통되는 식품 등은 개봉하여 채취한다.

④ 대형 용기 · 포장에 넣은 식품 등은 검사대상 전체를 대표할 수 있는 일부를 채취 할 수 있다.

> **해설** 깡통, 병, 상자 등 용기 · 포장에 넣어 유통되는 식품 등은 가능한 한 개봉하지 않고 그대로 채취한다.

42 미생물 검사용 검체의 운반에 대한 설명이다. 틀린 것은?

① 부패 · 변질 우려가 있는 검체 중 미생물학적인 검사를 하는 검체는 멸균용기에 무균적으로 채취하여 저온(5℃±3 이하)을 유지시키면서 24시간 이내에 검사기관에 운반하여야 한다.

② 미생물 검사용 검체일지라도 운반과정 중 부패 · 변질우려가 없는 검체는 반드시 냉장온도에서 운반할 필요가 있고, 오염, 검체 및 포장의 파손 등에 주의하여야 한다.

③ 얼음 등을 사용할 때에는 얼음 녹은 물이 검체에 오염되지 않도록 주의하여야 한다.

④ 소분 채취한 검체의 경우에는 적절하게 냉장 또는 냉동한 상태로 운반하여야 한다.

> **해설** 미생물 검사용 검체일지라도 운반과정 중 부패 · 변질우려가 없는 검체는 반드시 냉장온도에서 운반할 필요는 없으나 오염, 검체 및 포장의 파손 등에 주의하여야 한다.

43 포장육의 성분규격에 관한 설명 중 맞는 것은?

① 포장육은 발골한 것으로 육함량이 50% 이상 함유되어야 한다.

② 포장육의 보존료는 1g/kg 이하이어야 한다.

③ 포장육의 휘발성 염기질소 함량은 20mg% 이하이어야 한다.

④ 포장육의 대장균군은 양성이어야 한다.

> **해설** 식품의 기준 및 규격(식품의약품안전처고시)
> 포장육의 정의 : 판매를 목적으로 식육을 절단(세절 또는 분쇄를 포함한다)하여 포장한 상태로 냉장 또는 냉동한 것으로서 화학적 합성품 등 첨가물 또는 다른 식품을 첨가하지 아니한 것을 말한다(육함량 100%).
> 포장육의 성분규격
> • 성상 : 고유의 색택을 가지고 이미 · 이취가 없어야 한다.
> • 타르색소 : 검출되어서는 아니 된다.
> • 휘발성 염기질소(mg%) : 20 이하
> • 보존료(g/kg) : 검출되어서는 아니 된다.
> • 장출혈성 대장균 : n = 5, c = 0, m = 0/25g(다만, 분쇄에 한한다)

44 식품의 기준 및 규격상 설명하는 용어의 뜻이 틀린 것은?

① 표준온도는 20℃이다.

② 따로 규정이 없는 한 찬물은 15℃ 이하, 열탕은 약 100℃의 물을 말한다.

③ 차고 어두운 곳(냉암소)이라 함은 따로 규정이 없는 한 −2~10℃의 장소를 말한다.

④ 감압은 따로 규정이 없는 한 15mmHg 이하로 한다.

 식품의 기준 및 규격(식품의약품안전처고시)
차고 어두운 곳(냉암소)이라 함은 따로 규정이 없는 한 0~15℃의 빛이 차단된 장소를 말한다.

45 식품의 기준 및 규격상 미생물의 영양세포 및 포자를 사멸시켜 무균상태로 만드는 것을 말하는 것은?

① 이 물

② 밀 봉

③ 살 균

④ 멸 균

 식품의 기준 및 규격(식품의약품안전처고시)
• "이물"이라 함은 정상식품의 성분이 아닌 물질을 말하며 동물성으로 절족동물 및 그 알, 유충과 배설물, 설치류 및 곤충의 흔적물, 동물의 털, 배설물, 기생충 및 그 알 등이 있고, 식물성으로 종류가 다른 식물 및 그 종자, 곰팡이, 짚, 겨 등이 있으며, 광물성으로 흙, 모래, 유리, 금속, 도자기파편 등이 있다.
• "살균"이라 함은 따로 규정이 없는 한 세균, 효모, 곰팡이 등 미생물의 영양 세포를 불활성화시켜 감소시키는 것을 말한다.
• "멸균"이라 함은 따로 규정이 없는 한 미생물의 영양세포 및 포자를 사멸시키는 것을 말한다.
• "밀봉"이라 함은 용기 또는 포장 내외부의 공기유통을 막는 것을 말한다.

46 축산물의 제조·가공기준에서 유가공품의 살균 또는 멸균 공정 시 저온장시간 살균법의 가열 처리조건으로 옳은 것은?

① 33~35℃, 15분간

② 48~50℃, 20분간

③ 63~65℃, 30분간

④ 74~76℃, 15분간

식품의 기준 및 규격(식품의약품안전처고시)
유가공품의 살균 또는 멸균 공정은 따로 정하여진 경우를 제외하고 저온장시간 살균법(63~65℃에서 30분간), 고온단시간 살균법(72~75℃에서 15초 내지 20초간), 초고온순간처리법(130~150℃에서 0.5초 내지 5초간) 또는 이와 동등 이상의 효력을 가지는 방법으로 실시하여야 한다.

47 식품의 기준 및 규격상 가금육 포장육 제품을 보존 및 유통할 경우 냉장제품의 보존온도는?

① 5~15℃

② 10~25℃

③ -5~0℃

④ -2~5℃

 식품의 기준 및 규격(식품의약품안전처고시)

식육, 포장육 및 식육가공품의 냉장 제품은 -2~10℃(다만, 가금육 및 가금육 포장육 제품은 -2~5℃)에서 보존 및 유통하여야 한다. 다만, 멸균 또는 건조 식육가공품 등은 실온에서 보관할 수 있다.

48 식품의 기준 및 규격에 의거하여 정의에 훈연이 포함되지 않는 것은?

① 분쇄가공육제품

② 생 햄

③ 건조저장육류

④ 발효소시지

 식품의 기준 및 규격(식품의약품안전처고시)

건조저장육류는 식육을 그대로 또는 이에 식품 또는 식품첨가물을 가하여 건조하거나 열처리하여 건조한 것을 말하며 수분 55% 이하의 것을 말한다(육함량 85% 이상의 것).

49 다음의 식품의 기준 및 규격 내용에서 (   ) 안에 알맞은 것은?

> (   )류라 함은 식육이나 식육가공품을 그대로 또는 염지하여 분쇄 세절한 것에 식품 또는 식품첨가 물을 가한 후 훈연 또는 가열처리한 것이거나, 저온에서 발효시켜 숙성 또는 건조처리한 것이거나, 또는 케이싱에 충전하여 냉장·냉동한 것을 말한다(육함량 70% 이상, 전분 10% 이하의 것).

① 베이컨

② 소시지

③ 편 육

④ 분쇄가공육제품

50 축산물의 가공기준 및 성분규격상 식육가공품 및 포장육의 보존온도는?

① 냉장제품 : −2~10℃

② 냉동제품 : −20℃ 이하

③ 냉장제품 : 0~10℃

④ 냉동제품 : −20℃ 이상

 식품의 기준 및 규격(식품의약품안전처고시)
식육, 포장육 및 식육가공품의 냉장 제품은 −2~10℃(다만, 가금육 및 가금육 포장육 제품은 −2~5℃)에서 보존 및 유통하여야 하며, 멸균 또는 건조 식육가공품 등은 실온에서 보관할 수 있다.

51 식품의 기준 및 규격상 보존 및 유통기준으로 틀린 것은?

① 즉석섭취편의식품류의 냉장은 0~10℃, 온장은 60℃ 이상을 유지할 수 있어야 한다.

② "유통기간"의 산출은 포장완료시점으로 한다.

③ 식용란은 가능한 한 냉소(0~15℃)에, 알가공품은 10℃ 이하에서 냉장 또는 냉동보관 유통하여야 한다.

④ 포장축산물을 재분할 판매할 때는 보존 및 유통기준에 준하여 한다.

 포장축산물은 다음의 경우를 제외하고는 재분할 판매하지 말아야 하며, 표시대상 축산물인 경우 표시가 없는 것을 구입하거나 판매하지 말아야 한다.
• 식육판매업 또는 식육즉석판매가공업의 영업자가 포장육을 다시 절단하거나 나누어 판매하는 경우
• 식육즉석판매가공업 영업자가 식육가공품(통조림 · 병조림은 제외)을 만들거나 다시 나누어 판매하는 경우

52 냉동 · 냉장축산물의 보존온도는 식품의 기준 및 규격에서 따로 정하여진 것을 제외하고는 각각 몇 ℃로 규정하는가?

① 냉동 −20℃ 이하, 냉장 0~4℃

② 냉동 −18℃ 이하, 냉장 0~10℃

③ 냉동 0℃ 이하, 냉장 0~4℃

④ 냉동 −18℃ 이하, 냉장 2~5℃

 식품의 기준 및 규격(식품의약품안전처고시)
'냉장' 또는 '냉동'이라 함은 이 고시에서 따로 정하여 진 것을 제외하고는 냉장은 0~10℃, 냉동은− 18℃ 이하를 말한다.

50 ① 51 ④ 52 ② **Answer**

53 **식품의 가공기준으로 틀린 것은?**

① 축산물의 처리·가공·포장·보존 및 유통 중에는 항생물질, 합성항균제, 호르몬제를 사용할 수 있다.

② 냉동된 원료의 해동은 위생적으로 실시하여야 한다.

③ 원유는 이물을 제거하기 위한 청정공정과 필요한 경우 유지방구의 입자를 미세화하기 위한 균질공정을 거쳐야 한다.

④ 축산물의 처리·가공에 사용하는 물은 먹는물관리법의 수질기준에 적합한 것이어야 한다.

 식품의 기준 및 규격(식품의약품안전처고시)
식품의 제조, 가공, 조리, 보존 및 유통 중에는 동물용의약품을 사용할 수 없다.

54 **식육가공품의 휘발성염기질소의 법적 성분규격은?**

① 5mg% 이하

② 10mg% 이하

③ 15mg% 이하

④ 20mg% 이하

 식품의 기준 및 규격(식품의약품안전처고시)
식육가공품의 경우 휘발성염기질소(mg%) : 20 이하

55 **식용을 목적으로 처리한 간, 폐, (   ), 위장, 췌장, 비장, 콩팥 및 창자 등을 내장이라 한다. 다음 중 (   ) 안에 알맞은 것은?**

① 머 리

② 심 장

③ 꼬 리

④ 다 리

해설 식품의 기준 및 규격(식품의약품안전처고시)
"식육"이라 함은 식용을 목적으로 하는 동물성원료의 지육, 정육, 내장, 그 밖의 부분을 말하며, '지육'은 머리, 꼬리, 발 및 내장 등을 제거한 도체(Carcass)를, '정육'은 지육으로부터 뼈를 분리한 고기를, '내장'은 식용을 목적으로 처리된 간, 폐, 심장, 위, 췌장, 비장, 신장, 소장 및 대장 등을, '그 밖의 부분'은 식용을 목적으로 도축된 동물성 원료로부터 채취, 생산된 동물의 머리, 꼬리, 발, 껍질, 혈액 등 식용이 가능한 부위를 말한다.

제품저장 및 유통학

식육 가공 기사

가공 기사

한권으로 끝내기!

저장 및 변질

제 1 절 | 저장의 목적

(1) 식육저장기술의 발전역사

① 인류는 옛날부터 잡은 동물의 고기를 그대로 먹기도 하고 훈연하거나 햇볕에 말려서 가공·저장하였다.

② 오늘날에 행해지고 있는 건조법, 가열처리법, 연기에 의한 훈연법, 소금에 절이는 염장법, 발효법, 저온저장법 등의 원형이 옛날부터 이미 존재하였고, 오늘날의 가공·저장법은 그와 같은 원형을 기본으로 하여 개발하고 발전된 것이다.

③ B.C. 5세기경 지중해 지역 유적에서 가공·저장용 창고가 발굴되었다.

④ 19세기 후반에 이르러 종래의 천일건조, 훈연, 염장 기술 외에 통조림, 인공(강제)건조, 냉동법 등의 기술이 개발되었다.

⑤ 통조림은 프랑스의 니콜라스 아페르(Nicolas Appert)에 의해서 1804년에 발명되었다. 1810년에 병 대신 주석을 이용해 통조림을 만들고 1847년에는 대량생산 방식에 의한 제관법이 발명되어 공업화에 성공하였다.

⑥ 인공(강제)건조는 식품을 건조시키는 데 있어서 건조실을 제작하고 그 속에 열풍을 보내어 건조시키는 방법으로 1600년에 고안되었지만 현재와 같은 건조과일, 건조채소의 기술적 기초가 확립된 것은 1880년이다.

⑦ 식품냉동법의 시초는 1875년에 독일의 린데(Linde)가 처음으로 암모니아에 의한 가스 압축식 냉동기를 완성했을 때부터이다.

⑧ 20세기 들어와 냉동기술은 과거의 완만냉동에서 급속냉동으로 발전하였고 해동기술 측면에서도 급속한 발전을 이루었다.

⑨ 석유화학의 발달로 플라스틱 필름을 식품 포장 재료로 이용함으로써 식품의 품질 향상과 저장에 큰 기여를 하였다.

⑩ 식품의 방사선 처리는 현재 제한적으로 사용되고 있으나 향후 식품 위생과 저장에 크게 기여할 것으로 기대된다.

(2) 식품가공저장법 관련 역사

연 도	내 용
1500년 이전	조리는 방법, 굽는 방법, 볶는 방법, 건조법, 염장, 당장, 동굴 저장 등 모두 불, 바람, 일광, 해수, 암염 등의 자연조건을 이용하는 데 지나지 않았으며, 1492년 미국 인디언들이 Pemmican이라는 식품을 건조하기 위하여 불을 이용한 것이 대표적인 예
1600년	초보적인 열풍건조실을 만들어 열풍(Hot Air)을 사용한 인공건조법이 채용의 시작
1780년	영국에서 뜨거운 물로 전처리한 후 채소를 건조시키는 방법 고안
1795년	프랑스에서 채소를 열풍건조 시작
1800년대	1804년 Nicolas Appert(프랑스)가 광구병을 이용한 병조림법 발명, 1810년 Peter Durand(영국)가 주석을 이용한 Can을 발견, 1819년 Thomas Kensett(영국) 등이 연어, 새우, 굴 통조림을 제조하기 시작했고, 1824년 영국에서 권체기(Seamer)를 개발하였으며, 1892년 우리나라 최초로 전남 완도에서 전복 통조림 생산
1875년	독일(Linde)에서 암모니아를 이용한 압축식 냉동기를 처음으로 발명
1900년	통조림 기술이 더욱 발달되었고, 각종 건조방법이 개발
1916년	독일(Plank)에서 급속동결 이론 제창
1922년	영국의 Kidd가 가스저장 연구 시작
1929년	미국(Clarence Birdseye)에서 급속동결 장치의 발명과 더불어 냉동식품이 제조되기 시작
1942년	제2차 세계대전 중 통조림, 병조림, 건조, 냉동냉장의 가공 기술이 개량 발전됨
1950년	진공농축방법에 의한 액상 식품의 생산과 진공·동결건조에 의한 우수한 복원성을 가진 건조식품의 제조가 가능하게 됨
1953년	미국에서 방사선 조사를 식품에 적용하는 연구가 개시됨(1896년 Henri Becquerel이 방사능을 최초로 발견, 동년 Roentgen이 X-선을 발견, 1898년 Schmidt와 Curies 부부가 라듐을 분리하는 데 성공함. 그 이후 α, β, γ-선을 발견하였으며 이러한 선행 연구 결과들을 식품저장에 적용하는 연구를 개시하였는데 특히 Cs^{137}, Co^{60} 등이 식품에 이용)
1960년 이후	1950년대까지 가공기술과 가공 기계가 진보, 개량됨과 동시에 식품화학의 발전에 의해 가공식품의 품질이 향상되었으며, 석유화학의 발달에 의해서 각종 플라스틱 제품이 용기나 포장재로서 많이 이용됨. 전자레인지(Microwave Oven), 전자냉동, 초음파 가공 등 전자공학을 식품가공에 응용하게 됨

(3) 식품 저장방법의 종류와 분류

저장종류	저장방법
화학적 저장	당절임, 염장 산절임, 훈연, 보존료 사용
생물학적 저장	발효(유기산발효, 알코올발효, 박테리오신 생산)
물리적 저장	건조, 농축, 냉장, 냉동, 가열살균, 방사선 조사, 포장

제 **2** 절 **변질과 유해성**

(1) 부패와 발효

① **부패와 발효의 정의** : 부패란 몸이나 유기물이 썩거나 붕괴되는 과정. 즉, 단백질이나 기타 유기물이 부패미생물에 의해 분해되거나 모양을 바꾸어 사람에게 유독한 물질과 악취를 생성하는 변화를 지칭하고, 반면에 발효는 단백질이나 기타 유기물이 발효미생물에 의해 분해되거나 모양을 바꾸되 사람에게 유익한 물질과 이로운 냄새 성분을 생성하는 변화를 말한다.

② **부패와 발효의 공통점과 차이점**

　㉠ 공통점은 미생물에 의해 분해작용이 일어난다는 점이 같다.

　㉡ 차이점은 사람에게 해로운 것인지, 이로운 것인지가 다르다.

③ **산소에 의한 변질**

　㉠ 지방질의 산화

　㉡ 산화반응에 영향을 주는 인자 : 온도, 금속, 산소분압, 수분 등에 의한 영향

　㉢ 지방질 이외의 식품성분의 산화 : 정유성분, 비타민류, 천연색소

④ **열에 의한 변질**

　㉠ 저온(냉장 및 냉동)에서의 변질

　　• 생물학적 변화 : 냉해, 신선도 저하, 미생물 생육

　　• 물리 · 화학적 변화 : 수분 증발, 냉동 변질, 얼음 형성에 의한 조직 변화, 드립 발생, 유화계의 파괴, 단백질의 변성, 녹말의 노화, 효소작용, 색과 비타민 및 향의 변화, 지방질의 변화

　㉡ 가열에 의한 변질

⑤ **미생물에 의한 변질** : 미생물 생육에 영향을 미치는 요인 : 온도, 광선, 압력, 수분, pH, 산소, 영양소 및 생육인자, 화학물질 첨가

⑥ **효소에 의한 변질**

　㉠ 산화효소에 의한 갈변

　㉡ 지방질 산화효소에 의한 변질

　㉢ 가수분해효소에 의한 변질

⑦ **비효소적 갈변에 의한 변질**

　㉠ 아미노카보닐 반응

　㉡ 캐러멜 반응

　㉢ 아스코브산에 의한 산화반응

(2) 식육 및 육제품의 저장 안정성

식품의 성분은 크게 나누어 수분, 탄수화물, 단백질, 지방, 비타민, 무기질로 구분하며, 이 중 비타민과 무기질은 미량성분으로 식품의 저장 안정성에 크게 영향을 미치지 않는다.

① 수 분
　　㉠ 식육에 약 70% 함유
　　㉡ 수분의 형태 : 결합수, 고정수, 자유수

> **참 고**
> • 자유수 : 물의 표면장력에 의하여 식육에 지탱하고 있는 물(79%)
> • 미생물은 자유수만을 사용할 수 있으므로 이 자유수의 함량을 나타내기 위한 수분활성도라는 지표를 활용한다.

　　㉢ 수분활성도(Aw) : 식품 중 미생물이 이용할 수 있는 실제적인 양($0 < Aw \le 1$)
　　　※ 식품이 나타내는 수증기압에 대한 순수한 물의 수증기압의 비율로 산출

② 탄수화물
　　㉠ 탄수화물은 미생물에 의하여 분해되어 당, 알코올, 산, 탄산가스(CO_2)를 생성한다.
　　㉡ 신 냄새와 가스
　　㉢ 캐러멜화(가열에 의해 흑갈색으로 변색)

③ 단백질
　　㉠ 단백질은 미생물에 의하여 분해되어 펩타이드, 아미노산, 아민, 암모니아(NH_3)를 생성한다.
　　㉡ 메티오닌, 시스틴과 같은 함황 아미노산은 유황가스(H_2S)를 생성 : 악취 발생

④ 지방질
　　㉠ 지방질은 미생물에 의하여 분해되어 지방산, 탄화수소, 탄산가스를 생성한다.
　　㉡ 공기 중에서 산화되어 산패를 일으킴 : 인체에 독성을 나타내기도 한다.
　　㉢ 온도, 금속, 광선, 산소분압, 수분 등이 산화반응에 영향을 준다.

⑤ 비타민 : 비타민의 저장 안정성에 영향을 미치는 물리적 요소는 열, 산, 알칼리, 공기, 광선, 금속이온 등이다.

01 다음은 식품저장기술의 발전역사에 대한 내용이다. 맞지 않는 것은?

① B.C. 5세기경의 지중해 지역 유적에서는 훈연 상자가 발굴되었다.

② 오늘날에도 행해지고 있는 건조법, 가열처리법, 훈연법, 염장법 등의 원형이 선사시대부터 역사 시대 초기까지 이미 존재하였다.

③ 통조림은 독일인 Linde에 의해서 1804년에 발명되었다.

④ 1810년에는 병 대신 주석을 이용해 통조림이 만들어지게 되었다.

해설 통조림은 프랑스의 Nicolas Appert(니콜라스 아페르)에 의해서 1804년에 발명되었다.

02 다음은 식품저장기술의 발전역사에 대한 내용이다. 맞지 않는 것은?

① 1847년에는 대량생산 방식에 의한 제관법이 발명되어 공업화에 성공하였다.

② 19세기 후반에 이르러 천일건조, 훈연, 염장 기술이 개발되었다.

③ 인공(강제)건조는 식품을 건조시키는 데 있어서 건조실을 제작하고 그 속에 열풍을 보내어 건조시 키는 방법으로 1600년에 고안되었다.

④ 식품냉동법의 시초는 1875년에 독일의 Linde가 처음으로 암모니아에 의한 가스 압축식 냉동기를 완성했을 때부터이다.

해설 천일건조, 훈연, 염장 기술은 옛날부터 있었다고 추정하고 있으며, 19세기 후반에 이르러 종래의 천일건조, 훈연, 염장 기술 외에 통조림, 인공(강제)건조, 냉동법 등의 기술이 개발되었다.

03 통조림 가공·저장법에 관한 연구를 처음으로 시도한 사람은?

① 슈미트(Schmidt)

② 키드(Kidd)

③ 뢴트겐(Roentgen)

④ 아페르(Appert)

04 식품냉동법의 시초는 암모니아에 의한 가스 압축식 냉동기를 완성했을 때이다. 이를 연구한 사람은?

① 린데(Linde)

② 아페르(Appert)

③ 키드(Kidd)

④ 슈미트(Schmidt)

05 식품 저장방법의 종류와 분류가 바르지 않게 연결된 것은?

① 화학적 저장 – 방사선 조사

② 물리적 저장 – 가열살균

③ 생물학적 저장 – 발효

④ 화학적 저장 – 염장

 방사선 조사는 물리적 저장에 해당한다.

▼ **식품 저장방법의 종류와 분류**

저장종류	저장방법
화학적 저장	당절임, 염장 산절임, 훈연, 보존료 사용
생물학적 저장	발효(유기산발효, 알코올발효, 박테리오신 생산)
물리적 저장	건조, 농축, 냉장, 냉동, 가열살균, 방사선 조사, 포장

06 식육의 부패가 진행되면 pH의 변화는?

① 산 성

② 중 성

③ 알칼리성

④ 변화 없다.

 신선한 육류의 pH는 7.0~7.3으로, 도축 후 해당작용에 의해 pH는 낮아져 최저 5.5~5.6에 이른다. 식육의 부패는 미생물의 번식으로 단백질이 분해되어 아민, 암모니아, 악취 등이 발생하는 현상으로 pH는 산성에서 알칼리성으로 변한다.

07 식육의 초기 부패판정과 거리가 먼 것은?

① 인 돌

② 암모니아

③ 황화수소

④ 포르말린

 식육의 부패 시 단백질이 분해되어 아민, 암모니아, 인돌, 스카톨, 황화수소, 메탄 등이 생성된다.

08 식육이 부패에 도달하였을 때 나타나는 현상이 아닌 것은?

① 부패취
② 점질 형성
③ 산패취
④ pH 저하

 고기 표면에 오염된 미생물이 급격히 생장하여 부패를 일으키며, 주로 점질 형성, 부패취, 산취 등의 이상취를 발생시킨다.

09 식육에서 발생하는 산패취는 어느 구성성분에서 기인하는가?

① 무기질
② 지 방
③ 단백질
④ 탄수화물

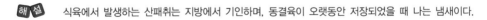 식육에서 발생하는 산패취는 지방에서 기인하며, 동결육이 오랫동안 저장되었을 때 나는 냄새이다.

10 다음 중 연결이 틀린 것은?

① 부패 – 단백질
② 변패 – 탄수화물
③ 산패 – 지방
④ 발효 – 무기질

 발효는 글라이코겐을 젖산으로 변환시키는 과정이다.

11 신선육의 부패를 방지하는 대책 중 적절하지 못한 것은?

① 온도를 0℃ 가까이 유지하거나 냉동 저장한다.
② 습도조절을 위해 응축수를 이용한다.
③ 자외선 조사로 공기와 고기 표면의 미생물을 사멸시킨다.
④ 각종 도살용 칼이 주된 오염원이 될 수 있으므로 철저히 위생관리를 한다.

해설 습기를 조절하여 응축수가 생기지 않도록 한다.

12 다음 중 육류가 부패하여 생기는 유독 성분은?

① 젖 산

② 리파 제

③ 토마인

④ 라이신

해설 토마인은 단백질이 세균의 작용으로 분해될 때 생긴다.

13 다음 중 식육의 부패와 관계있는 인자로 거리가 먼 것은?

① 기 압

② pH

③ 온 도

④ 수분활성도

해설 식육의 부패와 관계있는 인자는 미생물의 생장 인자와 같다.

14 식육 단백질의 부패 시 발생하는 물질이 아닌 것은?

① 알코올(Alcohol)

② 스카톨(Scatole)

③ 아민(Amine)

④ 황화수소(H_2S)

해설 부패(Putrefaction)는 단백질이 많이 함유된 식품(식육, 달걀, 어패류)에 혼입된 미생물의 작용에 의해 질소를 함유하는 복잡한 유기물(단백질)이 혐기적 상태하에서 간단한 저급 물질로 퇴화, 분해되는 과정을 말한다. 호기성 세균에 의해 단백질이 분해되는 것을 부패라고 하며, 이때 아민과 아민산이 생산되고, 황화수소, 메르캅탄(Mercaptan), 암모니아, 메탄 등과 같은 악취가 나는 가스를 생성한다. 인돌은 불쾌한 냄새가 나며, 스카톨과 함께 대변 냄새의 원인이 되지만, 순수한 상태나 미량인 경우는 꽃냄새와 같은 향기가 난다.

15 식육이 심하게 부패할 때 수소이온농도(pH)의 변화는?

① 변화가 없다.

② 산성이다.

③ 중성이다.

④ 알칼리성이다.

16 지방질의 산화를 촉진하는 요소로 볼 수 없는 것은?

① 광 선

② 가 열

③ 금 속

④ 토코페롤

해설 온도, 금속, 광선, 산소분압, 수분 등이 지방질의 산화반응에 영향을 준다.

17 단백질의 가열변성에 관한 설명 가운데 맞지 않는 것은?

① 단백질의 등전점에서 응고가 잘 일어난다.

② 단백질에 염이 많이 들어 있으면 낮은 온도에서 가열변성이 된다.

③ 단백질의 수분함량이 적을수록 가열변성 온도가 높아진다.

④ 아미노산 사이의 Peptide 결합이 가수분해되어 단백질의 성질이 크게 달라진다.

18 효소에 의한 변질을 억제시킬 수 있는 방법이 아닌 것은?

① pH를 조정

② 저해제 첨가

③ 비타민 첨가

④ 온도를 높여 가열

19 갈변반응 중 일어나는 현상이 아닌 것은?

① 영양성분의 손실

② 이미 또는 이취의 발생

③ Strecker 반응에 의한 알데하이드 생성

④ 데하드로아스코브산의 환원에 의한 아스코브산화

해설 갈변반응 시 아스코브가 산화되어 데하드로아스코브산으로 된다.

제 2 장 저장기술

(1) 화학반응속도론

① 화학반응속도론

    ㉠ 정의 : 식품의 저장가공에서 일어나는 맛, 색, 조직감의 변화와 미생물의 사멸, 효소의 불활성화, 독성물질의 불활성화 등은 화학적 반응의 결과로 볼 수 있으며, 이들은 반응시간에 따른 변화속도를 정량화함으로써 그 변화를 정확히 예측할 수 있도록 연구하는 학문이다. 반응속도가 반응물 농도에 어떻게 의존하는지를 보여 준다.

    ㉡ 수분함량, pH, 온도, 촉매, 산소압, 다른 화학물질의 존재 여부 등 화학반응속도는 많은 환경적 인자에 대해 영향을 받는다.

        ※ 화학반응속도에 영향을 주는 인자
- 반응물의 농도
- 온도
- 반응물의 물리적인 상태

    ㉢ 화학반응은 질량작용의 법칙에 따른다. 즉, 속도는 반응물의 농도에 비례한다.

화학반응속도론(Chemical Kinetics)
- 반응속도 · 원자와 분자가 반응물에서 생성물로 변할 때, 나노 규모의 반응 경로 또는 재배열에 관해 연구하는 학문이다.
- 반응을 조절할 수 있는 속도에 대해 알 수 있다.
- 반응속도나 상세한 경로는 아직 잘 이해되지 않고 남아 있는 것이 많다.

반응속도
균일반응에서 반응속도에 영향을 주는 4가지 요인
① 반응물과 생성물의 특성 – 분자구조와 결합
② 반응물과 생성물의 농도
③ 반응이 일어나는 온도
④ 촉매의 존재 유무와 그것의 농도
불균일 반응에서 5가지 요인
⑤ 반응이 일어나는 표면적 – 미세한 가루나 전분 등

$$반응속도(Reaction\ Rate) = \frac{반응물\ 또는\ 생성물의\ 변화농도}{단위시간}$$

---

② 영차반응

    ㉠ 품질특성치의 손실속도가 시간의 경과에 관계없이 일정하면 반응차수는 0이며 이를 영차반응이라고 함

ⓛ 영차반응으로 품질 손상이 일어나는 경우
- 신선한 과일, 채소, 냉동반죽 등의 효소적 품질 손실
- 건조 유제품이나 건조 시리얼의 비효소적 갈변반응
- 냉동식품, 건조식품, 스낵류의 지방산화 등

③ 1차 반응
ⓣ 1차 반응은 초기농도에 의존하는 반응
ⓛ 1차 반응으로 품질 손실이 일어나는 경우
- 유지식품의 산패
- 신선한 고기나 생선의 미생물 발육
- 가열살균에 의한 미생물 파괴
- 육류의 미생물에 의한 이미, 이취의 발생
- 통조림이나 건조식품의 비타민 손실
- 건조식품의 단백질 손실 등

(2) 온도에 의한 반응속도의 변화

① 반응속도에 영향을 미치는 환경적 인자 중 가장 중요한 것은 온도이다.
② 온도에 의한 반응속도의 변화를 나타내는 기본식은 아레니우스식이다.
③ 열역학에 기본을 둔 아레니우스식은 1898년 아레니우스가 제시한 절대온도와 속도상수의 관계식을 사용한다.

(3) 저장수명의 계산

① 저장수명을 결정화는 품질지표의 잔존량은 저장시간과 온도의 함수이다.
② 저장식품의 온도–시간 이력을 알면 잔존 저장기간을 계산할 수 있다.
③ 저장수명의 예측은 온도 변화에 대한 품질 변화의 누적 계산으로 평가할 수 있다.
④ 온도에 의한 물질의 변색반응을 이용한 TTI(Temperature–Time Integrator)가 널리 이용된다.

(4) 유통기한 설정

① 유통기한을 설정하기 위한 실험은 가혹실험 또는 가속화실험으로 수행한다.
② 시료를 40~50℃까지 여러 수준의 온도에서 일정 기간 저장하면서 품질지표의 변화속도를 측정하여 속도상수를 구하고 이것으로부터 아레니우스 도표를 작성하여 임의의 온도에서의 속도상수를 구한다.
③ 실제 저장조건에서 나타나는 온도–시간 커브로부터 적분법으로 일정 품질지표값에 도달하는 기산을 산출한다.

제 2 절　　저장기술

(1) 발효에 의한 저장기술

① 알코올 발효 : 효모 *Saccharomyces cerevisiae*가 혐기적인 조건에서 당을 분해하여 대사산물로서
에탄올과 이산화탄소를 형성하는 발효(= 주정발효)

② 유기산 발효

　ㄱ 유기산발효는 초산발효, 순수젖산발효, 혼성젖산발효로 구분

　ㄴ 초산발효는 알코올에 초산균 *Acetobacter aceti*가 생육하여 초산을 생산

　ㄷ 젖산균은 산소가 부족한 상태(혐기조건)에서 당을 분해하여 젖산을 생성하는 순수젖산발효균
　　과 젖산을 비롯한 다른 유기산도 함께 생산하는 혼성젖산발효로 구분

　　• 주로 요구르트와 같은 발효유 생산에 적용

　　• *Lactobacillus bulgaricus*, *Streptococcus thermophilus*가 대표적인 균

③ 이산화탄소 발효

　ㄱ 이산화탄소 발효는 빵발효를 의미한다.

　ㄴ 밀가루 반죽 내의 효모 *Saccharomyces cerevisiae*에 의해 혐기적 상태에서 당을 분해해서
　　탄산가스(CO_2)를 형성하므로 반죽이 부풀게 된다.

④ 아미노산 발효

　ㄱ 아미노산 발효는 미생물이 생산하는 단백질분해효소 *Protease*에 의하여 단백질이 펩타이드,
　　아미노산으로 분해되어 고기맛과 같은 구수한 맛을 내는 정미성분을 생산하는 발효

　ㄴ 콩을 발효하여 간장이나 된장을 만들거나 생선을 발효하여 어장이나 젓갈을 만드는 과정

　ㄷ 발효소시지에는 *Lactobacilli*, *Micrococci*, *Staphylococci* 등 여러 가지 낮은 수준의 단백분
　　해효소를 생산하는 미생물들이 사용된다.

⑤ 발효식품은 식염의 사용유무에 따라 염장발효식품과 무염발효식품으로 구분

　ㄱ 무염발효식품 : 알코올음료, 식초, 요구르트, 식빵

　ㄴ 염장발효식품 : 간장, 된장, 치즈, 어장, 침채류, 염지육제품

⑥ 발효에 의한 식품저장 원리

　ㄱ 식품에서 쉽게 증식하여 알코올, 유기산, 기타 다른 미생물의 생육을 저해하는 대사산물을
　　생산하는 미생물을 잘 자라도록 그 주위환경(온도, pH, 산도, 염도 등)을 조절한다.

　ㄴ 특정 미생물의 생육에만 알맞도록 환경을 유지함으로써 다른 오염균의 생육을 억제한다.

　ㄷ 그러나 생물학적 오염 방지는 미약하므로 저온살균이나 식염의 첨가 등 보조적인 처리를
　　병행한다.

　ㄹ 전통적으로 염장발효가 가장 일반화되어 있다.

⑦ 공업적으로 중요한 식품저장 미생물의 구비조건

　ㄱ 적정배지에서 대량으로 쉽고 빠르게 생장할 것

　ㄴ 생리적으로 안정되며 원하는 효소를 대량으로 생산할 것

ⓒ 최적 생장을 위한 환경조건이 간단할 것

ⓓ 오염의 방지가 용이할 것

(2) 화학적 저장기술

① **염장, 당절임** : 염장과 당절임은 수분활성도를 낮춤으로써 저장성을 갖는 방법(잼, 젤리, 당고 등)

② **식초절임** : 식초절임은 pH를 낮추고 아세트산의 강한 항균력으로 식품을 저장하는 방법(오이피클 등)

③ **훈연** : 훈연은 굽는 과정에서 연기에 포함된 각종 유기물들의 항균력으로 저장성이 향상(소시지 등)

④ **화학보존료**

ⓐ 최근에는 화학보존료의 사용에 대한 부작용과 소비자들의 부정적 인식으로 인해 천연항균제와 항산화제의 사용이 증가

ⓑ 보존료는 강한 항균력으로 식품의 부패변질을 막아 주는 화학합성 물질로 인체에 비치는 악영향이 아주 적어서 법적으로 사용이 허가된 식품첨가물

ⓒ 화학보존료는 열처리, 방사선처리, 건조, 냉동 등 다른 물리적 저장방법보다 식품의 품질변화를 덜 일으키며 철저한 포장이 아니더라도 상온에서 유통이 가능하게 함으로써 오늘날의 식품 공급체계에서 필수적으로 사용되는 저장기술

ⓓ 데하이드로아세트산, 소브산, 벤조산, 파라옥시벤조산에스터, 프로피온산, 글라이세롤 지방산 에스터 등

식육가공품에 사용되는 소브산
- 식육가공품에 소브산은 실제 사용 시 2g/kg 이하 사용
- 물에 용해하기 어려우나 알코올, 아세톤에는 쉽게 용해
- 곰팡이, 효모의 발육을 억제하는 효과
- 젖산균, 그람양성구균, 호기성 포자형성균에도 효과
- 식품의 pH가 낮을수록 항균효과는 증가
- 항균작용 기작은 미생물포자의 발아와 성장을 억제하여 미생물세포의 생성을 막아 준다.

▼ **식품보존제의 종류 및 항균효과**

식품보존제	항균효과 및 특징
데하이드로아세트산(DHA) 데하이드로아세트산나트륨	• 곰팡이, 효모, 혐기성 Gram 양성균 • 산성 조건(pH 5.5)에서 0.05~0.1% 농도로 사용 • 살균력은 약하나 약산성 및 중성에 강한 생육 억제 효과
소브산 소브산칼륨	• 사상균, 효모, 호기성 세균류의 생육 억제(약한 살균력) • 락트산세균, 혐기성 포자 형성균에 효과가 없다. • 미생물의 탈수소효소계 저해 효과 • pH 의존성 산형 방부제(pH 3.0~5.5에서 유효)

식품 보존제	항균효과 및 특징
벤조산 벤조산나트륨	• 곰팡이, 효모, 산생성 세균류의 생육 억제 • pH 의존성 산형 방부제(pH 4.5 이하에서 유효)
파라옥시벤조산뷰틸 파라옥시벤조산에틸 파라옥시벤조산프로필	• 효모, 곰팡이류의 생육 억제(Gram 음성간균, 락트산세균 제외) • 세포막 파괴, 호흡 및 전자 전달계 효소 활성 저해 효과 • 산성 방부제(pH 4.0~6.5에서 유효)
프로피온산 프로피온산나트륨 프로피온산칼슘	• 곰팡이, 호기성 포자 형성균, Gram 음성균(효모 제외) • 미생물의 탈수소효소계 저해 효과 • pH 4.5~5.5에서 0.2~0.4% 처리로 곰팡이 생육 저해

⑤ 살균제 : 표백분, 하이포아염소산나트륨, 이산화염소수

⑥ 천연항균제 : 니신

⑦ 산화방지제 : 다이뷰하이드록시톨루엔, 뷰틸하이드록시아니솔, 갈산프로필, 아스코브산, 에리토브산, 토코페롤, EDTA

(3) 냉장·냉동 저장기술

① 냉장·냉동의 정의

　㉠ 냉장이란 '상온' 이하의 온도를 말하며, 식품공전에서는 '상온'의 정의를 15~25℃로 정하고 있어 상온 이하의 온도라 함은 15℃ 이하의 온도를 말함

　㉡ 냉동은 국제냉동협회에서 −18℃ 이하의 온도에서 저장하도록 권장

② 식육의 냉장 중의 변화

　㉠ Myoglobin에 의한 색의 변화 : $myoglobin$(적자색) → $Oxymyoglobin$(선홍색) → Metmyoglobin(갈색)

　㉡ 지방의 변화 : 식육 자체에 존재하는 효소나 직접적인 화학작용에 의한 산화작용 또는 분해작용으로 산패취 발생. 비반추동물이 반추동물에 비해 지방산패율이 높음. 불포화지방산의 함량이 높을수록 지방산패는 낮음

　㉢ 감 량

　㉣ Bone-taint : 뼈 가운데 지육의 중심 부위에서 부패나 산패취를 형성함

　㉤ 미생물의 변화

　　• −1℃에서 생존하는 균 : $Achromobacter$, $Micrococcus$, $Flavobacterium$, $Pseudomonas$

　　• 냉장 중 증식균 : $Lactobacillus$, $Streptococcus$, $Leuconostoc$, $Pediococcus$, $Proteus$

　　• −2℃에서 출하하거나 포자를 생성하는 효모 : $Saccharomyces$

　　• 곰팡이류 : $Cladosporium$, $Penicillium$, $Sporotrichum$, $Rhizopus$

③ 완만동결과 급속동결의 차이점

구 분	완만동결(Slow Freezing)	급속동결(Quick Freezing)
최대 얼음결정 생성대 통과시간	30분 이상	30분 이하
얼음결정 위치	세포 외부	세포 내부
동결속도	1℃/min 이하	1℃/min 이상
얼음결정의 크기 형태	결정이 크고 모양도 다양	결정이 작고 모양이 균일
식품(세포) 형태	찌그러진 모양의 냉동 상태(세포의 형태 파손)	냉동 시 모양 변화 최소(세포의 원형 유지 가능)
전반적 특성	냉각속도 늦다. 얼음 크기 크다. 얼음 수 적다.	냉각속도 빠르다. 얼음 크기 작다. 얼음 수 많다.

④ 냉동방법

　㉠ 공기 동결법 : 정지공기 동결법, 송풍 동결법, 부상식 동결법

　㉡ 접촉식 동결법

　㉢ 침지식 동결법

　㉣ 분무식 동결법

⑤ 동결저장 중의 변화

　㉠ 물리적인 변화

　　• 식육은 수분 이외에 단백질, 당질 등의 성분들이 수분 중에 분산하여 콜로이드 상태로 되어 있는데 식육이 동결되면 이들 성분의 위치가 고정된다.

　　• 얼음결정 생성으로 경화에 의한 취급 용이하다.

　　• 체적 팽창이 일어나고 동결이 진행됨에 따라 내부의 수분이 동결되어 팽창하려면 표면층의 동결부에 의해 방해를 받으므로 내압이 발생한다.

　　• 건조에 의한 감량

　　　※ 감량이 차이가 나는 조건

　　　　• 높은 온도, 낮은 습도

　　　　• 느린 유속, 긴 냉장기간

　　　　• 미포장 상태

　　　　• 얇은 지방층

　　　　• 식육의 크기

　㉡ 화학적인 변화

　　• 공기 표면에 탈수건조에 의한 동결소(Freeze Burn)의 형성과 변색

　　• 지방의 산패에 의한 풍미의 변화

　　• 단백질의 변성에 의한 보수성과 유화특성의 변화

　　• 해동 후의 육즙 손실 및 효소에 의한 변화 등

　㉢ 미생물의 변화

　　• 세균은 −12℃ 이상, 곰팡이는 −7~−8℃ 이상에서 발육 가능

- 저온에서 번식하는 세균 : *Bacillus*류, *Staphylococcus albus*
- 저온에서 번식하는 곰팡이 : *Thamnidium elegans*, *Mucor mucedo*, *Rhizopus nigricans*

⑥ 해동의 공통된 원칙
  ㉠ 내외 온도차에 의한 품질 변화가 적을 것
  ㉡ 조직 Texture 변화를 최소화할 것
  ㉢ 드립 발생이 적을 것
  ㉣ 단백질의 변성을 최소화할 것
  ㉤ 해동 중 미생물의 번식을 적게 할 것
  ㉥ 선도 저하를 적게 할 것

(4) 열처리에 의한 저장기술

① 조리(Cooking)
  ㉠ 식품을 조리하기 위한 열처리공정으로 굽기, 브로일링, 로스팅, 끓임, 튀김, 스튜잉으로 분류
  ㉡ 조리 중 바람직한 변화는 잠재적 독성물질 또는 미생물의 파괴, 조직과 색깔 및 향미의 변화, 식품소재의 소화율 향상이며, 조리 중 발생할 수 있는 바람직하지 않은 변화는 영양성분의 파괴와 관능적 품질의 변화 등

② 데침(Blanching)
  ㉠ 냉장, 건조 또는 통조림공전 전에 생체 조직에 가하는 열처리공정
  ㉡ 일반적으로 냉동식품 또는 건조식품들이 효소의 작용으로 색깔, 향미, 영양성분이 빠른 속도로 변하게 되는데 이러한 효소의 불활성화를 목적으로 사용
  ㉢ 열저항성이 있는 효소로는 카탈레아제, 퍼록시아제가 대표적이며, 이 두 효소가 불활성화되면 다른 효소들은 모두 불활성화되었다고 생각할 수 있다.

③ 저온살균(Pasteuriztion)
  ㉠ 미생물을 죽이는 공정이지만 모든 미생물을 죽이는 공정은 아니며 저온살균공정 후에는 냉장 온도에 보관하며 미생물의 생육을 최소화하는 것이 필요
  ㉡ 저온살균 후 냉장보관, 화학첨가제 사용, 포장 및 발효 등이 함께 사용되는 것이 일반적

④ 살균(Sterilization)
  ㉠ 세균 포자들을 대상으로 열처리
  ㉡ 살균이란 모든 미생물을 죽이는 것을 의미하지 않는다.

⑤ 열처리 영향을 끼치는 조건
  ㉠ 식품의 성질(pH 등)
  ㉡ 열처리공정 후 저장 조건
  ㉢ 미생물 또는 미생물 포자의 열저항성
  ㉣ 식품, 식품용기 및 식품이 액체인 경우 액체의 열전달 특성
  ㉤ 미생물의 초기 농도 등

⑥ 식품의 가열살균방법

　　㉠ 저온살균법 : 63℃에서 30분간 가열하여 살균하고 살균 후에는 즉시 30℃ 이하로 냉각하는 것이 좋다.

　　㉡ 고온 단기간 살균법 : 75℃에서 15초 가열

　　㉢ 초고온 순간살균법 : 135℃에서 2~3초간 가열

　　㉣ 고압 수증기 살균법 : 100℃ 이상에서 포자를 사멸하기 위한 것으로 통조림 식품을 1기압의 수증기로 121℃에서 습열살균하는 방법

　　㉤ 간헐살균법 : 포자 발아를 유도한 후 다시 살균하여 포자는 물론 세균도 다 사멸시킬 수 있는 방법으로 1일 1회 100℃에서 20~50분씩 3일 연속으로 같은 시간에 반복 가열살균

⑦ 살균이 식품의 품질에 끼치는 영향

　　㉠ 영양가 : 가급적 높은 온도에서 짧은 시간 살균하는 것이 영양소의 손실을 줄일 수 있다.

　　㉡ 색깔 : 가열살균과정으로 인해 메일라드 반응, 캐러멜 반응 또는 효소적 갈변 등

　　㉢ 향미와 텍스처 : 가열로 인해 향미의 변화가 생기고 젤라틴이나 펙틴의 젤 형성능이 감소

　　㉣ 식품성분 : 가열살균으로 단백질의 변성이 일어나고 이에 따라 유기 SH기가 증가

(5) 건조저장기술

① 건조 중 식품의 변화

　　㉠ 동결건조를 제외한 대부분의 건조과정 중에 식품의 수축현상이 일어난다.

　　㉡ 비타민 C는 가열과 산화작용에 예민하기 때문에 열풍건조 등의 건조과정 중에 손실이 일어나지만 동결건조 중에는 손실이 없다.

　　㉢ 비타민 B_1은 건조과정 중에 75%의 손실이 있는데 데치기(Blanching)를 하면 15% 정도만 손실이 발생한다.

　　㉣ 건조과정 중의 효소적 또는 비효소적 갈변은 데치기나 아황산 처리로 감소한다.

　　㉤ 지방질 산화방지를 위해서는 산화방지제를 첨가하는 것이 효과적이다.

② 식품의 건조장치

　　㉠ 열풍건조법 : 킬른 건조기, 캐비닛 건조기, 터널 건조기, 컨베이어 건조기, 빈 건조기, 유동층 건조기, 기송식 건조기, 회전식 건조기, 분무 건조기, 접촉 건조법, 드럼 건조기, 진공 선반 건조기, 진공대 건조기

　　㉡ 복사 건조법 : 복사열 건조기, 적외선 건조기, 마이크로파 건조기

　　㉢ 동결 건조법 : 회분식 동결 건조기, 다중 진공실 동결 건조기, 터널 동결 건조기

(6) 포장에 의한 저장기술

① 포장재료의 종류와 특성

　　㉠ 유 리

　　　ⓛ 금 속

　　　ⓒ 종 이

　　　ⓔ 플라스틱

② 플라스틱 용기의 일반적 특징

　　　㉠ 유연재질에서 경질까지 다양한 종류의 수지가 있음(재료 종류의 다양성)

　　　㉡ 경량이지만 어느 정도의 강도(충격, 낙하 등)가 확보(경량, 강인성)

　　　㉢ 전기절연성이 우수(전기전열성)

　　　㉣ 내열내한성, 단열성 우수(내열성, 단열성)

　　　㉤ 방습 방수성이 우수(내수성)

　　　㉥ 복잡한 형상이라도 단일공정 가능(공정단순성), 밀봉용이성, 경제성

　　　㉦ 타 재료에 비해 형상이 자유롭고, 상품설계의 폭이 넓다(상품설계성).

　　　㉧ 투명성, 착색성 등을 자유로이 선택(투명성, 착색성)

　　　㉨ 내충격성, 내부식성, 내약품성이 우수(충격성, 내약품성, 내부식성)

③ 플라스틱 용기의 일반적인 단점

　　　㉠ 일반적으로 내열성, 내압성이 낮다.

　　　㉡ 통기성, 투습성이 있지만, 많고 적음이 존재

　　　㉢ 가연성이 있고, 위험물 포장에 법적 제한

　　　㉣ 대전이 쉽고 먼지 부착 용이

　　　㉤ 크립성이 있고, 상처가 나기 쉽고, 중량감이 떨어진다.

　　　㉥ 냉간 가공성이 떨어지고, 생산성이 금속캔보다 떨어진다.

④ 열가소성 플라스틱

　　　㉠ 가열 연화하면 유동성, 냉각하면 다시 경화, 화학적 변화 없다(상온에서 결정성/비결정성이 있음).

　　　㉡ PE(폴리에틸렌), PP(폴리프로필렌), PS(폴리스티렌), PET(폴리에스테르), Ny(나일론) = PA(Polyamide), PVC(염화비닐수지), EVA(에틸렌비닐 알코올) = EVOH, Ionomer

⑤ 열경화성 플라스틱

　　　㉠ 저분자 (가열)하면 고분자(경화) : 화학적 변화 발생(높은 온도로 가열하면 유동성이 생기지 않고 분해)

　　　㉡ 요소수지, 페놀수지, 멜라민수지, 에폭시수지, 불포화 폴리에스테르(PET)

⑥ 친수성 플라스틱

　　　㉠ 물에 대한 친화성이 좋은 수지(PA, PVA, PVC, PVDC, 셀로판 등)

　　　㉡ 일반적으로 가스배리어성, 내유성, 잉크 등의 접착성 우수

　　　㉢ 수분투과성이 큼(PVDC 제외)

⑦ 소수성 플라스틱(Hydrophobic Plastics)

　　　㉠ 물에 대한 친화성이 나쁜 수지(PE, PP, PS 등)

ⓒ 내수성, 수분 배리어성 우수(PS 제외)

ⓒ 가스 배리어성 낮고, 잉크 접착성이 떨어짐

(7) 기타 저장기술

① 방사선 조사 기술

ㄱ 감마선(^{60}Co 또는 ^{137}SE)이나 X선 등 이용

▼ **조사선원 ^{60}Co와 ^{137}Se의 장단점**

구 분	장 점	단 점
코발트-60	• 침투력이 좋고 균일하게 조사된다. • 쉽게 이용할 수 있다. • 환경에 유해한 위험도가 적다. • 길고 호의적인 역사를 가진다.	• 반감기가 5.3년으로 짧다. • 식품가공속도가 다소 느리다.
세슘-137	• 반감기가 30년으로 길다. • 방출 에너지가 적어 차폐기물이 작아도 된다.	• 침투력이 약하고 균일하게 조사되지 않고 공정속도가 느리다. • 수용성과 낮은 녹는점 때문에 환경유해성이 크다. • 연료 보급이 핵폐기물에 의존하므로 공급이 한정된다.

▼ **방사선조사량의 식품에 대한 기준(WHO/FAO, 1988년 채택)**

구 분		조사량(Gy)	적용 식품
저선량 조사 (1kGy 이하)	발아 억제	0.05~0.15	감자, 양파, 마늘, 생강 등
	해충, 기생충의 살충	0.15~0.50	곡물, 콩, 생선, 과실, 건조식품, 생돼지고기 등
	성숙의 지연	0.50~1.00	과실, 채소 등
중선량 조사 (1~10kGy)	선도의 연장	1.00~3.00	생선, 딸기 등
	식품 소재 또는 첨가물의 살균	1.00~7.00	생수산물, 냉동 수산물, 생육, 냉동육 등
	식품특성의 개선	2.00~7.00	포도(주스의 수율 향상), 건조야채 등
고선량 조사 (10~50kGy)	멸균, 비열의 병용	30.0~50.0	육류, 닭고기, 수산물, 가공식품, 환자식
	식품 소재 또는 첨가물의 살균	10.0~50.0	향신료, 효소세제, 천연가스 등

ㄴ 방사선 조사에 의한 효과

• 저온살균, 멸균   • 살충

• 식중독의 억제   • 발아 억제

• 과일, 채소의 숙성속도 지연

• 돼지고기에 의한 선모충 감염 위험 제거

• 물리적 특성 향상

② 고전압에 의한 식품 저장기술

③ 옴 가열

④ 마이크로파 가열

⑤ 초고압 처리

적중예상문제

01 화학반응속도론에 대한 설명으로 맞지 않은 것은?

① 식품의 저장가공에서 일어나는 맛, 색, 조직감의 변화와 미생물의 사멸, 효소의 불활성화, 독성물질의 불활성화 등은 화학적 반응의 결과로 볼 수 있다.

② 수분함량, pH, 온도, 촉매, 산소압, 다른 화학물질의 존재 여부 등 화학반응속도는 많은 환경적 인자에 대해 영향을 받는다.

③ 화학반응은 질량작용의 법칙과 무관하다.

④ 화학반응 속도는 반응물의 농도에 비례한다.

> **해설** 화학반응은 질량작용의 법칙에 따른다.

02 품질특성치의 손실속도가 시간의 경과에 관계없이 일정하면 무엇이라 하는가?

① 영차반응

② 1차반응

③ 무반응

④ 일관반응

> **해설** 환경반응속도론에서 품질특성치의 손실속도가 시간의 경과에 관계없이 일정하면 반응차수는 0이며 이를 영차반응이라고 한다.

03 다음 중 영차반응으로 품질 손상이 일어나는 경우에 해당하는 것은?

① 냉동식품의 지방산화

② 유지식품의 산패

③ 신선한 고기나 생선의 미생물 발육

④ 건조식품의 단백질 손실

> **해설**
>
> | 영차반응으로 품질 손상이 일어나는 경우 | 1차 반응으로 품질손실이 일어나는 경우 |
> |---|---|
> | • 신선한 과일, 채소, 냉동반죽 등의 효소적 품질 손실
• 건조 유제품이나 건조 시리얼의 비효소적 갈변반응
• 냉동식품, 건조식품, 스낵류의 지방산화 등 | • 유지식품의 산패
• 신선한 고기나 생선의 미생물 발육
• 가열살균에 의한 미생물 파괴
• 육류의 미생물에 의한 이미, 이취의 발생
• 통조림이나 건조식품의 비타민 손실
• 건조식품의 단백질 손실 등 |

1 ③ 2 ① 3 ① **Answer**

04 환경반응속도에 영향을 미치는 환경적 인자 중 가장 중요한 것은?

① 온 도
② 습 도
③ pH
④ 수 분

해설 반응속도에 영향을 미치는 환경적 인자 중 가장 중요한 것이 온도이다.

05 온도에 의한 환경반응속도의 변화에 대한 설명이다. 맞지 않은 것은?

① 기본식은 아레니우스식이다.
② 열역학에 기본을 두고 있다.
③ 절대온도와 속도상수의 관계식을 사용했다.
④ 열사멸모델이다.

해설 온도에 의한 반응속도의 변화를 나타내는 기본식은 아레니우스식으로 1898년 아레니우스가 제시한 열역학에 기본을 둔 이론적 모델이며 절대온도와 속도상수의 관계식을 사용한다. 열사멸모델이나 Q_{10}값과 같은 경험식과 구분된다.

06 다음 중 고기의 동결저장에서 급속동결의 목적에 해당하는 것은?

① 보수력의 증가
② 육색의 보존
③ 미세한 빙결정의 형성
④ 친화력 및 유화력의 향상

해설 동결저장에서 급속동결의 목적은 미세한 빙결정체를 형성하는 데 있다.

07 다음 중 포장재 선택 시 고려해야 할 사항이 아닌 것은?

① 기체투과도
② 개인적 취향
③ 재활용 여부
④ 빛에 대한 차단성

08 식품보존제 사용 시 주의사항으로 설명이 틀린 것은?

① 식품의 수분활성도가 중요하다.
② 식품의 pH에 따라 항균력이 다르다.
③ 식품 제조 시 가공온도는 영향이 없다.
④ 식품에 있는 당류 또는 염분 농도를 고려해야 한다.

09 소의 고온숙성 조건을 변하게 하는 요인 중에서 특히 중요한 역할을 하는 것은?

① 지방의 두께
② 지방의 질
③ 도체 크기
④ 도체 모양

 소에 있어서는 연령, 도체 크기, 도체 모양 그리고 지방 두께에 의해 고온숙성 조건이 변하게 되는 것으로 알려지고 있으며, 특히 지방의 두께가 중요한 역할을 하는 것으로 보고된다.

10 다음 중 Flexible한 포장재에 포함되지 않는 것은?

① 알루미늄 캔
② 저밀도 폴리에틸렌
③ 종 이
④ 염화폴리바이닐리덴

11 온도조절에 의한 식품저장에 대한 설명 중 틀린 것은?

① 일반적으로 고온 단시간 살균이 저온 장시간 살균보다 영양소 파괴가 적다.
② 포자의 사멸 온도에서도 효소는 활성을 유지할 수 있다.
③ 냉동변질은 식품 표면의 수분 증발현상으로 발생된다.
④ 냉장에서 저온미생물 이외의 중온미생물들은 살균된다.

12 다음 중 열접착성이 가장 우수한 포장재는?

① 폴리에틸렌
② 폴리프로필렌
③ 폴리스타이렌
④ 나일론

13 다음 항산화제 중 금속이온을 Chelate하여 항산화 작용을 갖는 것은?

① BHT
② BHA
③ EDTA
④ TBHQ

14 다음 미생물의 생육단계 중에서 식육의 저장성과 가장 관계가 깊은 것은?

① 대수기
② 정체기
③ 유도기
④ 사멸기

 식육의 저장성은 미생물의 성장요인을 제거하거나 억제하는 방법으로 향상되므로 미생물이 새로운 환경에 적응하기 위해 거의 성장하지 않는 유도기와 관련이 깊다.

15 식육은 부패균의 번식에 의해 단백질과 지방이 분해된다. 이들의 분해산물이 아닌 것은?

① 암모니아
② 유기산
③ 아 민
④ 글라이코겐

 글라이코겐(Glycogen)은 탄수화물의 분해산물이다.

16 다음 포장재 중 내산성이 가장 약한 것은?

① 알루미늄 포일
② 폴리카보네이트
③ 폴리스타이렌
④ 폴리에틸렌

17 다음 미생물 중에서 진공포장시 사용되는 포장재의 산소투과도에 가장 민감하게 반응하는 것은?

① 살모넬라(*Salmonella*)균

② 슈도모나스(*Pseudomonas*)균

③ 포도상구(*Staphylococci*)균

④ 보툴리눔(*Botulinum*)균

해설 슈도모나스균은 호기성이므로 진공포장 시 가장 크게 영향을 받는다.

18 다음 중 비타민 유래 산화방지제인 것은?

① 토코페롤

② BHA

③ BHT

④ 에리토브산

19 다음 중 미생물 증식 억제를 위한 저장방법으로 올바르지 않은 것은?

① 가열법

② 중온저장법

③ 냉장법

④ 방사선조사법

해설 미생물 증식 억제를 위한 저장방법에는 가열, 건조, 냉장, 냉동, 방사선조사 등이 있다.

20 다음 중 알루미늄 포일 포장재의 특성이 아닌 것은?

① 우수한 차광성

② 우수한 기체 차단성

③ 우수한 내염성

④ 우수한 방습성

21 다음 중 포장된 식육제품의 저장성에 영향을 미치는 요인은?

① 고기의 육색

② 포장지의 두께

③ 저장기간과 이산화탄소의 유무

④ 저장온도와 포장 내 산소의 유무

해설 포장된 식육제품에는 산소나 질소가 포함되지 않도록 하는 것이 중요하다.

22 도체를 냉각할 때 냉각속도에 영향을 미치는 요인이 아닌 것은?

① 도체의 온도 및 크기

② 피하지방의 두께

③ 예랭실의 온도

④ 예랭실의 풍향

해설 냉각속도는 도체의 온도, 크기, 비열, 피하지방의 두께, 예랭실의 온도 및 풍속 등에 따라 좌우된다.

23 다음 중 냉장육을 진공포장하면 저장성이 향상되는 가장 큰 이유는?

① 식육의 pH가 감소하여 미생물이 잘 자라지 못하므로

② 산소가 제거되어 호기성 미생물들이 생육하지 못하므로

③ 식육의 수분 증발을 막기 때문에

④ 수분활성도가 낮아져 미생물의 생육이 억제되기 때문에

해설 진공포장은 산소를 제거하여 호기성 미생물의 성장을 억제한다.

24 다음 중 생분해성 재료가 아닌 것은?

① 폴리락트산

② 종 이

③ 제 인

④ Ionomer

Answer 21 ④ 22 ④ 23 ② 24 ④

25 다음 중 대표적인 산화표백제로서 무색, 투명한 액체이고 강한 산화력을 가지며 알칼리성에서 강한 표백력을 보이며 사용 후 유해물질이 남지 않는 특성이 있는 것은?

① 과산화수소
② 이산화염소수
③ Sulfur dioxide
④ Sodium sulfite

26 다음 중 냉동육의 저장기간에 영향을 미치는 요인으로 보기 어려운 것은?

① 온도변이
② 포장재료의 품질
③ 냉동저장 온도
④ 중온성 미생물의 수

해설 냉동육의 저장기간은 식육의 종류, 제품의 종류, 냉동저장 온도, 온도변이, 포장재료의 품질에 따라 다양하다.

27 다음 탈기법 중 열에 예민한 식품이나 건조식품에 적용하는 방법은?

① 일반 탈기법
② 기계적 탈기법
③ 수증기 분사법
④ 가열 탈기법

28 다음 중 방습이 뛰어나고 기체 투과성이 낮아 음식을 포장하는 데 많이 사용되는 Vinylidene Chloride와 Vinyl Chloride의 중합체로 제조되는 포장재는?

① 사 란
② 폴리락트산
③ 염화폴리바이닐리덴
④ 염화폴리바이닐

25 ① 26 ④ 27 ② 28 ① **Answer**

29 다음 중 도체의 냉각감량과 관계가 먼 것은?

① 습 도

② 공기의 유속

③ 도체의 크기

④ 도체의 중량

 냉각감량에 영향을 미치는 요인

냉각시간, 냉각온도, 습도, 공기의 유속, 도체의 크기, 지방부착도 등

30 다음 중 평판 동결에 대한 특징으로 틀린 것은?

① 금속판의 온도는 −5~0℃이다.

② 스테이크, 촙(Chop)과 같은 두께가 한정되어 있는 식육의 냉동에 사용된다.

③ 동결장치가 차지하는 면적이 작다.

④ 열전달 매체가 금속판이다.

 금속판의 온도는 −30~−10℃이다.

31 다음 중 보존제가 아닌 것은?

① 아스코브산

② 벤조산

③ 프로피온산

④ BHA

32 다음 중 식육의 냉장저장 시에 발생하는 문제점에 해당하지 않는 것은?

① 단백질 변성

② 변 색

③ 부 패

④ 중량 감소

 식육의 냉장저장 시에 발생하는 문제점으로는 지방산화, 변색, 중량 감소, 미생물에 의한 부패 등이 있다.

33 다음 중 식품의 온도가 가장 높게 올라가는 기술은?

① 초고압
② 감마선 조사
③ 옴가열(Ohmic)
④ 고전압 펄스장

34 다음 중 냉동돈육의 저장성에 가장 큰 영향을 미치는 요인은 어느 것인가?

① 큰 빙결정의 형성
② 지방산화에 의한 산패
③ 미생물에 의한 부패
④ 표면의 건조

 냉동저장 중에는 지방의 산화에 의한 산패가 일어나 육질이 저하된다.

35 식품저장 시 수분활성도를 낮추는 방법으로 적합하지 않은 것은?

① 소금을 첨가한다.
② 설탕을 첨가한다.
③ 식품을 얼려서 저장한다.
④ 물을 첨가한다.

 수분활성도를 낮추는 방법으로는 염장, 담장의 방법으로 식염이나 당분을 첨가하면 식품 속의 유리수가 결합수로 변하기 때문에 수분활성도(Aw)가 낮아진다. 또한 건조, 동결의 경우에도 동일한 결과를 얻을 수 있어 유통기한을 연장할 수 있다.

36 방사선 조사를 통하여 얻고자 하는 목표로서 적절치 않은 것은?

① 발아 억제
② 훈증제 대체 효과
③ 저장기간 연장
④ 세균 성장 유지

37 식육은 가열처리에 의해서 갈색으로 변하지만 햄, 소시지의 경우에는 가열처리 후에도 색이 변하지 않고 유지되는 이유는 (　　)과 같은 성분이 아질산염 또는 질산염과 반응하여 (　　)으로 전환되어 육색을 유지하기 때문이다. (　　) 안에 들어갈 말이 순서대로 짝지어진 것은?

① Nitrosomyoglobin, Myoglobin

② Met-myoglobin, Myoglobin

③ Myoglobin, Met-myoglobin

④ Myoglobin, Nitrosomyoglobin

38 동결저장 중 지속적으로 일어나는 변화가 아닌 것은?

① 산 패

② 변 색

③ 탈수건조

④ 육즙 증가

해설 동결저장 중 산패, 변색, 탈수건조는 지속적으로 일어나는 변화이다.

39 가속저장실험을 수행할 때 품질의 변화가 가장 작다고 예상되는 품질은?

① 조직감

② 색 도

③ 당 도

④ 수 분

40 다음 중 121℃의 습열 살균이 필요한 식품의 pH는?

① pH 5

② pH 4

③ pH 3

④ pH 2

41 식육의 냉동저장 중 가장 문제가 되는 것은?

① 수분의 증발
② 지방의 산화
③ 미생물의 번식
④ 육색의 변화

해설 식육의 냉동저장 시 지방산화가 일어나 산패취를 발생시킨다.

42 방사선조사의 장점이라고 보기 어려운 것은?

① 잔류 농약이 없어짐
② 강력한 투과력
③ 다량 연속 처리가 가능
④ 포장한 채로 살균이 가능

43 동결 건조식품의 특징과 관계 없는 것은?

① 건조 중 표면경화가 거의 없다.
② 건조 중 식품의 수축이 작다.
③ 건조 후 지방질산화가 잘 일어나지 않는다.
④ 건조 후 재수화성(복원성)이 우수하다.

44 다음 중 식품보존제로서 갖추어야 할 특징이 아닌 것은?

① 미량으로 효과가 있어야 한다.
② 무독성
③ 가격이 저렴해야 한다.
④ 사용이 복잡해야 한다.

45 식품 중의 물과 극성 물질은 교류하는 전기장에 대해 정렬을 반복하며 그 자리에서 회전하면서 마찰에 의하여 열을 발생시키고, 이온성 물질은 교류하는 전기장에 따라 운동하면서 운동 에너지로 열을 발생시키는 원리를 적용한 것은?

① 옴(Ohmic)가열
② 방사선
③ 마이크로파
④ 초음파

46 냉장실에서 지육을 장기간 냉장 저장시킬 때 표면의 육색변화를 방지하기 위한 옳은 조치가 아닌 것은?

① 냉장온도를 낮게 한다.
② 공기유통속도를 빠르게 한다.
③ 상대습도를 높게 한다.
④ 지육의 표면오염을 적게 한다.

 식육의 냉장에 의한 보존기간은 식육의 종류, 초기 오염도, 냉장조건(저장온도와 습도), 포장 상태 및 육제품의 종류와 형태에 따라 좌우된다. 이상적인 냉장조건일 때 소고기는 6~7주, 돼지고기는 2~3주간 보존이 가능하다. 온도는 낮게, 상대습도는 85% 수준을 유지하고, 오염은 없을수록 좋으며 공기유통속도는 적당히 한다. 건조해지고 수분증발이 심해지면 고기 표면이 혼탁해지고 감량이 발생하기 때문이다.

47 온도 조절에 의한 식품저장에 대한 설명 중 맞는 것은?

① 통조림 식품의 내용물이 액체이든 고체이든 냉점의 위치는 변하지 않는다.
② 냉장고 기본 원리는 팽창 – 증발 – 압축 – 응축이다.
③ 식품의 pH가 4.5 이상인 저산성식품은 100℃ 이하에서 가열 살균한다.
④ 식품의 pH가 4.5 미만인 산성식품 또는 고산성식품은 121℃에서 가열살균한다.

 • 통조림 식품의 내용물이 액체이든 고체이든 냉점의 위치는 변한다.
• 식품의 pH가 4.5 이상인 저산성식품은 121℃에서 가열살균한다.
• 식품의 pH가 4.5 미만인 산성식품 또는 고산성식품은 100℃ 이하에서 가열살균한다.

48 고기의 동결에 대한 설명으로 틀린 것은?

① 최대빙결정생성대 통과시간이 30분 이내이면 급속동결이라고 한다.
② 완만동결을 할수록 동결육 내 얼음의 개수가 적고 크기도 작다.
③ 완만동결을 할수록 동결육의 물리적 품질은 저하한다.
④ 동결속도가 빠를수록 근육 내 미세한 얼음결정이 고루 분포하게 된다.

급속히 냉동시킨 식육에는 크기가 작고 많은 숫자의 빙결정이 존재하고, 반대로 완만하게 냉동시킨 식육에는 크기가 크고 개수가 적은 빙결정이 존재하게 된다. 그 이유는 완만냉동에서는 형성되는 빙결정의 개수가 적고 성장이 심하게 일어나지만, 급속냉동에서는 많은 빙결정이 형성되고 한정된 크기까지만 성장하기 때문이다.

49 다음 중 산화방지제가 아닌 것은?

① BHA
② 벤조산나트륨
③ 아스코브산
④ BHT

50 식육의 냉장저장 중 변색으로 인해 그 상품가치가 떨어질 수 있다. 이를 방지하기 위한 대책으로 적합하지 않은 것은?

① 건조한 공기와의 접촉을 피할 것
② 저장온도는 가급적 낮게 유지할 것
③ 미생물의 오염 및 증식을 최소화할 것
④ 표면 지방의 제거를 철저히 할 것

51 식육의 동결 시 최대빙결정형성대의 온도 범위는?

① 0~2℃
② −5 ~ −1℃
③ −15 ~ −10℃
④ −25 ~ −20℃

52 식육의 냉장 저장 시 일어나는 변화와 거리가 먼 것은?

① 육색의 변화
② 저온성 미생물의 성장
③ 드립의 발생
④ 지방의 변화

해설 드립은 해동 과정에서 발생한다.

53 염장의 이로운 점이 아닌 것은?

① 미생물 생육 억제

② 탈수 유지

③ 탈색 방지

④ 드립 발생을 낮춤

해설 소금 절임은 지방이 공기와 접촉하여 변색 및 탈색이 되는 단점을 가지고 있다.

54 염장을 실시하면 식육의 부패를 방지할 수 있다. 다음 중 염장의 저장원리가 아닌 것은?

① 산소의 용해도를 증가시켜 호기성 세균의 발육 저지

② 삼투작용에 의한 탈수로 미생물의 생육에 필요한 수분 감소

③ 높은 삼투압으로 미생물의 원형질이 분리되어 발육 저지

④ 단백질 분해효소의 작용을 저해하는 작용

55 염장 시 식염의 침투속도와 가장 관계가 적은 인자는?

① 저장온도

② 식염의 농도

③ 식염의 순도

④ 세균의 오염도

해설 식염의 침투속도는 식염의 농도 및 순도가 높을수록, 저장온도가 높을수록, 수분이 많을수록, 지방 함량이 적을수록 크다.

56 식육을 동결시킬 때 급속동결을 권장하는 주된 이유는?

① 근육 섬유 외부에 큰 얼음결정을 형성하기 위해

② 근육 섬유 내부에 큰 얼음결정을 형성하기 위해

③ 해동 시 육즙 손실(Drip)을 최소화하기 위해

④ 냉동실 면적을 최소화하기 위해

57 훈연재로 적합하지 않은 것은?

① 벚나무
② 참나무
③ 떡갈나무
④ 향나무

58 식육가공 시 훈연하는 이유가 아닌 것은?

① 향을 좋게 한다.
② 저장성을 높여 준다.
③ 색깔을 좋게한다.
④ 영양가를 높여 준다.

59 식품에 사용 가능한 천연항균물질은?

① 암피실린(Ampicillin)
② 테트라마이신
③ 가나마이신
④ 니 신

60 식육을 저온에서 저장하는 이유가 아닌 것은?

① 호흡량 감소
② 미생물 번식 지연
③ 저장비용 저렴
④ 화학반응속도 감소

61 냉동저장에 대한 설명 중 틀린 것은?

① 급속히 냉동시키는 것이 완만히 냉동시키는 것보다 조직의 손상이 크게 온다.
② 냉동저장은 우수한 장기저장법 중의 하나이다.
③ 성능이 좋은 냉동장치를 이용하면 맛, 색, 조직 등을 효과적으로 보존할 수 있다.
④ 식육 중의 수분이 동결할 때 식육의 조직이 파괴된다.

62 식육의 냉동에 급속냉동이 가장 적합한 이유는?

① 기생충을 사멸하기 위해

② 향을 보존하기 위해

③ 수분의 증발로 오래 저장하기 위해

④ 얼음결정이 작고 조직이 상하지 않게 하기 위해

63 냉동 식육의 해동 시 드립량을 가장 적게 할 수 있는 냉동방법은?

① 급속동결법

② 완만동결법

③ 반송풍동결법

④ 정지공기동결법

64 고기 저장 시 육색의 변색에 영향을 미치는 요인으로 가장 부적절한 것은?

① 미생물

② pH

③ 온 도

④ 근섬유 굵기

 고기 저장 시 육색의 변색에는 여러 요인들이 영향을 끼친다. 미생물, pH, 온도와 같은 외적 요인이 근섬유(식육)의 상태에 따라 변색 정도가 달리 일어난다. 근섬유의 굵기는 육색의 변색에 영향을 끼치는 요인이라기보다는 육색의 발현과 같은 상태를 나타내는 요인으로 보는 것이 타당하다.

65 해동 시 일어나는 변화가 식육품질에 미치는 영향이 아닌 것은?

① 미생물은 번식하기 좋다.

② 수분의 흡수로 중량이 늘어난다.

③ 산화적 변패가 일어나기 쉽다.

④ 효소적 갈변반응이 일어나기 쉽다.

 해동 시 수분이 유출되어 중량이 감소된다.

66 식품의 열풍건조와 관계 없는 것은?

① 용질이 표면으로 이동한다.

② 건조 중 갈변이 일어나기 쉽다.

③ 건조 중 영양성분이 식품 내부로 확산된다.

④ 건조 전반부에 식품의 수축이 일어나다가 건조 후반부에 형태와 크기가 고정된다.

67 식육의 동결저장 중 동결속도가 빠를수록 나타나는 현상은?

① 복원성이 저하된다.

② 해동 시 분리육즙이 적다.

③ 조직에 대한 손상이 크다.

④ 큰 얼음결정이 산발적으로 분포한다.

해설 식육의 동결저장 중 동결속도가 빠를수록 복원성이 높아지고, 해동 시 분리육즙이 적고 조직에 대한 손상이 적다.

68 지육을 급속동결시킬 때 가장 적합한 방법은?

① 접촉식 동결법

② 공기 동결법

③ 송풍 동결법

④ 침지식 동결법

69 식육의 저장 중에 일어나는 부패 초기의 현상으로, 식육의 표면에 점액이 생성되기 시작하는 시기의 세균수는 어느 정도인가?

① $10^3/cm^2$

② $10^5/cm^2$

③ $10^7/cm^2$

④ $10^9/cm^2$

70 가열살균에 의하여 장기간 저장성을 가지는 제품은?

① 통조림
② 훈제품
③ 연제품
④ 조림제품

71 저장 중 과잉으로 생성된 이산화탄소 농도를 줄이기 위해 사용되는 방법이 아닌 것은?

① EDTA에 흡착
② 에탄올아민에 흡수
③ Hydrated Lime에 흡수
④ Molecular Sieve에 흡착

72 식육제품 포장재료의 구비조건으로 보기 어려운 것은?

① 상품성
② 위생성
③ 저가성
④ 보호성

해설 포장재료의 구비조건에는 보호성, 위생성, 안정성, 상품성, 간편성, 경제성 등이 있다.

73 포장재료인 종이의 약점으로 볼 수 있는 것은?

① 방습 및 내습성의 결여
② 개봉이 어려움
③ 환경오염이 많음
④ 자외선 차단이 어려움

74 포장용 플라스틱필름이 갖추어야 할 점으로 틀린 것은?

① 인장강도 및 내열강도가 높아야 한다.

② 상업적인 취급 및 인쇄가 용이해야 한다.

③ 이산화탄소보다 산소의 투과도가 높아야 한다.

④ 유해물질을 방출하지 말아야 한다.

해설 포장에 사용되는 필름은 산소의 유입보다는 이산화탄소의 방출에 더 많은 비중을 두어야 한다. 또한 이산화탄소 투과도는 산소 투과도의 3~5배에 이르러야 한다.

75 1회용 유리병을 대체할 수 있는 플라스틱은?

① 폴리에스테르

② 폴리셀로

③ 폴리아미드

④ 폴리스티렌

해설 폴리에스테르(PET) 병이 가격·중량면에서 유리하여 유리병의 대체품으로 많이 이용되고 있다.

76 2개 이상의 필름을 적층하여 포장재료의 성질을 개선시킨 것은?

① 라미네이트

② 가식성 필름

③ 자외선 차단 유리

④ 발포 폴리스티렌

77 식품용 용기재료 중에서 장기간 사용하면 표면이 꺼칠꺼칠해지고 포르말린 용출이 심하여 위생상 문제가 큰 열경화성 수지는?

① 석탄산수지

② 멜라민수지

③ 요소수지

④ 페놀수지

78 냉장실에서 지육을 장기간 냉장 저장시킬 때 표면의 육색변화를 방지하기 위한 옳은 조치가 아닌 것은?

① 냉장온도를 낮게 한다.
② 공기유통속도를 빠르게 한다.
③ 상대습도를 높게 한다.
④ 지육의 표면오염을 적게 한다.

 식육의 냉장에 의한 보존기간은 식육의 종류, 초기오염도, 냉장조건(저장온도와 습도), 포장상태 및 육제품의 종류와 형태에 따라 좌우된다. 이상적인 냉장조건일 때 소고기는 6~7주, 돼지고기는 2~3주간 보존이 가능하다. 온도는 낮게, 상대습도는 85% 수준 유지, 오염은 없을수록 좋고 공기유통속도는 적당하게 한다. 건조해지고 수분 증발이 심해지면 고기 표면이 혼탁해지고 감량이 발생하기 때문이다.

79 식육의 냉동저장 중의 변화와 거리가 먼 것은?
① 단백질의 변성
② 지방의 산화
③ 변 색
④ 미생물의 사멸

80 효율적 저장관리를 위반 원칙에 해당되지 않는 것은?
① 단시간의 원칙
② 공간활용의 원칙
③ 분류저장의 원칙
④ 저장위치 표시의 원칙

81 다음 건조기 중에서 원리상 공기와 관련이 가장 적은 것은?
① 유동층 건조기
② 드럼 건조기
③ 분무 건조기
④ 포말식 건조기

 드럼 건조기는 접촉식 건조장치이다.

82 식품의 저장방법에 관한 설명으로 옳은 것은?

① 냉동실에는 식품을 오래 저장해도 식재료에 변화가 나타나지 않는다.

② 건조 창고의 적합한 상대습도 범위는 50~60%이다.

③ 식품보관 선반은 바닥과 벽에 밀착시켜서 흔들림이 없도록 설치한다.

④ 쌀, 미역, 김, 양념류와 세척제는 식품을 보관하는 건조 창고에 함께 보관한다.

> **해설** 건조나 저장 시의 상대습도 범위는 50~60%이고, 온도는 15~25℃가 적당하다.

83 완만냉동과 급속냉동을 설명한 것 중 올바르게 설명하고 있지 못한 것은?

① 완만냉동 중 얼음의 결정수는 많고 결정의 크기가 적은 편이다.

② 완만냉동의 냉각속도가 급속냉동의 제품에 비하여 느린 편이다.

③ 얼음결정이 생성되는 위치는 완만냉동의 경우 세포 외부에, 급속냉동의 경우 세포 내부에 생성된다.

④ 급속냉동은 최대얼음결정생성대 통과시간이 35분 이하이다.

84 혐기적 호흡에 의해 생산되는 최종산물은?

① 에탄올

② 산 소

③ 아황산가스

④ 포도당

85 식품을 냉장하는 목적과 가장 거리가 먼 것은?

① 변질의 지연

② 자기소화 지연

③ 식품의 신선도 유지

④ 병원미생물의 사멸

> **해설** 냉장의 목적
> • 변질의 지연
> • 자기소화를 지연
> • 식품의 신선도를 단기간 유지
> • 미생물 증식을 저지

86 식품의 열풍 건조과정 중에서 항률 건조기간과 관련된 다음 설명 중 틀린 것은?

① 식품 표면이 수분으로 젖어 있다.
② 건조속도는 시간에 따라 일정하다.
③ 내부에서 표면으로의 수분 이동과 표면에서의 증발속도가 평형을 이룬다.
④ 건조속도는 열전달속도와 독립적인 관계에 있다.

87 어느 식품의 건물기준 수분함량이 25%일 때 이 식품의 습량기준 수분 함량은 몇 %인가?

① 20%
② 25%
③ 30%
④ 35%

88 다음 중 1차 반응에 따른 것이 아닌 것은?

① 카로텐 파괴
② 아스코브산의 산화
③ 비효소적 갈변
④ 방사선물질의 파괴 및 반감기

89 다음은 염수법과 건염법에 대한 설명이다. 틀린 것은?

① 염수법은 염장 중 자주 교반하지 않으면 염장 초기에 부패 발생이 가능하다.
② 염수법은 건염법에 비해 소금 사용량이 많다.
③ 건염법은 소금 침투가 불균일하고 품질 또한 불균일하다.
④ 건염법은 염장과정 중 산화방지제 사용이 불필요하다.

해설 건염법은 염장과정 중에 유지 산화로 인한 변색이 가능하여 산화방지제 사용이 필요하다.

90 터널 건조기의 병류식과 역류식에 대한 설명이다. 맞는 것은?

① 병류식은 원료식품의 출구에서 증발속도가 빠르다.
② 병류식은 과열로 인한 식품의 열손상 위험의 최소화가 불가능하다.
③ 역류식은 건조제품의 입구에서 아주 낮은 수분 함량의 제품을 얻는다.
④ 역류식은 일반적으로 병류식보다 열에너지 사용면에서 더 경제적이다.

 • 병류식은 원료식품의 입구에서 증발속도가 빠르다.
• 병류식은 과열로 인한 식품의 열손상 위험의 최소화가 가능하다.
• 역류식은 건조제품의 출구에서 아주 낮은 수분 함량의 제품을 얻는다.

91 해동과정 중 고려해야 할 사항이 아닌 것은?

① 해동 중 미생물의 번식이 발생하지 않도록 주의한다.
② 드립 발생은 적게 일어나도록 주의하여야 한다.
③ 조직감의 변화가 최소화하도록 하여야 한다.
④ 내외 온도차를 크게 유지하는 것이 바람직하다.

92 MAP 저장 시 사용하지 않는 필름은?

① Polye hylene
② Polypropylene
③ Polyphenol
④ Poly Vinyl Chloride

93 가속저장실험을 수행할 때 변화를 줄 수 있는 조건이 아닌 것은?

① 이산화탄소의 증가
② 광선의 양 증가
③ 산소량의 증가
④ 수분 증가

94 육가공 시 염지의 설명으로 잘못된 것은?

① 보수성 및 결착성을 증대시킨다.
② 제품의 풍미를 향상시킨다.
③ 단백질을 변성시키고 살균의 효과가 있다.
④ 근육 단백질의 용해성을 증가시킨다.

95 다음 육가공품 중 제조 시에 결착력이 필요한 것은?

① 햄
② 베이컨
③ 통조림
④ 소시지

96 다음 중 훈연의 목적으로 맞지 않는 것은?

① 보수성 증가
② 방부성 증가
③ 풍미 증대
④ 보존성 향상

제 3 장

식육제품의 유통

(1) 유통의 개념

① 유통이란

㉠ 생산자로부터 소비자에게 상품 및 서비스의 이전을 통해 장소, 시간 및 소유의 효율성을 창조하는 활동으로 생산과 소비를 이어 주는 중간기능으로, 생산품의 사회적 이동에 관계되는 모든 경제활동

㉡ 좁은 의미의 유통은 도·소매업 중심의 상적유통만을 의미한다.

㉢ 넓은 의미의 유통은 상적유통 이외의 물류이동을 의미하는 물적유통(운송·보관·하역·포장·정보활동)과 정보처리 및 광고 통신의 유통인 정보유통, 그리고 금융·보험 등 보조활동을 포괄하는 상업활동

㉣ 확대된 유통의 의미(=마케팅)

② 유통의 기능

㉠ 인격적 통일기능 : 수집과 구매, 분산과 판매, 판매거래와 소유권 이전 기능

㉡ 장소적 통일기능 : 운송기능

㉢ 시간적 기능 : 보관기능

㉣ 양적 통일기능 : 생산과 소비의 수량적 통일기능(수집과 분산기능)

㉤ 품질적 통일기능 : 규격과 표준화

㉥ 금융적 통일기능 : 금융기능

㉦ 위험부담기능 : 물리적 위험과 경제적 위험담보기능(보험기능)

㉧ 시장정보기능 : 시장조사 및 매장정보기능

▼ 유통의 기본적 기능

기본적 유통기능(상적유통기능)	물적유통기능	유통조성기능
인격적 통일기능(거래유통기능)	장소적 통일기능(운송)	• 수량적 통일기능 • 품질적 통일기능(표준화)
(수집) 구매 (분산) 판매	시간적 통일기능(보관)	• 금융적 기능(금융) • 위험부담기능(보험) • 시장정보기능(시장조사)

③ 유통이론의 발달

㉠ 소매수레바퀴이론(= 차륜형 발전가설) : 1958년 하버드대학교의 맥나이어(M. McNair) 교수가 제시하였다. 혁신적인 소매상은 항상 기존 소매상보다 저가격, 저이윤 및 최소 서비스라는

가격소구방법으로 신규진입하여 기존업체의 고가격, 고마진, 최고 서비스와 경쟁하면서 점차로 기존 소매상을 대체한다는 이론이다.

▼ **소매기관 변화의 소매수레바퀴이론**

ⓛ 소매아코디언 이론 : 1966년 홀랜더(S.C Hollander) 교수가 주장. 소매상의 변천을 상품구색의 변화에 초점을 맞추어 상품구색이 넓은 소매상(종합점)에서 상품구색이 좁은 소매상(전문점)으로 다시 넓은 소매상으로 마치 수레바퀴 돌 듯이 반복적으로 변천한다는 이론이다.

▼ **소매기관 변화의 아코디언 이론**

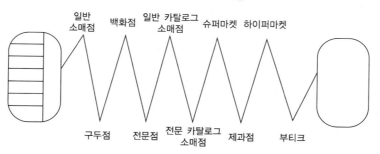

ⓒ 변증법이론 : 소매기관의 발전과정을 변증법적 이론을 도입하여 소매기관의 발전은 정 → 반 → 합의 원리처럼 진행된다는 이론

▼ **정반합의 원리**

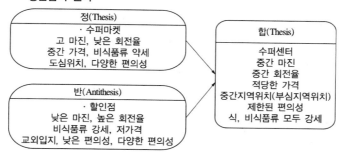

ⓒ 적응행동이론 : 다윈의 진화론에서 설명한 자연도태론을 토대로 소매기관을 둘러싼 소비자의 구매행동변화, 구매욕망변화, 과학기술변화, 경쟁상대의 행동변화, 법적 환경변화 등과 같은 환경변화에 가장 효율적으로 적응할 수 있는 소매기관만이 생존·발전하게 된다는 이론이다. 미국 소매기관의 변천과정에서 나타났던 전문점 → 백화점 → 할인점 순으로 소매기관의 등장과 성장과 쇠퇴과정에 대하여 잘 설명하였다.

ⓓ 소매생명주기이론 : 데이비슨에 의해 소매수레바퀴이론의 한계점을 보완. 소매기관도 상품의 수명주기와 같이 도입기 → 성장기 → 성숙기 → 쇠퇴기의 과정을 거치면서 생성되고 발전한다는 이론이다.

④ 유통의 발전과정

▼ 우리나라 소매업태의 소매수명주기상에서의 위치

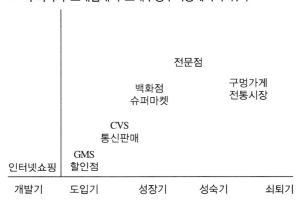

▼ 소매수명주기 단계별 특징과 전략적 시사점

구 분	특 징	수명주기의 단계			
		도입기	성장기	성숙기	쇠퇴기
시장 특성	경쟁자수	거의 없음	중 간	동종업체 내 소매상들 간의 높은 직접경쟁	이(異)업종 소매상들 간의 높은 간접경쟁
	판매증가율	매우 빠름	빠 름	중 간	매우 느림
	이익 수준	낮 음	높 음	중 간	매우 확정
	혁신의 지속	3~5년	5~6년	불확정	불확정
소매 업자 전략	투자·성장·위험부담의 결정	높은 투자·높은 위험부담	성장 유지 위한 고투자	선별적 투자	자본 지출의 최소화
	경영의 중심점 관심	소매개념의 정립 및 정착	시장위치 선점	소매개념의 수정	탈출전략
	통제 정도	최 소	중 간	최 대	중 간
	성공적인 관리스타일	기업가적	집권적	전문적	관리적

▼ 유통의 발전과정

$$자급자족 사회 \rightarrow 초기\ 산업 사회 \rightarrow 고도\ 산업 사회 \rightarrow 정보\ 산업 사회$$

생산과 소비의 일치   생산과 소비의 분리   생산, 유통, 소비의 분리   유통우위시대

⑤ 유통의 역할

   ㉠ 소비자에 대한 역할
- 올바른 상품을 제공하는 역할
- 적절한 상품의 구색을 갖추는 역할
- 필요한 상품의 재고를 유지하는 역할
- 상품정보, 유행정보, 생활정보를 제공하는 역할
- 쇼핑의 장소 및 정보를 제공하는 역할

   ㉡ 생산자에 대한 역할
- 소비자에 대한 정보를 제공하는 역할
- 물적유통 역할
- 금융 역할
- 촉진 역할

⑥ 유통산업의 역할

   ㉠ 유통산업의 사회적 역할 : 소비문화 창달, 사회에 풍요성 제공

   ㉡ 유통산업의 경제적 역할 : 생산자와 소비자 간 매개역할, 산업발전의 촉매, 고용창출, 물가조정

⑦ 축산물 유통의 특성

   ㉠ 축산물의 수요·공급은 비탄력적이다.

   ㉡ 축산물의 생산체인 가축이 성숙되기 전에도 상품적인 가치가 있다.

   ㉢ 축산물 생산농가가 영세하고 분산적이기 때문에 유통단계상에서 수집상 등 중간상인이 개입될 소지가 많다.

   ㉣ 축산물은 부패성이 강하기 때문에 저장 및 보관에 비용이 많이 소요되고 위생상 충분한 검사를 필요로 한다.

   ㉤ 축산물시장에서의 거래가 이루어지기보다는 중간상인 및 구매자가 구매하고자 하는 가축에 따라 이동하는 경우가 많다(이동거리와 시간에 따라 생체의 감량이 발생하기 때문).

   ㉥ 가축시장의 경매가격, 도매시장의 육류가격 등 축산물 평가기준 설정이 어렵다.

   ㉦ 축산물은 생체로부터 가공에 이르기까지 많은 가공시설과 가공기술을 필요로 한다.

   ㉧ 축산물은 비탄력적으로 가격변동에 대한 대응이 단시간에 이루어지기 어렵다.

   ㉨ 축산물의 소득탄력성이 다른 농산물에 비해 높기 때문에 소득 수준이 향상됨에 따라 축산물의 소비량을 증가시킬 수 있다.

(2) 유통환경 변화와 유통산업

① 유통환경 변화

㉠ 경제발전과 소득 수준에 따라 국민들의 식품소비형태는 '물량'과 '영양'을 추구하는 양적인 소비에서 5감에 의해 '맛', '멋', '예술'의 질적인 단계로 발전한다.

㉡ 국민생활이 고도로 대중소비사회로 갈수록 농산물 생산이 고도화되고 식품소비구조가 다양화, 고급화, 개성화, 간편화, 안전화 또는 건강지향으로 변모한다.

㉢ 세계 주요국과 비교할 때 우리나라 국민은 과일, 육류, 우유 소비가 늘어나고 있으나 여전히 쌀, 채소 중심의 국가이다.

㉣ 소비자들의 식품소비구조는 가공품과 외식에 대한 소비가 늘어나고 있으며, 고품질 4가정식 대체품이나 조리식품에 대한 선호도가 증가하고 있다.

㉤ 소비자들의 소비구조의 변화는 농산물과 식품의 구매패턴에도 영향을 주어 구매 장소, 구매 단위, 구매 형태 등에서 편의성 추구 경향이 나타나고 있다.

㉥ 경제개발과 국민소득의 증가, 공업화, 도시화는 농업생산을 자급자족농업에서 상품생산농업 으로 전환시켰으며 농민의 의식구조도 크게 변하게 되었다.

㉦ 1990년대 후반 유통시장 개방과 소비지유통 혁신으로 대형유통업체들이 산지 직거래와 계약 재배를 확대해 '맞춤생산', '맞춤유통'이 크게 늘어나게 되었다.

㉧ 판매경쟁이 심화됨에 따라 생산 전문화·단지화가 불가피하고, 상품 차별화를 위해 생산자단 체를 중심으로 표준규격화와 브랜드화가 급속히 진전되고 있다.

㉨ 중국으로부터 저가의 채소, 특용작물 등 수입이 급증하고 있어 국내 생산기반이 크게 위협받고 있다.

② 유통환경 변화의 주요 요인

㉠ 소득 수준의 향상과 여성의 사회진출 확대

㉡ 소매업태의 다양화, 신업태의 등장, 점포의 대형화 및 차별화 등 경쟁의 심화

㉢ 유통시장의 전면개방, 유통관련 규제 강화, 정보기술의 발달, 사이버마켓의 등장 등 사회·경 제·문화적 환경 변화

㉣ 가치관의 변화와 소비형태의 변화

㉤ 도시화의 진전과 정부의 유통정책 변화

㉥ 기업경영 환경의 변화

③ 국내 유통환경의 주요 변화요인

㉠ 국내외 유통업체들의 국내 진출이 증가한다.

㉡ 대기업의 유통진출과 합병을 통한 유통업체의 대형화와 할인점의 급속한 성장

㉢ 소비패턴이 다양화되고 고급화되면서 다양한 상품과 서비스를 요구하는 등 소비자환경 변화

㉣ 온라인 시장의 강세

㉤ 유통산업발전법의 개정 등 법과 정치환경의 변화

④ 국제 유통환경의 주요 변화요인
- ㉠ 유통기구의 대규모화
- ㉡ 유통기구의 글로벌화
- ㉢ 상거래 시스템의 변화

⑤ 유통산업의 기능
- ㉠ 생산자의 판매대리기능
- ㉡ 소비자의 구매대리기능
- ㉢ 도매업자의 기능 : 생산자와 소비자의 쌍방의 대리기능

⑥ 우리나라 유통시장의 현황과 전망
- ㉠ 유통시장 개방 이후 우리나라에서는 처음으로 소매업체 및 종사자수가 감소하기 시작
- ㉡ 소매업 전체에서 차지하는 대형 소매업체의 비중이 급속히 증가
- ㉢ 생산자 측면에서 대형 소매업체는 노동절약형 유통구조로의 변화에는 기여했으나 자본절약형 유통구조로의 변화에 대한 기여는 미흡
- ㉣ 규모별 양극화뿐만 아니라 소매업태별 양극화가 가속화
- ㉤ 대형소매점이 지역 소매에서 차지하는 비중은 지속적으로 증가

⑦ 우리나라 축산물 유통산업 현황
- ㉠ 국내 축산물 작업장 현황

▼ **국내 축산물 작업장 현황 – 연도별/분야별 : 2013~2015**

(단위 : 개소)

구 분	취급류	업체 수
2013		77,602
2014		86,181
2015		98,140
도축업	포유류(염소전용 제외)	73
	염소전용	10
	가금(오리 제외)	46
	오리전용	13
	소 계	142
집유업		63
축산물가공업	식 육	3,597
	유	348
	알	161
	소 계	4,106
식육포장처리업		6,335
축산물보관업		500
축산물운반업		2,202

구 분	취급류	업체 수
축산물판매업	식 육	56,978
	식육부산물전문	1,325
	우유류	9,013
	수입판매	4,329
	축산물유통전문	2,964
	식용란 수집	1,860
	소 계	76,469
식육즉석판매가공업		8,323

ⓛ 축산물가공품 및 식육포장처리업 생산액

▼ 축산물가공품[1] 및 식육포장처리업[2] 생산액 – 연도별, 품목유형별 : 2006~2015 　　　(단위 : 천원)

구 분	축산물가공업				식육포장처리업
	식육가공업	알가공품	유가공품	소 계	
2006	2,167,522,263	161,595,034	4,387,209,586	6,716,316,883	6,106,719,406
2007	2,744,955,515	104,830,746	4,441,982,446	7,291,768,707	5,018,151,885
2008	1,836,047,505	145,651,531	4,957,001,086	6,938,700,122	5,872,385,447
2009	2,801,518,982	213,475,272	5,121,614,907	8,136,609,161	7,911,682,059
2010	6,505,561,272	422,167,502	5,217,896,113	12,145,624,887	7,261,773,492
2011	3,968,415,493	238,186,148	5,189,994,309	9,396,595,950	7,881,428,397
2012	5,223,684,656	235,498,380	7,133,007,214	12,592,190,250	8,420,955,512
2013	4,413,515,226	284,343,452	7,998,516,469	12,696,375,147	10,933,352,413
2014	3,226,196,735	180,643,381	5,604,176,898	9,011,017,014	11,036,786,511
2015	4,290,153,567	334,440,636	6,129,982,943	10,754,577,146	12,020,253,730

주 1) 축산물 가공품 : 식육가공업, 알가공품, 유가공품
　　2) 식육포장처리업 : 2010~2012년 식육포장처리업 생산액 추정치

ⓒ 국내 축산물 생산·수출·수입액, 무역수지, 시장규모

▼ 국내 축산물 생산·수출·수입액, 무역수지[1], 시장규모[2] – 연도별 : 2010~2015 　　　(단위 : 조원)

구 분	생산액	수출액	수입액	무역수지	시장규모	연평균 환율
2010	17.47	0.13	3.30	−3.17	20.64	1156.00
2011	15.04	0.13	5.21	−5.08	20.12	1107.99
2012	16.09	0.16	4.43	−4.27	20.36	1126.76
2013	16.31	0.20	4.28	−4.07	20.38	1095.04
2014	18.87	0.23	5.22	−4.99	23.86	1053.12
2015	19.21	0.31	5.84	−5.53	24.74	1131.52
전년대비 성장률	1.8	34.6	11.8	10.7	3.7	

주 1) 무역수지 = 수출 − 수입
　　2) 시장규모 = 생산 − 수출 + 수입
　　3) 비식용 축산물 제외

② 축산물작업장 HACCP 인증 현황

▼ 국축산물작업장 HACCP 인증 현황 – 작업장별 : 2015

(단위 : 개소)

구 분		대상업소 수	지정업소 수	적용비율(%)
사 료	배합사료	98	99	101.0
농 장	소	14,084	3,362	23.9
	돼 지	2,943	1,483	50.4
	닭	1,452	1,572	108.3
	오 리	601	206	34.3
	소 계	19,080	6,623	34.7
집유업		62	56	90.3
가 공	식육포장처리업	4,482	1,704	38.0
	식육가공업	2,524	572	22.7
	유가공업	291	168	57.7
	알가공업	132	52	39.4
	소 계	7,429	2,496	33.6
유통판매	보관업	363	4	1.1
	운반업	1,883	31	1.6
	식육판매	51,851	511	1.0
	식용란판매업	1,355	71	5.2
	소 계	55,452	617	1.1

주 : 도축장145개소는 HACCP 적용의무화

　　사육단계 적용대상은 전업농가(소 50두, 돼지 1,000두, 닭 30,000수, 오리 5,000수)를 기준

(3) 신상품 개발

① 신상품 개발의 유형

타입명	내용과 특징	개발의 예
신카테고리 상품 개발	지금까지 없었던 새로운 상품의 개발, 대부분은 기술혁신에 의한 경우	워드프로세서, TV, 게임
혁신적 상품 개발	지금까지의 상품과는 품질, 기능면에서 크게 다른 발전된 상품의 개발	자동초점 카메라
신브랜드 상품 개발	지금까지의 상품과는 경향이 다른 새로운 브랜드 상품의 개발	화장품, 식품, 음료
변형상품 개발	기존 브랜드 내에 새로운 상품 종류의 상품을 추가 개발, 맛, 등급 등 상품 계열의 확충이 목적	과자, 맥주, 식품
모델 체인지 개발	기존상품을 동일 브랜드명으로 내용을 개선, 변경한 개발작업	승용차

② 신상품개발절차의 단계

　ⓐ 시장기회의 탐색과 개발분야의 정립

　　• 신상품기획의 탐색

　　• 시장정립

- 잠재요구 분석
- 개발 예상분야의 정립

ⓛ 아이디어 창출과 선별
- 아이디어 창출
- 아이디어 평가
- 아이디어 선별

ⓒ 상품콘셉트 개발과 평가
- 콘셉트 발상
- 상품콘셉트의 조지셔닝
- 상품콘셉트의 수요 예측
- 콘셉트 테스트
- 상품화기술의 검토

ⓔ 마케팅 믹스 계획과 사업성 분석
- 마케팅 믹스 전략 개발
- 사업성 분석

ⓜ 상품 개발과 테스트
- 상품 개발
- 광고/상품 테스트
- 시장테스트

ⓗ 시장도입

ⓢ 출시 후 통제
- 발매 계획
- 발매 후의 추적

ⓞ 수명주기별 관리

③ 시장기회의 탐색
ⓐ 기업에 최선의 기회를 제공하는 시장을 발견한다.
ⓛ 그 시작을 상세하게 정립한다. 각 시장의 경계를 정립하고 자사의 상품계열과의 관계를 명확화한다.
ⓒ 성공할 확률이 가장 크고 기업의 성격에 가장 적합한 시장을 선택하고 신상품 개발과 상품계열을 확정한다.

④ 신상품 기회의 주요 사업영역
ⓐ 특정의 상품계층에 대한 잠재수요와 기존수요가 크거나 급속히 증대되는 분야
ⓛ 충분한 구매력을 가진 많은 구매자로 구성된 시장
ⓒ 중요한 사용자 가치를 제공할 수 있는 수익성이 있는 신상품의 개발이 가능한 분야
ⓔ 경쟁업자의 능력이 단기수요의 충족만 하고 있는 시장 분야

ⓜ 신규경쟁업자가 쉽게 진입하기 어려운 시장 분야

ⓗ 정부규제와 같은 제약요인이 적은 시장 분야

⑤ 상품의 분류 : 즉각적 소비자 욕구 충족도와 장기적 소비자 편익성 고려

▼ 상품의 분류

구 분		즉각적 욕구 충족성	
		낮다	높다
장기적 소비자 편익성	높다.	유익상품	소망상품
	낮다.	결함상품	쾌락상품

ⓐ 유익상품(Salutary Product) : 저인산세제와 같이 현재의 소구력은 약하나 장기적으로는 소비자에게 유익한 상품이다.

ⓑ 소망상품(Desirable Product) : 맛있고 영양가도 높은 식품처럼 두 가지가 모두 높은 상품이다.

ⓒ 결함상품(Deficient Product) : 약효가 낮은 특허의약품과 같이 둘 다 낮은 상품이다.

ⓓ 쾌락상품(Pleasing Product) : 담배와 같이 즉각적 요구 충족도는 높으나 장기적으로 소비자 편익을 해칠 수 있는 상품이다.

⑥ 잠재욕구 분석

ⓐ 통계분석 : 인구구조 분석, 생활스타일 분석, 생활수명 주기단계 분석

ⓑ 시장분석 : 지방시장 분석, 유행 분석, 선행시장 분석

ⓒ 소비자 분석 : 소비자 가치의식 분석, 의견 선도자 및 혁신 수용층의 의견 분석, 유통경로기관의 의견 분석

⑦ 신상품 개발 대상 시장의 확정

▼ 유망한 시장의 특징

특 징	측정척도
판매 가능량	시장 규모와 판매 성장률
침 투	경쟁업자의 약체성
규 모	시장점유율 누적 판매량
투 자	소요 자금액
수익성	이 익
위 험	안정성

⑧ 신상품 아이디어의 창출(아이디어 창출기법)

ⓐ 속성열거법 : 상품의 주요속성을 열거하고 그것을 변경 개선하면 어떻게 될 것인가를 모색하여 아이디어를 얻는 방법이다.

ⓑ 결점열거법 : 문제가 되는 상품의 결점을 열거하고 이를 개선할 수 있는 가능성을 모색함으로써 아이디어를 얻는 방법이다.

ⓒ 강제관련법 : 여러 가지 대상을 다른 대상과의 관련하에 검토함으로써 아이디어를 얻는 방법이다.

ⓔ 문제분석법 : 소비자의 입장을 반영하는 아이디어 창출기법으로 소비자에게 상품과 관련된 문제점을 묻고 이에서 아이디어를 얻는 방법이다.

ⓜ 시넥틱스법 : 일반적인 형태의 문제와 관련시켜 보다 자유분방한 아이디어를 얻으려는 방법이다.

※ 이 밖에 방법으로는 희구점 열거법, 공란 충족법, 형태적 분석법, 브레인스토밍 등이 있다.

⑨ 상품콘셉트의 개발
  ㉠ 상품의 기능
  ㉡ 상품의 성능
  ㉢ 사용자
  ㉣ 신상품 개발의 이유
  ㉤ 개발 예정품의 장단점 검토

⑩ 상품콘셉트의 평가기준
  ㉠ 기술적 평가기준 : 신규성, 특허, 개발 난이도, 기술 파급효과, 자사기술과 외부기관의 지원
  ㉡ 시장적 평가기준 : 상품 수명주기, 고객, 목표시장의 성격, 가격과 수익률

⑪ 마케팅조사
  ㉠ 마케팅조사의 유형 : 예비조사, 본조사, 성과측정조사
  ㉡ 마케팅조사의 종류 : 소비자조사, 상품조사, 가격조사, 판매조사, 유통경로조사, 물적유통조사, 광고 및 판매촉진조사, 환경조사

▼ 광고매체의 장단점

TV	장 점	• 넓은 커버범위 • 반복소구에 따른 큰 반복효과 • 시각, 청각의 동시 소구로 인한 강한 자극 • 생동감 있는 표현과 연출의 가능
	단 점	• 광고 노출시간과 기회의 제약 • 광고비의 부담 • 순간적인 소구로 기록성이 없음
신 문	장 점	• 지역별 선택적 소구가 가능 • 기록성 • 매체의 신용의 이용 가능
	단 점	• 기사에 따른 관심과 주목의 정도가 달라짐 • 컬러 사용의 한계성
잡 지	장 점	• 선택적 소구에 적합 • 기록성 • 긴 광고수명 • 여러 면에 걸친 설득력 있는 광고가 가능
	단 점	• 시간적 융통성의 결여 • 표적고객의 효율적 접근의 애로 • 낮은 지역적 특화성

DM (직접우편)	장 점	• 자의적인 소구대상의 집약의 가능 • 1:1 관계의 소구 가능 • 빠른 반응으로 인한 효과 측정이 용이 • 타 광고와의 중복이 없어 독점이 가능
옥 외	장 점	특정지역과 장기간의 소구 가능
	단 점	• 장기간 동일 내용의 노출로 인한 신선도 감소 • 장소적 제한성
교 통	장 점	• 교통기관 고정객에 대한 소구 가능 • 비교적 저렴한 광고비 • 특정 지역의 선택 도구에 적합
	단 점	광고면적의 한계

ⓒ 마케팅조사의 절차 : 문제의 제기와 조사목적의 설정 → 조사계획의 수립 → 자료의 수집 → 정보 분석 → 조사결과의 보고 → 사후관리

⑫ 사업성 분석

ⓐ 판매의 추정 : 최초 판매의 추정, 대체 판매의 추정, 반복 구매의 추정

ⓑ 손익분기점 판매의 추정

ⓒ 수요분석과 최적 마케팅믹스의 선정

⑬ 상품차별화

ⓐ 상품구성에 의한 차별화 : 기술 위주, 상품 위주, 시장 위주, 유통 위주, 생산 위주, 규모 위주, 의사소통 위주 차별화

ⓑ 차별화 상품개발 : 상품 구입 전의 차별화, 진열의 차별화, 상품 구입 후의 차별화, 서비스의 차별화

ⓒ 진열방법의 종류

- 골든라인 진열
- 수직진열과 수평진열
- 엔드(End)매대 진열
- 관련 진열
- 섬진열
- 계산대 앞 진열
- 돌출진열
- 훅(Hook) 진열
- 세워 진열
- 색상배합 진열(컬러코디네이트)
- 전진입체 진열
- 분산진열
- 스카이라인(Sky Line) 정리

▼ 진열의 5원칙

원 칙	체크포인트	YES	NO
제1원칙 보기 좋게 진열	• 물리적으로 보기쉬운 진열인가? 　– 유효진열의 범위를 살려서 진열 　– 상품크기와 성격에 따라 보기 쉬운 높이에 진열 　– 상품의 특성 및 성격을 알고 쉽고 바로 볼 수 있게 진열 　– 포인트를 만들고 유사 상품과 비교하기 쉽게 진열 　– 관련 상품진열로 연상효과를 높여 진열 • 심리적으로 보기 쉬운 진열인가? 　– 사지 않은 고객에게도 부담감이나 저항감을 주지 않는다. 　– 변화 있는 연출기술로 아름답게 보이도록 한다. 　– 소도구, 보조기구를 활용하여 가치를 높여 보이도록 한다. • 보기 쉬운 진열방법인가? 　– 상품형태가 큰 것은 뒤쪽, 작은 것은 앞쪽에 진열 　– 가격이 비싼 것은 뒤쪽, 싼 것은 앞쪽에 진열 　– 색채가 밝은 것은 뒤쪽, 어두운 것은 앞쪽에 진열		
제2원칙 만지기 쉽게 진열	• 손님이 만지기 쉽고 본래대로 돌려놓기 쉬운가? • 허물어지기 쉽게 진열되지 않았는가? • 무거운 용량이 높은 곳에 위치하고 있지 않은가? • 상품을 손쉽게 잡기 쉽게 하는 것이 핵심이다.		
제3원칙 선택하기 쉽게 진열	• 비슷한 상품끼리 연결진열이 되어 있는가? • 선입선출 진열이 잘 되어 있는가? • 상품별로 명확하게 구분되는가?		
제4원칙 생동감 있게 진열	• 주력상품과 진상품은 적절하게 두드려져 있는가? • 입체감과 생동감이 있는가? • 품목별 제품은 풍족하게 진열되어 있는가?		
제5원칙 청결하게 진열	• 제품이나 진열대에 먼지나 얼룩 등이 없는가? • 제품, 포장, 라벨 등에 손상이나 때가 있지 않은가? • POP 등의 인쇄판촉물이 청결하게 살아 있는가?		

제 2 절　유통경로 관리

(1) 유통경로와 유통기구

　① 유통경로의 개념

　　㉠ 제품이나 서비스가 생산자로부터 소비자에 이르기까지 거치게 되는 통로 또는 단계

　　㉡ 생산자로부터 소비자에게 상품이나 서비스가 이전되는 과정에 관계하는 모든 개인이나 기업을 포함하는 집합체

　② 유통경로(중간상)의 필요성

　　㉠ 총거래수 최소화 : 중간상의 개입으로 생산자와 소비자의 실질적인 비용 감소를 제공

ⓛ 집중 준비 : 도매상이 소매상의 대량 보관기능을 분담하여 사회 전체적으로 상품 보관 총량을 감소시킨다.

ⓒ 분업 : 다수의 중간상이 유통경로에 참여하여 수급조절, 보관, 위험부담, 정보수집 등의 기능을 경제적·능률적으로 수행

ⓔ 변동비 우위 : 각각의 유통기관이 적절한 규모로 역할 분담을 하는 것이 비용면에서 훨씬 유리하다는 논리에 의해 중간상의 필요성을 강조

③ 유통경로의 효용

ⓐ 시간효용 : 소비자가 원하는 시기에 필요한 상품을 구매할 수 있는 편의를 제공해준다.

ⓑ 장소효용 : 소비자가 원하는 장소에서 상품이나 서비스의 구입이 가능하도록 해 준다.

ⓒ 소유효용 : 유통기관은 소비자로 하여금 상품을 소유할 수 있도록 도와준다.

ⓔ 행태효용 : 상품과 서비스를 고객에게 좀 더 매력 있게 보이도록 그 형태 및 모양을 변경시킨다.

④ 유통경로의 마케팅 기능

ⓐ 소유권 이전 기능

ⓑ 물적유통 기능

ⓒ 조성 기능 : 표준화 기능, 시장금융 기능, 위험부담 기능, 시장정보 기능

⑤ 유통경로의 사회·경제적 역할

ⓐ 거래의 효율성 증대 : 시장의 복잡화에 따라 더 많은 생산자와 소비자가 증가하고 유통거래가 늘어 시장에서의 거래수는 감소시키고 거래는 촉진된다.

ⓑ 교환과정의 촉진 : 제조업체와 소비자 간 거래에 중간상의 개입으로 교환과정이 단순해져 보다 많은 거래가 이루어진다.

ⓒ 상품구색 불일치의 완화 : 생산자와 소비자의 제품구색 불일치를 완화

ⓔ 거래의 정형(표준)화 : 거래과정을 표준화시켜 시장에서 거래가 용이

ⓜ 생산과 소비의 연결 : 생산자와 소비자 간의 원활한 거래 형성

ⓗ 고객서비스 제공 : 소비자에게 각종 애프터서비스를 제공

ⓢ 상품 및 시장정보 제공 기능

ⓞ 쇼핑의 즐거움 제공

⑥ 유통경로의 조직형태

ⓐ 전통적인 유통경로
- 제조업자가 유통업자인 도매기관과 소매기관을 통해 상품을 유통
- 구성원들 간 공통 목표의식과 결속력이 약해 유통경로로의 진입과 철수가 쉽다.

ⓑ 수직적 유통(마케팅) 시스템
- 마케팅경로상에서 중앙(본부)에서 계획된 프로그램과 유통망으로 상이한 단계의 경로구성원들을 전문적으로 관리·통제하는 네트워크 형태의 경로조직
- 유통활동을 체계적으로 통합·일치·조정하여 유통질서 유지, 경쟁력 강화, 유통 효율성 증가를 위해 구성된 시스템

유통(마케팅) 시스템 장점	• 판매예측능력 향상 • 총유통비용 절감 • 경쟁자에 대한 효율적 대응능력 • 높은 진입장벽 작용 • 자원, 원재료 등 구매의 안정적 확보 • 혁신적인 기술 보유 • 명백한 재고관리 • 새로 진입하려는 기업에게 높은 진입장벽으로 작용
유통(마케팅) 시스템 단점	• IT기술 확보 등 막대한 초기 자금 소요 • 시장, 기술 변화에 따른 대응 곤란 • 각 유통단계에서 전문성이 상실될 수 있음

- 유통경로의 주요 유형
    - 기업형 시스템 : 한 경로구성원이 다른 경로구성원을 법적으로 소유 및 관리하는 결속력이 강력한 유형(예 국내 아트박스, 미국의 Sears)
    - 계약형 시스템 : 독립적인 유통구성원들이 상호 이익을 위해 계약을 체결하고 그 계약에 따라 수직적 계열화를 꾀하는 시스템
예 도매상 후원 자유 연쇄점, 소매상 협동조합, BBQ 등 프랜차이즈 시스템
    - 관리형 시스템 : 경로 리더에 의해 생산 및 유통단계가 통합되어지는 형태
    - 동맹형 시스템 : 둘 이상의 유통경로 구성원들이 대등한 관계에서 상호의존성을 인식하고 자발적으로 형성한 통합(제휴)시스템
    - 회사형 유통시스템 : 유통경로상의 한 구성원이 다음 단계 경로구성원을 소유에 의해 지배하는 형태(예 전방통합, 후방통합)
ⓒ 수평적 유통(마케팅)시스템
    - 동일한 경로단계에 있는 2개 이상의 기업이 대등한 입장에서 자원과 프로그램을 결합하여 연맹체를 구성하고 공생·공영하는 시스템
    - 기업 간 얻을 수 있는 시너지 효과 : 마케팅 시너지, 투자 시너지, 경영관리 시너지

▼ 〈참고〉 프랜차이즈의 장단점

	프랜차이즈의 장점	프랜차이즈의 단점
본부측	• 출점비용의 불필요 • 단기간 내 전개 가능 • 가맹점 증가에 따른 본부 이익의 상승 • 단기간 내 지명도 구축 가능 • 체인스토어의 경영적 메리트 공유 • 점포 내 인건비의 불필요 • 가맹점의 적극적 영업전개(직원에게 잔업수당 필요) • 땅값 상승과 무관한 경영 등	• 독점금지법 문제 • 일개 가맹점의 실수에 따른 체인 전체의 영향 • 매뉴얼을 준수치 않는 가맹점 발생 • 가맹점의 기본적 독립성에 따른 일방적 명령 불가 • 가맹점의 높은 탈퇴 가능성 • 가맹점의 탈퇴 동시 동업종 침투 등

	프랜차이즈의 장점	프랜차이즈의 단점
가맹점 측	• 신입사원도 판매 가능 • 소자본으로도 점포 소유가 가능 • 스토어 로열티의 활용 • 풍부한 구색 • 상품매입가격의 저렴성 • 경영지원 혜택 • 손쉬운 신제품 입수 • 각종 노하우의 충분한 활용 • 구매상의 시간절감 • 부담없는 경영 리스크 등	• 계약상의 일방적 결정사항 • 쉽지 않은 탈퇴절차 • 높은 수준의 로열티 • 모든 상품에 대한 본부로부터의 매입원칙 • 지나친 매뉴얼 지향 • CIS 변경 등의 일방적 비용 부담 • 본부에 따른 일방적 헌신 유발 • 본부에 따른 격심한 능력 차이, 경우에 따라 사기성 상술 초래 등

⑦ 유통경로의 설계

　㉠ 이상적인 경로를 찾는다.

　㉡ 현실적으로 이용할 수 있는 경로를 함께 고려해야 한다. 그 다음으로 그림과 같은 절차를 진행된다.

　　▼ 유통경로의 설계 단계

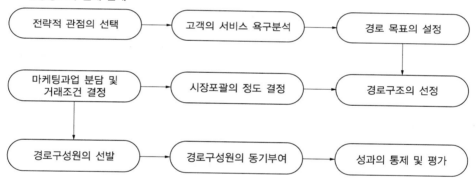

⑧ 유통기구

　㉠ 생산과 소비 사이에 존재하는 공간·거리의 조정기능을 하는 사회적 조직이라고 할 수 있다.

　㉡ 분 류

　　• 기능별 유통기구(수량적 기능) : 수집기구, 분산기구로 분류

　　• 상품별 유통기구(상품의 종류) : 편의품, 선매품, 전매품 등으로 분류

　　• 기관별 유통기구(종합시스템과 유통기관의 형태) : 도매·소매 상업기관

　㉢ 유통기구의 역할

　　• 사회적 불일치 극복 : 생산과 소비 사이에 발생하는 사회적인 간격을 해소한다.

　　• 장소적 불일치 극복 : 생산지와 소비지 사이의 장소적인 차이를 해소한다.

　　• 시간적 불일치 극복 : 생산시기와 소비시기의 시간적인 차이를 해소한다.

ⓡ 유통기구의 기능
- 도매기구의 기능
  - 소매상에 대한 기능 : 수집 분산, 소량 분할, 재정 안정, 상품환전율 증대, 정보의 제공
  - 생산자에 대한 기능 : 비용과 위험 감소, 수송·보관, 재정 원조, 수요 파악

▼ 도매상의 기능

구 분	생산자	소매상
매매관리	• 생산자의 대행 판매기관이 된다. • 대량으로 구매한다.	• 소액으로 분할판매한다. • 판매지도를 한다.
보 관	저장·보관활동을 하여 생산활동을 원조한다.	• 필요수량을 공급하여, 보관의 기능은 생략된다. • 해당구입
운 송	물적유통 중 포장, 운반 등의 역할을 수행하여 비용절감을 꾀한다.	운송, 포장 등의 물적처리활동을 절약할 수 있다.
매매비용	• 매매비용의 절약 • 광고, 판매촉진을 부담한다.	• 직접메이커로부터의 구매비용의 부담절약, 광고 판매촉진을 부담한다. • 디스플레이
금 융	재정적 원조를 행한다. 예 도매상 금융	• 재정적 원조를 한다. • 외상매출 어음상의 결제, 신용공여 자금의 유통
위험부담	대금회수와 메이커를 대신하여 상품의 위험부담을 한다.	• 위험부담을 보증한다. • 상품의 물리적·경제적 위험의 부담
정 보	상품시장의 정보를 제공하여, 상품의 판매촉진 개발에 협력	상품의 판매상 정보 등의 편의제공
경 영	경영조언, 지도	• 경영 조언, 교육지도한다. • 데이터 헬프 기능 • 상품계획의 기능
수급조정	생산과 판매의 조정, 판로의 확보에 협력(상품의 종류, 품질, 수량, 가격 등)	생산물, 산품의 판매

- 소매기구의 기능
  - 소비자에 대한 기능 : 올바른 상품 제공, 적절한 상품의 구색 갖춤, 필요한 상품의 재고 유지, 상품정보·유행정보·생활정보 제공, 쇼핑장소(위치)와 즐거움 제공, 쇼핑의 편의제공, 서비스 제공, 구매환경 형성, 가격설정, 상품의 분할, 재고보유
  - 생산 및 공급업자에 대한 기능 : 판매활동을 대신 수행, 올바른 소비자 정보전달, 물적유통기능 수행, 금융기능 수행, 촉진기능 수행, 생산노력 지원

▼ 소매업의 유통기능

기 능	소비자	소생산자 · 도매업자
기본적 기능	• 적절한 상품의 판매활동을 하며 소량 분할 제공한다. • 상품선택 구매 • 상품구성 • 배송활동 • 적재적소(장소)에 편의를 제공한다. 상품판매의 입지조건 • 서비스의 제공 • 가격, 외상, 판매신용을 실시하고 금융상 편의를 제공한다. • 상품에 대한 지식을 전달한다.	• 상품의 수요환기 및 판매촉진에 협력한다. • 생산자의 상품개발, 생산활동에 협력하고 도매상에 대해서도 유통에 협력한다. • 가 격
정보 기능	• 정보의 제공, 소비자 욕구, 니즈 등 • 상품의 정보, 유행 및 생활정보 제공	• 소비자의 니즈, 욕구 등 정보를 수집하고 분석해서 제공 • 상품계획(Merchandising)에 적극적으로 조언
신용공여	• 외 상 • 할 부 • 기타 소비자신용	생산자, 도매상의 상품 등과 제휴하여 소비자신용을 이룬다.
상품지식의 제공	• 상품의 품질 및 특성에 대한 조언 • 스페셜리스트로서의 조언	품질보증, 상품의 특성을 대행한다.
상품관리	• 일정량의 상품을 보관하고 수요에 대응한다. • 적절한 상품구성을 한다.	• 생산자, 도매상의 상품보관을 일부대행한다. • 상품보관, 위험부담을 분담한다.
쇼핑환경의 제공	• 쇼핑의 즐거움과 만족감을 준다. • 쾌적성을 제공한다. • 유희기능(Amusement Center)의 정비	• 점포의 설치, 소매시장, 상점가 • 유희, 오락장

⑨ 소매상 유통 형태

　㉠ 카테고리 킬러 : 특정 상품계열에 대하여 전문점과 같이 다양하고 풍부한 구색을 갖추고 낮은 가격에 판매하는 소매형태

　㉡ 할인점(DC) : 대량매입과 대량진열, 대량판매 등을 통해 구매에서부터 물류, 인원 배치 등에 이르기까지 여러 요소의 경비를 절감함으로써 내구성 소비재들을 저가로 판매하는 소매형태

　㉢ 하이퍼마켓(HM) : 초대형 가격할인 슈퍼마켓, 주로 교외에 위치

　㉣ 기업형 슈퍼마켓(SSM) : 기존의 동네 슈퍼보다는 크고 할인점보다는 작지만 개인이 아닌 기업이 체인형태로 운영하는 슈퍼마켓

　㉤ 아울렛 : 이월상품, 비인기상품, 재고품 등을 할인가격으로 저렴하게 판매하는 형태

　㉥ 편의점 : 24시간 운영으로 시간 편의성, 접근이 쉬운 공간 편의성, 다품종 소량 상품 취급의 상품 편의성의 소규모 소매형태로 프랜차이즈시스템 형태로 운영

⑩ 유통단계

　㉠ 0단계 : 생산자 → 소비자

　㉡ 1단계 : 생산자 → 소매상 → 소비자

　㉢ 2단계 : 생산자 → 도매상 → 소매상 → 소비자

　㉣ 3단계 : 생산자 → 도매상 → 중매상 → 소매상 → 소비자

▼ 축산물유통 로직트리

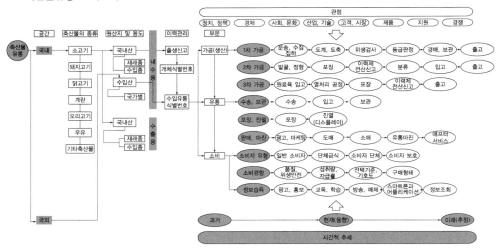

⑪ 축산물 유통경로(2017년 기준)

• 소고기
  – 경매비율은 54.2%로 지속적 증가

  ▼ **출하 및 도매단계**

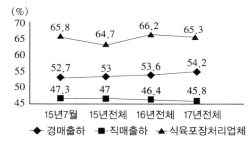

– 전년 대비 대형마트는 4.2%p 증가, 슈퍼마켓, 식당은 각각 1.6%p, 2.9%p 감소

  ▼ **소매단계** (단위 : %, %p)

구 분	16년(A)	17년(B)	증감(B-A)
백화점	3.9	4.4	0.5
대형마트	13.2	17.4	4.2
슈퍼마켓	14.4	22.8	△1.6
정육점	26.6	27.4	0.7
단체급식소	9.9	9.0	△0.9
식당/기타	21.9	19.0	△2.9

- 돼지고기
  - 경매 비율은 8.4%로 지속적 감소
  ▼ **출하 및 도매단계**

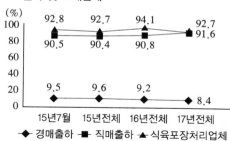

- 전년대비 정육점은 4.8%p 증가, 백화점, 슈퍼마켓, 단체급식소, 식당은 각각 1.2%p, 0.9%p, 1.7%p, 1.0%p 감소

  ▼ **소매단계**   (단위 : %, %p)

구 분	16년(A)	17년(B)	증감(B-A)
백화점	2.1	0.9	△1.2
대형마트	22.6	22.6	–
슈퍼마켓	12.8	11.9	△0.9
정육점	21.1	25.9	4.8
단체급식소	7.1	5.4	△1.7
식당/기타	34.3	33.3	△1.0

- 닭고기
  - 계열업체 비율은 94.1%로 0.1%p 증가
  ▼ **출하 및 도매단계**

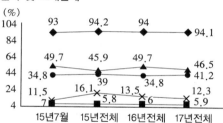

- 전년대비 대형마트 슈퍼마켓은 각각 3.9%p, 5.5%p 증가, 식당은 11.5%p 감소

  ▼ **소매단계**   (단위 : %, %p)

구 분	16년(A)	17년(B)	증감(B-A)
백화점	0.4	0.7	0.3
대형마트	10.9	14.8	3.9
슈퍼마켓	6.4	11.9	5.5
정육점	3.6	6.2	2.6
단체급식소	18.5	17.7	△0.8
식당/기타	60.2	48.7	△11.5

- 계 란
  - GP센터 비율은 51.3%로 6.1%p 증가
  ▼ **출하 및 도매단계**

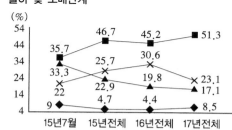

- 전년대비 대형마트 슈퍼마켓은 4.9%p 증가, 단체급식소, 식당은 각각 3.3%p, 3.7%p 감소

  ▼ **소매단계**   (단위 : %, %p)

구 분	16년(A)	17년(B)	증감(B-A)
백화점	1.8	1.9	0.1
대형마트	36.0	40.9	4.9
슈퍼마켓	19.0	21.0	2.0
단체급식소	16.8	13.5	△3.3
식당/기타	26.4	22.7	△3.7

ⓒ 소고기 유통경로

- (사육현황) 한·육우 사육두수는 전년대비 1.1% 증가한 2,997천두, 농장수는 3.7% 감소한 98천호(자료 : 통계청 가축동향조사)
- (출하단계) 경매 54.2%, 직매(임도축) 45.8%
- (도매단계) 식육포장처리업체(임가공 포함) 65.3%, 도축장 직반출 34.7% 도축장 직반출의 경우 정육점 11.3%, 슈퍼마켓 9.2%, 일반음식점 6.6%
- (소매단계) 정육점 27.4%, 슈퍼마켓 22.8%, 일반음식점 18.5%, 대형마트 17.4%, 단체급식소 9.0%, 백화점 4.4% 순

▼ 소고기 유통단계별 경로 및 비율

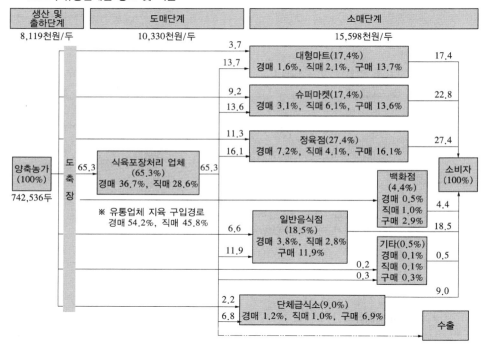

주 1) 우시장 큰 소 거래, 가축거래상인 중개, 도축제경비 등 물류에 해당하는 경로는 생략
주 2) 도축형태에 따른 경매와 직매 구분
주 3) 유통단계 가격은 해당 유통단계의 경로별 비율을 반영한 가중평균값

ⓛ 돼지고기 유통경로

- (사육현황) 돼지 사육두수는 전년대비 1.4% 증가한 10,514천두, 농가수는 3.7% 감소한 4,404호(자료 : 통계청 가축동향조사)
- (출하단계) 경매 8.4%, 직매(임도축) 91.6%
- (도매단계) 식육포장처리업체(임가공 포함) 92.7%, 도축장 직반출 7.3% 도축장 직반출의 경우 정육점 7.3%
- (소매단계) 대형마트 22.6%, 정육점 25.9%, 2차 가공 및 기타 18.4%, 일반음식점 15.0%, 슈퍼마켓 11.9%, 단체급식소 5.3%, 백화점 0.9% 순

▼ 돼지고기 유통단계별 경로 및 비율

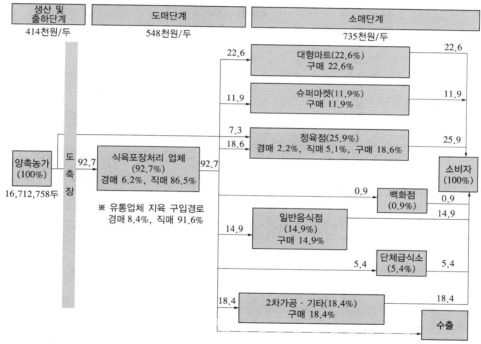

주 1) 도축형태에 따른 경매와 직매 구분
주 2) 유통단계별 가격은 해당 유통단계의 경로별 비율을 반영한 가중평균값

ⓒ 닭고기 유통경로
- (사육현황) 육계 사육수수는 전년 대비 2.7% 감소한 85,436천수, 농가수는 4.4% 감소한 1,559호(자료 : 통계청 가축동향조사)
- (출하단계) 육계 계열농가 94.1%, 일반 5.9%
- (도매단계) 육계계열겁체 46.5%, 식육포장처리업체 12.3%, 대리점 41.2%
- (소매단계) 일반음식점 38.5%, 단체급식소 17.7%, 대형마트 14.8%, 슈퍼마켓 11.9%, 정육점 6.2%, 닭 전문판매점 5.3%, 2차 가공 및 기타 4.9%, 백화점 0.7% 순

▼ 닭고기 유통단계별 경로 및 비율

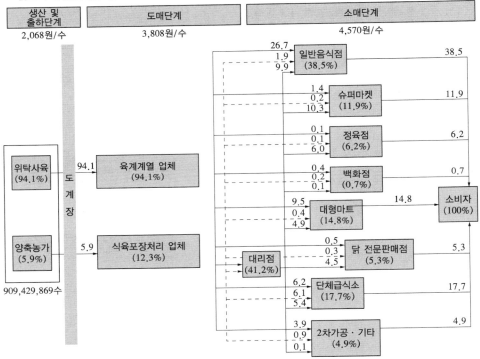

주 1) 도매단계는 업태성격에 따른 분류가 아닌 비용발생 관점에서 구분
주 2) 유통단계별 가격은 해당 유통단계의 경로별 비율을 반영한 가중평균값

ⓔ 수입소고기 유통경로

- (수입현황) 총수입량은 전년대비 4.8% 하락한 344,271톤
- (도매단계) 전체 수입량 중 87.5% 유통, 재고량 12.5%
- (소매단계) 정육점 33.0%, 일반음식점 20.6%, 대형마트 21.5%, 단체급식소 16.9%, 슈퍼마켓 7.8%, 백화점 0.2% 순

▼ 수입소고기 유통단계별 경로 및 비율

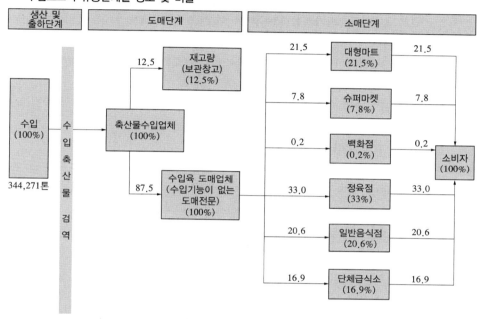

주 1) 유통경로별 비율에서 '0.0'은 소수점 둘째자리 이하의 값
주 2) 수입업체 도매단계 유통량 87.5%를 100%로 환산하여 소매단계 유통량계산

(2) 소매기구 발달과 신유통업체

① 소매기구의 발달

ⓐ 1950년대 전후

- 2차 세계대전 전후 일제하에서 해방되어 정치·경제적으로 혼란기로 한국전쟁, 한일국교정 상화, 월남전, 소비자보호제도, 수출주도형 경제성장정책이 시행
- 대형소매상인 백화점이 태동
- 1960년대 후반에는 전문백화점 출현
- 1964년 슈퍼마켓이 도입되었지만 아직 전통시장이 절대적 우위를 점하던 시기

ⓑ 1970년대

- 경제개발 5개년계획 추진으로 고도경제성장, 고속도로의 개통, 제1차 오일쇼크, 지하철

1호선 개통, 중동특수 등

- 백화점은 1973년 신세계가 직영화되어 지방점으로 체인화하기 시작
- 슈퍼마켓이 설립되어 발전하기 시작

ⓒ 1975년대

- 고도경제성장이 지속되었고 제2차 오일쇼크, 수입자유화, 가계수표제 도입 등 소비부문에 변화
- 백화점은 직영백화점으로 급성장 및 대기업의 백화점 진출이 본격화
- 1975년 한국슈퍼마켓협회가 창립되어 그 기반이 조성

ⓔ 1980년대

- 유통근대화촉진법이 제정되었고 올림픽도로 개통, 지하철 2 · 3 · 4호선 개통, 야간통금 해제 등 유통여건이 개선
- 백화점은 성장기에 접어들어 강남 백화점 시대 개막. 지방 백화점도 활성화되어 본격적으로 성숙기로 접어듬
- 1981년 편의점 도입으로 편의점 체인시대로 진입

ⓜ 1985년대

- 도소매업진흥법이 제정되고 1천억 달러로 수출대국으로의 부상, 88올림픽 개최, 우루과이 라운드의 출범 등 개방화물결이 일어나기 시작한 시기
- 백화점은 성숙화되어 대형소매상으로의 위치를 차지
- 슈퍼마켓은 1988년 협동조합중앙회가 설립되었고 전국에 체인을 통해 확고한 위치 차지
- 편의점은 7-Eleven, 로손, 써클K, LG25 등 체인점이 도입되어 본격화

ⓗ 1990년대 이후

- 정보화시대를 맞이하여 국제화 및 세계화시대로 접어들면서 유통시장이 개방되어 외국의 다국적 유통업체의 국내 진출과 대기업의 유통업계 진출이 활성화되어 유통업계의 변화가 극심한 시기
- 백화점은 다점포화, 지반화가 이루어졌고 동종업종과 이업종 간의 경쟁격화, 백화점의 대형화
- 선진 신업태의 등장과 할인 신업태가 전국적으로 다점포화하면서 가격파괴가 이루어지기 시작
- 정보통신의 발전이 가속화되면서 인터넷을 통한 홈쇼핑과 TV홈쇼핑 등이 활성화

② 업종점에서 업태점으로 진화

▼ 업종과 업태 비교

구 분	업종(Types of Business)	업태(Types of Operation)
의 미	무엇을 판매하고 있는가(What to sell)	어떠한 방법으로 판매하나(How th sell)
종 류	컴퓨터판매점, 가전판매점, 채소가게, 생선가게, 정육점, 의류점, 가구점 완구점 등	백화점, 편의점, 전문점, 슈퍼마켓, 드럭스토어 등
관 점	생산자적인 측면의 관점	소비자구매행동과 관련된 판매시스템

③ 국내 소매업태의 종류

㉠ 소매업태 분류 유형

구 분		분류내용
상품의 계열별		종합소매점, 한정구색소매점, 식생활용품소매점, 일상편의소매점, 서비스소매점
가격대별		저가소매점, 증가소매점, 고가소매점
점포 유무별	무점포판매	주문판매(홈쇼핑, 인터넷 쇼핑몰, 카탈로그), 자동판매기, 방문판매업
	유점포판매	백화점 등 전통적인 점포형 판매 방식
판매방법별		대면판매(Face of Face Sale), 셀프판매(Self Sale)
시스템 통제 방법별		레귤러 체인(Regular Chain), 볼런터리 체인(Voluntary Chain), 프랜차이즈 체인(Franchise Chain)

㉡ 국내 주요 소매업태의 분류

구 분			국내 주요 소매업태
유점포 소매업	백화점		가격, 입지, 상품으로 백화점을 구분 고급백화점 롯데, 신세계와 할인백화점 세이브존 등
	슈퍼 마켓	슈퍼마켓 (Super Market)	체인스토어형, 독립점포형 구분 해태슈퍼, 한화슈퍼, 일반 전통슈퍼점
		대형슈퍼마켓 (Super Super Market)	슈퍼마켓의 대형화 롯데 레못, GS슈퍼, 이마트 에브리데이
		종합슈퍼마켓 (General Super Market)	슈퍼센터(하이퍼마켓)형, MWC형 이마트 등과 코스트코 등
	전문점	의 류	패션매장형과 아웃렛매장형 주류로 가격, 상품으로 구분 패션백화점 앤비와 2001아웃렛 등
		가 전	가전제품 종합매장으로 전자랜드, 하이마트 등
		생활문화	북센터, 문구센터, 기타 카테고리킬러형 매장
	편의점		편의점중심 주거밀착형 매장 세븐일레븐, LG, 패밀리, 로손, 및 독립편의점
	드럭스토어		주거 밀착으로 편의품과 의약품을 취급하는 매장 CJ올리브영, GS왓슨즈 등
무점포 소매업	인터넷쇼핑몰		인터파크, 삼성몰, 옥션
	TV홈쇼핑		CJ홈쇼핑, GS홈쇼핑, 우리홈쇼핑, 농수산TV, 현대홈쇼핑
	기 타		카탈로그판매업, 자동판매기, 방문판매업

ⓒ 업종점 등 기타 소매 시설 종류

구 분	주요 소매 시설 현황
쇼핑센터	여러 업태점과 업종점(상점)이 집합해 있는 단순 건물집합체 쇼핑센터 유형을 근린(Neighborhood)형, 지역(Community)형, 광역(Regional)형, 초광역(Super Regional)형 등 4가지로 분류
상점가	여러 업종점(상점이 밀집한 상가 또는 쇼핑몰 지하상가, 도로변상가, 동대문의류상가, 쇼핑센터 내의 쇼핑몰 등
할인점 또는 대형마트	광의의 해석으로 기존 소매업태보다 상시 할인된 가격으로 판매하는 소매점 할인백화점(세이프존 등), 대형슈퍼마켓(SSM), 종합슈퍼마켓(이마트 등), 할인전문점(카테고리킬러 포함) 등
시 장	상품 및 서비스를 판매하는 다양한 업종점의 집합체 현대식 또는 전통시장(상설시장, 정기시장) 등

④ 축산물 유통업의 종류와 범위

㉠ 축산물위생관리법 시행령 제21조(영업의 세부 종류와 범위)

구 분	범위
• 도축업	가축을 식용에 제공할 목적으로 도살·처리하는 영업
• 집유업	원유를 수집·여과·냉각 또는 저장하는 영업. 다만, 자신이 직접 생산한 원유를 원료로 하여 가공하는 경우로서 원유의 수집행위가 이루어지지 아니하는 경우는 제외
• 축산물가공업	
− 식육가공업	식육가공품을 만드는 영업
− 유가공업	유가공품을 만드는 영업
− 알가공업	알가공품을 만드는 영업
• 식육포장처리업	포장육을 만드는 영업
• 축산물보관업	축산물을 얼리거나 차게 하여 보관하는 냉동·냉장업. 다만, 축산물가공업 또는 식육포장처리업의 영업자가 축산물을 제품의 원료로 사용할 목적으로 보관하는 경우는 제외
• 축산물운반업	축산물(원유와 건조·멸균·염장 등을 통하여 쉽게 부패·변질되지 않도록 가공되어 냉동 또는 냉장 보존이 불필요한 축산물은 제외한다)을 위생적으로 운반하는 영업. 다만, 축산물을 해당 영업자의 영업장에서 판매하거나 처리·가공 또는 포장할 목적으로 운반하는 경우와 해당 영업자가 처리·가공 또는 포장한 축산물을 운반하는 경우는 제외
• 축산물판매업	
− 식육판매업	식육 또는 포장육을 전문적으로 판매하는 영업(포장육을 다시 절단하거나 나누어 판매하는 영업을 포함한다). 다만, 슈퍼마켓 등 소매업을 경영하는 자가 냉장 또는 냉동시설을 갖추고 식육포장처리업의 영업자가 생산한 포장육을 가공 없이 그대로 판매하는 경우는 제외
− 식육부산물전문판매업	식육 중 부산물로 분류되는 내장(간·심장·위장·비장·창자·콩팥 등을 말한다)과 머리·다리·꼬리·뼈·혈액 등 식용이 가능한 부분만을 전문적으로 판매하는 영업
− 우유류판매업	우유대리점·우유보급소 등의 형태로 직접 마실 수 있는 유가공품을 전문적으로 판매하는 영업
− 축산물유통전문판매업	축산물(포장육·식육가공품·유가공품·알가공품을 말한다)의 가공 또는 포장처리를 축산물가공업의 영업자 또는 식육포장처리업의 영업자에게 의뢰하여 가공 또는 포장처리된 축산물을 자신의 상표로 유통·판매하는 영업

– 식용란수집판매업	식용란(닭의 알만 해당한다)을 수집·처리하거나 구입하여 전문적으로 판매하는 영업. 다만, 자신이 생산한 식용란 전부를 식용란수집판매업의 영업자에게 판매하는 경우와 축산법 제22 조제1항제4호에 따른 등록대상이 아닌 양계업 또는 포장된 식용란을 최종 소비자에게 직접 판매하는 소매업은 제외
• 식육즉석판매가공업	식육 또는 포장육을 전문적으로 판매(포장육을 다시 절단하거나 나누어 판매하는 것을 포함한다)하면서 식육가공품(통조림·병조림은 제외한다)을 만들거나 다시 나누어 직접 최종 소비자에게 판매하는 영업. 다만, 식품을 소매로 판매하는 슈퍼마켓 등 점포를 경영하는 자가 닭·오리의 식육 또는 포장육을 해당 점포에 있는 냉장시설 또는 냉동시설에 보관 및 진열하여 그 포장을 뜯지 아니한 상태 그대로 해당 점포에서 최종 소비자에게 판매하면서 식육가공품(통조림·병조림은 제외한다)을 만들거나 다시 나누어 직접 최종 소비자에게 판매하는 경우는 제외한다.

ⓒ 식품위생법 시행령 제21조(영업의 종류) 및 동법 시행규칙 제39조(기타 식품판매업의 신고 대상)

구 분	범 위
• 식품판매업	
– 기타 식품판매업	영업장의 면적이 300m² 이상인 백화점, 슈퍼마켓, 연쇄점 등에서 식품을 판매하는 영업
• 식품접객업	
– 일반음식점영업	음식류를 조리·판매하는 영업으로서 식사와 함께 부수적으로 음주행위가 허용되는 영업

ⓒ 식품위생법 제2조(정의) 중 일부

구 분	범 위
• 집단급식소	영리를 목적으로 하지 아니하면서 특정 다수인에게 계속하여 음식물을 공급하는 다음 각 목의 어느 하나에 해당하는 곳의 급식시설로서 대통령령으로 정하는 시설 – 기숙사, 학교, 병원, 그 밖의 후생기관 등

ⓒ 유통산업발전법 제2조(정의), 동법 시행령 제3조(대규모점포의 요건 등) 및 제5조(상점가의 범위)

구 분	범 위
• 대규모점포	다음의 요건을 모두 갖춘 매장을 보유한 점포의 집단으로서 대통령령이 정하는 것 • 하나 또는 대통령령이 정하는 2 이상의 연접되어 있는 건물 안에 하나 또는 여러 개로 나누어 설치되는 매장일 것 • 상시 운영되는 매장일 것 • 매장면적의 합계가 3,000m² 이상일 것
– 대형마트	제2조에 따른 용역의 제공장소(이하 "용역의 제공장소"라 한다)를 제외한 매장면적의 합계가 33,000m² 이상인 점포의 집단으로서 식품·가전 및 생활용품을 중심으로 점원의 도움 없이 소비자에게 소매하는 점포의 집단
– 백화점	용역의 제공장소를 제외한 매장면적의 합계가 3,000m² 이상인 점포의 집단으로서 다양한 상품을 구매할 수 있도록 현대적 판매시설과 소비자 편익시설이 설치된 점포로서 직영의 비율이 30% 이상인 점포의 집단
• 상점가	2,000m² 이내의 가로 또는 지하도에 50 이상(인구 30만 이하인 시·군·자치구의 상점가의 경우에는 30 이상)의 도매점포·소매점포 또는 용역점포가 밀집하여 있는 지구

⑤ 신유통업태

　　㉠ 신유통업태의 특징

　　　• 체인화(다점포망)

　　　• 현대 소매업의 추세를 반영 : 엄격하게 관리되고 고도로 집중화된 전문점 체인의 증가추세와
　　　　매우 거대한 점포의 증가추세를 반영

　　　• 경제성 추구

　　　• 매장면적의 대형화

　　㉡ 업태별 포지셔닝

유 형	주요 전략	주요 특징
백화점	다양성과 구색을 모두 추구	다양성, 대규모, 완전 서비스
슈퍼마켓	일괄 구매	저비용, 저마진, 대량 판매, 셀프 서비스
전문점	매우 깊은 상품 구색	깊은 구색, 완전 서비스
할인점	상시적 가격 할인	창고형 매장, 셀프 서비스, 저가격, 묶음 단위 판매
양판점	다품종 대량 판매	중저가 상품 구색, 다점포화
슈퍼센터	슈퍼마켓+할인점	상품의 다양화 및 구색
하이퍼마켓	초대형 가격 할인	5,000~9,000평 규모의 단층 매장
회원제 도매클럽 (MWC)	회원제 도소매형 가격 할인	창고형 매장, 셀프 서비스, 연회비, 현금 판매
카테고리 킬러	특정품목의 전문화	상품구색, 가격 할인
아웃렛	재고 처리용 할인	초저가(50~80%)
파워센터	할인업태를 종합해 놓은 대형점포	구매의 편리성 : One-tour Shopping

　　㉢ 신유통업태의 종류

　　　• 할인점, 전문할인점

　　　• 편의점

　　　• 대중양판점

　　　• 회원제 도매점

　　　• 하이퍼마켓

　　　• 아웃렛

　　　• 부티크

　　　• 드러그스토어, 슈퍼 드러그스토어

　　　• 패스트푸드점

　　　• 콤비네이션 스토어

　　　• 무점포판매점

　　　• 홈쇼핑

　　　• 카탈로그 쇼룸

(3) 물류관리

① **물류란** : 물류란 상품의 물리적 이동과 관련된 활동을 말하며, 축산물의 수송·보관·포장·하역의 물자유통활동과 물류에 관련되는 정보가 포함된다.

② 7R의 원칙과 3S1L의 원칙

　　㉠ 7R의 원칙

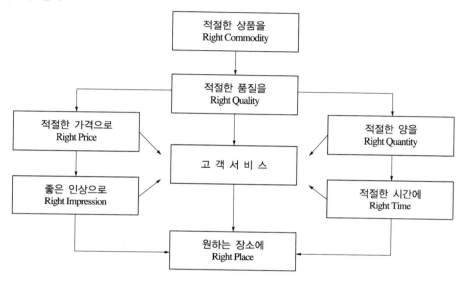

　　㉡ 3S1L의 원칙

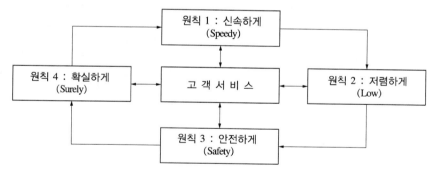

③ **물류의 기능**

　　㉠ 장소적 기능 : 생산과 소비의 장소적 거리 조정 → 재화의 유통 원활

　　㉡ 시간적 기능 : 생산과 소비 시기의 시간적 거리 조정 → 재화를 적기 제공

　　㉢ 수량적 기능 : 생산과 소비의 수량적 거래 조정 → 재화의 수량을 집하·중계·배송 등을 통해 조정

　　㉣ 품질적 기능 : 생산자와 소비자의 재화의 품질적 거래 조정 → 재화의 가공·조립·포장 등을 통해 조정

④ 물류의 범위와 영역

   ⊙ 조달물류 : 물류의 시발점으로 물자가 조달처로부터 운송되어 매입자의 보관창고에 입고·관리되어 생산공정에 투입 직전까지의 활동으로 '구매 → 조달 → 공급망'의 개념으로 진화

   ⓒ 생산물류 : 물자가 생산공정에 투입될 때부터 제품의 생산에 이르기까지의 운반, 하역, 창고에 입고까지의 활동

   ⓒ 판매물류 : 완제품의 판매로 출고되어 고객에게 인도될 때까지 활동

   ⓔ 반품물류 : 판매된 제품, 상품 자체의 문제점 발생으로 인한 상품의 교환·반품 활동

   ⓜ 폐기물류 : 파손 또는 진부화된 제품이나 상품 또는 포장용기 등 폐기 활동

   ⓗ 회수물류 : 판매물류에서 발생하는 팰릿(Pallet), 컨테이너 등의 빈 물류용기의 회수 활동

⑤ 물류의 흐름

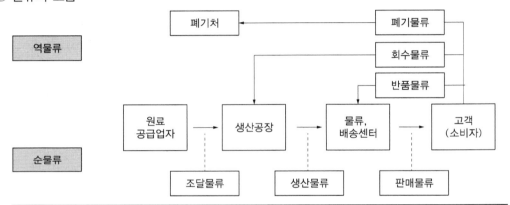

순물류(Forward Logistics)	역물류(Reverse Logistics)
• 원산지부터 소비지까지 원자재, 재공품, 완성품 및 관련 정보의 흐름이 효율적이고, 비용면에서 효과적으로 계획·실행·관리하는 과정 • 동종제품의 포장형태가 균일하고, 가격이 동일 • 물류계획의 수립 및 실행이 쉽고, 재고관리가 편리·정확 • 제품수명주기 관리 가능 • 속도의 중요성 인지 • 비용의 투명성 높음	• 소비지에서부터 폐기처리 시까지 상품 및 관련 정보의 효율적인 흐름을 계획, 실행 및 관리하는 과정 • 동종제품의 경우도 포장형태와 가격이 각각 다름 • 물류계획의 수립, 실행, 재고관리가 어렵고 정확하지 않음 • 제품수명주기의 어려움 • 상품처리의 중요성 인지 • 비용의 투명성이 낮음

⑥ 물류관리의 개념과 목적

   ⊙ 물류관리의 범위에는 최종제품의 판매물류, 원재료의 조달과 관련된 조달물류가 포함되며, 최근에는 상품의 반품과 관련된 회수물류, 사용된 상품의 처리와 관련된 폐기물류도 중요해지고 있다.

   ⓒ 원재료 조달 및 제품의 물적 유통의 제반 업무 등의 종합적·체계적인 관리

   ⓒ 제품의 원가 절감과 재화의 시간적·공간적 효용가치 창조를 통한 시장경쟁력 강화

   ⓔ 광의의 물류인 로지스틱스는 원재료의 조달지역에서부터 최종소비지점에 이르기까지 상품의 이동과 보관 활동, 그리고 이와 관련된 정보를 계획, 조직, 통제하는 것으로 정의된다.

    ◎ 물류비에는 상품이 생산지에서 소비지까지 전달되는 데 들어가는 수송비, 포장비, 창고보관비 등 직접적인 비용뿐만 아니라 물류지원에 필요한 부수비용까지 포함된다.

    ⓗ 물류표준화란 운송, 보관, 하역, 포장 등 물류의 각 단계에서 물동량 취급단위를 표준펠릭으로 단위화하고, 사용되는 시설·장비를 규격화하여 이들 간 호환성과 연계성을 확보하는 '단위화 물적재시스템'(ULS)을 구축하는 것이다.

    ⓢ 축산물 물류표준화는 산지에서 소비자에게 이르는 운송, 보관(저장), 규격포장, 하역작업의 표준화와 효율화를 통해 유통비용을 절감하는 데 목적이 있다.

⑦ 물류관리의 필요성

    ㉠ 제품의 수명이 단축, 차별화된 제품생산의 요구 증대

    ㉡ 비용절감, 서비스 수준의 향상, 판매촉진 향상

    ㉢ 국제적인 경제환경 변화

    ㉣ 기업활동 특성상 물류비의 절감 요구

    ㉤ 고객 요구의 다양화·전문화·고도화로 고객 서비스 중시

    ㉥ 물류 환경변화로 물류의 중요성 대두 : 포장·하역·보관·수송·기술 발전, 급격한 정보처리 기술 혁신

    ㉦ 물품관리의 중요성 증대 : 다품종, 소량, 다빈도 거래 확대

    ㉧ 물류 참여기업 간 조정과 협업 필요 : 공급사슬관리의 중요성 증가

⑧ 물류관리의 역할

개별기업	국민경제
• 원재료 구입과 제품판매에 관련된 제 업무 총괄 • 경영의 효율화와 물류서비스 제품이 판매수단으로 중요시	• 산업 전반에 유통효율 향상 - 소·도매물가의 상승 억제 • 품질유지와 정시배송 - 소비자에게 질적 향상 서비스 제공 • 자원의 낭비 방지 • 균등한 지역경제의 발전 - 지역적인 편중 억제 • 물류 개선을 위한 사회간접자본의 증강 • 각종 설비투자의 기회 부여 및 도시 재개발로 생활환경 개선 이바지 • 상품흐름 합리화로 상거래의 대형화 유발

⑨ 물류관리의 원칙

    ㉠ 경제성 원칙 : 최소한의 자원으로 최대한의 물자공급 효과를 얻기 위한 원칙

    ㉡ 신뢰성 원칙 : 필요로 하는 물자를 원하는 시기, 장소 등에 사용·공급 보장

    ㉢ 보호의 원칙 : 물자저장시설을 보호, 물자수송 또는 운반과정의 도난·망실·화재·파손 보호

    ㉣ 간편성 원칙 : 물류조직, 물류계획, 물류수급 체제 및 절차 등의 간단명료 및 단순화

    ㉤ 균형성 원칙 : 물자의 수요와 공급의 균형성 유지는 물론 조달과 분배도 균형 유지

    ㉥ 권한의 원칙 : 물자를 효과적으로 공급하도록 통제권한 부여 및 위임

    ㉦ 집중지원 원칙 : 물자 요구상황에 따라 물량, 장소, 시기의 우선순위별 집중지원

    ㉧ 추진지원 원칙 : 생산, 유통, 소비분야 현장에서 중앙에서 지방, 후방현장에서 일선현장으로 지원

ⓒ 적시성 원칙 : 물자를 공급함에 있어 필요한 시기와 장소에 필요한 수량 공급

⑩ 물류서비스 결정요인

　㉠ 물류서비스와 물류비용은 상충관계(Trade-off) 존재

　㉡ 전자상거래의 확산은 유통배송단계 축소와 고객맞춤형 물류서비스 강조

　㉢ 물류관리자는 이익 창출을 위해 비용절감 및 물류서비스의 향상 주력

　㉣ 물류서비스 향상은 매출 증가나 이익 창출의 증가와는 관련 없음

　㉤ 물류서비스 향상의 효율적인 실행을 위해서 3S1L원칙과 7R원칙 고려

⑪ 외주물류관리

　㉠ 물류 아웃소싱

　㉡ 제3자 물류 : 물류업무를 사내에서 분리하여 제3의 전문기업에 위탁한다.

> **TPL의 등장배경과 정의**
> TPL 기업은 창고, 수송 및 배송 관리 업무뿐만 아니라 물류정보기술의 개발 및 관리, 고객서비스, 주수관리 등을 포함한 Supply Chain 전 영역에 걸친 물류서비스를 제공하는 회사를 말한다.

• 등장배경

> **1980년대**
> 기업 내 물류관련 기능 및 업무의 통합에 의한 최적화에 초점을 둔 통합물류관리를 중시하였다.
>
> **1990년대**
> SCM 개념의 본격적인 확산과 더불어 기입 간 통합을 위한 협력체제 구축을 통한 물류 효율성 재고에 주력하였다.

• 정 의

> **3P(Third-Party)**
> 물류채널 내의 다른 주체와 일시적이거나 정기적인 관계를 가지고 있는 물류채널 내의 대행자 또는 대행자를 말한다.
>
> **2PL(Third-Party Logistics)**
> SCM 개념의 본격적인 확산과 더불어 기업 간 통합을 위한 협력체제 구축을 통한 물류 효율성 재고에 주력한다.

　㉢ 제3자 물류의 기대효과

　　• 물류산업 합리화·고도화에 의한 고물류비 구조·혁신

　　• 고품질 물류 서비스의 제공으로 제조기업의 경쟁력 강화

　　• 종합물류 서비스 개선

　　• 공급체인관리(SCM) 도입·확산의 촉진

　　• 물류비와 자본 투자 절감 및 위험 감소

　　• 운영 효율화 및 유연성 제고

　　• 전문기술·정보기술 활용 물류 생산성 제고

　　• 핵심역량에 대한 집중

　　• 물류비 관리의 명확성

- 운영비와 자본비의 감소
② 제3자 물류 구축 시 문제점

▼ 제3자물류 구축 시 문제점

구 분	화 주	제3자 물류업체
경제적	다른 파트너 교체 시 전환비용 증대	• 상당량의 착수금 투자 • 호환이 불가능한 장비에 대한 투자
관리적	• 상품 및 재고에 대한 통제력 약화 • 정보유출 우려 • 고객서비스 품질평가 난해 • 제3자의 기회주의 우려	• 화주로부터 탈락 시 화주 교체의 어려움 • 화주의 기호주의 우려
전략적	• 특정 제공자와의 장기계약으로 인한 시장이동 및 선택의 제약 • 간접적인 고객접촉으로 화주 및 고객 간의 서비스 갭 발생	• 화주로의 병합, 흡수 • 화주의 자가물류화

⑫ 물류합리화
　㉠ 소프트웨어 부문의 표준화
　　• 물류용어의 통일
　　• 거래단위의 표준화
　　• 전표의 표준화
　　• 표준코드의 활용
　　• 포장치수의 표준화
　㉡ 하드웨어 부문의 표준화
　　• 팰릿의 표준화
　　• 내수용 컨테이너의 보급
　　• 지게차의 표준화
　　• 트럭 적재함의 표준화
　　• 보관시설의 표준화

⑬ 물류공동화
　㉠ 의의 : 공동화는 물류시스템의 일환으로 동일지역과 동일업종을 중심으로 하는 것을 원칙으로 수배송의 효율을 높이고 비용을 절감하기 위해 2인 이상 공동으로 수행하는 물류활동을 말한다.

ⓛ 물류공동화의 추진방향
- 자사물류시스템의 개발
- 정보시스템의 통일화
- 물류와 판매의 제휴 공동화
- 복합운송의 공동화

⑭ 전자상거래
ⓧ 전자상거래의 범위

영 역	내 용
계 약	잠재고객과 잠재기업 간의 최초 계약체결
정보교환	사전 및 사후 판매지원(제품/서비스 내역서, 제품사용에 관한 기술 지원, 고객문의 지원)
전자지불	전자자금이체(EFT), 신용카드, 전자수표, 전자현금 등을 활용
유 통	유통관리, 제품출하 추적시스템 등
가상기업	독립된 기업들이 정보기술을 이용하여 비용절감, 기술/정보 공유
기업프로세스 경유	ERP, 기업과 협력회사가 기업프로세스를 공동으로 소유, 운영
정보기술	전자우편, 팩스, EDI, EFT, GALS

ⓛ 전자상거래의 특징
- 특정기업 간 전자상거래로 폐쇄형 EDI가 이용되는 형태이다. 기존의 거래관계자가 있는 기업 간의 전자상거래로서 통상거래 시 신용에 문제가 없고 특별한 법적조치를 강구할 필요가 없는 경우다.
- 불특정기업 간의 전자상거래로서 개방형 전자상거래라고도 하며 개방형 EDI가 이용되고 있는 형태이다.
- 기업과 소비자 간의 전자상거래로서 현재 전자상거래로 인식되고 있는 것으로 사업자는 큰 설비투자 없이 사업을 전개할 수 있는 형태이다.
- 전자상거래는 전통적인 상거래가 가지는 시간적, 공간적 한계를 극복할 수 있는 수단을 제공하여 가상공간을 통하여 24시간 거래가 가능하다.

공급자	소비자
• 영업의 글로벌화	• 상품구매의 글로벌화
• 경쟁력 제고	• 서비스질의 향상
• 다수 고객에 대한 요구충족	• 다양한 선호가 반영된 제품 및 서비스
• 공급망의 축소 및 철폐	• 요구에 신속한 대응
• 제품 생산비용 절감	• 저렴한 제품가격
• 새로운 영업기회	• 새로운 제품 및 서비스

ⓒ 전자상거래와 전통적 상거래의 특징 비교

구 분	전자상거래	전통적인 상거래
유통채널	기업 ↔ 소비자 제품, 시장, 유통경로 해체	기업 → 도매상 → 소매상 → 소비자 제품, 시장, 유통경로 보호
거래대상 지역 및 거래시간	전세계 판매대상 24시간 영업	일부지역에 국한 제한된 영업시간
판매거점 및 방법	Cyber Space(네트워크) 정보에 의한 판매	Market Place(시장, 상점) 전시에 의한 판매
고객수요 파악	온라인으로 수시 획득 재입력이 필요 없는 디지털 데이터	영업사원이 수집정보 재입력 필요
마케팅 활용	쌍방향을 통한 일 대 일 상호 대화식 마케팅	구매의사에 관계없는 일반적인 마케팅
고객대응	고객욕구 신속히 파악 고객불만 즉시 대응	고객욕구 파악이 어렵고 고객불만대응 지연
소요자본	홈페이지 구축 등 적용 비용만 소요	토지, 건물 등의 구입에 거액의 자금 필요
보안자본	보안 및 승인 필요	통신망 설계 일부 보안
거래망 여부	공개 및 비보호 통신망	폐쇄된 독점 통신망
거래대상	거래상대(Partner) 무제한	거래상대(Partner) 제한
대외관계	복잡하게 얽힌 비공식적 동맹	정형화된 공식적 동맹
보상체계	실패를 두려워하지 않음 높은 보상과 결과 사이의 관계	실패 회피적 낮은 보상과 결과 사이의 관계

⑮ 소화물일관운송(택배)

▼ 소화물일관운송의 유형별 배송단계와 장단점

유 형	배송단계	장 점	단 점
직접 배송형	상품주문 → 쇼핑몰 → 납품업체 → 수취인	• 전체적인 통제 가능 • 대량판매 시 효율적 배송	• 단일 상품구매 시 비용 과다 • 판매부분으로 집중력 분산
간접 배송형	상품주문 → 쇼핑몰 → 납품업체 → 수취인	• 배송비 절감 • 물류시설 불필요 • 판매에 전념가능	• 상품통제 및 관리공간 • 애프터서비스 문제노출
혼합배송형	상품주문 → 쇼핑몰 → 수취인 상품주문 → 쇼핑몰 → 납품업체 → 수취인	• 탄력적 운용가능 • 판매촉진에 유리	• 특징결여로 운영방식 애매 • 일원화된 관리체계 구축 곤란
공동 배송형	상품주문 → 각 쇼핑몰 → 공동배송 → 수취인	• 배송차량 감소로 비용절감 • 판매기능강화에 집중가능 • 사회적 편익제공(교통체증, 물류 합리화 등)	• 시스템통제 곤란 • 배송사고 발생빈도 증가 • 애프터서비스 문제 노출

01 축산물 유통의 특성에 대한 설명으로 옳지 않은 것은?

① 축산물의 수요·공급은 비탄력적이다.
② 축산물의 생산체인 가축은 성숙되기 전에는 상품적인 가치가 없다.
③ 축산물 생산농가가 영세하고 분산적이기 때문에 유통단계상 수집상 등 중간상인이 개입될 소지가 많다.
④ 축산물은 부패성이 강하기 때문에 저장 및 보관에 비용이 많이 소요되고 위생상 충분한 검사를 필요로 한다.

02 다음 중 유통마진을 잘 나타낸 것은?

① 소비자 지불가격 + 생산자 수취가격
② 소비자 지불가격 − 생산자 수취가격
③ 생산자 수취가격 − 소비자 지불가격
④ 생산자 수취가격 − 판매비용

03 축산물의 거래는 일반적으로 완전경쟁시장에서 이루어진다. 그 특징에 대한 설명 중 틀린 것은?

① 판매방법은 경매가 아닌 홍보활동에 의해 이루어진다.
② 생산자와 소비자의 수가 매우 많다.
③ 동질적인 축산물 생산
④ 생산자의 자유로운 진입과 이탈이 가능하다.

04 우리나라 육류유통의 문제점으로 볼 수 없는 것은?

① 유통구조가 복잡하다.
② 규격돈의 생산비율이 너무 낮다.
③ 위생, 안전성이 낮다.
④ 도축장의 가동률이 너무 높다.

해설 우리나라는 대부분 도축장의 가동률이 낮다.

05 다음 중 국내 식육유통의 문제점이라고 할 수 없는 것은?

① 판매방식의 전근대화

② 소비자들의 육질 식별능력 부족

③ 냉장육 중심의 유통

④ 가격 안정 기능의 취약성

> **해설** 우리나라는 지육유통이 문제점으로 지적되고 있다.
> • 지육 : 도체를 박피하여 내장적출, 두부, 사지단절, 꼬리부분 제거한 시점의 도체
> • 반지육 : 지육을 좌우로 나눈 도체
> • 온지육 : 냉각하기 전 지육
> • 냉지육 : 냉각한 후의 지육

06 다음 축산물의 유통에 관한 내용 중 그 특징으로 바르지 않은 것은?

① 상품화에 있어 많은 시간이 소요된다.

② 공급은 탄력적이다.

③ 품질의 다양성이 존재한다.

④ 생산은 연중 가능하나 수요는 계절에 따라 변동된다.

> **해설** 공급은 비탄력적이다.

07 다음 축산물 유통주체 중 도매에 해당하지 않는 것은?

① 축산물시장   ② 집하장

③ 정육점   ④ 계란유통업체

> **해설** 정육점은 소매에 해당한다.

08 다음 축산물 유통에 관한 내용 중 도매시장의 필요성으로 바르지 않은 것은?

① 국가 유사 시 식육배급기지의 역할

② 소량거래 및 거래욕구의 충족

③ 정부의 식육유통정책의 구현

④ 거래수의 최소화

> **해설** 대량거래 및 거래욕구의 충족이다. 이외에 매점매석의 가능성 억제도 있다.

09 국내 축산물 유통에 관한 설명 중 대형소매점의 출현이 어려운 이유로 바르지 않은 것은?

① 대형 식육소매점의 출현은 독과점이 염려되기 때문에 정부의 개입이 불가피하다.

② 식육상품은 분배비용이 낮다는 특성을 가지고 있고 부패의 위험성 때문에 경제적으로 유리하다.

③ 식육상품은 구색을 갖추는 데 비용이 너무 많이 들며, 도소매기능을 동시에 수행하지 않는 한 생산지에서 직접 구입하는 것보다 도매시장에서 구입하는 것이 훨씬 저렴하다.

④ 식육수급에 문제가 발생되면 정부가 개입하는데, 정부는 가격 안정을 공개시장의 조작을 통해서 해결하려 한다.

해설 식육상품은 분배비용이 높은 특성을 가지고 있으며, 부패의 위험성 때문에 경제적으로 유리하지 않다.

10 다음 중 국내 육류유통의 문제점으로 바르지 않은 것은?

① 단순한 유통과정으로 인한 유통비용의 상승

② 산지 및 소비자 가격의 비연계성

③ 고급육 생산 및 고유 브랜드 생산 체계의 미흡

④ 국내산 육류의 품질 및 안전성에 대한 소비자들의 신뢰도 감소

해설 복잡한 유통과정으로 인한 유통비용의 상승이다. 이 외에 식육업소의 난립 및 경영규모의 영세성을 들 수 있다.

11 다음 축산물유통에 관련한 내용 중 가장 바르지 않은 것은?

① 생산의 경우에는 연중 가능하지만, 수요의 경우에는 계절에 따라 변동된다.

② 상품의 부패성이 강하다.

③ 공급이 비탄력적이다.

④ 유통절차가 단순해 비용은 적게 소요된다.

해설 유통절차가 복잡해서 비용이 과다로 소용된다.

12 다음 식육가공에 관한 내용 중 식육상품의 유통특성으로 바르지 않은 것은?

① 생산자로부터 소비자까지의 유통은 가축의 수집, 도축, 가공, 판매 등 여러 단계를 거치며, 각 단계별로 시설 및 비용 등이 소요된다.

② 생축의 이동 시에는 체중 감소 등의 경제적 손실이 발생하지 않는다.

③ 식육상품의 유통에는 위생안전성 확보를 위하여 현대적 시설과 품질 확보를 위한 기술이 요구된다.

④ 유통 초기단계에는 생축형태로 거래되며, 유통 마지막 단계는 지육 및 정육형태로 거래된다.

해설 생축의 이동 시에는 체중 감소 등의 경제적 손실이 발생될 수 있다.

13 물류의 영역적 분류에 관한 설명으로 옳은 것은?

① 조달물류 - 생산된 완제품 또는 매입한 상품을 판매창고에 보관하고 소비자에게 전달하는 물류활동
② 반품물류 - 원자재와 제품의 포장재 및 수배송용기 등의 폐기물을 처분하기 위한 물류활동
③ 사내물류 - 물자가 조달처로부터 운송되어 보관창고에 입고되어 생산공정에 투입되기 직전까지의 물류활동
④ 회수물류 - 제품이나 상품의 판매물류 이후에 발생하는 물류용기의 재사용, 재활용 등을 위한 물류활동

 물류의 영역적 분류
- 조달물류 : 물류의 시발점을 물자가 조달처로부터 운송되어 매입자의 물자보관창고에 입고, 관리되어 생산공정에 투입되기 직전까지의 물류활동
- 생산물류 : 물자가 생산공정에 투입될 때부터 제품의 생산에 이르기까지의 물류활동
- 판매물류 : 생산된 완제품 또는 매입한 상품을 판매창고에 보관하고, 출고하여 고객에게 인도할 때까지의 물류활동
- 반품물류 : 소비자에게 판매된 제품이 상품자체의 문제점 발생으로 상품의 교환이나 반품을 하는 물류활동
- 사내물류 : 사내에서 이루어지는 물류활동에 소요되는 물류활동

14 물류관리를 통하여 국민경제에 기여할 수 있는 항목 중 옳지 않은 것은?

① 유통효율의 향상을 통하여 기업의 체질을 강화하고 물가상승을 억제시킬 수 있다.
② 식품의 선도 유지 등 각종 상품의 물류 서비스 수준을 높여 소비자에게 질적으로 향상된 서비스를 제공할 수 있다.
③ 물류 효율화를 통하여 소비 편중을 높이고 과잉생산을 해소시킬 수 있다.
④ 도시교통의 체증완화를 통하여 생활환경을 개선할 수 있다.

 국민 경제적 관점에서의 물류의 역할
- 상류의 합리화를 가져와 상거래의 대형화를 유발한다.
- 유통 효율의 향상으로 물류비를 절감하여 기업의 체질개선과 소비자 및 도매물가의 상승을 억제한다.
- 정시 배송의 실현을 통한 서비스 향상에 이바지하여 수요자들에게 양질의 서비스를 제공한다.
- 자재와 자원의 낭비를 방지하여 자원의 효율적인 이용을 가능하게 한다.
- 지역경제발전의 기회를 주게 되어 인구의 지역적 편중을 해소할 수 있게 해 준다.
- 물류합리화를 위해서는 사회자본의 증감과 각종 설비투자를 필요로 하게 되는데 그것은 결과적으로 국민경제 발전을 위한 투자계획을 늘려 준다.
- 도시 생활환경 개선에 이바지하게 된다.

15 최근 물류 · 유통 환경변화에 관한 설명으로 옳지 않은 것은?

① 화주기업들 간 치열한 경쟁으로 물류 아웃소싱이 지속적으로 확대되고 있다.

② 고객 요구가 고도화 · 다양화됨에 따라 일반 소화물의 다빈도 정시운송은 물론 서비스 영역도 'Door to Door'단계를 지나 'Desk to Desk'단계에 이르기까지 점점 확대되어 가고 있다.

③ 유통채널 파워가 유통기업에서 제조기업으로 이동하게 되어 공급사슬의 복잡화가 가중되어 있다.

④ IT의 발전으로 전자상거래 시장이 확대되면서 홈쇼핑, 온라인 시장이 매년 큰 폭으로 성장하고 있다.

해설 유통채널 파워가 제조기업에서 유통기업으로 이동하게 되어 공급사슬의 복잡화가 가중되고 있다.

16 물류관리의 필요성에 관한 설명으로 옳지 않은 것은?

① 제품의 수명이 단축되고 차별화된 제품생산의 요구 증대로 인하여 물류비용 감소의 필요성이 부각되고 있다.

② 물류관리를 통해 비용절감, 서비스 수준의 향상, 판매촉진 등을 꾀할 수 있다.

③ 국제적인 경제환경이 변화하면서 물류관리의 중요성을 부각되고 있다.

④ 전자상거래의 증가로 인하여 물류관리의 중요성이 감소되고 있다.

해설 전자상거래의 발달로 물류관리는 더욱 중요해지고 있다. 인터넷 사용인구의 증대와 함께 전자상거래가 확산되면서 발생되는 물류관리, 물류추적 등은 소비자를 만족시킬 수 있는 핵심기술로 인식되고 있다.

17 유통경로(Distribution Channel)에 관한 설명으로 옳지 않은 것은?

① 유통경로는 제품이나 서비스가 생산자에게 소비자에 이르기까지 거치게 되는 통로 또는 단계를 말한다.

② 유통경로는 생산자의 직영점과 같이 소유권의 이전 없이 판매활동만을 수행하는 형태도 있다.

③ 유통경로는 탄력성이 있어 다른 마케팅 믹스 요소와 마찬가지로 한 번 경정되어도 다른 유통경로로 전환이 용이하다.

④ 유통경로에서 중간상은 교환과정의 촉진, 제품구색의 불일치 완화 등의 기능을 수행한다.

해설 유통경로는 다른 3가지 마케팅 믹스 요소와 달리 한 번 결정되면 다른 유통경로로의 전환이 가장 어려운 항목이다.

18 물류관리의 효율화를 추구하는 수단인 통합물류관리에 관한 설명으로 옳지 않은 것은?

① 원자재의 조달에서 상품판매 이후의 단계까지 각 기능의 상관관계를 고려하여 물류기능의 통합적 관점에서 물류관리를 수행한다.

② 물류관리의 수행에 기업 간 경쟁을 회피하고, 협력관계로 공동 노력한다는 인식을 갖고 전략적 제휴를 추진한다.

③ 물류관리의 효율화를 추구하기 위하여 거시적 관점으로 기업 간, 산업 간 물류의 표준화, 공동화, 통합화를 추구한다.

④ 물류관리의 효율화 목적이 물류비 절감을 통한 수익향상에 있으므로 사내 표준화에 중점을 둔 물류경로의 구축, 리드타임의 단축 등을 추진한다.

해설 통합물류관리를 위해서는 한 기업의 물류활동에 국한되는 것이 아니라 물류산업 전체의 물류흐름에 대한 접근을 필요로 하기 때문에 사내 표준화보다는 전체 산업 간 표준화에 우선을 두어야 한다.

19 수직적 유통경로관리시스템(VMS ; Vertical Marketing System)에 관한 설명으로 옳은 것은?

① 유통업체를 통제하기 위하여 제조업체가 주도권을 갖고 계열화하는 것을 후방통합(Backward Integration)이라고 하며, 자동차 제조회사에 주로 이용한다.

② 제조업체 등과 같은 기업본부에서 계획된 프로그램에 의해 경로구성원을 전문적으로 관리·통제하는 경로를 말한다.

③ 공생적 마케팅이라고도 하며, 공동생산, 생산시설의 공동이용, 공동상품 및 상표개발, 공동서비스 등을 통하여 이루어진다.

④ 급속하게 변화하는 시장의 욕구를 즉각 충족시킬 수 있고 표준화되지 않은 제품이나 서비스 시장에 효과적이다.

해설 수직적 유통경로시스템(Vertical Marketing System)은 생산에서 소비에 이르기까지의 유통과정을 체계적으로 통합하고 조정하여 하나의 통합된 체제를 유지하는 것을 의미한다.
① 후방통합이 아니라 전방통합에 대한 설명이다.
③ 수평적 유통경로시스템(Horizontal Marketing System)에 대한 설명이다.
④ VMS는 시장이나 기술의 변화에 대해서 기민한 대응이 곤란하다.

20 유통경로상에 존재하는 중간상의 역할에 관한 설명으로 옳지 않은 것은?

① 중간상의 존재로 인해 생산자는 다수의 소비자와의 거래를 단순화시킬 수 있다.

② 중간상은 생산자와 소비자 간의 욕구차이에서 발생하는 제품구색 및 구매량의 불일치를 조절한다.

③ 중간상은 생산자를 대신하여 소비자에게 판매 후 서비스를 제공하기도 한다.

④ 중간상이 생산자와 소비자 사이에 개입함에 따라 생산자의 재고부담이 증가한다.

해설 중간상의 긍정적 역할은 생산자와 소비자 사이에 위치함으로써 생산자의 재고부담을 감소시키는 역할을 한다.

21 물류관리의 중요성이 증가하는 이유로 옳지 않은 것은?

① 생산혁신 및 마케팅을 통한 이익 실현이 한계에 달했다.

② 고객 요구가 다양화, 전문화, 고도화되어 적절한 대응이 필요해졌다.

③ 소품종, 대량, 다빈도 거래 확대로 물류관리의 중요성이 증대하였다.

④ 물류비용 절감과 서비스 향상이 기업경쟁력의 핵심요소로 대두되었다.

해설 소품종, 대량 거래(×) → 다품종, 소량 거래(○)

22 물류관리의 필요성과 원칙에 관한 설명으로 옳지 않은 것은?

① 신속, 저렴, 안전, 확실하게 물품을 거래 상대방에게 전달해야 한다.

② TV홈쇼핑과 온라인상에서 다양한 형태의 재고정보를 제공함으로써 매출액 증가를 가져올 수 있다.

③ 효율적인 물류관리를 통하여 해당 기업은 비용을 절감하고 서비스 수준을 향상시킬 수 있다.

④ 고객서비스 향상과 물류비용 절감이라는 상반된 목표를 달성하기 위하여 물류 단위기능별 부분 최적화를 추구한다.

해설 기업의 물류합리화 추진목적인 고객서비스의 향상과 물류비의 절감을 달성하기 위해서는 공동목표 달성이라는 인식 아래 적절한 협력관계가 유지되어야 한다. 총비용 접근법에 의하여 기업은 고객의 서비스 수준을 미리 정해 놓고 이에 상응하는 최저 총비용 물류시스템을 구축하는 방법과 비용을 제한해 놓고 고객서비스를 최대한으로 확대하는 방법 등을 들 수 있다. 최적의 서비스 수준 선택과 물류비의 효율화는 물류 전체를 하나의 시스템으로 관리하여 상충관계에서 발생하는 문제점을 극복할 수 있는 방법이다.

23 물류활동에 관한 설명으로 옳지 않은 것은?

① 하역은 보관과 수송의 양단에 있는 물품의 취급을 말한다.

② 보관은 생산과 소비의 시간적 효용을 창출한다.

③ 유통가공은 물품 자체의 기능을 변화시키고 부가가치를 부여한다.

④ 물류관리는 물류활동에 대한 계획, 조정, 통제활동이다.

해설 유통가공은 물품 자체의 기능에 대한 변화보다는 부가가치를 높이기 위한 상표 붙이기, 포장하기 등의 부수적 활동을 수행하는 것을 의미한다.

24 물류와 생산 및 마케팅의 관계를 설명한 것으로 옳지 않은 것은?

① 물류는 마케팅의 4P 중 제품(Product)과 가장 밀접한 관련이 있다.

② 기술혁신으로 품질과 가격면에서 평준화가 이루어진 상태에서는 고객서비스가 마케팅과 물류에서 중요한 비중을 차지한다.

③ 물류는 포괄적인 마케팅에 포함되면서 물류 자체의 마케팅활동을 실천해야 한다.

④ 최근의 물류는 마케팅뿐만 아니라 산업공학적인 측면, 무역학적인 측면 등 보다 광범위한 개념으로 확대되고 있다.

해설 마케팅의 4P(Product, Price, Place, Promotion) 중 Place가 유통경로의 설계, 물류 및 재고관리, 도·소매상 관리 등의 물류와 가장 관련이 있다.

25 유통경로의 역할에 대한 설명으로 옳지 않은 것은?

① 거래의 효율성 증대

② 제품구색의 불일치 조정

③ 거래의 정형화

④ 중간상의 재고부담 감소

해설 중간상이 생산자와 소비자 사이에 개입함에 따라 중간상이 생산자의 재고를 일부 부담하게 되므로 생산자의 재고부담이 감소하게 된다.

26 물류관리의 전략적 중요성에 관한 설명으로 옳지 않은 것은?

① 기업의 물류관리는 구매, 생산, 영업 등의 활동과 상호 밀접하다.

② 다품종 소량시대의 도래로 물류비용이 증가하여 효율적인 물류관리수단이 필요하다.

③ 최근 물류관리의 목표는 부가가치의 창출에서 단순비용절감으로 전환해 가고 있다.

④ 물류의 통합이 기업의 경계를 넘어 공급사슬관리 전체로 확대됨에 따라 데이터와 프로세스 표준화가 필요하다.

해설 최근 물류관리의 목표는 단순 비용절감뿐만 아니라 물류활동을 통한 부가가치를 창출하는 것이다.

27 최근 글로벌 물류환경 변화에 해당되지 않는 것은?

① 국제물류 수요의 증가

② 물류기업의 M&A 및 전략적 제휴 확산

③ 기업 간 경쟁으로 물류아웃소싱 감소

④ 유엔기후변화협약 '발리로드맵' 채택에 따른 친환경 물류활동 증가

최근 물류환경 변화는 기업 내에서 전담하는 물류기능의 일부 또는 전부를 3자 물류(Third Party Logistics)업체에 위탁하는 형태가 확산되고 있다.

28 다음 물류의 중요성에 대한 내용 중 가장 옳지 않은 것은?

① 다양화, 전문화, 고도화되고 있는 고객들의 요구를 더욱 중시해 고객만족을 극대화해야 한다.

② 기업 간 경쟁이 더욱 격화되고 있는 상황에서 물류시스템의 선진화는 필수적이다.

③ 물류의 비용은 매년 증가하는데 타 분야의 원가절감이 불가능해졌다.

④ 생산·판매부분에 대한 원가의 절감은 한계가 없다.

 생산·판매부분에 대한 원가의 절감은 한계가 있다.

29 다음 활동 중 물자유통의 과정에 있어서 물자에 부가가치를 부여하는 활동은 무엇인가?

① 하역활동

② 포장활동

③ 유통가공활동

④ 배송활동

 유통가공활동
유통가공설비의 제공과 그 설비를 사용하여 유통가공을 실시하는 활동으로 물자유통의 과정에 있어서 물자에 부가가치를 부여하는 것

30 다음 중 물류의 역할로서 타당하지 않은 것은?

① 재고유지기능

② 고객확보기능

③ 판매촉진기능

④ 마케팅의 강화기능

 ② 고객확보기능 : 마케팅기능의 요소
물류의 역할
• 이윤창출
• 판매촉진기능
• 재고유지기능
• 마케팅의 강화기능
• 쇼핑의 즐거움 제공

31 다음 중 물류관리의 구성요소로 보기 어려운 것은?

① 운 송
② 보 관
③ 하 역
④ 고 객

해설 물류관리의 구성요소로는 운송, 보관, 하역, 포장, 정보 등이 있다.

32 다음 중 국민 경제적 관점에서의 물류의 역할로 볼 수 없는 것은?

① 물류는 판매기능을 촉진한다.
② 물류합리화는 도시생활 환경 개선에 이바지하게 된다.
③ 물류의 합리화는 상류의 합리화를 가져와 상거래의 대형화를 유발한다.
④ 물류합리화는 자재와 자원의 낭비를 방지하여 자원의 효율적인 이용을 가능하게 한다.

해설 ①은 기업경영에 있어서 물류의 역할에 해당한다.

33 다음 중 물류의 중요성으로 가장 관계가 없는 것은?

① 비용을 절감시킨다.
② 점차 기업지향적 시스템 구축이 요구되고 있다.
③ 기업의 생산성, 에너지 효율을 개선하는 데 영향을 미친다.
④ 마케팅의 중요한 원칙으로서 유연생산체제에 걸맞은 제3의 이익원으로서 충분한 잠재력을 가지고 있다.

해설 물류관리의 중요한 목표 중 하나는 대고객서비스 제고이며, 이에 따라 점차적 고객지향적 시스템 구축이 요구되고 있다.

34 다음 중 물류표준화의 기초조건에 해당하지 않는 것은?

① 품 질
② 가 격
③ 무 게
④ 넓 이

해설 물류표준화의 기초조건에는 수량, 품질, 무게, 가격, 서비스, 크기, 길이 등이 있다.

35 다음 중 물류표준화에 대한 설명으로 틀린 것은?

① 물동량 취급단위를 표준규격화하는 작업
② 물류비용을 줄여 기업의 경쟁력을 향상시키는 수단
③ 물류의 호환성 및 연계성을 확보하는 조직적인 활동
④ 운송을 제외한 보관 및 하역 부분을 효율화시키는 방법

 물류표준화
화물의 원활한 유통을 위해 포장, 운송, 하역, 보관 및 거래 정보 등 물류기능별 단계에서 사용되는 기기·용기·설비 등을 대상으로 규격·재질·강도 등을 통일시켜 호환성과 연계성을 확보하는 조직적 활동이다.

36 물류(Logistics) 활동에 있어서 지속적으로 사용되는 공컨테이너, 공팔레트, 빈 용기 등의 재사용을 위한 물류활동과 가장 관련이 깊은 것은?

① 포장물류
② 반품물류
③ 폐기물류
④ 회수물류

 회수물류
기업의 물류활동에 있어서 사용되어지는 용기 및 포장재를 재사용을 하기 위한 목적으로 고객으로부터 회수하는 것과 관련된 물류활동을 말한다.

37 고객이 요구하는 수준의 서비스 제공이라는 물류의 목적 달성을 위한 7R의 원칙에 해당되지 않는 것은?

① Right Time
② Right Place
③ Right Impression
④ Right Promotion

 7R의 원칙
• Right Time(적절한 시간)
• Right Place(적절한 장소)
• Right Impression(적절한 인상)
• Right Price(적절한 가격)
• Right Quality(적절한 품질)
• Right Quantity(적절한 수량)
• Right Commodity(적절한 상품)을 의미한다.

38 물자유통활동 중 보관활동의 설명으로 옳지 않은 것은?

① 보관활동은 설비를 이용하여 직접 보관을 행하는 활동을 말한다.
② 보관활동은 보관설비를 제공하는 활동이다.
③ 보관활동은 제품을 저장하는 기능을 포함하고 있다.
④ 보관활동은 보관과 수송의 양단에 있는 물품을 취급하는 활동이다.

 해설 보관과 수송의 양단에 있는 물품을 취급하는 것은 하역활동이며, 주로 하역설비를 제공하거나 설비를 이용하여 직접 하역을 행하는 활동을 의미한다.

39 다음은 물류활동을 영역별로 설명한 것이다. ㉠~㉤에 해당하는 물류영역이 바르게 연결된 것은?

> ㉠ 판매로 인하여 완제품이 출고되어 고객에게 인도될 때까지의 물류활동
> ㉡ 원자재, 부품 등이 생산 공정에 투입될 때부터 생산, 포장에 이르기까지의 물류활동
> ㉢ 제품의 가치를 살리거나 창출하기 위한 목적으로 소비지를 시작점으로 하여 최종 목적지에 이르기까지의 물류활동
> ㉣ 물자가 조달처로부터 운송되어 매입자의 창고 등에 보관, 관리되고 생산 공정에 투입되기 직전까지의 물류활동
> ㉤ 판매된 제품 자체의 문제점이 발생하여 그 제품의 교환이나 반품을 위해 판매자에게 돌아오는 물류활동

	㉠	㉡	㉢	㉣	㉤
①	조달	생산	회수	판매	반품
②	판매	생산	조달	반품	회수
③	판매	생산	회수	조달	반품
④	판매	조달	회수	생산	반품

해설 물류의 영역
물류영역은 기본적으로 조달물류, 생산물류, 판매물류의 세 영역으로 나눌 수 있다. 또한 리버스 물류로 회수물류, 반품물류, 폐기물류가 있다.
• 회수물류 : 제품이나 상품의 판매물류에 부수적으로 발생하는 팰릿(Pallet), 컨테이너 등과 같은 빈 물류용기를 회수하는 물류활동
• 반품물류 : 판매된 제품이나 상품 자체의 문제점(상품 자체의 파손이나 이상)의 발생으로 상품의 교환이나 반품을 하는 물류활동
• 폐기물류 : 제품 및 포장용 또는 수송용 용기, 자재 등을 폐기하는 물류활동

40 다음 중 조달물류·생산물류·판매물류의 합리화에 대한 비교·설명으로 옳지 않은 것은?

구 분 ＼ 영 역	조달물류	생산물류	판매물류
① 단위화	외주 팰릿 풀 결성	유닛로드시스템	사내 공동 팰릿 풀 결성
② 포 장	포장의 모듈화, 포장의 간이화	포장의 모듈화, 무포장화	포장의 모듈화, 포장의 간이화, 기계화
③ 보관(창고)	자동반송시스템	오더피킹시스템	제품분류작업, 물류센터·공동 배송단지
④ 재고관리	MRP제도, 즉납제도(Just In Time)	공정창고 제로화	적정재고 산출

41 다음 중 역물류(Reverse Logistics)의 대상이 아닌 것은?

① 수명 종류로 폐기되는 상품
② 계약기간 종료 후 반품되는 상품
③ 제품의 이상으로 리콜대상인 상품
④ 센터에서 다른 센터로 이송되는 정상 상품

 역물류(Reverse Logistics)는 소비자에서부터 최종 폐기처리까지 상품 및 관련 정보의 효율적인 흐름을 계획, 실행 및 관리하는 과정과 반품, 폐기, 회수물류 등이 포함된다.
역물류 대상
• 제품의 판매 후 반품
• 심각한 문제점으로 인한 리콜 상품
• 고장으로 인한 수리품
• 고장 또는 사용수명이 다하여 재활용되기 위한 상품
• 대여기간의 종료로 인한 반환품
• 사용하지 않거나 팔리지 않고 유통과정에서 너무 오래 보관된 상품

42 3자 물류 도입으로 인해 화주기업이 얻는 직접적인 기대효과로 옳은 것은?

① 물가상승 억제　　　　　　　　　② 배송구역의 밀도 증가
③ 핵심역량에 집중 가능　　　　　　④ 교통체증 감소

 화주기업이 3자 물류를 활용함으로써 얻어지는 일반적인 효과로는 비용절감, 인력 전문성, 시장지식의 향상, 운영효율성의 개선, 고객서비스의 개선, 핵심 사업에 대한 집중력 강화, 유연성의 향상 등으로 나타나고 있다. 즉, 화주기업은 물류 전체를 아웃소싱함으로써, 물류비 절감을 통한 가격 경쟁력 확보뿐만 아니라 기업 본연의 핵심 역량과 미래 성장 동력에 자원을 집중할 수 있다.

43 물류합리화를 위한 6시그마(Sigma)의 프로세스에 포함되지 않는 것은?

① 측정(Measure) – 현재 불량수준을 측정하여 수치화하는 단계

② 분석(Analuze) – 불량의 발생 원인을 파악하고 개선대상을 선정하는 단계

③ 개선(Improve) – 개선과제를 선정하고 실제 개선작업을 수행하는 단계

④ 평가(Evaluate) – 개선작업의 시행결과를 평가하는 단계

 6시그마의 추진순서
정의(Define) → 측정(Measure) → 분석(Analysis) → 개선(Improve) → 개선결과의 정착을 위한 관리(Control)
활동이다.

44 3자 물류 활용에 관한 설명을 옳은 것은?

① 국가물류기본계획에 따르면 화주기업이 중·장기적으로 3자 물류를 거쳐 1자 물류로 전환하도록
유도하고 있다.

② 화주기업과 물류기업 간 수직적인 갑을(甲乙) 관계를 형성하는 것이 필요하다.

③ 3자 물류업체와 Win-Win전략을 통해 장기적인 협력관계를 구축하는 것이 바람직하다.

④ 화주기업의 물류비 및 초기자본 투자가 증가한다.

 ① 화주기업이 중·장기적으로 1자 물류를 거쳐 3자 물류로 전환하도록 유도하고 있다.
② 화주기업과 물류기업 간 수평적인 파트너십 관계를 형성하는 것이 필요하다.
④ 화주기업의 물류비 및 초기자본 투자를 절약할 수 있다.

45 '유통'에 대한 설명 중 맞지 않는 것은?

① 유통은 생산자로부터 소비자에게 상품 및 서비스의 이전을 통해 장소, 시간 및 소유의 효율성을
창조하는 활동이다.

② 유통은 생산과 소비를 이어 주는 중간기능으로, 생산품의 사회적 이동에 관계되는 모든 경제활동
을 말한다.

③ 넓은 의미의 유통은 도·소매업 중심의 상적유통만을 의미한다.

④ 확대된 유통의 의미로 마케팅이라고 혼용하여 사용되고 있다.

 좁은 의미의 유통은 도·소매업 중심의 상적유통만을 의미하고, 넓은 의미의 유통은 상적유통 이외의 물류이동을
의미하는 물적유통(운송·보관·하역·포장·정보활동)과 정보처리 및 광고 통신의 유통인 정보유통 그리고
금융·보험 등 보조활동을 포괄하는 상업활동을 말한다.

46 유통의 기본적 기능이 잘못 연결된 것은?

① 상적유통기능 – 거래유통기능
② 물적유통기능 – 장소적 통일기능
③ 유통조성기능 – 수량적 통일기능
④ 상적유통기능 – 위험부담기능

해설 위험부담기능은 상적유통기능에 해당한다.
▼ 유통의 기본적 기능

기본적 유통기능 (상적유통기능)	물적유통기능	유통조성기능
인격적 통일기능 (거래유통기능)	장소적 통일기능(운송)	• 수량적 통일기능 • 품질적 통일기능(표준화)
(수집) 구매 (분산) 판매	시간적 통일기능(보관)	• 금융적 기능(금융) • 위험부담기능(보험) • 시장정보기능(시장조사)

47 1958년 하버드대학교의 맥나이어(M. McNair) 교수가 제시한 혁신적인 소매상은 항상 기존 소매상보다 저가격, 저이윤 및 최소 서비스라는 가격 소구방법으로 신규 진입하여 기존업체의 고가격, 고마진, 최고 서비스와 경쟁하면서 점차로 기존 소매상을 대체한다는 이론은 다음 중 어느 것인가?

① 적응행동이론   ② 소매생명주기이론
③ 소매수레바퀴이론   ④ 소매아코디언 이론

48 다음은 유통이론의 발전모형이다. 해당하는 것은?

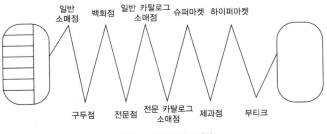

① 적응행동이론
② 소매생명주기이론
③ 소매수레바퀴이론
④ 소매아코디언 이론

49 다음 중 미국 소매기관의 변천과정에서 나타났던 전문점 → 백화점 → 할인점 순으로 소매기관의 등장과 성장과 쇠퇴과정에 대하여 잘 설명해 주는 유통이론은?

① 적응행동이론
② 소매생명주기이론
③ 소매수레바퀴이론
④ 소매아코디언이론

50 데이비슨에 의해 소매수레바퀴이론의 한계점을 보완하여 소매기관도 상품의 수명주기와 같이 도입기 → 성장기 → 성숙기 → 쇠퇴기의 과정을 거치면서 생성되고 발전한다는 유통이론은?

① 적응행동이론
② 소매생명주기이론
③ 소매수레바퀴이론
④ 소매아코디언이론

51 다음은 유통의 발전과정에 대한 설명이다. 틀린 것은?

① 자급자족사회에서는 생산과 소비가 일치하였다.
② 초기산업사회에서 생산과 소비의 분리가 일어났다.
③ 고도산업사회에서 생산, 유통, 소비로 분리가 되었다.
④ 정보산업사회에서 생산우위시대를 열었다.

해설 정보산업사회에서 유통우위시대를 열었다.
유통의 발전과정

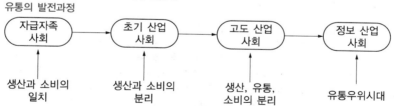

52 다음은 유통의 생산자 역할에 대한 설명이다.

① 소비자에 대한 정보를 제공하는 역할

② 물적유통 역할

③ 금융 역할

④ 필요한 상품의 재고를 유지하는 역할

 필요한 상품의 재고를 유지하는 역할은 소비자에 대한 역할이다.
유통의 소비자에 대한 역할
- 올바른 상품을 제공하는 역할
- 적절한 상품의 구색을 갖추는 역할
- 필요한 상품의 재고를 유지하는 역할
- 상품정보, 유행정보, 생활정보를 제공하는 역할
- 쇼핑의 장소 및 정보를 제공하는 역할

유토의 생산자에 대한 역할
- 소비자에 대한 정보를 제공하는 역할
- 물적유통 역할
- 금융 역할
- 촉진 역할

53 축산물 유통의 특성에 대한 설명 중 맞지 않는 것은?

① 축산물의 수요·공급은 비탄력적이다.

② 축산물의 생산체인 가축이 성숙되기 전에도 상품적인 가치가 있다.

③ 축산물은 비탄력적으로 가격변동에 대한 대응이 단시간에 이루어진다.

④ 가축시장의 경매가격, 도매시장의 육류가격 등 축산물 평가기준 설정이 어렵다.

 축산물은 비탄력적으로 가격변동에 대한 대응이 단시간에 이루어지기 어렵다.
축산물 유통의 특성
- 축산물의 수요·공급은 비탄력적이다.
- 축산물의 생산체인 가축이 성숙되기 전에도 상품적인 가치가 있다.
- 축산물 생산농가가 영세하고 분산적이기 때문에 유통단계상에서 수집상 등 중간상인이 개입될 소지가 많다.
- 축산물은 부패성이 강하기 때문에 저장 및 보관에 비용이 많이 소요되고 위생상 충분한 검사를 필요로 한다.
- 축산물시장에서의 거래가 이루어지기보다는 중간상인 및 구매자가 구매하고자 하는 가축에 따라 이동하는 경우가 많다(이동거리와 시간에 따라 생체의 감량이 발생하기 때문).
- 가축시장의 경매가격, 도매시장의 육류가격 등 축산물 평가기준 설정이 어렵다.
- 축산물은 생체로부터 가공에 이르기까지 많은 가공시설과 가공기술을 필요로 한다.
- 축산물은 비탄력적으로 가격변동에 대한 대응이 단시간에 이루어지기 어렵다.
- 축산물의 소득탄력성이 다른 농산물에 비해 높기 때문에 소득수준이 향상됨에 따라 축산물의 소비량을 증가시킬 수 있다.

54 유통환경 변화의 주요 요인이 아닌 것은?

① 소득수준의 향상과 여성의 사회진출 확대
② 소매업태의 다양화, 신업태의 등장
③ 도시화의 진전과 정부의 유통정책 변화
④ 점포의 소형화 및 차별화 등 경쟁의 심화

해설 점포의 대형화 및 차별화 등 경쟁의 심화

55 국내 유통환경의 주요 변화요인이 아닌 것은?

① 국내외 유통업체들의 국내 진출이 증가하고 있다.
② 대기업의 유통진출과 합병을 통한 유통업체의 대형화와 할인점의 급속한 성장이 일어나고 있다.
③ 소비패턴이 다양화되고 고급화되면서 다양한 상품과 서비스를 요구하는 등 소비자환경이 변화하고 있다.
④ 오프라인 시장의 강세가 일어나고 있다.

해설 온라인 시장의 강세가 일어나고 있다.

56 우리나라 유통시장의 현황과 전망에 대한 설명 중 바르지 않은 것은?

① 유통시장 개방 이후 우리나라에서는 처음으로 소매업체 및 종사자 수가 증가하기 시작하였다.
② 소매업 전체에서 차지하는 대형 소매업체의 비중이 급속히 증가하고 있다.
③ 생산자 측면에서 대형 소매업체는 노동절약형 유통구조로의 변화에는 기여했으나 자본절약형 유통구조로의 변화에 대한 기여는 미흡하다.
④ 대형소매점이 지역 소매에서 차지하는 비중은 지속적으로 증가하고 있다.

해설 유통시장 개방 이후 우리나라에서는 처음으로 소매업체 및 종사자수가 감소하기 시작하였다.

57 기존 브랜드 내에 새로운 상품 종류의 상품을 추가 개발하여 맛, 등급 등 상품 계열의 확충이 목적인 신상품개발의 유형은?

① 혁신적 상품 개발
② 신브랜드 상품 개발
③ 변형상품 개발
④ 모델 체인지 개발

▼ 신상품개발의 유형

타입명	내용과 특징	개발의 예
신카테고리 상품개발	지금까지 없었던 새로운 상품의 개발, 대부분은 기술혁신에 의한 경우	워드프로세서, TV, 게임
혁신적 상품개발	지금까지의 상품과는 품질, 기능면에서 크게 다른 발전된 상품의 개발	자동초점 카메라
신브랜드 상품개발	지금까지의 상품과는 경향이 다른 새로운 브랜드 상품의 개발	화장품, 식품, 음료
변형상품 개발	기존 브랜드 내에 새로운 상품 종류의 상품을 추가 개발, 맛, 등급 등 상품 계열의 확충이 목적	과자, 맥주, 식품
모델 체인지 개발	기존상품을 동일 브랜드명으로 내용을 개선 변경한 개발작업	승용차

58 다음 중 신상품 개발절차의 마지막 단계는 무엇인가?

① 시장기회의 탐색
② 아이디어 창출과 선별
③ 시장 도입
④ 수명주기별 관리

 신상품 개발절차는 시장기회의 탐색과 개발분야의 정립 → 아이디어 창출과 선별 → 상품콘셉트 개발과 평가 → 마케팅 믹스계획과 사업성 분석 → 상품개발과 테스트 → 시장 도입 → 출시 후 통제 → 수명주기별 관리

59 신상품 기회의 주요 사업영역이 아닌 것은?

① 특정의 상품계층에 대한 잠재수요와 기존수요가 크거나 급속히 증대되는 분야
② 중요한 사용자가치를 제공할 수 있는 수익성이 있는 신상품의 개발이 가능한 분야
③ 신규경쟁업자가 쉽게 진입하기 어려운 시장 분야
④ 정부규제와 같은 제약요인이 많은 시장 분야

 정부규제와 같은 제약요인이 적은 시장 분야

60 다음 중 저인산세제와 같이 현재의 소구력은 약하나 장기적으로는 소비자에게 유익한 상품을 말하는 상품의 유형은?

① 유익상품   ② 소망상품
③ 결함상품   ④ 쾌락상품

 즉각적 소비자 욕구 충족도와 장기적 소비자 편익성을 고려하여 분류한 상품 유형인데 해당 내용은 유익상품에 대한 설명이다.

61 **마케팅 조사의 절차를 바르게 설명한 것은?**

① 문제의 제기와 조사목적의 설정 → 조사계획의 수립 → 자료의 수집 → 정보분석 → 조사결과의 보고 → 사후관리

② 조사계획의 수립 → 자료의 수집 → 문제의 제기와 조사목적의 설정 → 정보분석 → 조사결과의 보고 → 사후관리

③ 자료의 수집 → 조사계획의 수립 → 문제의 제기와 조사목적의 설정 → 정보분석 → 조사결과의 보고 → 사후관리

④ 조사계획의 수립 → 문제의 제기와 조사목적의 설정 → 자료의 수집 → 정보분석 → 조사결과의 보고 → 사후관리

62 **유통경로(중간상)의 필요성이 아닌 것은?**

① 총거래수 최대화
② 집중 준비
③ 분업
④ 변동비 우위

해설 유통경로(중간상)의 필요성은 총거래수 최소화, 집중 준비, 분업, 변동비 우위이다.

63 **유통경로(중간상)의 필요성에 대한 설명 중 맞지 않는 것은?**

① 중간상의 개입으로 생산자와 소비자의 실질적인 비용감소를 제공한다.
② 소매상이 도매상의 대량보관기능을 분담하여 사회 전체적으로 상품보관 총량을 감소시킨다.
③ 다수의 중간상이 유통경로에 참여하여 수급조절, 보관, 위험부담, 정보수집 등의 기능을 경제적·능률적으로 수행한다.
④ 각각의 유통기관이 적절한 규모로 역할분담을 하는 것이 비용면에서 훨씬 유리하다.

해설 도매상이 소매상의 대량보관기능을 분담하여 사회 전체적으로 상품보관 총량을 감소시킨다.

64 **유통경로의 효용이 아닌 것은?**

① 시간효용 : 소비자가 원하는 시기에 필요한 상품을 구매할 수 있는 편의를 제공
② 장소효용 : 소비자가 원하는 장소에서 상품이나 서비스의 구입이 가능하도록 해줌
③ 소유효용 : 유통기관은 소매상으로 하여금 상품을 소유할 수 있도록 도와줌
④ 행태효용 : 상품과 서비스를 고객에게 좀 더 매력 있게 보이도록 그 형태 및 모양을 변경시킴

해설 유통기관은 소비자로 하여금 상품을 소유할 수 있도록 도와준다.

65 유통경로의 사회·경제적 역할에 대한 설명 중 맞지 않는 것은?

① 거래의 효율성 증대

② 교환과정의 촉진

③ 상품구색 불일치

④ 쇼핑의 즐거움 제공

해설 생산자와 소비자의 제품구색 불일치를 완화시킨다.

66 유통활동을 체계적으로 통합·일치·조정하여 유통질서 유지, 경쟁력 강화, 유통 효율성 증가를 위해 구성된 시스템으로 수직적 유통(마케팅) 시스템의 단점이 아닌 것은?

① IT기술 확보 등 막대한 초기 자금 소요

② 시장, 기술 변화에 따른 대응 곤란

③ 각 유통단계에서 전문성이 상실될 수 있음

④ 새로이 진입하려는 기업에게 높은 진입장벽으로 작용

해설 새로 진입하려는 기업에게 높은 진입장벽으로 작용하는 것은 장점에 해당한다.

67 독립적인 유통구성원들이 상호 이익을 위해 계약을 체결하고 그 계약에 따라 수직적 계열화를 꾀하는 시스템은 다음 중 어느 것인가?

① 기업형 시스템

② 계약형 시스템

③ 회사형 유통시스템

④ 관리형 시스템

해설 계약형 시스템은 독립적인 유통구성원들이 상호 이익을 위해 계약을 체결하고 그 계약에 따라 수직적 계열화를 꾀하는 시스템이다.
예 도매상 후원 자유 연쇄점, 소매상 협동조합, BBQ 등 프랜차이즈시스템

68 유통 도매기구의 기능 중 성격이 다른 것은?

① 수집분산   ② 소량분할

③ 정보의 제공   ④ 수요 파악

해설 도매기구의 기능은 소매상과 생산자로 나뉘어 설명되는데 "수요파악"은 생산자에 대한 기능을 말하고 나머지는 소매상에 대한 기능을 말한다.
도매기구의 기능
• 소매상에 대한 기능 : 수집분산, 소량분할, 재정안정, 상품환전율 증대, 정보의 제공
• 생산자에 대한 기능 : 비용과 위험 감소, 수송·보관, 재정 원조, 수요 파악

69 유통 소매기구의 기능에 대한 설명 중 생산 및 공급업자에 대한 기능이 아닌 것은?

① 판매활동을 대신 수행

② 올바른 소비자 정보전달

③ 금융기능 수행

④ 구매환경 형성

 소매기구의 기능 중 소비자에 대한 기능으로 올바른 상품 제공, 적절한 상품의 구색 갖춤, 필요한 상품의 재고
유지, 상품정보·유행정보·생활정보 제공, 쇼핑장소(위치)와 즐거움 제공, 쇼핑의 편의제공, 서비스 제공, 구매
환경 형성, 가격설정, 상품의 분할, 재고 보유가 있고, 생산 및 공급업자에 대한 기능으로 판매활동을 대신
수행, 올바른 소비자 정보전달, 물적유통기능 수행, 금융기능 수행, 촉진기능 수행, 생산노력 지원이 있다.

70 소매기구의 발달에 대한 설명이다. 맞지 않는 것은?

① 1950년대 전후 대형소매상인 백화점이 태동하였다.

② 백화점은 1973년 신세계가 직영화되어 지방점으로 체인화하기 시작하였다.

③ 1981년 편의점 도입으로 편의점 체인시대로 진입하였다.

④ 1980년대 이후 선진 신업태의 등장과 할인 신업태가 전국적으로 다점포화하면서 가격 파괴가
이루어지기 시작하였다.

 1990년대 이후 선진 신업태의 등장과 할인 신업태가 전국적으로 다점포화하면서 가격 파괴가 이루어지기 시작하
였다.

71 최근 축산분야에 신업태가 등장하였다. 다음에 대한 설명은 어느 것을 말하는가?

> 식육 또는 포장육을 전문적으로 판매(포장육을 다시 절단하거나 나누어 판매하는 것을 포함한다)하면
> 서 식육가공품(통조림·병조림은 제외한다)을 만들거나 다시 나누어 직접 최종 소비자에게 판매하는
> 영업

① 식육판매업

② 축산물유통전문판매업

③ 식육부산물전문판매업

④ 식육즉석판매가공업

12 **식육즉석판매가공업에 대한 설명이다. 바르지 않은 것은?**

① 식육 또는 포장육을 전문적으로 판매하면서 식육가공품을 만들거나 다시 나누어 직접 최종 소비자에게 판매하는 영업이다.

② 포장육을 다시 절단하거나 나누어 판매하는 것을 제외한다.

③ 통조림·병조림은 제외한다.

④ 식품을 소매로 판매하는 슈퍼마켓 등 점포를 경영하는 자가 포장육을 포장을 뜯지 아니한 상태 그대로 해당 점포에서 최종 소비자에게 판매하면서 식육가공품을 다시 나누어 직접 최종 소비자에게 판매하는 경우는 제외한다.

해설 포장육을 다시 절단하거나 나누어 판매하는 것을 포함한다.

13 **신유통업태의 특징이 아닌 것은?**

① 체인화(다점포망)

② 현대 소매업의 추세를 반영

③ 경제성 추구

④ 매장면적의 소형화

해설 매장면적의 대형화

실전모의고사

식육 가공 기사

한권으로 끝내기!

제1회 실전모의고사

01 다음 설명 중 틀린 것은?

① 식중독균의 오염은 육안으로 판단이 불가능하다.

② 식중독균에 오염되면 맛, 냄새 등이 달라진다.

③ 신선육에서 주로 발견되는 것은 살모넬라이다.

④ 세균성 식중독은 감염형 식중독과 독소형 식중독으로 구분된다.

해설 식중독 미생물은 아무리 많이 증식되어도 식육의 외관, 맛, 냄새 등에는 영향을 미치지 않는다.

02 다음 식중독 중 감염형이 아닌 것은?

① 살모넬라균 식중독

② 포도상구균 식중독

③ 장염 비브리오균 식중독

④ 병원성 대장균 식중독

해설 ① · ③ · ④는 세균성 식중독균이고, 포도상구균은 독소형 식중독균이다.

03 식육 내 미생물이 쉽게 이용하는 영양원 순서는?

① 탄수화물 > 단백질 > 지방

② 단백질 > 탄수화물 > 지방

③ 탄수화물 > 지방 > 단백질

④ 지방 > 단백질 > 탄수화물

해설 식육 내 미생물이 쉽게 이용하는 영양원의 순서는 탄수화물 > 단백질 > 지방 순이다.

04 발효소시지나 베이컨과 같은 수분활성도가 낮은 육제품을 부패시키는 미생물은?

① 박테리아

② 효 모

③ 곰팡이

④ 바이러스

해설 효모는 수분활성도에 대한 내성이 강하므로 보존기간이 긴 육제품의 부패를 야기시킨다.

05 다음 중 식육으로부터 인간이 받을 수 있는 유해요인에 속하지 않는 것은?

① 결 핵

② 브루셀라증

③ 기생충

④ 간·폐디스토마

해설 간·폐디스토마는 어류를 매개로 하여 감염되는 기생충이다.

06 식육을 통해 감염되는 질병을 일으키는 미생물 중 성질이 다른 것은?

① 살모넬라

② 웰치균

③ 브루셀라

④ 보툴리누스

해설 ①·②·④는 세균성 식중독을 일으키고, ③는 인수공통감염병을 일으킨다.

07 다음 중 경구감염병의 예방책으로서 가장 중요한 것은?

① 조리기구나 식기를 살균한다.

② 보균자의 식품 취급을 막는다.

③ 손을 잘 씻고 환경을 소독한다.

④ 식품 취급장소의 공기를 철저히 정화한다.

해설 경구감염병은 병원 미생물이 음식물이나 손, 기구, 음료수 등을 통하여 경구적으로 체내에 침입하여 증식함으로써 발병한다. 경구감염병의 예방책으로 ①·③·④ 모두 맞으나 가장 중요한 것은 보균자의 식품 취급을 막아야 한다는 것이다.

4 ② 5 ④ 6 ③ 7 ② **Answer**

08 인수공통감염병 중에서 동물에게는 유산, 사람에게는 열병을 일으키는 질병은?

① 돈단독

② 리스테리아

③ 파상열

④ 결 핵

해설 파상열은 브루셀라에 의한 감염병으로 소, 양, 돼지 등에서는 유산을 일으키고 사람에게는 경련, 관절염, 간 및 비장의 비대, 오한, 발열 증상이 생긴다.

09 식품첨가물의 사용목적에 따라 분류할 때 식품의 변질 및 변패를 방지하는 첨가물로 볼 수 없는 것은?

① 산화방지제

② 보존료

③ 살균제

④ 산미료

해설 산미료, 감미료, 조미료, 착색료, 착향료, 발색제, 표백제는 관능을 만족시키는 첨가물이다.

10 육제품 제조과정에서 염지를 실시할 때 아질산염의 첨가로 억제되는 식중독균은?

① *Clostridium botulinum*

② *Salmonella spp.*

③ *Pseudomonas aeruginosa*

④ *Listeria monocytogenes*

11 다이옥신이 인체 내에 잘 축적되는 이유는?

① 물에 잘 녹기 때문

② 지방에 잘 녹기 때문

③ 극성을 갖고 있기 때문

④ 주로 호흡기를 통해 흡수되기 때문

12 식품을 통하여 방사능 핵종이 인체에 들어왔을 때 특히 반감기가 길고 뼈의 칼슘성분과 친화성이 있어서 문제가 되는 것은?

① Cs-137

② Ru-106

③ Fe-59

④ Sr-90

해설 생성률이 비교적 크고 반감기가 긴 것은 Sr-90(뼈), Cs-137(근육)

13 도축단계에서 오염을 주도하는 미생물 종류는 다음 중 어느 것인가?

① 중온균과 호냉성균

② 고온균과 혐기성균

③ 중온균과 혐기성균

④ 고온균과 호냉성균

해설 도축단계에서의 오염은 주로 중온균과 호냉성균이다.

14 다음 소독제 중 종류가 다른 하나는?

① 클로라민

② 차아염소산나트륨액

③ 크레졸

④ 클로로아이소사이안산

해설 ①·②·④는 염소계, ③는 페놀계

15 다음 중 식육의 부패 검사에서 측정 항목이 아닌 것은?

① 히스타민 측정

② 산도 측정

③ 암모니아 측정

④ 유기산 측정

해설 식품의 부패검사를 위해서 히스타민, 암모니아, 아미노산, 유기산 등을 측정한다.

12 ④ 13 ① 14 ③ 15 ② **Answer**

16 식품 위생검사와 가장 관계가 깊은 세균은 대장균이다. 해당 검사에 이용되는 배지가 아닌 것은?

① LB 배지

② BGLB 배지

③ EMB 배지

④ Endo 배지

해설 대장균의 정성 시험 각 단계별 배지는 다음과 같다.
- 추정시험 : LB 배지로 가스 발생 여부 판단
- 확정시험 : BGLB 배지, EMB 배지(흑녹색의 금속성 집락으로 판단)
- 완전시험 : KI 배지

17 식육의 부패가 진행되면 pH의 변화는?

① 산 성

② 중 성

③ 알칼리성

④ 변화 없다.

해설 신선한 육류의 pH는 7.0~7.3으로, 도축 후 해당작용에 의해 pH는 낮아져 최저 5.5~5.6에 이른다. 식육의 부패는 미생물의 번식으로 단백질이 분해되어 아민, 암모니아, 악취 등이 발생하는 현상으로 pH는 산성에서 알칼리성으로 변한다.

18 식품의 보존방법 중 방사선 조사에 관한 설명으로 틀린 것은?

① 발아억제, 살충 및 숙도 조절의 목적에 한한다.

② 안전성을 고려하여 건조식육에 허용된 방사선은 30kGy이다.

③ 10kGy 이하의 방사선 조사로는 모든 병원균을 완전히 사멸하지 못한다.

④ 살균이나 바이러스 사멸을 위해서는 10~50kGy 선량이 필요하다.

해설 가공식품 제조원료 건조식육에 통용된 방사선량은 7kGy 이하이다.

19 다음 중 축산물 위생관리법에 규정된 축산물의 기준 및 규격 사항이 아닌 것은?

① 축산물의 가공·포장·보존 및 유통의 방법에 관한 기준

② 축산물의 성분에 관한 규격

③ 축산물의 위생등급에 관한 기준

④ 축산물에 들어 있는 첨가물의 사용기준

해설 ④ 첨가물에 대한 규정은 축산물 위생관리법에는 규정이 되어 있지 않고 식품위생법에 규정되어 있다.

20 식품위생법상 '기구'에 속하지 않는 것은?

① 식품 또는 식품첨가물에 직접 닿는 기계·기구나 그 밖의 물건

② 농업과 수산업에서 식품을 채취하는 데에 쓰는 기계·기구나 그 밖의 물건

③ 위생용품 관리법 제2조제1호에 따른 위생용품

④ 음식을 먹을 때 사용하거나 담는 것

 식품위생법 제2조(정의)

"기구"란 다음 각 목의 어느 하나에 해당하는 것으로서 식품 또는 식품첨가물에 직접 닿는 기계·기구나 그 밖의 물건(농업과 수산업에서 식품을 채취하는 데에 쓰는 기계·기구나 그 밖의 물건 및 위생용품 관리법 제2조 제1호에 따른 위생용품은 제외한다)을 말한다.

• 음식을 먹을 때 사용하거나 담는 것
• 식품 또는 식품첨가물을 채취·제조·가공·조리·저장·소분((小分) : 완제품을 나누어 유통을 목적으로 재 포장하는 것을 말한다)·운반·진열할 때 사용하는 것

제 **1** 회 식육가공학

21 육류소비량 중에서 육가공품이 차지하는 비율에 가장 근접한 것은?

① 10%　　　　　　　　　② 20%

③ 30%　　　　　　　　　④ 40%

 육류소비량에 대한 육가공품의 의존율이 10%에 못 미침

22 어육을 혼합하여 프레스햄을 제조하는 경우 어육은 전체 육함량의 몇 % 미만이어야 하는가?

① 5%　　　　　　　　　② 10%

③ 15%　　　　　　　　　④ 20%

23 식육의 고깃덩어리를 염지한 것이나 이에 식품 또는 식품첨가물을 가한 후 숙성·건조하거나 훈연 또는 가열처리한 것으로 프레스햄을 만들기 위한 육함량과 전분이 맞게 짝지어진 것은?

① 55% 이상 육함량, 6% 이하 전분

② 65% 이상 육함량, 6% 이하 전분

③ 75% 이상 육함량, 8% 이하 전분

④ 85% 이상 육함량, 8% 이하 전분

24 육제품 제조용 원료육의 결착력에 영향을 미치는 염용성 단백질 구성성분 중 가장 함량이 높은 것은?

① 액 틴
② 레티큘린
③ 마이오신
④ 엘라스틴

해설 근원섬유단백질은 식육을 구성하고 있는 주요 단백질로 높은 이온강도에서만 추출되므로 염용성 단백질이라고도 한다.
근육의 수축과 이완의 주역할을 하는 수축단백질(마이오신과 액틴), 근육 수축기전을 직간접으로 조절하는 조절단백질(트로포마이오신과 트로포닌) 및 근육의 구조를 유지시키는 세포골격단백질(타이틴, 뉴불린 등)로 나눈다.

25 훈연의 목적이 아닌 것은?

① 풍미의 증진
② 저장성의 증진
③ 색택의 증진
④ 지방산화 촉진

26 스모크소시지(Smoked Sausage)가 아닌 것은?

① Fresh Pork Sausage
② Wiener Sausage
③ Frankfurt Sausage
④ Bologna Sausage

27 신맛과 청량감을 부여하고 염지반응을 촉진시켜 가공시간을 단축할 수 있어 주로 생햄이나 살라미 제품에 이용되는 것은?

① 염미료
② 감미료
③ 산미료
④ 지미료

28 식육의 염지효과가 아닌 것은?

① 발색작용
② 세균증식작용
③ 풍미증진작용
④ 항산화작용

29 아질산염의 첨가로 아민류와 반응하여 생성되는 발암 의심물질은?

① Nitrosyl Hemochrome

② Nitroso-Myochromogen

③ Nitrosamine

④ Nitroso Myoglobin

30 사후경직 전 고기는 사후경직 후 고기에 비하여 유화성이 적어도 몇 %가 우수한가?

① 13%

② 18%

③ 25%

④ 33%

해설 사후경직 전 고기는 사후경직 후 고기에 비하여 유화성이 적어도 25% 정도 우수하다.

31 다음 중 육가공제품의 포장방법으로 가장 알맞은 것은?

① 통기성 포장

② 진공 포장

③ 랩 포장

④ 가스치환 포장

해설 식육의 진공 포장은 산소를 차단하여 호기성 세균의 발육을 억제한다.

32 다음 중 지방낭(Fat Pocket)을 옳게 설명한 것은?

① 유화물 생성을 위해 지방을 소시지 반죽에 첨가한 것

② 유화물이 파괴되어 지방입자가 큰 덩어리로 유착되어 소시지 내부에 몰려 있는 것

③ 소시지 외부가 기름진 것

④ 물과 지방이 섞여 쌓여 있는 것

해설 지방낭(Fat Pocket)
유화물이 파괴되어 지방입자가 큰 덩어리로 유착되어 소시지 내부에 몰려 있는 것이다.

29 ③ 30 ③ 31 ② 32 ② **Answer**

33 다음 중 훈연액에 반드시 들어 있어야 하는 성분은 어느 것인가?

① 유기산
② 페 놀
③ 벤조피렌
④ 알코올

해설 유기산은 케이싱을 쉽게 벗겨지게 하므로 훈연액에 꼭 들어 있어야 한다.

34 원료육의 유화성에 대한 설명으로 올바른 것은?

① 내장기관육은 골격근에 비해 유화성이 우수하다.
② 기계적 발골육은 수동발골육보다 유화성이 높다.
③ 냉동육은 신선육에 비해 유화성이 높다.
④ PSE 근육은 DFD 근육보다 유화성이 떨어진다.

해설 pH가 낮은 PSE 근육은 단백질의 변성이 많고 단백질 용해도가 떨어져 pH가 높은 DFD 근육이나 정상근육에 비해 유화성이 떨어진다.

35 다음 중 훈연에 사용되는 나무원료로 알맞은 것은?

① 경질나무
② 참나무
③ 연질나무
④ 소나무

해설 훈연에는 경질나무가 주로 사용된다.

36 케이싱의 종류 중 연기투과성이 있으며 먹을 수 있는 것은?

① 천연 케이싱
② 파이브로스 케이싱
③ 셀룰로스 케이싱
④ 재생콜라겐 케이싱

해설 천연 케이싱은 양, 돼지 창자에서 내외층의 용해성 물질을 제거하고 불용성 성분인 콜라겐으로 만든다.

37 지방이 없고 적육이 많은 베이컨은?

① 미들 베이컨

② 덴마크식 베이컨

③ 캐나다식 베이컨

④ 사이드 베이컨

 캐나다식 베이컨은 보통의 베이컨과는 원료가 달라서 주로 로인 부분의 큰 근육이나 가늘고 긴 설로인으로 만든다.

38 다음 중 발골작업 시 미생물의 오염원과 가장 거리가 먼 것은?

① 작업자의 손

② 작업도구

③ 작업대

④ 작업시간

 발골작업 시 미생물의 오염원은 작업자의 손, 작업도구, 작업대 등이다.

39 소포제로 사용되는 식품첨가물은?

① 초산비닐수지

② 규소수지

③ 아질산나트륨

④ 유동파라핀

 소포제는 거품을 제거하는 용도로 규소수지가 사용된다.

40 제품 품질관리를 위한 가공기술로서 원료육을 유사한 것끼리 몇 개의 그룹으로 나누고 이를 각각 따로 분쇄한 다음 그 화학적 조성을 분석하여 원하는 제품의 최종배합에 이용하는 것을 무엇이라고 하는가?

① 최소가격배합

② 예비혼합

③ 마사지

④ 텀블링

제 **1** 회 **식육과학**

41 식품 대상의 미생물학적 검사를 하기 위한 검체는 반드시 무균적으로 채취하여야 한다. 이때 기준 온도는?

① −5℃

② 0℃

③ 5℃

④ 10℃

42 최확수(MPN)법의 검사와 가장 관계가 깊은 것은?

① 부패 검사

② 식중독 검사

③ 대장균 검사

④ 타액 검사

해설 대장균 검사에는 최확수(MPN)법을 이용한다.

43 조지방에 대한 일반성분 분석법은?

① 속슬렛법

② 증류법

③ 칼−피셔(Karl−Fisher)법

④ 세미마이크로 킬달법

해설 증류법과 칼−피셔(Karl−Fisher)법은 수분에 대한 일반성분 분석방법이고, 세미마이크로 킬달법은 총질소 및 조단백질을 시험하기 위한 방법이다.

44 근육조직을 미세구조적으로 볼 때 망상구조를 가지며 근육수축 시 Ca^{2+}를 세포 내로 방출하는 것은?

① 근 절

② 근 초

③ 근소포체

④ 근원섬유

45 식육에 함유되어 있는 일반적인 수분함량은?

① 45~50%

② 55~60%

③ 65~75%

④ 80% 이상

46 돼지고기의 육색이 창백하고, 육조직이 무르고 연약하여, 육즙이 다량으로 삼출되어 이상육으로 분류되는 돈육은?

① 황지(黃脂)돈육

② 연지(軟脂)돈육

③ PSE돈육

④ DFD돈육

47 다음 중 돼지고기의 저온숙성기간으로 적합한 것은?

① 1~2일

② 5~6일

③ 10일

④ 7~14일

 돼지고기는 4℃에서 1~2일이면 숙성이 완료된다.

48 다음은 비타민에 대한 설명이다. 맞는 것은?

① 일반적으로 고기에는 지용성 비타민이 많이 들어 있다.

② 고기는 비타민 B 복합체의 좋은 공급원이다.

③ 동물의 연령은 비타민 함량에 영향을 미치지 않는다.

④ 신선육은 일반적으로 조리육보다 많은 비타민 함량을 나타낸다.

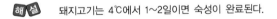 ① 비타민은 수용성과 지용성 비타민 두 가지로 나눌 수 있다. 일반적으로 고기에는 지용성 비타민이 많이 들어 있지 않다.
③ 비타민 함량은 동물의 연령에 따라 차이가 있다.
④ 조리육은 비타민 함량이 많다.

49 수분의 역할이 아닌 것은?

① 고질의 분산매이다.

② 생체고분자 구성체의 형태를 유지한다.

③ 동식물 세포의 성분이다.

④ 미생물에 대한 방어작용을 한다.

 수분의 역할
• 영양분과 노폐물의 수송체이다.
• 맛과 저장력을 부여한다.
• 동식물 세포의 성분이다.
• 고질의 분산매이다.
• 반응물, 반응 물체, 생체 고분자의 구성체의 형태를 유지한다.

50 다음 근육 내 수분의 존재상태 중 제거할 수 없는 것은?

① 결합수

② 자유수

③ 고정수

④ 동결수

 결합수는 탄수화물이나 단백질 분자들과 결합하여 그 일부분을 형성하거나 그 행동에 구속받고 있는 물이며, 그 결합은 수소결합에 의해서 결합되어 있어서 수화수라고도 한다. 결합수는 대기상에서 100℃ 이상으로 가열하여도 완전히 제거할 수 없으며, 0℃ 이하에서도 얼지 않아 식품에서 제거할 수 없는 물이다.

51 다음 중 비정상육의 발생을 억제하기 위한 방법으로 부적당한 것은?

① 운송 중 스트레스를 최소화한다.

② 도축된 지육의 예랭을 실시한다.

③ 도축 전 계류를 실시한다.

④ 숙성을 철저하게 시킨다.

해설 비정상육은 도축 전후의 취급법에 따라 큰 영향을 받는다.

52 근육 내 성분함량은 적으나 사후 근육의 에너지 대사에 큰 영향을 미치는 것은?

① 단백질

② 지 방

③ 탄수화물

④ 무기질

53 생육의 육색 및 보수력과 가장 관계가 깊은 것은?

① pH

② ATP함량

③ 마이오글로빈 함량

④ 헤모글로빈 함량

 산도(pH)는 지육의 근육 내 산성도를 측정하는 것으로, 도축 후 24시간 후의 산도는 5.4~5.8이어야 한다. 산도가 높은 육류는 육색이 짙어지며 녹색 박테리아에 의해 변색될 수 있다. 육색이 짙은 제품은 3주가 지나면 부패한 계란 냄새를 풍긴다.

54 식육이 부패에 도달하였을 때 나타나는 현상이 아닌 것은?

① 부패취

② 점질 형성

③ 산패취

④ pH 저하

 고기 표면에 오염된 미생물이 급격히 생장하여 부패를 일으키며, 주로 점질 형성, 부패취, 산취 등의 이상취를 발생시킨다.

55 소고기의 경우 10℃에서 숙성을 요하는 기간은?

① 7~14일

② 4~5일

③ 1~2일

④ 8~24시간

 고기의 숙성기간은 육축의 종류, 근육의 종류, 숙성온도 등에 따라 다르다. 일반적으로 소고기나 양고기의 경우, 4℃ 내외에서 7~14일의 숙성기간이 필요하고, 10℃에서는 4~5일, 16℃의 높은 온도에서는 2일 정도에서 숙성이 대체로 완료된다. 돼지고기는 4℃에서 1~2일, 닭고기는 8~24시간이면 숙성이 완료된다.

56 사후경직 동안 식육이 최대 경직을 나타내는 최종 pH는?

① pH 5.4

② pH 5.8

③ pH 6.0

④ pH 6.5

 사후경직 동안 식육이 나타내는 극한 산성은 pH 5.4 부근이다.

53 ① 54 ④ 55 ② 56 ① **Answer**

57 고온단축(Heat Shortening)에 대한 설명으로 틀린 것은?

① 고기의 육질이 연화된다.
② 닭고기에서 많이 발생한다.
③ 사후경직이 빨리 일어난다.
④ 근섬유의 단축도가 증가한다.

 저온단축과 고온단축의 공통점은 '단축'된다는 점이다. 즉, 근섬유가 강하게 수축된다는 말이다. 저온단축은 주로 적색근섬유에서 발생하는 것에 반해, 고온단축은 닭의 가슴살, 토끼의 안심과 같은 백색근섬유에서 주로 발생한다. 16℃ 이상의 고온에서 오래 방치할 경우 고온단축이 일어나는데, 근육 내 젖산이 축적된 상태에서 열을 가하면 즉, 산과 열의 복합작용으로 근육의 과도한 수축을 나타낼 때 이를 고온단축이라 한다.

58 식육의 숙성 중 일어나는 변화가 아닌 것은?

① 자가소화
② 풍미 성분의 증가
③ 일부 단백질의 분해
④ 경도의 증가

 식육의 숙성 중에 일어나는 변화로 사후경직에 의해 신전성을 잃고 단단하게 경직된 근육은 시간이 지남에 따라 점차 장력이 떨어지고 유연해져 연도가 증가한다. 즉, 경도가 증가하는 것은 아니다.

59 경직이 완료되고 최종 pH가 정상보다 높은 근육의 색은?

① 선홍색
② 암적색
③ 창백색
④ 적자색

60 신선육의 부패억제를 위한 방법이 아닌 것은?

① 4℃ 이하로 냉장한다.
② 포장을 하여 15℃ 이상에서 저장한다.
③ 진공 포장을 하여 냉장한다.
④ 냉동 저장을 한다.

제 **1** 회 **제품저장 및 유통학**

61 다음은 식품저장기술의 발전역사에 대한 내용이다. 맞지 않는 것은?

① B.C. 5세기경의 지중해 지역 유적에서는 훈연 상자가 발굴되었다.
② 오늘날에도 행해지고 있는 건조법, 가열처리법, 훈연법, 염장법 등의 원형이 선사시대부터 역사시대 초기까지 이미 존재하였다.
③ 통조림은 독일인 Linde에 의해서 1804년에 발명되었다.
④ 1810년에는 병 대신 주석을 이용해 통조림이 만들어지게 되었다.

해설 통조림은 프랑스의 니콜라스 아페르(Nicolas Appert)에 의해서 1804년에 발명되었다.

62 식품냉동법의 시초는 암모니아에 의한 가스 압축식 냉동기를 완성했을 때이다. 이를 연구한 사람은?

① 린데(Linde)
② 아페르(Appert)
③ 키드(Kidd)
④ 슈미트(Schmidt)

63 다음 중 연결이 틀린 것은?

① 부패 – 단백질
② 변패 – 탄수화물
③ 산패 – 지방
④ 발효 – 무기질

해설 발효는 글라이코겐을 젖산으로 변환시키는 과정이다.

64 갈변반응 중 일어나는 현상이 아닌 것은?

① 영양성분의 손실
② 이미 또는 이취의 발생
③ Strecker 반응에 의한 알데하이드 생성
④ 데하이드로아스코브산의 환원에 의한 아스코브 산화

해설 갈변반응 시 아스코브가 산화되어 데하이드로아스코브산으로 된다.

65 품질특성치의 손실속도가 시간의 경과에 관계없이 일정하면 무엇이라 하는가?

① 영차 반응

② 1차 반응

③ 무반응

④ 일관반응

해설 환경반응속도론에서 품질특성치의 손실속도가 시간의 경과에 관계없이 일정하면 반응차수는 0이며 이를 영차반응이라고 한다.

66 소의 고온숙성 조건을 변하게 하는 요인 중에서 특히 중요한 역할을 하는 것은?

① 지방의 두께

② 지방의 질

③ 도체 크기

④ 도체 모양

해설 소에 있어서는 연령, 도체 크기, 도체 모양 그리고 지방 두께에 의해 고온숙성 조건이 변하게 되는 것으로 알려지고 있으며, 특히 지방의 두께가 중요한 역할을 하는 것으로 보고되었다.

67 식육은 부패균의 번식에 의해 단백질과 지방이 분해된다. 이들의 분해산물이 아닌 것은?

① 암모니아

② 유기산

③ 아 민

④ 글라이코겐

해설 글라이코겐(Glycogen)은 탄수화물의 분해산물이다.

68 다음 중 냉장육을 진공포장하면 저장성이 향상되는 가장 큰 이유는?

① 식육의 pH가 감소하여 미생물이 잘 자라지 못하므로

② 산소가 제거되어 호기성 미생물들이 생육하지 못하므로

③ 식육의 수분증발을 막기 때문에

④ 수분활성도가 낮아져 미생물의 생육이 억제되기 때문에

해설 진공포장은 산소를 제거하여 호기성 미생물의 성장을 억제한다.

69 다음 중 평판 동결에 대한 특징으로 틀린 것은?

① 금속판의 온도는 −5~0℃이다.
② 스테이크, 촙(Chop)과 같은 두께가 한정되어 있는 식육의 냉동에 사용된다.
③ 동결장치가 차지하는 면적이 작다.
④ 열전달 매체가 금속판이다.

해설 금속판의 온도는 −30 ~ −10℃이다.

70 다음 중 냉동돈육의 저장성에 가장 큰 영향을 미치는 요인은 어느 것인가?

① 큰 빙결정의 형성
② 지방산화에 의한 산패
③ 미생물에 의한 부패
④ 표면의 건조

해설 냉동저장 중에는 지방의 산화에 의한 산패가 일어나 육질이 저하된다.

71 다음 중 121℃의 습열 살균이 필요한 식품의 pH는?

① pH 5
② pH 4
③ pH 3
④ pH 2

72 고기의 동결에 대한 설명으로 틀린 것은?

① 최대빙결정생성대 통과시간이 30분 이내이면 급속동결이라 한다.
② 완만동결을 할수록 동결육 내 얼음의 개수가 적고 크기도 작다.
③ 완만동결을 할수록 동결육의 물리적 품질은 저하한다.
④ 동결속도가 빠를수록 근육 내 미세한 얼음결정이 고루 분포하게 된다.

해설 급속히 냉동시킨 식육에는 크기가 작고 많은 숫자의 빙결정이 존재하고, 반대로 완만하게 냉동시킨 식육에는 크기가 크고 개수가 적은 빙결정이 존재하게 된다. 그 이유는 완만냉동에서는 형성되는 빙결정의 개수가 적고 성장이 심하게 일어나지만, 급속냉동에서는 많은 빙결정이 형성되고 한정된 크기까지만 성장하기 때문이다.

73 축산물 유통의 특성에 대한 설명으로 옳지 않은 것은?

① 축산물의 수요·공급은 비탄력적이다.

② 축산물의 생산체인 가축은 성숙되기 전에는 상품적인 가치가 없다.

③ 축산물 생산농가가 영세하고 분산적이기 때문에 유통단계상 수집상 등 중간상인이 개입될 소지가 많다.

④ 축산물은 부패성이 강하기 때문에 저장 및 보관에 비용이 많이 소요되고 위생상 충분한 검사를 필요로 한다.

74 다음 중 국내 식육유통의 문제점이라고 할 수 없는 것은?

① 판매방식의 전근대화

② 소비자들의 육질 식별능력 부족

③ 냉장육 중심의 유통

④ 가격 안정기능의 취약성

해설 우리나라는 지육유통이 문제점으로 지적되고 있다.

75 다음 축산물유통에 관련한 내용 중 가장 바르지 않은 것은?

① 생산의 경우에는 연중 가능하지만, 수요의 경우에는 계절에 따라 변동된다.

② 상품의 부패성이 강하다.

③ 공급이 비탄력적이다.

④ 유통절차가 단순해 비용은 적게 소요된다.

해설 유통절차가 복잡해서 비용이 과다로 소용된다.

76 유통의 기본적 기능이 잘못 연결된 것은?

① 상적유통기능 – 거래유통기능
② 물적유통기능 – 장소적 통일기능
③ 유통조성기능 – 수량적 통일기능
④ 상적유통기능 – 위험부담기능

해설 위험부담기능은 상적유통기능에 해당한다.

▼ **유통의 기본적 기능**

기본적 유통기능 (상적유통기능)	물적유통기능	유통조성기능
인격적 통일기능 (거래유통기능)	장소적 통일기능(운송)	• 수량적 통일기능 • 품질적 통일기능(표준화)
(수집) 구매 (분산) 판매	시간적 통일기능(보관)	• 금융적 기능(금융) • 위험부담기능(보험) • 시장정보기능(시장조사)

77 다음은 유통이론의 발전모형이다. 해당하는 것은?

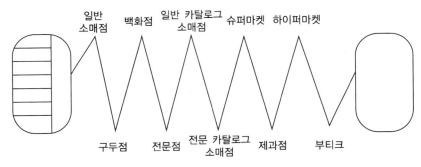

다양한 상품 계열의 소매점

일반 소매점, 백화점, 일반 카탈로그 소매점, 슈퍼마켓, 하이퍼마켓

구두점, 전문점, 전문 카탈로그 소매점, 제과점, 부티크

한정된 상품 계열의 소매점

① 적응행동이론
② 소매생명주기이론
③ 소매수레바퀴이론
④ 소매아코디언이론

78 기존 브랜드 내에 새로운 상품 종류의 상품을 추가 개발하여 맛, 등급 등 상품 계열의 확충이 목적인
신상품개발의 유형은?

① 혁신적 상품개발

② 신브랜드 상품개발

③ 변형 상품개발

④ 모델 체인지 개발

해설 ▼ 신상품개발의 유형

타입명	내용과 특징	개발의 예
신카테고리 상품개발	지금까지 없었던 새로운 상품의 개발, 대부분은 기술혁신에 의한 경우	워드프로세서, TV, 게임
혁신적 상품개발	지금까지의 상품과는 품질, 기능면에서 크게 다른 발전된 상품의 개발	자동초점 카메라
신브랜드 상품개발	지금까지의 상품과는 경향이 다른 새로운 브랜드 상품의 개발	화장품, 식품, 음료
변형 상품개발	기존 브랜드 내에 새로운 상품 종류의 상품을 추가 개발, 맛, 등급 등 상품 계열의 확충이 목적	과자, 맥주, 식품
모델 체인지 개발	기존상품을 동일 브랜드명으로 내용을 개선, 변경한 개발작업	승용차

79 마케팅 조사의 절차를 바르게 설명한 것은?

① 문제의 제기와 조사목적의 설정 → 조사계획의 수립 → 자료의 수집 → 정보분석 → 조사결과의
보고 → 사후관리

② 조사계획의 수립 → 자료의 수집 → 문제의 제기와 조사목적의 설정 → 정보분석 → 조사결과의
보고 → 사후관리

③ 자료의 수집 → 조사계획의 수립 → 문제의 제기와 조사목적의 설정 → 정보분석 → 조사결과의
보고 → 사후관리

④ 조사계획의 수립 → 문제의 제기와 조사목적의 설정 → 자료의 수집 → 정보분석 → 조사결과의
보고 → 사후관리

80 신유통업태의 특징이 아닌 것은?

① 체인화(다점포망)

② 현대 소매업의 추세를 반영

③ 경제성 추구

④ 매장면적의 소형화

해설 매장면적의 대형화

제 1 회 축산식품 관련 법규 및 규정

81 축산물가공업 및 식육포장처리업의 위생관리기준에 대한 설명이다. 틀린 것은?

① 종업원은 축산물의 오염을 방지하기 위하여 작업 중 수시로 손·장갑·칼·가공작업대 등을 세척·소독하여야 한다.

② 모든 장비·컨베이어벨트 및 작업대 그 밖에 축산물과 직접 접촉되는 시설 등의 표면은 깨끗하게 유지되어야 한다.

③ 종업원이 원료작업실에서 가공품작업실로 이동하는 때에는 교차오염을 예방하기 위하여 위생복 또는 앞치마를 갈아입거나 위생화 또는 손을 세척·소독하는 등 예방조치를 하여야 한다.

④ 가축의 도살처리에 종사하는 종업원은 각 작업장별로 구분하여 작업에 임하여야 한다.

해설 도살처리는 도축업 종사자에 대한 위생관리 내용이다.

82 검사관은 가축의 검사 결과 다음에 해당되는 가축에 대해서는 도축을 금지하도록 하여야 한다. 해당하지 않는 것은?

① 우역(牛疫)·우폐역(牛肺疫)·구제역(口蹄疫)

② 결핵병(結核病)·브루셀라병·요네병(전신증상을 나타낸 것만 해당한다)

③ 미약한 부분적인 증상을 나타내는 파상풍·농독증·패혈증

④ 강제로 물을 먹였거나 먹였다고 믿을 만한 역학조사·정밀검사 결과나 임상증상이 있는 가축

해설 현저한 증상을 나타내거나 인체에 위해를 끼칠 우려가 있다고 판단되는 파상풍·농독증·패혈증

83 식품의약품안전처장 또는 시·도지사는 축산물 위생관리법 제12조, 제19조, 수입식품안전관리 특별법 제21조 또는 제25조에 따라 축산물을 검사한 결과 가공기준 및 성분규격에 적합하지 아니한 경우로서 적절한 검사를 위하여 필요한 경우에는 미리 해당 영업자에게 그 검사 결과를 통보하여야 한다. 통보기한은 해당 검사성적서 또는 검사증명서가 작성된 날부터 며칠 이내인가?

① 5일 이내

② 7일 이내

③ 10일 이내

④ 14일 이내

84 기립불능 가축 중 도축금지 대상이 아닌 것은?

① 부상(負傷)

② 난산(難産)

③ 산욕마비(産褥痲痺)

④ 만성고창증(慢性鼓脹症)

해설 급성고창증(急性鼓脹症)

85 작업실 안은 작업과 검사가 용이하도록 자연채광 또는 인공조명장치를 하고 환기장치를 하여야 한다. 검사장소의 경우 밝기의 권장기준은?

① 220럭스 이상

② 320럭스 이상

③ 540럭스 이상

④ 640럭스 이상

해설 검사장소의 경우에는 540럭스 이상을 권장한다.

86 식육즉석판매가공업 영업장에 대한 설명이다. 틀린 것은?

① 식육 및 식육가공품을 처리·가공할 수 있는 기계·기구류 등이 설치된 작업장을 두어야 한다.

② 양념육류 및 분쇄가공육제품만을 만들어 판매하는 경우에는 작업장을 따로 두지 아니할 수 있다

③ 전기냉동시설·전기냉장시설 및 진열상자는 축산물의 가공기준 및 성분규격 중 축산물의 보존 및 유통기준에 적합한 온도로 유지될 수 있는 것이어야 하고, 그 외부의 온도를 알 수 있는 온도계를 비치하거나 설치하여야 한다.

④ 신고관청은 식육즉석판매가공업의 영업자가 식육가공업 또는 식육포장처리업을 함께 영위하면서 시설을 공동으로 사용하는 경우에는 그 시설의 전부 또는 일부의 설치를 생략하게 할 수 있다.

해설 전기냉동시설·전기냉장시설 및 진열상자는 축산물의 가공기준 및 성분규격 중 축산물의 보존 및 유통기준에 적합한 온도로 유지될 수 있는 것이어야 하고, 그 내부의 온도를 알 수 있는 온도계를 비치하거나 설치하여야 한다.

87 축산물위생관리법 제22조제2항제3호에서 "대통령령으로 정하는 중요한 사항을 변경하는 경우"에 해당하지 않는 것은?

① 도축업의 경우 : 계류장·작업실 또는 냉장·냉동실
② 축산물가공업의 경우 : 원료처리실·제조가공실 또는 포장실
③ 식육포장처리업의 경우 : 원료보관실·식육처리실·포장실 또는 냉동·냉장실
④ 축산물운반업의 경우 : 냉동·냉장실

 축산물보관업의 경우 : 냉동·냉장실

88 식육에 이물이 혼입된 경우 1차 위반 시 행정처분기준은?

① 경 고
② 영업정지 7일
③ 영업정지 15일
④ 영업정지 30일

위반행위	행정처분기준		
	1차 위반	2차 위반	3차 위반
이물이 혼입된 경우			
식육에 이물이 혼입된 경우	경 고	영업정지 7일	영업정지 15일
식육가공품에 기생충 또는 그 알, 금속, 유리가 혼입된 경우	영업정지 2일과 해당 제품 폐기	영업정지 5일과 해당 제품폐기	영업정지 10일과 해당 제품폐기
식육가공품에 칼날이나 동물(쥐 등 설치류 및 바퀴벌레)의 사체가 혼입된 경우	영업정지 5일과 해당 제품 폐기	영업정지 10일과 해당 제품 폐기	영업정지 20일과 해당 제품 폐기

89 다음은 위생교육에 대한 내용이다. 틀린 것은?

① 자가소비 또는 자가 조리·판매를 위한 검사를 하는 검사관은 매년 도축검사에 관한 교육을 받아야 한다.
② 검사를 하는 책임수의사는 매년 4시간. 다만, 책임수의사가 되려는 자는 24시간의 교육을 받아야 한다.
③ 식육즉석판매가공업의 영업자는 매년 4시간
④ 검사능력이 있는 종업원은 매년 4시간

해설 식육즉석판매가공업 등의 영업자는 매년 3시간

87 ④ 88 ① 89 ③ **Answer**

90 축산물가공업 및 식육포장처리업 영업자의 준수사항 중 틀린 것은?

① 영업자는 원료를 사용하여 제품을 생산하고 이를 판매한 내용을 기록하여 생산·판매이력을 파악할 수 있도록 서류를 작성하고 이를 최종 기재일부터 2년간 보관하여야 하며, 이를 허위로 작성하여서는 아니 된다.

② 축산물을 텔레비전·인쇄물 등을 통하여 광고하는 경우에는 제품명 및 업소명을 그 광고에 포함시켜야 한다.

③ 장난감·그릇 등과 가공품을 함께 포장하여 판매하는 경우 장난감·그릇 등이 가공품의 보관·섭취에 사용되는 경우를 제외하고는 가공품과 구분하여 포장하여야 한다.

④ 식육포장처리업의 영업자는 냉동식육 또는 냉동포장육을 해동하여 냉장포장육으로 유통·판매할 수 있다.

해설 식육포장처리업의 영업자는 냉동식육 또는 냉동포장육을 해동하여 냉장포장육으로 유통·판매하여서는 아니 된다.

91 다음의 어느 하나에 해당하는 축산물은 판매하거나 판매할 목적으로 처리·가공·포장·사용·수입·보관·운반 또는 진열하지 못한다. 다만, 식품의약품안전처장이 정하는 기준에 적합한 경우에는 그러하지 아니하는데 사실과 다른 것은?

① 썩었거나 상한 것으로서 인체의 건강을 해칠 우려가 있는 것

② 수입신고를 하여야 하는 경우에 신고하지 아니하고 수입한 것

③ 합격표시가 되어 있지 아니한 것

④ 해당 축산물에 표시된 유통기한이 남은 축산물

해설 해당 축산물에 표시된 유통기한이 지난 축산물에 해당된다.

92 다음의 어느 하나에 해당하는 자는 10년 이하의 징역 또는 1억원 이하의 벌금에 처한다. 여기에 해당하지 않는 것은?

① 허가받은 작업장이 아닌 곳에서 가축을 도살·처리한 자

② 가축 또는 식육에 대한 부정행위를 한 자

③ 건강기능식품으로 오인·혼동할 우려가 있는 내용의 표시·광고를 한 자

④ 축산물을 판매하거나 판매할 목적으로 처리·가공·포장·사용·수입·보관·운반 또는 진열한 자

해설 질병의 예방 및 치료에 효능·효과가 있거나 의약품 또는 건강기능식품으로 오인·혼동할 우려가 있는 내용의 표시·광고를 한 자는 10년 이하의 징역 또는 1억원 이하의 벌금에서 제외된다(2019.3.14. 시행).

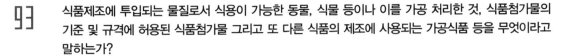

93 식품제조에 투입되는 물질로서 식용이 가능한 동물, 식물 등이나 이를 가공 처리한 것, 식품첨가물의 기준 및 규격에 허용된 식품첨가물 그리고 또 다른 식품의 제조에 사용되는 가공식품 등을 무엇이라고 말하는가?

① 원 료
② 주원료
③ 단순추출물
④ 첨가물

 '주원료'는 해당 개별식품의 주용도, 제품의 특성 등을 고려하여 다른 식품과 구별, 특정짓게 하기 위하여 사용되는 원료를 말한다. '단순추출물'이라 함은 원료를 물리적으로 또는 용매(물, 주정, 이산화탄소)를 사용하여 추출한 것으로 특정한 성분이 제거되거나 분리되지 않은 추출물(착즙 포함)을 말한다.

94 '차고 어두운 곳' 또는 '냉암소'라 함은 따로 규정이 없는 한 몇 0~15℃의 빛이 차단된 장소를 말하는가?

① −5~5℃
② 0~15℃
③ 5~20℃
④ 10~25℃

95 식품에 제한적으로 사용할 수 있는 원료로 발효육류에 한하여 사용이 불가능한 미생물은?

① *Staphylococcus carnosus*
② *Staphylococcus vitulinus*
③ *Staphylococcus xylosus*
④ *Carnobacterium maltaromaticum*

96 축산물의 제조·가공기준에 대한 설명이다. 틀린 것은?

① 식품 제조·가공에 사용되는 원료, 기계·기구류와 부대시설물은 항상 위생적으로 유지·관리하여야 한다.
② 어떤 원료의 배합기준이 100%인 경우에는 식품첨가물의 함량을 제외하되, 첨가물을 함유한 당해 제품은 '식품별 기준 및 규격'의 당해 제품 규격에 적합하여야 한다.
③ 식품은 물, 주정 또는 물과 주정의 혼합액, 이산화탄소 및 그 외의 물질을 사용하여 추출할 수 있다.
④ 식품의 제조, 가공, 조리, 보존 및 유통 중에는 동물용의약품을 사용할 수 없다.

 식품은 물, 주정 또는 물과 주정의 혼합액, 이산화탄소만을 사용하여 추출할 수 있다.

97 원료육의 정형이나 냉동 원료육의 해동은 고기의 중심부 온도가 몇 ℃를 넘지 않도록 하여야 하는가?

① 5℃

② 7℃

③ 10℃

④ 15℃

98 금속성 이물로서 쇳가루는 금속성이물(쇳가루)의 규정에 따라 시험하였을 때 식품 중 (   )mg/kg 이상 검출되어서는 아니 되며, 또한 금속이물은 (   )mm 이상인 금속성 이물이 검출되어서는 아니 된다. (   ) 안에 알맞은 것은?

① 5.0 mg/kg 이상, 1 mm 이상

② 10.0 mg/kg 이상, 2 mm 이상

③ 15.0 mg/kg 이상, 3 mm 이상

④ 20.0 mg/kg 이상, 4 mm 이상

99 식육(제조, 가공용원료는 제외한다), 살균 또는 멸균처리하였거나 더 이상의 가공, 가열조리를 하지 않고 그대로 섭취하는 가공식품에서는 특성에 따라 식중독균이 n = 5, c = 0, m = 0/25g이어야 한다. 다음 중 해당되지 않는 것은?

① 살모넬라(*Salmonella spp.*)

② 장염비브리오(*Vibrio parahaemolyticus*)

③ 리스테리아 모노사이토제네스(*Listeria monocytogenes*)

④ 브루셀라균

 식육(제조, 가공용원료는 제외한다), 살균 또는 멸균처리하였거나 더 이상의 가공, 가열조리를 하지 않고 그대로 섭취하는 가공식품에서는 특성에 따라 살모넬라(*Salmonella spp.*), 장염비브리오(*Vibrio parahaemolyticus*), 리스테리아 모노사이토제네스(*Listeria monocytogenes*), 장출혈성 대장균(Enterohemorrhagic *Escherichia coli*), 캠필로박터 제주니/콜리(*Campylobacter jejuni/coli*), 여시니아 엔테로콜리티카(*Yersinia enterocolitica*) 등 식중독균이 n = 5, c = 0, m = 0/25g이어야 하며, 또한 식육 및 식육제품에 있어서는 결핵균, 탄저균, 브루셀라균이 음성이어야 한다.

100 소고기의 다이옥신 기준은?

① 4.0pg TEQ/g fat 이하

② 3.0pg TEQ/g fat 이하

③ 2.0pg TEQ/g fat 이하

④ 1.0pg TEQ/g fat 이하

해설 다이옥신
① 소고기 : 4.0pg TEQ/g fat 이하
② 돼지고기 : 2.0pg TEQ/g fat 이하
③ 닭고기 : 3.0pg TEQ/g fat 이하

01 미생물 성장곡선에 대한 설명으로 틀린 것은?

① 미생물의 성장은 유도기–대수기–정체기–사멸기를 거친다.
② 미생물을 배지에 접종했을 때의 시간과 생균수(대수) 사이의 관계이다.
③ S자형 곡선을 나타낸다.
④ 정체기에는 미생물의 수가 급격히 감소한다.

해설 미생물의 수가 급격히 감소되는 시기는 사멸기이다.

02 다음 중 심한 열을 동반하는 식중독 증상을 나타내는 균은?

① 살모넬라균
② 포도상구균
③ 보툴리누스균
④ 버섯중독균

해설 살모넬라균은 복통, 설사, 발열을 일으키며 발열은 39℃까지 상승한다.

03 다음 미생물 중 가장 넓은 pH 범위에서 생육하는 것은?

① 유산균
② 효 모
③ 곰팡이
④ 포도상구균

해설 곰팡이 > 효모 > 유산균 > 포도상구균

04 다음 설명 중 틀린 것은?

① 냉장육의 부패와 관련 있는 주요 미생물은 그람 음성균이다.

② 육가공제품의 부패를 일으키는 주요 미생물은 그람 양성균이다.

③ 발골 작업 시 미생물의 오염원은 작업도구, 작업자의 손, 작업대 등이다.

④ 진공포장육에서 신냄새를 유발하는 것은 대장균이다.

해설 신냄새를 유발하는 것은 젖산을 생산하는 젖산균이다.

05 다음 중 병원성 대장균에 대한 설명이 아닌 것은?

① 경구적으로 침입한다.

② 주증상은 급성 위장염이다.

③ 분변 오염의 지표가 된다.

④ 독소형 식중독이다.

해설 병원성 대장균은 감염형 식중독균이다.

06 경구감염병의 예방 대책으로 가장 중요한 것은?

① 식품을 냉동 보관한다.

② 보균자의 식품 취급을 막는다.

③ 식품 취급장소의 공기 정화를 철저히 한다.

④ 가축 사이의 질병을 예방한다.

07 덜 익은 닭고기 섭취로 감염될 수 있는 기생충은?

① 유구조충

② Manson 열두조충

③ 선모충

④ 이형흡충

해설 Manson 열두조충은 제1 중간숙주(물벼룩)와 제2 중간숙주(닭, 개구리, 뱀 등)를 충분히 가열하지 않고 생식하였을 때 감염된다.

08 다음 중 유해성 보존료가 아닌 것은?

① 붕 산　　　　　　　　　　② 불소화합물
③ 승 홍　　　　　　　　　　④ D-sorbitol

> **해설** 붕산, Formaldehyde, 불소화합물(HF, NaF), β-naphithol, 승홍(염화수은) 등은 유해보존료이다.

09 식용착색제의 구비 조건이 아닌 것은?

① 체내에 축적되지 않을 것　　　② 독성이 없을 것
③ 영양소를 함유하지 않을 것　　④ 미량으로 착색효과가 클 것

> **해설** 식용착색제는 영양소를 함유하면 더욱 좋다.

10 생물체에 흡수되면 내분비계의 정상적이 기능을 방해하거나 혼란하게 하는 화학물질은?

① 환경오염물질　　　　　　　② 방사선오염물질
③ 부정유해물질　　　　　　　④ 환경호르몬

11 안전관리인증기준에 대한 설명으로 틀린 것은?

① 지방자치단체장은 안전관리인증기준을 정하여 이를 고시한다.
② 도축업의 영업자는 안전관리인증기준에 따라 해당 작업장에 적용할 자체안전관리인증기준을 작성·운용하여야 한다.
③ 식품의약품안전처장은 안전관리인증기준을 준수하고 있음을 인증받기를 원하는 자(영업자는 제외한다)가 있는 경우에는 그 준수 여부를 심사하여 해당 작업장·업소 또는 농장을 안전관리인증작업장·안전관리인증업소 또는 안전관리인증농장으로 인증할 수 있다.
④ 식품의약품안전처장, 시·도지사 또는 시장·군수·구청장은 안전관리인증기준을 효율적으로 운용하기 위하여 안전관리인증기준 준수에 필요한 기술·정보를 제공하거나 교육훈련을 실시할 수 있다.

> **해설** 안전관리인증기준(축산물 위생관리법 제9조제1항)
> 식품의약품안전처장은 가축의 사육부터 축산물의 원료관리·처리·가공·포장·유통 및 판매까지의 모든 과정에서 인체에 위해(危害)를 끼치는 물질이 축산물에 혼입되거나 그 물질로부터 축산물이 오염되는 것을 방지하기 위하여 총리령으로 정하는 바에 따라 각 과정별로 안전관리인증 기준 및 그 적용에 관한 사항을 정하여 고시한다.

12 다음 설명 중에서 옳지 않은 것은?

① 이산화탄소는 호기성 미생물의 성장을 억제하지만 고농도에서는 변색을 유발한다.

② 가스치환포장은 냉동저장에 적합하다.

③ 포장 내 공기 조성은 포장재의 공기투과율에 영향을 받는다.

④ 산소는 육색을 위해서는 바람직하지만 호기성 미생물의 발육을 촉진한다.

해설 부분육의 포장방법에 쓰이는 가스치환방법은 냉동저장에 적합하지 않다. 가스치환방법은 포장용기 내 공기를 모두 제거하고 인위적으로 조성된 가스를 채워 포장을 하는 방식이다.

13 다음 중 식육의 위생지표로 이용되는 미생물은?

① 클로스트리듐(*Clostridium*)

② 대장균(*E. Coli*)

③ 비브리오(*Vibrio*)

④ 바실러스(*Bacillus*)

해설 대장균이 검출되었다면 가열 공정이 불충분했거나 제품의 취급, 보존 방법이 나쁘다는 것을 알려 준다.

14 식품 대상의 미생물학적 검사를 하기 위한 검체는 반드시 무균적으로 채취하여야 한다. 이때 기준 온도는?

① -5℃

② 0℃

③ 5℃

④ 10℃

15 질소성분이 함유되지 않은 유기화합물로서 당질이나 지방질의 식품이 미생물에 의해 분해되어 변질되는 것은?

① 발 효

② 변 패

③ 숙 성

④ 산 패

해설 발효는 탄수화물이 미생물에 의해 유기산이나 알코올 등을 생성하여 사람에게 바람직한 생산물로 생화학적 변화가 일어나는 현상을 말하며, 부패는 단백질을 함유한 식품이 미생물에 의해 분해되어 아민류 등의 유해물질이 생성되고 인돌, 스카톨, 암모니아 등의 악취나 유해물질을 생성하는 현상을 말한다.

16 포자형성균의 멸균에 가장 좋은 방법은?

① 자비소독법

② 저온살균법

③ 고압증기멸균법

④ 초고온순간살균법

17 식품위생법상 식품위생의 대상이 아닌 것은?

① 식품 첨가물

② 기구 및 용기

③ 포 장

④ 식품공장

 식품위생이라 함은 식품, 식품첨가물, 기구, 용기, 포장을 대상으로 하는 음식에 관한 위생을 말한다.

18 다음 미생물 중 가장 낮은 수분활성도(Aw) 범위에서 생육하는 것은?

① 유산균

② 세 균

③ 곰팡이

④ 황색 포도상구균

 식품의 수분 중에서 미생물의 증식에 이용될 수 있는 상태인 자유수의 함량을 나타내는 척도로서 수분활성도(Aw : Water Acitvity) 개념이 사용된다. 수분활성도가 높을수록 미생물은 발육하기 쉽고 미생물이 생육하는데 수분이 필수적인 조건이다.

식품의 부패에 관여하는 이러한 자유수를 수분활성으로 나타내며 미생물은 일정 부분 활성도 이하에서는 증식할 수 없다. 일반적으로 호염세균이 0.75이고, 곰팡이 0.80, 효모 0.88, 세균 0.93의 순으로 높아진다. 그러므로 식품을 건조시키면 세균, 효모, 곰팡이의 순으로 생육하기 어려워지며 수분활성도 0.65 이하에서 곰팡이는 생육하지 못한다.

19 식육의 냉장 시 호기성 부패를 일으키는 대표적인 호냉균은?

① 젖산균

② 슈도모나스균(Pseudomonas)

③ 클로스트리듐균(Clostridium)

④ 비브리오균(Vibrio)

20 캔 제품에서도 포자의 형태로 생존할 수 있어 심각한 식중독 원인이 될 수 있으며, 특히 아질산염에 약한 병원성 세균은?

① 살모넬라

② 리스테리아

③ 대장균

④ 클로스트리듐 보툴리눔

제 2 회 **식육가공학**

21 신선육 대비 육가공품의 1인당 소비량에 가장 근접한 것은?

① 3kg   ② 6kg

③ 9kg   ④ 12kg

해설 육가공 제품 1인당 소비량(신선육 대비 비율)은 2.8kg이다.

22 식육의 부위를 염지한 것이나 이에 식품첨가물을 가하여 저온에서 훈연 또는 숙성·건조한 것을 말하는 것은?

① 생 햄

② 프레스햄

③ 소시지

④ 발효소시지

23 다음은 소시지류에 대한 설명이다. (   ) 안에 들어갈 내용을 순서대로 알맞게 나타낸 것은?

> • 육함량 (   )% 이상, 전분 10% 이하의 것
> • 건조 소시지류는 수분을 (   )% 이하로, 반건조 소시지류는 수분을 (   )% 이하로 가공하여야 한다.

① 60%, 25%, 35%

② 65%, 25%, 45%

③ 70%, 35%, 55%

④ 75%, 35%, 65%

24 판매를 목적으로 식육을 절단(세절 또는 분쇄를 포함한다)하여 포장한 상태로 냉장 또는 냉동한 것으로서 화학적 합성품 등 첨가물 또는 다른 식품을 첨가하지 아니한 것을 말하는 것은?

① 햄

② 소시지

③ 베이컨

④ 포장육

25 고기를 숙성시키는 가장 중요한 목적은?

① 육색의 증진

② 보수성 증진

③ 위생안전성 증진

④ 맛과 연도의 개선

26 뼈가 있는 채로 가공한 햄은?

① Loin Ham

② Shoulder Ham

③ Picnic Ham

④ Bone – in Ham

27 생햄이나 건조 발효육 제품에서 염지 시 pH를 낮춤으로써 염지반응을 촉진시켜 가공시간을 단축시킬 수 있는 것은?

① 염미료

② 감미료

③ 산미료

④ 지미료

28 육제품 제조 시 원료육에 요구되는 기능적 특성이 아닌 것은?

① 보수성

② 결착력

③ 유화력

④ 수분활성도

29 다음 육제품 제조기계 중 유화기능이 있는 것은?

① Mixer

② Grinder

③ Stuffer

④ Silent Cutter

30 다음 중 식육을 소금과 함께 혼합하여 염용성 단백질이 많이 추출되면 개선되는 제품의 특성과 거리가 먼 것은?

① 유화력

② 결착력

③ 보수력

④ 거품형성력

해설 염용성 단백질의 추출량에 의해 좌우되는 특성 : 유화력, 결착력, 보수력(보수성) 등

31 다음 중 육가공에서 가장 많이 쓰이는 향신료에 해당하는 것은?

① 마 늘

② 후 추

③ 초 석

④ 에리토브산

해설 육가공에서는 향신료로 후추가 가장 많이 쓰이며, 대부분 천연으로 자라는 식품체의 일부를 건조분말로 쓴다.

32 식품의 품질면에서 가장 이상적인 건조방법은?

① 동결 건조

② 열풍 건조

③ 냉장 건조

④ 가압 건조

해설 건조식품은 색깔과 풍미는 그대로 있고 조리할 때 원상복구능력이 크고 저장, 수송에 편리해야 되는데 여기에는 진공동결 건조가 가장 이상적인 건조방법이다.

33 다음 중 훈연 시 연기 성분이 침투할 수 없는 케이싱은?

① 천연 케이싱

② 플라스틱 케이싱

③ 파이브로스 케이싱

④ 재생 콜라겐 케이싱

 플라스틱 케이싱

수분 및 연기에 대해 불투과성이기 때문에 훈연하지 않는 소시지에 이용된다.

34 다음 중 그라인더를 이용한 연화는 어느 것인가?

① 효소법

② 세절법

③ 액침법

④ 동결법

 세절법이란 그라인더(만육기)로 고기를 세절하여 연화시키는 방법이다.

35 수출용 냉동돈육의 외포장재로 적당한 것은?

① PE 필름

② 카톤박스

③ 폴리필렌

④ 크리오백

 수출용 냉동돈육의 외포장은 카톤박스, 내포장은 폴리필렌 진공포장을 사용한다.

36 다음 중 직접훈연법에 해당하지 않는 것은?

① 습열분해법

② 배훈법

③ 온훈법

④ 냉훈법

 직접훈연법으로는 ② · ③ · ④ 이외에 열훈법이 있다.

37 다음 중 건조햄 제품에 해당하는 것은?

① 프로슈티

② 저 키

③ 콘드비프

④ 페퍼로니

해설 프로슈티(Prosciutti)
햄을 이용하여 만드는 건조제품이다.

38 공정의 상태를 나타내는 특성치에 관해서 그려진 그래프로서 공정을 안정상태로 유지하기 위하여 사용되는 것은?

① 관리도

② 파레토그림

③ 히스토그램

④ 산점도

해설 공정이 안정상태에 있는지의 여부를 조사하거나 또는 공정을 안정상태로 유지하기 위해 사용하는 것이 관리도이다.

39 육류 조리 시 첨가하면 연화작용을 하는 과일만 모은 것은?

① 키위, 파인애플, 파파야, 배

② 파인애플, 사과, 포도, 배

③ 파파야, 키위, 딸기, 사과

④ 아보카도, 자두, 유자, 키위

해설 과일에는 단백질 분해효소가 있어 육류 조리 시 연화작용을 하는데, 키위에는 액티니딘, 파인애플에는 브로멜린, 파파야는 파파인, 배는 프로테아제 성분이 있어 연화작용을 한다.

40 식육가공품의 유통기한이 바르게 연결되지 않은 것은?

① 햄류 - 30일

② 베이컨 - 15일

③ 건조 소시지 - 3개월

④ 냉동육(우육) - 6개월

해설 냉동육(우육)의 유통기한은 12개월이다.

제 **2** 회 **식육과학**

41 식품의 신선도 검사법 중 화학적인 방법이 아닌 것은?

① 휘발성 아민 측정

② 휘발성산 측정

③ phosphatase 활성 측정

④ pH 측정

해설 식품의 신선도 검사법 중 화학적 방법으로는 휘발성산, 휘발성 염기질소, 휘발성 환원물질, 암모니아, pH값의 측정 등이 있다. Phosphatase 활성 검사는 저온살균유의 완전살균 여부를 평가한다.

42 다음 중 수분 성분분석 방법이 아닌 것은?

① 건조감량법

② 증류법

③ 칼-피셔(Karl-Fisher)법

④ 세미마이크로 킬달법

해설 수분은 건조감량법, 증류법 및 칼-피셔(Karl-Fisher)법에 따라 정량시험을 한다. 세미마이크로 킬달법은 총질소 및 조단백질을 시험하기 위한 방법이다.

43 다음 중 단백질 정량법은?

① 상압가열건조법

② 버트란트법

③ 속슬렛법

④ 킬달법

해설 킬달질소정량법은 조단백질의 정량에 쓰이는 방법이다.

44 근육의 수축기작이 일어나는 기본적인 단위는?

① 근 절

② 근형질

③ 핵

④ 암 대

41 ③ 42 ④ 43 ④ 44 ① **Answer**

45 **식육의 Freezer Burn에 대한 설명으로 틀린 것은?**

① 동결육의 표면건조로 인한 변색이 발생한다.

② 상품가치가 상승된다.

③ 조직감이 질겨진다.

④ 이취가 생성된다.

46 **Methylene Blue 환원시험법의 확인내용은?**

① 단백질함량

② 유지방함량

③ 미생물량 추정

④ 무기질량 추정

47 **근육이 원래의 길이에서 얼마 정도까지 단축되었을 때 연도가 최대한 감소하는가?**

① 25%

② 33%

③ 40%

④ 50%

 20%까지 단축되었을 때는 아무런 영향이 없으나 그 이상으로 단축되었을 때는 연도가 급격히 감소하여 40% 단축 시에 최대한 감소한다.

48 **다음 설명 중 평활근에 해당되는 것은?**

① 내장육을 의미한다.

② 근육의 운동을 수행한다.

③ 정육을 의미한다.

④ 일반적인 고기를 의미한다.

해설 ② · ③ · ④는 골격근에 해당된다.

49 다음 무기물 중 육색과 밀접한 관련이 있는 것은?

① P

② Fe

③ Ca

④ Mg

 Fe는 헤모글로빈과 마이오글로빈에 함유되어 있으며 육색과 밀접한 관련이 있다.
①·③·④는 뼈와 치아의 주요 성분

50 다음 설명 중 틀린 것은?

① 돼지고기는 소고기나 다른 고기에 비해 필수지방산이 많이 함유되어 있다.

② 비타민 A는 간에 특히 많으며, 살코기에는 거의 없다.

③ 식육 내 미네랄 함량은 약 1% 정도이다.

④ 일반적으로 뼈와 함께 붙어 있는 고기 또는 정육은 평활근이다.

 ④ 골격근이다.

51 다음 중 수용성 단백질은?

① 마이오글로빈(Myoglobin)

② 마이오신(Myosin)

③ 콜라겐(Collagen)

④ 액토마이오신(Actomyosin)

- 근장단백질은 근원섬유 사이의 근장 중에 용해되어 있는 단백질로서 물 또는 낮은 이온강도의 염용액으로 추출되므로 수용성 단백질이라고도 하며, 육색소 단백질인 마이오글로빈, 사이토크로뮴 등이 있다.
- 기질단백질은 물이나 염용액에도 추출되지 않아 결합조직단백질이라고도 하며, 주로 콜라겐, 엘라스틴 및 레티큘린 등의 섬유상 단백질들이며, 근육조직 내에서 망상의 구조를 이루고 있다.
- 근원섬유단백질은 식육을 구성하고 있는 주요 단백질로 높은 이온강도에서만 추출되므로 염용성 단백질이라고도 한다. 근육의 수축과 이완의 주역할을 하는 수축단백질(마이오신과 액틴), 근육 수축기작을 직간접으로 조절하는 조절단백질(트로포마이오신과 트로포닌) 및 근육의 구조를 유지시키는 세포골격단백질(타이틴, 뉴불린 등)로 나뉜다.

52 식육에 가장 많이 함유되어 있는 비타민은?

① 비타민 A

② 비타민 B군

③ 비타민 C

④ 비타민 D

 고기는 양질의 단백질, 상당량의 비타민 B군(티아민, 리보플라빈, 나이아신, B_6 및 B_{12}) 그리고 철분과 아연의 우수한 급원이다.

49 ② 50 ④ 51 ① 52 ② **Answer**

53 pH에 대한 설명 중 틀린 것은?

① 일반적인 식중독균은 낮은 pH에서 잘 자라지 못한다.

② 곰팡이나 효모는 세균보다 넓은 pH 범위에서 자랄 수 있다.

③ pH가 낮은 PSE육은 pH가 높은 DFD육보다 저장성이 좋다.

④ 고기의 pH는 높을수록 저장성이 좋아진다.

해설 고기의 부패와 병원성 물질의 발생은 대개 박테리아, 효모, 곰팡이의 증식에 의한 것으로, 미생물의 생장에 영향을 미치는 요인들로는 수분활성도(상대습도), 온도, 수소이온농도(pH), 산화환원전위, 생장억제 물질 등이 있으며, 미생물은 이들 요인에 따라 증식속도가 달라진다. 일상생활에서는 건조와 염장 등의 방법으로 미생물이 이용할 수 있는 유리수를 줄임으로써 저장성 및 보존성을 높이고 있다. 그 외에 저장 온도와 pH를 낮추고 산화환원 전위를 방지하기 위하여 혐기상태를 유지하며 미생물의 생장억제 물질을 첨가하는 등의 방법이 활용되고 있다.

54 식육에서 발생하는 산패취는 어느 구성성분에서 기인하는가?

① 무기질   ② 지 방

③ 단백질   ④ 탄수화물

해설 식육에서 발생하는 산패취는 지방에서 기인하며, 동결육이 오랫동안 저장되었을 때 나는 냄새이다.

55 다음 중 육류가 부패하여 생기는 유독 성분은?

① 젖 산   ② 리파제

③ 토마인   ④ 라이신

해설 토마인은 단백질이 세균의 작용으로 분해될 때 생긴다.

56 사후경직에 대한 설명이다. 틀린 것은?

① 사후근육은 혐기적 대사로 바뀌고 생성된 젖산은 근육에 축적되어 근육의 pH가 강하한다.

② 사후경직 동안 식육이 나타내는 극한 산성은 pH 5.4 부근이다.

③ 사후 도체온도는 일시적인 상승현상을 나타내는데 이를 사후경직이라 한다.

④ 근육은 도축 후 혈액순환이 중단되고 사후경직이 일어난 다음 단백질 분해효소들에 의한 자가소화과정을 거쳐 경직이 해제된다.

해설 ③ 사후 도체온도의 일시적인 상승현상을 경직열이라 한다.

57 식육 단백질의 부패 시 발생하는 물질이 아닌 것은?

① 알코올(Alcohol)

② 스카톨(Scatole)

③ 아민(Amine)

④ 황화수소(H₂S)

 부패(Putrefaction)는 단백질이 많이 함유된 식품(식육, 달걀, 어패류)에 혼입된 미생물의 작용에 의해 질소를 함유하는 복잡한 유기물(단백질)이 혐기적 상태하에서 간단한 저급 물질로 퇴화, 분해되는 과정을 말한다. 호기성 세균에 의해 단백질이 분해되는 것을 부패라고 하며, 이때 아민과 아민산이 생산되고, 황화수소, 메르캅탄(Mercaptan), 암모니아, 메탄 등과 같은 악취가 나는 가스를 생성한다. 인돌은 불쾌한 냄새가 나며, 스카톨과 함께 대변 냄새의 원인이 되지만, 순수한 상태나 미량인 경우는 꽃냄새와 같은 향기가 난다.

58 도축 후 식육의 사후 변화 과정이 바르게 된 것은?

① 사후경직 – 해직 – 자기소화 – 숙성

② 해직 – 사후경직 – 자기소화 – 숙성

③ 자기소화 – 사후경직 – 해직 – 숙성

④ 숙성 – 사후경직 – 해직 – 자기소화

59 사후경직과정에 일어나는 당의 분해(해당작용)란?

① ATP가 ADP와 AMP로의 분해

② 포도당(Glucose)이 젖산으로 분해

③ 포스포크리아틴(Phosphocreatine)이 인(P)과 크리아틴(Creatine)으로의 분해

④ 액토마이오신(Actomyosin)이 액틴(Actin)과 마이오신(Myosin)으로의 분해

 식육의 안정성 확보를 위해서 도축 후 냉각과정을 필수적으로 거치게 되는데 이 과정에서 근육 내부에 잔존하는 당의 분해에 의해서 얻어지는 에너지에 의하여 근육이 수축하는 사후경직현상으로 근육의 수축에 의해서 매우 질긴 식육이 되고, 또 당의 분해로 생성된 젖산에 의하여 산도가 저하되어 도축 후 1~2일 경에 식육의 조리 시 맛에 관계되는 물리적 특성이 가장 나빠지게 된다.

60 식육의 부패가 진행되면 pH의 변화는?

① 산 성

② 중 성

③ 알칼리성

④ 변화 없다.

 신선한 육류의 pH는 7.0~7.3으로, 도축 후 해당작용에 의해 pH는 낮아져 최저 5.5~5.6에 이른다. 식육의 부패는 미생물의 번식으로 단백질이 분해되어 아민, 암모니아, 악취 등이 발생하는 현상으로 pH는 산성에서 알칼리성으로 변한다.

제 2 회 **제품저장 및 유통학**

6│ 다음은 식품저장기술의 발전역사에 대한 내용이다. 맞지 않는 것은?

① 1847년에는 대량생산 방식에 의한 제관법이 발명되어 공업화에 성공하였다.

② 19세기 후반에 이르러 천일건조, 훈연, 염장 기술이 개발되었다.

③ 인공(강제)건조는 식품을 건조시키는 데 있어서 건조실을 제작하고 그 속에 열풍을 보내어 건조시키는 방법으로 1600년에 고안되었다.

④ 식품냉동법의 시초는 1875년에 독일의 Linde가 처음으로 암모니아에 의한 가스 압축식 냉동기를 완성했을 때부터 이다.

해설 천일건조, 훈연, 염장 기술은 옛날부터 있었다고 추정하고 있으며, 19세기 후반에 이르러 종래의 천일건조, 훈연, 염장 기술 외에 통조림, 인공(강제)건조, 냉동법 등의 기술이 개발되었다.

62 통조림 가공·저장법에 관한 연구를 처음으로 시도한 사람은?

① 슈미트(Schmidt)

② 키드(Kidd)

③ 뢴트겐(Roentgen)

④ 아페르(Appert)

63 식육이 심하게 부패할 때 수소이온농도(pH)의 변화는?

① 변화가 없다.

② 산성이다.

③ 중성이다.

④ 알칼리성이다.

64 화학반응속도론에 대한 설명으로 맞지 않은 것은?

① 식품의 저장가공에서 일어나는 맛, 색, 조직감의 변화와 미생물의 사멸, 효소의 불활성화, 독성물질의 불활성화 등은 화학적 반응의 결과로 볼 수 있다.

② 수분함량, pH, 온도, 촉매, 산소압, 다른 화학물질의 존재 여부 등 화학반응속도는 많은 환경적 인자에 대해 영향을 받는다.

③ 화학반응은 질량작용의 법칙과 무관하다.

④ 화학반등 속도는 반응물의 농도에 비례한다.

해설 화학반응은 질량작용의 법칙에 따른다.

Answer 61 ② 62 ④ 63 ④ 64 ③

65 환경반응속도에 영향을 미치는 환경적 인자 중 가장 중요한 것은?

① 온 도

② 습 도

③ pH

④ 수 분

해설 반응속도에 영향을 미치는 환경적 인자 중 가장 중요한 것이 온도이다.

66 다음 중 열접착성이 가장 우수한 포장재는?

① 폴리에틸렌

② 폴리프로필렌

③ 폴리스타이렌

④ 나일론

67 다음 중 미생물 증식 억제를 위한 저장방법으로 올바르지 않은 것은?

① 가열법

② 중온저장법

③ 냉장법

④ 방사선조사법

해설 미생물 증식 억제를 위한 저장방법에는 가열, 건조, 냉장, 냉동, 방사선조사 등이 있다.

68 다음 중 대표적인 산화표백제로서 무색, 투명한 액체이고 강한 산화력을 가지며 알칼리성에서 강한 표백력을 보이며 사용 후 유해물질이 남지 않는 특성이 있는 것은?

① 과산화수소

② 이산화염소수

③ Sulfur-dioxide

④ Sodium-sulfite

65 ① 66 ① 67 ② 68 ① **Answer**

69 다음 중 식품의 온도가 가장 높게 올라가는 기술은?

① 초고압

② 감마선 조사

③ 옴가열

④ 고전압 펄스장

70 방사선 조사를 통하여 얻고자 하는 목표로서 적절치 않은 것은?

① 발아 억제

② 훈증제 대체 효과

③ 저장기간 연장

④ 세균 성장 유지

71 식품 중의 물과 극성 물질은 교류하는 전기장에 대해 정렬을 반복하며 그 자리에서 회전하면서 마찰에 의하여 열을 발생시키고, 이온성 물질은 교류하는 전기장에 따라 운동하면서 운동 에너지로 열을 발생시키는 원리를 적용한 것은?

① 옴가열

② 방사선

③ 마이크로파

④ 초음파

72 우리나라 육류 유통의 문제점으로 볼 수 없는 것은?

① 유통구조가 복잡하다.

② 규격돈의 생산비율이 너무 낮다.

③ 위생, 안전성이 낮다.

④ 도축장의 가동률이 너무 높다.

해설 우리나라는 대부분 도축장의 가동률이 낮다.

13 다음 축산물 유통에 관한 내용 중 도매시장의 필요성으로 바르지 않은 것은?

① 국가 유사시 식육배급기지의 역할
② 소량거래 및 거래욕구의 충족
③ 정부의 식육유통정책의 구현
④ 거래수의 최소화

해설 대량거래 및 거래욕구의 충족이다. 이외에 매점매석의 가능성 억제도 있다.

14 식육의 냉장 저장 시 일어나는 변화와 거리가 먼 것은?

① 육색의 변화
② 저온성 미생물의 성장
③ 드립의 발생
④ 지방의 변화

해설 드립은 해동 과정에서 발생한다.

15 다음 식육가공에 관한 내용 중 식육상품의 유통특성으로 바르지 않은 것은?

① 생산자로부터 소비자까지의 유통은 가축의 수집, 도축, 가공, 판매 등 여러 단계를 거치며, 각 단계별로 시설 및 비용 등이 소요된다.
② 생축의 이동 시에는 체중 감소 등의 경제적 손실이 발생하지 않는다.
③ 식육상품의 유통에는 위생안전성 확보를 위하여 현대적 시설과 품질 확보를 위한 기술이 요구된다.
④ 유통 초기 단계에는 생축형태로 거래되며, 유통 마지막 단계는 지육 및 정육형태로 거래된다.

해설 생축의 이동 시에는 체중 감소 등의 경제적 손실이 발생될 수 있다.

16 1958년 하버드대학교의 맥나이어(M. McNair) 교수가 제시한 혁신적인 소매상은 항상 기존 소매상보다 저가격, 저이윤 및 최소 서비스라는 가격 소구방법으로 신규 진입하여 기존업체의 고가격, 고마진, 최고 서비스와 경쟁하면서 점차로 기존 소매상을 대체한다는 이론은 다음 중 어느 것인가?

① 적응행동이론
② 소매생명주기이론
③ 소매수레바퀴이론
④ 소매아코디언이론

77 다음은 유통의 생산자 역할에 대한 설명이다.

① 소비자에 대한 정보를 제공하는 역할

② 물적유통 역할

③ 금융 역할

④ 필요한 상품의 재고를 유지하는 역할

 필요한 상품의 재고를 유지하는 역할은 소비자에 대한 역할이다.
유통의 소비자에 대한 역할
• 올바른 상품을 제공하는 역할
• 적절한 상품의 구색을 갖추는 역할
• 필요한 상품의 재고를 유지하는 역할
• 상품정보, 유행정보, 생활정보를 제공하는 역할
• 쇼핑의 장소 및 정보를 제공하는 역할

유통의 생산자에 대한 역할
• 소비자에 대한 정보를 제공하는 역할
• 물적유통 역할
• 금융 역할
• 촉진 역할

78 다음 중 신상품 개발절차의 마지막 단계는 무엇인가?

① 시장기회의 탐색

② 아이디어 창출과 선별

③ 시장 도입

④ 수명주기별 관리

해설 신상품개발절차는 시장기회의 탐색과 개발분야의 정립 → 아이디어 창출과 선별 → 상품콘셉트 개발과 평가 → 마케팅 믹스계획과 사업성 분석 → 상품 개발과 테스트 → 시장 도입 → 출시 후 통제 → 수명주기별 관리

79 유통경로(중간상)의 필요성이 아닌 것은?

① 총거래수 최대화

② 집중 준비

③ 분 업

④ 변동비 우위

해설 유통경로(중간상)의 필요성은 총거래수 최소화, 집중 준비, 분업, 변동비 우위이다.

80 최근 축산분야에 신업태가 등장하였다. 다음에 대한 설명은 어느 것을 말하는가?

> 식육 또는 포장육을 전문적으로 판매(포장육을 다시 절단하거나 나누어 판매하는 것을 포함한다)하면서 식육가공품(통조림 · 병조림은 제외한다)을 만들거나 다시 나누어 직접 최종 소비자에게 판매하는 영업

① 식육판매업
② 축산물유통전문판매업
③ 식육부산물전문판매업
④ 식육즉석판매가공업

축산식품 관련 법규 및 규정
제 **2** 회

81 가축의 도살 · 처리, 집유, 축산물의 가공 · 포장 및 보관은 관련법에 따라 허가를 받은 작업장에서 하여야 한다. 다만, 그러하지 아니할 수 있는 예외사항에 해당되는 것은?

① 학술연구용으로 사용하기 위하여 도살 · 처리하는 경우
② 시 · 도지사가 소 · 말 및 돼지를 제외한 가축의 종류별로 정하여 고시하는 지역에서 그 가축을 자가소비(自家消費)하기 위하여 도살 · 처리하는 경우
③ 시 · 도지사가 소 · 말 및 돼지를 제외한(양은 포함) 가축의 종류별로 정하여 고시하는 지역에서 그 가축을 소유자가 해당 장소에서 소비자에게 직접 조리하여 판매하기 위하여 도살 · 처리하는 경우
④ 등급판정을 받고자 하는 경우

 ② 시 · 도지사가 소 · 말을 제외한 가축의 종류별로 정하여 고시하는 지역에서 그 가축을 자가소비(自家消費)하기 위하여 도살 · 처리하는 경우
　　③ 시 · 도지사가 소 · 말 · 돼지 및 양을 제외한 가축의 종류별로 정하여 고시하는 지역에서 그 가축을 소유자가 해당 장소에서 소비자에게 직접 조리하여 판매하기 위하여 도살 · 처리하는 경우

82 영업소 또는 업소의 위생관리에 관한 설명 중 틀린 것은?

① 작업실, 작업실의 출입구, 화장실 등은 청결한 상태를 유지하여야 한다.
② 축산물과 직접 접촉되는 장비 · 도구 등의 표면은 흙 · 고기찌꺼기 · 털 · 쇠붙이 등 이물질이나 세척제 등 유해성 물질이 제거된 상태이어야 한다.
③ 작업실은 축산물의 오염을 최소화하기 위하여 가급적 바깥쪽부터 처리 · 가공 · 유통공정의 순서대로 설치한다.
④ 작업 중 화장실에 갈 때에는 앞치마와 장갑을 벗어야 한다.

작업실은 축산물의 오염을 최소화하기 위하여 가급적 안쪽부터 처리·가공·유통공정의 순서대로 설치하고, 출입구는 맨 바깥쪽에 설치하여 출입 시 발생할 수 있는 축산물의 오염을 최소화하여야 한다.

83 축산물위생관리법 제9조제8항에 따라 자체안전관리인증기준을 작성·운용하여야 하는 영업자 및 안전관리인증작업장 등의 인증을 받은 자에게 실시하는 교육훈련의 종류 및 시간에 대한 설명 중 틀린 것은?

① 정기 교육훈련은 매년 1회 이상 4시간 이상

② 영업 개시일 또는 인증받은 날부터 기산한다.

③ 2년 이상의 기간 동안 정기 교육훈련을 이수하고 이 법을 위반한 사실이 없는 경우에는 다음 1년간의 정기 교육훈련을 받지 아니할 수 있다.

④ 수시 교육훈련은 축산물 위해사고의 발생 및 확산이 우려되는 경우에 실시하는 교육훈련으로서 1회 4시간 이내로 실시한다.

해설 수시 교육훈련은 축산물 위해사고의 발생 및 확산이 우려되는 경우에 실시하는 교육훈련으로서 1회 8시간 이내로 실시한다.

84 식육가공품의 검사시료 채취(수거)량은?

① 200(g, mL)

② 500(g, mL)

③ 800(g, mL)

④ 1,000(g, mL)

85 영업자는 검사에 불합격한 가축 또는 축산물을 소각·매몰 등의 방법에 의한 폐기나 식용 외의 다른 용도로의 전환하는 방법으로 처리하여야 한다. 용도전환대상 축산물에 해당하지 않는 것은?

① 항생물질·농약 등 유해성물질의 잔류허용기준 및 병원성미생물의 검출기준을 초과한 축산물

② 부정행위로 중량이 늘어난 식육

③ 회수하는 축산물

④ 가축의 도살·처리과정에서 발생되는 것으로서 식용용 지방

해설 가축의 도살·처리과정에서 발생되는 것으로서 식용에 제공되지 아니하는 가축의 털·내장·피·가죽·발굽·머리·유방 등은 용도전환대상 축산물이다. 식용용 지방은 용도전환 축산물이 아니다.

86 식육즉석판매가공업 영업장에 대한 설명이다. 틀린 것은?

① 영업장은 독립된 건물이거나 다른 용도로 사용되는 시설과 분리 또는 구획되어야 한다.

② 일반음식점영업을 하는 자가 식육즉석판매가공업을 하려는 경우에는 시설과 분리 또는 구획하지 아니한다.

③ 영업장의 면적은 26.4m² 이상이어야 한다.

④ 식육가공품 중 양념육류나 분쇄가공육제품만을 만들어 판매하는 경우 영업장의 면적은 26.4m² 이상이어야 한다.

 영업장의 면적은 26.4m² 이상이어야 한다. 다만, 다음의 어느 하나에 해당하는 경우에는 그러하지 아니하다.
- 식육가공품 중 양념육류나 분쇄가공육제품만을 만들어 판매하는 경우
- 식육가공품을 직접 만들지 아니하고, 기성 식육가공품을 소분·분할하여 판매하는 영업만 하는 경우

87 축산물(포장육·식육가공품·유가공품·알가공품을 말한다)의 가공 또는 포장처리를 축산물가공업의 영업자 또는 식육포장처리업의 영업자에게 의뢰하여 가공 또는 포장처리된 축산물을 자신의 상표로 유통·판매하는 영업은 무엇인가?

① 도축업

② 식육포장처리업

③ 식육판매업

④ 축산물유통전문판매업

88 시·도지사 또는 시장·군수·구청장은 영업자가 정당한 사유 없이 몇 개월 이상 계속 휴업하는 경우 영업허가를 취소하거나 영업소 폐쇄를 명할 수 있는가?

① 3개월 이상

② 6개월 이상

③ 12개월 이상

④ 24개월 이상

 영업자가 정당한 사유 없이 6개월 이상 계속 휴업하는 경우

89 식육가공품의 원재료명 및 함량 표시기준을 위반한 경우로서 명칭과 용도를 함께 표시하여야 하는 합성감미료, 합성착색료, 합성보존료, 산화방지제 등에 대하여 이를 표시하지 아니한 경우 1차 위반 시 행정처분기준은?

① 시정명령

② 영업정지 2일

③ 영업정지 5일

④ 영업정지 7일

위반행위	행정처분기준		
	1차 위반	2차 위반	3차 위반
식육가공품의 원재료명 및 함량 표시기준을 위반한 경우로서			
사용한 원재료를 모두 표시하지 아니한 경우	영업정지 5일	영업정지 10일	영업정지 20일
알레르기 유발 식품을 성분·원료로 사용한 제품에 그 사용한 원재료명을 표시하지 아니한 경우	영업정지 5일	영업정지 10일과 해당 제품 폐기	영업정지 20일과 해당 제품 폐기
명칭과 용도를 함께 표시하여야 하는 합성감미료, 합성착색료, 합성보존료, 산화방지제 등에 대하여 이를 표시하지 아니한 경우	시정명령	영업정지 2일	영업정지 5일

90 '식육포장처리업의 영업자는 포장육을 만드는데 사용한 식육에 대한 다음 사항을 적은 영수증 또는 거래명세서 등을 식육판매업, 식육즉석판매가공업, 축산물유통전문판매업, 식품위생법 시행령 제21조 제8호에 따른 식품접객업의 영업자 또는 식품위생법 제88조에 따른 집단급식소 설치·운영자에게 발급하여야 하며, 이를 거짓으로 해서는 아니 된다.' 이에 해당하지 않은 것은?

① 식육의 종류
② 식육의 원산지
③ 식육의 등급(돼지고기의 대분할 부위)
④ 이력번호

축산법 제35조에 따라 판정받은 등급을 말하며, 등급을 적어야 하는 부위는 소고기의 대분할 부위 중 안심, 등심, 채끝, 양지, 갈비와 이에 해당하는 소분할 부위에만 해당한다.

91 다음의 어느 하나에 해당하는 자는 1년 이하의 징역 또는 1천만원 이하의 벌금에 처한다. 2019년 4월부터 이에 해당하지 않는 것은?

① 표시가 없는 축산물을 판매하거나 판매할 목적으로 가공·포장·보관·운반 또는 진열한 자
② 검사를 거부·방해하거나 기피한 자
③ 거래명세서를 발급하지 아니하거나 거짓으로 발급한 자
④ 검사·출입·수거·압류·폐기 조치를 거부·방해하거나 기피한 자

"기준에 적합한 표시를 하지 아니하거나 거짓으로 표시를 한 자"와 "표시가 없는 축산물을 판매하거나 판매할 목적으로 가공·포장·보관·운반 또는 진열한 자"는 1년 이하의 징역 또는 1천만원 이하의 벌금에서 제외된다 (2019.3.14. 시행).

92 축산물에 대한 공통기준 및 규격의 용어에 대한 설명이다. 적합하지 않은 것은?

① '보관하여야 한다'는 원료 및 제품의 특성을 고려하여 그 품질이 최대로 유지될 수 있는 방법으로 보관하여야 함을 말한다.

② 정의 또는 식품유형에서 '○○%, ○○% 이상, 이하, 미만' 등으로 명시되어 있는 것은 원료 또는 성분배합 시의 기준을 말한다.

③ '건조물(고형물)'은 원료를 건조하여 남은 고형물로서 별도의 규격이 정하여 지지 않은 한, 수분함량이 15% 이하인 것을 말한다.

④ '유통기간'이라 함은 유통업자가 판매하는 데 걸리는 기간을 말한다.

해설 '유통기간'이라 함은 소비자에게 판매가 가능한 기간을 말한다.

93 이물에 속하지 않는 것은?

① 절지동물 및 그 알
② 유충과 배설물
③ 동물의 털
④ 비가식부분

해설 '이물'이라 함은 정상식품의 성분이 아닌 물질을 말하며 동물성으로 절지동물 및 그 알, 유충과 배설물, 설치류 및 곤충의 흔적물, 동물의 털, 배설물, 기생충 및 그 알 등이 있고, 식물성으로 종류가 다른 식물 및 그 종자, 곰팡이, 짚, 겨 등이 있으며, 광물성으로 흙, 모래, 유리, 금속, 도자기 파편 등이 있다. '비가식부분'이라 함은 통상적으로 식용으로 섭취하지 않는 원료의 특정부위를 말하며, 가식부분 중에 손상되거나 병충해를 입은 부분 등 고유의 품질이 변질되었거나 제조 공정 중 부적절한 가공처리로 손상된 부분을 포함한다.

94 '냉장' 또는 '냉동' 이라 함은 식품공전에서 따로 정하여진 것을 제외하고는 각각 몇 ℃를 말하는가?

① 냉장 0~10℃, 냉동 −18℃ 이하
② 냉장 5~15℃, 냉동 −24℃ 이하
③ 냉장 20~25℃, 냉동 −18℃ 이하
④ 냉장 −5~5℃, 냉동 −24℃ 이하

95 '식품에 제한적으로 사용할 수 있는 원료'로 분류된 원료는 명시된 사용 조건을 준수하여야 하며, 별도의 사용 조건이 정하여지지 않은 원료는 다음의 사용기준에 따른다. 다음 (   ) 안에 들어갈 수치는?

> • '식품에 제한적으로 사용할 수 있는 원료'로 명시되어 있는 동식물 등은 가공 전 원료의 중량을 기준으로 원료배합 시 (   )% 미만(배합수는 제외한다) 사용하여야 한다.
> • '식품에 제한적으로 사용할 수 있는 원료'에 속하는 원료를 혼합할 경우, 혼합 원료의 가공 전 중량을 기준으로 총량이 제품의 (   )% 미만(배합수는 제외한다)이어야 한다.

① 20%

② 30%

③ 40%

④ 50%

96 축산물의 제조·가공기준에 대한 설명이다. 틀린 것은?

① 식품은 캡슐 또는 정제 형태로 제조할 수 없다.

② 식용유지류는 캡슐형태로 제조할 수 있으나 이 경우 의약품 또는 건강기능식품으로 오인·혼동할 우려가 없도록 제조하여야 한다.

③ 원유는 이물을 제거하기 위한 청정공정과 필요한 경우 유지방구의 입자를 미세화하기 위한 균질공정을 거쳐야 한다.

④ 식육가공품 및 포장육의 작업장의 실내온도는 가열처리작업장을 포함하여 15℃ 이하로 유지 관리하여야 한다.

해설 식육가공품 및 포장육의 작업장의 실내온도는 15℃ 이하로 유지 관리하여야 한다(다만, 가열처리작업장은 제외).

97 식품 중 비살균제품은 다음의 기준에 적합한 방법이나 이와 동등이상의 효력이 있는 방법으로 관리하여야 한다. 원료육으로 사용하는 돼지고기는 도살 후 (   )시간 이내에 (   )℃ 이하로 냉각·유지하여야 한다. (   ) 안에 알맞은 수치를 순서대로 연결한 것은?

① 24시간 이내, 3℃ 이하

② 24시간 이내, 5℃ 이하

③ 48시간 이내, 7℃ 이하

④ 48시간 이내, 10℃ 이하

98 가공식품 중 바실러스 세레우스(Bacillus cereus)는 식육(제조, 가공용 원료 제외), 살균하였거나 더 이상의 가공, 가열조리를 하지 않고 그대로 섭취하는 가공식품에서 g당 얼마 이하여야 하는가?

① g당 10 이하
② g당 100 이하
③ g당 1,000 이하
④ g당 10,000 이하

99 식육에 대한 휘발성 염기질소(mg%)의 규격은?

① 10 이하
② 20 이하
③ 30 이하
④ 40 이하

100 식육을 부위에 따라 분류하여 정형 염지한 후 숙성·건조하거나 훈연 또는 가열처리하여 가공한 것(뼈나 껍질이 있는 것도 포함한다)은 다음 중 어느 것을 말하는가?

① 햄
② 생 햄
③ 프레스햄
④ 베이컨

 식품유형
• 햄 : 식육을 부위에 따라 분류하여 정형 염지한 후 숙성·건조하거나 훈연 또는 가열처리하여 가공한 것을 말한다(뼈나 껍질이 있는 것도 포함한다).
• 생햄 : 식육의 부위를 염지한 것이나 이에 식품첨가물을 가하여 저온에서 훈연 또는 숙성·건조한 것을 말한다(뼈나 껍질이 있는 것도 포함한다).
• 프레스햄 : 식육의 고깃덩어리를 염지한 것이나 이에 식품 또는 식품첨가물을 가한 후 숙성·건조하거나 훈연 또는 가열처리한 것으로 육함량 75% 이상, 전분 8% 이하의 것을 말한다.

참고문헌

김완수, 구난숙 외, 공중보건학, 파워북, 2018

식육처리연구회, 식육처리기능사, 시대고시기획, 2018

축산물품질평가원, 2017년도 축산물 유통실태, 축산물품질평가원, 2018

안영일, 유통관리사, 시대고시기획, 2018

최광희, 축산기사 · 산업기사, 시대고시기획, 2018

황학성 외, 위생사 한권으로 끝내기, 시대고시기획, 2018

김호남, 물류관리사, 시대고시기획, 2018

강석남 외, 식육과학 4.0, 유한문화사, 2018

정상열 외, 조리산업기사 기능장, 시대고시기획, 2018

진구복, 식육 육제품의 과학과 기술, 선진문화사, 2017

한국산업인력공단, 식육가공기사 국가기술자격 종목개발연구, 한국산업인력공단, 2015

노봉수 외, 실무를 위한 식품가공저장학, 수학사, 2015

김성호, 김성호가 이야기 하는 축산물 유통, 군자출판사, 2014

축산물품질평가원, 한국의 축산물 유통, 축산물품질평가원, 2014

김동환 외, 농산물유통론, 농민신문사, 2012

박현진 외, 식품저장학, 고려대학교출판부, 2012

김웅진 외, 유통학개론, 두남, 2009

국가법령정보센터 http://www.law.go.kr

KSA 한국표준협회 www.ksa.or.kr

식육가공기사 필기 한권으로 끝내기

초 판	인쇄일	2018년 10월 26일
	발행일	2019년 1월 3일

발 행 인	박영일
책 임 편 집	이해욱
편 저	김성호

편 집 진 행	윤진영
표지디자인	안병용
편집디자인	심혜림, 박진아

발 행 처	(주)시대고시기획
출 판 등 록	제10-1521호
주 소	서울시 마포구 큰우물로 75[도화동 538 성지 B/D] 9F
전 화	1600-3600
팩 스	(02)701-8823
홈 페 이 지	www.sidaegosi.com

I S B N	979-11-254-5233-1(13570)

가 격	35,000원

번호	1	2	3	4
1	①	②	③	④
2	①	②	③	④
3	①	②	③	④
4	①	②	③	④
5	①	②	③	④
6	①	②	③	④
7	①	②	③	④
8	①	②	③	④
9	①	②	③	④
10	①	②	③	④
11	①	②	③	④
12	①	②	③	④
13	①	②	③	④
14	①	②	③	④
15	①	②	③	④
16	①	②	③	④
17	①	②	③	④
18	①	②	③	④
19	①	②	③	④
20	①	②	③	④
21	①	②	③	④
22	①	②	③	④
23	①	②	③	④
24	①	②	③	④
25	①	②	③	④
26	①	②	③	④
27	①	②	③	④
28	①	②	③	④
29	①	②	③	④
30	①	②	③	④
31	①	②	③	④
32	①	②	③	④
33	①	②	③	④
34	①	②	③	④
35	①	②	③	④
36	①	②	③	④
37	①	②	③	④
38	①	②	③	④
39	①	②	③	④
40	①	②	③	④
41	①	②	③	④
42	①	②	③	④
43	①	②	③	④
44	①	②	③	④
45	①	②	③	④
46	①	②	③	④
47	①	②	③	④
48	①	②	③	④
49	①	②	③	④
50	①	②	③	④
51	①	②	③	④
52	①	②	③	④
53	①	②	③	④
54	①	②	③	④
55	①	②	③	④
56	①	②	③	④
57	①	②	③	④
58	①	②	③	④
59	①	②	③	④
60	①	②	③	④
61	①	②	③	④
62	①	②	③	④
63	①	②	③	④
64	①	②	③	④
65	①	②	③	④
66	①	②	③	④
67	①	②	③	④
68	①	②	③	④
69	①	②	③	④
70	①	②	③	④
71	①	②	③	④
72	①	②	③	④
73	①	②	③	④
74	①	②	③	④
75	①	②	③	④
76	①	②	③	④
77	①	②	③	④
78	①	②	③	④
79	①	②	③	④
80	①	②	③	④
81	①	②	③	④
82	①	②	③	④
83	①	②	③	④
84	①	②	③	④
85	①	②	③	④
86	①	②	③	④
87	①	②	③	④
88	①	②	③	④
89	①	②	③	④
90	①	②	③	④
91	①	②	③	④
92	①	②	③	④
93	①	②	③	④
94	①	②	③	④
95	①	②	③	④
96	①	②	③	④
97	①	②	③	④
98	①	②	③	④
99	①	②	③	④
100	①	②	③	④
101	①	②	③	④
102	①	②	③	④
103	①	②	③	④
104	①	②	③	④
105	①	②	③	④
106	①	②	③	④
107	①	②	③	④
108	①	②	③	④
109	①	②	③	④
110	①	②	③	④
111	①	②	③	④
112	①	②	③	④
113	①	②	③	④
114	①	②	③	④
115	①	②	③	④
116	①	②	③	④
117	①	②	③	④
118	①	②	③	④
119	①	②	③	④
120	①	②	③	④
121	①	②	③	④
122	①	②	③	④
123	①	②	③	④
124	①	②	③	④
125	①	②	③	④

※ 본 답안지는 마킹연습용 모의 답안지입니다.

수험자 유의사항

1. 시험 중에는 통신기기(휴대전화·소형 무전기 등) 및 전자기기(초소형 카메라 등)를 소지하거나 사용할 수 없습니다.

2. 부정행위 예방을 위해 시험문제지에도 수험번호와 성명을 반드시 기재하시기 바랍니다.

3. 시험시간이 종료되면 즉시 답안작성을 멈춰야 하며, 종료시간 이후 계속 답안을 작성하거나 감독위원의 답안카드 제출지시에 불응할 때에는 당해 시험이 무효처리 됩니다.

4. 기타 감독위원의 정당한 지시에 불응하여 타 수험자의 시험에 방해가 될 경우 퇴실조치 될 수 있습니다.

답안카드 작성 시 유의사항

1. 답안카드 기재·마킹 시에는 반드시 검정색 사인펜을 사용해야 합니다.

2. 답안카드를 잘못 작성했을 시에는 카드를 교체하거나 수정테이프를 사용하여 수정할 수 있습니다.
   그러나 불완전한 수정처리로 인해 발생하는 전산자동판독불가가 등 불이익은 수험자의 귀책사유입니다.
   - 수정테이프 이외의 수정액, 스티커 등은 사용 불가
   - 답안카드 왼쪽(성명·수험번호 등)을 제외한 '답안란' 만 수정테이프로 수정 가능

3. 성명란은 수험자 본인의 성명을 정자체로 기재합니다.

4. 해당차수(교시)시험을 기재하고 해당 란에 마킹합니다.

5. 시험문제지 형별기재란은 시험문제지 형별을 기재하고, 우측 형별마킹란은 해당 형별을 마킹합니다.

6. 수험번호란은 숫자로 기재하고 아래 해당번호에 마킹합니다.

7. 시험문제지 형별 및 수험번호 등 마킹착오로 인한 불이익은 전적으로 수험자의 귀책사유입니다.

8. 감독위원의 날인이 없는 답안카드는 무효처리 됩니다.

9. 상단과 우측의 검은색 띠(▋▋▋) 부분은 낙서를 금지합니다.

부정행위 처리규정

시험 중 다음과 같은 행위를 하는 자는 당해 시험을 무효처리하고 자격별 관련 규정에 따라 일정기간 동안 시험에 응시할 수 있는 자격을 정지합니다.

1. 시험과 관련된 대화, 답안카드 교환, 다른 수험자의 답안·문제지를 보고 답안 작성, 대리시험을 치르거나 치르게 하는 행위, 시험문제 내용과 관련된 물건을 휴대하거나 이를 주고받는 행위

2. 시험장 내외로부터 도움을 받아 답안을 작성하는 행위, 공인어학성적 및 응시자격서류를 허위기재하여 제출하는 행위

3. 통신기기(휴대전화·소형 무전기 등) 및 전자기기(초소형 카메라 등)를 휴대하거나 사용하는 행위

4. 다른 수험자와 성명 및 수험번호를 바꾸어 작성·제출하는 행위

5. 기타 부정 또는 불공정한 방법으로 시험을 치르는 행위

주의

배르게 마킹한 것… ●
잘못 마킹한 것… ⊘ ⊖ ● ⊙ ⊗

성 명	홍 길 동

교시(차수) 기재란

( )교시·차 ① ② ③

문제지 형별 기재란

( )형 Ⓐ Ⓑ

선택과목 1

선택과목 2

수험번호							
⓪	⓪	⓪		⓪	⓪	⓪	⓪
①	①	①		①	①	①	①
②	②	②		②	②	②	②
③	③	③		③	③	③	③
④	④	④		④	④	④	④
⑤	⑤	⑤		⑤	⑤	⑤	⑤
⑥	⑥	⑥		⑥	⑥	⑥	⑥
⑦	⑦	⑦		⑦	⑦	⑦	⑦
⑧	⑧	⑧		⑧	⑧	⑧	⑧
⑨	⑨	⑨		⑨	⑨	⑨	⑨

감독위원 확인

홍 길 동

성명

교시(차수) 기재란
( )교시·차

문제지 형별 기재란
( )형 Ⓐ Ⓑ

선택과목 1

선택과목 2

수험번호

❶	❶	❶	❶	❶	❶	❶	❶
①	①	①	①	①	①	①	①
②	②	②	②	②	②	②	②
③	③	③	③	③	③	③	③
④	④	④	④	④	④	④	④
⑤	⑤	⑤	⑤	⑤	⑤	⑤	⑤
⑥	⑥	⑥	⑥	⑥	⑥	⑥	⑥
⑦	⑦	⑦	⑦	⑦	⑦	⑦	⑦
⑧	⑧	⑧	⑧	⑧	⑧	⑧	⑧
⑨	⑨	⑨	⑨	⑨	⑨	⑨	⑨

감독위원 확인
(인)

※ 본 답안지는 마킹연습용 모의 답안지입니다.

답안 (문제 1 ~ 125, 각 문항 ① ② ③ ④)

수험자 유의사항

1. 시험 중에는 통신기기(휴대전화·소형 무전기 등) 및 전자기기(초소형 카메라 등)를 소지하거나 사용할 수 없습니다.

2. 부정행위 예방을 위해 시험문제지에도 수험번호와 성명을 반드시 기재하시기 바랍니다.

3. 시험시간이 종료되면 즉시 답안작성을 멈춰야 하며, 종료시간 이후 계속 답안을 작성하거나 감독위원의 답안카드 제출지시에 불응할 때에는 당해 시험이 무효처리 됩니다.

4. 기타 감독위원의 정당한 지시에 불응하여 타 수험자의 시험에 방해가 될 경우 퇴실조치 될 수 있습니다.

답안카드 작성 시 유의사항

1. 답안카드 기재·마킹 시에는 반드시 검정색 사인펜을 사용해야 합니다.

2. 답안카드를 잘못 작성했을 시에는 카드를 교체하거나 수정테이프를 사용하여 수정할 수 있습니다.
   그러나 불완전한 수정처리로 인해 발생하는 전산자동판독불가 등 불이익은 수험자의 귀책사유입니다.
   - 수정테이프 이외의 수정액, 스티커 등은 사용 불가
   - 답안카드 왼쪽(성명·수험번호 등)을 제외한 '답안란' 만 수정테이프로 수정 가능

3. 성명란은 수험자 본인의 성명을 정자체로 기재합니다.

4. 해당차수(교시)시험을 기재하고 해당 란에 마킹합니다.

5. 시험문제지 형별기재란은 시험문제지 형별을 기재하고, 우측 형별마킹란에 해당 형별을 마킹합니다.

6. 수험번호란은 숫자로 기재하고 아래 해당번호에 마킹합니다.

7. 시험문제지 형별 및 수험번호 등 마킹착오로 인한 불이익은 전적으로 수험자의 귀책사유입니다.

8. 감독위원의 날인이 없는 답안카드는 무효처리 됩니다.

9. 상단과 우측의 검은색 띠(∎∎∎) 부분은 낙서를 금지합니다.

부정행위 처리규정

시험 중 다음과 같은 행위를 하는 자는 당해 시험을 무효처리하고 자격별 관련 규정에 따라 일정기간 동안 시험에 응시할 수 있는 자격을 정지합니다.

1. 시험과 관련된 대화, 답안카드 교환, 다른 수험자의 답안·문제지를 보고 답안 작성, 대리시험을 치르거나 치르게 하는 행위, 시험문제 내용과 관련된 물건을 휴대하거나 이를 주고받는 행위

2. 시험장 내외로부터 도움을 받아 답안을 작성하는 행위, 공인어학성적 및 응시자격서류를 허위기재하여 제출하는 행위

3. 통신기기(휴대전화·소형 무전기 등) 및 전자기기(초소형 카메라 등)를 휴대하거나 사용하는 행위

4. 다른 수험자와 성명 및 수험번호를 바꾸어 작성·제출하는 행위

5. 기타 부정 또는 불공정한 방법으로 시험을 치르는 행위

주의
바르게 마킹한 것… ●
잘못 마킹한 것… ⊘ ⊖ ◉ ⊗

성 명

교시(차수) 기재란
( )교시·차 ① ② ③

문제지 형별 기재란
( )형 Ⓐ Ⓑ

선택과목 1

선택과목 2

수험번호
⓪ ① ② ③ ④ ⑤ ⑥ ⑦ ⑧ ⑨

감독위원 확인

회원가입만 해도 혜택이 쏟아진다!

시대에듀의
막강한 회원혜택

— IT강좌, 할인권, 적립금 등 특별한 혜택을 드립니다. —

★ ★ ★

동영상 수강 회원만 누릴 수 있는 **138** 만원 상당의 IT강좌 무료제공!

필수스킬!
영역별 기초 강좌 ▶▶

1 인터넷정보 검색 강좌
인터넷 활용강좌 제공

2 정보보호 개념잡기 강좌
정보보호 기술관련 강좌제공

3 초보자 회계기초 강좌
재무제표, 회계관련 강좌제공

요즘엔 내가 대세!
SNS 강좌 ▶▶

1 Facebook 잘 활용하기 강좌
스마트폰 페이스북 기능 활용강좌 제공

2 Twitter 잘 활용하기 강좌
스마트폰 트위터 기능 활용강좌 제공

취업, 승진에 필수!
자격증 강좌 ▶▶

1 파워포인트 강좌
MS Office 2014 강좌제공

2 워드/엑셀 강좌
MS Office 2014 강좌제공

3 한컴오피스 2014 강좌
워드프로세서 필수강좌 제공

4 정보처리/사무자동화 강좌
인터넷 활용강좌 제공

5 컴퓨터활용능력
실기, 필기, 데이터베이스 강좌 제공

6 정보처리/사무자동화 강좌
기출문제 및 모의고사 자료제공

IT강좌
수강방법 ▶▶

STEP 1 → **STEP 2** → **STEP 3** → **STEP 4**

강좌제공은
회원가입 및 로그인이
필요합니다.

회원가입 구매를
진행합니다.

회원가입, 구매 후
마이페이지에
접속합니다.

제공되는 무료강의를
바로 수강가능합니다.

시대에듀

시대북 통합서비스 앱 안내

연간 1,500여 종의 수험서와 실용서를 출간하는 시대고시기획, 시대교육, 시대인에서
출간 도서 구매 고객에 대하여 도서와 관련한 "실시간 푸시 알림" 앱 서비스를 개시합니다.

이제 시험정보와 함께 도서와 관련한 다양한 서비스를
스마트폰에서 실시간으로 받을 수 있습니다.

ⓘ 사용방법 안내

1. 메인 및 설정화면

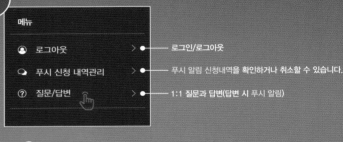

메뉴		
🔵 로그아웃	>	로그인/로그아웃
💬 푸시 신청 내역관리	>	푸시 알림 신청내역을 확인하거나 취소할 수 있습니다.
⑦ 질문/답변	>	1:1 질문과 답변(답변 시 푸시 알림)

2. 도서별 세부 서비스 신청화면

메인의 "도서명으로 찾기" 또는 "ISBN으로 찾기"로 도서를 검색, 선택하면
원하는 서비스를 신청할 수 있습니다.

| 제공 서비스 |

- 최신 이슈&상식 : 최신 이슈와 상식(주 1회)
- 뉴스로 배우는 필수 한자성어 : 시사 뉴스로 배우기 쉬운 한자성어(주 1회)
- 정오표 : 수험서 관련 정오 자료 업로드 시
- MP3 파일 : 어학 및 강의 관련 MP3 파일 업로드 시
- 시험일정 : 수험서 관련 시험 일정이 공고되고 게시될 때
- 기출문제 : 수험서 관련 기출문제가 게시될 때
- 도서업데이트 : 도서 부가 자료가 파일로 제공되어 게시될 때
- 개정법령 : 수험서 관련 법령이 개정되어 게시될 때
- 동영상강의 : 도서와 관련한 동영상강의 제공, 변경 정보가 발생한 경우

* 향후 서비스 자동 알림 신청 : 추가된 서비스에 대한 알림을 자동으로
  발송해 드립니다.

* 질문과 답변 서비스 : 도서와 동영상강의 등에 대한 1:1 고객상담

⑦ 앱 설치방법 ▶ Google Play ● App Store

← 시대에듀로 검색 🎤

🎧 [고객센터]

1:1문의 http://www.sdedu.co.kr/cs

대표전화 1600-3600

본 앱 및 제공 서비스는 사전 예고 없이 수정, 변경되거나 제외될 수 있고, 푸시 알림 발송의 경우 기기변경이나 앱 권한 설정,
네트워크 및 서비스 상황에 따라 지연, 누락될 수 있으므로 참고하여 주시기 바랍니다.